食品分析与检验

（第二版）

主　编　刘　绍

副主编　顾　英　杨武英　易翠平　肖作为
徐君飞　丁建英

参　编　刘　霞　刘卉琳　陈晓华　张东京
卢　青　熊志勇　杜　娟　贾　涛
王晓英　徐　晖　冷　艳　王建化
郭丽萍　李清春　谢凤英　周治德
成纪予　董欢欢　韩雪飞

华中科技大学出版社

中国·武汉

内 容 提 要

本教材分为14章，包括食品分析与检验简介、食品分析与检验的基本知识、食品的感官检验法、食品的物理检验法、水分及相关指标的测定、灰分及部分矿物元素的测定、酸度及有机酸的测定、脂类及相关指标的测定、碳水化合物的测定、蛋白质和氨基酸的测定、维生素的测定、食品添加剂的测定、食品中有毒有害物质的测定、现代食品分析与检验新技术等。各章后附有思考题，书后还附有一些实用附录。编写过程中，各章均以食品分析与检测的原理、操作技术以及操作过程中出现的问题为主导，以国家颁布的新标准方法为主线，着重注意内容的系统性、科学性、先进性、时效性、新颖性与实用性。

本教材可供高等轻工院校、农业院校、商学院以及独立学院的食品科学、食品分析、食品工程、食品质量与安全、农产品加工等专业作为教材，也可供食品卫生检验所、疾病控制中心、动植物检验检疫局、检验工培训机构、食品加工企业、食品研究所的有关人员参考。

图书在版编目(CIP)数据

食品分析与检验/刘绍主编. —2版. —武汉：华中科技大学出版社，2019.8(2023.7重印)
全国应用型本科院校化学课程统编教材
ISBN 978-7-5680-5529-1

Ⅰ.①食… Ⅱ.②刘… Ⅲ.①食品分析-高等学校-教材 ②食品检验-高等学校-教材 Ⅳ.①TS207.3

中国版本图书馆CIP数据核字(2019)第164718号

食品分析与检验(第二版)
Shipin Fenxi yu Jianyan (Di-er Ban)

刘 绍 主编

策划编辑：王新华
责任编辑：丁 平 王新华
封面设计：原色设计
责任校对：李 弋
责任监印：周治超
出版发行：华中科技大学出版社(中国·武汉) 电话：(027)81321913
武汉市东湖新技术开发区华工科技园 邮编：430223
录 排：武汉正风天下文化发展有限公司
印 刷：武汉开心印印刷有限公司
开 本：787mm×1092mm 1/16
印 张：24.5
字 数：641千字
版 次：2023年7月第2版第3次印刷
定 价：53.00元

本书若有印装质量问题，请向出版社营销中心调换
全国免费服务热线：400-6679-118 竭诚为您服务
版权所有 侵权必究

第二版前言

作为朝阳工业的食品工业在国民经济中占有极其重要的地位，食品分析与检测是食品工业健康发展的有力保障，是广大消费者保护自身利益和有关部门进行科学管理的重要工具之一。随着《中华人民共和国食品安全法》的实施，越来越多的营养检验指标与卫生检验指标将会出现在食品安全国家标准中，食品分析与检验在食品工业中将会发挥越来越重要的作用。

"食品分析与检验"作为一门重要的专业基础课程，所有食品类院校均对其相当重视。然而遗憾的是，应用型本科院校尚无具有自身特色的该类教材。因此根据食品分析与检验编写大纲的要求，结合应用型本科院校的教学经验，秉着"能用、够用、适用"的原则，特编写了本教材。本教材尽可能地以食品分析与检验的最新国家标准方法（包括部分 2017 年食品安全国家标准）为主线，介绍了各种食品的主要成分的分析方法，其中着重介绍了食品分析与检验的原理、操作技术以及操作过程中出现的问题。标准在不断修订，食品分析与检验所遵循的原理、原则基本不变，因此本教材应能满足应用型本科院校教学的基本要求。编写中，鉴于篇幅，一些非典型的不太适合应用型本科院校教学的分析方法阐述中省略了试剂和仪器等的介绍。

本教材主要包括食品分析与检验简介、食品分析与检验的基本知识、食品的感官检验法、食品的物理检验法、水分及相关指标的测定、灰分及部分矿物元素的测定、酸度及有机酸的测定、脂类及相关指标的测定、碳水化合物的测定、蛋白质和氨基酸的测定、维生素的测定、食品添加剂的测定、食品中有毒有害物质的测定、现代食品分析与检验新技术共 14 章。参加编写工作的有湖南农业大学刘绍、刘霞、刘卉琳，锦州医科大学顾英，江西农业大学杨武英、杜娟，长沙理工大学易翠平，湖南中医药大学肖作为，怀化学院徐君飞，常熟理工学院丁建英，衡阳师范学院陈晓华，宿州学院张东京，聊城大学东昌学院卢青，北京理工大学珠海学院熊志勇，江苏省理化测试中心贾涛，吉林工商学院王晓英，福建农林大学徐晖，江汉大学冷艳，青岛农业大学海都学院王建化，青岛农业大学郭丽萍，电子科技大学中山学院李清春，东北农业大学成栋学院谢凤英，桂林电子科技大学周治德，浙江农林大学成纪予，江西中医药大学董欢欢，开封市疾病预防控制中心韩雪飞。全书由刘绍审读、修改、定稿。

在编写过程中，得到了有关方面的大力支持，第一版作者付出了大量的劳动，打下了良好的基础，在此表示衷心的感谢。

由于水平有限，书中难免存在不妥之处，衷心希望同行和读者提出宝贵意见。

编　者

目　录

第1章 食品分析与检验简介

1. 食品分析与检验的定义、任务、作用

食品是人类生存不可缺少的物质条件之一，是人类进行一切生命活动的能源。因此，食品品质的好坏直接关系着人们的身体健康。食品分析与检验就是研究和评定食品品质及其变化的一门专业性很强的实验科学。它依据物理、化学、生物化学的一些基本理论和国家食品安全标准(2009年6月1日起实施《中华人民共和国食品安全法》，食品安全标准是强制执行的标准，除食品安全标准外，不得制定其他的食品强制性标准)，运用现代科学技术和分析手段，对各类食品(包括原料、辅助材料、半成品及成品)的主要成分及其含量和有关工艺参数进行检测，以保证生产出质量合格的产品。因此，对于与食品相关的专业的同学来说，学习食品分析与检验课程有重要意义。

食品分析与检验作为质量监督和科学研究不可缺少的手段，在控制和管理生产过程、保证和监督食品的质量以及开发食品新资源和新产品、探索新技术和新工艺、保障人们身体健康等方面都具有十分重要的作用。

2. 食品分析与检验的内容

由于食品的种类繁多，成分十分复杂，随分析目的的不同，分析项目各异，某些食品还有特定的分析项目，这使得食品分析与检验的范围十分广泛，它主要包括以下一些内容。

1) 食品的感官检验

食品都有各自的感官特征，除了色、香、味是所有食品共有的感官特征外，液态食品还有澄清、透明等感官指标，而固态、半固态食品还有软、硬、弹性、韧性、黏、滑、干燥等一切为人体感官判定和接受的指标。好的食品不但要符合营养和卫生的要求，而且要有良好的可接受性。因此，感官检验是食品质量检验的主要内容之一，也是一种最直接、快速且有效的检验方法。有时感官检验还可以鉴别出精密仪器也难以检出的食品轻微劣变。感官检验往往是食品各项检验内容的第一项。感官检验不合格的食品，即可判定为不合格产品，无须再进行理化检验。

2) 食品营养成分的分析与检验

食品的第一功能是营养功能，食品含有人体所需的营养成分，这些营养成分包括水分、无机盐、维生素、蛋白质、脂肪、碳水化合物等六大类共四十多种。然而没有一种食品含有人类所需的全部营养成分，不同的食品所含的营养成分的种类和数量各不相同，人们选择食品时需要根据人体对营养的需求，进行合理搭配，以获得较全面的营养，进行平衡膳食。为此需要对各种食品的营养成分进行分析，以评价其营养价值，为选择食品提供依据。特别是根据《预包装食品营养标签通则》，食品营养标签是向消费者提供食品营养成分信息和特性的说明，包括营养成分表、营养声称和营养成分功能声称，人们可以参照标签上标明的营养成分含量，然后根据自身体质状况选择食品及摄入量，避免摄入不足或者过量，避免出现营养不良现象，尤其是营养不均衡现象。此外，对工艺配方的确定、工艺合理性的鉴定、生产过程的控制及成品质量的监测等，都离不开营养成分的分析。尤其是我国相当一部分食品标准中，营养指标涉及不多，在讲究安全的同时，营养指标也应该越来越多地引起人们的关注。可见营养成分的分析是且应该是食品分析与检验的主要内容。人们相当关注功能食品，对于功能食品的功能成分、标志性成分的检验至关重要,在这里,不妨将它们的分析与检验也纳入营养成分的分析与检验范畴。

3）食品添加剂的分析与检验

在食品生产中,为改善食品品质和色、香、味以及为防腐、保鲜和加工工艺的需要而加入的一些人工合成或者天然物质,即为食品添加剂。天然的食品添加剂一般对人体无害,但目前使用的添加剂中,绝大多数是化学合成的食品添加剂,化学合成的食品添加剂大多有一定的毒性,如不加以限制使用,对人体健康将产生危害。故国家对其使用范围及用量均做了严格的规定。为监督在食品生产中合理使用食品添加剂,保证食品的安全性,必须对食品添加剂进行检验,这是食品分析与检验的一项重要内容。

4）食品中有毒有害物质的分析与检验

正常的食品应当无毒无害,符合应有的营养要求,具有相应的色、香、味等感官特征。但食品在生产、加工、包装、运输、储藏、销售等各个环节中,常产生、引入某些对人体有害的物质。按其性质分,主要有以下几类。

(1）有害元素。

食品中有害元素通常是由工业“三废”、生产设备、包装材料等污染食品所产生的,主要有砷、镉、汞、铅、铜、锡、铬等。

(2）农药及兽药。

导致和影响农药残留的原因有很多,其中农药本身的性质、环境因素以及农药的使用方法是影响农药残留的主要因素。当农药过量或长期施用,导致食品中农药残留超过最大残留限量时,将对人和动物产生不良影响,或通过食物链对生态系统中其他生物产生毒害作用。

不遵守休药期的规定、非法使用违禁药物、不合理用药等是造成食品中兽药残留超标的主要原因。人长期摄入含兽药的动物性食品后,药物不断在人体内蓄积,当积累到一定程度后,就会对人体产生毒性作用。

(3）细菌、霉菌及其毒素。

这是由于食品的生产或储藏环节不当而引起的微生物污染,此类污染物中,危害最大的是黄曲霉毒素。

(4）食品加工、储藏过程中形成的有害物质。

在一些食品加工过程中,可形成有害物质。如在腌制、发酵等加工过程中,可形成亚硝胺;在烧烤、烟熏等加工过程中,可形成3,4-苯并芘。某知名品牌饮料中曾被发现苯,据称是维生素C与苯甲酸盐反应所形成的,这可能是食品储藏过程中形成的典型的有害物质。

(5）包装材料带来的有害物质。

由于使用了质量不符合安全要求的包装材料,包装材料中的有害物质如聚氯乙烯、多氯联苯、荧光增白剂等,将对食品造成污染。

食品中有毒有害物质的种类很多,来源各异,且随着环境污染的日趋严重,食品污染源将更加广泛。为了保证食品的安全性,必须对食品中的有毒有害成分进行监督、检验。

3. 食品分析与检验的方法

1）感官检验法

感官检验法又称感官分析法,是在心理学、生理学、统计学的基础上发展起来的一种检验方法。感官检验法是通过人体的各种感觉器官(眼、耳、鼻、舌、皮肤)所具有的视觉、听觉、嗅觉、味觉和触觉，结合平时积累的实践经验，并借助一定的器具对食品的色、香、味、形等质量特性和卫生状况做出判定和客观评价的方法。

感官检验作为食品检验的重要方法之一，具有简便易行、快速灵敏、不需要特殊器材等特点，特别适用于目前还不能用仪器定量评价的某些食品特性的检验，如水果滋味的检验、食品风味的检验以及烟、酒、茶的气味检验等。

依据所使用的感觉器官的不同，感官检验可分为视觉检验、嗅觉检验、味觉检验、触觉检验和听觉检验五种。

感官检验法存在一定缺陷，由于感官检验是以经过培训的检验者的感觉器官作为一种“仪器”来测定食品的质量特性或鉴别产品之间的差异，因此，判断的准确度与检验者的感觉器官的敏锐程度和实践经验密切相关。同时检验者的主观因素（如健康状况、生活习惯、文化素养、情绪等），以及环境条件（如光线、声响等）都会对鉴定的结果产生一定的影响。另外，感官检验的结果大多数情况下只能用比较性的用词（优、良、中、劣等）表示或用文字表述，很难给出食品品质优劣程度的确切数字。

感官检验是与仪器检验并行的重要的检测手段，其重要性不仅在于有些产品的特性目前还不能用仪器检验，只能靠感官，即使能够得到先进的测量仪器，感官检验的重要性也不随之降低，因为感官指标与理化指标是互相补充的，只有仪器检验与感官检验相结合才能得到产品的完整信息。因此，感官检验法是食品重要的分析手段之一。

2）物理分析法

通过对被检食品的某些物理性质（如温度、密度、折射率、旋光度、沸点、透明度等）的测定，可间接求出食品中某种成分的含量，进而判断被检食品的纯度和品质。

物理分析法简便、实用，在实际工作中应用广泛。如密度法可测定糖液的浓度、酒中酒精含量，检验牛奶是否掺水、脱脂等；折光法可测定果汁、番茄制品、蜂蜜、糖浆等食品的固形物含量，牛乳中乳糖含量等；旋光法可测定饮料中蔗糖含量、谷类食品中淀粉含量等。

3）物理化学分析法

物理化学分析法是通过测量物质的光学性质、电化学性质等物理化学性质来求出被测组分含量的方法，又称仪器分析法。它主要包括光学分析法、电化学分析法、色谱分析法和质谱分析法。光学分析法又分为紫外-可见分光光度法、原子吸收分光光度法、荧光分析法等，可用于分析食品中无机元素、碳水化合物、蛋白质、氨基酸、食品添加剂、维生素等成分。电化学分析法又分为电导分析法、电位分析（离子选择电极）法、极谱分析法等。电导分析法可测定糖品灰分和水的含量等，电位分析法广泛应用于测定 pH、无机元素、酸根、食品添加剂等，极谱分析法已应用于测定重金属、维生素、食品添加剂等，这些方法解决了一些食品的前处理和干扰问题。色谱分析法是近些年迅速发展起来的一种分析技术，极大地丰富了食品分析与检验的内容，解决了许多用常规化学分析法不能解决的微量成分分析的难题，为食品分析与检验技术开辟了新途径。色谱分析法包含许多分支，食品分析与检验中常用的是薄层层析法、气相色谱法和高效液相色谱法，可用于测定有机酸、氨基酸、糖类、维生素、食品添加剂、农药残留量、黄曲霉毒素等。

仪器检验法具有灵敏、快速、准确、操作简单、易于实现自动化等优点。随着科学技术的发展，仪器检验法已越来越广泛地应用于食品分析与检验中。

4）化学分析法

化学分析法是以物质的化学反应为基础，使被测成分在溶液中与试剂作用，由生成物的量或消耗试剂的量来确定组分含量的方法。

化学分析包括定性分析和定量分析两个部分。但对于食品分析与检验来说,由于大多数食品的来源及主要成分是已知的,一般不必做定性分析,仅在个别情况下才做定性分析。因此,最经常做的工作是定量分析。化学定量分析法包括重量法和滴定法,食品中水分、灰分、脂肪、果胶、纤维等成分的测定的常规方法都是重量法。滴定法又包括酸碱滴定法、氧化还原滴定法、配位滴定法和沉淀滴定法四种,其中前两种最常用,如酸度、蛋白质的测定用到酸碱滴定法,还原糖、维生素C的测定用到氧化还原滴定法。

化学分析法是食品分析与检验的基础。即使是现代的仪器分析,也都是用化学方法对样品进行制备及预处理,而且仪器分析的原理大多数也是建立在化学分析的基础上的。为检验仪器分析的准确度和精确度,还需用规定的或推荐的化学分析标准方法作对照,以确定两种方法分析结果的符合程度。因此,化学分析法是食品分析与检验最基本的、最重要的分析方法。

5) 生物分析法

目前,应用于食品分析与检验中的生物分析法主要包括微生物分析法与PCR技术等。

微生物分析法是基于某些微生物生长需要特定的物质的特性来进行分析的,此法条件温和,克服了化学分析法和仪器分析法中某些被测成分易分解的弱点,此方法的选择性也高。此法广泛应用于维生素、抗生素残留量、激素等类物质的分析中。

聚合酶链式反应(polymerase chain reaction,简称PCR),是一种分子生物学技术,用于放大特定的DNA片段,然后采用电泳法或荧光探针检测食品中致病菌或用于转基因食品的检测。

6) 生物化学分析法

酶分析法是目前应用得比较多的一种生物化学分析法。

酶分析法是利用酶的反应对物质进行定性、定量的方法。酶是生物催化剂,它具有高效和专一的催化特性,而且可在温和的条件下进行催化。酶作为分析试剂应用于食品分析与检验中,可从复杂的组分中检测某一成分而不受或很少受其他共存成分干扰,具有简便、快速、准确、灵敏等优点。目前已应用于食品中有机酸(柠檬酸、苹果酸、乳酸)、糖类(葡萄糖、果糖、乳糖、半乳糖、麦芽糖等)、淀粉、维生素C等成分的测定。

此外,食品分析方法还包括综合了分子生物学、免疫学、微电子学、微机械学、化学、物理、计算机等多项技术的生物芯片技术等。

食品分析与检验方法很多,上面介绍的只是食品分析与检验中基本的、常用的方法。本书中,感官检验法和物理检验法将在专门章节中介绍;化学分析法和物理化学分析法的有关理论在基础课程学习中已有介绍,为免重复,本书只介绍这些方法在食品分析与检验中的具体应用;此外在“现代食品分析与检验新技术”一章中,简单介绍了PCR技术与生物芯片技术在食品分析与检验中的应用。

4. 食品分析与检验的发展方向

国际上食品分析与检验的研究开发工作方兴未艾,一些学科的先进技术不断渗透到食品分析与检验中来,形成了日益增多的分析方法和分析仪器。如生物分析前处理方法简单,前处理误差小(而采用理化分析方法误差来源主要是前处理),分析速度快,灵敏度高,使得生物分析技术在食品分析中占有越来越重要的地位。又如目前科技水平发达的国家在食品分析与检验中已基本上采用仪器分析和自动化分析方法代替手工操作的老方法,气相色谱仪、气质联用仪、高效液相色谱仪、氨基酸自动分析仪、原子吸收分光光度计、氢化物原子荧光分光光度计以及可进行光谱扫描的紫外-可见分光光度计、荧光分光光度计等均已在食品分析与检验中得到普遍应用。我国近十几年来也采用了上述仪器开展各种食品成分的分析工作。这些技术的使用不仅缩短了分析时间，减少了人为的误差，而且大大提高了测定的灵敏度和准确度。

随着科学技术的突飞猛进、食品工业生产的发展和人们生活水平的不断提高，人们对食品的品种、质量等要求越来越高，相应地要求分析项目也越来越多，对分析的准确度要求也越来越高，同时，食品单一组分的分析正发展为多组分的分析，食品纯感官项目的评定正发展为感官分析与仪器分析结果综合评定。总之，为适应食品工业发展的需要，食品分析与检验将在保证准确、灵敏的前提下，尽可能做到无损和在线分析检验，检验向着简易、快捷、微量、可同时测定若干成分的自动化仪器分析方向发展。

总之，从定性分析和定量分析技术两方面考虑，准确、灵敏、方便、快速、简单、经济、安全、自动化的检测方法和技术是食品分析目前的主要发展方向。

第2章　食品分析与检验的基本知识

本章提要

(1) 掌握溶液的配制方法、样品的预处理方法、实验误差来源及数据处理方法。

(2) 熟悉实验室安全常识、试剂的要求及样品的采集、制备与保存。

(3) 了解溶液浓度的表示方法、法定计量单位及分析结果的表示方法。

Question 生活小提问

1. 生活中经常用盐酸来清洁卫生间，一旦吸入大量其气体，该如何处理？被盐酸灼伤，该如何处理？
2. 金首饰很受大家的青睐，它的质量常以克来计算，称量时为何要用分析天平？
3. 生活中经常用到台秤、磅秤等，为什么要定期校正？如何校正？
4. 生活中经常用碘酒来消毒、擦洗伤口，碘酒为什么要放在棕色瓶中？
5. 平时消毒用的酒精的浓度是多少？为什么不用95%的酒精？
6. 饮料的种类很多，为什么有的饮料要求“喝前摇一摇”？

2.1　食品分析与检验的常识

2.1.1　实验室安全常识

1. 实验室危险种类

1) 有毒气体危险

食品分析中经常用到具有挥发性的有毒、有害试剂，这类试剂在实验过程中可能产生有毒气体，容易引起中毒。

2) 易燃、易爆危险

实验室中使用易燃、易爆等化学危险品，高压气体钢瓶，低温液化气体，以及进行蒸馏、干燥、浓缩等操作时，如果操作不当，有可能导致安全事故的发生。

3) 触电危险

实验人员经常接触电气设备及高压仪器设备，必须时刻注意用电安全。

4) 机械伤害危险

安装玻璃仪器、连接管道等操作，可能因为操作者疏忽大意或思想不集中而导致事故发生。

5) 其他危险

涉及放射性、微波辐射、电磁等的工作场所应有适当的防护措施，防止泄漏。

2. 实验室安全要点

(1) 实验室人员必须熟悉仪器、设备的性能和使用方法。

(2) 实验前要了解电源、消火栓、灭火器、紧急洗眼器的位置及正确的使用方法；了解实验室安全出口和紧急情况时的逃生路线。

(3) 凡进行有危险性的实验，实验人员应先检查防护措施，确保防护妥当后，才可进行操作。实验过程中操作人员不得擅自离开，实验完成后应立即做好清理工作，并做好记录。

(4) 凡有刺激性或有毒气体发生的实验，应在通风橱内进行，并做好个人防护，不得把头部伸进通风橱内。

(5) 实验室内严禁吸烟和饮食(食品感官检验实验室例外)。一切化学药品严禁入口。

(6) 浓酸、浓碱具有强腐蚀性，切勿溅在皮肤和衣服上。用浓 HNO_3、HCl、$HClO_4$、H_2SO_4 等溶解样品时均应在通风橱中进行操作，不准在实验台上直接进行操作。

(7) 使用乙醚、苯、丙酮、三氯甲烷等易燃有机溶剂时，要远离火焰和热源，且用后应倒入回收瓶(桶)中回收，不准倒入水槽中，以免造成污染。

(8) 使用易燃、易爆气体(如氢气、乙炔等)时，要保持室内空气流通，严禁明火并应防止一切火星的发生，如由于敲击、电器的开关等所产生的火花。有些机械搅拌器的电刷极易产生火花，应避免使用；禁止在此环境内使用手机。

(9) 不使用无标签(或标志)容器盛放的试剂、试样。

(10) 实验中产生的有毒、有害废液应集中处理，不得任意排放或倒入下水道。

(11) 割伤是实验中最常见的事故之一。为了避免割伤，应注意以下几点：切断玻璃管(棒)时不能用力过猛，以防破碎；截断玻璃管(棒)后断面锋利，应进行熔光；清扫桌面上碎玻璃管(棒)及毛细管时，要小心；将玻璃管(棒)或温度计插入塞子或橡皮管中时，应先检查塞孔大小是否合适，并使玻璃管(棒)或温度计上蘸点水或用甘油润滑，再用布裹住后逐渐旋转插入；拿玻璃管(棒)的手应靠近塞子，否则易使玻璃管(棒)折断，从而引起严重割伤。

(12) 实验室应配备消防器材。实验室如发生火灾，应根据起火的原因有针对性地灭火。

(13) 严格遵守安全用电规程。不使用绝缘不良或接地不良的电器设备；不准擅自拆修电器；使用电器设备时，切不可用湿润的手去开启电闸和电器开关。凡是漏电的仪器不要使用，以免触电。

(14) 实验结束后，人员离室前要检查水、电、燃气和门窗，确保安全，并做好登记。

3. 分析实验室常见事故处理方法

1) 割伤

先取出伤口内的异物，然后在伤口处涂上药水，用纱布包扎。

2) 烫伤

可先用稀 $KMnO_4$ 溶液或苦味酸溶液冲洗灼伤处，再在伤口处抹上黄色的苦味酸溶液、烫伤膏或红花油，切勿用水冲洗。

3) 强酸、强碱灼伤

受到酸伤害时，立即用大量水冲洗，然后用2%小苏打水冲洗患处；受到碱伤害时，迅速用大量水冲洗，再用2%乙酸或硼酸溶液充分洗涤患处。如果衣服粘连在皮肤上，切忌撕开或揭开，以防破坏皮肤组织，应先用大量水冲洗，再送医院处理。

4) 吸入刺激性、有毒气体

吸入 Cl_2、HCl、溴蒸气时，可吸入少量酒精和乙醚的混合蒸气解毒。吸入 H_2S 气体而感到不适时，立即到室外呼吸新鲜空气。

5) 起火

若因酒精、苯、乙醚等着火，立即用湿抹布、石棉布或沙子覆盖燃烧物。火势大时可用泡沫灭火器。若遇电器设备引起的火灾,应先切断电源,用二氧化碳灭火器或四氯化碳灭火器灭火,不能用泡沫灭火器,以免触电。

6) 触电

首先切断电源,检查伤员呼吸和心跳情况。必要时进行人工呼吸。

2.1.2 检验的一般要求

1. 称取

称取是指用天平进行的称量操作,其精度要求用数值的有效数位表示,如"称取 20.0 g"是指称量的精密度为±0.1 g,"称取 20.00 g"是指称量的精密度为±0.01 g。

2. 准确称取

准确称取是指用精密天平进行的称量操作,其精度为±0.000 1 g。

3. 恒重

恒重是指在规定的条件下,连续两次干燥或灼烧后称定的质量差不超过规定的范围。

4. 量取

量取是指用量筒或量杯取液体物质的操作,其精度要求用数值的有效数位表示。

5. 吸取

吸取是指用移液管、刻度吸量管取液体物质的操作。其精度要求用数值的有效数位表示。

6. 玻璃量器

实验中所用的玻璃量器(如滴定管、移液管、容量瓶、刻度吸量管、比色管等)所量取体积的准确度应符合国家标准对该体积玻璃量器的准确度要求。

7. 空白实验

除不加样品外,采用完全相同的分析步骤、试剂和用量(滴定法中标准滴定液的用量除外)进行平行操作。用于扣除样品中试剂本身和计算检验方法的检出限误差。

2.1.3 仪器设备要求

1. 玻璃量器

检验方法中所使用的滴定管、移液管、容量瓶、刻度吸量管、比色管等玻璃量器均须按国家有关规定及规程进行校正。

玻璃量器和玻璃器皿须经彻底洗净后才能使用,洗涤方法和洗涤液配制方法如下。

1) 重铬酸钾-浓硫酸溶液(100 g/L)(洗液)

称取化学纯重铬酸钾 100 g 于烧杯中,加入 100 mL 水,微加热,使其溶解。把烧杯放置于水盆中冷却后,慢慢加入化学纯硫酸,边加边用玻璃棒搅动,防止硫酸溅出,开始有沉淀析出,硫酸加到一定量后沉淀溶解,继续加硫酸至溶液总体积为 1 000 mL。

该洗液是强氧化剂,但氧化作用比较慢,直接接触器皿数分钟至数小时才有作用,器皿取出后要用自来水充分冲洗 7~10 次,最后用蒸馏水淋洗 3 次。

2) 肥皂洗涤液、碱洗涤液、合成洗涤剂

配制一定浓度,主要用于油脂和有机物的洗涤。

3) 氢氧化钾-乙醇洗涤液(100 g/L)

称取 100 g 氢氧化钾,用 50 mL 水溶解后,加工业乙醇至液体总体积为 1 000 mL,它适用于洗涤油垢、树脂等。

4）酸性草酸或酸性羟胺洗涤液

称取10 g草酸或1 g盐酸羟胺，溶于10 mL盐酸(1＋4)中。该洗涤液适用于洗涤氧化性物质。对残留在器皿上的氧化剂，酸性草酸作用较慢，酸性羟胺作用快且易洗净。

5）硝酸洗涤液

硝酸洗涤液常用浓度为(1＋9)或(1＋4)，主要用于浸泡、清洗测定金属离子的器皿。一般浸泡过夜，取出用自来水冲洗，再用去离子水或双蒸水冲洗。

洗涤后玻璃仪器应防止二次污染。

2. 控温设备

检验方法所使用的马弗炉、恒温干燥箱、恒温水浴锅等均须按国家有关规程进行测试和校正。

3. 测量仪器

天平、酸度计、温度计、分光光度计、色谱仪等均应按国家有关规程进行测试和校正。

2.2　溶液的配制与标定

2.2.1　试剂的要求及溶液浓度的基本表示方法

1. 化学试剂的规格

所谓化学试剂，是指具有一定纯度标准的各种单质和化合物，它分为无机试剂和有机试剂两大类。试剂可按不同用途制成不同规格，我国化学试剂等级对照见表2-1。

表2-1　我国化学试剂等级对照

质量次序		1	2	3	4	5
我国化学试剂等级标志	级别	一级品	二级品	三级品	四级品	
	中文标志	保证试剂	分析试剂	化学纯	化学用试剂	生物试剂
		优级纯	分析纯	纯	化学用	
	符号	GR	AR	CP,P	LR	BR
	瓶签颜色	绿色	红色	蓝色	棕色等	黄色等

除上述试剂外，还有一些特殊用途的所谓“高纯”试剂，如基准试剂、“光谱纯”试剂、“色谱纯”试剂、“放射化学纯”试剂等。

基准试剂的纯度相当于一级品，常用作滴定分析的基准物质。

“光谱纯”试剂是以光谱分析时出现的干扰谱线强度大小来衡量的，它的杂质含量用光谱分析法已测不出或者杂质含量低于某一限度。这类试剂主要用作光谱分析中的基准物质，但不应把它当作化学分析的基准物质来使用。

“色谱纯”试剂用于色谱分析，它的杂质含量低，在最高灵敏度下无杂质峰出现。

“放射化学纯”试剂是以放射性测定时出现干扰的核辐射强度来衡量的。

化学试剂中，指示剂的纯度往往不明确，除少数标明“分析纯”“试剂四级”以外，经常遇到只写明“化学试剂”“企业标准”或“部颁暂行标准”等，常用的有机试剂、掩蔽剂也有类似情况，这些试剂只能当作化学纯试剂使用,必要时需进行提纯。

在分析工作中,选择试剂的纯度除了要与所用方法相当外,其他的如实验用水、使用的器皿也须与之相适应。若试剂选用优级纯级,就不能使用普通去离子水或蒸馏水,而应使用双蒸水,对所用器皿的质地也有较高要求,在使用过程中不应有物质溶解到溶液中,以免影响溶液的纯度。

分析人员必须对化学试剂的规格有明确的认识,做到既不盲目追求高纯度而造成浪费,也不随意降低规格而影响分析结果的准确度。

2. 化学试剂的储存

化学试剂的储存在分析实验室中是一项十分重要的工作。一般化学试剂应储存在通风良好、干净和干燥的房间,要远离火源,并注意防止水分、灰尘和其他物质的污染。同时,根据试剂的性质应有不同的储存方法。

(1) 固体试剂应装在广口瓶中;液体试剂盛装在细口瓶或滴定瓶中;见光易分解的试剂,如 $AgNO_3$、$KMnO_4$ 等应盛放在棕色瓶中;容易侵蚀玻璃而影响试剂纯度的试剂,如氢氟酸、氢氧化钠等应储存于塑料瓶中;盛碱的瓶子要用橡皮塞,不能用磨口塞,以防瓶口因与碱反应而使磨口粘在一起。

(2) 吸水性强的试剂(如无水碳酸钠、氢氧化钠、过氧化钠等)应严格用蜡密封。

(3) 剧毒试剂应设专人保管,要经一定手续取用,以免发生事故。

(4) 特种试剂应采取特种储存方法。如受热易分解的试剂必须存放在冰箱中,易吸湿或易氧化的试剂则应储存在干燥器中。

此外,盛溶液的试剂瓶,外面应贴上标签,标明试剂的名称、规格、浓度、配制时间等。试剂瓶上的标签,最好涂上石蜡保护,以防标签损坏。

3. 化学试剂的取用

1) 固体试剂的取用

试剂取用原则是既要质量准确,又必须保证试剂的纯度(不受污染)。

使用干净的药品匙取固体试剂,药品匙不能混用。实验后洗净、晾干,下次再用,避免残留药品。要严格按量取用药品。“少量”固体试剂对于一般常量实验指半个黄豆粒大小的体积,对于微型实验为常量的1/10~1/5体积。多取试剂不仅造成浪费,往往还影响实验效果。一旦取多,可放在指定容器内或给他人使用,一般不许倒回原试剂瓶中。

需要称量的固体试剂,可放在称量纸上称量;对于具有腐蚀性、强氧化性、易潮解的固体试剂要用小烧杯、称量瓶、表面皿等装载后进行称量。根据称量精确度的要求,可分别选择台秤和分析天平称量固体试剂。用称量瓶称量时,可用减量法操作。

2) 液体试剂的取用

液体试剂装在细口瓶或滴瓶内,试剂瓶上的标签要写清名称、浓度。

(1) 从滴瓶中取用试剂。

从滴瓶中取试剂时,应先提起滴管离开液面,捏瘪胶帽,再插入溶液中吸取试剂。滴加溶液时滴管要垂直,这样滴入液滴的体积才能准确;滴管口应距接收容器口(如试管口)0.5cm左右,以免与器壁接触污染其他试剂,使滴瓶内试剂受到污染。当要从滴瓶中取出较多溶液时,可直接倾倒。先排出滴管内的液体,然后把滴管夹在食指和中指间取出,其余指头握住滴瓶倒出所需量的试剂。滴管不能倒持,以防试剂腐蚀胶帽使试剂变质。不能用自己的滴管取公用试剂,如试剂瓶不带滴管又需取少量试剂,则可把试剂按需要量倒入小试管中,再用自己的滴管取用。

(2) 从细口瓶中取用试剂。

从细口瓶中取用试剂时,要用倾注法。先将瓶塞倒放在桌面上,倾倒时瓶上的标签要朝向手心,以免瓶口残留的少量液体顺瓶壁流下而腐蚀标签。瓶口靠紧容器,使倒出的试剂沿玻璃棒或器壁流下。倒出需要量后,慢慢竖起试剂瓶,使流出的试剂都流入容器中,一旦有试剂流到瓶外,要立即擦净。切记不允许试剂污染标签。

3) 取试剂的量

在试管中进行实验时经常要取"少量"溶液,这是一种估计体积,对常量实验是指 0.5～1.0 mL,对微型实验一般指 3～5 滴,根据实验的要求灵活掌握。要会估计 1 mL 溶液在试管中占的体积和滴管滴加的滴数相当的体积(mL)。

要准确量取溶液,根据准确度和量的要求,可选用量筒、移液管或滴定管。

4. 试剂的要求

食品分析与检验所使用的试剂除特别注明外,一般为分析纯。乙醇除特别注明外,均指浓度为 95%的乙醇。检验方法中所使用的水,未注明其他要求时,均指蒸馏水或去离子水。未指明溶液用何种溶剂配制时,均指水溶液。检验方法中未指明硫酸、硝酸、盐酸、氨水的具体浓度时,均指市售试剂规格的浓度。液体的"滴"是指蒸馏水自标准滴管流下的一滴的量,在 20 ℃时 20 滴相当于 1.0 mL。常用酸碱试剂见表 2-2。

表 2-2 常用酸碱试剂

试剂名称	相对分子质量	质量分数/(%)	相对密度	浓度/(mol/L)	分子式
冰乙酸	60.05	99.5	1.05(约)	17	CH_3COOH
乙酸	60.05	36	1.04	6.3	CH_3COOH
甲酸	46.02	90	1.20	23	$HCOOH$
盐酸	36.5	36～38	1.18(约)	12	HCl
硝酸	63.02	65～68	1.4	16	HNO_3
高氯酸	100.5	70	1.67	12	$HClO_4$
磷酸	98.0	85	1.70	15	H_3PO_4
硫酸	98.1	96～98	1.84(约)	18	H_2SO_4
氨水	17.0	25～28	0.8～8	15	$NH_3 \cdot H_2O$

5. 溶液浓度的表示方法

(1) 标准溶液浓度以 mol/L 表示;主要用于测定杂质含量的标准溶液,浓度以 mg/mL 表示。

(2) 几种固体试剂的混合质量分数或液体试剂的混合体积分数可表示为(1+1)、(4+2+1)等。

(3) 如果溶液的浓度是以质量比或体积比为基础给出的,则分别用质量分数或体积分数表示。质量分数和体积分数还能分别用 5 μg/g 或 4.2 mL/m³ 这样的形式表示。

(4) 溶液浓度以质量、容量单位表示,可表示为克每升或以其适当分倍数(g/L 或 mg/mL 等)表示。

(5) 如果溶液由另一种特定溶液稀释配制,应按照下列惯例表示:

"稀释 $V_1 \rightarrow V_2$"表示将体积为 V_1 的特定溶液以某种方式稀释,最终混合物的总体积为 V_2;

“稀释 V_1+V_2”表示将体积为 V_1 的特定溶液加到体积为 V_2 的溶液中，如(1+1)、(2+5)等。

2.2.2 法定计量单位

《中华人民共和国计量法》规定，我国采用国际单位制。国家计量局(现为国家质量监督检验检疫总局计量司)于1984年6月9日颁布了《中华人民共和国法定计量单位使用方法》。食品分析中所用的计量单位均应采用中华人民共和国法定计量单位、法定的名称及符号。分析与检验中常用的量及其名称和符号见表2-3。

表2-3　分析与检验中常用的量及其名称和符号

量的名称	量的符号	单位名称	单位符号	倍数与分数单位
物质的量	n_B	摩尔	mol	mmol等
质量	m	千克	kg	g、mg、μg等
体积	V	立方米	m^3	L(dm^3)、mL等
摩尔质量	M_B	千克每摩尔	kg/mol	g/mol等
摩尔体积	V_B	立方米每摩尔	m^3/mol	L/mol等
物质的量浓度	c_B	摩尔每立方米	mol/m^3	mol/L等
质量分数	w_B	—	%	—
质量浓度	ρ_B	千克每立方米	kg/m^3	g/L、g/mL等
体积分数	φ_B	—	%	—
滴定度	$T_{S/X}$，T_S	克每毫升	g/mL	—
密度	ρ	千克每立方米	kg/m^3	g/mL、g/m^3
相对原子质量	A_r	—	—	—
相对分子质量	M_r	—	—	—

2.2.3 溶液的配制

1. 一般溶液的配制及保存方法

配制溶液时，应根据对溶液浓度的准确度的要求，确定在哪一级天平上称量，记录时应准确至几位有效数字，配制好的溶液选择什么样的容器等。该准确时就应该很严格，允许误差大些的就可以不那么严格。这些“量”的概念要很明确，否则就会导致错误。如配制0.1 mol/L $Na_2S_2O_3$溶液需在台秤上称25 g固体试剂，如在分析天平上称取试剂，反而是不必要的。溶液配制的要求如下。

(1) 配制溶液时所使用的试剂和溶剂的纯度应符合分析项目的要求，应根据分析任务、分析方法、对分析结果准确度的要求等选用不同等级的化学试剂。不允许超规格使用试剂，以免造成浪费。

(2) 经常并大量使用的溶液，可先配制浓度约大10倍的储备液，使用时取储备液稀释10倍即可。

(3) 易侵蚀或腐蚀玻璃的溶液，不能盛放在玻璃瓶内，如含氟的盐类(如NaF、NH_4F、NH_4HF_2)、苛性碱等应保存在聚乙烯塑料瓶中。

(4) 易挥发、易分解的试剂及溶液，如 I_2、$KMnO_4$、H_2O_2、$AgNO_3$、$Na_2S_2O_3$、氨水、溴水、CCl_4、$CHCl_3$、丙酮、乙醚、乙醇等溶液或有机溶剂等均应存放在棕色瓶中，密封好放在暗处及阴凉地方，避免光的照射。

(5) 配好的溶液盛装在试剂瓶中，应贴好标签，注明溶液的浓度、名称以及配制日期。

2. 标准溶液的配制方法

标准溶液是浓度准确并已知的溶液。在分析实验中，标准溶液常用 mol/L 表示其浓度。标准溶液的配制方法主要分为直接法和间接法两种。

1) 直接法

标准溶液的直接配制需要使用基准物质。基准物质是能用来直接配制标准溶液的物质。基准物质应该符合下列条件。

(1) 试剂组成和化学式完全相符。若含结晶水，其含量也应与化学式相符。

(2) 试剂的纯度一般应在 99.9%以上，其杂质的含量应在滴定分析所允许的误差限度以下。一般可用基准试剂或优级纯试剂。

(3) 试剂最好有较大的相对分子质量，以减少称量误差。

(4) 稳定，不发生副反应。

直接法配制标准溶液的方法是准确称取基准物质，溶解后定容即成为准确浓度的标准溶液。用于配制标准溶液的常用基准物质有重铬酸钾、氯化钠、硝酸银等。

例如，需配制 500 mL 浓度为 0.010 00 mol/L 的 $K_2Cr_2O_7$ 溶液时，应在分析天平上准确称取基准物质 $K_2Cr_2O_7$ 1.470 9 g，加少量水使之溶解，定量转入 500 mL 容量瓶中，加水稀释至刻度。

较稀的标准溶液可由较浓的标准溶液稀释而成。例如，光度分析中需用 1.79×10^{-3} mol/L 标准铁溶液。计算得知需准确称取 100 mg 纯金属铁，但在一般分析天平上无法准确称量，因其量太小、称量误差大。因此常常采用先配制储备标准溶液，然后稀释至所要求的标准溶液浓度的方法。可在分析天平上准确称取高纯(99.99%)金属铁 1.000 0 g，然后在小烧杯中加入约 30 mL 浓盐酸使之溶解，定量转入 1 L 容量瓶中，用 1 mol/L 盐酸稀释至刻度。此标准溶液铁摩尔浓度为 1.79×10^{-2} mol/L。移取此标准溶液 10.00 mL 于 100 mL 容量瓶中，用 1 mol/L 盐酸稀释至刻度，摇匀，此标准溶液铁摩尔浓度为 1.79×10^{-3} mol/L。由储备液配制成操作溶液时，原则上只稀释一次，必要时可稀释两次。稀释次数太多则累积误差太大，影响分析结果的准确度。

但是用来配制标准溶液的物质大多不能满足上述条件，如酸碱滴定中所用到的盐酸，除了恒沸点的以外，一般市售盐酸中的 HCl 含量有一定的波动；氢氧化钠极易吸收空气中的二氧化碳和水分，称得的质量不能代表纯氢氧化钠的质量。因此，此类物质不能用直接法配制标准溶液，而要用间接法配制。

2) 间接法

大多数标准溶液由于没有相应的基准物质，因而不能用直接法配制。为此需先配制成大致浓度的溶液，再利用该物质与另一种基准物质或者另外一种已知浓度的溶液的反应测定出该溶液的准确浓度，这种用配制溶液滴定基准物质计算其准确浓度的方法称为标定(standardization)。

作为滴定剂用的酸、碱溶液，一般先配制成约 0.1 mol/L 浓度。如配制 0.1 mol/L NaOH 标准溶液时，先配成约 0.1 mol/L 的溶液，然后用该溶液滴定经准确称量的邻苯二甲酸氢钾配成的溶液，根据两者完全作用时 NaOH 溶液的用量和邻苯二甲酸氢钾的质量，即可算出

NaOH 溶液的准确浓度。

由原装的固体酸、碱配制溶液时,一般只要求准确到 1～2 位有效数字,故可用量筒量取液体或在台秤上称取固体试剂,加入的溶剂(如水)用量筒或量杯量取即可。但是在标定溶液的整个过程中,一切操作要求严格、准确。称量基准物质要求使用分析天平,称准至小数点后 4 位有效数字。所要标定溶液的体积,如需进行浓度计算的均要用容量瓶、移液管、滴定管准确操作,不能马虎。

邻苯二甲酸氢钾、无水碳酸钠、重铬酸钾、氧化锌等可制得基准物质用于标定标准溶液。常用的基准物质及其干燥方法和可标定对象见表 2-4。

表 2-4 常用基准物质的干燥温度和应用

基准物质		干燥方法	干燥后的组成	可标定对象
名称	分子式			
碳酸钠	$Na_2CO_3 \cdot 10H_2O$	270～300 ℃	Na_2CO_3	酸
硼砂	$Na_2B_4O_7 \cdot 10H_2O$	装有氯化钠和蔗糖饱和溶液的干燥器	$Na_2B_4O_7 \cdot 10H_2O$	酸
邻苯二甲酸氢钾	$KHC_8H_4O_4$	110～120 ℃	$KHC_8H_4O_4$	碱、高氯酸
氯化钠	NaCl	500～600 ℃	NaCl	硝酸银
草酸钠	$Na_2C_2O_4$	130 ℃	$Na_2C_2O_4$	高锰酸钾
重铬酸钾	$K_2Cr_2O_7$	140～150 ℃	$K_2Cr_2O_7$	还原剂
溴酸钾	$KBrO_3$	130 ℃	$KBrO_3$	还原剂
碘酸钾	KIO_3	130 ℃	KIO_3	还原剂
草酸	$H_2C_2O_4 \cdot 2H_2O$	室温空气干燥	$H_2C_2O_4 \cdot 2H_2O$	高锰酸钾、碱
三氧化二砷	As_2O_3	室温干燥器	As_2O_3	氧化剂
氧化锌	ZnO	800～900 ℃	ZnO	EDTA
锌	Zn	室温干燥器	Zn	EDTA
苯甲酸	$C_7H_6O_2$	硫酸真空干燥器	$C_7H_6O_2$	甲醇钠等
对氨基苯磺酸	$C_6H_7O_3NS$	120 ℃	$C_6H_7O_3NS$	亚硝酸钠

附录中列出了一些溶液的配制方法。其中常用标准溶液的配制见附录 A,常用指示剂的配制见附录 B,缓冲溶液的配制见附录 C。

2.3 样品的采集、制备、预处理与保存

食品的种类繁多,成分复杂,来源不一,食品分析的目的、项目和要求也不尽相同。尽管如此,不论哪种类型食品的分析,都要按照一个共同的程序进行。食品分析的一般程序如下:样品的采集、制备和保存,样品的预处理,成分分析;分析数据处理;分析报告的撰写。

2.3.1 样品的采集

食品分析的首项工作是从大量分析对象中抽取有代表性的一部分样品作为分析材料(分

析样品)，这项工作称为样品的采集。

1. 正确采样的重要性

采样是食品分析工作非常重要的环节。同一种类的食品成品或原料，由于品种、产地、成熟期、加工或保存条件不同，其成分及其含量会有相当大的差异。同一分析对象，不同部位的成分和含量也可能有较大差异。要想从大量的、成分不均匀的、所含成分不一致的被检物质中采集能代表全部被检物质的分析样品，就必须掌握科学的采样技术，在防止成分逸散和被污染的情况下，均衡地、不加选择地采集有代表性的样品，否则，即使以后的样品处理、检测等一系列环节非常精密、准确，其检测的结果也毫无价值，以致得出错误的结论。

采样是一种困难而且需要非常谨慎的操作过程。要从一大批被检产品中，采集到能代表整批被测物质质量的少量样品，必须遵守一定的规则，掌握适当的方法。正确采样必须遵守如下原则：第一，采集的样品必须具有代表性；第二，采样方法必须与分析目的保持一致；第三，采样及样品制备过程中应设法保持原有的理化指标，避免被测组分发生化学变化或丢失；第四，要防止和避免被测组分的污染；第五，样品的处理过程尽可能简单易行，所用样品处理装置尺寸应当与处理的样品量相适应。

2. 采样步骤

采样一般分三步，依次获得检样、原始样品和平均样品。由分析对象大批物料的各个部分采集的少量物料称为检样；许多份检样综合在一起的样品称为原始样品；原始样品经过技术处理，再抽取其中的一部分供分析检验的样品称为平均样品。

3. 采样的一般方法

样品的采集一般采用随机抽样和代表性抽样两种方法。随机抽样，即按照随机原则，从大批物料中抽取部分样品。操作时，应使所有物料的各个部分都有被抽到的机会。代表性抽样，是用系统抽样法进行采样，即已经了解样品随空间(位置)和时间而变化的规律，按此规律进行采样，以便采集的样品能代表其相应部分的组成和质量，如分层取样、随生产过程的各环节采样、定期抽取货架上陈列的食品的采样等。

随机抽样可以避免人为倾向性，但是，对难以混匀的食品(如黏稠液体、蔬菜等)的采样，仅仅用随机取样法是不行的，必须结合代表性抽样，从有代表性的各个部分分别取样，这样才能保证样品的代表性。因此，采样通常采用随机抽样与代表性抽样相结合的方式。

具体的取样方法，因分析对象性质的不同而异。

1) 粮食、油料类物品

每一包装须由上、中、下三层取出三份检样，把许多检样合起来成为原始样品，原始样品用“四分法”做成平均样品。“四分法”取样如图 2-1 所示。

粮食、油料类样品的采样也可用自动样品收集器、带垂直喷嘴或斜槽的样品收集器、垂直重力低压自动样品收集器等。

自动样品收集器通过水平的或垂直的空气流来对连续性生产的任何直径的粉末状、颗粒状样品进行采样分离，通过气流产生的正、负压对样品进行选择，然后分别包装送检。自动样品收集器如图 2-2 所示。

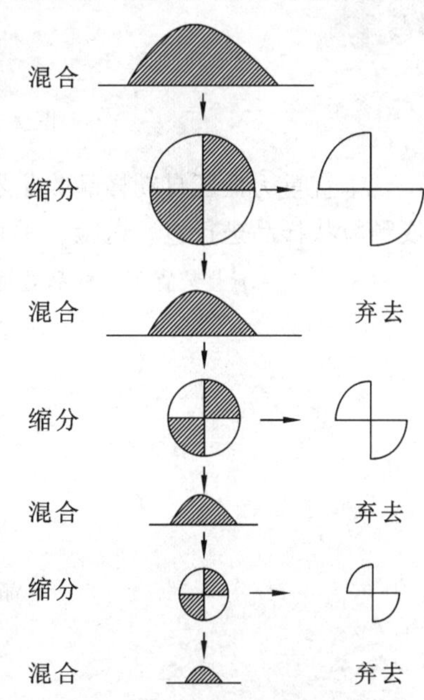

图 2-1　“四分法”取样图解

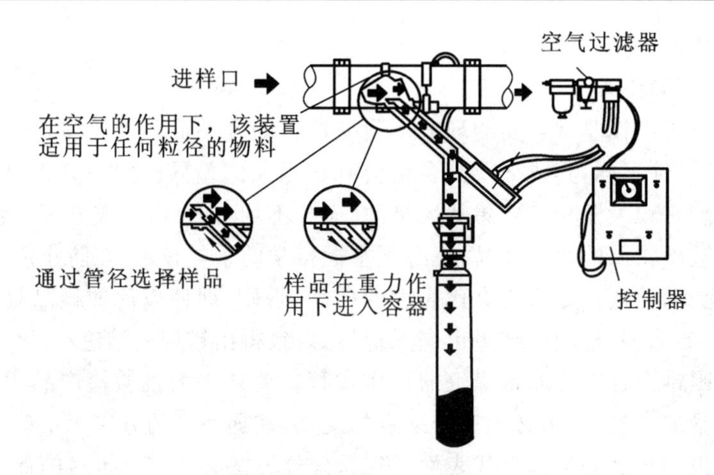

图 2-2　自动样品收集器

带垂直喷嘴或斜槽的样品收集器可用于粉末状、颗粒状、片状和浆状样品采样，它可以将样品除杂后，按四分法取样、包装后送检。带垂直喷嘴或斜槽的样品收集器如图 2-3 所示。

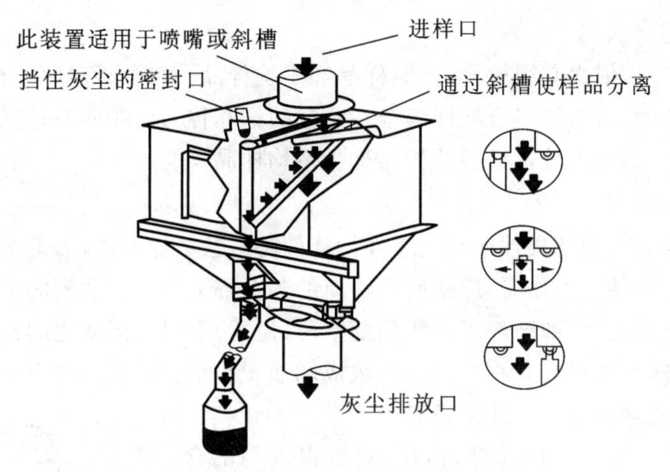

图 2-3　带垂直喷嘴或斜槽的样品收集器

垂直重力低压自动样品收集器可对固体样品按要求进行粉碎，然后将得到的粉末状、片状或颗粒状样品进行包装送检。垂直重力低压自动样品收集器如图 2-4 所示。

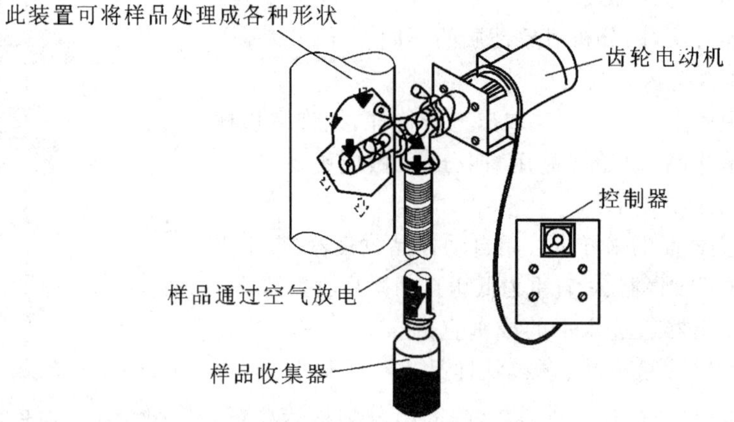

图 2-4　垂直重力低压自动样品收集器

2）较稠的半固态样品（如稀奶油）

可用采样器从上、中、下三层分别取出检样，然后混合缩减至得到所需数量的平均样品。

3）液态样品

在采样前须充分混合，如果混合容器内被检物的量不多，可用由这一容器转移到另一容器的方法来混合，然后从每个包装中取一定量综合到一起，充分混合均匀后，分取，缩减到所需数量。对于散装的液态物料，一般可用虹吸法分层取样，每层各取 500 mL 左右，充分混合后，分取，缩减到所需数量。

4）小包装的样品

小包装的样品（如罐头、瓶装奶粉等）连包装一起采样。

5）鱼、肉、蔬菜等组成不均匀的样品

这类食品其本身各部位极不均匀，个体大小及成熟程度差异很大，取样更应注意代表性，取样方法如下。

(1) 肉类：根据不同的分析目的和要求而定。从同一动物的不同部位取样，混合后代表该只动物；从一只或很多只动物的同一部位取样，混合后代表某一部位的情况。

(2) 水产品：小鱼、小虾可随机取多个样品，切碎、混匀后分取，缩减到所需数量；对个体较大的鱼，可从若干个体上切割少量可食部分，切碎混匀后分取，缩减到所需数量。

(3) 果蔬：体积较小的（如山楂、葡萄等），随机取若干个整体，切碎混匀，缩减到所需数量。体积较大的（如西瓜、苹果、萝卜等），可按成熟度及个体大小的组成比例，选取若干个体，对每个个体按生长轴纵割分 4 份或 8 份，取对角线 2 份，切碎混匀，缩减到所需数量。蓬松的叶菜类（如菠菜、小白菜等），由多个包装（一筐、一捆）分别抽取一定数量，混合后捣碎、混匀、分取，缩减到所需数量。

4. 采样要求

(1) 采样必须注意样品的生产日期、批号、代表性和均匀性（掺伪食品和食物中毒样品除外）。采集的数量应能反映该食品的卫生质量和满足检验项目对样品量的需要，一式三份，供检验、复验、备查或仲裁，一般散装样品每份不少于 0.5 kg。

(2) 采样容器根据检验项目，选用硬质玻璃瓶或聚乙烯制品。

(3) 液态、半流体食品（如植物油、鲜乳、酒或其他饮料），如用大桶或大罐盛装者，应先充分混匀后再采样。样品应分别盛放在三个干净的容器中。

(4) 粮食及固态食品应自每批食品上、中、下三层中的不同部位分别采集部分样品，混合后按四分法对角取样，再进行几次混合，最后取有代表性样品。

(5) 肉类、水产品等食品应按分析项目要求分别采取不同部位的样品或混合后采样。

(6) 罐头、瓶装食品或其他小包装食品，应根据批号随机取样，同一批号取样件数：250 g 以上的包装不得少于 6 个，250 g 以下的包装不得少于 10 个。

(7) 掺伪食品和食物中毒的样品采集，要具有典型性。

(8) 检验后的样品保存：一般样品在检验结束后，应保留一个月，以备需要时复检。易变质食品不予保留，保存时应密封并尽量保持原状。检验取样一般指取可食部分，以所检验的样品计算。

(9) 感官检验不合格产品不必进行理化检验，直接判为不合格产品。

5. 采样实例

1）罐头食品取样

可采用下列方法之一。

(1) 按生产班次取样,取样数为 1/3 000,尾数超过 1 000 罐者,增取 1 罐,但每班次每个品种取样数不得少于 3 罐。

(2) 某些产品生产量较大,则按班产量总罐数 20 000 罐为基数,其取样数以 1/3 000 计。超过 20 000 罐者,其取样数为 1/10 000,尾数超过 1 000 罐者,增取 1 罐。

(3) 个别产品生产量过小,同品种、同规格者可合并班次取样,但并班总罐数不超过 5 000 罐,每生产班次取样数不少于 1 罐,并班后取样数不少于 3 罐。

(4) 按杀菌锅取样,每锅检取 1 罐,但每批每个品种不得少于 3 罐。

2) 牛乳取样

每次取样最少为 250 mL。取样时要先将牛乳混匀,混匀方法可用搅拌棒在牛乳中自上至下、自下至上各以螺旋式转动 20 次。

当要采集数桶乳的混合样品时,则先要估计每桶的质量,然后以质量比例决定每桶乳中应采取的数量,用采样管采集到同一个样品瓶中,混匀即可。一般每千克可采样 0.2～1.0 mL。

为了确定牧场在一定时期内牛乳的成分,可逐日按质量采集一定的样品量(如每千克 0.5 mL),每 100 mL 样品中可加入 1～2 滴甲醛作为防腐剂。

3) 全脂乳粉取样

乳粉用箱或桶包装者,则开启总数的 1%,先加以杀菌,然后自容器的四角及中心采集样品各一份,搅匀,采集约总量的千分之一作检验用。采集瓶装、听装的乳粉样品时,可以按批号分开,自该批产品堆放的不同部位采集总数的千分之一作检验用,但不得少于 2 件。尾数超过 500 件者应加抽 1 件。

2.3.2 样品的制备

为了保证分析结果的正确性,对分析的样品必须加以适当的制备。制备的目的是保证样品十分均匀,使在分析时取任何部分都能代表全部样品的成分。

样品的制备是指对采集的样品粉碎、混匀、缩减等过程。其方法因产品类别不同而异。

(1) 液态、浆状或悬浮液体,一般是将样品摇动和充分搅拌。常用的简便搅拌工具是玻璃搅拌棒,还有带变速器的电动搅拌器,可任意调节搅拌速度。

(2) 互不相溶的液体,如油与水的混合物,分离后分别采集。

(3) 固态样品应切细、捣碎,反复研磨或用其他方法研细。常用工具有绞肉机、粉碎机、研钵等。

(4) 水果罐头在捣碎前须清除果核。肉禽罐头应预先清除骨头,鱼类罐头要将调味品(葱、辣椒及其他)分出后再捣碎。常用工具有高速组织捣碎机等。

在测定农药残留量时,各种样品制备方法如下。

(1) 粮食:充分混匀,用四分法取 200 g 粉碎,全部通过 40 目筛。

(2) 蔬菜和水果:先用水洗去泥沙,然后除去表面附着的水分,依当地食用习惯,取可食部分沿纵轴剖开,各取四分之一,切碎,充分混匀。

(3) 肉类:除去皮和骨,将肥瘦肉混合取样。每份样品在检验农药残留量的同时,还应进行粗脂肪的测定,以便必要时分别计算农药在脂肪或瘦肉中的残留量。

(4) 蛋类:去壳后全部混匀。

(5) 禽类:去毛,开膛去内脏,洗净,除去表面附着的水分。纵剖后将半只去骨的禽肉绞成肉泥状,充分混匀。检验农药残留量的同时,还应进行粗脂肪的测定。

(6) 鱼类:每份鱼样至少 3 条。去鳞、头、尾及内脏,洗净,除去表面附着的水分,纵剖,取每条的一半，去骨刺后全部绞成肉泥，充分混匀。

2.3.3　样品的预处理

食品中有害物质及某些特殊成分的检验有许多共同之处。由于食品本身(如蛋白质、脂肪、糖类等)对分析测定常产生干扰，因此在分析测定之前必须进行样品预处理。在样品预处理过程中，既要排除干扰因素，又要不至于使被测物质受到损失，而且应能使被测物质得到浓缩，从而使测定能得到可靠的结果。所以在食品分析测定时，样品的预处理是整个分析测定的重要步骤。

样品预处理的方法，应根据项目测定的需要和样品的组成及性质而定。在各项目的分析检验方法标准中都有相应的规定和介绍，常用的样品预处理方法有以下几种。

1. *有机物破坏法*

有机物破坏法用于食品中无机盐或金属离子的测定。在进行检验时，必须对样品进行处理，将有机物在高温或强氧化剂条件下破坏，被测元素以简单的无机化合物形式出现，从而易被分析测定。根据具体操作方法不同，又分为干法灰化和湿法消化两大类。

1）干法灰化

干法灰化是将样品在马弗炉中(一般 550 ℃)充分灰化，灰化前须先将样品炭化，即把装有待测样品的坩埚先放在电炉上低温使样品炭化，在炭化过程中为了避免被测物质的散失，往往加入少量碱性或酸性物质(固定剂)，通常称为碱性干法灰化或酸性干法灰化。例如，某些金属的氯化物在灰化时容易散失，这时就加入硫酸，使金属离子转变为稳定的硫酸盐。干法灰化时间长，常需过夜完成，但不需工作者经常看管，由于试剂用量少，产品的空白值较低，但对挥发性物质的损失较湿法消化大。

2）湿法消化

湿法消化是加入强氧化剂(如浓硝酸、高氯酸、高锰酸钾等)，使样品消化而被测物质呈离子状态保存在溶液中。由于湿法消化是在溶液中进行的，反应也缓和一些，因此被测物质的散失就大大减少。湿法消化时间短，而且挥发性物质损失较少，常用于某些极易挥发散失的物质，然而其试剂用量较大，在做样品消化的同时必须做空白实验，并需工作者经常看管，湿法消化污染大，劳动强度大，操作中还应控制火力，注意防爆。

随着研究的深入，高压消解罐消化法逐渐得到广泛应用。此法是在聚四氟乙烯罐中加入样品和消化剂，放入密封罐内并在 120～150 ℃烘箱中保温数小时。此法克服了常压湿法消化的一些缺点，但要求密封程度高，同时高压消解罐的使用寿命有限。

3）紫外光分解法

紫外光分解法是一种氧化分解法，通过降解样品中的有机物来测定其中的无机离子。紫外光由高压汞灯提供，在(85±5) ℃的温度下进行光解。为了加速有机物的降解，通常在光解过程中加入过氧化氢。光解时间可根据样品的类型和有机物的量而改变。如测定植物样品中的 Cl^-、Br^-、SO_4^{2-}、PO_4^{3-}、Cd^{2+}、Cu^{2+}、Zn^{2+}、Co^{2+} 等离子时，称取 50～300 mg 磨碎或匀化的样品置于石英管中，加入 1～2 mL 过氧化氢(30%)后，用紫外光光解 60～120 min，即可将其完全分解。

4）微波消解法

微波消解法是以微波为能量对样品进行消解，包括溶解、干燥、灰化、浸取等，该法适用于处理大批量样品及萃取极性与热不稳定的化合物。微波消解法的优点是快速、溶解用量少、节省能源、易于实现自动化等，已被广泛用于消解废水、废渣、淤泥、生物组织、流体、医药等多种试样，被认为是“理化分析实验室的一次技术革命”。美国公共卫生组织已将该法作为测定金属离子时消解植物样品的标准方法。

Yamane 等人用微波消解法测定大米粉样品中的 Pb、Cd、Mn 时，以硝酸及盐酸的混合液为消化液，实验步骤如下：称取 300 mg 样品于 Teflon PFA 消解容器内，加入 2 mL HNO_3 及 0.3 mL 0.6 mol/L HCl 溶液，微波消解 5 min。常规的氨基酸水解需在 110 ℃水解 24 h，而用微波消解法只需 10～30 min(150 ℃)，不但能切断大多数的肽键，而且不会造成丝氨酸和苏氨酸的损失。测定蛋白质样品中的氨基酸时，主要用三种水解方式，即标准水解、氧化后再水解及碱性条件下水解，不管用何种水解方式，在微波炉内水解蛋白质都可极大地缩短水解时间。日立公司、美国 CEM 公司等已生产多种型号的微波消解仪。

2. 蒸馏法

蒸馏法是利用样品中各组分挥发性的不同来进行分离的，可以用于除去干扰组分，也可以用于抽提被测物质。根据样品中待测成分性质的不同，可采用常压蒸馏、减压蒸馏、水蒸气蒸馏等蒸馏方式。现已有带微处理器的自动控制蒸馏系统，使分析人员能够控制加热速度、蒸馏容器和蒸馏头的温度及系统中的冷凝器和回流阀门等，使蒸馏的安全性和效率得到很大的提高。

1) 常压蒸馏

当被蒸馏的物质受热后不易发生分解或在沸点不太高的情况下，可在常压下进行蒸馏。常压蒸馏的装置比较简单，加热方法要根据被蒸馏物质的沸点来确定：如果沸点不高于 90 ℃可用水浴，如果沸点超过 90 ℃，则可改为油浴、沙浴、盐浴或石棉浴；如果被蒸馏物质不易爆炸或燃烧，可用电炉或酒精灯直接用火加热，最好垫以石棉网，使受热均匀且安全。当被蒸馏物质的沸点高于 150 ℃时，可用空气冷凝管代替冷水冷凝器。常压蒸馏装置如图 2-5 所示。

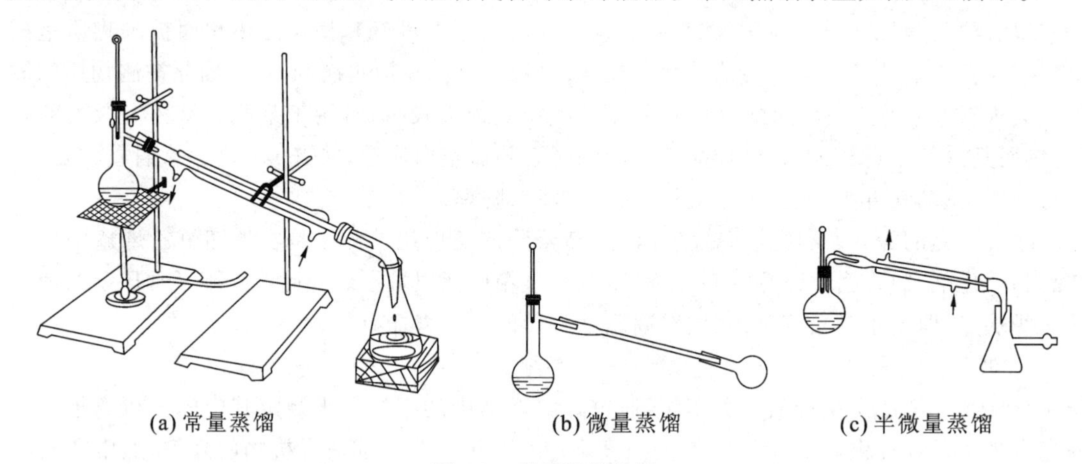

(a) 常量蒸馏　　(b) 微量蒸馏　　(c) 半微量蒸馏

图 2-5　常压蒸馏装置

2) 减压蒸馏

有很多化合物特别是天然提取物在高温条件下极易分解，因此须降低蒸馏温度，其中最常用的方法就是在低压条件下进行蒸馏。在实验室中常用水泵来达到减压的目的。减压蒸馏装置如图 2-6 所示。

3) 水蒸气蒸馏

将水和与水互不相溶的液体一起蒸馏，这种蒸馏方法就称为水蒸气蒸馏。水蒸气蒸馏是用水蒸气来加热混合液体的。例如，测定有机酸时常用水蒸气将有机酸蒸出再进行测定。水蒸气蒸馏装置如图 2-7 所示。

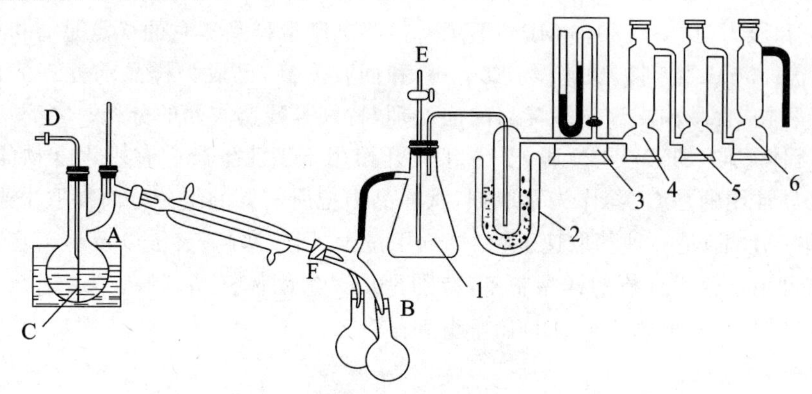

图 2-6　减压蒸馏装置

1—缓冲瓶；2—冷却装置；3、4、5、6—净化装置

A—减压蒸馏瓶；B—接收器；C—毛细管；D—调气夹；E—放气活塞；F—接液管

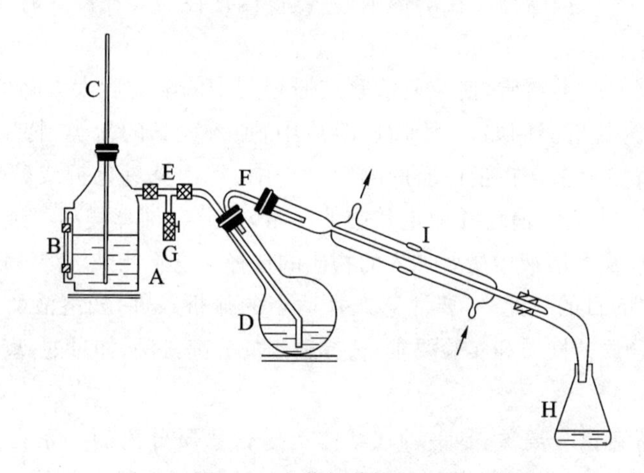

图 2-7　水蒸气蒸馏装置图

A—水蒸气发生器；B—玻璃管；C—安全管；D—长颈圆底烧瓶；

E—水蒸气导管；F—馏出液导管；G—螺旋夹；H—接收瓶；I—冷凝管

4）分馏

分馏是蒸馏的一种，是将液体混合物在一个设备内同时进行多次部分汽化和部分冷凝，将液体混合物分离为各组分的蒸馏过程。这种蒸馏方法适用于两种或两种以上组分可以互溶而且沸点相差很小的混合液体的分离。

3. 溶剂提取法

在同一溶剂中，不同的物质具有不同的溶解度。利用混合物中各物质溶解度的不同，将混合物组分完全或部分地分离，此过程称为萃取，也称提取。提取的方法很多，最常用的是溶剂分层法和浸泡法。

1）溶剂分层法

要从溶液中提取某一组分时，所选用的溶剂必须与溶液中原溶剂互不相溶，而且能大量溶解被提取的溶质（或者与提取组分互溶）。当选用溶剂与溶液混合后，由于某一组分在两种互不相溶的溶剂中的分配系数不同，经多次提取可分离出来。抽提的仪器可采用各式各样的分液漏斗。

加速溶剂萃取(ASE)是一种全新的处理固态和半固态样品的方法,该法是在较高温度(50～200 ℃)和压力(10.3～20.6 MPa)下用有机溶剂萃取样品。它的优点是有机溶剂用量少(1 g样品仅需 1.5 mL 溶剂)、快速(约 15 min)和回收率高,已成为样品前处理的最佳方法之一,广泛用于药物、食品和高聚物等样品的前处理,特别是残留农药的分析。

超临界流体萃取(SFE)于 20 世纪 70 年代开始用于工业生产中有机化合物的萃取,它用超临界流体(最常用的是 CO_2)作为萃取剂,从样品中把所需要的组分分离提取出来。

微波萃取(MAE)是一种萃取速度快、试剂用量少、回收率高、灵敏以及易于自动控制的样品制备技术,可用于色谱分析的样品制备,特别是从一些固体样品,如蔬菜、粮食、水果、茶叶、土壤以及生物样品中萃取六六六、DDT 等残留农药。

2) 浸泡法

从固体混合物提取某种物质(如从茶叶中提取茶多酚、从香菇中提取香菇多糖等)时,一般采用浸泡法,也称为浸提法。浸提所采用的提取剂应既能大量溶解被提取的物质,又要不破坏被提取物质的性质。为了提高物质在溶剂中的溶解度,往往需要在浸提时加热。

3) 盐析法

向溶液中加入某一盐类物质,使溶质溶解在原溶剂中的溶解度大大降低,从而从溶液中沉淀出来,这个方法称为盐析。例如,在蛋白质溶液中,加入大量的盐类,特别是加入重金属盐,蛋白质就从溶液中沉淀出来。在蛋白质的测定过程中,常用氢氧化铜或碱性乙酸铅将蛋白质从水溶液中沉淀下来,将沉淀消化并测定其中的氮量,据此以推算样品中纯蛋白质的含量。

在进行盐析时,应注意溶液中所要加入的物质的选择。它不能破坏溶液中所要析出的物质,否则达不到盐析提取的目的。此外,要注意选择适当的盐析条件,如溶液的温度等。盐析沉淀后,根据溶剂和析出物质的性质和实验要求,选择适当的分离方法,如过滤、离心分离和蒸馏等。

4. 色层分离法

色层分离法又称色谱分离法,是一种在载体上进行物质分离的一系列方法的总称。根据分离原理的不同,可分为吸附色谱分离、分配色谱分离和离子交换分离等。此类分离方法分离效果好,是应用最广泛的分离方法之一,尤其对一系列有机物质的分析测定,色谱分离具有独特的优点。

1) 吸附色谱分离

利用聚酰胺、硅胶、硅藻土、氧化铝等吸附剂经活化处理后所具有的适当的吸附能力,对被测成分或干扰组分进行选择性吸附而进行的分离称为吸附色谱分离。例如:聚酰胺对色素有强大的吸附力,而其他组分则难于被其吸附,在测定食品中色素含量时,常用聚酰胺吸附色素,经过过滤洗涤,再用适当溶剂解吸,可以得到较纯净的色素溶液,供测试用。

2) 分配色谱分离

此法是以分配作用为主的色谱分离法,是根据不同物质在两相间的分配比不同进行分离的。两相中的一相是流动的(称为流动相),另一相是固定的(称为固定相)。被分离的组分在流动相沿着固定相移动的过程中,由于不同物质在两相中具有不同的分配比,当溶剂渗透在固定相中并向上渗展时,这些物质在两相中的分配作用反复进行,从而达到分离的目的。例如:多糖类样品的纸上层析,样品经酸水解处理,中和后制成试液,点样于滤纸上,用苯酚-1%氨水饱和溶液展开,苯胺邻苯二酸显色剂显色,于 105 ℃加热数分钟,即可见到被分离开的戊醛糖

(红棕色)、己醛糖(棕褐色)、己酮糖(淡棕色)、双糖类(黄棕色)的色斑。

3) 离子交换分离

离子交换分离法是利用离子交换剂与溶液中的离子之间所发生的交换反应来进行分离的方法,分为阳离子交换和阴离子交换两种。交换作用可用下列反应式表示。

阳离子交换: $$R-H+MX=R-M+HX$$

阴离子交换: $$R-OH+MX=R-X+MOH$$

式中:R——离子交换剂的母体;

MX——溶液中被交换的物质。

当将被测离子溶液与离子交换剂一起混合振荡,或将样液缓缓通过用离子交换剂制成的离子交换柱时,被测离子或干扰离子即与离子交换剂上的 H^+ 或 OH^- 发生交换,被测离子或干扰离子留在离子交换剂上,被交换出的 H^+ 或 OH^-,以及不发生交换反应的其他物质留在溶液内,从而达到分离的目的。在食品分析中,可应用离子交换分离法制备无氨水、无铅水。离子交换分离法还常用于分离较为复杂的样品。

5. 化学分离法

1) 磺化法和皂化法

这是处理油脂或含脂肪样品时经常使用的方法。例如,油脂被浓硫酸磺化,或者油脂被碱皂化,油脂由憎水性变成亲水性,这时油脂中那些要测定的非极性物质就能较容易地被非极性或弱极性溶剂提取出来。

(1) 磺化法。

油脂遇到浓硫酸就磺化成极性很大且易溶于水的化合物,磺化净化法就是利用这一反应使样品中的油脂经磺化后再用水洗除去的。

磺化净化法主要用于对酸稳定的有机氯农药,不能用于狄氏剂和一般有机磷农药,但个别有机磷农药也可在控制在一定酸度的条件下应用。

利用经浓硫酸处理过的硅藻土作层析柱,使待净化的样品抽提液通过,以磺化其中的油脂,这是比较常用的净化方法。常以硅藻土 10 g 加发烟硫酸 3 mL,研磨至烟雾消失,随即再加浓硫酸 3 mL,继续研磨,装柱,加入待净化的样品,用正己烷或环己烷、苯、四氯化碳等淋洗。经此处理后,样品中的油脂就被磺化分离了,洗脱液经水洗后可继续进行其他的净化或脱水等处理。不使用硅藻柱而把浓硫酸直接加在样品溶液里振摇和分层处理,也可磺化除去样品中的油脂,此法称为直接磺化法。这种方法做起来要简便得多,在分液漏斗中就可进行。全部操作只是加酸、振摇、静置分层,最后把分液漏斗下部的硫酸层放出,用水洗涤溶剂层,磺化去油过程便完成了。

此法简单、快速、净化效果好,但用于农药分析时,仅限于在强酸介质中稳定的农药(如有机氯农药中的六六六、DDT)提取液的净化,其回收率在 80%以上。

(2) 皂化法。

对一些碱稳定的农药(如艾氏剂、狄氏剂)进行净化时,可用皂化法除去混入的脂肪。如在测定肉、鱼、禽类及其熏制品中的 3,4-苯并芘(荧光分光光度法)时,可在样品中加入氢氧化钾,回流皂化 2~3 h,除去样品中的脂肪。

2) 沉淀分离法

沉淀分离法是利用沉淀反应进行分离的方法。在试样中加入适当的沉淀剂,使被测组分沉淀下来,或将干扰组分沉淀下来,经过过滤或离心将沉淀与母液分开,从而达到分离目的。例如:测定冷饮中糖精钠含量时,可在试剂中加入碱性硫酸铜,将蛋白质等干扰杂质沉淀下来,而糖精钠仍留在试液中,经过滤除去沉淀后,取滤液进行分析。

3) 掩蔽法

此法是利用掩蔽剂与样液中干扰成分作用,使干扰成分转变为不干扰测定状态,即被掩蔽起来。运用这种方法可以不经过分离干扰成分的操作而消除其干扰作用,从而简化分析步骤,因而在食品分析中应用十分广泛,常用于金属元素的测定。如用二硫腙比色法测定铅时,在测定条件(pH=9)下,Cu^{2+}、Cd^{2+}等离子对测定有干扰,可加入氰化钾和柠檬酸铵掩蔽,消除它们的干扰。

6. 浓缩法

样品提取和分离后,往往需要将大体积溶液中的溶剂减少,提高溶液浓度,使溶液体积达到所需要的体积。浓缩过程中很容易造成待测组分损失,尤其是挥发性强、不稳定的微量物质更容易损失,因此,要特别注意。当浓缩至体积很小时,一定要控制浓缩速度不能太快,否则将会造成回收率降低。浓缩回收率要求不低于90%。常用的浓缩方法有常压浓缩法和减压浓缩法两种。

1) 常压浓缩法

此法主要用于待测组分为非挥发性的样品净化液的浓缩,通常采用蒸发皿直接挥发,若要回收溶剂,则可用一般蒸馏装置或旋转蒸发仪。此法简便、快速,是常用的方法。

2) 减压浓缩法

此法主要用于待测组分为热不稳定性或易挥发的样品净化液的浓缩,通常采用K-D浓缩器。浓缩时,水浴加热并抽气减压。此法浓缩温度低、速度快、被测组分损失少,特别适用于农药残留量分析中样品净化液的浓缩[美国官方分析化学师协会(AOAC)即用此法浓缩样品净化液]。

2.3.4 样品的保存

采集的样品应在当天进行分析,以防止其中水分或挥发性物质散失及其他待测物质含量变化。如果不能立即进行分析,必须加以妥善保存。应当把样品保存在密封洁净的容器内,必要时放在避光处,但切忌使用带有橡皮垫的容器,容易腐烂变质的样品需保存在0~5 ℃,保存时间也不宜过长,否则,会导致样品变质或待测物质的分解。

可采用升华干燥来保存样品,升华干燥又称冷冻干燥。在进行冷冻干燥时,先将样品冷冻到冰点以下,水分即变成冰,然后在高真空下使冰升华以脱水,样品即被干燥。所用真空度为13.3~40.0 Pa的绝对压强,温度为-30~-10 ℃。逸出的水分聚集于冷冻的冷凝器,用干燥剂将水分吸收或直接用真空泵抽走。

预冻温度和速度对样品有影响,为此须将样品的温度迅速降到“共熔点”以下。“共熔点”是指样品真正冻结成固体的温度,又称完全固化温度。对于不同的物质其“共熔点”不同,苹果为-84 ℃,番茄为-40 ℃,梨为-33 ℃。

由于样品在低温下干燥,食品化学和物理结构变化极小,所以食品成分的损失比较少,可用于肉、鱼、蛋和蔬菜类样品的保存。保存时间可达数月或更长时间。

2.4　实验误差与数据处理

2.4.1　误差的分类

一个客观存在的具有一定数值的被测成分的物理量，称为真实值。测定值与真实值之差称为误差(error)。

根据误差的性质，误差通常分为两类，即系统误差和偶然误差。

1. 系统误差(systematic error)

系统误差是由固定原因造成的误差，在测定的过程中按一定的规律重复出现，一般有一定的方向性，即测定值总是偏高或总是偏低。这种误差的大小是可测的，所以又称"可定误差"。系统误差可以用对照实验、空白实验、仪器校正等办法加以校正。根据来源，系统误差可以分为方法误差、仪器误差、试剂误差和操作误差四类。

1) 方法误差

方法误差是由于选择的分析方法不恰当或实验设计不恰当所造成的，如反应不能定量完成、有副反应发生、滴定终点与化学计量点不一致、滴定分析中指示剂选择不当、干扰组分存在等。方法误差有时不易被人们察觉，带来的影响通常较大，因此在选择方法时应特别注意。

2) 仪器误差

仪器误差是仪器本身不够准确或未经校准引起的，如量器(容量瓶、滴定管等)和仪表刻度不准、天平砝码不准、电子仪器"噪声"过大等。

3) 试剂误差

试剂误差是由试剂不合格所引起的，如所用试剂不纯或蒸馏水中含有微量杂质等。

4) 操作误差

操作误差主要指在正常操作情况下，由于分析工作者掌握操作规程与控制条件不当所引起的，如滴定管读数总是偏高或偏低、滴定终点颜色总是偏深或偏浅、第二次读数总是想与第一次重复等。

2. 偶然误差(accidental error)

偶然误差也称为随机误差、不可定误差，它是由一些偶然的外因所引起的误差，产生的原因往往是不固定的、未知的，且大小不一，或正或负，其大小是不可测的。这类误差的来源往往一时难以觉察，如环境(气压、温度、湿度)的偶然波动或仪器的性能、分析人员对各份试样处理不一致等。

偶然误差虽然有时无法控制，但它们的出现服从统计规律，即大偶然误差出现的概率小，小偶然误差出现的概率大，绝对值相同的正、负偶然误差出现的概率大体相等。因此，可以增加平行测定次数或用统计学方法来处理。

2.4.2　控制误差的方法

误差的大小，直接关系到分析结果的精密度和准确度。因此，要想获得正确的分析结果，必须采取相应的措施减少误差。

1. 选择恰当的分析方法

1) 正确选择分析方法的重要性

食品分析的目的在于为生产部门和市场管理监督部门提供准确、可靠的分析数据。生产部门根据这些数据对原料的质量进行控制,制订合理的工艺条件,保证生产正常进行,以较低的成本生产出符合质量标准和卫生标准的产品;市场管理和监督部门则根据这些数据对被检食品的品质和质量做出正确客观的判断和评定,防止质量低劣的食品危害消费者的身心健康。为了达到上述目的,除了需要采取正确的方法采集样品,并对所采集的样品进行合理的制备和预处理外,在现有的众多分析方法中,选择正确的分析方法是保证分析结果准确的又一关键环节。如果选择的分析方法不恰当,即使前序环节非常严格、正确,得到的分析结果也可能是毫无意义的,甚至会给生产和管理带来错误的信息,造成人力、物力的损失。

2) 选择分析方法应考虑的因素

样品中待测成分的分析方法往往很多,怎样选择最恰当的分析方法是需要周密考虑的。一般来说,应该综合考虑下列因素。

(1) 分析的具体要求。

不同分析方法的灵敏度、选择性、准确度、精密度各不相同,要根据分析结果要求的准确度和精密度来选择适当的分析方法。一般标准物和成品分析要求有较高的准确度,微量成分分析要求有较高的灵敏度,而中间控制分析则要求快速、简便。

(2) 分析方法的繁简和速度。

不同分析方法操作步骤的繁简程度和所需时间及人力各不相同,每样次分析的费用也不同。要根据待测样品的数目和要求取得分析结果的时间等因素来选择适当的分析方法。同一样品需要测定几种成分时,应尽可能选用能用同一份样品处理液同时测定几种成分的方法,以达到简便、快速的目的。

(3) 样品的特性。

各类样品中待测成分的形态和含量不同,可能存在的干扰物质及其含量不同,样品的溶解和待测成分提取的难易程度也不相同。要根据样品的这些特征来选择制备待测液、定量某成分和消除干扰的适宜方法。

(4) 实验室条件。

分析工作一般在实验室进行,各级实验室的设备条件和技术条件也不相同,应根据实验室所具备的具体条件来选择适当的分析方法,如现有仪器的精密度和灵敏度,所需试剂的纯度以及实验室的温度、湿度等。

在具体情况下究竟选用哪一种方法,必须综合考虑上述各项因素,但首先必须了解各类方法的特点,如方法的精密度、准确度、灵敏度等,以便加以比较。

3) 分析方法的评价

在研究一个分析方法时,通常用精密度、准确度和灵敏度这三项指标评价。

(1) 精密度(precision)。

精密度是指多次平行测定结果相互接近的程度。这些测试结果的差异是由偶然误差造成的。它代表着测定方法的稳定性和重现性。

精密度的高低可用偏差来衡量。测量值与平均值之差称为偏差(deviation,d)。偏差有绝对偏差和相对偏差之分。测定结果与测定平均值之差为绝对偏差,绝对偏差占平均值的百分比为相对偏差。

分析结果的精密度，可以用单次测定结果的平均偏差(average deviation)表示，即

$$\bar{d}=\frac{|d_1|+|d_2|+\cdots+|d_n|}{n}$$

式中：$d_1,d_2,\cdots,d_n$——第 1,2,…,n 次测定结果的绝对偏差。

平均偏差没有正负号。用这种方法求得的平均偏差称为算术平均偏差。单次测定结果的相对平均偏差(relative average deviation)的计算公式为

$$相对平均偏差=\frac{\bar{d}}{\bar{x}}\times 100\%$$

式中：$\bar{x}$——单次测定结果的算术平均值。

平均偏差的另一种表示方法为标准偏差(standard deviation，S)。单次测定的标准偏差(S)可按下式计算：

$$S=\sqrt{\frac{d_1^2+d_2^2+\cdots+d_n^2}{n-1}}=\sqrt{\frac{\sum d_i^2}{n-1}}$$

相对标准偏差(relative standard deviation，RSD)，也称为变异系数(coefficient of variation)，可按下式计算：

$$\mathrm{RSD}=\frac{S}{\bar{x}}\times 100\%$$

标准偏差较平均偏差有更多的统计意义，因为单次测定的偏差平方后，较大的偏差更显著地反映出来，能更好地说明数据的分散程度。因此，在考虑一种分析方法的精密度时，通常用相对标准偏差来表示。

(2) 准确度(accuracy)。

准确度是指测定值与真实值的接近程度。测定值与真实值越接近，则准确度越高。准确度主要是由系统误差决定的，它反映测定结果的可靠性。准确度高的方法精密度必然高，而精密度高的方法准确度不一定高。

准确度的高低可用误差来表示。误差越小，准确度越高；反之，准确度越低。误差有两种表示方法，即绝对误差和相对误差。绝对误差是指测定结果与真实值之差，相对误差是指绝对误差占真实值(通常用平均值代表)的百分比。

若以 x 代表测定值，μ 代表真实值，则

$$绝对误差=x-\mu,\quad 相对误差=\frac{x-\mu}{\mu}\times 100\%$$

选择分析方法时，为了便于比较，通常用相对误差表示准确度。

某一分析方法的准确度，可通过测定标准试样的误差，或做回收实验计算回收率，以误差或回收率来判断。

在回收实验中，加入已知量的标准物的样品，称为加标样品。未加标准物质的样品称为未知样品。在相同条件下用同种方法对加标样品和未知样品进行预处理和测定，按下式计算出加入标准物质的回收率：

$$P=\frac{X_1-X_0}{m}\times 100\%$$

式中：P——加入标准物质的回收率；

m——加入标准物质的质量；

X_1——加标样品的测定值；

X_0——未知样品的测定值。

回收率是两种误差的综合指标,能解决方法的可靠性。对回收率的数值要求是个比较复杂的问题,依分析测定方法难易和不同类型的分析方法而变化。一般 10^{-6}级应在 90%以上;10^{-9}级(如荧光法测定苯并芘)在 80%;比较繁杂的方法 70%即可,但最低不能小于 70%。

(3) 灵敏度。

灵敏度是指分析方法所能检测到的最低限量。

不同的分析方法有不同的灵敏度,一般来说,仪器分析法具有较高的灵敏度,而化学分析法(重量分析法和滴定分析法)灵敏度相对较低。

在选择分析方法时,要根据待测组分的含量范围选择适宜的方法。一般来说,待测组分含量低时,需选用灵敏度高的方法;待测组分含量高时,宜选用灵敏度低的方法,以减少由于稀释倍数太大所引起的误差。

由此可见,灵敏度的高低并不是评价分析方法好坏的绝对标准。一味追求选用高灵敏度的方法是不合理的。如重量分析法和滴定分析法灵敏度虽不高,但对于高含量的组分(如食品的含糖量)的测定能获得满意的结果,相对误差一般为千分之几。相反,对于低含量组分(如黄曲霉毒素)的测定,重量分析法和滴定分析法的灵敏度一般达不到要求,这时应采用灵敏度较高的仪器分析法。而灵敏度较高的方法相对误差较大,但对低含量组分允许有较大的相对误差。

2. 正确选取样品量

样品量的多少与分析结果的准确度关系很大。在常量分析中,滴定量或质量过大或过小都直接影响准确度;在比色分析中,含量与吸光度之间往往只在一定范围内呈线性关系,这就要求测定时读数在此范围内,并尽可能在仪器读数较灵敏的范围内,以提高准确度。增减取样量或改变稀释倍数可以达到上述目的。

3. 增加平行测定次数,减少偶然误差

测定次数越多,则平均值就越接近真实值,偶然误差也可抵消,所以分析结果就越可靠。一般要求每个样品的测定次数不少于两次,如要更精确地测定,分析次数应更多些。

4. 消除测量中的系统误差

1) 对照实验

对照实验是检查系统误差的有效方法。在进行对照实验时,常常用已知结果的试样与被测试样一起按完全相同的步骤操作,或由不同单位、不同人员进行测定,最后将结果进行比较。这样可以抵消许多不明了因素引起的误差。

2) 空白实验

在进行样品测定的同时,采用完全相同的操作方法和试剂,唯独不加被测定的物质,进行空白实验。在测定值中扣除空白值,就可以抵消试剂中的杂质干扰等因素造成的系统误差。

3) 回收实验

在既没有标准试样,又不宜用纯物质进行对照实验时,可以向样品中加入一定量的被测纯物质(定量分析用对照品),用同一方法进行定量分析。通过分析结果中被测组分含量的增加值与加入量之差,便可估算出分析结果的系统误差,以便对测定结果进行校正。

4) 校准仪器和标定溶液

各种计量测试仪器,如天平、旋光仪、分光光度计,以及移液管、滴定管、容量瓶等玻璃器皿，在精确的分析中必须进行校准，并在计算时采用校正值。各种标准溶液(尤其是容易变化的)应按规定定期标定，以保证标准溶液的浓度和质量。

5. 严格遵守操作规程

应严格遵守分析方法所规定的技术条件。经国家或主管部门规定的分析方法，在未经有关部门同意前，不得随意改动。

2.4.3　分析数据的处理

1. 分析结果的表示

食品分析项目众多，某些项目检测结果还可以用多种化学形式来表示，如硫含量可用 S^{2-}、SO_2、SO_3、SO_4^{2-} 等形式表示，它们的数值各不相同。测定结果的单位也有多种形式，如 mg/L、g/L、mg/kg、g/kg、mg/100 g、质量分数(%)等，取不同结果时显然结果的数值不同。统计处理结果的表示方法也多种多样，如算术平均值 $\overline{x}$、极差、标准偏差等表示测定数据的离散程度(精密度)。

原则上讲，食品分析要求测定结果既反映数据的集中趋势，又反映测定精密度及测定次数，另外还要照顾食品分析自身的习惯表示法。

通常，食品分析结果采用质量分数，而对食品中微量元素的测定结果采用 mg/kg 或μg/mg，统计处理的结果采用测定值的算术平均数 $\overline{x}$ 与极差 $R = X_{max} - X_{min}$ 同时表示。当测定数据的重现性较好时，测定次数 n 通常为 2；当测定数据的重现性较差时，分析次数应相应地增加。

2. 实验数据的处理

1) 运算规则

食品分析中直接或间接测定的量，一般用数字表示，但它与数学中的“数”不同，而仅仅表示量度的近似值。在测定值中只保留 1 位可疑数字，如 0.012 3 与 1.23 都为 3 位有效数字。当数字末端的“0”不作为有效数字时，要改写成用乘以 10^n 来表示。如 24 600 取 3 位有效数字，应写作 2.46×10^4。运算规则如下。

(1) 除有特殊规定外，一般可疑数字表示末位 1 个单位的误差。

(2) 复杂运算时，其中间过程多保留 1 位有效数字，最后结果需取应有的位数。

(3) 加减法计算的结果，其小数点以后保留的位数，应与参加运算各数中小数点后位数最少的相同。

(4) 乘除法计算的结果，其有效数字保留的位数，应与参加运算各数中有效数字位数最少的相同。

(5) 方法测定中按其仪器精度确定了有效数字的位数后，先进行运算，运算后的数值再修约。

2) 数字修约规则

(1) 在拟舍弃的数字中，若右边第一个数字小于 5(不包括 5)，则舍去，即所拟保留的末位数字不变。

例如：将 14.243 2 修约到保留一位小数，修约后为 14.2。

(2) 在拟舍弃的数字中，若右边第一个数字大于 5(不包括 5)，则进“1”，即所拟保留的末位数字加“1”。

例如：将 26.484 3 修约到只保留一位小数，修约后为 26.5。

(3) 在拟舍弃的数字中,若左边第一位数字等于5,其右边的数字并非全部为零,则进“1”,即所拟保留的末位数字加“1”。

例如:将1.050 1修约到只保留一位小数,修约后为1.1。

(4) 在拟舍弃的数字中,若左边第一个数字等于5,其右边的数字皆为零,所拟保留的末位数字若为奇数则进“1”,若为偶数(包括“0”)则不进。

例如:将下列数字修约到只保留一位小数。

0.350 0修约后为0.4;0.450 0修约后为0.4;1.050 0修约后为1.0。

(5) 所拟舍弃的数字,若为两位以上数字,不得连续进行多次修约,应根据所拟舍弃数字中右边第一个数字的大小,按上述规定一次修约出结果。

例如:将15.454 6修约成整数。

正确的做法是:修约后为15。

不正确的做法是:修约前(15.454 6)→一次修约(15.455)→二次修约(15.46)→三次修约(15.5)→四次修约(最后结果16)。

3) 可疑数据的检验与取舍

(1) 实验中的可疑值。

在实际分析中,随机误差的存在使得多次重复测定的数据不可能完全一致,而存在一定的离散性,并且常常发现一组测定值中一两个测定值比其余测定值明显偏大或偏小,这样的测定值称为可疑值。

可疑值可能是测定值随机流动的极度表现。它虽然明显偏离其余测定值,但仍然是处于统计上所允许的合理误差之内,与其余测定属于同一总体,称之为极值。极值是一个好值,必须保留。然而也有可能可疑值与其余测定值并不属于同一总体,称其为界外值、异常值、坏值,应淘汰不要。

对于可疑值,必须首先从技术上设法弄清楚其出现的原因。如果查明是由实验技术上的失误引起的,不管这样的测定值是否为异常值都应舍弃,而不必进行统计检验。但有时由于各种缘故未必能从技术上找出出现过失的原因,在这种情况下,既不能轻易地保留它,也不能随意地舍弃它,应对它进行统计检验,以便从统计上判明可疑值是否为异常值。如果确定为异常值,就应从这组测定中将其除去。

(2) 舍弃异常值的依据。

对于可疑值究竟是极值还是异常值的检验,实质上就是区分随机误差和过失误差。因为随机误差遵从正态分布的统计规律,在一组测定值中出现大偏差的概率是很小的。单次测定值出现在$\mu \pm 2\sigma$(σ为标准偏差,也用S表示)之间的概率为95%(这一概率也称为置信概率或置信度,$\mu \pm 2\sigma$称为置信区间),也就是说出现偏差的绝对值大于2σ的概率为5%(这个概率也称为显著概率或显著性水平);偏差的绝对值大于3σ的概率更小,只有0.3%。通常分析检验只进行少数几次测定,按常规来说,出现大偏差测定值的可能性理应是非常小的,而现在竟然出现了,那么就有理由将偏差很大的测定值作为与其余的测定值来源不同的总体异常值舍弃,并将2σ或3σ称为允许合理误差范围,也称为临界值。

(3) 可疑值的检验准则。

已知标准差:如果已知标准偏差σ的数值,可直接用2σ(置信度95%)或3σ(置信度99.7%)

作为取舍依据。

未知标准差：一般情况下，总体标准偏差 σ 事先并不知道，而要由测定值本身来计算得到，并依次来检验该组测定值中是否混有异常值，判别方法主要有狄克逊（Dixon）检验法、格鲁布斯（Grubbs）检验法。

狄克逊检验法，也称 Q 检验法，是指用狄克逊检验法检验测定值（或平均值）的可疑值和界外值的统计量，并以此来决定最大或最小的测定值（或平均值）的取舍。其中提到关于平均值的取舍问题，是由于有时要进行几组数据的重复测定，取几次测定的平均值，也是一个可疑值取舍问题，也要进行检验。

Q 检验法检验步骤如下。

① 首先将一组测定值从小到大排列：$x_1, x_2, \cdots, x_n$。

② 计算：用表 2-5 所列公式计算出 Q 值。计算时，Q 值的有效数字应保留至小数点后 3 位。

表 2-5　Q 值计算公式

测定次数(n)	计 算 公 式	公 式 用 途
3～7	$Q=\frac{x_2-x_1}{x_n-x_1}$ $Q=\frac{x_n-x_{n-1}}{x_n-x_1}$	检验最小值 x_1 检验最大值 x_n
8～12	$Q=\frac{x_2-x_1}{x_{n-1}-x_1}$ $Q=\frac{x_n-x_{n-1}}{x_n-x_2}$	检验最小值 x_1 检验最大值 x_n
13 及以上	$Q=\frac{x_3-x_1}{x_{n-2}-x_1}$ $Q=\frac{x_n-x_{n-2}}{x_n-x_3}$	检验最小值 x_1 检验最大值 x_n

③ 判定：从表 2-6 中查出 Q 值的临界值。

若 $Q \leqslant Q_{0.05,n}$，则该测定值可以接受；

若 $Q_{0.05,n} < Q \leqslant Q_{0.01,n}$，则受检验的测定值为可疑值，用一个星号“*”记在右上角；

若 $Q > Q_{0.01,n}$，则受检验的测定值判为界外值（异常值），用两个星号“**”记在右上角，该值需舍去。

④ 当 x_1 或 x_n 舍去时，还需对 x_2 或 x_{n-1} 再检验，此时临界值应为 $Q_{0.05,(n-1)}$ 和 $Q_{0.01,(n-1)}$，以此类推。

【例 2-1】 利用气相色谱对试样进行分析，进样 6 次，峰高（mm）如下：143.0、145.5、146.7、145.2、137.3、141.8。判断 137.3 是否应该舍去。

解 ① 首先将数据由小到大排列：137.3、141.8、143.0、145.2、145.5、146.7，受检验的是 x_1。

② 根据公式计算：

$$Q=\frac{x_2-x_1}{x_n-x_1}=\frac{141.8-137.3}{146.7-137.3}=0.479$$

③ 从表 2-6 中查出临界值：$Q_{0.05,6}=0.628$，$Q_{0.01,6}=0.740$。

④ 判定：由于 $Q=0.479 < Q_{0.05,6}=0.628$，所以 137.3 值正常接受，不应舍去。

表 2-6　Q 检验临界值表

n	$Q_{0.05}$	$Q_{0.01}$	n	$Q_{0.05}$	$Q_{0.01}$
3	0.970	0.994	22	0.468	0.544
4	0.829	0.926	23	0.459	0.535
5	0.710	0.821	24	0.451	0.526
6	0.628	0.740	25	0.443	0.517
7	0.569	0.727	26	0.436	0.510
8	0.608	0.717	27	0.429	0.502
9	0.564	0.672	28	0.423	0.495
10	0.530	0.635	29	0.417	0.489
11	0.502	0.605	30	0.412	0.483
12	0.479	0.579	31	0.407	0.477
13	0.611	0.697	32	0.402	0.472
14	0.586	0.670	33	0.397	0.467
15	0.565	0.647	34	0.393	0.462
16	0.546	0.627	35	0.388	0.458
17	0.529	0.610	36	0.384	0.454
18	0.514	0.594	37	0.381	0.450
19	0.501	0.580	38	0.377	0.446
20	0.489	0.567	39	0.374	0.442
21	0.478	0.555	40	0.371	0.438

从上例不难看出，Q 检验法拒绝接受的只是偏差很大的测定值，它把非异常值误判为异常值的概率是很小的，而把异常值误判为非异常值的可能性则大些，因而用 Q 检验法检验的数据，精密度不可能有偏高的假象，是一个比较好的检验方法。同时也使我们认识到，实验数据不能随意取舍。比如有人做了 3 次重复测定，往往有 2 个测定值比较接近，另一个数据有较大偏差，有的人则喜欢从 3 个测定值中挑选 2 个“好”的数据进行计算，另一个数据则丢弃不算。实际上，根据统计原理从 3 个数据中挑选 2 个是不合理的、不科学的，要纠正这种盲目行为。

格鲁布斯检验法，也称 G 检验法，检验步骤如下。

① 首先将一组测定值从小到大排列：$x_1, x_2, \cdots, x_n$，设 x_k 为可疑值。

② 算出 n 个测定值的平均值 $\overline{x}$ 及标准偏差 S。

③ 计算 G 值：

$$G=\frac{|x_k-\overline{x}|}{S}$$

④ 由 G 值表(见表 2-7)查出相对应的临界值。

⑤ 判断：

当 $G \leqslant G_{0.05,n}$ 时，则可疑值应保留；

当$G>G_{0.01,n}$时，则可疑值应舍去。

表2-7　G检验临界值表

n	$G_{0.05}$	$G_{0.01}$	n	$G_{0.05}$	$G_{0.01}$
3	1.15	1.15	15	2.41	2.70
4	1.46	1.49	16	2.44	2.74
5	1.67	1.75	17	2.47	2.78
6	1.82	1.94	18	2.50	2.82
7	1.94	2.10	19	2.53	2.85
8	2.03	2.22	20	2.56	2.88
9	2.11	2.32	21	2.58	2.91
10	2.18	2.41	22	2.60	2.94
11	2.24	2.48	23	2.62	2.96
12	2.29	2.55	24	2.64	2.99
13	2.33	2.61	25	2.66	3.01
14	2.37	2.66	30	2.74	3.10

【例2-2】【例2-1】中的数据，用G检验法判断137.3是否应该舍去？

解　① 首先将数据按由小到大的顺序排列：137.3、141.8、143.0、145.2、145.5、146.7，受检验的是x_1。

② 根据公式计算：

$$G=\frac{|x_k-\overline{x}|}{S}=\frac{|137.3-143.25|}{3.42}=1.74$$

③ 从表2-7中查出临界值为：$G_{0.05,6}=1.82$，$G_{0.01,6}=1.94$。

④ 判定：由于$G=1.74<G_{0.05,6}=1.82$，所以137.3值正常接受，不应舍去。

思考题

1. 实验室发生火灾的可能性很大，一旦发生火灾应如何处理？
2. 常用的标准溶液有哪几类？配制和标定的过程中应注意哪些问题？
3. 以粮油类样品为例，简述食品样品采样的原则、方法及样品的制备方法。
4. 在食品分析测定前，为什么要进行样品的预处理？常用的预处理方法有哪几种？
5. 在样品的预处理中，常用的有机物破坏法分为哪几大类？各类方法有何特点？在选择破坏有机物的方法时应注意什么问题？
6. 标准方法如有两个以上检验方法，在做具体分析时应如何选择？哪一种方法为仲裁方法？
7. 什么叫误差？误差根据其性质可分为哪几类？各自的定义是什么？
8. 可采取怎样的办法来提高分析结果的准确度和精密度？
9. 回收率在一定程度上决定了方法的准确度，一般可靠的回收率范围是多少？
10. 可疑数据检验与取舍的方法有哪几种？分别应如何操作？请概括各自的特点。

第3章 食品的感官检验法

本章提要

(1) 掌握常用的感官检验方法，如差别检验法、分类检验法、描述性检验法等。

(2) 掌握感官检验的基本方法，能正确地进行食品的感官检验。

(3) 了解食品感官检验的概念、意义及感官检验的类型。

(4) 了解食品感官检验的基本要求及原理。

Question 生活小提问

1. 去市场购买水果、蔬菜、猪肉、海产品等，如何评价其新鲜程度？
2. 白酒分为酱香型、浓香型、清香型、米香型等，其分类的依据是什么？
3. 你了解黑米染色的内幕吗？如何快速鉴别染色的黑米？
4. 如何评价膨化食品的酥脆性？

3.1 概　　述

3.1.1 感官检验的意义

感官检验(sensory testing)是借助于人的感觉器官(简称感官)对食品的各种质量特征的感觉(如味觉、嗅觉、视觉、听觉、触觉等)，用语言、文字或数据进行记录，再运用概率统计原理进行统计分析，从而对食品的色、香、味、形、质地、口感等各项指标做出评价的方法。其目的是评价食品的可接受性和鉴别食品的质量。

食品是一类特殊商品，消费者习惯上凭感官来决定对食品的取舍，食品的消费过程在一定程度上是感官愉悦的享受过程。因此，作为食品不仅要符合营养和卫生的要求，而且必须能为消费者所接受。

食品要为消费者所接受，很大程度上取决于食品的各种感官特征，如食品的外观、形态、色泽、口感、风味以及包装等。而这些特征，只能依靠人的感觉，往往不是一般的理化检验所能检测出来的。理化检验虽然能对食品的各组分(如糖、酸、卤素等)含量进行测定，但并不能考虑组分之间的相互作用和对感觉器官的刺激情况，缺乏综合性判断。

原始的感官检验是利用人们自身的感觉器官对食品进行评价和判断。在许多情况下，这种评价由某方面的专家进行，并往往采用少数服从多数的方法，来确定最后的评价。这种评价存在弊端，同时，作为一种以人的感觉为测定手段的方法，误差的存在也是难免的。因此，原始的感官检验缺乏科学性，可信度不高。

现代的食品感官检验是在食品理化分析的基础上，集心理学、生理学、统计学的知识发展起来的一门学科。该学科不仅实用性强、灵敏度高、结果可靠,而且解决了一般理化分析所不能解决的复杂的生理感受问题。感官检验在许多发达国家已普遍采用,是从事食品生产、营销管理、产品开发的人员以及广大消费者所必须掌握的一门知识。

3.1.2 食品感官检验的类型

食品感官检验,根据其作用的不同分为分析型感官检验和偏爱型感官检验两种类型。

1. 分析型感官检验(analytical sensory testing)

分析型感官检验是以人的感觉器官作为一种检验测量的工具,通过感觉来评定样品的质量特性或鉴别多个样品之间的差异。例如,原辅料的质量检查、半成品和成品的质量检查以及产品评优等均属于这种类型。

由于分析型感官检验是通过人的感觉来进行检测的,因此,为了降低个人感觉之间差异的影响,提高检测的重现性,以获得高精度的测定结果,必须注意评价基准的标准化、实验条件的规范化和评价员的选定。

1) 评价基准的标准化

评价基准要统一,并且要标准化,防止评价员按各自的评价基准和尺度使结果难以统计和比较,评价基准标准化的最有效方法是制作标准样品,将各种样品都与标准样品比较。

2) 实验条件的规范化

在分析型感官检验中,有时需要对样品间的细微差异做出判断,这时分析结果很容易受环境影响,因此实验条件应规范化。

3) 评价员的选定

从事分析型感官检验的评价员,必须具备良好的生理及心理条件,并经过挑选和适当的训练,要求感官感觉敏锐。

2. 偏爱型感官检验(preference-based sensory testing)

偏爱型感官检验与分析型感官检验相反,是以样品为工具来了解人的感官反应及倾向。如在新产品开发中对试制品的评价,在市场调查中使用的感官检查都属于偏爱型感官检验。

此类感官检验不需要统一的评价标准及条件,而是依赖人们的生理及心理上的综合感觉,即人的感觉程度和主观判断起决定性作用,其检验结果受生活环境、生活习惯、审美观点等多方面因素的影响,因此分析结果往往因人、因时、因地而异。例如,对某一食品风味的评价,不同地域与环境的人、不同群体、不同生活习惯的人、不同年龄的人会得出不同的结论,有人认为好,有人认为不好,既有人喜欢,也有人不喜欢。所以偏爱型感官检验完全是一种主观的行为,它反映了不同个体或群体的偏爱倾向、不同个体或群体的差异。它对食品的开发、研制、生产有积极的指导意义。

3.2 食品感官检验的基本要求

食品的感官检验既受客观条件影响,也受主观条件影响。因此对评价员、实验条件、样品的准备和实验时间都有一定要求,以保证感官检验结果的准确度、可靠性和重现性。

3.2.1 对评价员的基本要求

评价员对环境、产品及实验过程等的反应方式都是实验潜在的误差因素。进行感官检验时,依照评价目的的不同,评价员可以分为分析型感官评价员和偏爱型感官评价员。分析型感官检验是以鉴定食品的质量为目的,要求评价员能对样品之间的微妙差异敏感,在重复同样的检验时仍可得出相同结果,并能用文字表达其判断的结论,因此分析型感官评价员必须有良好的生理及心理条件,并经过适当的训练,感官敏锐,人数依据结果的精度、检验的方法及评价员的水平来确定。精度越高、方法的功效越低、评价员的水平越低,需要的评价员数量越多;反之则需要的评价员数量越少。一般分析型感官检验人数在 10～50 范围内。偏爱型感官检验的目的是对食品进行可接受性评价。这类检验员可由任意的未经训练的人担任,人数以不少于 100 人为宜,这些人必须在统计学上能代表消费者总体,以保证实验结果具有代表性和可靠性。

评价员都应该具备的基本条件如下:

(1) 身体健康,不能有任何感觉方面的缺陷;

(2) 对食品感官鉴定工作有兴趣;

(3) 个人卫生条件好,无明显个人气味;

(4) 具有对检验产品的专业知识,并对产品无偏见;

(5) 有责任心,工作专心;

(6) 对感觉内容有确切的表达能力。

此外,在进行感官检验前还应注意以下问题:

(1) 检验前 30 min 内,避免食用糖果或口香糖;

(2) 检验前,禁止使用强气味的化妆品;

(3) 检验前 1 h 内,不许吸烟;

(4) 检验前,评价员不能过饱或过饥;

(5) 衣服、手、身体洁净,衣服上无汗味或由其他环境中带入的强刺激性气味。

3.2.2 对实验条件的要求

感官检验室应远离其他实验室,要求安静、隔音和整洁,不受外界干扰,无异味,色调自然,给评价人员以舒适感,有利于集中注意力。

理想的感官检验室应布置三个独立的区域,即办公室、样品准备室和检验室,见图 3-1。

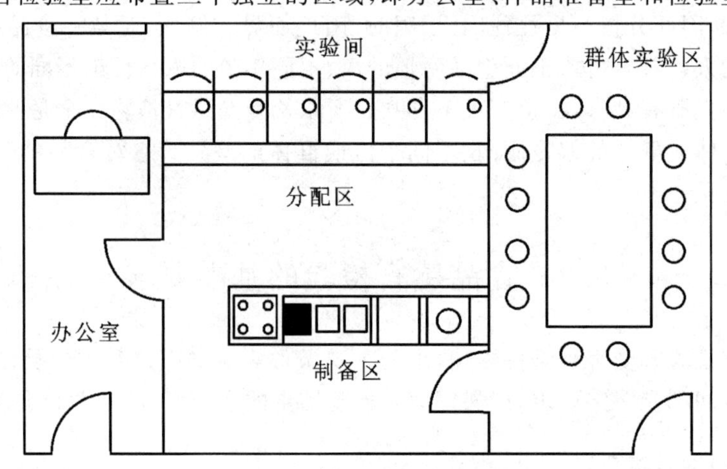

图 3-1 理想的感官检验室

办公室用于工作人员管理事务。

样品准备室用于准备和提供样品，可分为制备区和分配区。它应与检验室完全隔开，防止样品气味传入检验室并避免评价员见到样品的准备过程。室内应设有排风系统。

检验室的实验间用于进行感官评价，室内墙壁宜用白色涂料，以免颜色太深影响人的情绪。室内应分隔成几个间隔，以避免评价员互相之间的干扰（如交谈、面部表情等）。每一间隔内设有检验台和传递样品的小窗口，以及简易的通讯装置，便于评价人员与工作人员相互联系。检验台上装有洗漱盘和水龙头，用来冲洗品尝后吐出的样品。此外，检验室还应设群体实验区，用于评价人员之间的讨论。

3.2.3 样品的准备

1. 样品数量

每种样品应该有足够的数量，保证有三次以上的品尝次数，以提高实验结果的可靠性。

2. 样品温度

样品温度的控制应以最容易感受样品间所鉴评的特性为基础，通常是将样品温度保持在该种食品日常使用的温度，以利于获得稳定的评价结果。在实验中，可事先制备好样品并保存在恒温箱内，然后统一呈送，保证样品温度恒定和均一。

3. 盛放样品的容器

对于容器的选择，很难做出一个严格统一的规定。一般使用一次性容器，比如各种规格的杯子或碟子。当然，也可使用非一次性的容器，但要保证每一次实验使用的容器相同。同时，要确保容器不会对样品的感官性状产生影响，比如，如果要检验的是热饮料的话，就不要使用塑料的容器，因为塑料会对热饮料的风味产生负面影响。

4. 样品编号

样品的编号也会对评价人员产生某种暗示作用，比如，参评人员很可能下意识地把被标为 A 的产品的分数打得比其他产品的分数高。一般来说，在给样品编号时，不使用一位或两位的数字或字母，能够代表产品公司的数字、字母和地区号码也不用来作为编号，对用于进行感官评价的样品编号，通常使用的是 3 位随机编码。同次实验中所用编号位数应相同。同一样品应编几个不同号码，保证每个评价员所拿到的样品编号不重复。

5. 样品的摆放顺序

呈送给评价员的样品的摆放顺序也会对感官评价实验结果产生影响。这种影响涉及两个方面：一是在比较两个与客观顺序无关的刺激时，常常会过高地评价最初刺激或第二刺激，即所谓顺序效应；二是在评价员较难判断样品间差别时，往往会多次选择放在特定位置上的样品，如在三点检验法中选择摆在中间的样品。因此，在给评价员呈送样品时，应注意让样品在每个位置上出现的概率相同，或采用圆形摆放法。

6. 其他

在样品准备过程中，还应为评价员准备一杯温水，用于漱口，以便除去口中样品的余味，再接着品尝下一个样品。如果食品的余味很浓、很辛辣、很油腻，可用茶水漱口。

3.2.4 实验时间的选择

感官检验宜在饭后 2～3 h 内进行，避免过饱或饥饿状态，并要求评价员在实验前 0.5 h 内不得吸烟或吃刺激性强的食品。

3.3 食品感官检验的原理

3.3.1 感觉的概念和基本规律

1. 感觉的概念

感觉(feel)是客观事物(刺激物)的各种特性和属性刺激人的不同感官后,在大脑中引起的心理反应。一种特征或属性即产生一种感觉,而感觉的综合就形成了人对这一事物的认识及评价。食品感官检验就是食品的某些感官特性,如色泽、形状、气味、滋味、质地等作用于人的感觉器官后,通过神经传到大脑所产生的相应感觉。比如,面包作用于我们的感官时,我们通过视觉可以感觉到它的外观、颜色,通过味觉可以感觉到它的风味、味道,通过触摸或咀嚼可以感受到它的质地等。

2. 感觉的分类及其敏感性

食品作为一种刺激物,能刺激人的各种感官而产生多种感官反应。通常,人有五种基本感觉,即视觉、听觉、触觉、嗅觉和味觉。除此之外,人可辨认的感觉还有温度觉、痛觉、疲劳觉、口感等多种感官反应。

感觉的敏感性是指人的感觉器官对刺激的感受、识别和分辨能力。感觉的敏感性因人而异,某些感觉通过训练或强化可以获得特别的发展,即敏感性增强。而当某些感觉器官发生障碍时,其敏感性会降低,甚至消失。如评酒大师的嗅觉及味觉就有超常的敏感性。而人在感冒时,其嗅觉及味觉的敏感性就明显降低。

3. 感觉阈(sensory domain)

感觉的产生需要适当的刺激,而刺激强度太大或太小都产生不了感觉,即必须有适当的刺激强度才能引起感觉,这个强度范围即为感觉阈。它是指从刚好能引起感觉到刚好不能引起感觉的刺激强度范围。如人的眼睛,只能对波长范围在380～780 nm的光波刺激产生视觉,在此范围以外的光刺激均不能引起视觉,这个波长范围的光被称为可见光,也就是人的视觉阈。因此,对各种感觉来说,都有一个感受体所能接受的外界刺激变化范围。感觉阈值就是指感官或感受体对所能接受的刺激变化范围的上、下限以及对这个范围内最微小变化感觉的灵敏程度。感觉阈包含以下几种概念。

(1) 绝对感觉阈:指以产生一种感觉的最低刺激量为下限,到导致感觉消失的最高刺激量为上限的刺激强度范围值。

(2) 察觉阈值:指刚刚能引起感觉的最小刺激量,也称感觉阈值下限。

(3) 识别阈值:指能引起明确的感觉的最小刺激量。

(4) 极限阈值:指刚好导致感觉消失的最大刺激量,也称感觉阈值上限。

(5) 差别阈:指所能感受到的刺激的最小变化量。如人对光波变化产生感觉的波长差是10 nm。差别阈不是一个恒定值,它随环境、生理或心理等因素的变化而变化。

4. 感觉的基本规律

在感官检验中,不同的感觉之间会产生一定的干扰;同一类感觉中,不同的刺激对同一感受器的作用,相互之间也会有所影响。如引起感觉的适应、对比、协同、拮抗和掩蔽等现象。这种感官与刺激之间的相互作用、相互影响,在感官检验中应引起充分的重视。

1）适应现象(adaptation phenomenon)

适应现象又称感觉疲劳，是指感觉在同一刺激物的持续或重复作用下敏感性发生变化的现象。通常强刺激的持续作用使敏感性降低，微弱刺激的持续作用使敏感性提高。适应现象多表现在嗅觉和听觉上。“入芝兰之室，久而不闻其香”“入鲍鱼之肆，久而不闻其臭”就是典型的嗅觉适应现象。

2）对比现象(contrast phenomenon)

对比现象是指当两个刺激同时或连续作用在同一感受器时，其中一个刺激因另一个刺激的存在而得到感觉增强或减弱的现象。例如，吃过糖后再吃橘子，会觉得甜橘子变酸了，这就是由对比现象产生的对比效应。各种感觉都存在对比现象。在进行感官检验时，由于对比现象会夸大两个检查对象的实际感官差异，因此要尽可能避免对比效应的发生。一般用品尝前后漱口、调整品尝次序等方法来消除对比现象。

3）协同效应(cooperative effect)

协同效应又称相乘效应，是指两种或多种刺激同时作用于同一感官时，引起的感觉水平超过每种刺激单独作用时叠加总效果的现象。例如，谷氨酸与氯化钠共存时，谷氨酸的鲜味加强；谷氨酸与肌苷酸共存时，鲜味显著增强，且超过两者鲜味的加和；麦芽酚与蔗糖共存于饮料和糖果中也有类似的效果。

4）掩蔽现象(concealed phenomenon)

掩蔽现象又称消杀现象，是指两个刺激同时或先后出现时，一种刺激造成另一种刺激的感觉丧失或发生根本变化的现象。例如，当两个强度相差很大的声音传入双耳时，我们只能感觉到强度较大的一个声音；在尝过氯化钠或奎宁后，再饮用清水也会有微甜的感觉。

以上各种现象在感官检验中，都要给予充分的重视。

3.3.2　食品感官检验的原理

食品的感官检验，是根据人的感觉器官，对食品的各种质量特性所产生的感觉，以及通过大脑对各种感觉信息的逻辑思维而对食品的质量做出的判断与评价。这是食品感官检验的基础。

1. 视觉与视觉评价(sense of vision and visual evaluation)

视觉是眼球受外界光线和物体反射的光刺激后产生的感觉。视觉受光照强度的影响，光线过强或过弱都会降低视觉的分辨能力。

在感官检验中，视觉评价处于第一位置。因为一个产品是否得到消费者的认可，往往取决于第一印象，即“视觉印象”，它包含产品的外观、形态、光泽和色泽等。色泽鲜艳、造型美观的食品必然首先博得好感；另外，所有食品的外观特征往往与其内在的品质紧密相关。如从表面的光泽、色泽可以判断鱼类或肉类的新鲜度，从色泽可以判断水果、蔬菜的成熟状况，从包装的外观情况可以判断罐装食品是否胀罐或泄漏。

视觉评价应在自然光或类似自然光下进行，避免光线暗弱或光线直接射入眼睛而造成视觉疲劳。先检查整体外形及外包装，再检查内容物。对于透明包装的瓶装液态食品，须将瓶颠倒，检查是否有杂质下沉或絮状物悬浮，再开启后倒入无色玻璃器皿中透过光线观察。

2. 听觉与听觉评价(auditory sensation and auditory evaluation)

听觉是耳朵受到声波刺激后产生的感觉。声波是物体振动所产生的一种纵波，必须借助于气态、液态或固态的媒介物才能传播。

听觉的敏感性是指人耳对声波的音调和响度的感受能力，即人的听力。听觉正常的成人可听到频率为16～20 000 Hz的声音,18～25岁时听力最佳。人耳对不同频率的声波敏感性不同,纯音强度的差别阈随刺激强度的增加而降低。1 000 Hz的纯音强度为20 dB时,差别阈为1.5 dB;强度为40 dB时,差别阈仅为0.7 dB。

听觉与食品的感官质量有一定联系,利用听觉进行感官检验的应用范围十分广泛。对于同一物品,当受到外来机械敲击时,应发出相同的声音。当其中的一些成分、结构发生变化后,原有的声音会发生一些变化。据此可检查许多产品的质量。如敲打罐头,用听觉检查其质量,生产中称之为打检,即从敲打发出的声音来判断罐头真空度的高低、内容物的多少和封口的紧密程度等。另外,根据食品的质感特别是咀嚼食品时发出的声音,可判断食品质量的优劣。如焙烤制品中的酥脆薄饼、爆米花和某些膨化制品,在咀嚼时应该发出特有的声音,否则可认为质量已发生变化。

3. 嗅觉与嗅觉评价(olfaction and olfactory evaluation)

嗅觉是指挥发性物质刺激鼻腔嗅觉神经时在中枢神经系统引起的一种感觉。嗅觉的个体差异很大,同样的气味,每个人嗅觉反应不同,即喜欢或厌恶的程度不同。如榴莲,有人闻之香,有人闻之臭。另外,对于嗅觉,有敏锐者也有迟钝者,即使嗅觉敏锐者也并非对所有的气味都敏锐,因不同气味而异。如长期从事评酒工作的人,其嗅觉对酒香的变化非常敏感,但对其他气味就不一定敏感。嗅觉的适应性特别强,被同一种气味较长时间刺激后很容易顺应,即产生嗅觉疲劳。人的身体状况也会影响嗅觉,如人在感冒、身体疲倦或营养不良时,嗅觉敏感性会降低。

在感官检验中,嗅觉评价起着十分重要的作用,在许多方面是无法用仪器和理化检验来替代的。如在食品的风味化学研究中,通常由色谱和质谱将风味各组分定性和定量,但在整个过程中,提取、捕集、浓缩等都必须伴随着嗅觉检查,才可保证实验过程中风味组分无损失。另外,食品加工原料新鲜度的检查,鱼、肉类是否因蛋白质分解而产生氨味或腐败味,油脂是否因氧化而产生哈喇味,新鲜果蔬是否具有应有的清香味,酒的调配与勾兑、食品的调香等,都有赖于嗅觉评价。

进行嗅觉评价时,食品离鼻子应有一定距离,可用手掌在食品上方轻轻扇动,然后轻轻地吸气辨别。最后将食品送入口中,通过咀嚼或吞咽,使香气进入鼻腔,再一次体会气味特点。通常以被测样品和标准样品之间的相对差别来评判嗅觉响应强度。在两次实验之间以新鲜空气作为稀释气体,使得鼻腔内嗅觉气体浓度迅速下降。为避免嗅觉疲劳,嗅觉检查应由淡到浓,且数量不宜过多,延续时间也应尽可能缩短。

4. 味觉与味觉评价(sense of taste and tasting evaluation)

味觉是食品中的可溶性呈味物质刺激舌面的味细胞,通过味觉神经传入大脑皮层的味觉中枢而产生的感觉。人的基本味觉有酸、甜、苦、咸四种,此外,还有辣味、涩味、鲜味、碱味、金属味等。纯粹的味觉应是堵塞鼻腔后,将接近体温的食品送入口腔内而获得的感觉。而味感往往是味觉、嗅觉、温度觉等几种感觉在口腔中的综合反映。

味觉在感官检验中占有重要的地位,在食品的色、香、味、形、质中,味觉占的权重往往最大。味觉一直是人类对食物进行辨别、挑选和决定是否予以接受的主要因素之一。影响味觉评价的因素主要有以下几点。

1) 温度的影响

温度对味觉的影响很大,最能刺激味觉的温度范围是10～40 ℃,其中以30 ℃时味觉最敏感。如甜味在50 ℃以上时,感觉明显迟钝。温度对味觉的影响还表现在味阈值的变化上。感觉不同味道的最适温度有明显差别。甜味和酸味的最佳感觉温度是35～50 ℃,咸味是18～

35 ℃，而苦味则是10 ℃。

2）介质的影响

呈味物质只有在溶解状态下才能扩散至味觉感受器而产生味觉，因此味觉会受呈味物质所处介质的影响。其中最为突出的影响因素是介质的黏度，一般随着介质黏度的增加，呈味物质扩散到味觉感受器表面的速度减慢，因而味觉识别越趋困难。例如，将同一基本呈味物质分别置于水溶液、胶体和泡沫状态的介质中时，水溶液的味感容易辨别，胶体介质最难辨别，而处于泡沫状介质时，辨别能力居中。

3）身体状况的影响

人患某些疾病或发生异常时会导致失味、味觉迟钝或变味；人处于饥饿状态下味觉敏感性会明显提高，一天中在午餐前达到最高，而进食1 h内敏感性明显下降；缺乏睡眠会明显提高酸味阈值。

在进行味觉评价时，评价员在评价前0.5 h内不能吸烟或吃刺激性强的食品，以免降低味觉的灵敏性。评价时取出少量被检食品，放入口中，细心咀嚼、品尝。每品尝一种食品后必须用温水漱口，再检验第二个样品。几种不同味道的食品在进行感官评价时，应当按照刺激性由弱到强的顺序，最后鉴别味道强烈的食品。在进行大量样品鉴别时，中间必须休息。

5. 触觉与触觉评价(tactile sensation and tactile evaluation)

皮肤的感觉称为触觉。它是辨别物体表面的机械特性和温度的感觉。根据刺激的不同可分为以下几种：皮肤受到机械刺激尚未变形时的感觉称为触觉；若刺激强度增加，使皮肤变形，称为压觉；由于两者是相互联系的，所以又称触压觉；皮肤分布着冷点和热点，若受冷、温、热、烫的刺激所产生的感觉，称为温度觉。广义的触觉还包括增加指压时产生的感觉，通称手感；食品在口腔内，通过牙齿的咀嚼，与口腔、舌面接触及摩擦过程中所产生的物理性感觉，称为口感。

触觉评价是通过人的手、皮肤表面接触物体时所产生的感觉来分辨、判断产品质量特性的一种感官评价。

在进行触觉评价时，通过手触摸食品，对食品的质量特性，如食品表面的粗糙度、光滑度、软硬、柔性、弹性、韧性、冷热、潮湿、干燥程度、黏稠度等做出评价；通过口感对食品的硬度、黏度、弹性、酥性、脆性、韧性、附着力、润滑感、粗糙感、冷热感、细腻感、咀嚼性、胶性等做出评价。例如，根据鱼体肌肉的硬度和弹性，可以判断鱼是否新鲜或腐败；根据饼干的口感，可以评价饼干的脆性和酥性。触觉的评价往往与视觉、听觉配合进行。

3.4 食品感官检验常用的方法

食品感官检验的方法很多。常用的方法可以分为三类：差别检验法、标度与类别检验法、描述性检验法。进行感官检验前应根据检验的目的和要求选择适宜的检验方法。

3.4.1 差别检验法

差别检验法(difference testing method)是常用的比较简单、方便的感官检验法。它的目的是确定两种产品之间是否存在感官差别。在差别检验中要求评价员对两个或两个以上的样品进行选择性的比较，判断是否存在感官差别。差别的检验结果，以给出不同结论的评价员的数量及检验次数为基础，进行概率统计分析。常用方法有两点检验法、三点检验法、“A”-“非

A”检验法、二-三点检验法和五中取二检验法等。本书重点介绍前三种检验法。

1. 两点检验法

两点检验法又称成对或配对检验法，即以随机顺序同时出示两个样品给评价员，要求评价员对这两个样品进行比较，判断两个样品间是否存在某种差异(差异识别)及其差异方向(如某些特征强度的顺序)的一种检验方法。这是最简单的一种感官检验方法。

1) 用途

用于发现两个样品在特性强度上是否存在差别或者是否其中之一更受消费者偏爱。

2) 实验人员

一般要求20～50名评价员来进行实验，实验人员要么都接受过培训，要么都没接受过培训，同一实验中，不能既有受过培训又有没受过培训的人员。

3) 技术要点

(1) 样品AB和BA在配对样品中出现次数相等，并同时随机地呈送给评价员。

(2) 提问方式要避免倾向性(不能给评价员某种暗示)。

根据不同的检验目的，可这样设置问题，差别检验如：两个样品中，哪个更____？(甜、酸)。偏爱检验如：两个样品中更喜欢哪个？

(3) 最好选用强迫选择，即不允许“无差异”的回答。

4) 结果分析

(1) 差异分析：判断两个样品间是否存在差异。

统计有效评价表的正解数，例如：问A、B两个样品哪一个具有某一特性(甜)时，回答具有这一特性的就是正解。用大的正解数与表3-1两点差异检验法检验表中相应的某显著性水平的数做比较，若大于或等于表中的数，则说明在此显著性水平上两样品间有显著差异，否则无显著差异。

表3-1　两点差异检验法检验表

答案数目(n)	显著性水平			答案数目(n)	显著性水平			答案数目(n)	显著性水平			答案数目(n)	显著性水平		
	5%	1%	0.1%		5%	1%	0.1%		5%	1%	0.1%		5%	1%	0.1%
7	7	7	—	20	15	16	18	33	22	24	26	46	30	32	34
8	7	8	—	21	15	17	18	34	23	25	27	47	30	32	35
9	8	9	—	22	16	17	19	35	23	25	27	48	31	33	36
10	9	10	10	23	16	18	20	36	24	26	28	49	31	34	36
11	9	10	11	24	17	19	20	37	24	27	29	50	32	34	37
12	10	11	12	25	18	19	21	38	25	27	29	60	37	40	43
13	10	12	13	26	18	20	22	39	26	28	30	70	43	46	49
14	11	12	13	27	19	20	22	40	26	28	31	80	48	51	55
15	12	13	14	28	19	21	23	41	27	29	31	90	54	57	61
16	12	14	15	29	20	22	24	42	27	29	32	100	59	63	66
17	13	14	16	30	20	22	24	43	28	30	32				
18	13	15	16	31	21	23	25	44	28	31	33				
19	14	15	17	32	22	24	26	45	29	31	34				

【例 3-1】 某啤酒厂酿造商得到的市场报告称，它们酿造的啤酒 A 不够苦。该厂又使用了更多的啤酒花酿造了啤酒 B。现由 30 名评价员采用两点检验法评价两种啤酒样品中哪种更苦。其中有 22 人选择样品 B，8 人选择样品 A，判断两者是否在苦味上存在显著差异。

问题设置：评价您面前的两个样品。两个样品中，____更苦。

结果分析：统计出正解数，即判断 B 样品较苦的评价员人数为 22。查两点差异检验法检验表（见表 3-1），当 $n=30$ 时，正解数 $x=22>20(5\%)$，说明在 5% 的显著性水平上，两种啤酒间的苦味有显著差异，样品 B 比 A 苦味强。

（2）偏爱检验：要求评定更喜欢哪个样品。

从有效评价表中统计喜欢 A 的正解数和喜欢 B 的正解数，用正解数较多的数，与两点偏爱检验法检验表（见表 3-2）中相应的某显著性水平的数做比较，若此数大于或等于表中的数，则说明两样品间偏爱程度有显著差异，否则无显著差异。

表 3-2　两点偏爱检验法检验表

答案数目(n)	显著性水平			答案数目(n)	显著性水平			答案数目(n)	显著性水平			答案数目(n)	显著性水平		
	5%	1%	0.1%		5%	1%	0.1%		5%	1%	0.1%		5%	1%	0.1%
7	7	—	—	20	15	16	18	33	22	24	26	46	30	32	34
8	8	8	—	21	15	17	18	34	23	25	27	47	30	32	35
9	8	9	—	22	16	17	19	35	23	25	27	48	31	33	35
10	9	10	10	23	16	18	20	36	24	26	28	49	31	34	36
11	9	10	11	24	18	19	21	37	24	27	29	50	32	34	37
12	10	11	12	25	18	20	21	38	25	27	29	60	37	40	43
13	10	12	13	26	19	20	22	39	26	28	30	70	43	46	49
14	11	12	13	27	19	20	22	40	26	28	31	80	48	51	55
15	12	13	14	28	19	21	23	41	28	30	32	90	54	57	61
16	12	14	15	29	20	22	24	42	28	30	32	100	59	63	66
17	13	14	16	30	20	22	24	43	29	31	33				
18	13	15	16	31	21	23	25	44	28	31	33				
19	14	15	17	32	22	24	26	45	29	31	34				

若有效问答表数大于 100（$n>100$），无法从表中查出最小答案数，需按下式计算，取最接近的整数值：

$$x=\frac{n+1}{2}+k\sqrt{n}$$

式中 k 的取值见表 3-3。

表 3-3　不同显著性水平下的 k 值

显著性水平	5%	1%	0.1%
分析型感官检验	0.82	1.16	1.55
偏爱型感官检验	0.98	1.29	1.65

2. 三点检验法

三点检验法又称三角检验法，即同时提供三个样品，其中两个是相同的，要求评价员从中挑选出有差别的那个样品。

1) 用途

用于鉴别两个样品之间的细微差别，既可进行差异分析，也可进行偏爱分析，如品质控制或仿制某个优良产品。也可用于挑选与培训评价员。

2) 实验人员

一般来说，要求评价员人数在20～40范围内，如果产品之间的差别非常大，很容易被发现时，12名评价员就足够了。而如果实验目的是检验两种产品是否相似(是否可以相互替换)，则要求参评的人数为50～100。

3) 技术要点

(1) 要使三个样品的排列次序出现的概率相等，可以运用以下6种组合：BAA、ABB、ABA、BAB、AAB、BBA。

(2) 当评价员人数不足6的倍数时，可舍去多余样品组，或向每个评价员提供6组样品做重复实验。

4) 结果分析

统计有效评价表的正解数，与表3-3中相应的某显著性水平的数比较，若大于或等于表中的数，则说明在此显著性水平上，两样品间有显著差异，否则无显著差异。

【例3-2】 24名评价员采用三点检验法对三个样品进行检验，要求挑出其中有差异的一个样品(如仿制品)并指出其差异强度，同时指出更喜欢哪个样品。

问题设置：

(1) 鉴别您面前的三个样品，其中两个相同，请指出其中有差别的样品。

(2) 指出您感觉到的差异强度：1=很弱，2=弱，3=中等，4=强，5=很强。

(3) 您更喜欢哪个样品？有差异的样品还是两个相同的样品？

结果分析：

(1) 在24张评价表中，有14张能正确选出有差别的样品，查三点检验法检验表(见表3-4)，当$n=24$时，正解数$x=14>13(5\%)$，说明在5%的显著性水平上，两种样品有显著差别。

(2) 在14张能正确选择的评价表中，统计出样品的差异强度的平均值为4.2，说明两种样品间有较强的差异强度。

(3) 在14张能正确选择的评价表中，有8张表示喜欢两个相同的样品，查表3-4，当$n=14$时，$x=8<9$ (5%)，说明对两种样品喜好无显著差别。

当有效评价表数$n>100$时，鉴评最小数以与公式$0.4714z\sqrt{n}+\frac{2n+3}{6}$计算值最接近的整数值计数，其中$z$值见表3-5。

当正解数大于或等于这个最小数时，说明两样品间有差异。

3. "A"-"非A"检验法

首先让评价员熟悉样品"A"及"非A"，再将样品呈送给评价员，样品中有的是"A"，有的是"非A"，要求评价员对每个样品做出判断，是"A"，还是"非A"。

1) 用途

用于确定由于原料、加工、处理、包装和储藏等环节的不同所造成的产品感官特性的差异，特别适用于检验具有不同外观或后味样品的差异检验，也适用于确定评价员对一种特殊刺激的敏感性。

表 3-4　三点检验法检验表

答案数目(n)	显著性水平			答案数目(n)	显著性水平			答案数目(n)	显著性水平			答案数目(n)	显著性水平		
	5%	1%	0.1%		5%	1%	0.1%		5%	1%	0.1%		5%	1%	0.1%
3	3	—	—	25	13	15	17	47	22	24	27	69	31	33	36
4	4	—	—	26	14	15	17	48	22	25	27	70	31	34	37
5	4	5	—	27	14	16	18	49	23	25	28	71	31	34	37
6	5	6	—	28	15	16	18	50	23	26	28	72	32	34	38
7	5	6	7	29	15	17	19	51	24	26	29	73	32	35	38
8	6	7	8	30	15	17	19	52	24	26	29	74	32	35	39
9	6	7	8	31	16	18	20	53	25	27	29	75	33	36	39
10	7	8	9	32	16	18	20	54	25	27	30	76	33	36	39
11	7	8	10	33	17	18	21	55	26	28	30	77	34	36	40
12	8	9	10	34	17	19	21	56	26	28	31	78	34	37	40
13	8	9	11	35	17	19	21	57	26	29	31	79	34	37	41
14	9	10	11	36	18	20	22	58	26	29	32	80	35	38	41
15	9	10	12	37	18	20	22	59	27	29	32	82	35	38	42
16	9	11	12	38	19	21	23	60	27	30	33	84	36	39	43
17	10	11	13	39	19	21	23	61	28	30	33	86	37	40	44
18	10	12	13	40	19	21	24	62	28	30	33	88	38	41	44
19	11	12	14	41	20	22	24	63	28	31	34	90	38	42	45
20	11	13	14	42	20	22	25	64	29	31	34	92	39	42	46
21	12	13	15	43	20	23	25	65	29	32	35	94	40	43	47
22	12	14	15	44	21	23	26	66	29	32	35	96	41	44	48
23	12	14	16	45	21	24	26	67	30	33	36	98	41	45	48
24	13	15	16	46	22	24	27	68	30	33	36	100	42	45	49

表 3-5　不同显著性水平下的 z 值

显著性水平	5%	1%	0%
z 值	1.64	2.33	3.10

2) 实验人员

通常需要 10～50 名评价员，他们要经过一定的训练，做到对样品“A”和“非 A”比较熟悉。

3) 技术要点

(1) 在每次实验中，每个样品要被呈送 20～50 次。

(2) 分发给每名评价员的样品数应相同，但样品“A”的数目与样品“非 A”的数目不必相同。

(3) 评价员一定要对样品"A"及"非 A"非常熟悉,否则,没有标准参照,结果将失去意义。

4) 结果分析

统计评价表的数据,并汇入表 3-6 中,表中 n_{11} 为样品本身是"A",评价员也认为是"A"的回答总数;n_{22} 为样品本身为"非 A",评价员也认为是"非 A"的回答总数;n_{21} 为样品本身是"A",而评价员认为是"非 A"的回答总数;n_{12} 为样品本身为"非 A",评价员认为是"A"的回答总数。n_1 为第 1 行回答数之和,n_2 为第 2 行回答数之和,n_3 为第 1 列回答数之和,n_4 为第 2 列回答数之和,n 为所有回答数,最后用 χ^2 检验来进行解释。

【例 3-3】 20 名评价员对某种食品经冷藏(A)和室温储藏(B)进行差异判断,每名评价员评价 4 个"A"和 3 个"非 A",统计结果见表 3-6。

表 3-6 "A"-"非 A"检验统计表

回答情况 / 样品 / 判别	"A"	"非 A"	总计
判为"A"的回答数	$n_{11}=40$	$n_{12}=40$	$n_1=80$
判为"非 A"的回答数	$n_{21}=20$	$n_{22}=40$	$n_2=60$
总计	$n_3=60$	$n_4=80$	$n=140$

$$\chi^2 = \sum[(Q_{ij}-E_{ij})^2/E_{ij}]$$

式中:Q——观察值;

E——期望值;

E_{ij}——(i 行的总和)×(j 列的总和)/总和。

$$E_{\text{A}}=80\times 60/140=34.29$$

$$E_{\text{非A}}=60\times 80/140=34.29$$

$$\chi^2=(40-34.29)^2/34.29+(40-34.29)^2/34.29+(20-34.29)^2/34.29+(40-34.29)^2/34.29$$
$$=8.81$$

将 χ^2 统计量与 χ^2 分布临界值比较,设 $\alpha=5\%$,由附录 D,$f=1$(一共有两种样品),得到 χ^2 分布临界值为 3.814,因 $\chi^2=8.81>3.814$,所以在 5%显著性水平上,有显著差异。

结论:该食品经两种不同的储藏方法(冷藏或室温储藏)储藏后有显著差异。

3.4.2 标度与类别检验法

标度与类别检验法(scale and category testing method)要求评价员对两个以上的样品进行评价,判定出哪个样品好,哪个样品差,以及样品间的差异大小和差异方向,并以此得出样品间差异的排序和大小,或者样品应归属的类别或等级。选择何种方法进行数据分析,取决于实验的目的及样品数量。常用的方法有排序检验法、分类检验法、评分检验法、评估检验法。

1. 排序检验法

排序检验法又称顺序检验法,是就某一性质对多个样品进行比较,得出其强度或嗜好程度顺序的方法。该法排出样品的顺序数,只代表样品的次序,不能评价样品间差异的大小,两个位置连续的样品无论差别非常大还是仅有细微差别,都是以一个序列单位相隔。排序法比其他方法节省时间,尤其是当样品需要为下一步的实验预筛选或预分类时,这种方法显得非常有用。

1) 用途

用于进行消费者的可接受性调查;确定由于不同原料、加工工艺、包装等环节造成的对产品感官特性的影响；用于更精细的感官检验前的初步筛选。

2）实验人员

参加实验的人数不得小于8，如果参加人数在16以上，区分效果会得到明显提高。根据实验目的，评价员要有区分样品指标之间细微差别的能力。

3）技术要点

（1）检验前应由组织者对检验提出具体规定，使评价员对评价指标和准则有一致的了解。例如：对哪些特性进行排列；强度是由强到弱，还是由弱到强；检验操作要求如何（如评价气味时需不需要摇动）。

（2）样品一般不超过8个。

（3）排序检验只能按一种特性进行，如要求对不同的特性排序，则按不同的特性安排不同的顺序。

（4）检验时，对不同的样品不应排为同一位置，当实在无法区别两个样品时，应在问答表中注明。

4）结果分析

【例3-4】 有四种不同配方的饮料，让11名评价员通过感官分析将它们的风味按喜欢程度进行排序评价。问题设置见表3-7。

表3-7　排序检验法问题设置

评价内容	评价结果			
	1	2	3	4
评价4个饮料样品，将您对各个饮料样品的风味的喜欢程度排出顺序，在相应的位置填入样品号	很喜欢 □	喜欢 □	一般 □	不喜欢 □

统计结果见表3-8。

表3-8　四种饮料喜欢程度排序检验统计结果

排序 / 样品编号 / 评价员	472	369	832	358
1	4	3	1	2
2	4	3	2	1
3	3	4	2	1
4	4	1	2	3
5	4	3	2	1
6	4	3	2	1
7	4	3	1	2
8	3	4	2	1
9	4	2	3	1
10	4	1	2	3
11	3	4	2	1
排序总和 T_i	41	31	21	17

根据实验目的的不同，排序法有许多检定法，但通常情况下，最方便的是使用1956年由克雷默(A. Kramer)发表的数值表。分析步骤如下。

(1) 统计有效评价表，计算评价员对各样品的排序和 T_i。

(2) 根据评价员人数11和样品数4，查排序检验法检验表(见附录E)，得出相应的临界值，见表3-9。

表3-9　$J=11$、$P=4$ 时的临界值

显著性水平	5%	1%
上段	19～36	17～38
下段	21～34	19～36

(3) 将每个样品的排序和 T_i 与上段的最大值及最小值(见表3-9)比较，若所有的 T_i 值都在上段范围内，说明在该显著性水平，样品间无显著差异；若排序和 T_{imin} <最小值或 T_{imax} >最大值，则说明在该显著性水平上，样品间有显著差异。由表3-8可见，$T_{imin}<19(5\%)$，$T_{imax}>36(5\%)$，说明在5%显著性水平上，4个饮料样品间有显著差异。

(4) 根据下段，可以确定样品间的差异程度。若排序和在下段范围内的，可列为一组，这组内的样品间无显著差别；排序和在下段范围的下限及上限之外的样品可分别为一组。这样，例3-4中的4个饮料样品可分为3组。

由此可得出结论，在5%的显著性水平上，样品358的风味最受欢迎，样品369和832次之，样品472风味最不受欢迎。

2. 分类检验法

分类检验法是把样品以随机顺序出示给评价员，要求评价员对样品进行评价后，划出样品应属的预先定义的类别，这种检验方法称为分类检验法。

1) 用途

用于评价样品的好坏、差别，得出样品的优劣和级别，也可以鉴定出样品的缺陷等。

2) 实验人员

一般来说，要求评价员人数在20～40，并应经过培训和筛选。

3) 技术要点

检验前，组织者应清楚地定义样品的类别，并对检验提出具体的规定，使评价员对被评价指标和准则有一致的理解。

4) 结果分析

统计每一个样品被划入每一类别的频数，然后用 χ^2 检验比较两种或多种样品落入不同类别的分布，从而得出每一种产品应属的级别。

【例3-5】 为了改变苏打饼干的质量，对面团的发酵工艺进行实验，采用了四种不同的发酵方案，现由24名评价员对四种苏打饼干进行评价分级，以了解不同的发酵工艺对苏打饼干质量的影响，并选择最佳的发酵方案。

问题设置：评价您面前的4个样品，按规定的级别定义把它们分成3个等级，在相应的级别里填上样品号码。

级别定义如下。

一级：块型平整、表面有小气泡和针眼状微孔、夹酥均匀、层次分明、口感酥松。

二级：块型平整、气泡稍大、分布不均匀、夹酥欠均匀、有层次、口感酥松、易碎。

三级：块型欠平整、气泡大小不匀、无层次、口感稍硬。

样品为一级：______。样品为二级：______。样品为三级：______。

结果分析：

(1) 统计有效评价表中各样品列入各等级的次数 Q_{ij}，并把它们填入表3-10。

表 3-10　苏打饼干分类检验统计表

列入各等级的次数 Q_{ij} 等级 / 样品编号	一级	二级	三级	合计
A	8	12	4	24
B	16	6	2	24
C	18	4	2	24
D	5	10	9	24
合　计	47	32	17	96

(2) 假设各样品的级别分布相同，则各级别的期望值 E_{ij}：

$$E_{ij}=\frac{\text{该级别的实际测定值}}{\text{样品数}}$$

一级：$E_{ij}=47/4=11.75$。　二级：$E_{ij}=32/4=8$。　三级：$E_{ij}=17/4=4.25$。

(3) 计算出各样品在每一个等级的实际测定值与期望值的差 $Q_{ij}-E_{ij}$（见表 3-11）。

表 3-11　四种苏打饼干实际测定值与期望值之差

$Q_{ij}-E_{ij}$ 级别 / 样品	一级	二级	三级	合计
A	8－11.75＝－3.75	12－8＝4	4－4.25＝－0.25	0
B	16－11.75＝4.25	6－8＝－2	2－4.25＝－2.25	0
C	18－11.75＝6.25	4－8＝－4	2－4.25＝－2.25	0
D	5－11.75＝－6.75	10－8＝2	9－4.25＝4.75	0
合　计	0	0	0	

从表 3-11 可见，B 与 C 样品作为一级的实际测定值大大高于期望值，故 B 与 C 样品应为一级；A 样品作为二级的实际测定值大大高于期望值，故 A 样品应为二级；D 样品作为三级的实际测定值大大高于期望值，故 D 样品应为三级。

(4) 用 χ^2 检验来确定这三个级别间有无显著差异。

$$\chi^2=\sum_{i=1}^{i}\sum_{j=1}^{j}\frac{(Q_{ij}-E_{ij})^2}{E_{ij}}=\frac{(-3.75)^2}{11.75}+\frac{4.25^2}{11.75}+\cdots+\frac{4.75^2}{11.75}=22.63$$

自由度 f＝样品自由度×级别自由度＝(样品数－1)×(级别数－1)＝6

查附录 D χ^2 分布表：

$$\chi^2_{6,0.05}=12.592,\quad \chi^2_{6,0.01}=16.812$$

由于

$$\chi^2=22.63>12.592,\quad \chi^2=22.63>16.812$$

故得出结论：这三个级别在 1% 显著性水平上有显著差别，即这四种苏打饼干可划分为有显著差别的三个级别。可见由于面团发酵工艺的不同，苏打饼干的质量有显著差异。C 样品的品质最佳，据此可认为该样品的面团发酵方案较好。

3. 评分检验法

评分检验法是要求评价员把样品的质量特征以数字标度形式来评价的一种检验方法。它不同于其他检验方法的是所谓的绝对性判断，即根据评价员各自的评价基准进行判断。

1）用途

可同时评价一种或多种产品的一个或多个指标的强度及其差别，应用较为广泛，尤其适用于评价新产品。

2）实验人员

一般不能少于10人，越多越好，以克服该法出现的粗糙评分现象。

3）技术要点

(1) 用增加评价员人数的方法，来提高分析结果的准确度。

(2) 在评分时，使用的数字标度为等距标度或比率标度。常用的标度类型如下。

① 9分制评分法。将评价结果换算成数字，如1=非常不喜欢，2=很不喜欢，3=不喜欢，4=不太喜欢，5=一般，6=稍喜欢，7=喜欢，8=很喜欢，9=非常喜欢。

② 平衡评分法。如−4=非常不喜欢，−3=很不喜欢，−2=不喜欢，−1=不太喜欢，0=一般，1=稍喜欢，2=喜欢，3=很喜欢，4=非常喜欢。

③ 5分制评分法。如0=无感觉，1=稍稍有感觉，2=稍有感觉，3=有感觉，4=较强感觉，5=非常强感觉。

此外还有10分制评分法、百分制评分法等。

4）结果分析

当只有两个样品时，可用较简单的 t 检验；当有三个及以上的样品时，可用方差分析法进行分析。

【例3-6】 10名评价员以9分制评分法，评价两种调味汁样品的风味是否有差异。评价结果见表3-12。

表3-12　评价结果

评价员		1	2	3	4	5	6	7	8	9	10	合计	平均值
样品	A	8	7	7	8	1	7	7	8	6	7	71	7.1
	B	6	7	6	7	1	6	7	7	7	7	66	6.6
评分差	d	2	0	1	1	0	1	0	1	−1	0	5	0.5
	d^2	4	0	1	1	0	1	0	1	1	0	9	

用 t 检验进行解析。

$$t=\frac{\overline{d}}{\sigma_c/\sqrt{n}}$$

其中 $\overline{d}=0.5$，$n=10$。

$$\sigma_c=\sqrt{\frac{\sum(d-\overline{d})^2}{n-1}}=\sqrt{\frac{\sum d_i^2-(\sum d)^2/n}{n-1}}=\sqrt{\frac{9-\frac{5^2}{10}}{10-1}}=0.85$$

所以

$$t=\frac{0.5}{0.85/\sqrt{10}}=1.86$$

以评价员自由度为9，查 t 分布表(见附录F)，在5%显著性水平相应的临界值为 $t_{9,0.05}=2.262$，因为 $2.262>1.86$，可见A、B两样品没有显著差异(5%显著性水平下)。

由此得出结论：两种调味汁样品的风味没有差异。

3.4.3　描述性检验法

描述性检验法(descriptive testing method)是由一组合格的评价员对样品进行定性、定量描述的感官检验方法。它是一种全面的感官检验方法，所有的感官都要参与描述活动，如视觉、听觉、嗅觉、味觉、触觉等。通过描述分析可以得到产品的色泽、香气、风味、口感、质地等方面详细的信息。常用方法为简单描述性检验法和定量描述性检验法。

它的主要用途如下:①为新产品开发确定感官特性;②鉴别产品间的差别;③为产品质量控制确定标准;④为消费者实验确定需要进行评价的产品感官特性,帮助设计问卷,并有助于实验结果的解释;⑤为仪器检验提供感官数据;⑥监测产品在储藏期间的质量变化。

1. 简单描述性检验法

简单描述性检验法是评价员对构成样品质量特征的各个指标,用合理、清楚的文字,尽量完整地、准确地进行定性的描述,以评价样品品质的检验方法。此法可用于识别或描述某一特殊样品或许多样品的特殊指标,或将感觉到的特性指标建立一个序列,常用于质量控制,产品在储藏期间的变化或描述已经确定的差异检测,也可用于培训评价员。它通常有如下两种评价形式。

1) 自由式描述

由评价员用任意的词汇,对样品的特性进行描述。

例如:请评价盘中的两块黄油(样品 1 和样品 2),它们的风味、色泽、组织结构如何? 有哪些特征? 请尽量详细地描述。

这种形式往往会使评价员不知所措,所以应尽量由非常了解产品特性或受过专门训练的评价员来回答。

2) 界定式描述

提供指标评价表,评价员按评价表中所列出描述各种质量特征的专用词汇进行评价。

例如:请用下列词汇表分别评价盘中的两块黄油(样品 1 和样品 2),并把您认为适当的特征词汇归入应属的样品中。

色泽:深、浅、有杂色、有光泽、暗淡、苍白、褪色等。

风味:一般、正常、焦味、苦味、涩味、不新鲜味、金属味、腐败味等。

组织结构:致密、疏松、厚重、薄弱、易碎、断面粗糙、蜂窝状、层状等。

样品 1:____

样品 2:____

在评价员完成评价后进行统计,根据每一描述性词汇的使用频数得出评价结果。

2. 定量描述性检验法

要求评价员对构成样品质量特征的各个指标的强度进行完整、准确的评价。可在简单描述性检验所确定的词汇中选择适当的词汇,单独或综合地用于评价气味、风味、外观和质地。此法对质量控制、质量分析、确定产品之间差异的性质、新产品研制、产品品质的改良等较为有效,并且可以提供与仪器检验数据对比的感官参考数据。

进行定量描述性检验,通常有以下几种检验内容。

1) 质量特性、特征的鉴定

鉴定内容:用叙词或适当的词汇评价感觉到的特性、特征;感觉顺序的确定;记录显现和察觉到的各质量特性、特征所出现的先后顺序。

2) 特性、特征强度评估

对所感觉到的每种质量特性、特征的强度做出评估。特性、特征强度可由多种标度来评估。

(1) 用数字评估。例如:不存在=0,很弱=1,弱=2,中等=3,强=4,很强=5。

(2) 标度点"○"评估。在每个标度的两端写上相应的叙词,例如:弱○○○○○○○强,其中间级数或点数根据特性、特征而改变,在标度点○上写出的1～7数值应符合该点的强度。

(3)用直线评估。在直线段上规定中心点为“0”,两端各标叙词,或直接在直线段规定两端点标叙词,如弱—强,以所标线段距一侧的长短表示强度。

3)余味审查和滞留度测定

样品被吞下之后(或吐出后),出现的与原来不同的特性、特征称为余味。样品被吞下之后(或吐出后),继续感觉到的同一风味称为滞留度。在某些情况下,可能要求评价员鉴别余味,并测定其强度,或者测定滞留度的强度和持续时间,可用时间-感觉强度曲线表示。

4)综合印象评估

综合印象评估即对产品进行全面、总体的评估。通常以三点标度来评估,例如:高=3,中=2,低=1。实例:对调味番茄酱的定量描述和风味剖面检验,描述结果报告有如下几种形式。

(1)列表式:将每种特性、特征强度描述结果列入表格(见表3-13)。

表3-13 调味番茄酱风味定量描述结果报告表

特性、特征感觉顺序	强度(数字评估)	特性、特征感觉顺序	强度(数字评估)
番茄	4	胡椒	1
肉桂	1	余味	无
丁香	3	滞留度	相当长
甜度	2		

(2)图式:用线的长度表示每种特性、特征强度,联络各点,建立风味剖面描述图(见图3-2)。

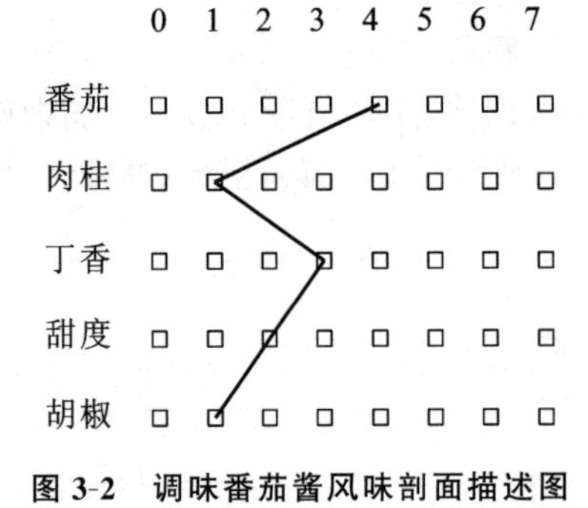

图3-2 调味番茄酱风味剖面描述图

3.5 感官检验的应用及方法选择

感官检验在食品工业生产中应用十分广泛。从生产原料的检验到半成品和成品的检验,从市场销售、市场调查到新产品的开发,都离不开感官检验。

3.5.1 原材料的检验

食品生产中原材料,特别是农副产品质量的控制、进货的检验,很大程度上需要依靠感官检验来把关,确定原料的分级及取舍。通常采用分类法或评估法,尤其是当对样品打分有困难时,采用分类法可以确定原材料品质的好坏级别,采用评估法更可以得出具体的综合评分结果。

3.5.2　生产过程中的检验

生产过程中的检验包含工艺条件的检查、控制及半成品的检验。检查样品与常规样品或标准样品有无差异及差异大小。通常采用差别检验法，如两点检验法、三点检验法、“A”-“非A”检验法、二-三点检验法和五中取二检验法等。

3.5.3　成品检验

对于成品感官质量的鉴定，一般采用描述法；对某批产品感官质量的趋向性或质量异常的检验，则需采用分类法或评估法；当只对某个指标进行分析研究时，可采用排序法。

3.5.4　市场调查与新产品开发

市场调查，就是要了解消费者是否喜欢某种产品，以及他们喜欢或不喜欢的理由。在市场调查中，感官检验作为市场调查的一部分而被使用。而新产品的开发，首先就是要通过市场调查，了解消费者的消费嗜好、对产品的期望倾向，从而得出对新产品的设想。对试制品进行感官分析，更要充分利用感官检验的方法与技巧，以不断地改进产品的质量，使新产品上市后能够得到消费者的接受与欢迎。在这一类感官分析中，多采用差别检验法中的两点检验法及三点检验法，或使用标度与类别检验法中的排序检验法。

感官检验法在具体应用时，还应视具体情况而定，一般需要考虑如下几个方面：一是感官检验的目的，如当想了解两样品间有无差异时，可选用两点检验法、三点检验法、评分检验法等，当想了解三个以上样品间的品质、偏爱等关系时，可选用评分检验法、分类检验法、评估检验法；二是检验方法的精度，如检验两个样品间的差异，对于同样的实验次数、同样的差异水平，三点检验法的检验精度要高于两点检验法；三是要从经济角度考虑，如样品的用量、评价员的人数、实验时间以及数据处理的难易程度等；四是评价员的具体情况，若把复杂的方法用于未经过培训的评价员，可能得不到较好的分析结果。

思　考　题

1. 什么是食品感官检验？食品感官检验有何意义？
2. 食品感官检验的类型有哪些？举例说明其应用。
3. 什么是感觉？它有哪些基本规律？
4. 什么是感觉的适应现象、对比现象、协同效应、掩蔽现象？
5. 如何选择和应用各种感官检验方法？
6. 食品感官检验常用的方法有哪些？
7. 进行食品感官检验的基本要求有哪些方面？
8. 什么是差别检验法？它有哪些主要的方法？如何进行差别检验？举例说明。
9. 举例说明感官检验在产品质量控制方面的应用。

第4章　食品的物理检验法

本章提要

（1）了解密度法、折光法和旋光法的测定意义及测定原理。

（2）了解密度计、折光仪、旋光仪的构造，掌握其使用技能。

（3）了解食品的黏度、气体压力、色度和颜色以及食品质构的测定方法。

Question 生活小提问

1. 在收购牛乳原料的现场，如何快速判断其是否掺水？
2. 新鲜的生鸡蛋放置一段时间以后质量会有什么变化？
3. 500 mL 的花生油和 500 mL 的豆油质量一样吗？

根据食品的相对密度、折射率、旋光度、黏度、浊度等物理常数与食品的组成及含量之间的关系进行检验的方法称为物理检验法。物理检验法是食品分析及食品工业生产中常用的检测方法。

4.1　相对密度检验法

4.1.1　密度与相对密度

密度（density）是指物质在一定温度下单位体积的质量，以符号 ρ 表示，其单位是 g/mL 或 g/cm^3。由于物质具有热胀冷缩的性质，密度值会随温度的改变而改变，因此密度应标示出测定时物质的温度，表示为 ρ_t，如 ρ_{20}。

相对密度（relative density）是指在某一温度下物质的质量与同体积某一温度下水的质量之比，以符号 $d_{t_2}^{t_1}$ 表示，其中 t_1 表示物质的温度，t_2 表示水的温度，如 d_4^{20}、d_{20}^{20}。

密度和相对密度两者之间的关系可用下式表示：

$$d_{t_2}^{t_1}=\frac{t_1\ \text{温度下物质的密度}}{t_2\ \text{温度下水的密度}}$$

因为水在 4 ℃时的密度为 1.000 000 g/mL，所以物质在某温度下的密度 ρ_t 和物质在同一温度下对 4 ℃水的相对密度 d_4^t 在数值上相等，两者在数值上可以通用。为方便起见，工业上常用 d_4^{20} 表示物质的相对密度，其数值与物质在 20 ℃时的密度 ρ_{20} 相等。

当用密度瓶或密度天平测定液体的相对密度时，以测定溶液对同温度水的相对密度比较方便，通常测定液体在 20 ℃时对水在 20 ℃时的相对密度，以 d_{20}^{20} 表示。d_{20}^{20} 和 d_4^{20} 之间可以用下式换算：

$$d_4^{20}=d_{20}^{20}\times 0.998\ 23$$

式中：0.998 23——水在 20 ℃时的密度，g/mL。

同理,若要将 $d_{t_2}^{t_1}$ 换算为 $d_4^{t_1}$,可按下式换算:

$$d_4^{t_1} = d_{t_2}^{t_1} \times \rho_{t_2}$$

式中:ρ_{t_2}——t_2 温度下水的密度,g/mL。

表 4-1 列出了不同温度下水的密度。

表 4-1　不同温度下水的密度

t/℃	密度/(g/mL)	t/℃	密度/(g/mL)	t/℃	密度/(g/mL)	t/℃	密度/(g/mL)
0	0.999 868	9	0.999 808	18	0.998 622	27	0.996 539
1	0.999 927	10	0.999 727	19	0.998 432	28	0.996 259
2	0.999 968	11	0.999 623	20	0.998 23	29	0.995 971
3	0.999 992	12	0.999 525	21	0.998 019	30	0.995 673
4	1.000 000	13	0.999 404	22	0.997 797	31	0.995 367
5	0.999 992	14	0.999 271	23	0.997 565	32	0.995 052
6	0.999 968	15	0.999 126	24	0.997 323		
7	0.999 929	16	0.998 97	25	0.997 071		
8	0.999 876	17	0.998 801	26	0.996 81		

4.1.2　测定相对密度的意义

相对密度是物质的重要物理常数,各种液态食品均有一定的相对密度,当其成分及浓度发生改变时,其相对密度也随之改变。因此,通过测定液态食品的相对密度,可以检验食品的纯度或浓度。

当液态食品中的水分被完全蒸发,干燥至恒重时,所得到的剩余物称为干物质或固形物。液态食品的相对密度与其固形物含量具有一定的数学关系,因此测定液态食品的相对密度,可求出其固形物含量。

例如,正常牛乳 20 ℃时的相对密度为 1.028～1.032,掺水时相对密度降低,脱脂时乳的相对密度升高;正常新鲜鸡蛋的相对密度为 1.05～1.07,可食蛋的相对密度在 1.025 以上,劣质蛋的相对密度在 1.025 以下,所以可借助相对密度的测定判断禽蛋的新鲜度;菜籽油的相对密度为 0.909 0～0.914 5,花生油的相对密度为 0.911 0～0.917 5,油脂的相对密度与其脂肪酸的组成有密切关系,不饱和脂肪酸含量越高,脂肪酸不饱和程度越高,脂肪的相对密度越高;游离脂肪酸含量越高,相对密度越低;酸败的油脂其相对密度升高。

在制糖工业中,以溶液的相对密度近似地测定溶液中可溶性固形物含量的方法,得到了普遍应用。

此外,需要注意的是,当食品的相对密度异常时,可以肯定食品的质量有问题,当食品的相对密度正常时,并不能肯定食品的质量无问题,必须配合其他理化分析,才能确定食品的质量。

4.1.3　液态食品相对密度的测定方法

1. 密度瓶法(GB 5009.2—2016 第一法)

1) 测定原理和测量仪器

用具有已知容积的同一密度瓶,在一定温度下分别称取等体积的样品溶液和蒸馏水的质

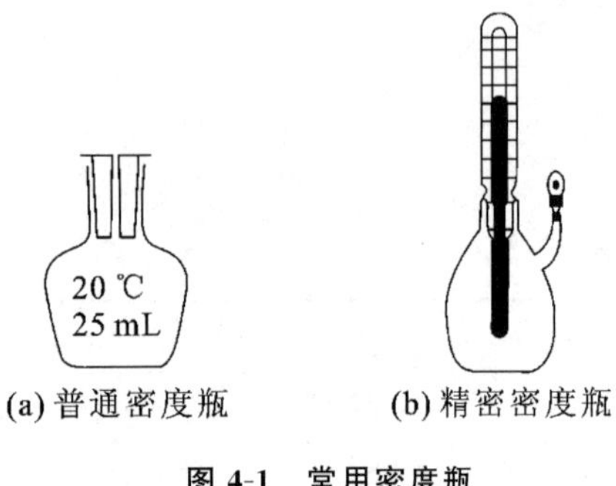

(a) 普通密度瓶　　(b) 精密密度瓶

图 4-1　常用密度瓶

量,两者的质量比即为该样品溶液的相对密度。常用的密度瓶见图 4-1。

2）分析步骤

将密度瓶清洗干净,再依次用乙醇、乙醚洗涤数次,烘干并冷却至室温后准确称重,得 m_0。将样品液注满密度瓶并盖上瓶盖,立即浸入(20±1) ℃的恒温水浴中,至密度瓶温度计达20 ℃并维持 30 min。取出密度瓶,用滤纸吸去溢出侧管的样品液,盖上侧管帽,擦干瓶外壁的水后准确称量,得 m_1。将样品液倾出,洗净密度瓶,注入经煮沸 30 min 并冷却至 20 ℃以下的蒸馏水,按以上操作,测出 20 ℃时蒸馏水的质量,得 m_2。

3）结果计算

样品相对密度按下式计算:

$$d_{20}^{20}=\frac{m_1-m_0}{m_2-m_0}$$

$$d_4^{20}=d_{20}^{20}\times 0.998\ 23$$

式中:m_0——空密度瓶质量,g;

m_1——空密度瓶与样品液的质量,g;

m_2——空密度瓶与蒸馏水的质量,g;

0.998 23——20 ℃时水的密度,g/mL。

4）说明及注意事项

(1) 本法适用于各种液态食品尤其是样品量较少的食品,对挥发性样品也适用,结果准确,但操作较烦琐。

(2) 测定较黏稠样液时,宜使用具有毛细管的密度瓶。

(3) 水及样品必须注满密度瓶,并注意瓶内不得有气泡。

(4) 不得用手直接接触已达恒温的密度瓶球部,以免液体受热流出。

(5) 水浴中的水必须清洁无油污,以防瓶外壁被污染。

(6) 天平室温度不得高于 20 ℃,以免液体膨胀流出。

2. 密度计(比重计)法(GB 5009.2—2016 第三法)

1）密度计的类型

密度计是根据阿基米德原理制成的,其种类和规格有多种,但结构和形式基本相同,都是由玻璃外壳制成的。头部呈球形或圆锥形,内灌有铅珠、汞或其他重金属,中部是胖肚空腔,尾部细长,内附有刻度标记,其刻度的刻制是利用各种不同密度的液体进行标定的,从而制成不同标度的密度计。密度计法测定液体的相对密度最简便、快捷,但准确度比密度瓶法低。常用的密度计见图 4-2。

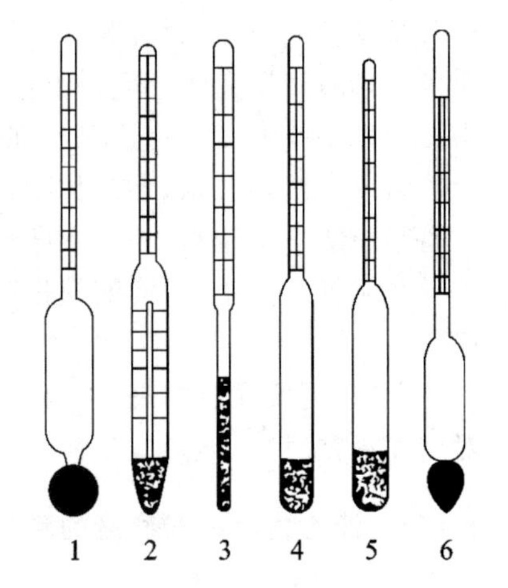

图 4-2　常用密度计

1、2—糖锤度密度计;3、4—波美密度计;5—酒精计;6—乳稠计

(1) 糖锤度密度计。

糖锤度密度计专用于测定糖液浓度,它用纯蔗糖溶液的质量分数来标定刻度,以符号°Bx 表示。其刻度方法是以20 ℃为标准温度,在蒸馏水中为 0 °Bx,在 1%蔗糖溶液中为 1 °Bx,

即 100 g 糖液中含蔗糖 1 g，以此类推。糖锤度密度计的刻度范围有 0～6 °Bx、5～11 °Bx、10～16 °Bx、15～21 °Bx、20～26 °Bx 等。

若测定温度不为标准温度 20 ℃，须根据观测糖锤度温度浓度换算表（见附录 G）进行校正。当温度低于标准温度时，糖液体积减小，使相对密度增大，即锤度升高，故应减去相应的温度校正值；反之，则应加上相应的温度校正值。

例如：15 ℃时的观测锤度为 20.00 °Bx，查附录 G 得校正值 0.28，则校正锤度为（20.00－0.28）°Bx＝19.72 °Bx。

又如：25 ℃时的观测锤度为 20.00 °Bx，查附录 G 得校正值 0.32，则校正锤度为（20.00＋0.32）°Bx＝20.32 °Bx。

（2）波美密度计。

波美密度计是以波美度（Baume，简写为°Bé）来表示液体的浓度，适用于某一测定范围的一类密度计。其刻度方法以 20 ℃为标准，在蒸馏水中为 0 °Bé，在 15％食盐溶液中为 15 °Bé，在纯硫酸（相对密度为 1.842 7）中刻度为 66 °Bé。波美密度计有轻表和重表两种，分别用于测定相对密度小于 1 和相对密度大于 1 的溶液。

波美度与相对密度的关系如下：

相对密度小于 1 时　　$$\text{波美度}=\frac{145}{d_{20}^{20}}-145$$

相对密度大于 1 时　　$$\text{波美度}=145-\frac{145}{d_{20}^{20}}$$

（3）酒精计。

酒精计用于测量酒精浓度。其刻度用已知浓度的酒精溶液来标定，以 20 ℃时在蒸馏水中为 0，在 1％的酒精溶液中为 1，即 100 mL 酒精溶液中含酒精 1 mL，故从酒精计上可直接读取酒精溶液的体积分数。

若测定温度不在 20 ℃，需根据酒精计温度浓度换算表（见附录 H）换算为 20 ℃时酒精的实际浓度。

例如：25.5 ℃时直接读数为 96.5％，查附录 H，20 ℃时实际含量为 95.35％。

（4）乳稠计。

乳稠计用于测定牛乳的相对密度。其上刻有 15～45 的刻度，以度（°）表示，测量相对密度的范围为 1.015～1.045。其刻度值表示的是相对密度减去 1.000 后再乘以 1 000，例如，刻度值为 30，则相当于相对密度 1.030。乳稠计常用的有两种，一种按 20 ℃/4 ℃标定，另一种按 15 ℃/15 ℃标定，两者的关系为

$$d_{15}^{15}=d_{4}^{20}+0.002$$

例如，正常牛乳的相对密度 $d_{4}^{20}=1.030$，则 $d_{15}^{15}=1.032$。

使用乳稠计时，若测定温度不是标准温度，需将读数校正为标准温度下的读数。对于20 ℃/4 ℃乳稠计，在 10～25 ℃范围内，温度每变化 1 ℃，相对密度值相差 0.000 2，即相当于乳稠计读数的 0.2°。故当乳温高于标准温度 20 ℃时，则每高 1 ℃需加上 0.2°；反之，当乳温低于 20 ℃时，每低 1 ℃需减去 0.2°。

例如：16 ℃时 20 ℃/4 ℃乳稠计读数为 31°，换算为 20 ℃应为

$$[31-(20-16)\times 0.2]^{\circ}=(31-0.8)^{\circ}=30.2^{\circ}$$

即牛乳相对密度 $d_{4}^{20}=1.030\,2$，而 $d_{15}^{15}=1.030\,2+0.002=1.032\,2$。

又如:25 ℃时 20 ℃/4 ℃乳稠计读数为 29.8°,换算为 20 ℃应为

$$[29.8+(25-20)\times0.2]^\circ=(29.8+1.0)^\circ=30.8^\circ$$

即牛乳相对密度 $d_4^{20}=1.030\,8$,而 $d_{15}^{15}=1.030\,8+0.002=1.032\,8$。

若用 15 ℃/15 ℃乳稠计,其温度校正可查乳稠计读数变为 15 ℃时的度数换算表(见附录 I)。

2) 密度计的使用方法

先用少量样液润洗适当容量的量筒内壁(常用 250 mL 量筒),然后沿量筒内壁缓缓注入样液,注意避免产生泡沫。将密度计洗净并用滤纸拭干,慢慢垂直插入样液中,待其稳定悬浮于样液中后,再将其稍微按下,让其自然上升直至静止、无气泡冒出时,从水平位置读出标示刻度,同时用温度计测量样液的温度。

3) 说明及注意事项

(1) 本法操作简便、迅速,但准确度较差,需要样液多,且不适用于极易挥发的样品。

(2) 测定前应根据样品大概的密度范围选择量程合适的密度计。

(3) 往量筒注入样液时应缓慢注入,防止产生气泡而影响读数的准确度。

(4) 测定时量筒须置于水平桌面上,注意不使密度计触及量筒筒壁及筒底。

(5) 读数时视线保持水平,并以观察样液的弯月面下缘最低点为准,当液体颜色较深,不易看清弯月面下缘时,则以观察弯月面两侧高点为准。

(6) 测定时若样液温度不是标准温度,应进行温度校正。

4.2 折 光 法

通过测量物质的折射率(折光率)来鉴别物质组成,确定物质的纯度、浓度及判断物质的品质的分析方法称为折光法。在食品分析中,折光法主要用于油脂、乳品的分析和果汁、饮料中可溶性固形物含量的测定。

4.2.1 光的折射与折射率

光从一种介质射到另一种介质时,一部分光返回第一介质,另一部分进入第二介质并改变传播方向,这种现象称为光的折射。

根据光的折射定律,入射角的正弦值与折射角的正弦值之比,恒等于光在两种介质中的传播速度之比,即

$$\frac{\sin\alpha_1}{\sin\alpha_2}=\frac{v_1}{v_2}$$

式中:v_1——光在第一介质中的传播速度;

v_2——光在第二介质中的传播速度。

光在真空中的传播速度 c 和在介质中的传播速度 v 之比,称为介质的绝对折射率,以 n 表示,即

$$n=\frac{c}{v}$$

显然 $n_1=\frac{c}{v_1}$,$n_2=\frac{c}{v_2}$。n_1 和 n_2 分别为第一介质和第二介质的绝对折射率。所以折射定律可表示为

$$\frac{\sin\alpha_1}{\sin\alpha_2}=\frac{n_2}{n_1}$$

两种介质比较，光在其中传播速度较大的为光疏介质，光疏介质的折射率较小，反之为光密介质，其折射率较大。当光从光疏介质进入光密介质（如从样液进入棱镜）时，因 $n_1<n_2$，由折射定律可知，折射角恒小于入射角，即折射线靠近法线；反之，当光从光密介质进入光疏介质（如从棱镜进入样液）时，因 $n_1>n_2$，则折射角必大于入射角，即折射线偏离法线。在后一种情况下，如逐渐增大入射角，折射线会进一步偏离法线，当入射角增大到某一角度，如图 4-3 所示中 4 的位置时，其折射线恰好与 OM 重合，此时折射线不再进入光疏介质，而是沿着两介质的接触面 OM 平行射出，这种现象称为全反射。发生全反射时的入射角称为临界角。

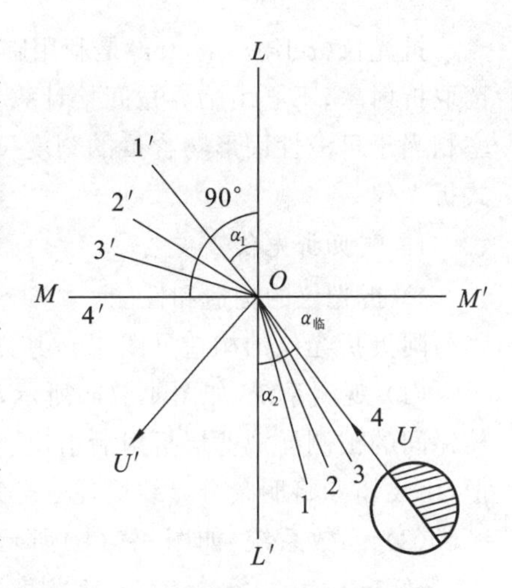

图 4-3　光的折射和全折射

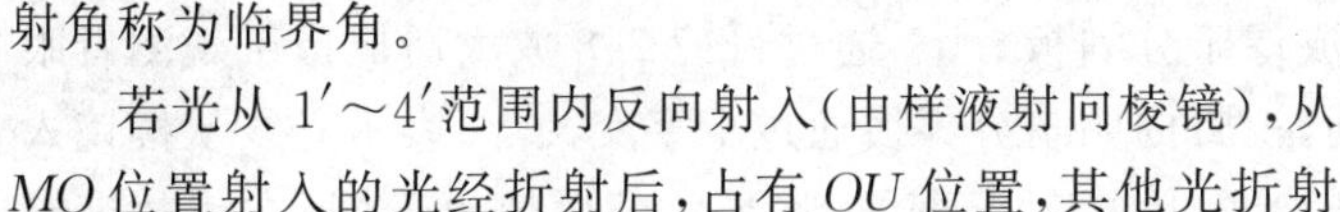

若光从 1′～4′范围内反向射入（由样液射向棱镜），从 MO 位置射入的光经折射后，占有 OU 位置，其他光折射后都在 OU 的左面。结果 OU 左面明亮，右面完全黑暗，形成明显的黑白分界。利用这一现象，通过实验可测出临界角 $\alpha_{临}$。因发生全反射时折射角等于 90°，所以有

$$\frac{n_2}{n_1}=\frac{\sin\alpha_1}{\sin\alpha_2}=\frac{\sin 90^\circ}{\sin\alpha_{临}}$$

即

$$n_1=n_2\sin\alpha_{临}$$

式中的 n_2 为棱镜的折射率，是已知的。因此，只要测得临界角，就可以求出被测样液的折射率。

4.2.2　测定折射率的意义

折射率（refractive index）和密度一样，是物质重要的物理常数，它反映了物质的均一程度和纯度。通过测定液态食品的折射率，可鉴别食品的组成和浓度，判断食品的纯度及品质。

折射率的测定广泛应用于油脂工业中。因为每一种脂肪酸都有其特定的折射率，当分子中含碳原子数目相同时，不饱和脂肪酸的折射率比饱和脂肪酸的折射率大得多；不饱和脂肪酸相对分子质量越大，折射率也越大；酸度高的油脂折射率低，因此测定折射率可鉴别油脂的纯度和品质。例如，20 ℃时菜籽油的折射率为 1.471 0～1.475 5，40 ℃时棕榈油的折射率为 1.456～1.459。在菜籽油中掺入棕榈油后折射率降低。棕榈油虽然不影响食用，对人体健康也无害，但其价格较低。

在乳品工业中，可用折光法测定牛乳中乳糖的含量。此外还可判断牛乳是否掺水。正常牛乳乳清的折射率为 1.341 99～1.342 75，牛乳掺水后折射率降低，如折射率低于 1.341 28，即为掺水。

折光法还可以测定纯糖溶液中的蔗糖成分，不纯糖溶液及一些以糖为主要成分的非悬浮状态食品中的固形物含量，如果汁、果酱、番茄酱等。需指出的是，通过折光法测得的只是可溶性固形物含量，因为固体粒子不能在折光仪上反映出它的折射率。但对于番茄酱等个别食品，已通过实验制成了总固形物含量与可溶性固形物含量关系表。可先用折光仪测定其可溶性固形物含量，再查表得出总固形物的含量。

4.2.3　折光仪

折光仪(refractometer)是利用临界角原理测定物质折射率的仪器。大多数折光仪是直接读取折射率,不必由临界角间接计算。除了折射率的刻度尺外,通常还有一个直接表示出折射率相当于可溶性固形物含量的刻度尺,使用起来很方便。常用的折光仪有阿贝折光仪和手提式折光仪。

1. 阿贝折光仪

1) 折光仪的构造和性能

阿贝折光仪的构造见图 4-4,其光学系统由观测系统和读数系统两部分组成。

(1) 观测系统:如图 4-5(a)所示,光线由反光镜 1 反射,经进光棱镜 2、折光棱镜 3 以及两棱镜间的被测样液薄层折射后射出。再经色散补偿器 4 抵消折光棱镜及被测样液所产生的色散,由物镜 5 将明暗分界线成像于分划板 6 上,经目镜 7、8 放大后成像于观测者眼中。

(2) 读数系统:如图 4-5(b)所示,光线由小反光镜 14 反射,经毛玻璃 13 射到刻度盘 12 上,经转向棱镜 11 及物镜 10 将刻度成像于分划板 9 上,通过目镜 7、8 放大后成像于观测者眼中。当旋动棱镜调节旋钮时棱镜摆动,视野内明暗分界线通过十字交叉点,表示光线从棱镜入射角达到了临界角。当测定不同的样液时,因折射率不同,临界角的数值也不同,在读数镜筒中即可读取折射率,或糖液浓度,或固形物含量。

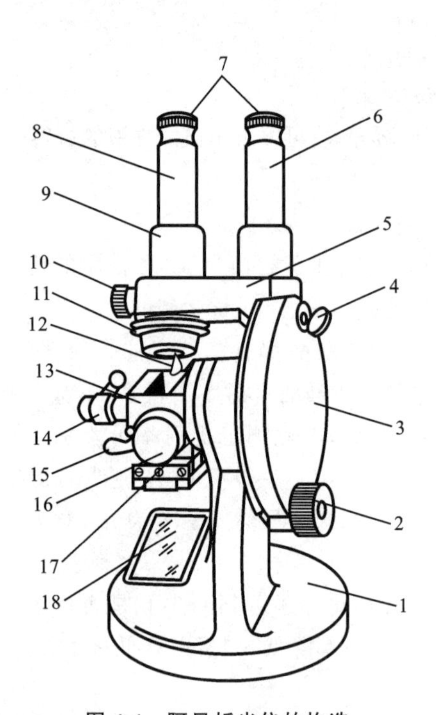

图 4-4　阿贝折光仪的构造

1—底座;2—棱镜调节旋钮;3—圆盘组;4—小反光镜;5—支架;6—读数镜筒;7—目镜;8—观察镜筒;9—分界线调节旋钮;10—消色调节旋钮;11—色散刻度尺;12—棱镜锁紧扳手;13—棱镜组;14—温度计插座;15—恒温器接头;16—保护罩;17—主轴;18—反光镜

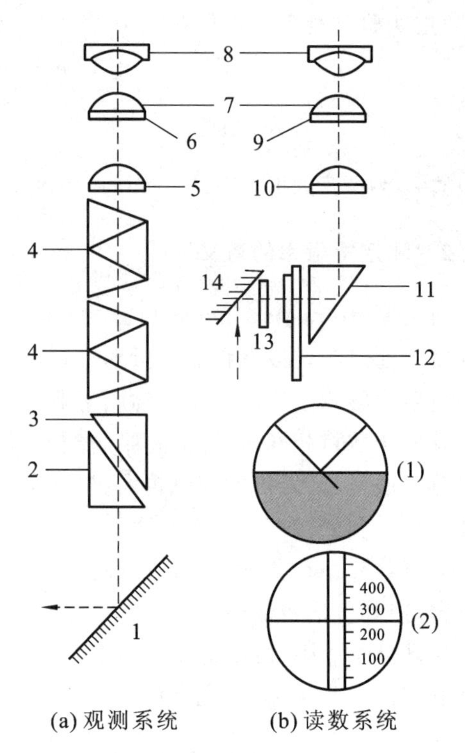

图 4-5　阿贝折光仪的光学系统

阿贝折光仪的折射率刻度范围为 1.300 0～1.700 0，测量精确度为±0.000 3。可测量糖溶液或固形物浓度范围为 0%～95%，可测定温度为 10～50 ℃的折射率。

2）折光仪的校正、使用与维护

（1）折光仪的校正。

通常用测定蒸馏水折射率的方法进行校正，即在标准温度（20 ℃）下折光仪应表示出水的折射率为 1.332 99 或可溶性固形物为 0。若校正时温度不是 20 ℃，应查蒸馏水的折射率表（见表 4-2），以该温度下蒸馏水的折射率进行核准。对于高刻度值部分，用具有一定折射率的标准玻璃块（仪器附件）来校正。方法是打开进光棱镜，在标准玻璃块的抛光面上滴上一滴溴化萘，将其粘在折射棱镜表面上，使标准玻璃块抛光的一端向下以接受光线，读出的折射率应与标准玻璃块的折射率一致。校正时若读数有偏差，可先使读数指示于蒸馏水或标准玻璃块的折射率值，再调节分界线调节旋钮，直至明暗分界线恰好通过十字交叉点。在以后的测定过程中，不允许再调动分界线调节旋钮。

表 4-2　蒸馏水的折射率

温度/℃	蒸馏水折射率	温度/℃	蒸馏水折射率	温度/℃	蒸馏水折射率
10	1.333 71	17	1.333 24	24	1.332 63
11	1.333 63	18	1.333 16	25	1.332 53
12	1.333 59	19	1.333 07	26	1.332 42
13	1.333 53	20	1.332 99	27	1.332 31
14	1.333 46	21	1.332 90	28	1.332 20
15	1.333 39	22	1.332 81	29	1.332 08
16	1.333 32	23	1.332 72	30	1.331 96

（2）折光仪的使用方法。

① 用脱脂棉蘸取乙醇擦净两棱镜表面，挥发干乙醇。滴 1～2 滴样液于下面棱镜的中央，迅速旋转棱镜锁紧扳手，调节小反光镜和反光镜至光线射入棱镜，使两镜筒内视野明亮。

② 由目镜观察，转动棱镜旋钮，使视野呈现明暗两部分。

③ 旋转色散补偿器旋钮，使视野中只有黑白两色。

④ 旋转棱镜旋钮，使明暗分界线在十字线交叉点。

⑤ 在读数镜筒读出折射率或质量分数。

⑥ 同时记录测定时的温度。

⑦ 对颜色较深的样液进行测定时，应采用反光法，以减少误差。即取下保护罩作为进光面，使光线间接射入并观察，其余操作相同。

⑧ 打开棱镜，若所测定的是水溶性样液，棱镜用脱脂棉吸水擦拭干净；若是油类样液，则用乙醇或乙醚、二甲苯等擦拭。

折光仪上的刻度是在标准温度（20 ℃）下刻制的，折射率测定最好在 20 ℃下进行。若测定温度不是 20 ℃，应查表对测定结果进行温度校正。因为温度升高溶液的折射率减小，温度降低折射率增大，因此，当测定温度高于 20 ℃时，应加上校正值；当温度低于 20 ℃时，则减去校正值。例如，在 25 ℃下测得果汁的可溶性固形物含量为 15%，查糖液折光锤度温度改正表（见附录 J）得校正值 0.37，则该果汁可溶性固形物的准确含量为 15%+0.37%=15.37%。

3) 折光仪的维护

(1) 仪器应放在干燥、空气流通的室内,防止受潮后光学零件发霉。

(2) 仪器使用完毕,须进行清洁并挥干后放入储有干燥剂的箱内,防止湿气和灰尘侵入。

(3) 严禁油手或汗手触及光学零件,如光学零件不清洁,先用汽油后用二甲苯擦干净。切勿用硬质物料触及棱镜,以防损伤。

(4) 仪器应避免强烈震动或撞击,以免光学零件损伤而影响精度。

2. 手提式折光仪

手提式折光仪的结构如图 4-6 所示,它由一个棱镜、一个盖板及一个观测镜筒组成,利用反射光测定。其光学原理与阿贝折光仪在反射光中使用的相同。该仪器操作简单、便于携带,常用于生产现场检验及田间检验。

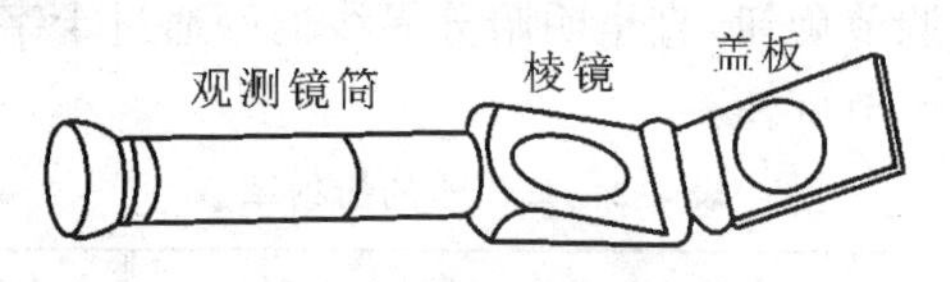

图 4-6 手提式折光仪的构造

4.3 旋 光 法

用旋光仪测量旋光性物质的旋光度以确定其含量的分析方法称为旋光法(polarimetry)。在食品分析中,旋光法主要用于糖品、味精、氨基酸的分析以及谷类食品中淀粉的测定,其准确度和重现性均较好。

4.3.1 偏振光的产生

光是一种电磁波,光波的振动方向与其前进方向垂直。自然光有无数个与光的前进方向相垂直的振动面。而当自然光通过尼可尔棱镜时,只有与尼可尔棱镜的光轴平行的一个光波振动面,这种光称为偏振光(polarized light)。偏振光的振动平面称为偏振面(见图 4-7)。

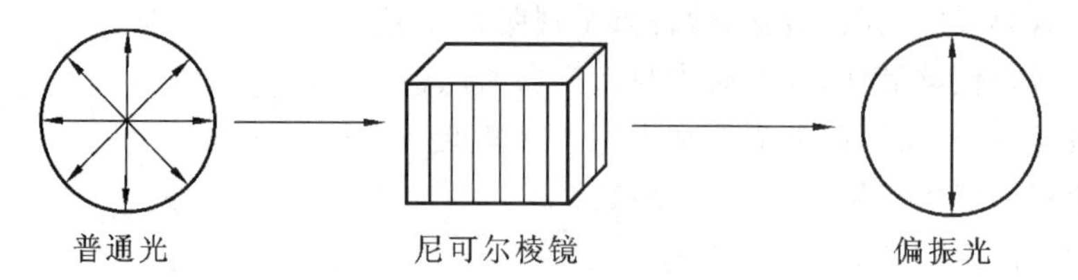

图 4-7 自然光通过尼可尔棱镜后产生偏振光

4.3.2 光学活性物质、旋光度与比旋光度

能把偏振光的偏振面旋转一定角度的物质称为光学活性物质。这类物质的特点是分子结构中含有不对称的碳原子。许多食品成分具有光学活性,如单糖、低聚糖、淀粉以及大多数氨基酸等。其中能把偏振光的偏振面向右旋转的称为右旋(用“+”表示)物质,反之为左旋(用“-”表示)物质。

偏振光通过旋光性物质的溶液时,其振动平面所旋转的角度称为该物质溶液的旋光度,以

α 表示。旋光度(rotation)的大小与光源的波长,旋光性物质的种类、浓度、温度及液层的厚度有关。对于特定的光学活性物质,在波长和温度一定的情况下,其旋光度 α 与溶液的浓度 C 和液层的厚度 L 成正比。即

$$\alpha=KCL$$

当旋光性物质的浓度为 1 g/mL,液层厚度为 1 dm 时,所测得的旋光度称为比旋光度。以 $[\alpha]_\lambda^t$ 表示。由上式可知:

$$[\alpha]_\lambda^t=K\times1\times1=K$$

即

$$[\alpha]_\lambda^t=\frac{\alpha}{LC}\quad 或\quad C=\frac{\alpha}{[\alpha]_\lambda^t\times L}$$

式中:$[\alpha]_\lambda^t$——比旋光度,度或°;

t——温度,℃;

λ——光源波长,nm;

α——旋光度,度或°;

L——液层厚度或旋光管长度,dm;

C——溶液浓度,g/mL。

比旋光度(specific rotary power)与光的波长及测定温度有关。通常规定用钠光 D 线(波长为 589.3 nm)在 20 ℃时测定,因此,比旋光度用 $[\alpha]_D^{20}$ 表示。当溶液温度不是 20 ℃时,需加以校正。校正式为

$$[\alpha]_\lambda^{t_1}=[\alpha]_\lambda^{t_2}+n(t_1-t_2)$$

式中:t——溶液温度,℃;

n——常数。

主要糖类的比旋光度见表 4-3。

表 4-3　主要糖类的比旋光度

糖类	$[\alpha]_D^{20}$	糖类	$[\alpha]_D^{20}$	糖类	$[\alpha]_D^{20}$	糖类	$[\alpha]_D^{20}$
葡萄糖	+52.3°	转化糖	−20.0°	乳糖	+53.3°	糊精	+194.8°
果糖	−92.5°	蔗糖	+66.5°	麦芽糖	+138.5°	淀粉	+196.4°

4.3.3　变旋光作用

具有光学活性的还原糖类(如葡萄糖、果糖、乳糖、麦芽糖等),在溶解之后,其旋光度起初迅速变化,然后逐渐变得缓慢,最后达到定值,这种现象称为变旋光作用(mutarotation)。这是由于糖存在两种异构体,即 α 型和 β 型,它们的比旋光度不同。这两种环形结构及中间的开链结构在构成一个平衡体系过程中,即显示变旋光作用。几种糖类的变旋光作用如表 4-4 所示。在用旋光法测定含有还原性糖类的食品(如蜂蜜和商品葡萄糖)时,为了得到恒定的旋光度,应把配制的样品溶液放置过夜再行读数;若需立即测定,可将中性溶液(pH=7)加热至沸后再稀释定容;若溶液已经稀释定容,则可加入 Na_2CO_3 干粉直至石蕊试纸检测刚显碱性。在碱性溶液中变旋光作用很快,迅速达到平衡。为了解变旋光作用是否完成,应每隔 15~30 min 进行一次旋光度读数,直至读数恒定为止。但须注意,微碱性溶液中果糖易分解,故不可放置过久,温度也不可太高。

表 4-4　几种糖类的变旋光作用

糖　类	浓度/(g/100 mL)	开始时的$[\alpha]_D^{20}$		平衡时的$[\alpha]_D^{20}$		差　值
D-葡萄糖	9.907	+105.2°	5.5 min	+52.5°	4.5 h	−52.7
D-半乳糖	10.000	+117.4°	7 min	+80.3°	4.5 h	−37.1
D-果糖	10.000	−104.0°	6 min	−92.3°	0.5 h	+11.7
乳糖	4.481	+87.3°	8 min	+55.3°	10.0 h	−32.0
麦芽糖	9.2	+118.8°	6 min	+136.8°	6.5 h	+18.0

4.3.4　旋光仪

1. 普通旋光仪

1）普通旋光仪的构造

普通旋光仪的构造和光学系统见图 4-8 和图 4-9。

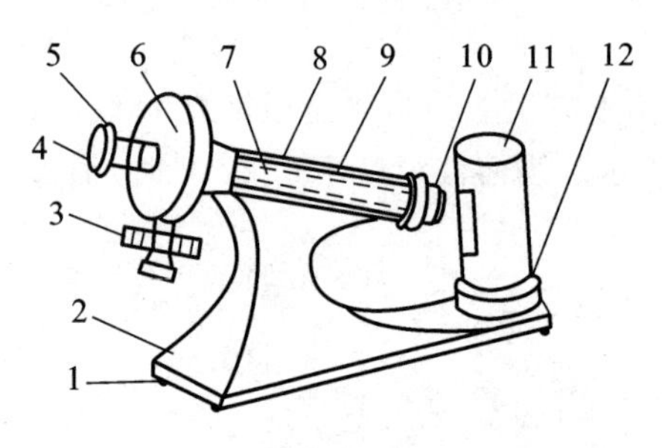

图 4-8　普通旋光仪的构造

1—底座；2—电源开关；3—度盘转动旋钮；4—放大镜座；5—视度调节螺旋；6—度盘游表；7—镜筒；8—镜筒盖；9—镜盖手柄；10—镜盖连接圆；11—灯罩；12—灯座

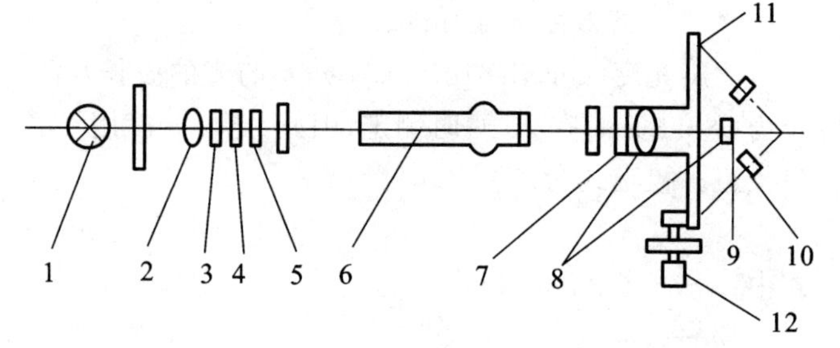

图 4-9　普通旋光仪的光学系统

1—钠光源；2—聚光镜；3—滤光片；4—起偏镜；5—半阴片；6—旋光测定管；7—检偏镜；8—物镜、目镜组；9—聚焦手轮；10—放大镜；11—读数盘；12—测量手轮

光学系统：光线从钠光源 1 射出，通过聚光镜 2、滤光片 3 经起偏镜 4 成为偏振光，在半阴片 5 处产生三分视场，当通过含有旋光性物质的旋光测定管 6 时，偏振光发生旋转，光线经检偏镜 7 及物镜、目镜组 8 进入视野，通过聚焦手轮 9 可清晰观察到视场的三种情况。转动测量手轮 12 及检偏镜，只有在零点时视场中三部分亮度一致。

测定时，将被测液放入旋光管后，由于溶液具有旋光性，使偏振光旋转了一个角度，零点视场便发生了变化，这时转动测量手轮及检偏镜至一定角度，能再次出现亮度一致的视场，这个转角就是溶液的旋光度，其读数可通过读数放大镜从读数盘中读出。

2）使用方法

(1) 打开电源开关，预热 5 min，待钠光灯正常发光便可使用。

(2) 检查仪器零点三分视场亮度是否一致。若不一致，说明有零点误差，应在测量读数中加上或减去偏差值，或放松度盘盖背后的 4 颗螺丝，微微转动度盘校正。

(3) 选取长度适宜的测定管，注满待测样液，将气泡赶入凸部位，拭干管外残留溶液，放入镜筒中部空腔内，闭合镜筒盖。

(4) 转动度盘、检偏镜至三分视场亮度一致的位置，从度盘游标中读数(正值为右旋，负值为左旋)，读数准确度达±0.01。

2. WZZ 型自动旋光仪简介

各种类型的自动旋光仪，均采用光电检测器及晶体管自动读数等装置，具有精确度高、无人为误差、读数方便等优点。图 4-10 为 WZZ-2 型自动旋光仪的工作原理图。

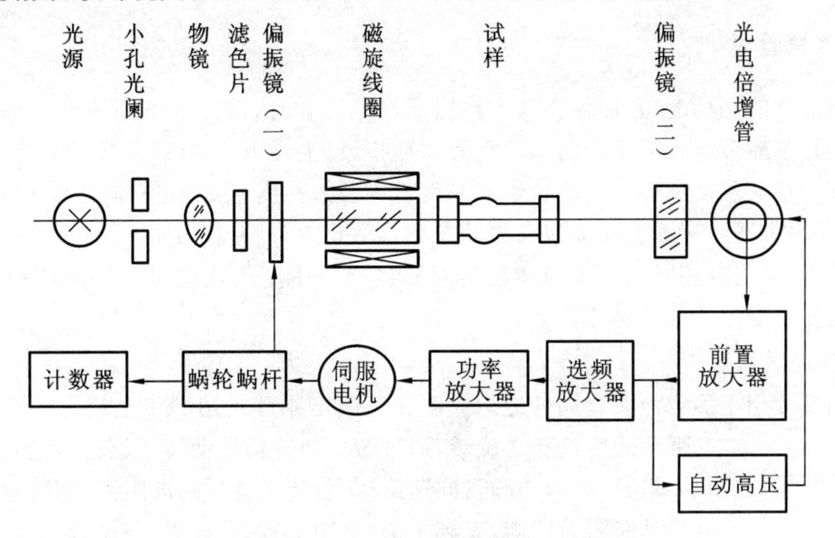

图 4-10　WZZ-2 型自动旋光仪工作原理

仪器采用 20 W 钠光灯作光源，由小孔光阑和物镜组成一个简单的点光源平行光管，平行光经起偏器——偏振镜（一）变为平面偏振光，其振动平面为 OO'，OO' 为偏振镜（一）的偏振轴，见图 4-11(a)，当偏振光经过有法拉第效应的磁旋线圈时，其振动平面产生 50 Hz 的 β 角往复摆动，见图 4-11(b)，光线经过检偏器——偏振镜（二）投射到光电倍增管上，产生交变的光电信号。

起偏器与检偏器正交时（即 $OO' \perp PP'$，PP' 为偏振镜（二）的偏振轴），作为仪器零点。此时，偏振光的振动平面因磁旋光效应产生 β 角摆动，故经过检偏器后，光波振幅不等于零，因而在光电倍增管上产生微弱的电流。在此情况下，若在光路中放入旋光质，旋光质把偏振光振动平面旋转了 α_1 角，经检偏器后的光波振幅较大，在光电倍增管上产生的光电信号也较强，见图 4-11(c)，光电信号经前置选频功率放大器放大后，使伺服电机转动，通过蜗轮蜗杆把起偏器反向转动 α_1 角，使仪器又回到零点状态，见图 4-11(d)。起偏器旋转的角度即为旋光质的旋光度，可在读数器中直接显示出来。

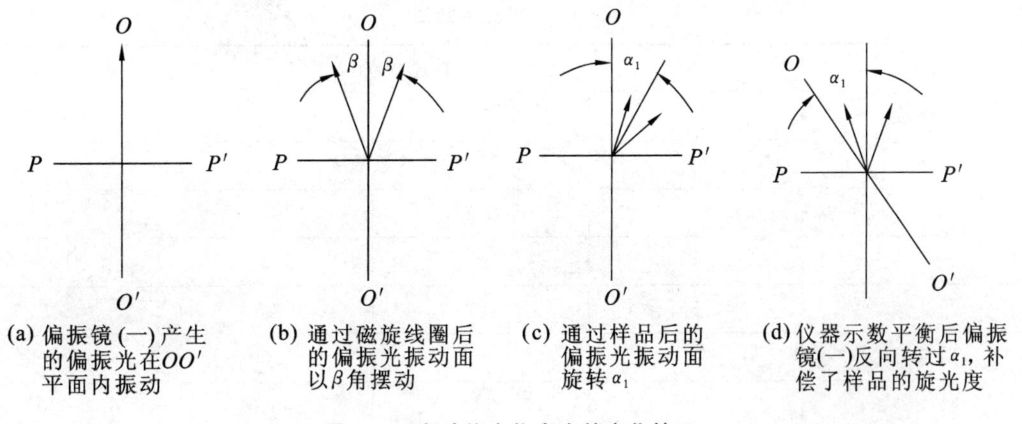

(a) 偏振镜(一)产生的偏振光在 OO' 平面内振动　(b) 通过磁旋线圈后的偏振光振动面以 β 角摆动　(c) 通过样品后的偏振光振动面旋转 α_1　(d) 仪器示数平衡后偏振镜(一)反向转过 α_1，补偿了样品的旋光度

图 4-11　自动旋光仪中光的变化情况

4.4 其他物理指标测定方法简介

4.4.1 黏度检验法

黏度即液体的黏稠度,是液体在外力作用下发生流动时,液体分子间所产生的内摩擦力。黏度的大小是判断液态食品品质的一项重要物理指数,主要用于啤酒、淀粉的分析。

黏度分为绝对黏度和运动黏度。绝对黏度也称动力黏度 $\eta(\mu)$,是指液体以 1 cm/s 的流速流动时,在每平方厘米液面上所需切向力的大小,以帕[斯卡]·秒(Pa·s)为单位;运动黏度 υ 也称动态黏度,是指在相同温度下液体的绝对黏度与其密度的比值,以平方米每秒(m^2/s)为单位。黏度测定所用的仪器称为黏度计。

1. 旋转黏度计

旋转黏度计用于测定液态食品的绝对黏度。其测定原理是用同步电机以一定速度旋转,带动刻度盘随之旋转,通过游丝和转轴带动转子旋转,若转子未受到黏滞阻力,游丝与圆盘同速旋转;若转子受到黏滞阻力,则游丝产生力矩,与黏滞阻力抗衡,直到平衡(见图 4-12)。此时,与游丝相连的指针在刻度圆盘上指示出一数值,根据这一数值,结合转子号数及转速即可算出被测液体的绝对黏度。

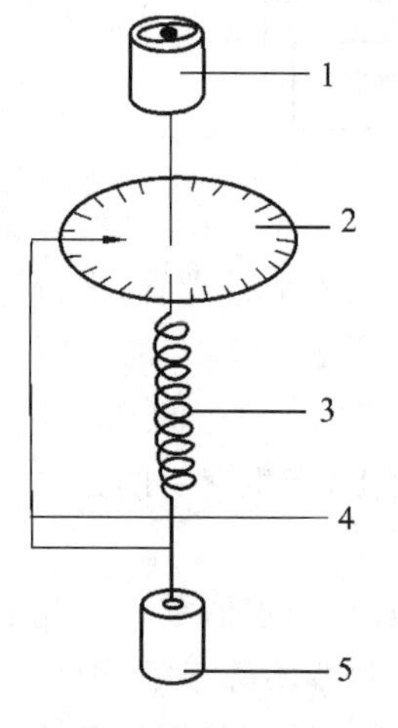

图 4-12 旋转黏度计

1—同步电机;2—刻度盘;3—游丝;4—指针;5—转子

其测定方法如下。

(1) 选择适宜的转速和转子,使指针读数在 20～90 范围内。

(2) 用直径大于 7 cm 的烧杯盛装样液并保持恒温,调整高度使转子浸入液体直至液面标志为止。

(3) 接通电源,转子转动,经多次旋转后指针趋于稳定(或按规定的旋转时间指针达到恒定值)。

(4) 将操纵杆压下,关闭电源,读取指针所指示的数值,按下式计算:

$$\eta = ks$$

式中:η——绝对黏度,Pa·s;

s——圆盘指针指示数值;

k——换算系数(见表 4-5)。

表 4-5 换算系数表

转子数	转速/(r/min)			
	60	30	12	6
	换算系数 k			
0	0.1	0.2	0.5	1.0
1	1	2	5	10
2	5	10	25	50
3	20	40	100	200
4	100	200	500	1 000

2. 毛细管黏度计

毛细管黏度计用于测定液态食品的运动黏度。常用的毛细管黏度计见图 4-13。其毛细管内径有 0.8、1.0、1.2、1.5 mm 等四种。不同的毛细管黏度计有不同的黏度常数，当无黏度常数时，可用已知黏度的纯净的 20 号或 30 号机器润滑油标定。

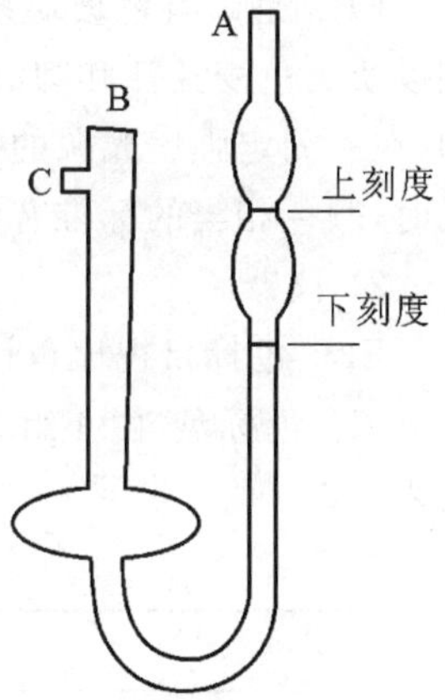

测定时，将样品液吸入或倒入毛细管黏度计后垂直置于恒温水浴中，并使黏度计上下刻度的两球全部浸入水浴内。一定时间后，用洗耳球自管口 A 将样液吸起、吹下以搅拌样液，然后吸起样液使充满上球，让样液自由流下至两球间的上刻度时用秒表开始计时，待样液继续流下至下刻度时停止计时，记录样液流经上、下刻度所需的时间(s)，重复数次，取平均值。按下式计算结果：

$$\upsilon = Ct$$

式中：υ——运动黏度，m^2/s；

t——样液流出时间，s；

C——黏度计常数，m^2/s^2。

图 4-13　毛细管黏度计

A—吸样品；B—进样品；C—溢流口

4.4.2　气体压力测定法

在某些瓶装或罐装食品中，容器内气体的压力常是产品的重要质量指标。如罐头需有一定的真空度，即罐内气压与罐外气压差应小于零，为负压。这是罐头产品必须具备的一个质量指标，对于不同罐型、不同内容物、不同的工艺条件，要求达到的真空度不同。瓶装含气饮料，如碳酸饮料、啤酒等，其 CO_2 含量是产品的一个重要理化指标。

容器内的气体压力常用真空表、检压器等简单的仪表来测定。

1. 罐头真空度的测定

测定罐头真空度通常用罐头真空表。它是一个下端带有针头的圆盘状表，表面上刻有真空度数字，静止时指针指向零。表的基部是一带有尖锐针头的空心管，空心管与表身连接部分有金属套保护，下面一段由厚橡皮座包裹。测定时，将针尖刺入罐盖内，罐内气压与大气压差使表内隔膜移动，从而连带表面针头转动，即可读出真空度。表基部的橡皮座起密封作用，防止外界空气侵入。

2. 碳酸饮料中 CO_2 压力的测定

将测压器上的针头刺入碳酸饮料样品瓶(罐)盖内，旋开排气阀，待指针回复零位后，关闭排气阀，将样品瓶(罐)往复剧烈摇 40 s，待压力稳定后，记下压力表读数。旋开排气阀，随即打开瓶盖，用温度计测量容器内饮料的温度。根据测得的压力和温度，查碳酸气吸收系数表，即可得到 CO_2 含气量的体积倍数。

4.4.3　液态食品色度、浊度的测定

液态食品(如饮料、矿泉水、各种酒类)都有其相应的色度、浊度、透明度等感官指标。色度、浊度、透明度是液体的物理特性，对某些食品来说，这些物理特性往往是决定其产品质量的关键所在。下面以啤酒为例，介绍色度、浊度的测定方法。

1. 啤酒色度的测定

色度是啤酒的一个重要质量指标，通常采用 EBC 比色法。

1）原理

EBC是以有色玻璃系列确定的比色标准，其色度单位从2至27颜色逐渐变深。比色范围以淡黄色麦芽汁和啤酒为下限，以深色麦芽汁和啤酒以及焦糖为上限。将试样置于比色计中，在一固定强度光源的反射光照射下，与一组标准有色玻璃相比较，以在25 mm比色皿装试样时，颜色相当的标准有色玻璃确定试样的色度。

2）仪器

EBC色标目视比色计由下列几个部分组成。

（1）色标盘：由4组9块有色玻璃组成，称为EBC色标盘，共分27个EBC单位，具体组成见表4-6。

表4-6　色标盘与标准色

色　标　盘	标　准　色								
EBC/1	2	3	4	5	6	7	8	9	10
EBC/2	2.5	3.5	4.5	5.5	6.5	7.5	8.5	9.5	11
EBC/3	10	12	14	16	18	20	22	24	26
EBC/4	11	13	15	17	19	21	23	25	27

（2）光学比色皿：有5、10、25、40 mm四种规格。

（3）比色器：用于放置色标盘和比色皿。

（4）光源：卤钨灯。

3）分析步骤

（1）样品处理。

取预先在冰箱中冷至10～15 ℃的啤酒，启盖后经快速滤纸过滤至锥形瓶中，稍加振摇，静置，以除去酒中的二氧化碳，除气操作时的室温不宜超过25 ℃。

（2）色度测定。

淡色啤酒或麦芽汁可使用25 mm或40 mm比色皿比色，其色度一般在10～20 EBC单位；深色啤酒或麦芽汁可使用5 mm或10 mm比色皿比色，或适当稀释后使其色度在20～27 EBC单位，然后比色。其结果应按25 mm比色皿及稀释倍数换算。

（3）结果计算。

$$\text{色度(EBC 单位)} = \frac{\text{实测色度} \times 25}{\text{比色皿厚度}} \times \text{稀释倍数}$$

2. 啤酒浊度的测定

浊度也是啤酒的一个重要质量指标，国家标准规定用EBC浊度计来测定，它是利用光学原理来测定啤酒由于老化或受冷而引起的混浊程度的一种方法。将制备好的酒样倒入标准杯中，用EBC浊度计进行测定，直接读出样品的浊度。

4.4.4　食品质构的测定

食品除了它的营养价值外，物理性能也是它的重要品质因素，主要包括硬度、脆性、胶黏性、回复性、弹性、凝胶强度、耐压性、可延伸性及剪切性等。它们在某种程度上可反映出食品的感官质量。国内外多年来一直沿用感官评定法来对其进行评价。但由于感官评定法的影响因素除了食品本身的色、香、味、形外，与评价员的嗜好、情绪、健康状况等不稳定因素有关，从而人为误差较大，存在一定的缺陷。食品质构仪在食品质构方面测定的应用，可以使评价结果更客观、准确。

食品质构仪主要包括主机、专用软件、备用探头及附件。它一般是由一个能对样品产生变形作用的机械装置，一个用于盛装样品的容器和一个对力、时间和变形率进行记录的记录系统组成，见图 4-14。围绕着距离(distance)、时间(time)、作用力(force)三者进行测试和结果分析，也就是说，物性分析仪所反映的主要是与力学特性有关的食品质地特性，其结果具有较高的灵敏性与客观性，并可通过配备的专用软件对结果进行准确的数量化处理，以量化的指标来客观、全面地评价食品。常用于小麦粉制品、肉制品、水产品和乳制品中的质构特性的测定。

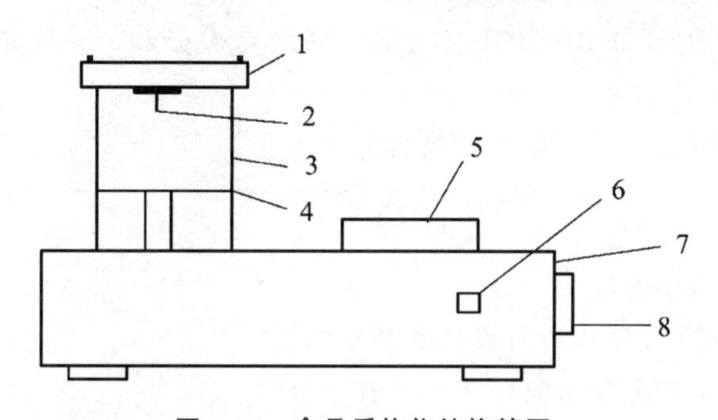

图 4-14　食品质构仪结构简图

1—横梁；2—探头；3—立柱；4—操作台；
5—转速控制装置；6—正反开关；7—底座；8—直流电机

思　考　题

1. 相对密度的测定在食品分析与检验中有何意义？如何用密度瓶测定溶液的相对密度？
2. 密度计有哪些类型？如何正确使用密度计？
3. 密度瓶法和密度计法测定液体食品的密度，各有何优缺点？
4. 说明折光法的基本原理及其在食品分析中的应用。
5. 说明旋光法的原理及其在食品分析中的应用。
6. 如何加速变旋光作用的完成？
7. 解释以下概念：折射率、比旋光度、变旋光作用、波美度、酒精度、糖锤度、黏度。

第5章　水分及相关指标的测定

本章提要

(1) 掌握水分、水分活度和固形物的定义。

(2) 熟悉 GB 5009.3—2016 直接干燥法测定水分和 A_w 测定仪法测定水分活度的方法。

(3) 了解水分、水分活度的其他测定方法。

Question 生活小提问

1. 没有水就没有生命，食品的组成能离开水吗？
2. 为什么鲜奶很容易变质而奶粉能保存较长时间？
3. 为什么饼干容易吸潮？
4. 苹果保鲜为什么要打蜡？
5. 干制食品为什么也有保质期？

5.1　概　　述

水分含量是指食品中所含水分的总量，包括自由水和结合水。水分活度则体现了食品非水组分与食品中水分的亲和能力大小，水分活度的大小对食品的色、香、味、质构以及食品的稳定性都有重要影响。各种微生物的生命活动及各种化学、生物化学变化都要求一定的水分活度，故水分含量和水分活度与食品的保藏性能密切相关。

本章主要介绍测定水分和水分活度以及固形物检测的意义，重点介绍水分的测定方法，包括直接干燥法(GB 5009.3—2016 第一法)、减压干燥法(GB 5009.3—2016 第二法)、红外线干燥法、蒸馏法(GB 5009.3—2016 第三法)、卡尔·费休法(GB 5009.3—2016 第四法)以及食品中水分的其他检测方法；介绍水分活度的常见测定方法，包括 A_w 测定仪法、扩散法、溶剂萃取法。本章还特意介绍和水分有关的指标——固形物含量的测定方法。

5.1.1　水在食品中的作用

水是食品中的重要组分，各种食品中的水分含量都有各自的标准。天然食品中水分的含量范围一般为 50%～92%，比如蔬菜含水量为 85%～91%，水果为 80%～90%，鱼类为 67%～81%，蛋类为 73%～75%，乳类为 87%～89%，猪肉为 43%～59%。食品的含水量高低影响食品的感官性状、结构、组成比例和储藏的稳定性，例如，当水分含量超过 3.5%时，奶粉即易结块、变色，且储藏期缩短。

水在食品中不仅以纯水状态存在，而且常溶解一些可溶性物质，如糖类、盐类、亲水性蛋白质等。高分子物质也会分散在水中形成凝胶而赋予食品一定的形态，或在适当的条件下分散于水中成为乳浊液或胶体溶液。有些食品水分含量过高，组织会发生软化，弹性也会降低甚至消失。食品加工过程中，水还能发挥膨润、浸透等方面的作用。在许多法定的食品质量标准中，水分是一个重要的检测指标。

5.1.2　水分在食品中存在的形式

食品有固体状的、半固体状的，还有液体状的。它们不论是原料，还是半成品以及成品，都含有一定量的水，但是食品在切开时一般不会流出水来，这是由于水与食品中的各种复杂成分以不同的方式结合，即水分子在食品中的存在状态是不同的。一般来说，可将食品中的水分为自由水和结合水。

1. 自由水(free water)

自由水又称游离水，是指没有被非水物质化学结合的水，是食品的主要分散剂，可分为滞化水或不可移动水、毛细管水、自由流动水。滞化水是指被组织中的显微和亚显微结构与膜所阻留住的水，不能自由流动；毛细管水是指在生物组织的细胞间隙和制成食品的结构组织中存在的一种由毛细管力所系留的水，其性质与滞化水相同；自由流动水是指动物的血浆、淋巴，植物的导管和细胞内液泡中的水，可以自由移动。自由流动水具有水的一切性质，比如易结冰，易转移，易失去，易被微生物利用，易参与各种与水有关的反应，具有水的溶解能力，易对食品品质产生各种影响。

2. 结合水(bound water)

结合水是指食品中的非水成分与水通过氢键结合的水，也称束缚水。蛋白质，淀粉，纤维素，果胶物质中的氨基、羧基、羟基、亚氨基、巯基等都可以通过氢键与水结合。束缚水具有两个特点：①不易结冰(冰点为−40 ℃)；②不能作为溶质的溶剂。根据水与其他组分的结合能力不同，食品中的结合水又可以分为化合水、邻近水和多层水。

5.1.3　水分含量测定的意义

水是食品的重要组分，其含量、分布和状态影响食品的感官性状、结构、风味、新鲜度以及加工、储藏等特性，是决定食品品质的成分之一。某些食品中的水增减到一定程度时将会引起水分和食品中其他组分平衡关系的破坏，产生蛋白质变性、糖和盐的结晶，从而影响食品的组织形态和储藏性等。此外，食品中水分的测定对于计算生产中的物料平衡、实行工艺监督以及保证产品质量等方面，都具有很重要的意义。因此，食品中水分含量的测定是食品分析的重要项目之一。

食品去除水分后剩下的干基称为总固形物，包括蛋白质、脂肪、粗纤维、无氮抽出物、灰分等，它是指导食品生产、评价食品营养价值的一个很重要的指标。

5.2　水分的测定方法

食品中水分的测定方法有直接测定法和间接测定法，一般根据食品的性质和检测目的进行选择。直接测定法是利用水分本身的理化性质除去样品中的水分，再对其定量的方法，比如干燥法、蒸馏法和卡尔·费休法。间接测定法是根据一定条件下样品的密度、折射率、电导率等物理性质测定水分含量的方法，不需除去水分。直接测定法比间接测定法准确度高，但是费时、劳动强度大，间接测定法测定速度快，能自动连续测量。

5.2.1　干燥法

在一定的温度和压力下,通过加热将样品中的水分蒸发完全,根据样品加热前后的质量差来计算水分含量的方法称为干燥法,包括常压干燥法和减压干燥法。应用干燥法测定水分的样品必须符合下列条件:①水分是唯一挥发性成分;②水分挥发要完全;③食品中其他成分由于受热而引起的化学变化可以忽略不计。

1. 常压干燥法(直接干燥法,GB 5009.3—2016 第一法)

1) 原理

将食品在101.3 kPa(一个大气压)、101～105 ℃下采用挥发方法直接干燥,测定干燥前后样品质量,其差值即为水分含量(包括吸湿水、部分结晶水和该条件下能挥发的物质)。

2) 适用范围

常压干燥法适用于在101～105 ℃下,蔬菜、谷物及其制品、水产品、豆制品、乳制品、肉制品、卤菜制品、粮食(水分含量低于18%)、油料(水分含量低于13%)、淀粉及茶叶类等食品中水分的测定,不适用于水分含量小于0.5 g/100 g的样品的测定。

3) 仪器

电热恒温干燥箱;扁形铝制或玻璃制称量瓶;分析天平(感量0.1 mg);干燥器。

4) 试剂

(1) 盐酸(6 mol/L)。

(2) 氢氧化钠溶液(6 mol/L)。

(3) 海砂:取用水洗去泥土的海砂、河砂、石英砂或类似物,先用6 mol/L盐酸煮沸0.5 h,用水洗至中性,再用6 mol/L氢氧化钠溶液煮沸0.5 h,用水洗至中性,经105 ℃干燥备用。

5) 分析步骤

试样的制备方法依据食品种类及存在状态而异,一般情况下,食品以固态(如面包、饼干、乳粉等)、液态(如牛乳、果汁等)和浓稠态(如炼乳、果酱等)存在。

(1) 固态试样:固态试样必须磨碎,全部经过20～40目筛,混匀。在磨碎过程中,要防止样品中水分含量发生改变。一般水分含量在14%以下时称为安全水分,即在实验室条件下迅速进行粉碎、过筛等处理,水分含量一般不会发生太大变化。

测定时取洁净铝制或玻璃制的扁形称量瓶,置于101～105 ℃干燥箱中,瓶盖斜支于瓶边,加热1.0 h,取出盖好,置于干燥器内冷却0.5 h,称量,并重复干燥至前后两次质量差不超过2 mg,即为恒重。将混合均匀的试样迅速磨细至颗粒小于2 mm,不易研磨的样品应尽可能切碎,称取2～10 g试样(精确至0.000 1 g),放入此称量瓶中,试样厚度不超过5 mm,如为疏松试样,厚度不超过10 mm,加盖,精密称量后,置于101～105 ℃干燥箱中,瓶盖斜支于瓶边,干燥2～4 h后,取出盖好,放入干燥器内冷却0.5 h后称量。然后放入101～105 ℃干燥箱中干燥1 h左右,取出,放入干燥器内冷却0.5 h后再称量。并重复以上操作至前后两次质量差不超过2 mg,即为恒重。

(2) 浓稠态或液态试样:浓稠态试样若直接加热干燥,表面易结壳焦化,应加入精制的海砂或河砂,搅拌均匀以增大蒸发面积。液态试样若直接加热,会因沸腾而造成损失,需低温浓缩后再进行高温干燥。

测定时取洁净的称量瓶,内加10 g海砂及一根小玻璃棒,置于101～105 ℃干燥箱中,干燥1.0 h后取出,放入干燥器内冷却0.5 h后称量,并重复干燥至恒重。然后称取5～10 g试样(精确至0.000 1 g)，置于称量瓶中，用小玻璃棒搅匀放在沸水浴上蒸干，并随时搅拌，擦去瓶底的水滴，置于101～105 ℃干燥箱中干燥4 h后盖好取出，放入干燥器内冷却0.5 h后称量。然后放入101～105 ℃干燥箱中干燥1 h左右，取出，放入干燥器内冷却0.5 h后，再称量。并重复以上操作至前后两次质量差不超过2 mg，即为恒重。

6) 结果计算

$$X=\frac{m_1-m_2}{m_1-m_3}\times 100$$

式中：X——试样中水分的含量，g/100 g；

m_1——干燥前称量瓶(加海砂、玻璃棒)和试样的质量，g；

m_2——干燥后称量瓶(加海砂、玻璃棒)和试样的质量，g；

m_3——称量瓶(加海砂、玻璃棒)的质量，g；

100——单位换算系数。

当水分含量≥1 g/100 g时，计算结果保留3位有效数字；当水分含量<1 g/100 g时，计算结果保留2位有效数字。

7) 操作条件的选择

(1) 样品的预处理。

样品的预处理方法对分析结果影响很大。在采集、处理和保存过程中，要防止组分发生变化。固态样品必须磨碎。谷类用18目筛，其他食品用30～40目筛。液态样品宜先在水浴上浓缩，然后用烘箱干燥。糖浆、甜炼乳等浓稠液体，一般要加水稀释。糖浆稀释液的固形物含量应控制在20%～30%。

(2) 样品质量和称量皿规格。

样品质量通常控制其干燥残留物为2～4 g。对于水分含量较低的固态、浓稠态食品，将称样量控制在3～5 g，而对于果汁、牛乳等液态食品，一般称样量控制在15～20 g为宜。

称量皿分为玻璃称量皿和铝制称量盒两种。前者耐酸碱，不受样品性质的限制，常用于直接干燥法。后者质量轻，导热性强，但不耐酸，常用于减压干燥法。称量皿规格的选择可以以称量皿底部直径为标准：对含水较少的液体为4～5 cm；对含水较多的液体为6.5～9.0 cm；对水产品为9 cm。

(3) 干燥设备。

最简便的干燥设备是装有温度调节器的常压电热烘箱。它分为对流式或强力通风式两类，一般采用对流式。烘箱内各部位的温度变动不应超过±2 ℃，或者用4～6个样品同时检查烘箱，其偏差应为0.1%～0.3%。为了保证恒温，可使用双层烘箱。

(4) 干燥条件。

烘箱干燥法所选用的温度、压力及干燥时间，因被测样品的性质及分析目的不同而有所改变。干燥温度通常取70～100 ℃。对热较稳定的食品，甚至可以采用120 ℃、130 ℃或更高的温度，这样可以大大缩短干燥时间。

(5) 干燥剂。

无水硫酸钙、无水过氯酸镁、无水过氯酸钡、刚灼烧过的氧化钙、无水五氧化二磷、无水浓硫酸以及变色硅胶，都是比较有效的干燥剂。常见的浓硫酸、颗粒状氯化钙等干燥剂，干燥效果较差。

8) 说明及注意事项

(1) 干燥糖浆、富含糖分的水果、富含糖分和淀粉的蔬菜之类的样品时,样品表层可能会结成薄膜,因此应将样品加以稀释,或加入干燥助剂(如海砂、石英砂),或采用红外线干燥法,也可采用两步干燥法,即先在低温条件下干燥,再用较高温度继续干燥。

(2) 样品水分含量较高,干燥温度也较高时,有些样品可能发生化学反应,如糊精化、水解作用等,这些变化造成水分无形损失。为了避免这种现象,可先在低温条件下加热,然后在某一指定温度下继续完成干燥。

(3) 糖分,特别是果糖对热很不稳定。当温度高于 70 ℃时,会发生分解,产生水分及其他挥发性物质。因此,对于含有果糖的样品,如蜂蜜、果酱、水果及其制品等,都采用真空烘箱(减压干燥法),干燥温度取 70 ℃。

(4) 对于脂肪含量高的样品,由于脂肪易发生氧化,后一次质量可能高于前一次,应用前一次的数据进行计算。

(5) 含有较多氨基酸、蛋白质和羰基化合物的样品,长时间加热则会发生羰氨反应,析出水分而导致误差,对此类样品宜用其他方法测定水分含量。

(6) 测定过程中,称量皿从烘箱中取出后,应迅速放入干燥器中进行冷却,否则,不易达到恒重。

(7) 测定水分后的样品,可供测脂肪、灰分含量用。

2. *减压干燥法(真空干燥法,GB 5009.3—2016 第二法)*

1) 原理

利用水的沸点随压力下降而降低的原理,在真空箱内压力达到 40～53 kPa 后,将样品加热至(60±5) ℃,采用减压烘干方法去除样品中的水分,再通过烘干前后的称量数值计算出水分的含量。

2) 适用范围

减压干燥法适用于高温易分解的样品及水分较多的样品(如糖、味精等食品)中水分的测定。

3) 仪器

真空烘箱;真空泵;干燥瓶;安全瓶。

减压干燥工作流程如图 5-1 所示。

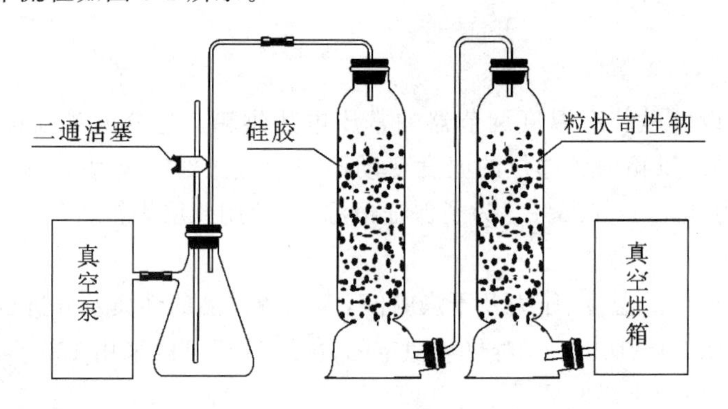

图 5-1　减压干燥工作流程图

4) 分析步骤

试样的制备及铝皿的烘烤同常压干燥法。准确称取 2～10 g(精确至 0.000 1 g)的样品于已烘至恒重的称量瓶中,放入真空烘箱内,烘箱连接真空泵,抽出真空烘箱内空气(所需压力一般为 40～53 kPa)，并同时加热至所需温度(60±5) ℃。关闭真空泵上的活塞，停止抽气，使真空烘箱内保持一定的温度和压力，经 4 h 后，打开活塞，使空气经干燥装置缓缓通入真空烘箱内，待压力恢复正常后再打开。取出称量瓶，放入干燥器中 0.5 h 后称量，并重复以上操作至前后两次称量质量差不超过 2 mg，即为恒重。

5) 结果计算

结果计算同常压干燥法。

6) 说明及注意事项

(1) 所用的干燥温度取决于样品的种类，如 70 ℃适用于水果和其他一些高糖食品。

(2) 真空烘箱内各部位温度要求均匀一致，若干燥时间较短，更应严格控制。

(3) 减压干燥法选择的压力和温度在实际应用时可根据样品的性质及干燥箱耐压能力不同而调整。

(4) 减压干燥时，自烘箱内部压力降至规定真空度时起计算干燥时间，一般每次烘干时间为 4 h，但也有样品需 5 h，恒重一般以减量不超过 0.5 mg 为标准，但对受热后易分解的样品则以不超过 3 mg 的减量为恒重标准。

3. 红外线干燥法

以红外线灯管为热源，利用红外线的辐射热与直射热加热试样，高效、快速地使水分蒸发，根据干燥前后质量差，求出样品中水分含量。

红外线干燥法采用一种低光度的特制的钨丝灯，功率为 250～500 W。辐射热可以穿透样品，到达样品内部的一定深处，可加速水分的蒸发，而样品本身温度升高并不大。但比较而言，其精密度较差。一般测定一份试样需 10～30 min，称样量为 2～10 g。

5.2.2 蒸馏法

蒸馏法(GB 5009.3—2016 第三法)有多种形式，其中应用最广的蒸馏法为共沸蒸馏法。

1. 原理

基于两种互不相溶的液体二元体系的沸点低于各组分的沸点这一事实，将食品中的水分与苯、甲苯或二甲苯共沸蒸出，蒸馏出的蒸气被冷凝、收集于标有刻度的接收管中，由于密度不同而分层，冷凝的溶剂回流到蒸馏瓶中而和水分分离。根据馏出液中水的体积，计算样品中的水分含量。

2. 适用范围

此法为一种高效的换热方法，水分可以被迅速移去，加热温度比直接干燥法低。另外，此法是在密闭的容器中进行的，设备简单，操作方便，适用于含水分较多又有较多挥发性成分的水果、香辛料及调味品、肉与肉制品等食品中水分的测定。

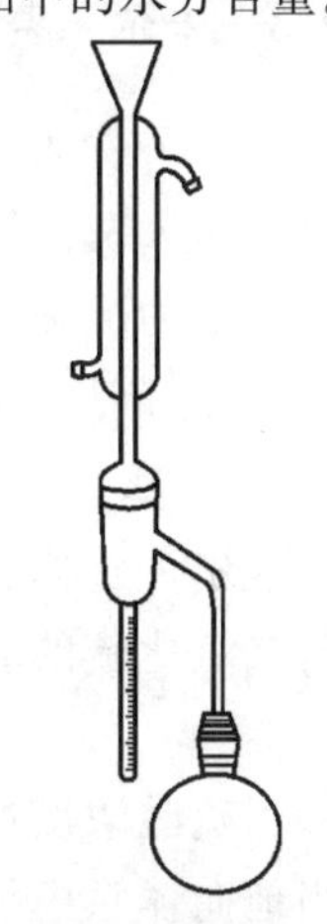

图 5-2　蒸馏式水分测定仪

3. 仪器

蒸馏式水分测定仪，如图 5-2 所示；水分接收管，容量 5 mL，最小刻度值 0.1 mL，容量误差小于 0.1 mL。

4. 试剂

甲苯或二甲苯(化学纯)：取甲苯或二甲苯，先以水饱和后，分去水层，进行蒸馏，收集馏出液备用。

5. 分析步骤

准确称取适量试样(应使最终蒸出的水控制在 2～5 mL，但最多取样量不得超过蒸馏瓶容积的2/3),放入250 mL烧瓶中,加入新蒸馏的甲苯(或二甲苯)75 mL,连接冷凝管与水分接收管,从冷凝管顶端注入甲苯,装满水分接收管。同时做甲苯(或二甲苯)的试剂空白。

加热,慢慢蒸馏,使每秒钟的馏出液为2滴,待大部分水分蒸出后,加速蒸馏,约每秒钟4滴,当水分全部蒸出后,接收管内的水的体积不再增加时,从冷凝管顶端加入甲苯冲洗。如冷凝管壁附有水滴,可用附有小橡皮头的铜丝擦下,再蒸馏片刻至接收管上部及冷凝管壁无水滴附着,接收管水平面保持10 min不变即为蒸馏终点,读取接收管水层的体积。

6. 结果计算

试样中水分的含量按下式进行计算:

$$X=\frac{V-V_0}{m}\times 100$$

式中:X——试样中水分的含量,mL/100 g(或按水在20 ℃的密度0.998 23 g/mL计算质量);

V——接收管内水的体积,mL;

V_0——做试剂空白时,接收管内水的体积,mL;

m——试样的质量,g;

100——单位换算系数。

以重复性条件下获得的两次独立测定结果的算术平均值表示,结果保留3位有效数字。

7. 说明及注意事项

(1) 样品用量:一般谷类、豆类约为20 g,鱼、肉、蛋、乳制品为5～10 g,蔬菜、水果约为5 g。

(2) 有机溶剂一般用甲苯,其沸点为110.7 ℃。对于高温易分解的样品则用苯作蒸馏溶剂(纯苯的沸点为80.2 ℃,水-苯二元共沸物的沸点为69.25 ℃),但蒸馏的时间需延长。

(3) 加热温度不宜太高,温度太高时冷凝管上端水蒸气难以全部回收。蒸馏时间一般为2～3 h,样品不同,蒸馏时间也不同。

(4) 为了避免接收管和冷凝管壁附着水滴,仪器必须洗涤干净。

(5) 添加少量戊醇、异丁醇,可防止出现乳浊液。

(6) 对富含糖分或蛋白质的黏性试液,宜把它分散涂布于硅藻土上或将样品放在蜡纸上。

5.2.3　卡尔·费休法

卡尔·费休(Karl Fischer)法简称费休法或K-F法(GB 5009.3—2016第四法),是1935年由卡尔·费休提出的测定水分的定量方法,属于碘量法。该法对于测定水分最为专一,是测定水分最为准确的化学方法,国际标准化组织把这个方法定为测定微量水分的国际标准。该方法快速、准确,而且无须加热,可有效避免易氧化、热敏性组分的氧化、分解。

1. 原理

卡尔·费休法是一种以滴定法测定水分的化学分析法,测定水分的原理是基于水存在时碘与二氧化硫的氧化还原反应。

$$2H_2O+I_2+SO_2 = 2HI+H_2SO_4$$

当硫酸浓度达到0.05%以上时,上述反应即逆向进行。要使反应顺利地向右进行,需要适当地向体系中加入碱性物质(吡啶和甲醇),以中和反应过程生成的酸。

$$C_5H_5N\cdot I_2+C_5H_5N\cdot SO_2+C_5H_5N+H_2O = 2C_5H_5N\cdot HI+C_5H_5N\cdot SO_3$$

生成的硫酸吡啶很不稳定,能与水发生副反应,消耗一部分水而干扰测定,若有甲醇存在,则硫酸吡啶可生成稳定的甲基硫酸氢吡啶：

$$C_5H_5N \cdot SO_3 + CH_3OH \longrightarrow C_5H_5N \cdot HSO_4CH_3$$

由此可见，滴定操作所用的标准溶液是将 I_2、SO_2、C_5H_5N 和 CH_3OH 按比例配在一起的混合溶液，此溶液称为卡尔·费休试剂。

卡尔·费休法的滴定总反应方程式可写为

$$I_2 + SO_2 + 3C_5H_5N + CH_3OH + H_2O \longrightarrow 2C_5H_5N \cdot HI + C_5H_5N \cdot HSO_4CH_3$$

由上述反应方程式可知，1 mol 水需要 1 mol 碘、1 mol 二氧化硫、3 mol 吡啶和 1 mol 甲醇。但实际使用的卡尔·费休试剂中的二氧化硫、吡啶和甲醇的用量都是过量的。常用的卡尔·费休试剂每毫升相当于 3.5 mg 水，试剂中碘、二氧化硫和吡啶三者的物质的量之比为1∶3∶10。

卡尔·费休试剂的有效浓度取决于碘的浓度。新鲜配制的试剂，其有效浓度会不断降低，这是由于试剂中各组分本身也含有水分。可是，试剂浓度降低的主要原因是由一些副反应引起的，它消耗了一部分碘。为此，新鲜配制的卡尔·费休试剂，混合后需再放置一定时间才能使用，同时每次临用前均应标定。该方法必须在密闭玻璃容器内进行，以防止空气中的水蒸气对样品含水量产生影响。

卡尔·费休法又分为库仑法和滴定法。库仑法测定的碘是通过化学反应产生的，只要电解液中存在水，所产生的碘就会和水以 1∶1 的关系按照化学反应式进行反应。当所有的水都参与了化学反应时，过量的碘就会在电极的阳极区域形成单质碘，反应终止。滴定法测定的碘是作为滴定剂加入的，滴定剂中碘的浓度是已知的，根据消耗滴定剂的体积，计算消耗碘的量，从而计算出被测物质中水的含量。

卡尔·费休试剂滴定水分的终点，可用试剂本身中的碘作为指示剂。试液中有水存在时，呈淡黄色，接近终点时呈琥珀色，当刚出现微弱的黄棕色时即为滴定终点。精确的测定以电位滴定确定其终点，如使用电极电位计来滴定终点，可提高灵敏度。目前使用的卡尔·费休水分测定仪采用时间滞留法作为终点判断准则，并配有声光报警指示。

2. 适用范围

卡尔·费休法是一种迅速而又准确的水分测定法，在食品工业凡是用常压干燥法会得到异常结果的样品，或是以减压干燥法进行测定的样品，均可采用本法进行测定。本法适用于食品中微量水分的测定。在食品分析中，已应用于脱水果蔬、面粉、砂糖、人造奶油、可可粉、糖蜜、茶叶、乳粉及香料等食品中的水分测定，结果的准确度优于直接干燥法，也是测定脂肪和油品中痕量水分的理想方法。

3. 仪器

KF-1 型水分测定仪；SDY-84 型水分滴定仪。

4. 试剂

(1) 无水吡啶：要求其含水量在 0.1%以下，脱水方法为取吡啶 200 mL，置于干燥的蒸馏瓶中，加 40 mL 苯，加热蒸馏，收集 110～116 ℃馏分备用。甲醇有毒，处理时应避免吸入其蒸气。

(2) 无水甲醇：要求其含水量在 0.05%以下，脱水方法为取甲醇 200 mL，置于干燥圆底烧瓶中，加光洁镁条 15 g 和碘 0.5 g，接上冷凝装置，冷凝管的顶端和接收器支管要装上无水氯化钙干燥管，加热回流至镁条溶解，分馏，用干燥的抽滤瓶作接收器，收集 64～65 ℃馏分备用。

(3) 碘：将固体碘置于硫酸干燥器内干燥 48 h 以上。

(4) 卡尔·费休试剂:称取碘 85 g,置于干燥的 1 L 具塞棕色烧瓶中,加入无水甲醇 50 mL,盖上瓶塞,摇动至碘全部溶解后,加入 270 mL 吡啶混匀,然后将烧瓶置于冰盐浴中充分冷却,通入经硫酸脱水的二氧化硫气体 60～70 g,通气完毕后塞上瓶塞。在暗处放置 24 h 后,按下法标定。

标定:在反应瓶中加一定体积(浸没铂电极)的甲醇,在搅拌下用卡尔·费休试剂滴定至终点。加入 10 mg 水(精确至 0.000 1 g),滴定至终点并记录卡尔·费休试剂的用量(V)。卡尔·费休试剂的滴定度按下式计算:

$$T=\frac{m}{V}$$

式中:T——卡尔·费休试剂的滴定度,mg/mL;

m——水的质量,mg;

V——滴定水消耗的卡尔·费休试剂的用量,mL。

5. 分析步骤

1) 样品预处理

可粉碎的固态试样要尽量粉碎,使之均匀。不易粉碎的试样可切碎。

2) 试样中水分的测定

于反应瓶中加一定体积的甲醇或卡尔·费休水分测定仪中规定的溶剂浸没铂电极,在搅拌下用卡尔·费休试剂滴定至终点。迅速将易溶于上述溶剂的试样直接加入滴定杯中;对于不易溶解的试样,应对滴定杯进行加热或加入已测定水分的其他溶剂辅助溶解后用卡尔·费休试剂滴定至终点。建议采用库仑法测定时试样中的含水量应大于 10 μg,滴定法应大于 100 μg。对于某些需要较长时间滴定的试样,需要扣除其漂移量。

3) 漂移量的测定

在滴定杯中加入与测定样品一致的溶剂,并滴定至终点,放置不少于 10 min 后再滴定至终点,两次滴定之间的单位时间内的体积变化即为漂移量(D)。

6. 结果计算

固态试样中水分含量按下式计算:

$$X=\frac{(V_1-Dt)\times T}{m}\times 100$$

液态试样中水分含量按下式进行计算:

$$X=\frac{(V_1-Dt)\times T}{V_2\rho}\times 100$$

式中:X——试样中水分含量,g/100 g;

V_1——滴定样品时卡尔·费休试剂体积,mL;

T——卡尔·费休试剂的滴定度,g/mL;

m——样品质量,g;

V_2——液态样品体积,mL;

D——漂移量,mL/min;

t——滴定时所消耗的时间,min;

ρ——液态样品的密度,g/mL;

100——单位换算系数。

当水分含量≥1 g/100 g时，计算结果保留3位有效数字；当水分含量<1 g/100 g时，计算结果保留2位有效数字。

7. 说明及注意事项

(1) 每次使用卡尔·费休试剂时，必须用蒸馏水或稳定的水合盐对试剂进行标定。

(2) 样品细度约为40目。样品宜用破碎机处理，不宜用研磨机，以防水分损失。

(3) 干燥粉末状样品(如乳粉等)，若选用适当溶剂，水分很容易萃取出来。一般加热温度为60 ℃，回流时间为20～30 min。面粉之类的萃取效果最差，油脂、奶油则最适合。

(4) 样品溶剂可用甲醇或吡啶，这些无水试剂宜加入无水硫酸钠保存。其他溶剂有甲酰胺或二甲基甲酰胺。用目测法或永停法确定终点。

(5) 卡尔·费休法不仅可测得样品中的自由水含量，而且可测出结合水含量，即此法测得结果更客观地反映出样品中总水分含量。

5.2.4 食品中水分的其他检测方法简介

1. 化学干燥法(参考方法)

化学干燥法就是将某种对于水蒸气具有强烈吸附作用的化学药品与含水样品一同装入一个干燥容器(如普通玻璃干燥器或真空干燥器)中，通过等温扩散及吸附作用使样品达到干燥恒重，然后根据干燥前后样品的减少量即可计算出其水分含量。

本法一般在室温下进行，需要较长的时间，如数天、数周甚至数月时间。用于干燥(吸收水蒸气)的化学药品称为干燥剂，主要包括五氧化二磷、氧化钡、高氯酸镁、氢氧化钾(熔融)、活性氧化铝、硅胶、硫酸(100%)、氧化镁、氢氧化钠(熔融)、氧化钙、无水氯化钙、硫酸(95%)等，它们的干燥效率依次降低。鉴于价格等原因，虽然1975年AOAC已推荐前三种为最实用的干燥剂，但常用的则为浓硫酸、固体氢氧化钠、硅胶、活性氧化铝、无水氯化钙等。该法适宜于对热不稳定及含有易挥发组分的样品(如茶叶、香料等)中的水分含量测定。

2. 快速微波干燥法(参考方法)

快速微波干燥法测定水分含量始于1956年，最初应用于建材，以后推广至造纸、食品、化肥、煤炭、纤维、石化等部门的各种粉末状、颗粒状、片状及黏稠状的样品中水分含量测定，此法为AOAC法，1985年通过，现已广泛应用于工业过程的在线分析，且通过采用微波桥路及谐振腔等方法可测定10^{-6}级的水分。市场上可买到微波水分分析仪，直接用于食品的水分分析。

1) 原理

微波是指频率范围为10^3～3×10^5 MHz(波长为0.1～30 cm)的电磁波。当微波通过含水样品时，因微波能把水分从样品中驱除而引起样品质量的损耗，在干燥前后用电子天平来测定质量差，并且用数字百分读数的微处理机将质量差换算成水分含量。

2) 仪器

微波水分分析仪的最低检出量为0.2 mg水。能测定的水分含量范围为0.10%～99.90%，读数精度为0.01%，包括自动平衡的电子天平、微波干燥系统和数字微处理机。

3) 样品制备

(1) 奶酪。将块状样品切成条状，通过食品切碎机切碎三次；也可将样品放在食品切碎机内捣碎；或切割得很细，再充分混匀。对于含奶油的松软白奶酪或类似奶酪，在低于15 ℃下取

300～600 g,放入高速均质器的杯子中,按得到均质混合物的最少时间进行均质。最终温度不应超过 25 ℃。这需要经常停顿均质器,并用小勺将奶酪舀回到搅刀之中再开启均质器。

(2) 肉和肉制品。为了防止制备样品时和随后的操作中样品水分的损失,样品不能太少。磨碎的样品要保存在带盖、不漏气、不漏水的容器中。分析用样品的制备如下。

① 新鲜肉、干肉、腌肉和熏肉等。尽可能剔去所有骨头,迅速通过食品切碎机切碎三次(切碎机出口板的孔径≤3 mm)。一定要将切碎的样品充分混匀。

② 罐装肉。将罐内所有的内容物按(1)的方法通过食品切碎机或斩拌机。

③ 香肠。从肠衣中取出内容物,按(1)的方法通过食品切碎机或斩拌机。

(3) 番茄制品。番茄汁取 4 g、番茄浓汤(固形物占 10%～15%)取 2 g、番茄酱(固形物占 30%以上)用水进行 1+1 稀释(在微型杯搅拌机中搅拌,或在密闭瓶中振摇,或用橡胶刮铲搅混)后,取 2 g 稀释样。

4) 分析步骤

将带有玻璃纤维垫和聚四氯乙烯圈的平皿置于微波炉内部的称量器上,去皮重后调至零点。将 10.00 g 样品均匀涂布于平皿的表面,在聚四氟乙烯圈上盖以玻璃纸,将平皿放在微波炉膛内的称量台上。关上炉门,将定时器定在 2.25 min,电源微波能量定在 74%单位。启动检测器,当仪器停止后,直接读取样品中水分的含量。

定期按样品分析要求进行校正,当一些样品分析值偏差超过 2 倍标准偏差时,才有必要进行调整,调整时间和电源微波能量使之保持相应的值。

5) 说明及注意事项

(1) 本法是近年发展的新技术,适用于奶酪、肉及肉制品、番茄制品等食品中水分含量的测定。

(2) 对于不同品种的食品,时间与电源微波能量设定均有不同:奶酪食品,电源微波能量定为 74%单位,定时器定在 2.25 min;肉及肉制品,电源微波能量定于 80%～100%单位,定时为3～5 min;加工番茄制品,电源微波能量定于 100%单位,定时为 4 min。

(3) 对于某些不同种类的食品,需要附加调整系数来取得准确的结果。例如,熟香肠,混合肉馅,腌、熏、烤等方法加工处理过的熟肉,系数为 0.05%。

3. 红外吸收光谱法

红外线一般指波长为 0.75～1 000 μm 的光,红外波段又可进一步分为三个部分:①近红外区,0.75～2.5 μm;②中红外区,2.5～25 μm;③远红外区,25～1 000 μm。其中,中红外区是研究和应用最多的区域,水分子对三个区域的光波均具有选择吸收作用。

红外吸收光谱法是根据水分对某一波长的红外光的吸收强度与其在样品中含量存在一定的关系的事实建立起来的一种水分测定方法。

日本、美国和加拿大等国已将近红外吸收光谱法应用于谷物、咖啡、可可、核桃、花生、肉制品(如肉馅、腊肉、火腿等)、巧克力浆、牛乳、马铃薯等样品的水分测定;中红外吸收光谱法则已被用于面粉、脱脂乳粉及面包中的水分测定,其测定结果与卡尔·费休法、近红外吸收光谱法及减压干燥法一致;远红外吸收光谱法可测出样品中大约 0.05%的水分含量。总之,红外吸收光谱法准确、快速、方便,具有深远的研究前景和广阔的应用前景。

测定食品中水分的方法还有气相色谱法、声波和超声波法、直流和交流电导率法、介电容量法、核磁共振波谱法等。

5.3　水分活度的测定方法

5.3.1　测定水分活度的意义

食品中的水分以自由水、结合水等不同状态存在。其中，自由水是易被微生物所利用的水分，关系到食品的储藏性能。食品中水分含量的高低不能直接反映出能被微生物利用的水分的多少，而水分活度(A_w)的大小则可体现食品中非水组分与食品中水分的亲和能力大小，表示食品所含水分在食品生物化学反应中、微生物生长中的可利用程度。水分活度的定义为：在同一条件(温度、湿度和压力等)下，溶液中水的逸度与纯水逸度之比。它近似地表示为溶液中水蒸气分压与纯水蒸气压的比值，如下式所示：

$$A_w=\frac{p}{p_0}=\frac{\mathrm{ERH}}{100}$$

式中：A_w——水分活度；

p——溶液或食品中水蒸气分压；

p_0——纯水的蒸气压；

ERH——平衡相对湿度；

100——单位换算系数。

A_w值越小，说明水分与食品的结合程度越高；其值越大，则说明结合程度越低。同种食品，一般水分含量越高，其A_w值越大，但不同种食品，即使水分含量相同，往往A_w值也不同。

A_w值的大小对食品的色、香、味、质构以及食品的稳定性都有重要影响。各种微生物的生命活动及各种化学、生物化学变化都要求一定的A_w值，故A_w值与食品的储藏性能密切相关。相同含水量的食品，由于它们的A_w值不同而储藏性能会有明显差异。因此，测定食品的水分活度，依据水分活度降低有利于其储藏的原理，人为控制水分活度即可提高产品的质量并延长其保存期。食品中水分活度的测定已经成为食品分析的重要项目之一。

5.3.2　食品水分活度的测定方法

1. 水分活度测定仪法(GB 5009.238—2016)

1）原理

在密闭、恒温的水分活度测定仪测量舱内，试样中的水分扩散平衡，利用仪器装置中的湿敏元件，根据食品中水蒸气压力的变化，从仪器表头上读出指针所示的水分活度。在样品测定前须用标准饱和盐溶液校正水分活度测定仪。

2）仪器

水分活度测定仪；20 ℃恒温箱。

3）试剂

氯化钡饱和溶液。

4）分析步骤

(1) 仪器的校正。

将两张滤纸浸于氯化钡饱和溶液中，待滤纸均匀地浸湿后，用小夹子轻轻地把它放在仪器的样品盒内,然后将具有传感器装置的表头放在样品盒上,轻轻地拧紧,置于 20 ℃恒温箱中,维持恒温 3 h 后,用小钥匙将表头上的校正螺丝拧动,使 A_w 值为 0.900。最好重复上述步骤,再校正一次。

(2) 样品的测定。

取试样,经 15～25 ℃恒温后,果蔬类样品迅速捣碎或按比例取汤汁与固形物,肉和鱼等试样需适当切细,置于仪器样品盒内,保持平整,以不高出盒内垫圈底部为准。然后将具有传感器装置的表头置于样品盒上轻轻地拧紧,置于 20 ℃恒温箱中,维持恒温放置 2 h 以后,不断从仪器表头上观察仪器指针的变化情况,待指针恒定不变时,所指示的数值即为此温度下试样的 A_w 值。

当不在 20 ℃恒温测定时,依据表 5-1 所列 A_w 校正值即可将非 20 ℃时的 A_w 测定值校正成 20 ℃时的数值。

当符合允许误差所规定的要求时,取两次平行测定的算术平均值作为结果。计算结果保留 3 位有效数字。

表 5-1　A_w 值的温度校正表

温度/℃	校正值	温度/℃	校正值
15	−0.010	21	+0.002
16	−0.008	22	+0.004
17	−0.006	23	+0.006
18	−0.004	24	+0.008
19	−0.002	25	+0.010

5) 说明及注意事项

(1) 要用氯化钡饱和溶液经常对仪器进行校正。

(2) 测定时切勿使表头沾上样品盒内样品。

(3) 温度校正示例:如某样品在 15 ℃测得其 A_w＝0.930,查表 5-1 得校正值为−0.010,故该样品在 20 ℃时的 A_w＝0.930＋(−0.010)＝0.920;反之,在 25 ℃另一样品 A_w＝0.940,由表 5-1 得校正值为＋0.010,故该样品在 20 ℃时的 A_w＝0.940＋(＋0.010)＝0.950。

2. 扩散法

1) 原理

样品在康威氏(Conway)微量扩散皿的密封和恒温条件下,分别在自由水与 A_w 较高和较低的标准饱和溶液中扩散平衡后,根据样品质量的增加(即在较高 A_w 标准溶液中平衡后)和减少(即在较低 A_w 标准溶液中平衡后)的量,求出样品的 A_w 值。

2) 仪器

康威氏微量扩散皿;恒温培养箱(0～40 ℃,精度±1 ℃);分析天平(感量 0.000 1 g);电热恒温鼓风干燥箱;铝皿或玻璃皿(放样品用,为直径 35 mm、深度 10 mm 的圆形小皿)。

3) 试剂

(1) 标准水分活度饱和盐溶液。标准水分活度试剂见表 5-2。

(2) 凡士林或真空脂。

表 5-2　标准水分活度试剂及其在 25 ℃时的 A_w 值

试剂名称	A_w 值	试剂名称	A_w 值
重铬酸钾($K_2Cr_2O_7 \cdot 2H_2O$)	0.986	溴化钠($NaBr \cdot 2H_2O$)	0.577
硝酸钾(KNO_3)	0.924	硝酸镁[$Mg(NO_3)_2 \cdot 6H_2O$]	0.528
氯化钡($BaCl_2 \cdot 2H_2O$)	0.901	硝酸锂($LiNO_3 \cdot 3H_2O$)	0.476
氯化钾(KCl)	0.842	碳酸钾($K_2CO_3 \cdot 2H_2O$)	0.427
溴化钾(KBr)	0.807	氯化镁($MgCl_2 \cdot 6H_2O$)	0.330
氯化钠(NaCl)	0.752	乙酸钾($CH_3COOK \cdot H_2O$)	0.224
硝酸钠($NaNO_3$)	0.737	氯化锂($LiCl \cdot H_2O$)	0.110
氯化锶($SrCl_2 \cdot 6H_2O$)	0.708	氢氧化钠($NaOH \cdot H_2O$)	0.070

4) 分析步骤

在预先准确称重过的铝皿或玻璃皿中,准确称取约 1.00 g 已切碎均匀的样品,迅速放入康威氏微量扩散皿的内室中。在康威氏微量扩散皿的外室预先放入标准饱和试剂 5 mL,或标准的上述各式盐 5.0 g,加入少许蒸馏水润湿。一般进行操作时选择 2～4 份标准饱和试剂(每只皿装一种),其中 1～2 份的 A_w 值大于或小于试样的 A_w 值。然后在扩散皿磨口边缘均匀地涂上一层真空脂或凡士林。加盖密封。在(25±0.5) ℃下放置(2±0.5) h,然后取出铝皿或玻璃皿,用分析天平(最好是自动读数的)迅速称量,分别计算每克样品的质量增减数。

5) 结果计算

以各种标准饱和溶液在(25±0.5) ℃时的 A_w 值为横坐标,对应于各标准液的每克样品质量增减数为纵坐标,在方格坐标纸上作图,将各点连接成一条直线,此线与横轴的交点即为所测样品的 A_w 值。

例如,某食品样品在硝酸钾中增重 7 mg,在氯化钡中增重 3 mg,在氯化钾中减重 9 mg,在溴化钾中减重 15 mg,可求得其 A_w=0.878。

6) 说明及注意事项

(1) 康威氏微量扩散皿、铝皿应事先干燥至恒重。康威氏微量扩散皿密封性要好。

(2) 每个样品测定时应做平行实验。其测定值的平行误差不得超过 0.02。

(3) 取样要均匀,并在同一条件下进行,操作要迅速。

(4) 试样的大小和形状对测定结果影响不大,取食品的固态或液态部分,样品平衡后其结果没有差异。

(5) 绝大多数样品可在 2 h 后测得 A_w 值,但米饭类、油脂类、油浸烟熏鱼类则需 4 天左右时间才能测定。因此,需加入样品量 0.2%的山梨酸防腐,并以山梨酸的水溶液作空白。

3. *溶剂萃取法*

1) 原理

以苯为溶剂将水分从样品中萃取出来。水与苯不相混溶,在一定温度下,苯所萃取出的水量与样品中水分活度成正比。用卡尔·费休法测定食品和纯水中萃取的水量,其比值即为 A_w。

2) 仪器

KF-1 型水分测定仪或 SDY-84 型水分滴定仪。

3) 试剂

(1) 卡尔·费休试剂。

甲液:在干燥的棕色玻璃瓶中加入 100 mL 无水甲醇、8.5 g 无水乙酸钠(需预先在 120 ℃干燥 48 h 以上)、5.5 g 碘比钾,充分摇动溶解后,再通入 3.0～10.0 g 干燥的二氧化硫。

乙液:称取 37.65 g 碘、27.8 g 碘化钾及 42.25 g 无水乙酸钠,移入干燥棕色瓶中,加入 500 mL无水甲醇,充分摇动溶解后备用。

将上述甲、乙液混合,用聚乙烯薄膜套在瓶外,将瓶于冰浴中静置一昼夜,取出,放在干燥器中,温度升至室温后备用。

标定:取干燥、带塞的玻璃瓶称重,准确称入双蒸水 30 mg 左右。加入无水甲醇 2 mL,在不断振摇下,用卡尔·费休试剂滴定至呈黄棕色即为终点。另取 2 mL 无水甲醇按同法进行空白实验,按下式计算滴定度(T):

$$T=\frac{G}{V-V_0}$$

式中:T——卡尔·费休试剂的滴定度,mg/mL;

G——双蒸水的质量,mg;

V——滴定水时消耗的卡尔·费休试剂的体积,mL;

V_0——空白实验消耗的卡尔·费休试剂的体积,mL。

(2) 苯:光谱纯,开瓶后可覆盖氢氧化钠保存。

(3) 无水甲醇:同本章卡尔·费休法。

4) 分析步骤

准确称取样品 1.000 g(注意:样品须粉碎均匀),置于 250 mL 干燥的磨口锥形瓶中,加入苯 100 mL,盖上瓶塞,置于摇瓶机上振摇 1 h,然后静置 10 min,吸取此溶液 50 mL 于 KF-1 型水分测定仪中,再加入无水甲醇 70 mL(可事先滴定以除去可能残存的水分)。混合,用卡尔·费休试剂滴定至产生稳定的黄棕色且颜色不褪去为止。或用 KF-1 型水分测定仪滴定至微安表指针偏转并保持 1 min 不变时为终点。整个测定操作需保持在(25±1) ℃下进行。另取 10 mL 双蒸水代替样品,加苯 100 mL,振摇 2 min,静置 5 min,然后按上述样品测定步骤进行,滴至终点后,同样记录消耗卡尔·费休试剂的体积(mL)。

5) 结果计算

$$A_w=\frac{[H_2O]_n\times 10}{[H_2O]_0}$$

式中:$[H_2O]_n$——从食品中萃取的水量[用卡尔·费休试剂滴定度乘以滴定样品时消耗该试剂的体积(mL)];

$[H_2O]_0$——从纯水中萃取的水量[用卡尔·费休试剂滴定度乘以滴定纯水萃取液时消耗该试剂的体积(mL)]。

6) 说明及注意事项

(1) 所有玻璃器皿应干燥。

(2) 此法与水分活度测定仪法所得的结果相当。

5.4　固形物的测定方法

许多液态食品如饮料、牛乳等，可将水看作溶剂，故其固形物的测定与水分含量有关。

固形物的测定方法有相对密度测定法和折光法。

相对密度测定法主要有密度瓶法和密度计法，具体请参考第 4 章 4.1 节内容。

折光法请参考第 4 章 4.2 节内容。

思　考　题

1. 名词解释：卡尔·费休法、常压干燥法、水分活度、固形物。
2. 用常压干燥法测定水分含量时，干燥温度、通风条件、称样时间和称样量对测定结果分别有何影响？
3. 干燥法测定水分含量时，为什么要求样品中水分是唯一的挥发性物质？
4. 蒸馏法测定水分时，应从哪些因素上选择有机溶剂？常用的有机溶剂有哪些？各有何特性？
5. 卡尔·费休法测定水分的原理是什么？为什么配制卡尔·费休试剂时要进行脱水处理？
6. 为什么要标定卡尔·费休试剂？卡尔·费休试剂的有效浓度取决于哪种试剂？
7. 水分活度的测定有哪些方法？分别说明其测定原理。
8. 相对密度法测定食品中固形物含量主要有哪两种方法？其基本原理分别是什么？

第6章　灰分及部分矿物元素的测定

本章提要

(1) 了解灰分的概念、分类及测定的意义，掌握其测定原理及操作技能。

(2) 了解矿物元素的分类和作用，掌握各种矿物元素测定的基本原理和方法。

(3) 掌握各种金属离子的标准溶液、标准使用液的配制和使用方法，掌握对不同的待测样品的不同处理方法。

(4) 掌握原子吸收分光光度计、紫外分光光度计、荧光分光光度计的使用方法及操作技能，掌握标准曲线的绘制和测定结果的计算方法。

Question 生活小提问

1. 为增加小麦粉的质量，有些不法分子在生产面粉时不惜以群众的身体健康为代价，在小麦粉中掺入大白粉、石膏、滑石粉等无机物。掺有滑石粉的面粉，和面时面团松懈、软塌，难以成形，吃了之后会引起腹胀。消费者通过感官很难发现面粉中有滑石粉，你知道如何检测吗？
2. 你了解面粉的颜色与哪些因素有关吗？
3. 如何鉴别真假果汁？
4. 2010年"砒霜门"事件说明了什么？
5. 美白化妆品中常出现什么元素超标？
6. 以动物骨骼为原料生产补钙产品，常出现哪些指标超标？
7. 某名牌产品碘含量超过国家标准，应不应该？现在是降低食盐中碘的添加量的时候了吗？

6.1　灰分的测定

6.1.1　概述

食品的组成非常复杂，除了含有大量有机物外，还含有较丰富的无机成分。食品经高温灼烧，有机成分挥发逸散，而无机成分则残留下来，这些残留物称为灰分。灰分是标志食品中无机成分总量的一项指标。

食品的灰分与食品中原来存在的无机成分在数量和组成上并不完全相同。因为食品在灰化时，某些易挥发元素如氯、碘、铅等，会挥发散失，使这些无机成分减少；另一方面，某些金属氧化物会吸收有机物分解产生的二氧化碳而形成碳酸盐，又使无机成分增多。因此，灰分并不能准确地表示食品中原来的无机成分的总量。通常把食品经高温灼烧后的残留物称为粗灰分（或总灰分）。

食品的灰分除总灰分外，按其溶解度还可分为水溶性灰分、水不溶性灰分和酸不溶性灰分。水溶性灰分是一些可溶性碱金属或碱土金属的氧化物及盐类，水不溶性灰分多是些粉尘、泥沙和铁、铝等氧化物及碱土金属的碱式磷酸盐，酸不溶性灰分反映的是食品中污染的泥沙和食品中原来存在的微量二氧化硅。

食品中的灰分含量能反映出原料、加工及储藏方面的问题。当原料和加工条件一定时，其食品的灰分含量应在一定范围内，如谷物及豆类为 1%～4%，蔬菜为 0.5%～2%，水果为 0.5%～1%，鲜肉为 0.5%～1.2%，鲜鱼、贝类为 1%～5%。若超出了正常的范围，说明食品生产中使用了不符合标准的原料或食品添加剂，或食品在加工、储运过程中受到了污染。因此，测定灰分可以判断食品受污染的程度。此外，灰分还可以评价食品的加工精度和食品的品质。例如，在面粉加工中，常以总灰分含量评定面粉等级，富强粉为 0.3%～0.5%、标准粉为 0.6%～0.9%；总灰分含量可以说明果胶、明胶等胶质品的胶冻性能；水溶性灰分含量反映果酱、果冻等食品中果汁的含量；酸不溶性灰分的增加则表示可能存在污染和掺杂。总之，灰分是很多食品的重要质量指标，是食品常规检验的项目之一。

6.1.2　总灰分的测定

1. 原理

食品经灼烧后所残留的无机物质称为灰分。灰分数值可通过灼烧、称重后计算得出。

2. 适用范围

本方法（GB 5009.4—2016 第一法）适用于除淀粉及其衍生物之外的食品中灰分含量的测定。

3. 仪器

马弗炉（温度≥600 ℃）；石英坩埚或瓷坩埚；电热板；干燥器（内有干燥剂）；水浴锅。

4. 试剂

（1）乙酸镁[$(CH_3COO)_2Mg \cdot 4H_2O$]：分析纯。

（2）乙酸镁溶液（80 g/L）：称取 8.0 g 乙酸镁，加水溶解并定容至 100 mL，混匀。

（3）乙酸镁溶液（240 g/L）：称取 24.0 g 乙酸镁，加水溶解并定容至 100 mL，混匀。

5. 分析步骤

1）坩埚的灼烧

取大小适宜的石英坩埚或瓷坩埚置于马弗炉中，在（550±25）℃下灼烧 0.5 h，冷却至 200 ℃左右，取出，放入干燥器中冷却 30 min，准确称量。重复灼烧至前后两次称量相差不超过 0.5 mg 为恒重。

2）称样

灰分大于 10 g/100 g 的试样称取 2～3 g（精确至 0.000 1 g），灰分小于 10 g/100 g 的试样称取 3～10 g（精确至 0.000 1 g）。

3）测定

（1）一般食品。

液态和半固态试样应先在沸水浴上蒸干。固态试样或蒸干后的试样，先在电热板上以小火加热使试样充分炭化至无烟，然后置于马弗炉中，在（550±25）℃灼烧 4 h。冷却至 200 ℃左右，取出，放入干燥器中冷却 30 min，称量前如发现灼烧残渣有炭粒，应向试样中滴入少许水湿润,使结块松散,蒸干水分再次灼烧至无炭粒即表示灰化完全,方可称量。重复灼烧至前后两次称量相差不超过 0.5 mg 为恒重,可得试样中灰分的含量 X_1。

(2) 含磷量较高的豆类及其制品、肉禽制品、蛋制品、水产品、乳及乳制品。

① 称取试样后,加入 1.00 mL 乙酸镁溶液(240 g/L)或 3.00 mL 乙酸镁溶液(80 g/L),使试样完全润湿。放置 10 min 后,在水浴上将水分蒸干,以下步骤按(1)自"先在电热板上以小火加热……"起操作。可得试样中灰分的含量 X_2。

② 吸取 3 份与①相同浓度和体积的乙酸镁溶液,做三次试剂空白实验。当三次实验结果的标准偏差小于 0.003 g 时,取算术平均值作为空白值。若标准偏差超过 0.003 g,应重新做空白实验。

6. 结果计算

$$X_1=\frac{m_1-m_2}{m_3-m_2}\times 100$$

$$X_2=\frac{m_1-m_2-m_0}{m_3-m_2}\times 100$$

式中:X_1——试样中灰分的含量(测定时未加乙酸镁溶液),g/100 g;

X_2——试样中灰分的含量(测定时加入乙酸镁溶液),g/100 g;

m_0——氧化镁(乙酸镁灼烧后生成物)的质量,g;

m_1——坩埚和灰分的质量,g;

m_2——坩埚的质量,g;

m_3——坩埚和试样的质量,g;

100——单位换算系数。

当灰分含量≥10 g/100 g 时,保留 3 位有效数字;当灰分含量<10 g/100 g 时,保留 2 位有效数字。精密度:在重复性条件下获得的两次独立测定结果的绝对差值不得超过算术平均值的 5%。

7. 说明及注意事项

1) 灰化容器的选择

测定灰分通常以坩埚作为灰化容器,坩埚分素瓷坩埚、铂坩埚、石英坩埚等多种。其中最常用的是素瓷坩埚,它具有耐高温、耐酸、价格低等优点,但耐碱性差,当灰化碱性食品(如水果、蔬菜、豆类等)时,瓷坩埚内壁的釉层会部分溶解,反复使用多次后,往往难以得到恒重。在这种情况下,宜使用新的瓷坩埚,或使用铂坩埚等其他灰化容器。铂坩埚具有耐高温、耐碱、导热性好、吸湿性小等优点,但价格昂贵,所以使用时应特别注意其性能和使用规则。

2) 取样量

应考虑称量误差,以灼烧后得到的灰分量为 10~100 mg 来确定称样量。

3) 灰化温度

灰化温度的高低对灰分测定结果影响很大。一般为 500~550 ℃,温度过高易造成挥发性元素的损失;温度过低则灰化速度慢、时间长,不易灰化完全。因此,对于不同类型的食品,应选择合适的灰化温度。如果蔬及其制品、肉及肉制品、糖及其制品不高于 525 ℃,鱼类及海产品、谷类及其制品、乳制品(奶油除外)不高于 550 ℃。

4) 灰化时间

以样品灰化完全为度,即重复灼烧至恒重为止。

5）加速灰化方法

对于难灰化样品，可以用以下方法处理。

（1）样品初步灼烧后，取出冷却，加少量水，使水溶性盐类溶解，被包住的炭粒暴露出来。然后在水浴上蒸干，置于 120～130 ℃干燥箱中充分干燥，再灼烧至恒重。

（2）样品初步灼烧后，放冷，加入几滴硝酸或过氧化氢，蒸干后灼烧至恒重，利用它们的氧化作用来加速炭粒的灰化。也可加入碳酸铵作疏松剂，促进未灰化的炭粒灰化。这些物质在灼烧后完全消失，不增加残灰质量。

（3）加入乙酸镁、硝酸镁等助灰化剂，这类镁盐随着灰化的进行而分解，与过剩的磷酸结合，防止灰分熔融，使其呈松散状态，避免炭粒被包裹，可大大缩短灰化时间。此法应做空白实验。

6）其他注意事项

样品炭化时要注意热源强度，防止产生大量泡沫，溢出坩埚。当样品量少时，可直接在马弗炉中分两阶段灰化，首先在 150 ℃炭化至无烟，然后在 300 ℃炭化至无烟。

6.1.3　水溶性灰分和水不溶性灰分的测定

在测定总灰分所得的残渣中，加入适量水，盖上表面皿，加热至近沸。以无灰滤纸过滤，用适量热水洗涤坩埚，将滤纸和残渣移回坩埚中，按测定总灰分方法进行操作直至恒重。残灰即为水不溶性灰分。总灰分与水不溶性灰分之差即为水溶性灰分。

6.1.4　酸不溶性灰分的测定

在水不溶性灰分或测定总灰分的残留物中加入稀盐酸（0.1 mol/L），再按上述方法操作，可得酸不溶性灰分的含量。

6.2　部分矿物元素的测定

6.2.1　概述

1. *矿物元素及其分类*

食品中所含的元素有几十种，除去 C、H、O、N 四种构成水分和有机物质以外，其余的统称矿物元素。

存在于食品中的各种矿物元素，从营养的角度，可以分为必需元素、非必需元素和有毒元素三类。从人体需要量的角度，可分为常量元素（major element）和微量元素（trace element）。常量元素需求比例较大，如 K、Na、Ca、Mg、P、S、Cl 等。微量元素的需求浓度常严格局限在一定的范围内。微量元素在这个特定的范围内，可以使组织的结构和功能的完整性得到维持；当其含量低于需要的浓度时，组织功能会减弱或不健全，甚至会受到损害并处于不健康状态中；如果浓度高于这一特定范围，则可能导致不同程度的中毒反应。这一浓度范围，有的元素比较宽，有的元素却非常窄。例如，硒的正常需要量和中毒量之间相差不到 10 倍，人体对硒的每日安全摄入量为 50～200 μg，如低于 50 μg 会导致心肌炎、克山病等疾病，并诱发免疫功能低下和老年性白内障，但如果摄入量在 200～1 000 μg 之间则会导致中毒，如果每日摄入量超过 1 mg 则可导致死亡。另外，微量元素的功能与化学价态和化学形式有关。例如：铬的正六价状态对人体的毒害很大，只有适量的正三价铬对人体才是有益的；有机汞比无机汞对人体的毒害也要大得多。人类对微量元素的认识远没有穷尽,随着研究的深入,将来还有可能变动,现在普遍认为人体需要的微量元素有铁、碘、铜、锌、锰、铬、钴、钼、硒、镍、锡、硅、氟、钒等 14 种。

有些元素,目前尚未证实对人体具有生理功能,而其极小的剂量即可导致机体呈毒性反应,这类元素称为有毒元素,如铅、镉、汞、砷等。这类元素在人体中具有蓄积性,随着有毒元素在人体内蓄积量的增加,机体会出现各种中毒反应,如致癌、致畸甚至致人死亡。对于这类元素,必须严格控制其在食品中的含量。

2. 元素的提取与分离

食品中含有的矿物元素,常与蛋白质、维生素等有机物质结合成难溶或难以离解的有机矿物化合物,从而失去原有的特性。因此,在测定这些矿物元素之前,需破坏其有机结合体,释放出被测组分。通常采用有机物破坏法,根据待测元素的性质选择干法灰化或湿法消化。破坏有机物后得到的样液中,除含有待测元素外,通常还含有多种其他元素。这些共有元素常常干扰测定,而且待测元素的浓度通常都很低。因此,需要进一步分离和浓缩,以除去干扰元素和富集待测元素。通常采用螯合溶剂萃取法和离子交换法进行分离和浓缩。

1) 螯合溶剂萃取法

向样品溶液中加入螯合剂,金属离子与螯合剂形成金属螯合物,然后利用与水相不相溶的有机溶剂同试液一起振荡,金属螯合物进入有机相,另一些组分仍留在水相中,从而达到分离、浓缩的目的。

食品分析中常用的螯合剂有二硫腙(HOZ)、二乙基二硫代甲酸钠(NaDDTC)、丁二酮肟、铜铁试剂 CUP(N-亚硝基苯胲铵)。这些螯合剂与金属离子生成金属螯合物,相当稳定,难溶于水,易溶于有机溶剂,许多有颜色的可直接比色测定。

一种螯合剂往往同时和几种金属离子形成螯合物,控制条件可有选择地只萃取一种离子或连续萃取几种离子,使之相互分离。

(1) 控制酸度。

控制适当的酸度,可以做到选择性地只萃取一种离子,或连续地萃取几种离子,使它们分离。例如,在含有 Hg^{2+}、Bi^{3+}、Pb^{2+}、Cd^{2+} 的溶液中,用二硫腙-CCl_4 萃取 Hg^{2+},若控制溶液的 pH 为 1,则 Bi^{3+}、Pb^{2+}、Cd^{2+} 不被萃取;若要萃取 Pb^{2+},可先将溶液的 pH 调至 4～5,将 Hg^{2+}、Bi^{3+} 先萃取除去,再将溶液的 pH 调至 8～9,将 Pb^{2+} 萃取出来。

(2) 使用掩蔽剂。

这是螯合反应中使用最普遍的一种方法。例如,在上述溶液中萃取 Pb^{2+},可用 KCN 掩蔽 Zn^{2+}、Cu^{2+} 等离子;用柠檬酸铵可掩蔽 Ca^{2+}、Mg^{2+}、Al^{3+}、Fe^{3+} 等离子。

2) 离子交换法

离子交换法是利用离子交换树脂与溶液中的离子之间所发生的反应来进行分离的方法,适用于带相反电荷的离子之间和带相同电荷或性质相近的离子之间的分离,在食品分析中,可对微量元素进行富集和纯化。例如,欲测定样品中六价铬的含量,为了使之与三价铬及其他金属离子分离,可使样液通过强酸性阳离子交换树脂,六价铬($Cr_2O_7^{2-}$)不被吸附而流出柱外。

3. 食品中矿物元素的测定方法

食品中矿物元素的测定方法很多,常用的有化学分析法、紫外分光光度法、原子吸收分光光度法及极谱法、离子选择电极法、荧光分光光度法等。20 世纪 60 年代发展起来的原子发射光谱法,随着计算机技术及电感耦合等离子体(inductively coupled plasma,ICP)光谱技术的发展、应用,近年来在食品分析中也得到越来越广泛的应用。

6.2.2　常见必需矿物元素的测定

1. 钙的测定

钙是人体必需的营养元素，是构成骨骼和牙齿的重要组分，具有调节神经组织、控制心脏、调节肌肉活性和体液等功能。我国营养学会建议，钙的适宜摄入量为成年男女 800 mg/d，孕妇 1 000～1 200 mg/d，乳母 1 200 mg/d。长期缺钙会影响骨骼和牙齿的生长发育，严重时产生骨质疏松或发生软骨病；血液中钙含量过低，会产生手足抽搐现象。食物中钙的最好来源是牛奶、新鲜蔬菜、豆类和水产品。

目前食品中钙的测定，国家标准方法有火焰原子吸收光谱法、EDTA 滴定法、电感耦合等离子体发射光谱法和电感耦合等离子体质谱法。

1）火焰原子吸收光谱法（GB 5009.92—2016 第一法）

（1）原理。

试样经消解处理后，加入镧溶液作为释放剂，经原子吸收火焰原子化，在 422.7 nm 处测定的吸光度在一定浓度范围内与钙的含量成正比，与标准系列比较定量。

（2）试剂。

① 盐酸；硝酸；高氯酸。

② 氧化镧溶液（20 g/L）：称取 23.45 g 氧化镧（纯度大于 99.99%）于烧杯中，加少许水润湿，再加入 75 mL 盐酸，边加边用玻璃棒搅拌，待完全溶解后，转入 1 000 mL 容量瓶中，用水定容至刻度，摇匀。

③ 钙标准储备液（1 000 mg/L）：称取 2.496 3 g 碳酸钙（纯度大于 99.9%），加盐酸（1+1）溶解，移入 1 000 mL 容量瓶中，加水定容至刻度摇匀。

④ 钙标准使用液（100 mg/L）：吸取钙标准储备液 10.0 mL，置于 100 mL 容量瓶中，加水定容至刻度，摇匀。

⑤ 钙标准系列溶液：分别吸取钙标准使用液（100 mg/L）0 mL、1.00 mL、2.00 mL、3.00 mL、4.00 mL、6.00 mL，分别置于 100 mL 容量瓶中，再各加入 5.0 mL 氧化镧溶液（20 g/L），最后加硝酸溶液（5+95）定容至刻度，混匀。此钙标准系列溶液中钙的质量浓度分别为 0 mg/L、0.500 mg/L、1.00 mg/L、2.00 mg/L、4.00 mg/L 和 6.00 mg/L。

（3）仪器。

原子吸收分光光度计，附钙空心阴极灯。

（4）操作步骤。

① 试样消解。

湿法消解：称取固体试样 0.2～3 g（精确至 0.000 1 g）或移取液体试样 0.500～5.00 mL 于带刻度消化管中，加入 10 mL 硝酸、0.5 mL 高氯酸，在可调式电热炉上消解（参考条件：120 ℃/0.5～1 h；升至 180 ℃/2～4 h；升至 200～220 ℃）。若消化液呈棕褐色，再加硝酸，消解至冒白烟，消化液呈无色透明或略带黄色。取出消化管，冷却后用水定容至 25 mL，再根据实际测定需要稀释，并在稀释液中加入一定体积的镧溶液（20 g/L），使其在最终稀释液中的浓度为 1 g/L，混匀备用，此为试样待测液。同时做试剂空白实验。亦可采用锥形瓶，于可调式电热板上，按上述操作方法进行湿法消解。

干法灰化：称取固体试样 0.5～5 g（精确至 0.000 1 g）或移取液体试样 0.500～10.0 mL 于坩埚中，小火加热，炭化至无烟，转移至马弗炉中，于 550 ℃灰化 3～4 h。冷却，取出。对于灰化不彻底的试样,加数滴硝酸,小火加热,小心蒸干,再转入 550 ℃马弗炉中,继续灰化 1～2 h,至试样呈白灰状,冷却,取出,用适量硝酸溶液(1+1)溶解转移至刻度管中,用水定容至 25 mL。根据实际测定需要稀释,并在稀释液中加入一定体积的镧溶液,使其在最终稀释液中的浓度为 1 g/L,混匀备用,此为试样待测液。同时做试剂空白实验。

② 仪器条件:波长 422.7 nm;灯电流、狭缝宽度、空气及乙炔流量、灯头高度等条件,均按使用的仪器说明调至最佳工作状态。

③ 测定:将样品溶液、试剂空白和标准系列溶液分别导入火焰原子化器进行测定,记录其相应的吸光度,用钙标准系列溶液浓度和对应的吸光度作标准曲线,其他试样吸光度与标准曲线比较定量。

(5) 结果计算。

$$X=\frac{(C-C_0)\times f\times V}{m}$$

式中:X——样品中钙的含量,mg/kg 或 mg/L;

C——测定用样品溶液中钙的浓度,mg/L;

C_0——试剂空白液中钙的浓度,mg/L;

f—试样溶液的稀释倍数;

V——样品定容体积,mL;

m——样品的质量或移取的体积,g 或 mL。

(6) 说明及注意事项。

① 在重复性条件下获得的两次独立测定结果的绝对差值不得超过算术平均值的 10%。

② 试样消解方法还可采用微波消解法或压力罐消解法,见 GB 5009.92—2016。

③ 样品消化后加入氧化镧溶液的目的是消除磷酸根离子对钙的干扰。

2) EDTA 滴定法(GB 5009.92—2016 第二法)

(1) 原理。

EDTA(乙二胺四乙酸二钠)是一种氨羧配位剂,在 pH 12～14 时,可与 Ca^{2+} 定量地生成 EDTA-Ca 配合物,可直接滴定。根据 EDTA 标准溶液的消耗量,可计算钙的含量。

终点指示剂为钙红指示剂($C_{21}O_7N_2SH_{14}$,NN),其水溶液在 pH>11 时为纯蓝色,可与钙结合生成酒红色的配合物,其稳定性比 EDTA-Ca 小,在滴定过程中 EDTA 首先与游离钙结合,接近终点时 EDTA 夺取 NN-Ca 中的 Ca,溶液从紫红色变成纯蓝色,即为滴定终点。

(2) 试剂。

① 氢氧化钾溶液(1.25 mol/L);硫化钠溶液(10 g/L);柠檬酸钠溶液(0.05 mol/L);盐酸(1+1)。

② EDTA 溶液:精确称取 4.5 g EDTA,用去离子水溶解至 1 000 mL,储存于聚乙烯瓶中,4 ℃保存。使用时稀释 10 倍即可。

③ 钙红指示剂:称取 0.1 g 钙红指示剂,用去离子水溶解至 100 mL,溶解后即可使用。储存于冰箱中可保持一个半月以上。

④ 钙标准储备液(100.0 mg/L):准确称取 0.249 3 g(精确至 0.000 1 g)碳酸钙,加盐酸(1+1)溶解,移入 1 000 mL 容量瓶中,加水定容至刻度,混匀。

(3) 仪器。

所有玻璃仪器均以硫酸-重铬酸钾洗液浸泡数小时,用水反复冲洗,最后用去离子水冲洗,晒干或烘干，方可使用。

(4) 操作步骤。

① 试样处理。

样品处理时，通常低钙样品采用灰化法，高钙样品采用湿法消化。消化方法同火焰原子吸收光谱法。

② 滴定度(T)的测定。

吸取 0.50 mL 钙标准溶液于试管中，加 1 滴硫化钠溶液(10 g/L)、0.1 mL 柠檬酸钠溶液(0.05 mol/L)、1.5 mL 氢氧化钾溶液(1.25 mol/L)及 3 滴钙红指示剂，立即用稀释 10 倍的 EDTA 标准溶液滴定，溶液由酒红色变为纯蓝色为滴定终点，根据滴定结果计算出每毫升稀释 10 倍的 EDTA 相当于钙的毫克数，即滴定度(T)。

③ 测定。

分别吸取 0.10～1.00 mL(根据钙的含量而定)试样消化液及空白试液于试管中，加 1 滴硫化钠溶液(10 g/L)、0.1 mL 柠檬酸钠溶液(0.05 mol/L)、1.5 mL 氢氧化钾溶液(1.25 mol/L)及 3 滴钙红指示剂，立即用稀释 10 倍的 EDTA 标准溶液滴定，溶液由酒红色变为纯蓝色为终点。记录所消耗的稀释 10 倍的 EDTA 溶液的体积。

(5) 结果计算。

$$X=\frac{T\times(V-V_0)\times V_2\times 1\,000}{m\times V_3}$$

式中：X——样品中钙的含量，mg/kg 或 mg/L；

T——EDTA 滴定度，mg/mL；

V——滴定试样溶液时所消耗的稀释 10 倍的 EDTA 溶液的体积，mL；

V_0——滴定空白溶液时所消耗的稀释 10 倍的 EDTA 溶液的体积，mL；

V_2——试样消化液的定容体积，mL；

1 000——换算系数；

m——样品质量或移取的体积，g 或 mL；

V_3——滴定用试样待测液的体积，mL。

(6) 说明及注意事项。

① 加入指示剂后立即滴定，不宜放置时间太久，否则终点不明显。

② 如用湿法消化的溶液，测定时所加氢氧化钾溶液的量不够，要相应增加氢氧化钾溶液的量，须使溶液保持 pH 12～14，否则滴定达不到终点。

③ 如食物中含有很多磷酸盐，钙在碱性条件下会生成磷酸钙沉淀，使终点不灵敏，可采用返滴定法。

④ 样品中若含有少量铁、铜、锌、镍等，会产生干扰，主要是对指示剂起封闭作用，可加入氰化钠掩蔽；如果样品中含有高价金属，加入少量盐酸羟胺，可使高价金属还原为低价，以消除高价金属的影响，同时还可稳定指示剂的颜色。

2. 钠的测定

钠元素是人体必不可少的重要元素，可维持机体正常的渗透压和新陈代谢，可以维持体内酸碱的平衡，对人体有非常重要的作用。一个人每天必须摄入一定量的氯化钠，以满足人体对钠元素的需求。如果摄取的钠盐过少，人会感到食欲不振，四肢乏力，但是钠摄入过多，又是高血压等慢性病的危险因素。钠离子还是中华人民共和国卫生部(现更名为国家卫生健康委员会)在 2011 年发布的 GB 28050—2011《食品安全国家标准 预包装食品营养标签通则》中规定的 4 种核心营养素之一。中国营养学会建议,钠的适宜摄入量为 2 300 mg/d,换算成食盐就是每日推荐摄入食盐 5.8 g,当然,这需要同时控制其他来源的钠。因为食物中钠主要来源于食盐,但除此之外还包括食品添加剂中的钠,比如味精(谷氨酸钠)、小苏打(碳酸氢钠)、保鲜剂(抗坏血酸钠、亚硝酸钠等)和食品中本身的钠。

目前食品中钠的测定,国家标准方法有火焰原子吸收光谱法、火焰原子发射光谱法、电感耦合等离子体发射光谱法和电感耦合等离子体质谱法等。其中火焰原子吸收光谱法是国家标准(GB 5009.91—2017 第一法),下面介绍该方法。

1) 原理

试样经消解处理后,注入原子吸收光谱仪中,火焰原子化后钠吸收 766.5 nm 共振线,在一定浓度范围内,其吸收值与钠含量成正比,与标准系列比较定量。

2) 仪器

原子吸收光谱仪,配有火焰原子化器及钠空心阴极灯。

3) 试剂

(1) 混合酸[高氯酸-硝酸(1+9)]。

(2) 氯化铯溶液(50 g/L):将 5.0 g 氯化铯溶于水,用水稀释至 100 mL。

(3) 钠标准储备液(1 000 mg/L):将氯化钠于烘箱中 110～120 ℃干燥 2 h。精确称取 2.542 1 g 氯化钠,溶于水中,并移入 1 000 mL 容量瓶中,稀释至刻度,混匀,储存于聚乙烯瓶内,4 ℃保存,或使用经国家认证并授予标准物质证书的标准溶液。

(4) 钠标准工作液(100 mg/L):准确吸取 10.0 mL 钠标准储备溶液于 100 mL 容量瓶中,用水稀释至刻度,储存于聚乙烯瓶中,4 ℃保存。

(5) 钠标准系列工作液:准确吸取 0、0.5、1.0、2.0、3.0、4.0 mL 钠标准工作液于 100 mL 容量瓶中,加氯化铯溶液 4 mL,用水定容至刻度,混匀。此标准系列工作液中钠质量浓度分别为 0、0.500、1.00、2.00、3.00、4.00 mg/L,亦可依据实际样品溶液中钠浓度,适当调整标准溶液浓度范围。

4) 操作步骤

(1) 试样消解。

湿式消解法:称取 0.5～5 g(精确至 0.001 g)试样于玻璃或聚四氟乙烯消解器皿中,含乙醇或二氧化碳的样品先在电热板上低温加热除去乙醇或二氧化碳,加入 10 mL 混合酸,加盖放置 1 h 或过夜,置于可调式控温电热板或电热炉上消解,若变棕黑色,冷却后再加混合酸,直至冒白烟,消化液呈无色透明状或略带黄色,冷却,用水定容至 25 mL 或 50 mL,混匀备用。同时做空白实验。

干式消解法:称取 0.5～5 g(精确至 0.001 g)试样于坩埚中,在电炉上微火炭化至无烟,置于(525±25)℃马弗炉中灰化 5～8 h,冷却。若灰化不彻底有黑色炭粒,则冷却后滴加少许硝酸湿润,在电热板上干燥后,移入马弗炉中继续灰化成白色灰烬,冷却至室温取出,用硝酸溶液溶解,并用水定容至 25 mL 或 50 mL,混匀备用。同时做空白实验。

(2) 仪器参考条件:波长 589.0 nm;灯电流、狭缝宽度、空气及乙炔流量、灯头高度等条件,均按使用的仪器说明调至最佳工作状态。

(3) 标准曲线的绘制:将钠标准系列工作液注入原子吸收光谱仪中,测定吸光度,以钠标准系列工作液的浓度为横坐标,吸光度为纵坐标,绘制标准曲线。

(4) 测定。

根据试样溶液中被测元素的含量,需要时将试样溶液用水稀释至适当浓度,并在空白溶液和试样最终测定液中加入一定量的氯化铯溶液,使氯化铯浓度达到 0.2%。

将样品溶液、试剂空白和标准系列溶液分别导入火焰原子化器进行测定,记录其相应的吸光度,与标准曲线比较定量。

5) 结果计算

$$X=\frac{(C-C_0)\times V\times f\times 100}{m\times 1\,000}$$

式中:X——试样中钠元素含量,mg/100 g 或 mg/100 mL;

C——测定液中钠元素的质量浓度,mg/L;

C_0——测定空白试液中钠元素的质量浓度,mg/L;

V——样液体积,mL;

f——样液稀释倍数;

100、1 000——换算系数;

m——试样的质量或体积,g 或 mL。

6) 说明及注意事项

(1) 精密度:在重复性条件下获得的两次独立测定结果的绝对差值不得超过算术平均值的 10%。

(2) 试样消解还可采用微波消解法或压力罐消解法,见 GB 5009.91—2017。

(3) 本方法可同时测定食品中钾元素含量。

(4) 火焰原子发射光谱法、电感耦合等离子体发射光谱法和电感耦合等离子体质谱法测定食品中钠元素含量,见 GB 5009.268—2016。

3. 铁的测定

铁是人体不可缺少的微量元素,是血红蛋白的载氧成分,缺铁时可产生低血色素性贫血,又称缺铁性贫血。铁也是与能量代谢有关的酶的成分,所以人体每日都必须摄入一定量的铁。但摄入铁过多,可能导致纤维组织增生及脏器功能障碍,临床表现有肝硬化、糖尿病、皮肤色素沉着、内分泌紊乱、心脏和关节病变。我国营养学会建议,铁的适宜摄入量为成年男性 15 mg/d,成年女性 20 mg/d。膳食中铁的最好来源为肝脏、全血、肉类、鱼类和某些蔬菜(如油菜、雪里红、菠菜、莴笋、韭菜等)。另外,在食品加工及储藏过程中铁的含量发生变化,并影响食品的质量。如三价铁具有氧化作用,可破坏维生素,可引起食品褐变或使之产生金属味等,所以食品中铁的测定不但具有营养学意义,还可以鉴别食品的铁质污染。

目前食品中铁的测定,国家标准方法有火焰原子吸收光谱法、电感耦合等离子体发射光谱法和电感耦合等离子体质谱法。另外还有邻二氮菲法、硫氰酸盐比色法。

1) 火焰原子吸收光谱法(GB 5009.90—2016 第一法)

(1) 原理。

样品经湿法消化后,导入原子吸收分光光度计中,经火焰原子化后,吸收 248.3 nm 的共振线,其吸收量与铁的浓度成正比,与标准曲线比较定量。

本法适用于各种食品中铁的测定。

(2) 仪器。

原子吸收分光光度计。

(3) 试剂。

① 硝酸;高氯酸;硫酸。

② 铁标准储备液(1 000 mg/L):准确称取 0.863 1 g(精确至 0.000 1 g)硫酸铁铵,加水溶解,加 1.00 mL 硫酸溶液 (1+3),移入 100 mL 容量瓶,加水定容至刻度。混匀。

③ 铁标准使用液(100 mg/L):准确吸取铁标准储备液 10.0 mL,置于 100 mL 容量瓶中,加硝酸溶液(5+95)定容至刻度,混匀。

④ 铁标准系列溶液:吸取 100 mg/mL 铁标准使用液 0、0.50、1.00、2.00、3.00、4.00、6.00 mL,分别置于 100 mL 容量瓶中,加硝酸溶液(5+95)定容至刻度,混匀。此铁标准系列溶液中铁的质量浓度分别为 0、0.500、1.00、2.00、3.00、4.00、6.00 mg/L。

(4) 操作步骤。

① 试样消解。

湿法消解:准确称取固体试样 0.5～3 g(精确至 0.000 1 g)或准确移取液体试样 1.00～5.00 mL 于带刻度消化管中,加入 10 mL 硝酸和 0.5 mL 高氯酸,在可调式电热炉上消解。若消化液呈棕褐色,再加硝酸,消解至冒白烟,消化液呈无色透明状或略带黄色,取出消化管,冷却后将消化液转移至 25 mL 容量瓶中,用少量水洗涤 2～3 次,合并洗涤液于容量瓶中并用水定容至刻度,混匀备用。同时做试样空白实验。亦可采用锥形瓶,于可调式电热板上,按上述操作方法进行湿法消解。

干法消解:准确称取固体试样 0.5～3 g(精确至 0.000 1 g)或准确移取液体试样 2.00～5.00 mL 于坩埚中,小火加热,炭化至无烟,转移至马弗炉中,于 550 ℃灰化 3～4 h。冷却,取出,对于灰化不彻底的试样,加数滴硝酸,小火加热,小心蒸干,再转入 550 ℃马弗炉中,继续灰化 1～2 h,至试样呈白灰状,冷却,取出,用适量硝酸溶液(1+1)溶解,转移至 25 mL 容量瓶中,用少量水洗涤内罐和内盖 2～3 次,合并洗涤液于容量瓶中并用水定容至刻度。同时做试样空白实验。

② 标准曲线的绘制:将标准系列溶液按质量浓度由低到高的顺序分别导入火焰原子化器,测定其吸光度。以铁标准系列溶液中铁的质量浓度为横坐标,以相应的吸光度为纵坐标,制作标准曲线。

③ 工作条件选择:波长 284.3 nm;灯电流、狭缝宽度、空气及乙炔流量、灯头高度等条件,均按使用的仪器说明调至最佳工作状态。

④ 测量:将样品溶液和试剂空白分别导入火焰原子化器进行测定,记录其相应的吸光度,与标准曲线比较定量。

(5) 结果计算。

$$X=\frac{(C-C_0)\times V}{m}$$

式中:X——样品中铁的含量,mg/kg 或 mg/L;

C——测定用样液中铁的浓度,mg/L;

C_0——试剂空白液中铁的浓度,mg/L;

V——试样定容体积,mL;

m——样品质量或移取的体积,g 或 mL。

(6) 说明及注意事项。

① 该方法也适用于食品中镁、锌、锰的测定。

② 在重复条件下获得的两次独立测定结果的绝对差值不得超过算术平均值的 10%。

③ 试样消解还可采用微波消解法或压力罐消解法,见 GB 5009.90—2016。

④ 由于铁在自然界普遍存在,在样品制备和分析过程中应特别注意防止各种污染,所用设备如绞肉机、匀浆机、打碎机等必须是不锈钢制品。

2) 邻二氮菲法

(1) 原理。

在 pH 为 2～9 的溶液中,二价铁离子与邻二氮菲生成稳定的橙红色化合物,在 510 nm 处有最大吸收,其吸光度与铁含量成正比,可用比色法测定。

(2) 仪器。

分光光度计。

(3) 试剂。

① 盐酸羟胺溶液(100 g/L);邻二氮菲溶液(1.2 g/L);乙酸钠溶液(1 mol/L);盐酸(2 mol/L)。

② 铁标准溶液(100 μg/mL):准确称取 0.351 1 g 硫酸亚铁铵[$(NH_4)_2Fe(SO_4)_2 \cdot 6H_2O$],用 2 mol/L 的盐酸 15 mL 溶解,移至 500 mL 容量瓶中,用水稀释至刻度,摇匀,得标准储备液,此液浓度为 100 μg/mL。取铁标准储备液 10 mL 于 100 mL 容量瓶中,加水至刻度,混匀。此液为铁标准使用液,浓度为 10 μg/mL。

(4) 操作步骤。

① 样品处理:称取均匀样品 10.0 g,干法灰化后,加入 2 mL(1+1)盐酸,在水浴上蒸干,再加入 5 mL 水,加热煮沸,冷却后移入 100 mL 容量瓶中,用水稀释至刻度,摇匀。

② 标准曲线的绘制:吸取 10 μg/mL 铁标准使用液 0、1.00、2.00、3.00、4.00、5.00 mL,分别置于 50 mL 容量瓶中,各加入 1 mL 盐酸羟铵溶液、2 mL 邻二氮菲溶液、5 mL 乙酸钠溶液,每加入一种试剂都要摇匀。然后用水稀释至刻度,摇匀。10 min 后,以不加铁的试剂空白作参比液,在 510 nm 波长处,用 1 cm 比色皿测吸光度,以含铁量为横坐标,吸光度为纵坐标,绘制标准曲线。

③ 样品测定:准确吸取适量样液(视铁含量高低而定)于 50 mL 容量瓶中,以下按“标准曲线的绘制”操作,测定吸光度,在标准曲线上查出相对应的含铁量(μg)。

(5) 结果计算。

$$X=\frac{m_1}{m\times\frac{V_1}{V_2}}\times 100$$

式中:X——样品中铁的含量,μg/100 g;

m_1——从标准曲线上查得测定用样液相应的铁含量,μg;

V_1——测定用样液体积,mL;

V_2——样液定容总体积,mL;

m——样品质量,g;

100——单位换算系数。

(6) 说明及注意事项。

① Cu^{2+}、Ni^{2+}、Co^{2+}、Zn^{2+}、Hg^{2+}、Cd^{2+}、Mn^{2+}等离子，也能与邻二氮菲生成有颜色的配合物，量少时不影响测定，量大时可通过加 EDTA 掩蔽或预先分离。

② 加入试剂的顺序不能任意改变，否则会因 Fe^{3+} 水解等原因造成较大误差。

4. 碘的测定

碘是一种生物元素，是合成甲状腺激素的主要成分，该激素在促进人体的生长发育，维持机体的正常生理功能等方面起着十分重要的作用。人体缺乏碘时，会产生地方性甲状腺肿和地方性克汀病，但是碘过量又可引起甲状腺功能低下和甲状腺肿大。世界卫生组织建议，正常人摄入碘量在 1 000 μg/d 以下。我国营养学会建议碘的适宜摄入量为成人 150 μg/d。含碘较多的食品是海产品，特别是海带，含碘量为 3‰～5‰；陆地食品含碘量，动物性食品高于植物性食品，蛋、奶含碘量相对较高，其次为肉类。因此，食品中碘的测定在营养学上具有重要意义。

目前食品中碘的测定，国家标准方法有氧化还原滴定法、砷铈催化分光光度法、气相色谱法。此外还有三氯甲烷萃取比色法。

1) 氧化还原滴定法(GB 5009.267—2016 第一法)

(1) 原理。

样品经炭化、灰化后，将有机碘转化为无机碘离子，在酸性介质中，用溴水将碘离子氧化成碘酸根离子，生成的碘酸根离子在碘化钾的酸性溶液中被还原析出碘，用硫代硫酸钠溶液滴定反应中析出的碘。

$$I^- + 3Br_2 + 3H_2O \longrightarrow IO_3^- + 6H^+ + 6Br^-$$

$$IO_3^- + 5I^- + 6H^+ \longrightarrow 3I_2 + 3H_2O$$

$$I_2 + 2S_2O_3^{2-} \longrightarrow 2I^- + S_4O_6^{2-}$$

(2) 仪器。

电热恒温干燥箱；马弗炉；瓷坩埚；可调电炉；碘量瓶。

(3) 试剂。

① 碳酸钠溶液(50 g/L)；饱和溴水；硫酸溶液(3 mol/L)；硫酸溶液(1 mol/L)；碘化钾溶液(150 g/L)；甲酸钠溶液(200 g/L)；甲基橙溶液(1 g/L)；淀粉溶液(5 g/L)。

② 硫代硫酸钠标准溶液(0.01 mol/L)：按 GB/T 601 中的规定配制及标定。

(4) 操作步骤。

称取试样 2～5 g(精确至 0.000 1 g)，置于 50 mL 瓷坩埚中，加入 5～10 mL 碳酸钠溶液，充分浸润试样，静置 5 min，置于 100 ℃电热恒温干燥箱中干燥 3 h，将样品烘干，取出。在通风橱内用电炉加热，使试样充分炭化至无烟，置于 550 ℃马弗炉中灼烧 40 min，冷却至 200 ℃左右，取出。在坩埚中加入少量水研磨，将溶液及残渣全部转入 250 mL 烧杯中，烧杯中溶液总量为 150～200 mL，煮沸 5 min。将溶液及残渣趁热用滤纸过滤至 250 mL 碘量瓶中，备用。

在碘量瓶中加入 2～3 滴甲基橙溶液，用 1 mol/L 硫酸溶液调至红色，在通风橱内加入 5 mL 饱和溴水，加热煮沸至黄色消失。稍冷后加入 5 mL 甲酸钠溶液，在电炉上加热煮沸 2 min，取下，用水浴冷却至 30 ℃以下，再加入 5 mL 3 mol/L 硫酸溶液和 5 mL 碘化钾溶液，盖上瓶盖，放置 10 min，用硫代硫酸钠标准溶液滴定至溶液呈浅黄色，加入 1 mL 淀粉溶液，继续滴定至蓝色恰好消失。同时做空白实验，分别记录消耗的硫代硫酸钠标准溶液体积 V、V_0。

(5) 结果计算。

$$X=\frac{(V-V_0)\times c\times 21.15}{m}\times 1\,000$$

式中：X——试样中碘的含量，mg/kg；

V——滴定样液消耗硫代硫酸钠标准溶液的体积，mL；

V_0——滴定试剂空白消耗硫代硫酸钠标准溶液的体积，mL；

c——硫代硫酸钠标准溶液的浓度，mol/L；

21.15——与 1.00 mL 硫代硫酸钠标准滴定溶液（$c(Na_2S_2O_3)=1.000$ mol/L）相当的碘的质量，mg；

m——样品的质量，g；

1 000——单位换算系数。

(6) 说明及注意事项。

① 淀粉溶液现用现配。

② 样品灰化时，加入碳酸钠溶液的作用是防止碘在高温灰化时挥发损失。

③ 在重复性条件下获得的两次独立测定结果的绝对差值不得超过算术平均值的 10%。

2) 三氯甲烷萃取比色法

(1) 原理。

样品在碱性条件下灰化，碘被有机物还原成 I^-，I^- 与碱金属离子结合成碘化物，碘化物在酸性条件下与重铬酸钾作用生成碘。用三氯甲烷萃取时，碘溶于氯仿中呈粉红色，在最大吸收波长 510 nm 处比色测定。反应式如下：

$$6I^- + Cr_2O_7^{2-} + 14H^+ \longrightarrow 3I_2 + 2Cr^{3+} + 7H_2O$$

(2) 试剂。

① 氢氧化钾溶液（10 mol/L）；重铬酸钾溶液（0.2 mol/L）；三氯甲烷。

② 碘标准溶液：准确称取经 105 ℃烘 1 h 的碘化钾 0.130 8 g 于烧杯中，加少量水溶解，移入 1 000 mL 棕色容量瓶中，加水至刻度，摇匀。此溶液每毫升含 0.1 mg 碘。使用时加水稀释成 10 μg/mL。

(3) 仪器。

分光光度计。

(4) 操作步骤。

① 样品处理：准确称取样品 2.00～4.00 g 于坩埚中，加入 10 mol/L 氢氧化钾溶液 5 mL，烘干，电炉上炭化，然后移入高温炉中，在 500 ℃下灰化成白色灰烬。待冷却后取出，加 10 mL 水加热溶解，过滤到 50 mL 容量瓶中，用 30 mL 热水分数次洗涤坩埚和滤纸，洗液并入容量瓶中，以水稀释至刻度，摇匀。

② 标准曲线的绘制：准确吸取每毫升含碘 10 μg 的碘标准溶液 0、2.0、4.0、6.0、8.0、10.0 mL，分别移入 125 mL 分液漏斗中，加水至 40 mL，再加入 2 mL 浓硫酸、0.2 mol/L 重铬酸钾溶液 15 mL，摇匀后放置 30 min，加入 10 mL 三氯甲烷，振摇 1 min，通过棉花过滤，将滤液置于比色皿中，用分光光度计于 510 nm 处测定吸光度，并绘制标准曲线。

③ 样品测定：吸取一定量的样品溶液（视样品中碘含量而定），移入 125 mL 分液漏斗中，加水至 40 mL。后续操作同标准曲线的绘制。根据测得的样品吸光度，从标准曲线中查得相应的碘量。

(5) 结果计算。

$$X=\frac{m}{W}\times 1\ 000$$

式中:X——样品中的碘含量,mg/kg;

m——从标准曲线中查得相当于碘的标准量,mg;

W——测定时所取样品液相当于样品的质量,g;

1 000——单位换算系数。

(6) 说明及注意事项。

样品灰化时,加入氢氧化钾的作用是使碘形成难挥发的碘化钾,以防止在高温灰化时挥发损失。

5. 硒的测定

硒是人体必需的微量元素之一,是谷胱甘肽过氧化物酶、硫氧还蛋白还原酶、碘甲腺原氨酸脱碘酶等的重要组成部分,在维持人体正常免疫功能、抗肿瘤、抗艾滋病等方面起着重要的作用。但硒也是高毒物质,摄入量过多,会对人体造成危害。中国营养学会建议,硒的适宜摄入量为成人 50 μg/d。食物中肝、肾、海产品及肉类为硒的良好来源,谷类含量因各产区土壤含硒量不同而异。

目前食品中硒的测定,国家标准方法有荧光分光光度法、氢化物原子荧光光谱法和电感耦合等离子体质谱法。

下面主要介绍荧光分光光度法(GB 5009.93—2017 第二法)。

1) 原理

样品经混合酸消化后,硒化合物被氧化为无机硒 Se^{4+},在酸性条件下 Se^{4+} 与 2,3-二氨基萘(2,3-diaminonaphthalene,DAN)反应生成 4,5-苯并苤硒脑(4,5-benzopiaselenol),然后用环己烷萃取。4,5-苯并苤硒脑在波长为 376 nm 的激发光作用下,发射波长为 520 nm 的荧光,测定其荧光强度,与标准曲线比较,从而计算出试样中硒的含量。

此法适用于各类食品中硒的测定。

2) 仪器

荧光分光光度计。

3) 试剂

(1) 盐酸;氨水(1+1);硝酸-高氯酸混合酸(9+1)。

(2) EDTA 混合液。

① EDTA 溶液(0.2 mol/L):称取 37 g EDTA 二钠盐,加水并加热溶解,冷却后稀释至 500 mL。

② 盐酸羟胺溶液 (100 g/L):称取 10 g 盐酸羟胺溶于水中,稀释至 100 mL,混匀。

③ 甲酚红指示剂(0.2 g/L):称取 50 mg 甲酚红溶于水中,加氨水(1+1)1 滴,待甲酚红完全溶解后加水稀释至 250 mL。

④ 取 0.2 mol/L 的 EDTA 和盐酸羟胺溶液(100 g/L)各 50 mL,混匀后再加甲酚红指示剂(0.2 g/L) 5 mL,用水稀释至 1 L,混匀。

(3) 环己烷。

(4) 2,3-二氨基萘 (1 g/L):需在暗室中配制。称取 200 mg DAN 于具塞锥形瓶中,加盐酸(1+99) 200 mL,振摇约 15 min,使其全部溶解。加约 40 mL 环己烷,继续振摇 5 min,将此液转入分液漏斗中,待分层后,弃去环己烷层,收集 DAN 层溶液。如此重复直至环己烷中的荧光值降至最低为止。将提纯后的 DAN 储存于棕色瓶内，约加 1 cm 厚的环己烷覆盖溶液表面，置冰箱内保存。

(5) 硒标准储备液：称取 0.100 0 g 元素硒(光谱纯)，溶于少量硝酸中，加 2 mL 高氯酸，置沸水浴中加热 3～4 h，冷却后加入 8.4 mL 盐酸(0.1 mol/L)，再置沸水浴中加热2 min。准确稀释至 1 000 mL，此溶液浓度为 100 μg/mL。

(6) 硒标准使用液：将硒标准储备液用盐酸(0.1 mol/L)稀释至含硒 0.05 μg/mL，置冰箱内保存。

4) 操作方法

(1) 试样消解。

准确称取 0.5～3 g(精确至 0.001 g)固体试样，或准确吸取液体试样 1.00～5.00 mL，置于锥形瓶中，加 10 mL 硝酸-高氯酸混合酸(9+1)及几粒玻璃珠，盖上表面皿冷消化过夜。次日于电热板上加热，并及时补加硝酸。当溶液变为清亮无色并伴有白烟产生时，再继续加热至剩余体积为 2 mL 左右，切不可蒸干，冷却后再加 5 mL 盐酸(6 mol/L)，继续加热至溶液变为清亮无色并伴有白烟出现，再继续加热至剩余体积为 2 mL 左右，冷却。同时做试剂空白。

(2) 样品测定。

将消化后的试样溶液以及空白溶液加盐酸(1+9)至 5 mL 后，加入 20 mL EDTA 混合液，用氨水(1+1)及盐酸(1+9)调至淡红橙色(pH 1.5～2.0)。以下步骤在暗室操作：加 DAN 试剂(1 g/L)3 mL，混匀后，置沸水浴中加热 5 min，取出冷却后，加环己烷 3 mL，振摇 4 min，将全部溶液移入分液漏斗，待分层后弃去水层，小心将环己烷层由分液漏斗上口倾入带盖试管中，勿使环己烷中混入水滴，于荧光分光光度计上用波长 376 nm 的激发光照射，于 520 nm 测定 4,5-苯并苤硒脑的荧光强度。

(3) 标准曲线的绘制：准确吸取硒标准使用液 0、0.2、1.0、2.0、4.0 mL(相当于 0、0.01、0.05、0.10、0.20 μg 硒)，加水至 5 mL，以下按(2)中“加入 20 mL EDTA 混合液”开始操作。

硒含量在 0.5 μg 以下时，荧光强度与硒含量成正比，在常规测定样品时，每次只需做试剂空白及与样品含硒量相近的标准管(双份)即可。

5) 结果计算

$$X=\frac{m_1}{F_1-F_0}\times\frac{F_2-F_0}{m}$$

式中：X——样品中硒的含量，mg/kg 或 mg/L；

F_1——标准管荧光读数；

F_0——空白管荧光读数；

F_2——样品管荧光读数；

m_1——标准管中硒的质量，μg；

m——试样称样量或移取体积，g 或 mL。

6) 注意事项

(1) 在重复性条件下获得的两次独立测定结果的绝对差值不得超过算术平均值的 20%。

(2) 硒与 2,3-二氨基萘在酸性条件下反应，一般控制 pH 为 1.5～2.0 为宜，pH 过低时溶液易乳化，过高时测定结果偏高。

(3) 加入 EDTA 可消除铜、铁、钴、钼等金属离子的干扰。

6.2.3　有毒有害矿物元素的测定

1. 铅的测定

铅是有害元素之一，在自然界分布极广，其作用主要是制造蓄电池，制造四乙基铅，用作汽油的防爆剂。铅还可用于印刷、油漆、陶瓷、农药、塑料等工业。食品中铅的来源主要有三个方面：一是植物通过根部直接吸收土壤中的铅；二是食品在生产、加工、包装、运输过程中接触到的设备、工具、容器及包装材料都有可能含有铅，在一定条件下会逐渐进入食品中；三是工业“三废”污染环境，从而污染食品。

铅可通过消化道及呼吸道进入人体并在体内蓄积，由于机体不能全部排泄，从而产生铅中毒。铅中毒会引起血管病及肾炎。铅还是一种潜在致癌物。特别值得关注的是，铅可严重影响婴幼儿和少年儿童的生长发育和智力。因此，我国对各类食品都规定了铅的卫生标准，例如：鱼类铅含量≤0.5 mg/kg；鲜乳铅含量≤0.05 mg/L；茶叶铅含量≤5 mg/kg；谷类铅含量≤0.2 mg/kg。

目前食品中铅的测定，国家标准方法有石墨炉原子吸收光谱法、电感耦合等离子体质谱法、火焰原子吸收光谱法和二硫腙比色法。其中，灵敏度较高的方法是石墨炉原子吸收光谱法，火焰原子吸收光谱法和二硫腙比色法灵敏度较低，但不需昂贵仪器，适于基层使用。

1）火焰原子吸收光谱法(GB 5009.12—2017 第三法)

(1) 原理。

试样经处理后，铅离子在一定 pH 条件下与二乙基二硫代氨基甲酸钠(DDTC)形成配合物，经 4-甲基-2-戊酮(MIBK)萃取分离，导入原子吸收光谱仪中，火焰原子化后，吸收 283.3 nm 共振线，在一定浓度范围内铅的吸光度与铅含量成正比，与标准系列比较定量。

(2) 试剂。

① 硝酸；高氯酸；盐酸；氨水；硫酸铵溶液(300 g/L)；柠檬酸铵溶液(250 g/L)；溴百里酚蓝水溶液(1 g/L)。

② 二乙基二硫代氨基甲酸钠(DDTC)溶液(50 g/L)：称取 5 g 二乙基二硫代氨基甲酸钠，用水溶解并定容至 100 mL。

③ 4-甲基-2-戊酮(MIBK)。

④ 铅标准储备液(1 000 mg/L)：准确称取 1.598 5 g 硝酸铅，用少量硝酸溶液(1+9)溶解，移入 1 000 mL 容量瓶，加水至刻度混匀。

⑤ 铅标准使用液(10.0 mg/L)：准确吸取铅标准储备液(1 000 mg/L)1.00 mL 于 100 mL 容量瓶中，加硝酸溶液(5+95)至刻度，混匀。

(3) 仪器。

原子吸收分光光度计。

(4) 操作步骤。

① 样品处理。

湿法消解：称取固体试样 0.2～3 g(精确至 0.001 g)或准确移取液体试样 0.500～5.00 mL 于带刻度消化管中，加入 10 mL 硝酸和 0.5 mL 高氯酸，在可调式电热炉上消解(参考条件：120 ℃/0.5～1 h；升至 180 ℃/2～4 h；升至 200～220 ℃)。若消化液呈棕褐色，再加少量硝酸，消解至冒白烟，消化液呈无色透明状或略带黄色，取出消化管，冷却后用水定容至 10 mL，混匀备用。同时做试剂空白实验。亦可采用锥形瓶，于可调式电热板上，按上述操作方法进行湿法消解。

② 萃取分离。

将试样消化液及试剂空白溶液分别置于 125 mL 分液漏斗中，补加水至 60 mL。加 2 mL 柠檬酸铵溶液(250 g/L)，溴百里酚蓝水溶液(1 g/L)3～5 滴，用氨水溶液(1+1)调 pH 至溶液由黄变蓝，加硫酸铵溶液(300 g/L)10 mL，DDTC 溶液(1 g/L)10 mL，摇匀。放置 5 min 左右，加入 10 mL MIBK，剧烈振摇提取 1 min，静置分层后，弃去水层，MIBK 层放入 10 mL 带塞刻度管中，得到试样溶液和空白溶液。

③ 仪器条件：测定波长为 283.3 nm。灯电流、狭缝、空气和乙炔流量及灯头高度均按仪器说明调至最佳状态。

④ 标准曲线的制作。

分别吸取铅标准使用液 0、0.25、0.50、1.00、1.50、2.00 mL(相当于 0、2.5、5.0、10.0、15.0、20.0 μg 铅)于 125 mL 分液漏斗中，补加水至 60 mL。加 2 mL 柠檬酸铵溶液(250 g/L)、溴百里酚蓝水溶液(1 g/L)3～5 滴，用氨水(1+1)调至溶液由黄变蓝，加硫酸铵溶液(300 g/L) 10 mL、DDTC 溶液(1 g/L)10 mL，摇匀。放置 5 min 左右，加入 10 mL MIBK，剧烈振摇提取 1 min，静置分层后，弃去水层，MIBK 层放入 10 mL 带塞刻度管中，得到标准系列溶液。将铅标准系列溶液按浓度从低到高分别导入火焰原子化器进行测定，得到各浓度的吸光度。以铅含量为横坐标，吸光度为纵坐标，绘制标准曲线。

⑤ 将试剂空白液和处理好的样品溶液分别导入火焰原子化器进行测定，记录其对应的吸光度，与标准曲线比较定量。

(5) 结果计算。

$$X=\frac{m_1-m_0}{m_2}$$

式中：X——样品中铅的含量，mg/kg 或 mg/mL；

m_1——试样溶液中铅的质量，μg；

m_0——空白溶液中铅的含量，μg；

m_2——试样称样量或移取体积，g 或 mL。

(6) 说明及注意事项。

① 本方法检出限为 0.1 mg/kg，在重复性条件下获得的两次独立测定结果的绝对差值，不得超过算术平均值的 20%。

② 试样消解还可采用微波消解法或压力罐消解法，见 GB 5009.12—2017。

2) 二硫腙比色法(GB 5009.12—2017 第四法)

(1) 原理。

样品经消化后，在 pH 为 8.5～9.0 时，铅离子与二硫腙生成红色配合物，溶于三氯甲烷。加入柠檬酸铵、氰化钾和盐酸羟胺等，防止铜、铁、锌等离子干扰，于波长 510 nm 处测定吸光度，与标准系列比较定量。

(2) 试剂。

① 硝酸；高氯酸；盐酸；氨水。

② 酚红指示液(1 g/L)：称取 0.1 g 酚红，用少量多次乙醇溶解后移入 100 mL 容量瓶中并定容至刻度，混匀。

③ 盐酸羟胺溶液(200 g/L)：称取 20 g 盐酸羟胺，加水溶解至 50 mL，加 2 滴酚红指示液，滴加氨水 (1+1)调 pH 至 8.5～9.0 (由黄变红，再多加 2 滴)，用二硫腙-三氯甲烷溶液(0.5 g/L)

提取至三氯甲烷层绿色不变为止,再用三氯甲烷洗 2 次,弃去三氯甲烷层,水层加盐酸(1+1)使其呈酸性,加水至 100 mL。

④ 柠檬酸铵溶液(200 g/L):称取 50 g 柠檬酸铵,溶于 100 mL 水中,加 2 滴酚红指示液,滴加氨水(1+1)调 pH 至 8.5～9.0,用二硫腙-三氯甲烷溶液提取数次,每次 10～20 mL,至三氯甲烷层绿色不变为止,弃去三氯甲烷层,再用三氯甲烷洗 2 次,每次 5 mL,弃去三氯甲烷层,加水稀释至 250 mL。

⑤ 氰化钾溶液(100 g/L)。

⑥ 三氯甲烷:不应含氧化物。

⑦ 二硫腙-三氯甲烷溶液(0.5 g/L):称取 0.5 g 二硫腙,用三氯甲烷溶解,并定容至 1 000 mL,混匀,保存于 0～5 ℃下,必要时用下述方法纯化。

称取 0.5 g 研细的二硫腙,溶于 50 mL 三氯甲烷中,如不全溶,可用滤纸过滤于 250 mL 分液漏斗中,用氨水(1+99)提取 3 次,每次 100 mL,将提取液用棉花过滤至 500 mL 分液漏斗中,用盐酸(1+1)调至酸性,将沉淀出的二硫腙用三氯甲烷提取 2～3 次,每次 20 mL,合并三氯甲烷层,用等量水洗涤 2 次,弃去洗涤液,在 50 ℃水浴上蒸去三氯甲烷。精制的二硫腙置硫酸干燥器中,干燥备用。或将沉淀出的二硫腙分别用 200 mL、200 mL、100 mL 三氯甲烷提取 3 次,合并三氯甲烷层为二硫腙-三氯甲烷溶液。

⑧ 二硫腙使用液:吸取 1.0 mL 二硫腙溶液,加三氯甲烷至 10 mL 摇匀。用 1 cm 比色皿,以三氯甲烷调节零点,于波长 510 nm 处测吸光度(A),用下式算出配制 100 mL 二硫腙使用液(70%透光度)所需二硫腙-三氯甲烷溶液的体积(V,mL):

$$V=\frac{10\times(2-\lg 70)}{A}=\frac{1.55}{A}$$

⑨ 铅标准储备液(1 000 mg/L):准确称取 1.598 5 g 硝酸铅,用少量硝酸溶液(1+9)溶解,移入 1 000 mL 容量瓶中,加水至刻度,混匀。

⑩ 铅标准使用液 (10.0 mg/L):准确吸取铅标准储备液(1 000 mg/L)1.00 mL 于 100 mL 容量瓶中,加硝酸溶液(5+95)至刻度,混匀。

(3) 仪器。

分光光度计。

(4) 操作步骤。

① 样品处理。

称取固体试样 0.2～3 g(精确至 0.001 g)或准确移取液体试样 0.500～5.00 mL 于带刻度消化管中,加入 10 mL 硝酸和 0.5 mL 高氯酸,在可调式电热炉上消解(参考条件:120 ℃/0.5～1 h;升至 180 ℃/2～4 h;升至 200～220 ℃)。若消化液呈棕褐色,再加少量硝酸,消解至冒白烟,消化液呈无色透明状或略带黄色,取出消化管,冷却后用水定容至 10 mL,混匀备用。同时做试剂空白实验。亦可采用锥形瓶,于可调式电热板上,按上述操作方法进行湿法消解。

② 标准曲线绘制。

吸取 0、0.10、0.20、0.30、0.40、0.50 mL 铅标准使用液(相当于 0、1.0、2.0、3.0、4.0、5.0 μg 铅),分别置于 125 mL 分液漏斗中,各加硝酸溶液(5+95)至 20 mL。再各加 2 mL 柠檬酸铵溶液 (200 g/L),1 mL 盐酸羟胺溶液 (200 g/L) 和 2 滴酚红指示液,用氨水 (1+1) 调至红色,再各加 2 mL 氰化钾溶液 (100 g/L),混匀。各加 5.0 mL 二硫腙使用液,剧烈振摇 1 min,静置分层后,三氯甲烷层经脱脂棉滤入 1 cm 比色皿中,以三氯甲烷调节零点,于波长 510 nm 处测吸光度，以铅的质量为横坐标，吸光度为纵坐标，制作标准曲线。

③ 试样溶液的测定。

将试样溶液及空白溶液分别置于 125 mL 分液漏斗中，各加硝酸溶液(5+95)至 20 mL。于消解液及试剂空白液中各加 2 mL 柠檬酸铵溶液(200 g/L)、1 mL 盐酸羟胺溶液(200 g/L)和 2 滴酚红指示液(1 g/L)，用氨水(1+1)调至红色，再各加 2 mL 氰化钾溶液(100 g/L)，混匀。各加 5 mL 二硫腙使用液，剧烈振摇 1 min，静置分层后，三氯甲烷层经脱脂棉滤入 1 cm 比色皿中，于波长 510 nm 处测吸光度，与标准系列比较定量。

(5) 结果计算。

$$X=\frac{m_1-m_0}{m_2}$$

式中：X——样品中铅的含量，mg/kg 或 mg/mL；

m_1——试样溶液中铅的质量，μg；

m_0——空白溶液中铅的含量，μg；

m_2——试样称样量或移取体积，g 或 mL。

(6) 说明及注意事项。

① 本方法检出限为 0.25 mg/kg，在重复性条件下获得的两次独立测定结果的绝对差值不得超过算术平均值的 10%。

② 二硫腙可与多种金属生成不同颜色的、易溶于三氯甲烷和四氯化碳的配合物。加入适当的掩蔽剂并严格控制反应溶液的 pH，即可测定检样中的铅的含量。

③ pH 对测定结果有明显的影响，铅与二硫腙的配位条件是 pH 8.5～9.0，pH 大于 12 时，Pb^{2+} 可生成 PbO_2^{2-}，不被二硫腙配位，故要严格控制 pH 在 8.5～9.0 范围内。

④ 氰化钾是一种较强的配位体，可掩蔽 Cu^{2+}、Zn^{2+}、Hg^{2+} 等多种金属离子的干扰。氰化钾易分解或聚合而变质，必要时依下法提纯：取 10 g 氰化钾，溶于少于 20 mL 的蒸馏水中，移入 125 mL 分液漏斗中，每次用 2～5 mL 二硫腙使用液提取，直至二硫腙层不变色，然后再以三氯甲烷洗除残留的二硫腙，最后加蒸馏水稀释至 100 mL。此外，应注意氰化钾有剧毒，应妥善处理废弃物，勿沾手上。

⑤ 盐酸羟胺既可保护二硫腙不被高价金属、过氧化物、卤族元素等氧化，还可还原 Fe^{3+} 为 Fe^{2+}，加入后可排除 Fe^{3+} 对实验的干扰；柠檬酸铵既有维持溶液胶体的作用，又可在广泛的 pH 范围内结合 Cu^{2+}、Mg^{2+}、Pb^{2+}、Fe^{3+} 等阳离子，防止其在碱性溶液中形成氢氧化物沉淀。

⑥ 所用玻璃仪器均用硝酸(10%～20%)浸泡 24 h 以上，用自来水反复冲洗，最后用去离子水洗净。

2. 汞的测定

汞是有害元素之一，其毒性与汞的化学存在形式、汞化合物的吸收有关。无机汞不易吸收，毒性小；单质汞易被呼吸道吸收；烷基汞易被肠道吸收，毒性大。汞在体内易蓄积，蓄积的部位主要在脑、肝、肾内。汞的毒性主要是损害细胞内酶系统和蛋白质的巯基，引起急性中毒或慢性中毒。甲基汞还可通过胎盘进入胎儿体内，影响胎儿生长发育。

食品中的汞主要来自环境污染。用含汞废水灌溉或不合理地使用含汞农药，会使农作物的含汞量增高。含汞工业废水可污染水体，水体中的汞通过食物链富集在水生生物中，其富集系数最高可达 1×10^6，所以鱼、虾、贝类等水产品汞含量远高于其他食品。

食品一旦被汞污染,难以彻底除净,无论使用碾磨加工还是用不同的烹调方法,如烘、炒、蒸或煮等,都无济于事。实验表明,用冷冻、盐腌、蒸煮、油炸、干燥等方法均无法将鱼体内的甲基汞除掉。据调查,食用含汞 5~6 mg/kg 的粮食,半个月后,即可发生中毒,即使食用 0.2~0.3 mg/kg 的含汞粮食,半年左右也可发生中毒,可见控制食品中的含汞量十分重要。我国食品中汞的卫生标准:鱼(不包括食肉鱼类)及其他水产品汞含量≤0.5 mg/kg,肉、蛋、油汞含量≤0.05 mg/kg,成品粮汞含量≤0.02 mg/kg,牛乳及乳制品、蔬菜、水果等汞含量≤0.01 mg/kg。

目前食品中总汞的测定,国家标准方法有原子荧光光谱分析法、冷原子吸收光谱法,甲基汞的测定采用液相色谱-原子荧光光谱联用方法。

1) 原子荧光光谱分析法(GB 5009.17—2014 第一法)

(1) 原理。

试样经加热消解后,在酸性介质中,试样中的汞被硼氰化钾或硼氢化钠还原成原子态汞,由载气(氩气)带入原子化器中,在汞空心阴极灯照射下,基态汞原子被激发至高能态,再由高能态回到基态时,发射出特征波长的荧光,其荧光强度与汞含量成正比,用标准曲线法定量。

(2) 试剂。

① 硝酸;过氧化氢;硫酸;氢氧化钾溶液(5 g/L)。

② 硼氰化钾溶液(5 g/L):称取 5.0 g 硼氰化钾,用 5 g/L 的氢氧化钾溶液溶解并定容至 1 000 mL,混匀。现用现配。

③ 重铬酸钾的硝酸溶液(0.5 g/L):称取 0.05 g 重铬酸钾溶于 100 mL 硝酸溶液(5+95)中。

④ 汞标准储备液(1 mg/mL):精密称取 0.135 4 g 于干燥器干燥过的氯化汞,用重铬酸钾的硝酸溶液(0.5 g/L)溶解并转移至 100 mL 容量瓶中,定容。于 4 ℃冰箱中避光保存,可保存 2 年。

⑤ 汞标准中间液(10 μg/mL):吸取 1.0 mL 汞标准储备液(1 mg/mL)于 100 mL 容量瓶中,用重铬酸钾的硝酸溶液(0.5 g/L)稀释和定容。于 4 ℃冰箱中避光保存,可保存 2 年。

⑥ 汞标准使用液(50 ng/mL):吸取 0.50 mL 汞标准中间液(10 μg/mL)于 100 mL 容量瓶中,用重铬酸钾的硝酸溶液(0.5 g/L)稀释和定容,现用现配。

(3) 仪器。

原子荧光光谱仪。

(4) 操作步骤。

① 试样消解:回流消化法。

a. 粮食:称取 1.0~4.0 g(精确到 0.001 g)样品,置于消化装置锥形瓶中,加玻璃珠数粒,加 45 mL 硝酸、10 mL 硫酸,转动锥形瓶防止局部炭化。装上冷凝管后,小火加热,待开始发泡即停止加热,发泡停止后,加热回流 2 h。如加热过程中溶液变棕色,再加 5 mL 硝酸,继续回流 2 h,放冷后从冷凝管上端小心加 20 mL 水,继续加热回流 10 min,放冷,用适量水冲洗冷凝管,洗液并入消化液中,将消化液经玻璃棉过滤于 100 mL 容量瓶内,用少量水洗锥形瓶、滤器,洗液并入容量瓶内,加水至刻度,混匀。同时做空白实验。

b. 植物油及动物油脂:称取 1.0~3.0 g 样品,置于消化装置锥形瓶中,加玻璃珠数粒,加入 7 mL 硫酸,小心混匀至溶液颜色变为棕色,然后加 40 mL 硝酸。以下按粮食处理步骤中“装上冷凝管后,小火加热……同时做空白实验”进行操作。

c. 薯类、豆制品:1.0~4.0 g(精确到 0.001 g)样品,置于消化装置锥形瓶中,加玻璃珠数粒及 30 mL 硝酸、5 mL 硫酸,转动锥形瓶,防止局部炭化。以下按粮食处理步骤中“装上冷凝管后,小火加热……同时做空白实验"进行操作。

d. 肉、蛋类:称取 0.5～2.0 g(精确到 0.001 g)样品,置于消化装置锥形瓶中,加玻璃珠数粒及 30 mL 硝酸、5 mL 硫酸,转动锥形瓶,防止局部炭化。以下按粮食处理步骤中"装上冷凝管后,小火加热……同时做空白实验"进行操作。

e. 牛乳及乳制品:称取 1.0～4.0 g(精确到 0.001 g)乳及乳制品,置于消化装置锥形瓶中,加玻璃珠数粒及 30 mL 硝酸,乳加 10 mL 硫酸,乳制品加 5 mL 硫酸,转动锥形瓶防止局部炭化。以下按粮食处理步骤中"装上冷凝管后,小火加热……同时做空白实验"进行操作。

② 仪器条件。

光电倍增管负高压:240 V。汞空心阴极灯电流:30 mA。原子化器温度:300 ℃。载气流速:500 mL/min。屏蔽气流速:1 000 mL/min。

③ 标准曲线的制作。

分别吸取 50 ng/mL 的汞标准使用液 0、0.20、0.50、1.00、1.50、2.00、2.50 mL 于 50 mL 容量瓶中,用硝酸溶液(1+9)稀释至刻度,混匀。各自相当的汞浓度为 0、0.20、0.50、1.00、1.50、2.00、2.50 ng/mL。设定好仪器最佳条件,连续用硝酸溶液(1+9)进样,待读数稳定之后,转入标准系列测量,绘制标准曲线。

④ 测定。

转入试样测量,先用硝酸溶液(1+9)进样,使读数基本回零,再分别测定试样空白和试样消化液,每测不同的试样前都应清洗进样器。

(5) 结果计算。

$$X=\frac{(C-C_0)\times V\times 1\,000}{m\times 1\,000\times 1\,000}$$

式中:X——样品中汞的含量,mg/kg 或 mg/L;

C——测定用样品消化液中汞含量,ng/mL;

C_0——试剂空白液中汞含量,ng/mL;

m——样品质量或体积,g 或 mL;

V——样品消化液总体积,mL;

1 000——换算系数。

(6) 说明及注意事项。

① 本方法检出限为 3 μg/kg;在重复性条件下获得的两次独立测定结果的绝对差值不得超过算术平均值的 20%。

② 所用玻璃仪器及聚四氟乙烯消解内罐均需以硝酸溶液(1+4)浸泡 24 h,用水反复冲洗,最后用去离子水冲洗干净。

③ 样品消解还可以采用压力罐消解法和微波消解法,见 GB 5009.17—2014。

2) 冷原子吸收光谱法(GB 5009.17—2014 第二法)

(1) 原理。

汞原子对波长 253.7 nm 的共振线具有强烈吸收作用。样品经酸消解或催化酸消解,使汞转为离子状态,在强酸性介质中以氯化亚锡还原成元素汞,以氮气或干燥清洁空气为载气,将元素汞吹入汞测定仪,进行冷原子吸收测定。在一定浓度范围内,其吸收值与汞含量成正比,与标准系列比较定量。

本方法适用于各类食品中总汞的测定。

(2) 试剂。

① 硝酸;盐酸;硫酸。

② 高锰酸钾溶液(50 g/L):配好后煮沸 10 min,静置过夜,过滤,储存于棕色瓶中。

③ 氯化亚锡溶液(100 g/L):称取 10 g 氯化亚锡,溶于 20 mL 盐酸中,90 ℃水浴中加热,轻微振荡,待氯化亚锡溶解成透明状后,冷却,纯水稀释定容至 100 mL,加入几粒金属锡,置阴凉、避光处保存。一经发现混浊应重新配制。

④ 重铬酸钾的硝酸溶液(0.5 g/L):称取 0.05 g 重铬酸钾溶于 100 mL 硝酸溶液(5+95)中。

⑤ 汞标准储备液(1 mg/mL):精密称取 0.135 4 g 于干燥器干燥过的氯化汞,用重铬酸钾的硝酸溶液(0.5 g/L)溶解并转移至 100 mL 容量瓶中,定容。于 4 ℃冰箱中避光保存,可保存 2 年。

⑥ 汞标准中间液(10 μg/mL):吸取 1.0 mL 汞标准储备液(1 mg/mL)于 100 mL 容量瓶中,用重铬酸钾的硝酸溶液(0.5 g/L)稀释和定容。于 4 ℃冰箱中避光保存,可保存 2 年。

⑦ 汞标准使用液(50 ng/mL):吸取 0.50 mL 汞标准中间液(10 μg/mL)于 100 mL 容量瓶中,用重铬酸钾的硝酸溶液(0.5 g/L)稀释和定容,现用现配。

(3) 仪器。

测汞仪。

(4) 操作步骤。

① 试样消解。

同原子荧光光谱分析法。

② 仪器条件:打开测汞仪,预热 1 h,并将仪器性能调至最佳状态。

③ 标准曲线制作。

分别吸取 50 ng/mL 的汞标准使用液 0、0.20、0.50、1.00、1.50、2.00、2.50 mL 于 50 mL 容量瓶中,用硝酸溶液(1+9)稀释至刻度,混匀。各自相当的汞浓度为 0、0.20、0.50、1.00、1.50、2.00、2.50 ng/mL。将汞标准系列溶液 5.0 mL,置于测汞仪的汞蒸气发生器内,连接抽气装置,沿壁迅速加入 3.0 mL 还原剂氯化亚锡溶液(100 g/L),迅速盖紧瓶塞,立即通入流速为 1.0 L/min 的氮气或经活性炭处理的空气,使汞蒸气经过氯化钙干燥管进入测汞仪中,读取测汞仪上最大读数。然后,打开吸收瓶上的三通阀将产生的剩余蒸气吸收于高锰酸钾溶液(50 g/L)中,待测汞仪上的读数达到零点时进行下一次测定。根据标准系列溶液的浓度和吸光度绘制标准曲线。

④ 含量测定。

取样品消化液和试剂空白液各 5 mL,其余操作用同汞标准系列溶液,测得吸光度后用标准曲线法求出试液中汞含量。

(5) 结果计算。

$$X=\frac{(m_1-m_2)\times V_1\times 1\,000}{m\times V_2\times 1\,000\times 1\,000}$$

式中:X——样品中汞的含量,mg/kg 或 mg/L;

m_1——测定用样品消化液中汞的质量,ng;

m_2——试剂空白液中汞的质量,ng;

m——样品质量或体积,g 或 mL;

V_1——样品消化液总体积,mL;

V_2——测定用样品消化液体积，mL；

1 000——换算系数。

(6) 说明及注意事项。

① 本方法检出限为 2 μg/kg；在重复性条件下获得的两次独立测定结果的绝对差值，不得超过算术平均值的 20%。

② 在消化过程中，由于残存在消化液中的氮氧化物对测定有严重干扰，使结果偏高。尤其硝酸-硫酸回流法，硝酸用量大，消化后需加水继续加热回流 10 min，使剩余二氧化氮排出，消解液趁热进行吹气驱赶液面上的氮氧化物，冷却后滤去样品中蜡质等不易消化物质，避免干扰。

③ 测汞仪中的光道管、气路管道均要保持干燥、光亮、平滑、无水气凝集，否则应分段拆下，用无汞水煮，再烘干备用。

④ 从汞蒸气发生瓶至测汞仪的连接管道不宜过长，宜用不吸附汞的氯乙烯塑料管。测定时应注意水汽的干扰，从汞蒸气发生器产生的汞原子蒸气，通常带有水汽，进仪器前如水汽未经干燥，会被带进光道管，产生汞吸附，降低检测灵敏度。因此通常汞原子蒸气必须先经干燥管吸水后再进入仪器检测。常用的干燥剂以变色硅胶较好，当干燥管硅胶吸水变色后，提示需更换干燥剂，以保证仪器光道管的干燥。

⑤ 含油脂较多的食品，消化时易发泡外溅，可在消化前在样品中先加入少量硫酸，变成棕色(轻微炭化)，然后加硝酸可减轻发泡外溅现象，但避免严重炭化。

3. 砷的测定

元素砷在自然环境中极少，因其不溶于水，故无毒，但砷的化合物具有强烈的毒性，三价砷的毒性大于五价砷，无机砷的毒性大于有机砷。砷常用于制造农药、染料和药物，水产品和其他食品由于受水质或其他因素的污染而含有一定量的砷。砷可通过呼吸道、消化道、皮肤接触等进入人体，可引起人体急、慢性中毒。急性中毒可以引起重度胃肠道损伤和心脏功能失常，表现为剧烈的腹痛、昏迷、惊厥，甚至死亡。慢性中毒主要表现为神经衰弱，皮肤色素沉着，四肢血管堵塞等。国际癌症研究机构确认，无机砷化合物可引起人类肺癌和皮肤癌。

我国食品卫生标准规定：贝类及虾蟹类(以干重、无机砷计)砷含量≤1.0 mg/kg；藻类(以干重、无机砷计)砷含量≤1.5 mg/kg；贝类及虾蟹类、其他鲜海产品(以鲜重、无机砷计)砷含量≤0.5 mg/kg；其他食品如蔬菜、水果、畜禽肉类、蛋类、鲜乳、酒类(以无机砷计)砷含量≤0.05 mg/kg。

目前食品中总砷的测定，国家标准方法有电感耦合等离子体质谱法、氢化物发生原子荧光光谱法、银盐法；食品中无机砷的测定，国家标准方法有液相色谱-原子荧光光谱法、液相色谱-电感耦合等离子质谱法。

1) 氢化物发生原子荧光光谱法(GB 5009.11—2014 第一篇 第二法)

(1) 原理。

食品样品经湿法消解或干法灰化后，加入硫脲使五价砷还原为三价砷，再加入硼氢化钠或硼氢化钾使三价砷还原生成砷化氢，由氩气载入石英原子化器中分解为原子态砷，在特制砷空心阴极灯的发射光激发下产生原子荧光，其荧光强度在固定条件下与被测液中的砷浓度成正比，与标准系列比较定量。

(2) 试剂。

① 干法灰化试剂：六水硝酸镁(150 g/L)，氧化镁，盐酸(1+1)。

② 湿法消化试剂：硝酸，硫酸，高氯酸。

③ 氢氧化钾溶液(5 g/L)。

④ 硼氢化钾溶液(20 g/L):称取硼氢化钾 20.0 g,溶于 1 000 mL 5 g/L 的氢氧化钾溶液中,混匀。

⑤ 硫脲-抗坏血酸溶液:称取 10.0 g 硫脲,加约 80 mL 水,加热溶解,待冷却后加入 10.0 g 抗坏血酸,稀释至 100 mL。现用现配。

⑥ 氢氧化钠溶液(100 g/L)(供配制砷标准液用,少量即够)。

⑦ 砷标准储备液(100 mg/L,按砷计):精密称取于 100 ℃干燥 2 h 以上的三氧化二砷(As_2O_3)0.132 0 g,加 100 g/L 氢氧化钠溶液 1 mL 和少量水溶解,转入 100 mL 容量瓶中,加入适量盐酸调整其酸度至近中性,加水稀释至刻度。4 ℃避光保存,保存期 1 年。

⑧ 砷标准使用液(1.00 mg/L,按砷计):吸取 1.00 mL 砷标准储备液于 100 mL 容量瓶中,用硝酸溶液(2+98)稀释至刻度。现用现配。

(3) 仪器。

原子荧光光谱仪。

(4) 分析步骤。

① 样品消解。

湿法消解:固体样品称样 1.0~2.5 g,液体样品称样 5.0~10.0 g(或 mL)(精确至 0.001 g),置于 50~100 mL 锥形瓶中,同时做两份试剂空白。加硝酸 20 mL、高氯酸 4 mL、硫酸 1.25 mL,摇匀后放置过夜,次日置于电热板上加热消解。若消解液处理至 1 mL 左右时仍有未分解物质或色泽变深,取下放冷,补加硝酸 5~10 mL,再消解至 2 mL 左右,如此重复两三次,注意避免炭化。如仍不能消解完全,则加入高氯酸 1~2 mL,继续加热至消解完全后,再持续蒸发至高氯酸的白烟散尽,硫酸的白烟开始冒出。冷却,加水 25 mL,再蒸发至冒硫酸白烟。冷却,用水将内容物定量转入 25 mL 容量瓶或比色管中。加入 50 g/L 硫脲-抗坏血酸溶液 2 mL,补加水至刻度,混匀,放置 30 min,待测。

干法灰化:固体试样取 1.0~2.5 g,液体试样取 4 g(或 mL)(精确至 0.001 g),置于 50~100 mL 坩埚中,同时做两份试剂空白。加 150 g/L 硝酸镁溶液 10 mL 混匀,低热蒸干,将氧化镁1 g 覆盖在干渣上,于电炉上炭化至无黑烟,移入 550 ℃高温炉灰化 4 h。取出放冷,小心加入盐酸(1+1)10 mL 以中和氧化镁并溶解灰分,转入 25 mL 容量瓶或比色管中,加入 50 g/L 硫脲-抗坏血酸溶液 2 mL,另用硫酸溶液(1+9)分次洗涤坩埚后合并至 25 mL 刻度,混匀,放置 30 min,待测。

② 仪器参考条件。

光电倍增管负高压:260 V。砷空心阴极灯电流:50~80 mA。载气:氩气。氩气流速:600 mL/min。屏蔽气流速:800 mL/min。测量方式:荧光强度。读数方式:峰面积。

③ 标准曲线制作。

取 25 mL 容量瓶或比色管 6 支,依次准确加入 1.00 mg/L 砷标准使用液 0、0.10、0.25、0.50、1.50、3.00 mL(分别相当于砷浓度 0、4.0、10、20、60、120 ng/mL),各加硫酸溶液(1+9)12.5 mL、50 g/L 硫脲-抗坏血酸溶液 2 mL,补加水至刻度,混匀后放置 30 min,待测。

仪器预热稳定后,将试剂空白和标准系列溶液依次引入仪器进行原子荧光强度的测定。以标准系列的荧光强度为纵坐标,砷浓度为横坐标,绘制出标准曲线,得到回归方程。

④ 测定。

将样品溶液引入仪器进行原子荧光强度的测定。根据回归方程计算出样品中砷元素的浓度。

(5) 结果计算。

如果要用荧光强度测定方式，则需先对标准系列的结果进行回归运算(由于测量时“0”管强制为 0，故零点值应该输入以占据一个点位)，然后根据回归方程求出试剂空白液和样品被测液的砷浓度，再按下式计算样品的砷含量：

$$X=\frac{(C-C_0)\times V\times 1\,000}{m\times 1\,000\times 1\,000}$$

式中：X——试样中砷的含量，mg/kg 或 mg/L；

C——试样被测液中砷的浓度，ng/mL；

C_0——试剂空白液中砷的浓度，ng/mL；

V——试样消化液总体积，mL；

m——样品的质量，g 或 mL；

1 000——换算系数。

(6) 说明与注意事项。

① 在重复性条件下获得的两次独立测定结果的绝对差值不得超过算术平均值的 20%。

② 样品湿法消化时应防止炭化，因碳可能把砷还原为元素态而造成损失。消解中加入的酸(主要是硝酸)是造成空白值的主要因素，如果不同的样品消耗的酸量差异大，其空白值差异也大，此时应做各自的试剂空白。干法灰化时，加入硝酸镁分解产生氧，可促进灰化的作用。氧化镁除了保温传热以外，还起着防止砷挥发损失的作用，因此在灰化前，应将氧化镁粉末仔细覆盖在全部样品的表面。

2) 银盐法(GB 5009.11—2014 第一篇 第三法)

(1) 原理。

样品经消化后，经碘化钾、氯化亚锡将高价砷还原为三价砷，然后与锌粒和酸产生的氢生成砷化氢，经银盐溶液吸收后，形成红色胶态物，与标准系列比较定量。

本方法适用于各类食品中总砷的测定。

(2) 仪器。

分光光度计。

(3) 试剂。

① 硝酸。

② 硫酸。

③ 浓盐酸。

④ 氧化镁。

⑤ 无砷锌粒。

⑥ 硝酸-高氯酸混合酸(4+1)：量取 80 mL 硝酸，加 20 mL 高氯酸，混匀。

⑦ 硝酸镁。硝酸镁溶液(150 g/L)：称取 15 g 硝酸镁[$Mg(NO_3)_2\cdot 6H_2O$]溶于水中，并稀释至 100 mL。

⑧ 碘化钾溶液(150 g/L)：储存于棕色瓶中。

⑨ 酸性氯化亚锡溶液：称取 40 g 氯化亚锡($SnCl_2\cdot 2H_2O$)，加盐酸溶解并稀释至 100 mL，加入数颗金属锡粒。

⑩ 盐酸(1+1)：量取 50 mL 浓盐酸并加水稀释至 100 mL。

⑪ 乙酸铅溶液(100 g/L)。

⑫ 乙酸铅棉花:用 100 g/L 乙酸铅溶液浸透脱脂棉后,压出多余溶液,并使其疏松,在 100 ℃以下干燥后,储存于玻璃瓶中。

⑬ 氢氧化钠溶液(200 g/L)。

⑭ 硫酸(6+94):量取 6.0 mL 硫酸,小心倒入 80 mL 水中,冷却后加水稀释至 100 mL。

⑮ 二乙基二硫代氨基甲酸银-三乙醇胺-三氯甲烷溶液:称取 0.25 g 二乙基二硫代氨基甲酸银($(C_2H_5)_2NCS_2Ag$)置于研钵中,加少量三氯甲烷研磨,移入 100 mL 量筒中,加入 1.8 mL 三乙醇胺,再用三氯甲烷分次洗涤研钵,洗液一并移入量筒中,再用三氯甲烷稀释至 100 mL,放置过夜。滤液于棕色玻璃瓶中储存。

⑯ 砷标准储备液:精确称取 0.132 0 g 经硫酸干燥器干燥或在 100 ℃干燥 2 h 的三氧化二砷,加 5 mL 氢氧化钠溶液(200 g/L),溶解后加 25 mL 硫酸(6+94),移入 1 000 mL 容量瓶中,用新煮沸后冷却的水稀释至刻度,储存于棕色玻璃瓶中。此溶液每毫升相当于 0.1 mg 砷。

⑰ 砷标准使用液:吸取 1.0 mL 砷标准储备液,置于 100 mL 容量瓶中,加 1 mL 硫酸(6+94),加水稀释到刻度,此溶液每毫升相当于 1.0 μg 砷。

(4) 分析步骤。

① 样品消化。

a. 硝酸-高氯酸-硫酸法。

粮食、粉丝、粉条、豆干制品、糕点、茶叶及其他含水分少的固态食品:称取 5.00 g 或 10.00 g 粉碎样品,置于 250~500 mL 定氮瓶中,先加水少许使其湿润,加数粒玻璃珠、10~15 mL 硝酸-高氯酸混合酸(4+1),放置片刻,小火缓缓加热,待作用缓和,放冷,沿瓶壁加入 5 mL 或 10 mL 硫酸,再加热,至瓶中液体开始变成棕色时,不断沿瓶壁滴加硝酸-高氯酸混合酸(4+1)至有机质分解完全。加大火力,至产生白烟,待瓶口白烟冒净后,瓶内液体再产生白烟为消化完全,溶液应澄明无色或微带黄色,放冷。在操作过程中应注意防止爆炸。加 20 mL 水煮沸,除去残余的硝酸至产生白烟为止,如此处理 2 次,放冷。将冷后的溶液移入 50 mL 或 100 mL 容量瓶中,用水洗涤定氮瓶,洗液并入容量瓶中,放冷,加水至刻度,混匀。定容后的溶液每 10 mL 相当于 1 g 样品,相当于加入硫酸 1 mL。取与消化样品相同量的硝酸-高氯酸混合酸(4+1)和硫酸,按同一方法做试剂空白实验。

蔬菜、水果:称取 25.00 g 或 50.00 g 洗净打成匀浆的样品,置于 250~500 mL 定氮瓶中,加数粒玻璃珠、10~15 mL 硝酸-高氯酸混合酸(4+1),以下按粮食等样品自"放置片刻"起操作,但定容后的溶液每 10 mL 相当于 5 g 试样,相当于加入硫酸 1 mL。

酱、酱油、醋、冷饮、豆腐、酱腌菜等:称取 10.00 g 或 20.00 g 样品(或吸取 10.00 mL 或 20.00 mL 液态样品)置于 250~500 mL 定氮瓶中,加数粒玻璃珠、5~15 mL 硝酸-高氯酸混合酸(4+1),以下按粮食等样品自"放置片刻"起操作,但定容后的溶液每 10 mL 相当于 2 g(或 2 mL)样品。

含酒精饮料或含二氧化碳饮料:吸取 10.00 mL 或 20.00 mL 样品,置于 250~500 mL 定氮瓶中,加数粒玻璃珠,先用小火加热除去乙醇或二氧化碳,再加 5~10 mL 硝酸-高氯酸混合酸(4+1),混匀后,以下按粮食等样品自"放置片刻"起操作,但定容后的溶液每 10 mL 相当于 2 mL 样品。

水产品:取试样可食部分捣成匀浆,称取 5.00 g 或 10.00 g,置于 250~500 mL 定氮瓶中,加数粒玻璃珠、10~15 mL 硝酸-高氯酸混合酸(4+1),以下按粮食等样品自"放置片刻"起操作，但定容后的溶液每 10 mL 相当于加入的硫酸量为 1 mL。

b. 硝酸-硫酸法。

以硝酸代替硝酸-高氯酸混合酸(4+1)进行操作。

c. 灰化法。

粮食、茶叶及其他含水分少的食品：称取 5.00 g 磨碎样品，置于坩埚中，加 1 g 氧化镁及 10 mL 硝酸镁溶液，混匀，浸泡 4 h，于低温或置于水浴锅上蒸干。用小火炭化至无烟后，移入马弗炉中加热至 550 ℃。灼烧 3～4 h，冷却后取出。加 5 mL 水湿润灰分后，用细玻璃棒搅拌，再用少量水洗下玻璃棒上附着的灰分至坩埚内，置于水浴锅上蒸干后移入马弗炉，550 ℃灰化 2 h，冷却后取出。加 5 mL 水湿润灰分，再慢慢加入 10 mL 盐酸(1+1)，然后将溶液移入 50 mL容量瓶中。坩埚用盐酸(1+1)洗涤 3 次，每次 5 mL，再用水洗涤 3 次，每次 5 mL，洗液均并入容量瓶中，再加水至刻度，混匀。定容后的溶液每 10 mL 相当于 1 g 样品，其加入盐酸量不少于(中和需要量除外)1.5 mL。全量供银盐法测定时，不必再加盐酸。按同一操作方法做试剂空白实验。

植物油：称取 5.00 g 样品，置于 50 mL 瓷坩埚中，加 10 g 硝酸镁，再在上面覆盖 2 g 氧化镁，将坩埚置于小火上加热至刚冒烟，立即将坩埚取下，以防内容物溢出，待烟少后，再加热至炭化完全。将坩埚移至马弗炉中，550 ℃以下灼烧至灰化完全，冷后取出。加 5 mL 水湿润灰分，再缓缓加入 15 mL 盐酸(1+1)，然后将溶液移入 50 mL 容量瓶中，坩埚用盐酸(1+1)洗涤 5 次，每次 5 mL，洗液均并入容量瓶中，加盐酸(1+1)至刻度，混匀。定容后的溶液每 10 mL 相当于 1 g 样品，相当于加入的盐酸量(中和需要量除外)为 1.5 mL。按同一操作方法做试剂空白实验。

水产品：取样品可食部分捣成匀浆，称取 5.00 g 置于坩埚中，加 1 g 氧化镁及 10 mL 硝酸镁溶液，混匀，浸泡 4 h。以下按灰化法中粮食等样品自"于低温或置于水浴锅上蒸干"起操作。

② 测定。

用硝酸-高氯酸-硫酸或硝酸-硫酸消化液，吸取一定量的消化后的定容溶液(相当于 5 g 样品)及等量的试剂空白液，分别置于 150 mL 锥形瓶中，补加硫酸至总量为 5 mL，加水至 50～55 mL。

吸取 0、2.0、4.0、8.0、10.0 mL 砷标准使用液(相当于 0、2.0、4.0、6.0、8.0、10.0 μg 砷)，分别置于 150 mL 锥形瓶中，加水至 40 mL，再加 10 mL 硫酸(1+1)。

用湿法消化液：于试样消化液、试剂空白液及砷标准溶液中各加 3 mL 碘化钾溶液(150 g/L)、0.5 mL 酸性氯化亚锡溶液，混匀，静置 15 min。各加入 3 g 锌粒，立即分别塞上装有乙酸铅棉花导气管的胶塞，并使导气管尖端插入盛有银盐溶液 4 mL 的带刻度试管中的液面下，在常温下反应45 min后，取下刻度试管，加三氯甲烷补足 4 mL。用 1 cm 比色皿，以零管调节零点，于波长 520 nm 处测定吸光度，绘制标准曲线。

用灰化法消化液：取灰化法消化液及试剂空白液，分别置于 150 mL 锥形瓶中，吸取 0、2.0、4.0、6.0、8.0、10.0 mL 砷标准使用液(相当于 0、2.0、4.0、6.0、8.0、10.0 μg 砷)，分别置于 150 mL 锥形瓶中，加水至 43.5 mL，再加 6.5 mL 盐酸(1+1)。以下按用湿法消化液自"于试样消化液"起操作。

(5) 结果计算。

$$X=\frac{(m_1-m_2)\times 1\,000}{m\times (V_2/V_1)\times 1\,000}$$

式中:X——样品中砷的含量,mg/kg(或 mg/L);

m_1——测定用样品消化液中砷的含量,μg;

m_2——试剂空白液中砷的含量,μg;

m——样品质量(或体积),g(或 mL);

V_1——样品消化液的总体积,mL;

V_2——测定用样品消化液的体积,mL。

(6) 说明及注意事项。

① 本方法检出限为 0.2 mg/kg,在重复性条件下获得的两次独立测定结果的绝对差值不得超过算术平均值的 10%。

② 氯化亚锡试剂不稳定,在空气中被氧化成不溶性氯氧化物,失去还原作用。为了保证试剂具有稳定的还原性,在配制时,加盐酸溶解为酸性氯化亚锡溶液,并加入数粒金属锡粒,使其持续反应生成氯化亚锡及氢,使溶液具有还原性。

氯化亚锡在本实验中的作用为将 As^{5+} 还原成 As^{3+},在锌粒表面沉积以抑制产生氢气作用的过程。

③ 乙酸铅棉花塞入导气管中,是为了吸收可能产生的硫化氢,使其生成硫化铅而滞留在棉花上,以免被吸收液吸收产生干扰。硫化物与银离子生成灰黑色的硫化银,乙酸铅棉花以塞得不松不紧为宜。

④ 不同形状和规格的无砷锌粒,因其表面积不同,与酸反应的速度就不同,这样生成的氯气流速不同,将直接影响吸收效果。一般认为蜂窝状锌粒 3 g 或大颗粒锌粒 5 g 均可获得良好结果。也有人认为大小锌粒混合使用则效果更佳。一般认为标准曲线与试样均用同一规格的锌粒为宜。

⑤ 样品消化液中的残余硝酸必须驱尽,硝酸的存在影响反应与显色,会导致结果偏低,必要时增加测定用硫酸的加入量。

⑥ 砷化氢的发生及吸收应避免在阳光直射下进行,同时应控制温度在 25 ℃左右,温度过高则反应快,吸收不彻底,过低则反应时间延长,作用时间以 1 h 为宜(夏季可缩短为 45 min)。室温高时三氯甲烷部分挥发,在比色前用三氯甲烷补足 4 mL。

⑦ 吸收液为有机相,微量的水会使吸收液变混浊。因此,所有的玻璃器皿必须干燥。

4. 镉的测定

镉广泛应用于采矿、合金制造、电镀、镉电池、焊接、玻璃、陶瓷、油漆、颜料、塑料等工业中。食品中镉的污染主要来源于工业污染,以及含镉农药和化肥的使用。农作物中水稻、苋菜、向日葵和蕨类植物对镉吸收能力较强。此外,水生生物对镉有很强的富集作用,富集倍数达4 500 倍左右,甚至更高,所以海产品、水产品及动物内脏镉含量高于植物性食品。镉通过被污染的食物、水、空气等经消化道和呼吸道进入人体并积累,造成中毒。慢性中毒可引起肾功能衰退、肝脏损害等。其症状表现为疲劳、嗅觉失灵和血红蛋白降低等。中毒严重成为骨痛病、钙质严重缺乏和骨质软化萎缩,引起骨折,卧床不起,疼痛不止,最后可发生其他并发症而死亡。

我国食品卫生标准规定,食品中镉的含量如下:花生、禽畜肝脏镉含量≤0.5 mg/kg,大米、大豆、叶菜、芹菜、食用菌类镉含量≤0.2 mg/kg,面粉、杂粮、禽畜肉类、根茎类蔬菜(芹菜除外)、鱼类镉含量≤0.1 mg/kg,水果、鲜蛋镉含量≤0.05 mg/kg。

目前食品中镉的测定,国家标准方法是石墨炉原子吸收光谱法(GB 5009.15—2014)。

1) 原理

样品经灰化或酸消解后，注入原子吸收分光光度计的石墨炉中，电热原子化后吸收228.8 nm共振线，在一定浓度范围内，其吸光度与镉含量成正比，与标准系列比较定量。

2) 试剂

(1) 硝酸；硫酸；高氯酸；过氧化氢溶液(30%)。

(2) 硝酸-高氯酸混合酸(9+1)：取9份硝酸和1份高氯酸混合。

(3) 硝酸(1%)：取10 mL硝酸加入100 mL水中，并用水稀释至1 000 mL。

(4) 磷酸二氢铵溶液(10 g/L)：称取10.0 g磷酸二氢铵，用100 mL硝酸溶液(1%)溶解后全部移入1 000 mL容量瓶，用硝酸溶液(1%)定容至刻度。

(5) 镉标准储备液(1 000 mg/L)：精密称取1.000 0 g金属镉标准品于小烧杯中，分次加入20 mL盐酸(1+1)溶解，加2滴硝酸，移入1 000 mL容量瓶中，以水稀释至刻度，混匀。

(6) 镉标准使用液(100 ng/mL)：吸取10.0 mL镉标准溶液于100 mL容量瓶中，用硝酸溶液(1%)稀释至刻度，混匀。如此多次稀释至每毫升相当于100 ng的标准使用液。

3) 仪器

(1) 原子吸收分光光度计，附石墨炉及镉空心阴极灯。

(2) 压力消解罐。

4) 操作方法

(1) 样品处理：样品消解(根据实验条件任选一项)。

① 干法灰化：称取0.3～0.5 g干试样(精确至0.000 1 g)、鲜(湿)试样1～2 g(精确到0.001 g)、液态试样1～2 g(精确到0.001 g)于瓷坩埚中，先小火在可调式电炉上炭化至无烟，移入马弗炉500 ℃灰化6～8 h，冷却。若个别试样灰化不彻底，加1 mL混合酸在可调式电炉上小火加热，将混合酸蒸干后，再转入马弗炉中500 ℃继续灰化1～2 h，直至试样消化完全，呈灰白色或浅灰色。放冷，用硝酸溶液(1%)将灰分溶解，将试样消化液移入10 mL或25 mL容量瓶中，用少量硝酸溶液(1%)洗涤瓷坩埚3次，洗液合并于容量瓶中并用硝酸溶液(1%)定容至刻度，混匀备用；同时做试剂空白实验。

② 压力消解罐消解法：称取干试样0.3～0.5 g(精确至0.000 1 g)、鲜(湿)试样1～2 g(精确到0.001 g)于聚四氟乙烯内罐，加硝酸5 mL浸泡过夜。再加过氧化氢溶液(30%)2～3 mL(总量不能超过罐容积的1/3)。盖好内盖，旋紧不锈钢外套，放入恒温干燥箱，120～160 ℃保持4～6 h，在箱内自然冷却至室温，打开后加热赶酸至近干，将消化液洗入10 mL或25 mL容量瓶中，用少量硝酸溶液(1%)洗涤内罐和内盖3次，洗液合并于容量瓶中并用硝酸溶液(1%)定容至刻度，混匀备用；同时做试剂空白实验。

③ 微波消解：称取干试样0.3～0.5 g(精确至0.000 1 g)、鲜(湿)试样1～2 g(精确到0.001 g)于微波消解罐中，加5 mL硝酸和2 mL过氧化氢溶液。微波消化程序可以根据仪器型号调至最佳条件。消解完毕，待消解罐冷却后打开，消化液呈无色或淡黄色，加热赶酸至近干，用少量硝酸溶液(1%)冲洗消解罐3次，将溶液转移至10 mL或25 mL容量瓶中，用少量硝酸溶液(1%)洗涤内罐和内盖3次，定容至刻度，混匀备用；同时做试剂空白实验。

④ 湿法消解：称取干试样0.3～0.5 g(精确至0.000 1 g)、鲜(湿)试样1～2 g(精确到0.001 g)于锥形瓶中，放数粒玻璃珠，加10 mL硝酸-高氯酸混合溶液(9+1)，加盖浸泡过

夜,加一小漏斗在电热板上消化,若变棕黑色,再加硝酸,直至冒白烟,消化液呈无色透明或略带微黄色,放冷后将消化液洗入 10 mL 或 25 mL 容量瓶中,用少量硝酸溶液(1%)洗涤锥形瓶 3 次,洗液合并于容量瓶中并用硝酸溶液(1%)定容至刻度,混匀备用;同时做试剂空白实验。

(2) 仪器条件:将原子吸收分光光度计调至最佳状态。

参考条件:波长 228.8 nm,狭缝 0.2~1.0 nm,灯电流 2~10 mA,干燥温度 105 ℃,干燥时间 20 s,灰化温度 350 ℃,灰化时间 20 s,原子化温度 1 300~2 300 ℃,原子化时间 3~5 s,背景校正为氘灯。

(3) 标准曲线绘制:吸取镉标准使用液 0、0.5、1.0、1.5、2.0、2.5、3.0 mL 于 100 mL 容量瓶中,用硝酸溶液(1%)稀释至刻度,即得镉含量分别为 0、0.5、1.0、1.5、2.0、2.5、3.0 ng/mL 的标准系列溶液。

将标准系列溶液按浓度由低到高的顺序各取 20 μL 注入石墨炉,测其吸光度,以标准系列溶液的浓度为横坐标,相应的吸光度为纵坐标,绘制标准曲线并求出吸光度与浓度关系的一元线性回归方程。

(4) 测定。

分别吸取样液和试剂空白液各 20 μL 注入石墨炉,测得吸光度,根据回归方程计算含量。

基体改进剂的使用:对有干扰的试样,和样品消化液一起注入石墨炉 5 μL 基体改进剂磷酸二氢铵溶液(10 g/L),绘制标准曲线时也要加入与试样测定时等量的基体改进剂。

(5) 结果计算。

$$X=\frac{(C_1-C_0)\times V}{m\times 1\,000}$$

式中:X——试样中镉含量,mg/kg 或 mg/L;

C_1——试样消化液中镉含量,ng/mL;

C_0——空白液中镉含量,ng/mL;

V——试样消化液定容体积,mL;

m——样品质量或体积,g 或 mL;

1 000——换算系数。

(6) 说明及注意事项。

① 本方法检出限为 0.1 μg/kg;在重复性条件下获得的两次独立测定结果的绝对差值,不得超过算术平均值的 20%。

② 高压消解样品具有用酸量少、防污染及损失的优点。操作时应按规定使用,注意样品取样量不可超过规定,严格控制加热温度,不可使用高氯酸,避免使其与硝酸形成爆炸性化合物。

③ 石墨炉原子吸收光谱法测定食品中的微量元素具有高灵敏度的特点,但原子吸收光谱的背景干扰是个复杂问题,除使用仪器本身的特殊装置,例如连续光源背景校正器、氘灯扣除背景及塞曼效应背景校正技术外,选用合适的基体改进剂十分重要。对复杂的样品应注意使用标准参考物质核对结果,避免产生背景干扰。

思 考 题

1. 为什么将灼烧后的残留物称为粗灰分？
2. 说明灰分的分类及测定的意义。
3. 样品在高温灼烧前，为什么要先炭化至无烟？
4. 对于难灰化的样品，可采用什么方法加速灰化？
5. 为什么食品中微量矿物元素测定前要进行分离与浓缩？怎样进行？
6. 常用于测定矿物元素的方法有哪些？
7. 说明火焰原子吸收光谱法测定钙的原理及注意事项。
8. 说明三氯甲烷萃取比色法测定碘的原理及注意事项。
9. 说明二硫腙比色法测定食品中微量元素的原理，测定中会有哪些干扰？如何消除？
10. 简述荧光分光光度法测定硒的原理及操作要点。

第7章　酸度及有机酸的测定

本章提要

（1）掌握食品中总酸度、有效酸度、挥发酸度的基本概念。

（2）掌握食品中总酸度、有效酸度、挥发酸度测定的基本原理和方法。

（3）了解食品中有机酸的分离和定量方法。

Question 生活小提问

1. 为什么菠菜不宜与豆腐一起烹饪？

2. 空腹吃水果更助消化吗？

7.1　概　　述

食品的酸度不仅反映了酸味强度，也反映了其中酸性物质的含量或浓度。本章介绍酸度在食品分析中涉及的一些基本概念及其测定意义，详细介绍食品的总酸度、挥发酸度和有效酸度的测定方法以及食品中有机酸组分的分离和检测手段。

7.1.1　食品中有机酸的种类和分布

1. 食品中常见有机酸的种类

食品中常见的有机酸有柠檬酸、苹果酸、酒石酸、草酸、琥珀酸、乳酸及乙酸等。这些有机酸有的是食品原料中固有的，如水果、蔬菜及其制品中的有机酸；有的是在食品加工过程中添加进去的，如汽水中的有机酸；有的是在生产、加工和储存中产生的，如酱油、酸奶、食醋中的有机酸。

一种食品中可同时含有一种或多种有机酸。如苹果中主要含有苹果酸，含柠檬酸较少；菠菜中则以草酸为主，还含有苹果酸及柠檬酸等。有些食品中的酸是人为添加的，故较为单一，如可乐中主要含有磷酸。

通常，果蔬中有机酸种类较多，所含种类也不尽相同，见表7-1和表7-2。

表7-1　常见水果的主要有机酸种类

水果	有机酸种类	水果	有机酸种类
苹果	苹果酸、柠檬酸(少量)	梅	柠檬酸、苹果酸、草酸
桃	苹果酸、柠檬酸、奎宁酸	温州蜜橘	柠檬酸、苹果酸
洋梨	柠檬酸、苹果酸	夏橙	柠檬酸、苹果酸、琥珀酸
梨	苹果酸、柠檬酸(果心部分)	柠檬	柠檬酸、苹果酸
葡萄	酒石酸、苹果酸	菠萝	柠檬酸、苹果酸、酒石酸
樱桃	苹果酸	甜瓜	柠檬酸
杏	苹果酸、柠檬酸	番茄	柠檬酸、苹果酸

表 7-2　常见蔬菜的主要有机酸种类

蔬菜	有机酸种类	蔬菜	有机酸种类
菠菜	草酸、苹果酸、柠檬酸	甜菜叶	草酸、柠檬酸、苹果酸
甘蓝	柠檬酸、苹果酸、琥珀酸、草酸	莴笋	苹果酸、柠檬酸、草酸
笋	柠檬酸、苹果酸	甘薯	草酸
芦笋	柠檬酸、苹果酸、酒石酸	蓼	柠檬酸、苹果酸

2. 食品中常见有机酸的含量

果蔬中有机酸的含量取决于品种、成熟度以及产地、气候条件等因素，其他食品中有机酸的含量取决于其原料种类、产品配方等。

常见果蔬中的苹果酸及柠檬酸含量见表 7-3。

表 7-3　果蔬中柠檬酸和苹果酸的含量(%)

种　类	柠檬酸	苹果酸	种　类	柠檬酸	苹果酸
苹果	0.03	1.02	豌豆荚	0.03	0.13
草莓	0.91	0.10	甘蓝	0.14	0.10
葡萄	0.43 *	0.65	胡萝卜	0.09	0.24
橙	0.98	+	洋葱	0.02	0.17
柠檬	3.84	+	马铃薯	0.51	—
香蕉	0.32	0.37	甘薯	0.07	—
菠萝	0.84	0.12	南瓜	—	0.15
桃	0.37	0.37	菠菜	0.08	0.09
梨	0.24	0.12	花椰菜	0.21	0.39
杏(干)	0.35	0.81	番茄	0.47	0.05
洋梨	0.03	0.92	黄瓜	0.01	0.24
甜樱桃	0.10	0.50	芦笋	0.11	0.10

注：* 表示酒石酸的含量；+ 表示痕量；— 表示缺乏。

7.1.2　有关酸度的概念

食品中的酸度通常用总酸度、有效酸度、挥发酸度来表示。

1. 总酸度

总酸度是指食品中所有酸性成分的总量。它包括未离解的酸的浓度和已离解的酸的浓度，其大小可用标准碱液来滴定，故总酸度又称为可滴定酸度。

2. 有效酸度

有效酸度是指食品中呈离子状态的氢离子的浓度(严格来讲是活度)，其大小可用酸度计(pH 计)进行测定，用 pH 表示。

3. 挥发酸度

挥发酸度是指食品中易挥发的有机酸含量，如甲酸、乙酸及丁酸等低碳链的直链脂肪酸，可通过蒸馏法分离获得，其大小可用标准碱液来滴定。

7.1.3 测定酸度的意义

食品中的酸不仅作为酸味成分,而且在食品的加工、储藏及品质管理等方面被认为是重要的成分,测定食品中的酸度及其酸成分具有十分重要的意义。

1. 可判断果蔬的成熟程度

不同种类的水果和蔬菜,酸的含量因成熟度、生长条件而异,一般成熟度越高,酸的含量越低。例如:葡萄中的苹果酸高于酒石酸时,说明葡萄还未成熟,因为成熟的葡萄含大量的酒石酸;番茄在成熟过程中,总酸度从绿熟期的 0.94%下降到完熟期的 0.64%,同时糖的含量增加,糖酸比增大,具有良好的口感,故通过对酸度及其酸成分的测定可判断果蔬的成熟度,对于确定果蔬收获期及加工工艺条件很有意义。

2. 可影响食品的色、香、味及稳定性

食品的色调由色素决定,而色素所形成的色调与酸度密切相关,色素会在不同的酸度条件下发生变色反应,只有测定出酸度才能有效地调控食品的色调。例如:叶绿素在酸性条件下会变成黄褐色的脱镁叶绿素。

食品的口味取决于食品中糖、酸的种类、含量及其比例,酸度降低则甜味增加,酸度增加则甜味减弱。调控好适宜的酸味和甜味才能使食品具有各自独特的口味和风味。同时,适量的挥发酸可以赋予食品特定的香气。

酸度的高低对食品的稳定性有一定影响。降低 pH,能减弱微生物的抗热性和抑制其生长,所以 pH 是罐头食品杀菌条件控制的主要依据;控制 pH 可抑制果蔬褐变;有机酸可以提高维生素 C 的稳定性,防止其氧化。因此,通过酸度测定可以控制食品的稳定性。

3. 可反映食品的质量好坏

酸度和酸的成分直接影响食品品质的高低。例如:新鲜牛奶中的乳酸含量过高,说明牛奶已腐败变质;水果制品中有游离的半乳糖醛酸,说明受到了霉烂水果的污染;发酵制品中若有甲酸积累,说明发生了细菌性腐败;油脂常是中性的,不含游离脂肪酸,若测出含有游离脂肪酸,说明发生了油脂酸败;肉的 pH>6.7,说明肉已变质。酸的测定对微生物的发酵过程具有一定的指导意义。例如:酒和酒精生产中,对麦芽汁、发酵液、酒曲等的酸度都有一定的要求。发酵制品酒、酸奶、酱油、醋等中的酸也是一个重要的质量指标。

7.2 酸度的测定

食品中的酸类物质构成了食品的酸度,在食品生产过程中常通过酸度的控制和检测来保证食品的品质。

7.2.1 总酸度的测定

1. 原理

总酸度是指所有酸性成分的总量,所以样品溶液用标准碱溶液滴定时发生中和反应生成盐类。用酚酞作指示剂,当滴定至终点(溶液呈微红色,30 s 不褪色)时,根据所消耗的标准碱液的浓度和体积就可以求出样品中的总酸含量。其反应式如下:

$$RCOOH + NaOH \longrightarrow RCOONa + H_2O$$

2. 适用范围

本方法(GB/T 12456—2008)适用于各类色浅的食品中总酸含量的测定。

3. 分析步骤

1) 样品制备

(1) 固态食品。

对于干燥并且油脂含量低的食品，先用粉碎机或高速组织捣碎机粉碎，混合均匀。取适量样品(按其总酸含量定，精确至 0.01 g)，用 150 mL 无 CO_2 蒸馏水溶解后移入 250 mL 容量瓶中，在 75～80 ℃水浴上加热 30 min，冷却定容，过滤，弃去初滤液 25 mL，收集滤液备用。

(2) 不含 CO_2 的液态食品。

将样品混合均匀后直接取样。

(3) 油脂含量高的食品。

称取适量已除去油脂并捣碎的样品，加入 100 mL 无 CO_2 蒸馏水，浸泡 15 min，随时摇动，取滤液测定。

(4) 含 CO_2 的食品。

将样品置于 40 ℃水浴上加热 30 min，除去 CO_2，冷却后备用。

2) 滴定

准确吸取上述样液 50 mL 于 250 mL 锥形瓶中，加入酚酞指示剂 3～4 滴，用 0.1 mol/L 氢氧化钠标准溶液滴定至微红色且在 30 s 内不褪色，记录消耗的 NaOH 标准溶液的体积，同时做空白实验。

4. 结果计算

$$X=\frac{(V_1-V_2)\times c\times K\times F}{m}\times 100$$

式中：X——每 100 g(或 100 mL)样品中酸的含量，g/100 g(或 g/100 mL)；

c——氢氧化钠标准溶液的物质的量浓度，mol/L；

V_1——氢氧化钠溶液的用量，mL；

V_2——空白实验时氢氧化钠溶液的用量，mL；

m——样品的质量(或体积)，g(或 mL)；

F——样品的稀释倍数；

K——换算为主要酸的系数；

100——换算系数。

因有机酸的种类多样，总酸度测定结果以食品中含量最多的那种有机酸表示，不同食品的酸换算系数(K)见表 7-4。

表 7-4　不同食品的酸换算系数

样　　品	主要有机酸	换 算 系 数
苹果、核果及其制品	苹果酸	0.067
葡萄及其制品	酒石酸	0.075
柑橘类及其制品	柠檬酸	0.064 或 0.070 *
乳品、肉类、水产品及其制品	乳酸	0.090
酒类、调味品	乙酸	0.060
菠菜	草酸	0.045

注：* 为带 1 分子结晶水。

5. 说明及注意事项

(1) 食品中的酸是多种有机弱酸的混合物,用强碱滴定生成强碱弱酸盐,显碱性,一般 pH 在 8.2 左右,故选酚酞作指示剂。

(2) 对于颜色过深的食品(如深色的果汁),会使终点不易判断,可通过加无 CO_2 蒸馏水稀释后再滴定,也可用活性炭脱色或与原样液对照来判明终点。若样液颜色过深或混浊、终点不易判断,可采用电位滴定法。

(3) 整个实验过程使用的蒸馏水不能含 CO_2,因为 CO_2 溶于水中成为酸性 H_2CO_3,会使测定结果产生误差。

7.2.2 有效酸度的测定

在食品酸度测定中,有效酸度的测定往往比总酸度测定更有实际意义,因为人的味觉中的酸度主要不是取决于酸的总量,而是取决于游离 H^+ 含量。

有效酸度所反映的是食品中已离解的那部分酸的浓度,即被测溶液中的 H^+ 浓度,用 pH 表示。测定 pH 的方法有 pH 试纸法、比色法和 pH 计法等。前两者都是用不同指示剂的混合物显示各种不同的颜色来指示溶液的 pH 的,pH 计法是电化学法的一种。三种方法相比较,以 pH 计法较为准确且简便。

pH 是 H^+ 浓度的负对数,即 $pH=-\lg[H^+]$。在酸性溶液中 $pH<7$,在碱性溶液中 $pH>7$,在中性溶液中 $pH=7$。下面介绍 pH 计法测定食品的有效酸度。

1. 原理

pH 计法是利用电极在不同溶液中所产生的电位变化来测定样品的 pH 的。pH 计由一支能指示溶液 pH 的玻璃电极作指示电极,以饱和甘汞电极作参比电极,组成一个原电池,它们在溶液中产生一个电动势,其大小与溶液 pH 呈线性关系,即

$$E=E_0-0.0591\text{pH}(25\ ℃)$$

即在 25 ℃时,每相差一个 pH 单位就产生 59.1 mV 的电池电动势。由 pH 计的表头可直接读出样品溶液的 pH。

2. 适用范围

本方法适用于各类食品中有效酸度(pH)的测定,测定值可精确到 0.01pH 单位。

3. 分析步骤

1) 样品制备

(1) 固态食品。

对于干燥并且油脂含量低的食品,先用粉碎机或高速组织捣碎机粉碎,混合均匀。取适量样品,加数倍的无 CO_2 蒸馏水,浸泡 15 min,随时摇动,过滤,取滤液测定。

(2) 不含 CO_2 的液态食品。

将样品混合均匀后直接取样。

(3) 含 CO_2 的食品。

将样品置于 40 ℃水浴上加热 30 min,除去 CO_2,冷却后备用。

(4) 油脂含量高的食品。

称取适量已除去油脂并捣碎的样品,加入数倍无 CO_2 蒸馏水,浸泡 15 min,随时摇动,取滤液测定。

(5) 罐头食品。

将样品沥汁,取浆汁液测定,或将液固混合物捣碎成浆状后,取浆状物测定。若有油脂,则应先除去油脂。

(6) 新鲜果蔬。

将果蔬榨汁后,取果蔬汁直接进行测定。

2) pH 计的校正

按照 pH 计的使用说明书进行操作。

3) 测定

pH 计经预热并用标准缓冲溶液校正后,将电极插入待测样品溶液中进行测定,直接从表头上读出 pH。

4. 说明及注意事项

样品溶液制备好后应立即测定,不宜久放。

7.2.3　挥发酸度的测定

挥发酸是指食品中所含的低碳链的直链脂肪酸,主要是乙酸和痕量的甲酸、丁酸等,不包括可用水蒸气蒸馏的乳酸、琥珀酸、山梨酸以及 CO_2 和 SO_2 等。

测定挥发酸度的方法有直接法和间接法。直接法是通过水蒸气蒸馏或其他方法把挥发酸分离出来然后用标准碱液滴定。间接法是将挥发酸蒸发排除后,用标准碱液滴定不挥发酸,最后从总酸度中减去不挥发酸即为挥发酸含量。前者操作方便,较常用,适用于挥发酸含量较高的样品。若蒸馏有所损失或被污染,或样品中挥发酸含量较少,宜用间接法。

下面介绍水蒸气蒸馏法。

1. 原理

样品经适当处理后,加适量磷酸使结合态挥发酸游离出来。用水蒸气蒸馏分离出总挥发酸,经冷凝收集后,以酚酞作指示剂,用标准碱液滴定。根据标准碱液的消耗量计算出样品中总挥发酸含量。

2. 仪器

水蒸气蒸馏装置;电磁搅拌器。

3. 分析步骤

1) 样品处理

(1) 液态食品。

对液态食品可直接取样。

(2) 半固态、固态食品。

取适量,加入一定量无 CO_2 蒸馏水,用高速组织捣碎机捣成浆状,再称取部分处理样品,用无 CO_2 蒸馏水溶解并稀释至适当体积。

(3) 含 CO_2 的食品。

含 CO_2 的食品如碳酸饮料、发酵酒类等,须先排除 CO_2,方法:取适量样品置于锥形瓶中,在用电磁搅拌器搅拌的同时,于低真空度下抽气 2～4 min,以除去 CO_2。

2) 测定

(1) 样品蒸馏。

取 25 mL 经上述处理的样品移入蒸馏瓶中,加入 25 mL 无 CO_2 蒸馏水和 1 mL 10%

H_3PO_4溶液,按图 2-7 连接好水蒸气蒸馏装置,加热蒸馏至馏出液约 300 mL 为止。在严格相同的条件下做空白实验。

(2) 滴定。

将馏出液加热至 60～65 ℃,加入酚酞指示剂 3～4 滴,用 0.1 mol/L NaOH 标准溶液滴定至微红色且 30 s 内不褪色即为终点。

4. 结果计算

$$X=\frac{(V_1-V_2)\times c}{m}\times 0.06\times 100$$

式中:X——每 100 g(或 100 mL)样品中挥发酸的含量(以乙酸计),g/100 g(或 g/100 mL);

V_1——样液滴定时 NaOH 标准溶液的消耗量,mL;

V_2——空白滴定时 NaOH 标准溶液的消耗量,mL;

c——NaOH 标准溶液的物质的量浓度,mol/L;

m——样品的质量(或体积),g(或 mL);

0.06——换算成乙酸的系数,即 1 mmol NaOH 相当于乙酸的质量(g)。

5. 说明及注意事项

(1) 水蒸气发生器内的水必须预先煮沸,以除去 CO_2。

(2) 食品中总挥发酸包括游离态与结合态,而结合态挥发酸不容易挥发出来,所以要加少许磷酸使结合态挥发酸挥发出来,便于蒸馏。

(3) 滴定前必须将蒸馏液加热到 60～65 ℃,加快滴定反应速度,缩短滴定时间,减少溶液与空气的接触机会,以提高测定精度。

(4) 对于含 SO_2 的食品,在用标准碱液滴定过的蒸馏液中加入 5 mL 25% H_2SO_4 溶液酸化,以淀粉溶液作指示剂,用 0.02 mol/L I_2 溶液滴定至蓝色,10 s 内不褪色即为终点,然后从计算结果中扣除此滴定量,即可得到该样品中总挥发酸的含量。

7.3 食品中有机酸的分离与定量

7.3.1 概述

食品中的有机酸是食品酸味的主要来源,食品中有机酸的种类、含量与构成对食品的味道有很大影响。例如,酿造食品发酵过程中有机酸含量的变化是评价发酵工艺的重要指标。因此,分析食品中的有机酸时可分为三种情况:①酸度的测定;②某种酸的含量测定;③酸的成分分析。其中,有机酸的定性与定量分析不仅对食品营养学研究意义重大,而且在食品生产过程的质量管理中也必不可少。

目前,比较常用的有机酸分离与定量方法是气相色谱法、高效液相色谱法和离子交换色谱法。下面主要介绍高效液相色谱法和离子交换色谱法,了解它们的原理及其在有机酸分离和定量测定中的应用概况。

7.3.2 高效液相色谱法

近年来,高效液相色谱法(GB 5009.157—2016)也应用于有机酸的分离与测定,此法只需对样品进行离心或过滤等简单预处理,不需要太多的分离处理步骤,操作十分简单,其他组分的干扰很少。

1. 原理

试样直接用水稀释或用水提取后，经强阴离子交换固相萃取柱净化后，以0.1%磷酸和甲醇混合溶液为流动相，经C18反相色谱柱分离，梯度洗脱以保留时间定性，标准曲线法定量。

2. 适用范围

本方法适用于果汁及果汁饮料、碳酸饮料、固体饮料、胶基糖果、饼干、糕点、果冻、水果罐头、生湿面制品、烘焙食品馅料中主要有机酸的测定。可同时测定酒石酸、乳酸、苹果酸、柠檬酸等。

3. 仪器

高速均质器；高速粉碎机；天平；固相萃取装置；高效液相色谱仪；带二极管阵列检测器或紫外检测器；针头式过滤器；水相型微孔滤膜(孔径0.45 μm)；旋混仪。

4. 试剂

(1) 水：超纯水。

(2) 甲醇：色谱纯。

(3) 无水乙醇：色谱纯。

(4) 磷酸：分析纯。

(5) 磷酸溶液(0.1%)：量取磷酸0.1 mL，加水至100 mL，混匀。

(6) 磷酸的甲醇溶液(2%)：量取磷酸2 mL，加甲醇至100 mL，混匀。

(7) 有机酸混合标准储备液：分别称取酒石酸1.25 g，乳酸、苹果酸、柠檬酸各2.5 g，用超纯水溶解后，定容至50 mL，4 ℃冷藏保存。其中，酒石酸的浓度为25 mg/mL，乳酸、苹果酸、柠檬酸的浓度都是50 mg/mL。

(8) 有机酸混合标准曲线工作液：分别吸取有机酸混合标准储备液0.50 mL、1.00 mL、2.00 mL、5.00 mL、10.00 mL于25 mL容量瓶中，用0.1%磷酸溶液定容至刻度，4 ℃冷藏保存。

5. 材料

强阴离子固相萃取柱(SAX)：1 000 mg，6 mL。使用前依次用5 mL甲醇、5 mL水活化。

6. 分析步骤

1) 样品处理

(1) 果汁及果汁饮料、果味碳酸饮料。

称取5 g均匀试样(若试样中含二氧化碳应先加热除去)，放入25 mL容量瓶中，加水至刻度，经0.45 μm水相滤膜过滤，注入高效液相色谱仪。

(2) 果冻、水果罐头。

称取10 g均匀试样，放入50 mL塑料离心管中，向其中加入20 mL水后在15 000 r/min的转速下均质提取2 min，4 000 r/min离心5 min，取上层提取液至50 mL容量瓶中，残留物再用20 mL水重复提取一次，合并提取液于同一容量瓶中，并用水定容至刻度，经0.45 μm水相滤膜过滤，注入高效液相色谱仪。

(3) 胶基糖果。

称取1 g均匀试样，放入50 mL具塞塑料离心管中，加入20 mL水后在旋混仪上振荡提取5 min，在4 000 r/min下离心3 min后，将上清液转移至100 mL容量瓶中，向残渣中加入20 mL水重复提取1次，合并提取液于同一容量瓶中，用无水乙醇定容，摇匀。

准确移取上清液10 mL于100 mL鸡心瓶中，向鸡心瓶中加入10 mL无水乙醇，在(80±2)℃下旋转浓缩至近干时，再加入5 mL无水乙醇继续浓缩至彻底干燥后，分别用1 mL水洗涤鸡心瓶 2 次。将待净化液全部转移至经过预活化的固相萃取柱中，控制流速在 1～2 mL/min，弃去流出液。用 5 mL 水淋洗净化柱，再用 5 mL 2%磷酸的甲醇溶液洗脱，控制流速在1～2 mL/min，收集洗脱液于 50 mL 鸡心瓶中，洗脱液在 45 ℃下旋转蒸发近干后，再加入 5 mL 无水乙醇继续浓缩至彻底干燥后，用 1.0 mL 0.1%磷酸溶液振荡溶解残渣后过 0.45 μm 滤膜，注入高效液相色谱仪。

(4) 固体饮料。

称取 5 g 均匀试样，放入 50 mL 烧杯中，加入 40 mL 水溶解并转移至 100 mL 容量瓶中，用无水乙醇定容至刻度，摇匀，静置 10 min。

准确移取上清液 20 mL 于 100 mL 鸡心瓶中，向鸡心瓶中加入 10 mL 无水乙醇，在(80±2)℃下旋转浓缩至近干时，再加入 5 mL 无水乙醇继续浓缩至彻底干燥后，分别用 1 mL 水洗涤鸡心瓶 2 次。将待净化液全部转移至经过预活化的固相萃取柱中，控制流速在 1～2 mL/min，弃去流出液。用 5 mL 水淋洗净化柱，再用 5 mL 2%磷酸的甲醇溶液洗脱，控制流速在 1～2 mL/min，收集洗脱液于 50 mL 鸡心瓶中，洗脱液在 45 ℃下旋转蒸发近干后，再加入 5 mL 无水乙醇继续浓缩至彻底干燥后，用 1.0 mL 0.1%磷酸溶液振荡溶解残渣后过 0.45 μm 滤膜，注入高效液相色谱仪。

(5) 面包、饼干、糕点、烘焙食品馅料和生湿面制品。

称取 5 g 均匀试样，放入 50 mL 塑料离心管中，向其中加入 20 mL 水后在 15 000 r/min 下均质提取 2 min，在 4 000 r/min 下离心 3 min 后，将上清液转移至 100 mL 容量瓶中，向残渣加入 20 mL 水重复提取 1 次，合并提取液于同一容量瓶中，用无水乙醇定容，摇匀。

准确移取上清液 10 mL 于 100 mL 鸡心瓶中，向鸡心瓶中加入 10 mL 无水乙醇，在(80±2)℃下旋转浓缩至近干时，再加入 5 mL 无水乙醇继续浓缩至彻底干燥后，分别用 1 mL 水洗涤鸡心瓶 2 次。将待净化液全部转移至经过预活化的固相萃取柱中，控制流速在 1～2 mL/min，弃去流出液。用 5 mL 水淋洗净化柱，再用 5 mL 2%磷酸的甲醇溶液洗脱，控制流速在 1～2 mL/min，收集洗脱液于 50 mL 鸡心瓶中，洗脱液在 45 ℃下旋转蒸发近干后，用 5.0 mL 0.1%磷酸溶液振荡溶解残渣后过 0.45 μm 滤膜，注入高效液相色谱仪。

2) 测定

(1) 色谱条件。

色谱柱：CAPECELL PAK MG S5 C18 柱，4.6 mm×250 mm，5 μm，或同等性能的色谱柱。

流动相：用 0.1%磷酸溶液与甲醇体积比为 97.5∶2.5 的流动相等度洗脱 10 min，然后用较短的时间梯度让甲醇相达到 100%并平衡 5 min，再将流动相调整为 0.1%磷酸溶液与甲醇体积比为 97.5∶2.5，平衡 5 min。

柱温：40 ℃。

进样量：20 μL。

检测波长：210 nm。

(2) 标准曲线的绘制。

将标准系列工作液分别注入高效液相色谱仪中，测定相应的峰高或峰面积。以标准工作液的浓度为横坐标，以色谱峰高或峰面积为纵坐标，绘制标准曲线。

(3) 试样溶液的测定。

将试样溶液注入高效液相色谱仪中，得到峰高或峰面积，根据标准曲线得到待测液中有机酸的浓度。

7. 结果计算

试样中有机酸的含量按下式计算：

$$X=\frac{C\times V\times 1\ 000}{m\times 1\ 000\times 1\ 000}$$

式中：X——试样中有机酸的含量，g/kg；

C——由标准曲线求得试样溶液中某有机酸的浓度，μg/mL；

V——样品溶液定容体积，mL；

m——最终样液代表的试样质量，g；

1 000——换算系数。

计算结果以重复性条件下获得的两次独立测定结果的算术平均值表示，结果保留2位有效数字。

7.3.3　离子交换色谱法

1. 原理

羧酸分析仪是在离子交换色谱法基础上研究出来的一种对有机酸的羧酸有特异性的高灵敏度检测方法，并带有这种检测器的自动分析仪，由有机酸分离部分和检测部分组成。前者是利用强碱性阴离子交换树脂柱进行分离的，后者是利用对羧基具有特殊高灵敏度的显色反应进行检测的。

显色原理：在N，N′-双环己基碳酰亚胺和羧酸反应生成的酰基异尿素中加入羟基胺，生成氧肟酸，在酸性下使其与三价铁离子反应，生成紫红色的螯合物（其 $\lambda_{max}=530$ nm），由分光光度计来检测吸光度，以记录仪记录出色谱图进行定性定量分析。

2. 适用范围

本方法适用于各类食品中主要有机酸的分离与测定，能够检测的酸的最小量为0.01 μmol，一般分析一个试样的时间为2 h。反丁烯二酸和顺丙烯三酸需较长时间才能洗脱，所以多不分析，另外此法不能用于检测草酸。

3. 仪器

羧酸分析仪；分离柱为带有保温套管的耐压玻璃管（ϕ3 mm×1 000 mm），柱内装强碱性阴离子交换树脂。

4. 试剂

本方法中所用试剂均为分析纯。

(1) 0.116 mol/L高氯酸羟胺（HAP）溶液。

(2) 0.07 mol/L三乙胺（TAE）溶液。

(3) 0.13 mol/L N，N′-双环己基碳酰亚胺（DCC）溶液。

(4) 0.005 mol/L高氯酸亚铁溶液。

(5) 10%高氯酸溶液。

(6) 0.2 mol/L HCl溶液。

(7) 有机酸标准溶液：用0.2 mol/L HCl溶液配制一系列浓度不同的标准有机酸混合溶液。

5. 分析步骤

1) 样品处理

用0.2 mol/L HCl溶液稀释后即可作为试样溶液，若样品中含有蛋白质需要除去，加入试样溶液量1/4的10%高氯酸溶液，离心分离，以上清液作为待测试样。

2）测定

（1）标准曲线的绘制。

取适量标准有机酸混合液注入分析仪，进入试剂槽内起羧酸显色反应，于530 nm处测量峰高或峰面积，重复进样2～3次，取平均值。

以有机酸的浓度为横坐标，色谱峰高或峰面积的均值为纵坐标，绘制标准曲线或经过线性回归得出回归方程。

（2）试样测定。

在与绘制标准曲线相同的条件下，将试样液注入分析仪，由试样的色谱峰保留时间定性，根据峰高或峰面积定量，求出样液中有机酸的浓度。

思 考 题

1. 酸碱滴定的测定原理是什么？
2. CO_2对酸碱滴定结果有何影响？如何消除？
3. 有效酸度测定操作过程中应注意哪些事项？

第 8 章　脂类及相关指标的测定

本章提要

(1) 掌握食品中脂类含量的测定原理和方法。

(2) 熟悉酸价、过氧化值、丙二醛含量的测定原理和方法。

(3) 了解测定食品中脂类的意义。

(4) 了解脂肪酸组成的测定原理和方法。

Question 生活小提问

1. “地沟油”事件的爆发说明了什么问题?

2. 为什么说肯德基、麦当劳等西式快餐食品热量很高?

8.1　概　　述

本章重点介绍食品中脂类物质的提取,脂类含量、脂肪酸组成测定的基本原理和技术,并介绍油脂及含油脂类食品品质相关的重要指标(丙二醛含量、酸价、过氧化值)的测定方法。

8.1.1　食品中脂类的种类及存在形式

脂类是食品中重要的营养成分之一。食品中的脂类主要包括脂肪(甘油三酯)和一些类脂质(如脂肪酸、磷脂、固醇、糖脂等)。大多数动物性食品及某些植物性食品(如种子、果实或果仁)都含有脂肪或类脂化合物。各种食品含脂量各不相同,其中植物性或动物性油脂中脂类含量丰富,而水果及蔬菜中脂类含量很低。常见食品中的脂类含量见表 8-1。

表 8-1　常见食品中脂类含量(%)

种　　类	脂类含量	种　　类	脂类含量	种　　类	脂类含量
大米	0.8	鸭肉	7.4	猪肝	4.0
小米	1.7	牛奶	3.6	萝卜	0.1
玉米面	4.3	豆浆	1.9	牛肉	10.2
糯米粉	0.4	韭黄	0.2	黄豆	18.8
鸡蛋	15.0	青椒	0.1	兔肉	0.4
鸭蛋	14.7	蘑菇	0.2	花生仁	48.7
蛋清	0.1	香菇	1.8	鸡肉	1.2
猪肉	29.2	紫菜	1.2	巧克力	28.7
羊肉	28.8	酱油	0.2		

食品中脂类的存在形式有游离态的,如动物性脂肪及植物性油脂;也有结合态的,如天然存在的磷脂、糖脂、脂蛋白及某些加工食品(如焙烤食品及麦乳精等)中的脂肪与蛋白质或碳水化合物等成分形成结合态。大多数食品中所含的脂类为游离态脂肪,结合态脂肪含量较少。

8.1.2 测定脂类的意义

食品中适量的脂类有利于人体健康,除了供给机体能量,还能提供人体必需的脂肪酸(亚油酸、亚麻酸);作为脂溶性维生素的良好溶剂,可促进它们的吸收;可与蛋白质结合成脂蛋白,调节人体生理功能。但摄入过多含脂食品,会对健康产生不利影响,如过量摄入动物的内脏,会导致体内胆固醇增高,从而导致心血管疾病的发生。

脂类在食品加工、储藏过程中的变化对其营养价值的影响已日益受到人们的重视。脂类含量和种类对食品的风味、组织结构、品质、外观、口感等都有直接的影响。例如,蔬菜本身的脂肪含量较低,在生产蔬菜罐头时,添加适量的脂肪可以改善产品的风味,对于面包之类的焙烤食品,脂肪含量特别是卵磷脂等成分,对于面包心的柔软度、面包的体积及其结构都有影响。脂类在食品加工、储藏过程中还可能发生水解、氧化、分解、聚合或其他降解作用,引起食品变质。

因此,测定食品中的脂类,不但可以用来评价食品的品质,衡量食品的营养价值,而且对实行工艺监督、生产过程的质量管理、研究食品的储藏方式是否恰当等方面都有重要的意义。

8.1.3 脂类提取剂的选择

脂类不溶于水,易溶于有机溶剂。测定脂类大多采用低沸点的弱极性有机溶剂萃取的方法。常用的溶剂有乙醚、石油醚、氯仿-甲醇混合溶剂等。乙醚溶解脂肪的能力强,应用最多,但它沸点低(34.6 ℃),易燃,且可饱和约 2%的水分。含水乙醚会同时抽提出糖分等非脂成分,所以使用时,必须采用无水乙醚作提取剂,且要求样品必须预先烘干。石油醚溶解脂肪的能力比乙醚弱些,但吸收水分比乙醚少,没有乙醚易燃,使用时允许样品含有微量水分。石油醚和乙醚均只能直接提取游离态脂肪,对于结合态脂类,必须预先用酸或碱破坏脂类和非脂成分的结合后才能提取。因两者各有特点,故常混合使用。氯仿-甲醇混合溶剂是另一种有效的溶剂,它对脂蛋白、磷脂的提取效率较高,特别适用于水产品、家禽、蛋制品等食品中脂类的提取。

用溶剂提取食品中的脂类时,要根据食品的种类、性状及所选取的分析方法选择适当的提取溶剂,在测定之前对样品进行预处理。有时需将样品粉碎、切碎、研磨等;有时需将样品烘干;有的样品易结块,可加入 4～6 倍的海砂;有的样品含水量较高,可加入适量无水硫酸钠,使样品呈粒状。以上处理的目的都是增加样品的表面积,减少样品含水量,使有机溶剂更有效地提取出脂类。

8.2 脂类含量的测定

食品的种类不同,其中脂类的存在形式及其含量就不相同,测定脂肪的方法也就不同。常用的测定脂类的方法有索氏抽提法、酸水解法、碱水解法、罗斯-哥特里法、巴布科克氏法、盖勃法和氯仿-甲醇提取法等。

8.2.1　索氏抽提法

1. 原理

这里采用索氏抽提法(GB 5009.6—2016 第一法),将试样用低沸点弱极性有机溶剂(乙醚或石油醚)回流抽提后,蒸去溶剂所得物质,即为粗脂肪。索氏抽提法所测得脂肪为游离脂肪。

本法所提取的脂溶性物质为脂类物质的混合物,除含有脂肪外,还含有磷脂、色素、树脂、固醇、芳香油等脂溶性物质。因此,用索氏抽提法测得的脂肪也称为粗脂肪。

2. 适用范围

本方法适用于游离态脂类含量较高、结合态的脂类含量较少、能烘干磨细、不易吸湿结块的样品的测定,不适用于乳及乳制品。此法是经典方法,对水果、蔬菜及其制品、粮食及粮食制品、肉及肉制品、蛋及蛋制品、水产及其制品、焙烤食品、糖果等大多数食品样品中游离态脂肪含量的测定结果比较可靠,但费时间,溶剂用量大,且需专门的索氏抽提器(见图 8-1)。

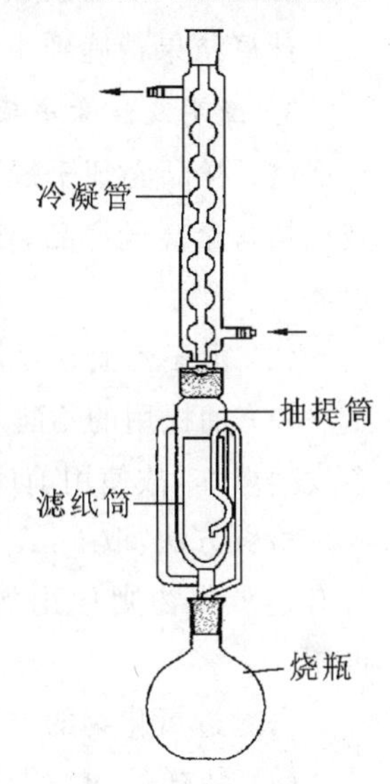

图 8-1　索氏抽提器

3. 分析步骤

1) 滤纸筒的制备

将 8 cm×15 cm 的滤纸,以直径约 2 cm 的试管为模型,将滤纸以试管壁为基础,折叠成底端封口的滤纸筒,筒内底部放一小片脱脂棉。在 105 ℃烘箱中烘至恒重,置于干燥器中备用。

2) 样品处理

(1) 固态样品。

准确称取均匀样品 2～5 g(精确至 0.001 g),装入滤纸筒内。

(2) 液态或半固态样品。

准确称取均匀样品 5～10 g(精确至 0.001 g),置于蒸发皿中,加入石英砂约 20 g,搅匀后于沸水浴上蒸干,然后在(100±5) ℃下干燥 30 min,取出研细,接着全部转入滤纸筒内,用蘸有乙醚的脱脂棉擦净所用器皿,并将棉花也放入滤纸筒内。

3) 抽提

将滤纸筒放入索氏抽提器的抽提筒内,连接已干燥至恒重的接收瓶,由抽提器冷凝管上端加入无水乙醚或石油醚至瓶内容积的 2/3 处,于水浴上加热,使无水乙醚或石油醚不断回流抽提(6～8 次/时),一般抽提 6～10 h。提取结束时,用磨砂玻璃棒接取 1 滴提取液,磨砂玻璃棒上无油斑表明提取完毕。

4) 称重

取下接收瓶,回收无水乙醚或石油醚,待接收瓶内溶剂剩余 1～2 mL 时在水浴上蒸干,再于(100±5) ℃干燥 1 h,放干燥器内冷却 0.5 h 后称量。重复以上操作直至恒重(直至两次称量的质量差不超过 2 mg)。

4. 结果计算

$$X=\frac{m_1-m_0}{m_2}\times 100$$

式中:X——试样中脂肪的含量,g/100 g;

m_1——恒重后接收瓶和脂肪的含量,g;

m_0——接收瓶的质量,g;

m_2——试样的质量,g;

100——换算系数。

计算结果精确到小数点后一位。

5. 说明及注意事项

(1) 样品必须干燥无水,否则会导致水溶性物质溶解,影响抽提溶剂的提取效果;对于糖及糊精含量高的样品,要先用冷水将糖及糊精溶解,过滤后将残渣连同滤纸一起烘干,放入抽提器内。

(2) 由于乙醚是易燃、易爆物质,用其作为抽提溶剂时应注意通风并且不能有火源。

(3) 抽提用的乙醚若放置时间过长,会产生过氧化物。过氧化物不稳定,当蒸馏或干燥时会发生爆炸,故使用前应严格检查,并除去过氧化物。

检查方法:取 5 mL 乙醚于试管中,加 1 mL 10%碘化钾溶液,充分振摇 1 min,静置分层。若有过氧化物则放出游离碘,水层是黄色(加淀粉指示剂显蓝色),需另选乙醚或处理后再用。

去除过氧化物的方法:将乙醚倒入蒸馏瓶中加一段无锈铁丝或铝丝,收集重蒸乙醚。

(4) 装样品的滤纸筒一定要严密,不得漏样,样品高度不得超过虹吸管的高度,否则上部脂肪不能提取完全,造成误差。

(5) 反复加热可能会因脂类氧化而增重,质量增加时,以增重前的质量为恒重。

(6) 不得在仪器的接口处涂抹凡士林。

8.2.2 酸水解法(酸性乙醚法)

1. 原理

食品样品经强酸水解后,使结合或包藏在组织内的脂肪游离出来,再用乙醚提取脂肪。然后在沸水浴中回收和除去溶剂,称重,计算得到游离态和结合态脂类的总量。

2. 适用范围

酸水解法(GB 5009.6—2016 第二法)能对包括结合态脂类在内的全部脂类进行定量。某些食品中,脂肪被包含在食品组织内部,或与食品成分结合而成结合态脂类,如谷物等淀粉颗粒中的脂类,面条、焙烤食品等组织中包含的脂类,用索氏抽提法不能完全提取出来。在这种情况下,必须用强酸将淀粉、蛋白质、纤维素水解,使脂类游离出来,再用有机溶剂提取。

本方法适用于水果、蔬菜及其制品、粮食及粮食制品、肉及肉制品、蛋及蛋制品、水产及其制品、焙烤食品、糖果等多种食品中游离脂肪及结合脂肪总量的测定。对固态、半固态、黏稠态或液态食品,特别是加工后的混合食品,容易吸湿结块、不易烘干的食品,用本法效果较好。但此法不适用于含糖量高的食品,因糖类遇强酸易炭化而影响测定结果。

应用此法测定时,脂类中的磷脂在水解条件下将几乎完全分解为脂肪酸及碱,当用于测定含大量磷脂的食品时,测定值将偏低。故对于含较多磷脂的蛋及其制品、鱼类及其制品,不宜用此法。

3. 分析步骤

1）试样酸水解

（1）肉制品。

称取混匀后的试样 3～5 g，准确至 0.001 g，置于 250 mL 锥形瓶中，加入 50 mL 2 mol/L 盐酸和数粒玻璃细珠，盖上表面皿，于电热板上加热至微沸，保持 1 h，每 10 min 旋转摇动 1 次。取下锥形瓶，加入 150 mL 热水，混匀，过滤。锥形瓶和表面皿用热水洗净，热水一并过滤。沉淀用热水洗至中性（用蓝色石蕊试纸检验，中性时试纸不变色）。将沉淀和滤纸置于大表面皿上，于(100±5)℃干燥箱内干燥 1 h，冷却。

（2）淀粉。

根据总脂肪含量的估计值，称取混匀后的试样 25～50 g，准确至 0.1 g，倒入烧杯并加入 100 mL 水。将 100 mL 盐酸缓慢加到 200 mL 水中，并将该溶液在电热板上煮沸后加入样品液中，加热此混合液至沸腾并维持 5 min，停止加热后，取几滴混合液于试管中，待冷却后加入 1 滴碘液，若无蓝色出现，可进行下一步操作。若出现蓝色，应继续煮沸混合液，并用上述方法不断地进行检查，直至确定混合液中不含淀粉为止，再进行下一步操作。

将盛有混合液的烧杯置于水浴锅（70～80 ℃）中 30 min，不停搅拌，以确保温度均匀，使脂肪析出。用滤纸过滤冷却后的混合液，并用干滤纸片取出黏附于烧杯内壁的脂肪。为确保定量的准确度，应将冲洗烧杯的水进行过滤。在室温下用水冲洗沉淀和干滤纸片，直至滤液用蓝色石蕊试纸检验不变色。将含有沉淀的滤纸和干滤纸片折叠后，放置于大表面皿上，在(100±5)℃的电热恒温干燥箱内干燥 1 h。

（3）其他食品。

① 固体试样。

称取样品 2～5 g，准确至 0.001 g，置于 50 mL 试管内，加入 8 mL 水，混匀后再加 10 mL 盐酸。将试管放入 70～80 ℃水浴中，每隔 5～10 min 以玻璃棒搅拌 1 次，至试样消化完全为止，40～50 min。

② 液体试样。

称取样品约 10 g，准确至 0.001 g，置于 50 mL 试管内，加 10 mL 盐酸。其余操作同上述固体试样。

2）抽提

（1）肉制品、淀粉。

将干燥后的试样装入滤纸筒内，其余抽提步骤同索氏抽提法。

（2）其他食品。

取出试管，加入 10 mL 乙醇，混合。冷却后将混合物移入 100 mL 具塞量筒中，以 25 mL 无水乙醚分数次洗试管，一并倒入量筒中。待无水乙醚全部倒入量筒后，加塞振摇 1 min，小心开塞，放出气体，再塞好，静置 12 min，小心开塞，并用乙醚冲洗塞及量筒口附着的脂肪。静置 10～20 min，待上部液体澄清，吸出上清液于已恒重的锥形瓶内，再加 5 mL 无水乙醚于具塞量筒内，振摇，静置后，仍将上层乙醚吸出，放入原锥形瓶内。

3）称重

称重操作步骤同索氏抽提法。

4. 结果计算

同索氏抽提法。

8.2.3 氯仿-甲醇提取法

1. 原理

用极性甲醇和非极性氯仿作溶剂,可与样品中水分形成三元提取体系,使样品组织中结合态脂类游离出来的同时,与磷脂等极性脂类的亲和性增大,从而有效地提取出全部脂类,经过滤除去非脂成分,回收溶剂,对残留脂类用石油醚提取,蒸去石油醚后定量。

2. 适用范围

索氏抽提法对结合或包藏在组织内的脂肪等不能完全提取出来,酸水解法常使磷脂分解而损失。在一定的水分存在下,极性的甲醇及非极性的氯仿混合溶液却能有效地提取结合态脂类,如脂蛋白及磷脂,此法对于高水分生物试样(如鲜鱼、蛋类等)脂类的测定更为有效,对于干燥的食品可先在试样中加入一定量的水分,使组织膨润后再提取测定。

3. 分析步骤

1) 提取

准确称取样品 5 g(精确至 0.01 g),移入 200 mL 具塞锥形瓶中(高水分食品可加适量硅藻土使其分散,而干燥样品则要加入 2～3 mL 水使组织膨润),加入 60 mL 氯仿-甲醇混合液,连接提取装置,于 65 ℃水浴中,从微沸开始计时提取 1 h。

2) 回收溶剂

提取结束后,取下锥形瓶,用布氏漏斗过滤,滤液用另一具塞锥形瓶收集,用氯仿-甲醇混合液洗涤原锥形瓶、过滤器及滤器中的试样残渣,洗涤液并入滤液中,置于 65～70 ℃水浴中蒸馏回收溶剂,至锥形瓶内物料显浓稠状(不能干涸),冷却。

3) 石油醚萃取、定量

用移液管加入 25 mL 石油醚,再加入 15 g 无水硫酸钠,立刻加塞振荡 10 min,将醚层移入具塞离心管中,以 3 000 r/min 离心 5 min 进行分离。用移液管迅速吸取 10 mL 离心管中澄清的醚层于已恒重的称量瓶内,蒸发去除石油醚后于(100±5) ℃干燥 30 min,取出置于干燥器中冷却至室温,称量,并重复操作至恒重。

4. 结果计算

$$X=\frac{(m_1-m_0)\times 2.5}{m}\times 100$$

式中:X——脂类的含量,g/100 g;

m——试样质量,g;

m_0——称量瓶质量,g;

m_1——称量瓶与脂类质量,g;

2.5——25 mL 石油醚中取 10 mL 进行干燥,故乘以系数 2.5;

100——单位换算系数。

5. 说明及注意事项

(1) 过滤时不能使用滤纸,因为磷脂会被吸收到滤纸上。

(2) 蒸馏回收溶剂时不能完全干涸,否则脂类难以溶解于石油醚中,使结果偏低。

（3）无水硫酸钠必须在石油醚之后加入，以免影响石油醚对脂类的溶解。

8.2.4　碱水解法（碱性乙醚提取法）

1. 原理

用无水乙醚和石油醚抽提样品的碱（氨水）水解液，通过蒸馏或蒸发去除溶剂，测定溶于溶剂中的抽提物的质量。

2. 适用范围

碱水解法（GB 5009.6—2016 第三法）适用于乳及乳制品、婴幼儿配方食品中脂肪的测定。需用专门的抽脂瓶，本法所用的是配软木塞的毛氏抽脂瓶，见图 8-2。

图 8-2　配软木塞的毛氏抽脂瓶

3. 分析步骤

1）试样碱水解

（1）巴氏杀菌乳、灭菌乳、生乳、发酵乳、调制乳。

称取充分混匀试样 10 g（精确至 0.000 1 g）于抽脂瓶中。加入 2.0 mL 氨水，充分混合后立即将抽脂瓶放入（65±5）℃的水浴中，加热 15～20 min，不时取出振荡。取出后，冷却至室温，静置 30 s。

（2）乳粉和婴幼儿食品。

称取混匀后的试样，高脂乳粉、全脂乳粉、全脂加糖乳粉和婴幼儿食品约 1 g（精确至 0.000 1 g），脱脂乳粉、乳清粉、酪乳粉约 1.5 g（精确至 0.000 1 g）。

① 不含淀粉的乳粉和婴幼儿食品样品。

加入 10 mL（65±5）℃的水，将试样洗入抽脂瓶的小球，充分混合，直到试样完全分散，放入流动水中冷却。加入 2.0 mL 氨水，充分混合后立即将抽脂瓶放入（65±5）℃的水浴中，加热 15～20 min，不时取出振荡。取出后，冷却至室温，静置 30 s。

② 含淀粉的乳粉和婴幼儿食品样品。

将试样放入抽脂瓶中，加入约 0.1 g 的淀粉酶，混合均匀后，加入 8～10 mL 45 ℃的水，注意液面不要太高。盖上瓶塞于搅拌状态下，置于（65±5）℃水浴中 2 h，每隔 10 min 摇匀 1 次。为检验淀粉是否水解完全可加入 2 滴约 0.1 mol/L 的碘溶液，如无蓝色出现说明水解完全，否则将抽脂瓶重新置于水浴中，直至无蓝色产生。抽脂瓶冷却至室温。加入 2.0 mL 氨水，充分混合后立即将抽脂瓶放入（65±5）℃的水浴中，加热 15～20 min，不时取出振荡。取出后，冷却至室温，静置 30 s。

（3）炼乳。

脱脂炼乳、全脂炼乳和部分脱脂炼乳称取 3～5 g、高脂炼乳称取约 1.5 g（精确至 0.000 1 g），用 10 mL 水，分次洗入抽脂瓶小球中，充分混合均匀。加入 2.0 mL 氨水，充分混合后立即将抽脂瓶放入（65±5）℃的水浴中，加热 15～20 min，不时取出振荡。取出后，冷却至室温，静置 30 s。

(4) 奶油、稀奶油。

先将奶油试样放入温水浴中溶解并混合均匀后，称取试样约 0.5 g (精确至 0.000 1 g)，稀奶油称取约 1 g 于抽脂瓶中，加入 8～10 mL 约 45 ℃的水。加入 2.0 mL 氨水，充分混合后立即将抽脂瓶放入(65±5)℃的水浴中，加热 15～20 min，不时取出振荡。取出后，冷却至室温，静置 30 s。

(5) 干酪。

称取约 2 g(精确至 0.000 1 g)研碎的试样于抽脂瓶中，加 10 mL 6 mol/L 盐酸，混匀，盖上瓶塞，于沸水浴中加热 20～30 min，取出冷却至室温，静置 30 s。

2) 抽提

加入 10 mL 乙醇，缓和但彻底地进行混合，避免液体太接近瓶颈。如果需要，可加入 2 滴刚果红溶液。加入 25 mL 乙醚，塞上瓶塞，将抽脂瓶保持在水平位置，小球的延伸部分朝上夹到摇混器上，按约 100 次/分的速度振荡 1 min，也可采用手动振摇方式。但均应注意避免形成持久乳化液。抽脂瓶冷却后小心地打开塞子，用少量的混合溶剂冲洗塞子和瓶颈，使冲洗液流入抽脂瓶。加入 25 mL 石油醚，塞上重新润湿的塞子，轻轻振荡 30 s。将加塞的抽脂瓶放入离心机中，在 500～600 r/min 下离心 5 min，否则将抽脂瓶静置至少 30 min，直到上层液澄清，并明显与水相分离。小心地打开瓶塞，用少量的混合溶剂冲洗塞子和瓶颈内壁，使冲洗液流入抽脂瓶。如果两相界面低于小球与瓶身相接处，则沿瓶壁边缘慢慢地加入水，使液面高于小球和瓶身相接处[见图 8-3(a)]，以便于倾倒。将上层液尽可能地倒入已准备好的加入沸石的脂肪收集瓶中，避免倒出水层[见图 8-3(b)]。用少量混合溶剂冲洗瓶颈外部，冲洗液收集在脂肪收集瓶中，应防止溶剂溅到抽脂瓶的外面。向抽脂瓶中加入 5 mL 乙醇，用乙醇冲洗瓶颈内壁，缓和但彻底地进行混合，避免液体太接近瓶颈。用 15 mL 乙醚和 15 mL 石油醚按上述操作进行第 2 次抽提和第 3 次抽提。空白实验与样品检验同时进行，空白实验采用 10 mL 水代替试样，使用相同步骤和相同试剂。

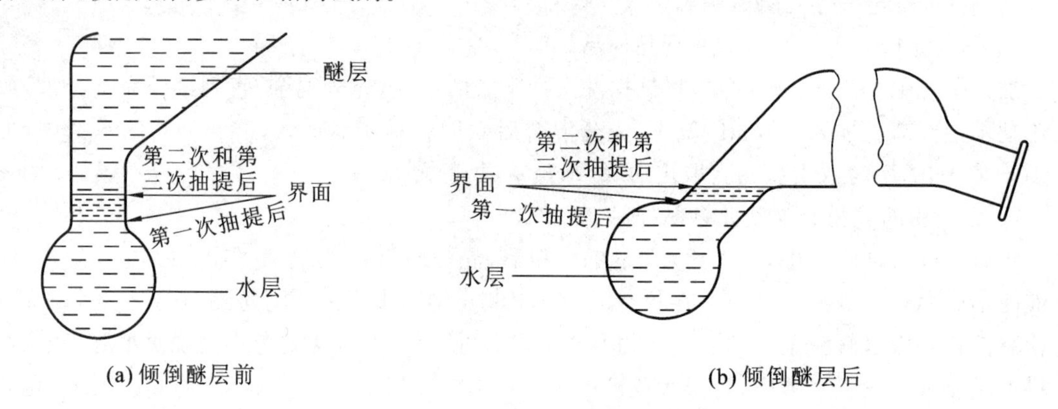

图 8-3　碱水解法抽提操作示意图

3) 称重

合并 3 次抽提的所有提取液，既可采用蒸馏的方法除去脂肪收集瓶中的溶剂，也可于沸水浴上蒸发至干来除掉溶剂。蒸馏前用少量混合溶剂冲洗瓶颈内部。将脂肪收集瓶放入(100±5)℃的烘箱中干燥 1 h，取出后置于干燥器内冷却 0.5 h 后称量。重复以上操作直至恒重(两次称量的质量差不超过 2 mg)。

4. 结果计算

$$X=\frac{(m_1-m_2)-(m_3-m_4)}{m}\times 100$$

式中：X——试样中脂肪的含量，g/100 g；

m_1——恒重后脂肪收集瓶和脂肪的质量，g；

m_2——脂肪收集瓶的质量，g；

m_3——空白实验中，恒重后脂肪收集瓶和抽提物的质量，g；

m_4——空白实验中脂肪收集瓶的质量，g；

m——样品的质量，g；

100——换算系数。

结果保留 3 位有效数字。

5. 说明及注意事项

（1）当样品中脂肪含量≥15%时，两次独立测定结果之差≤0.3 g/100 g；当样品中脂肪含量在 5%～15%时，两次独立测定结果之差≤0.2 g/100 g；当样品中脂肪含量≤5% 时，两次独立测定结果之差≤0.1 g/100 g。

（2）碱水解法适用于乳及乳制品中脂肪的测定，是 GB 5009.6—2016 的第三法，也被国际标准化组织(ISO)、联合国粮农组织/世界卫生组织(FAO/WHO)等采用，为乳及乳制品脂类定量的国际标准方法，又称为罗斯-哥特里法。

（3）本法所用抽脂瓶是毛氏抽脂瓶，应带有软木塞或其他不影响溶剂使用的瓶塞(如硅胶或聚四氟乙烯)。软木塞应先浸泡于乙醚中，后放入 60 ℃或 60 ℃以上的水中保持至少 15 min，冷却后使用，不用时需浸泡在水中，浸泡用水每天更换 1 次。也可使用带虹吸管或洗瓶的抽脂管(或烧瓶)，但操作步骤有所不同。

（4）加入乙醇的作用是沉淀蛋白质以防止乳化，并溶解醇溶性物质如糖、有机酸等，使其留在水溶液中，而不进入醚层，影响结果。同时促进脂肪球聚合，有利于提取。

（5）加入石油醚的作用是降低乙醚极性，使乙醚不与水混溶，只抽提出脂类，并可使水层和醚层分层清晰。

8.2.5　盖勃法

1. 原理

在乳中加入硫酸破坏乳胶质性和覆盖在脂肪球上的蛋白质外膜，使脂肪游离出来，离心分离脂肪后测量其体积。

2. 适用范围

此法(GB 5009.6—2016 第四法)适用于乳及乳制品、婴幼儿配方食品中脂肪的测定。本法需专门的盖勃氏乳脂计(最小刻度值为 0.1%，见图 8-4)和乳脂离心机。

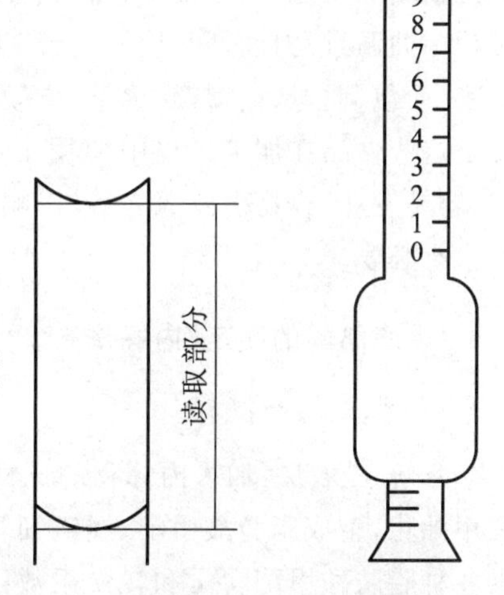

图 8-4　盖勃氏乳脂计

3. 分析步骤

于盖勃氏乳脂计中先加入 10 mL 硫酸，再沿着管壁小心准确加入 10.75 mL 试样，使试样与硫酸不要混合，然后加 1 mL 异戊醇，塞上橡皮塞，使瓶口向下，同时用布包裹以防冲出，用力振摇使呈均匀棕色液体，静置数分钟(瓶口向下)，置于 65～70 ℃水浴中 5 min，取出后置于乳脂离心机中以 1 100 r/min 的转速离心 5 min，再置于 65～70 ℃水浴水中保温 5 min(注意水浴水面应高于乳脂计脂肪层)。取出，立即读数，即为脂肪的百分数。

4. 说明及注意事项

(1) 本法用硫酸破坏乳胶质性和覆盖在脂肪球上的蛋白质外膜，使脂肪游离出来，适用于鲜乳及乳制品脂肪的测定，对含糖多的乳品(如甜炼乳、加糖乳粉等)，采用此方法时糖易焦化，使结果误差较大，故不适宜。

(2) 此法操作简便、迅速，对大多数样品来说测定精度可满足要求，但不如重量法准确。

(3) 在重复性条件下获得的两次独立测定结果的绝对差值不得超过算术平均值的 5%。

(4) 巴布克科氏法也是测定乳及乳制品、婴幼儿配方食品中脂肪的方法，原理及操作步骤和盖勃法相同，不同的地方是需使用专门的巴布克科氏乳脂计和乳脂离心机。

8.3 脂肪酸的测定

脂肪酸是脂类物质的基本成分，从结构上看，脂类物质可以认为是脂肪酸甘油酯及与其类似的物质。脂类物质中，脂肪酸的种类很多，各种脂肪酸种类和数量的变化，往往造成食品中脂类物质在物理和化学特性上的差别。油脂是食品加工中重要的原料和辅料，也是食品的重要组分和营养成分。必需脂肪酸是维持人体生理活动的必要条件，人体所必需的脂肪酸一般来自食用油脂。所以分析和测定食品中脂肪酸的组成和含量，具有一定的实际价值。

对人体有益的脂肪酸都是顺式脂肪酸，反式脂肪酸是顺式脂肪酸的顺反异构体，跟顺式脂肪酸不一样，它不是人体所必需的脂肪酸，是一类对人体健康有害的不饱和脂肪酸。反式脂肪酸一个来源是天然食物，主要是反刍动物的产品，如牛、羊等的肉，脂肪，乳和乳制品；另一个来源是食品加工过程，主要是在植物油的氢化、高温精炼脱臭过程中产生，另外食物在煎炒烹炸过程中油温过高且时间过长也会产生少量反式脂肪，如植物性奶油、马铃薯片、沙拉酱、饼干、蛋糕、面包、曲奇饼、雪糕、薯条、方便面汤料、炸薯条、炸鸡腿等加工食品中含有反式脂肪酸，主要是这些食品在加工过程中使用了部分氢化处理的植物油。反式脂肪酸容易导致血栓的形成，容易发胖，容易引发冠心病，影响生育和发育，降低记忆。因此检测食品中的反式脂肪酸也非常有必要。

8.3.1 脂肪酸的测定(内标法)

1. 原理

水解-提取法：加入内标物的试样经水解-乙醚溶液提取其中的脂肪后，在碱性条件下皂化和甲酯化，生成脂肪酸甲酯，经毛细管柱气相色谱分析，内标法定量测定脂肪酸甲酯含量。依据各种脂肪酸甲酯含量和转换系数计算出总脂肪、饱和脂肪(酸)、单不饱和脂肪(酸)、多不饱和脂肪(酸)含量。动植物油脂试样不经脂肪提取，加入内标物后直接进行皂化和脂肪酸甲酯化。

酯交换法(适用于游离脂肪酸含量不大于 2%的油脂)：将油脂溶解在异辛烷中，加入内标物后，加入氢氧化钾甲醇溶液通过酯交换甲酯化，反应完全后，用硫酸氢钠中和剩余氢氧化钾，以避免甲酯皂化。经毛细管柱气相色谱分析，内标法定量测定脂肪酸甲酯含量。依据各种脂肪酸甲酯含量和转换系数计算出总脂肪、饱和脂肪(酸)、单不饱和脂肪(酸)、多不饱和脂肪(酸)含量。

2. 适用范围

本方法(GB 5009.168—2016 第一法)适用于食品中总脂肪、饱和脂肪(酸)、不饱和脂肪(酸)的测定。其中水解-提取法适用于食品中脂肪酸含量的测定，酯交换法适用于游离脂肪酸含量不大于 2%的油脂样品中的脂肪酸含量的测定。

3. 仪器

匀浆机或实验室用组织粉碎机或研磨机；旋转蒸发仪；配备有氢火焰离子检测器(FID)的气相色谱仪；恒温水浴锅；分析天平(可精确到 0.000 1 g)。

4. 试剂

除非另有说明，本方法所用试剂均为分析纯，水为 GB/T 6682 规定的一级水。

(1) 浓盐酸。

(2) 氨水。

(3) 焦性没食子酸。

(4) 乙醚。

(5) 石油醚：沸程 30～60 ℃。

(6) 乙醇(95%)。

(7) 甲醇：色谱纯。

(8) 氢氧化钠。

(9) 正庚烷：色谱纯。

(10) 三氟化硼甲醇溶液(15%)。

(11) 无水硫酸钠。

(12) 氯化钠。

(13) 异辛烷：色谱纯。

(14) 硫酸氢钠。

(15) 氢氧化钾。

(16) 盐酸(8.3 mol/L)：量取 250 mL 浓盐酸，用 110 mL 水稀释，混匀，室温下可放置 2 个月。

(17) 乙醚-石油醚混合液(1+1)：取等体积的乙醚和石油醚，混匀备用。

(18) 氢氧化钠甲醇溶液(2%)：取 2 g 氢氧化钠溶解在 100 mL 甲醇中，混匀。

(19) 饱和氯化钠溶液：称取 360 g 氯化钠溶解于 1.0 L 水中，搅拌溶解，澄清备用。

(20) 氢氧化钾甲醇溶液(2 mol/L)：将 13.1 g 氢氧化钾溶于 100 mL 无水甲醇中，可轻微加热，加入无水硫酸钠干燥，过滤，即得澄清溶液。

(21) 十一碳酸甘油三酯内标溶液(5.00 mg/mL)：准确称取 2.5 g(精确至 0.1 mg)十一碳酸甘油三酯标准品至烧杯中，加入甲醇溶解，移入 500 mL 容量瓶后用甲醇定容，在冰箱中冷藏可保存 1 个月。

(22) 混合脂肪酸甲酯标准溶液：取出适量混合脂肪酸甲酯标准品移至 10 mL 容量瓶中，用正庚烷稀释定容，储存于－10 ℃以下冰箱，有效期 3 个月。

(23) 单个脂肪酸甲酯标准溶液:将单个脂肪酸甲酯分别从安瓿瓶中取出,转移到 10 mL 容量瓶中,用正庚烷冲洗安瓿瓶,再用正庚烷定容,分别得到不同脂肪酸甲酯的单标溶液,储存于−10 ℃以下冰箱,有效期 3 个月。

5. 分析步骤

1) 样品制备

固体或半固体试样使用组织粉碎机或研磨机粉碎,液体试样用匀浆机打成匀浆,于−18 ℃以下冷冻保存,分析时将其解冻后使用。在采样和制备过程中,应避免试样污染。

2) 试样前处理

(1) 水解-提取法。

水解-提取法适用于所有食品样品。

① 试样的称取。

称取均匀试样 0.1～10 g(精确至 0.1 mg,含脂肪 100～200 mg),移入 250 mL 平底烧瓶中,准确加入 2.0 mL 十一碳酸甘油三酯内标溶液。加入约 100 mg 焦性没食子酸,加入几粒沸石,再加入 2 mL 95%乙醇和 4 mL 水,混匀。

② 试样的水解。

根据试样的类别选取相应的水解方法,乳粉及液态乳等乳制品试样采用碱水解法;乳酪采用酸碱水解法;动植物油脂直接进行脂肪的皂化和脂肪酸的甲酯化;除乳制品、乳酪和动植物油脂以外的食品采用酸水解法。

酸水解法:加入盐酸 8.3 mol/L 10 mL,混匀。将烧瓶放入 70～80 ℃水浴中水解 40 min。每隔 10 min 振荡一下烧瓶,使黏附在烧瓶壁上的颗粒物混入溶液中。水解完成后,取出烧瓶冷却至室温。

碱水解法:加入氨水 5 mL,混匀。将烧瓶放入 70～80 ℃水浴中水解 20 min。每 5 min 振荡一下烧瓶,使黏附在烧瓶壁上的颗粒物混入溶液中。水解完成后,取出烧瓶冷却至室温。

酸碱水解法:加入氨水 5 mL,混匀。将烧瓶放入 70～80 ℃水浴中水解 20 min。每隔 10 min 振荡一下烧瓶,使黏附在烧瓶壁上的颗粒物混入溶液中。接着加入盐酸 10 mL,继续水解 20 min,每 10 min 振荡一下烧瓶,使黏附在烧瓶壁上的颗粒物混入溶液中。水解完成后,取出烧瓶冷却至室温。

③ 脂肪的提取。

水解后的试样,加入 10 mL 95%乙醇,混匀。将烧瓶中的水解液转移到分液漏斗中,用 50 mL 乙醚-石油醚混合液冲洗烧瓶和塞子,冲洗液并入分液漏斗中,加盖。振摇 5 min,静置 10 min。将醚层提取液收集到 250 mL 烧瓶中。按照以上步骤重复提取水解液 3 次,最后用乙醚-石油醚混合液冲洗分液漏斗,并收集到 250 mL 烧瓶中。用旋转蒸发仪浓缩至干,残留物为脂肪提取物。

④ 脂肪的皂化和脂肪酸的甲酯化。

在脂肪提取物中加入 2%氢氧化钠甲醇溶液 8 mL,连接回流冷凝器,(80±1)℃水浴上回流,进行脂肪的皂化,直至油滴消失。从回流冷凝器上端加入 7 mL 15%三氟化硼甲醇溶液,在(80±1)℃水浴中继续回流 2 min,进行脂肪酸的甲酯化。用少量水冲洗回流冷凝器。停止加热,从水浴上取下烧瓶,迅速冷却至室温。

准确加入 10～30 mL 正庚烷,振摇 2 min,再加入饱和氯化钠水溶液,静置分层。吸取上层正庚烷提取液大约 5 mL，至 25 mL 试管中，加入 3～5 g 无水硫酸钠，振摇 1 min，静置5 min，吸取上层溶液到进样瓶中待测定。

(2) 酯交换法。

适用于游离脂肪酸含量不大于 2%的油脂样品。

① 试样的称取。

称取试样 60.0 mg 至具塞试管中，精确至 0.1 mg，准确加入 2.0 mL 内标溶液。

② 甲酯的制备。

加入 4 mL 异辛烷溶解试样，必要时可以微热使试样溶解后加入 200 μL 氢氧化钾甲醇溶液，盖上玻璃塞猛烈振摇 30 s 后，静置至澄清。加入约 1 g 硫酸氢钠，猛烈振摇，中和氢氧化钾。待盐沉淀后，将上层溶液移至上机瓶中，待测。

3) 测定

取单个脂肪酸甲酯标准溶液和脂肪酸甲酯混合标准溶液，分别注入气相色谱仪，对色谱峰进行定性。脂肪酸甲酯混合标准溶液气相色谱图见图 8-5。色谱参考条件如下。

色谱柱：毛细管柱，聚二氰丙基硅氧烷强极性固定相，柱长 100 m，内径 0.25 mm，膜厚 0.2 μm。

检测器：氢火焰离子检测器(FID)。

进样器温度：270 ℃。

检测器温度：280 ℃。

程序升温：初始温度 100 ℃，持续 13 min；100～180 ℃，升温速率 10 ℃/min，保持 6 min；180～200 ℃，升温速率 1 ℃/min，保持 20 min；200～230 ℃，升温速率 4 ℃/min，保持 10.5 min。

载气：氮气。

分流比：100∶1。

进样体积：1.0 μL。

理论塔板数(n)：至少 2 000 m^{-1}。

分离度(R)：至少 1.25。

在上述色谱条件下将脂肪酸标准测定液及试样测定液分别注入气相色谱仪，以色谱峰峰面积定量。

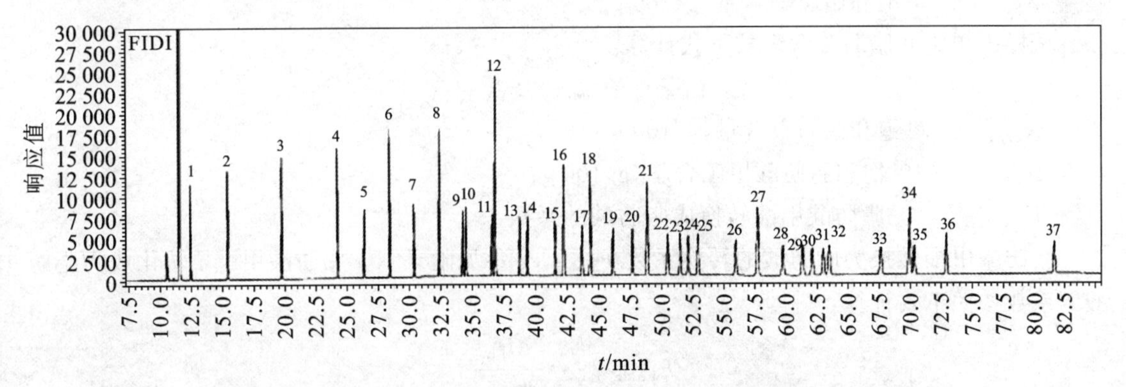

图 8-5　37 种脂肪酸甲酯混合标准溶液气相色谱图

注：图中 1～37 依次对应以下脂肪酸甲酯：C4：0、C6：0、C8：0、C10：0、C11：0、C12：0、C13：0、C14：0、C14：1n5、C15：0、C15：1n5、C16：0、C16：1n7、C17：0、C17：1n7、C18：0、C18：1n9t、C18：1n9c、C18：2n6t、C18：2n6c、C20：0、C18：3n6、C20：1、C18：3n3、C21：0、C20：2、C22：0、C20：3n6、C22：1n9、C20：3n3、C20：4n6、C23：0、C22：2n6、C24：0、C20：5n3、C24：1n9、C22：6n3

6. 结果计算

(1) 试样中单个脂肪酸甲酯含量。

试样中单个脂肪酸甲酯含量按下式计算：

$$X_i = F_i \times \frac{A_i}{A_{C11}} \times \frac{\rho_{C11} \times V_{C11} \times 1.0067}{m} \times 100$$

式中：X_i——试样中脂肪酸甲酯 i 含量，g/100 g；

F_i——脂肪酸甲酯 i 的响应因子；

A_i——试样中脂肪酸甲酯 i 的峰面积；

A_{C11}——试样中加入的内标物十一碳酸甲酯峰面积；

ρ_{C11}——十一碳酸甘油三酯浓度，mg/mL；

V_{C11}——试样中加入十一碳酸甘油三酯体积，mL；

1.006 7——十一碳酸甘油三酯转化成十一碳酸甲酯的转换系数；

m——试样的质量，mg；

100——将含量转换为每 100 g 试样中含量的系数。

脂肪酸甲酯 i 的响应因子 F_i 按下式计算：

$$F_i = \frac{\rho_{Si} \times A_{11}}{A_{Si} \times \rho_{11}}$$

式中：F_i——脂肪酸甲酯 i 的响应因子；

ρ_{Si}——混标中各脂肪酸甲酯 i 的浓度，mg/mL；

A_{11}——十一碳酸甲酯峰面积；

A_{Si}——脂肪酸甲酯 i 的峰面积；

ρ_{11}——混标中十一碳酸甲酯浓度，mg/mL。

(2) 试样中饱和脂肪(酸)含量。

试样中饱和脂肪(酸)含量按下式计算：

$$X_{饱和脂肪(酸)} = \sum X_{SFA_i}$$

式中：$X_{饱和脂肪(酸)}$——饱和脂肪(酸)含量，g/100 g；

X_{SFA_i}——单饱和脂肪酸含量，g/100 g。

试样中单饱和脂肪酸含量按下式计算：

$$X_{SFA_i} = X_{FAME_i} \times F_{FAME_i\text{-}FA_i}$$

式中：X_{SFA_i}——单饱和脂肪酸含量，g/100 g；

X_{FAME_i}——单饱和脂肪酸甲酯含量，g/100 g；

$F_{FAME_i\text{-}FA_i}$——脂肪酸甲酯转换成脂肪酸的系数。

脂肪酸甲酯转换为脂肪酸的转换系数 $F_{FAME_i\text{-}FA_i}$ 参见附录 K。脂肪酸甲酯 i 转化成为脂肪酸的系数按照下式计算：

$$F_{FAME_i\text{-}FA_i} = \frac{M_{FA_i}}{M_{FAME_i}}$$

式中：$F_{FAME_i\text{-}FA_i}$——脂肪酸甲酯转换成脂肪酸的转换系数；

M_{FA_i}——脂肪酸 i 的相对分子质量；

M_{FAME_i}——脂肪酸甲酯 i 的相对分子质量。

(3) 试样中单不饱和脂肪(酸)含量。

试样中单不饱和脂肪(酸)含量($X_{单不饱和脂肪(酸)}$)按下式计算：

$$X_{单不饱和脂肪(酸)} = \sum X_{MUFA_i}$$

式中：$X_{单不饱和脂肪(酸)}$——试样中单不饱和脂肪(酸)含量,g/100 g；

X_{MUFA_i}——试样中每种单不饱和脂肪酸含量,g/100 g。

试样中每种单不饱和脂肪酸甲酯含量按下式计算：

$$X_{MUFA_i} = X_{FAME_i} \times F_{FAME_i-FA_i}$$

式中：X_{MUFA_i}——试样中每种单不饱和脂肪酸含量,g/100 g；

X_{FAME_i}——每种单不饱和脂肪酸甲酯含量,g/100 g；

$F_{FAME_i\text{-}FA_i}$——脂肪酸甲酯 i 转化成脂肪酸的系数。

脂肪酸甲酯转化成脂肪酸的系数 $F_{FAME_i\text{-}FA_i}$ 参见附录 K。

(4) 试样中多不饱和脂肪(酸)含量。

试样中多不饱和脂肪(酸)含量($X_{多不饱和脂肪(酸)}$)按下式计算：

$$X_{多不饱和脂肪(酸)} = \sum X_{PUFA_i}$$

式中：$X_{多不饱和脂肪(酸)}$——试样中多不饱和脂肪(酸)含量,g/100 g；

X_{PUFA_i}——试样中单个多不饱和脂肪酸含量,g/100 g。

单个多不饱和脂肪酸含量按下式计算：

$$X_{PUFA_i} = X_{FAME_i} \times F_{FAME_i\text{-}FA_i}$$

式中：X_{PUFA_i}——试样中单个多不饱和脂肪酸含量,g/100 g；

X_{FAME_i}——单个多不饱和脂肪酸甲酯含量,g/100 g；

$F_{FAME_i\text{-}FA_i}$——脂肪酸甲酯转化成脂肪酸的系数。

脂肪酸甲酯转化成脂肪酸的系数 $F_{FAME_i\text{-}FA_i}$ 参见附录 K。

(5) 试样中总脂肪含量。

试样中总脂肪含量按下式计算：

$$X_{总脂肪} = \sum X_i \times F_{FAME_i\text{-}TG_i}$$

式中：$X_{总脂肪}$——试样中总脂肪含量,g/100 g；

X_i——试样中单个脂肪酸甲酯 i 含量,g/100 g；

$F_{FAME_i\text{-}TG_i}$——脂肪酸甲酯 i 转化成甘油三酯的系数。

各种脂肪酸甲酯转化成甘油三酯的系数参见附录 K。脂肪酸甲酯 i 转化成为脂肪酸甘油三酯的系数按下式计算：

$$X_{FAME_i\text{-}TG_i} = \frac{M_{TG_i} \times \frac{1}{3}}{M_{FAME_i}}$$

式中：$F_{FAME_i\text{-}TG_i}$——脂肪酸甲酯 i 转化成为脂肪酸甘油三酯的系数；

M_{TG_i}——脂肪酸甘油三酯 i 的相对分子质量；

M_{FAME_i}——脂肪酸甲酯 i 的相对分子质量。

7. 说明及注意事项

(1) 根据实际工作需要选择内标,对于组分不确定的试样,第一次检测时不应加内标物。

观察在内标物峰位置处是否有干扰峰出现,如果存在,可依次选择十三碳酸甘油三酯或十九碳酸甘油三酯或二十三碳酸甘油三酯作为内标。

(2) 三氟化硼有毒,操作需在通风橱中进行,玻璃器具用后应立即用水冲洗。

(3) 如甲酯中含有丁酸甲酯,应储存在密封安瓿瓶中,采取一定的防护措施,以避免在填充及密封安瓿瓶过程中的蒸气损失。

(4) 所制备的甲酯应尽快分析。可将甲酯溶液在惰性气体保护下储存在冰箱中。若储存时间较长,可添加一定浓度且不会干扰分析结果的抗氧化剂(如焦性没食子酸或2,6-二叔丁基对甲酚)来防止甲酯自动氧化。

(5) 脂肪酸测定试样前处理除了水解-提取法和酯交换法外,还可用乙酰氯-甲醇法。乙酰氯-甲醇法适用于含水量小于5%的乳粉和无水奶油试样。

(6) 脂肪酸气相色谱测定的定量方法除了内标法以外,还可以用外标法和归一化法来定量。当只需测定试样中某几个脂肪酸组分,而且试样中所有组分不能全部出峰时,采用内标法最为方便准确。

8.3.2 反式脂肪酸的测定

1. 原理

动植物油脂试样或经酸水解法提取的食品试样中的脂肪,在碱性条件下与甲醇进行酯交换反应生成脂肪酸甲酯,并在强极性固定相毛细管色谱柱上分离,用配有氢火焰离子化检测器的气相色谱仪进行测定,面积归一化法定量。

2. 适用范围

本方法(GB 5009.257—2016)适用于动植物油脂、氢化植物油、精炼植物油脂及煎炸油和含动植物油脂、氢化植物油、精炼植物油脂及煎炸油食品中反式脂肪酸的测定。

3. 仪器

10 mL、50 mL具塞试管;125 mL分液漏斗;200 mL圆底烧瓶;恒温水浴锅;涡旋振荡器;离心机;旋转蒸发仪;分析天平,分度值为0.1 g、0.000 1 g;配氢火焰离子化检测器的气相色谱仪。

4. 试剂

除非另有说明,本方法所用试剂均为分析纯,水为GB/T 6682规定的二级水。

(1) 盐酸。

(2) 乙醚。

(3) 石油醚:沸程30～60 ℃。

(4) 无水乙醇:色谱纯。

(5) 无水硫酸钠:使用前于650 ℃灼烧4 h,储存于干燥器中备用。

(6) 异辛烷:色谱纯。

(7) 甲醇:色谱纯。

(8) 氢氧化钾:含量85%。

(9) 硫酸氢钠。

(10) 氢氧化钾-甲醇溶液(2 mol/L):称取13.2 g氢氧化钾,溶于80 mL甲醇中,冷却至室温,用甲醇定容至100 mL。

(11) 石油醚-乙醚溶液(1+1):量取500 mL石油醚与500 mL乙醚,混合均匀后备用。

(12) 脂肪酸甲酯标准储备液：分别准确称取反式脂肪酸甲酯标准品各100 mg(精确至0.1 mg)于25 mL烧杯中，分别用异辛烷溶解并转移入10 mL容量瓶中，准确定容至10 mL，此标准储备液的浓度为10 mg/mL，在(−18±4) ℃下保存。

(13) 脂肪酸甲酯混合标准中间液(0.4 mg/mL)：准确吸取标准储备液各1 mL于25 mL容量瓶中，用异辛烷定容，此混合标准中间液的浓度为0.4 mg/mL，在(−18±4) ℃下保存。

(14) 脂肪酸甲酯混合标准工作液：准确吸取标准中间液5 mL于25 mL容量瓶中，用异辛烷定容，此标准工作溶液的浓度为80 μg/mL。

5. 分析步骤

1) 样品制备

(1) 固态样品。

取有代表性的供试样品500 g，于粉碎机中粉碎混匀，均分成两份，分别装入洁净容器中，密封并标识，于0～4 ℃下保存。

(2) 半固态脂类样品。

取有代表性的样品500 g，置于烧杯中，于60～70 ℃水浴中融化，充分混匀，冷却后均分成两份，分别装入洁净容器中，密封并标识，于0～4 ℃下保存。

(3) 液态样品。

取有代表性的样品500 g，充分混匀后均分成两份，分别装入洁净容器中，密封并标识，于0～4 ℃下保存。

2) 脂肪酸甲酯的制备

(1) 动植物油脂。

称取60 mg油脂，置于10 mL具塞试管中，加入4 mL异辛烷充分溶解，加入0.2 mL氢氧化钾-甲醇溶液，涡旋混匀1 min，放至试管内混合液澄清。加入1 g硫酸氢钠中和过量的氢氧化钾，涡旋混匀30 s，于4 000 r/min下离心5 min，上清液经0.45 μm滤膜过滤，滤液作为试样待测液。

(2) 含油脂食品(除动植物油脂外)。

食品中脂肪的测定：对于均匀的固体和半固体脂类试样，称取2.0 g(精确至0.01 g，对于不同的食品称样量可适当调整，保证食品中脂肪量不小于0.125 g)置于50 mL试管中，加入8 mL水充分混合，再加入10 mL盐酸混匀；对于均匀的液态试样，称取10.00 g置于50 mL试管中，加入10 mL盐酸混匀。将上述试管放入60～70 ℃水浴中，每隔5～10 min振荡一次，40～50 min至试样完全水解。取出试管，加入10 mL乙醇充分混合，冷却至室温。将混合物移入125 mL分液漏斗中，以25 mL乙醚分两次润洗试管，洗液一并倒入分液漏斗中。待乙醚全部倒入后，加塞振摇1 min，小心开塞，放出气体，并用适量的石油醚-乙醚溶液(1+1)冲洗瓶塞及瓶口附着的脂肪，静置10～20 min至上层醚液清澈。将下层水相放入100 mL烧杯中，上层有机相放入另一干净的分液漏斗中，用少量石油醚-乙醚溶液(1+1)洗萃取用分液漏斗，收集有机相，合并于分液漏斗中。将烧杯中的水相倒回分液漏斗，再用25 mL乙醚分两次润洗烧杯，洗液一并倒入分液漏斗中，按前述萃取步骤重复提取两次，合并有机相于分液漏斗中，将全部有机相过适量的无水硫酸钠柱，用少量石油醚-乙醚溶液(1+1)淋洗柱子，收集全部流出液于100 mL具塞量筒中，用乙醚定容并混匀。精准移取50 mL有机相至已恒重的圆底烧瓶内，50 ℃水浴下旋转蒸去溶剂后，置(100±5)℃下恒重，计算食品中脂肪含量；另50 mL有机相于 50 ℃水浴下旋转蒸去溶剂后,用于反式脂肪酸甲酯的测定。

脂肪酸甲酯的制备:准确称取 60 mg 经上述步骤提取的脂肪[未经(100±5)℃干燥箱加热],置于 10 mL 具塞试管中,加入 4 mL 异辛烷充分溶解,加入 0.2 mL 氢氧化钾-甲醇溶液,涡旋混匀 1 min,放至试管内混合液澄清。加入 1 g 硫酸氢钠中和过量的氢氧化钾,涡旋混匀 30 s,于 4 000 r/min 下离心 5 min,上清液经 0.45 μm 滤膜过滤,滤液作为试样待测液。

3) 测定

取单个反式脂肪酸甲酯标准溶液和反式脂肪酸甲酯混合标准溶液分别注入气相色谱仪,对色谱峰进行定性,样液中反式脂肪酸的保留时间应在标准溶液保留时间的±0.5%范围内。反式脂肪酸甲酯混合标准溶液气相色谱图见图 8-6,各反式脂肪酸甲酯的参考保留时间如表 8-2 所示。色谱参考条件如下。

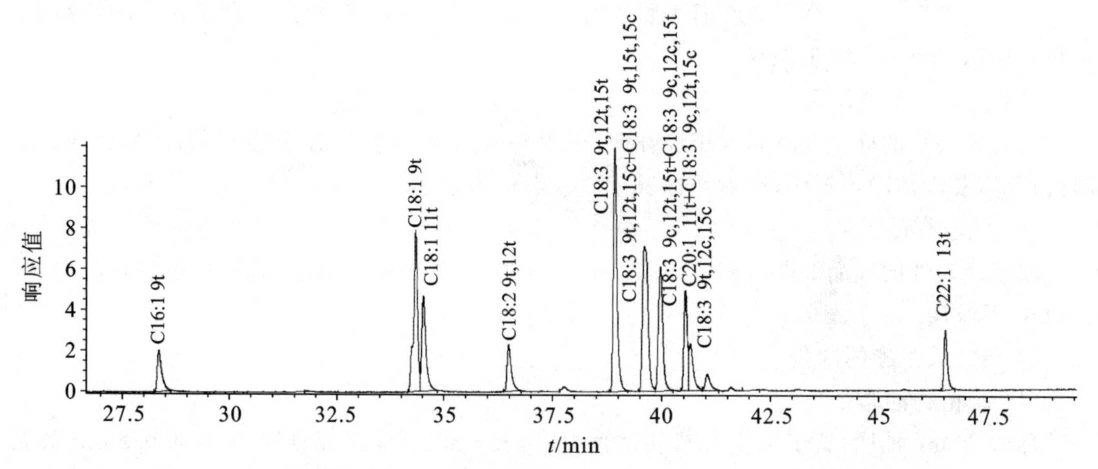

图 8-6 部分反式脂肪酸甲酯混合标准溶液气相色谱图(C16:1 9t～C22:1 13t)

表 8-2 部分反式脂肪酸甲酯的参考保留时间

反式脂肪酸甲酯	参考保留时间/min
C16:1 9t	28.402
C18:1 9t	34.384
C18:1 11t	34.567
C18:2 9t,12t	36.535
C18:3 9t,12t,15t	38.773
C18:3 9t,12t,15c+C18:3 9t,15t,15c	39.459
C18:3 9c,12t,15t+C18:3 9c,12c,15t	39.883
C18:3 9c,12t,15c	40.400
C18:3 9t,12c,15c	40.518
C20:1 11t	40.400
C22:1 13t	46.571

色谱柱：毛细管柱，SP-2560 聚二氰丙基硅氧烷作为固定相，100 m×0.25 mm，膜厚 0.2 μm，或性能相当者。

检测器：氢火焰离子化检测器。

载气：高纯氦气 99.999%。

载气流速：1.3 mL/min。

进样口温度：250 ℃。

检测器温度：250 ℃。

程序升温：初始温度 140 ℃，保持 5 min，以 1.8 ℃/min 的速率升至 220 ℃，保持 20 min。

进样量：1 μL。

分流比：30∶1。

将标准工作溶液和试样待测液分别注入气相色谱仪中，根据标准溶液色谱峰响应面积，采用归一化法定量测定。

空白实验指除不加实验样品外，其他采用与样品分析完全相同的实验步骤、试剂和用量进行操作。

6. 结果计算

反式脂肪酸含量是以反式脂肪（%，质量分数）报告，反式脂肪含量是以反式脂肪酸甲酯百分比含量的形式进行计算。

(1) 食品中脂肪的质量分数的计算。

$$w_z=\frac{m_1-m_0}{m_2}\times 100\%$$

式中：w_z——试样中脂肪的质量分数，%；

m_1——圆底烧瓶和脂肪的质量，g；

m_0——圆底烧瓶的质量，g；

m_2——试样的质量，g。

(2) 食品中脂肪各组分的相对质量分数的计算。

$$w_x=\frac{A_x\times f_x}{A_t}\times 100\%$$

式中：w_x——归一化法计算的反式脂肪酸组分 X 脂肪酸甲酯相对质量分数，%；

A_x——组分 X 脂肪酸甲酯峰面积；

f_x——组分 X 脂肪酸甲酯的校准因子；

A_t——所有峰校准面积的总和，除去溶剂峰。

(3) 脂肪中反式脂肪酸质量分数的计算。

$$w_t=\sum w_X$$

式中：w_t——脂肪中反式脂肪酸的质量分数，%；

w_X——归一化法计算的组分 X 脂肪酸甲酯相对质量分数，%。

(4) 食品中反式脂肪酸质量分数的计算。

$$w=w_t\times w_z$$

式中：w——食品中反式脂肪酸的质量分数，%；

w_t——脂肪中反式脂肪酸的质量分数，%；

w_z——食品中脂肪的质量分数,%。

7. 说明及注意事项

(1) 计算结果以重复性条件下获得的两次独立测定结果的算术平均值表示,食品中反式脂肪酸质量分数大于1.0%的结果保留3位有效数字,小于等于1.0%的结果保留2位有效数字。

(2) 在重复性条件下获得的两次独立测定结果的绝对差值不得超过算术平均值的15%。本方法的检出限为0.012%(以脂肪计),定量限为0.024%(以脂肪计)。

(3) 本方法不适用于油脂中游离脂肪酸(FFA)含量大于2%食品样品的测定。

8.4 胆固醇的测定

胆固醇存在于动物的所有组织中,是动物体维持正常生理活动所必需的。但人体内过多的胆固醇将引起高脂血症,并进而引发一系列心血管疾病,所以要控制饮食中胆固醇的摄入。因此检测食品中胆固醇的含量十分有必要。

8.4.1 气相色谱法

1. 原理

样品经无水乙醇-氢氧化钾溶液皂化,石油醚和无水乙醚混合提取,提取液浓缩至干,无水乙醇溶解定容后,采用气相色谱法检测,外标法定量。

2. 适用范围

本方法(GB 5009.128—2016 第一法)适用于肉及肉制品、蛋及蛋制品、乳及乳制品等各类动物性食品以及植物油脂中胆固醇的测定。

3. 仪器

配有氢火焰离子化检测器(FID)的气相色谱仪;电子天平(感量为1 mg和0.1 mg);匀浆机;皂化装置等。

4. 试剂

除非另有说明,本方法所用试剂均为分析纯,水为GB/T 6682规定的一级水。

(1) 甲醇:色谱纯。

(2) 无水乙醇。

(3) 石油醚:沸程30~60 ℃。

(4) 无水乙醚。

(5) 无水硫酸钠。

(6) 氢氧化钾。

(7) 60%氢氧化钾溶液:称取60 g氢氧化钾,缓慢加水溶解,并定容至100 mL。

(8) 石油醚-无水乙醚混合液(1+1):将石油醚和无水乙醚等体积混合均匀。

(9) 标准品:胆固醇标准品(CAS号:57-88-5),纯度≥99%。

(10) 胆固醇标准溶液。

胆固醇标准储备液(1.0 mg/mL):称取胆固醇标准品0.05 g(精确至0.1 mg),用无水乙醇溶解并定容至50 mL,0~4 ℃密封可储藏半年。

胆固醇标准系列工作液：分别吸取标准储备液（1.0 mg/mL）25、50、100、500、2 000 μL，用无水乙醇定容至 10 mL，该标准系列工作液的浓度分别为 2.5、5、10、50、200 μg/mL。现用现配。

5. 分析步骤

1）试样制备

（1）肉及肉制品等各类固体试样。

取样品的可食部分 200 g 进行均质。将试样装入密封的容器里，防止变质和成分变化。试样应在均质化 24 h 内尽快分析。

（2）植物油脂、乳品等液体试样。

取混匀后的均匀液体试样装入密封容器里待测。

2）样品处理

（1）皂化。

称取制备后的样品 0.25～10 g（准确至 0.001 g，胆固醇含量为 0.5～5 mg），于 250 mL 圆底烧瓶中，加入 30 mL 无水乙醇、10 mL 60%氢氧化钾溶液，混匀。将试样在 100 ℃电热套磁力搅拌器中回流皂化 1 h，不时振荡防止试样黏附在瓶壁上，皂化结束后，用 5 mL 无水乙醇自冷凝管顶端冲洗其内部，取下圆底烧瓶，用流水冷却至室温。

（2）提取。

定量转移全部皂化液于 250 mL 分液漏斗中，用 30 mL 水分 2～3 次冲洗圆底烧瓶，洗液并入分液漏斗，再用 40 mL 石油醚-无水乙醚混合液（1＋1）分 2～3 次冲洗圆底烧瓶，洗液并入分液漏斗，振摇 2 min，静置，分层。转移水相，合并三次有机相，用水每次 100 mL 洗涤提取液至中性，初次水洗时轻轻旋摇，防止乳化，提取液通过约 10 g 无水硫酸钠脱水转移到 150 mL 平底烧瓶中。

（3）浓缩。

将上述平底烧瓶中的提取液在真空条件下蒸发至近干，用无水乙醇溶解并定容至 5 mL，待气相色谱仪测定。

不同试样的前处理需要同时做空白实验。

3）测定

（1）仪器参考条件。

色谱柱：DB-5 弹性石英毛细管柱，柱长 30 m，内径 0.32 mm，粒径 0.25 μm，或同等性能的色谱柱。

载气：高纯氮气，纯度≥99.999%；恒流流速 2.4 mL/min。

柱温（程序升温）：初始温度为 200 ℃，保持 1 min，以 30 ℃/min 速率升至 280 ℃，保持 10 min。

进样口温度 280 ℃。

检测器温度：290 ℃。

进样量：1 μL。

进样方式：不分流进样，进样 1 min 后开阀。

空气流量：350 mL/min。

氢气流量：30 mL/min。

(2) 标准曲线的制作。

分别取胆固醇标准系列工作液注入气相色谱仪,在上述色谱条件下测定标准溶液的响应值(峰面积),以浓度为横坐标、峰面积为纵坐标,制作标准曲线。

(3) 样品测定。

试样溶液注入气相色谱仪,测定峰面积,由标准曲线得到试样溶液中胆固醇的浓度。根据保留时间定性,外标法定量。胆固醇标准溶液的气相色谱图见图 8-7。

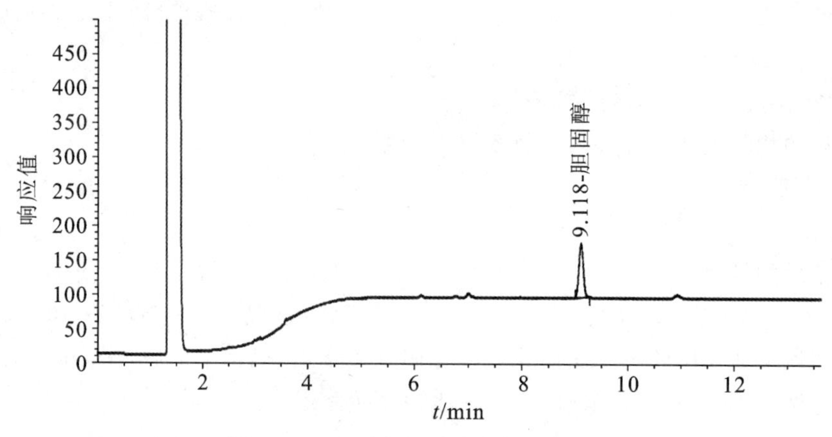

图 8-7 胆固醇标准溶液的气相色谱图

6. 结果计算

$$X=\frac{\rho\times V}{m\times 1\,000}\times 100$$

式中:X——试样中胆固醇含量,mg/100 g;

ρ——试样溶液中胆固醇的浓度,μg/mL;

V——试样溶液最终定容的体积,mL;

m——试样质量,g;

1 000、100——换算系数。

7. 说明及注意事项

(1) 计算结果应扣除空白,结果保留 3 位有效数字。

(2) 在重复性条件下获得的两次独立测定结果的绝对差值不得超过算术平均值的 10%。

(3) 当称样量为 0.5 g,定容体积为 5.0 mL,方法的检出限为 0.3 mg/100 g,定量限为 1.0 mg/100 g。

8.4.2 高效液相色谱法

1. 原理

样品经无水乙醇-氢氧化钾溶液皂化,石油醚和无水乙醚混合提取,提取液浓缩至干,无水乙醇溶解定容后,采用高效液相色谱仪检测,外标法定量。

2. 适用范围

本方法(GB 5009.128—2016 第二法)适用于肉及肉制品、蛋及蛋制品、乳及乳制品等各类动物性食品中胆固醇的测定。

3. 仪器

配有紫外检测器或二极管阵列检测器的高效液相色谱仪；电子天平(感量为 1 mg 和 0.1 mg)；匀浆机；皂化装置等。

4. 试剂

除非另有说明，本方法所用试剂均为分析纯，水为 GB/T 6682 规定的一级水。

(1) 甲醇：色谱纯。

(2) 无水乙醇。

(3) 石油醚：沸程 30～60 ℃。

(4) 无水乙醚。

(5) 无水硫酸钠。

(6) 氢氧化钾。

(7) 60%氢氧化钾溶液：称取 60 g 氢氧化钾，缓慢加水溶解，并定容至 100 mL。

(8) 石油醚-无水乙醚混合液(1+1)：将石油醚和无水乙醚等体积混合均匀。

(9) 标准品：胆固醇标准品(CAS 号：57-88-5)，纯度≥99%。

(10) 胆固醇标准溶液。

胆固醇标准储备液(1.0 mg/mL)：称取胆固醇标准品 0.05 g(精确至 0.1 mg)，用无水乙醇溶解并定容至 50 mL，0～4 ℃密封可储藏半年。

胆固醇标准系列工作液：分别吸取标准储备液(1.0 mg/mL)25、50、100、500、2 000 μL，用无水乙醇定容至 10 mL，该标准系列工作液的浓度分别为 2.5、5、10、50、200 μg/mL。现用现配。

5. 分析步骤

1) 试样制备

(1) 肉及肉制品等各类固体试样。

样品取可食部分 200 g，使用绞肉机或匀浆机将试样均质。将试样装入密封的容器里，防止变质和成分变化。试样应在均质化 24 h 内尽快分析。

(2) 乳品等液体试样。

取混匀后的均匀液体试样装入密封容器里待测。

2) 样品处理

(1) 皂化。

称取制备后的样品 0.25～10 g(精确至 0.001 g，胆固醇含量为 0.5～5 mg)，置于 250 mL 圆底烧瓶中，加入 30 mL 无水乙醇、10 mL 60%氢氧化钾溶液，混匀。将试样在 100 ℃电热套磁力搅拌器中回流皂化 1 h，不时振荡防止试样黏附在瓶壁上，皂化结束后，用 5 mL 无水乙醇自冷凝管顶端冲洗其内部，取下圆底烧瓶，用流水冷却至室温。

(2) 提取。

定量转移全部皂化液于 250 mL 分液漏斗中，用 30 mL 水分 2～3 次冲洗圆底烧瓶，洗液并入分液漏斗，再用 40 mL 石油醚-无水乙醚混合液(1+1)分 2～3 次冲洗圆底烧瓶，洗液并入分液漏斗，振摇 2 min，静置，分层。转移水相，合并三次有机相，每次用水 100 mL 洗涤提取液至中性，初次水洗时轻轻旋摇，防止乳化，提取液通过约 10 g 无水硫酸钠脱水转移到 150 mL 平底烧瓶中。

(3) 浓缩。

将上述平底烧瓶中的提取液在真空条件下蒸发至近干,用无水乙醇溶解并定容至 5 mL,溶液通过 0.45 μm 过滤膜,收集滤液于进样瓶中,待高效液相色谱仪测定。

不同试样的前处理需要同时做空白实验。

3) 测定

(1) 仪器参考条件。

色谱柱:C18 反相色谱柱,柱长 4.6 mm,内径 150 mm,粒径 5 μm,或同等性能的色谱柱。

柱温:38 ℃。

流动相:甲醇。

流速:1.0 mL/min。

测定波长:205 nm。

进样量:10 μL。

(2) 标准曲线的制作。

分别取 10 μL 胆固醇标准工作液注入高效液相色谱仪,在上述色谱条件下测定标准溶液的响应值(峰面积),以浓度为横坐标、峰面积为纵坐标,制作标准曲线。

(3) 测定。

将 10 μL 试样溶液注入高效液相色谱仪,测定峰面积,由标准曲线得到试样溶液中胆固醇的浓度。胆固醇标准溶液的液相色谱图见图 8-8。

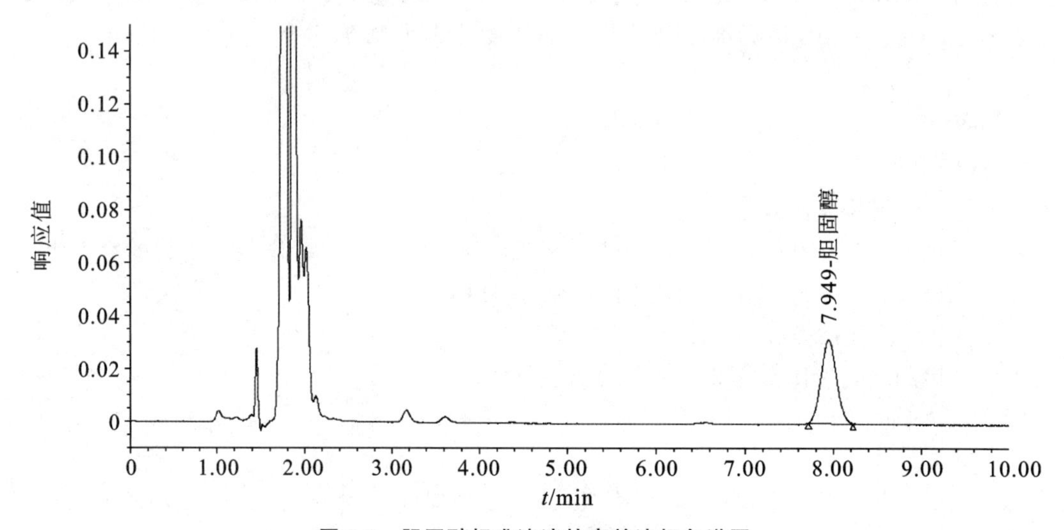

图 8-8　胆固醇标准溶液的高效液相色谱图

6. 结果计算

$$X=\frac{\rho \times V}{m \times 1\,000} \times 100$$

式中:X——试样中胆固醇含量,mg/100 g;

ρ——试样溶液中胆固醇的浓度,μg/mL;

V——试样溶液最终定容的体积,mL;

m——试样质量,g;

1 000、100——换算系数。

7. 说明及注意事项

(1) 计算结果应扣除空白，结果保留 3 位有效数字。

(2) 在重复性条件下获得的两次独立测定结果的绝对差值不得超过算术平均值的 10%。

(3) 当称样量为 1 g，定容体积为 5 mL，方法的检出限为 0.64 mg/100 g，定量限为 2.1 mg/100 g。

8.4.3 比色法

1. 原理

当固醇类化合物与酸作用时，可脱水并发生聚合反应，产生有颜色物质。因此可先对食品样品进行提取和皂化，以硫酸铁铵试剂作为显色剂，测定食品中胆固醇的含量。

2. 适用范围

本方法(GB 5009.128—2016 第三法)适用于肉及肉制品、蛋及蛋制品等动物性食品中胆固醇的测定。

3. 仪器

分光光度计；电热恒温水浴锅；电动振荡器；具玻璃塞试管(10 mL、25 mL)。

4. 试剂

全部试剂除注明外均为分析纯，水为 GB/T 6682 规定的三级水。

(1) 石油醚。

(2) 无水乙醇。

(3) 浓硫酸。

(4) 冰乙酸：优级纯。

(5) 磷酸。

(6) 胆固醇标准溶液。

胆固醇标准储备液(1 mg/mL)：精确称取胆固醇标准品(CAS 号为 57-88-5，纯度≥99%) 100 mg，溶于冰乙酸中，并定容至100 mL。4 ℃密封可储存半年。

胆固醇标准工作液(100 μg/mL)：吸取胆固醇标准储备液 10 mL，用冰乙酸定容至 100 mL。此液用时临时配制。

(7) 铁矾显色剂。

铁矾储备液：溶解 4.463 g 硫酸铁铵于 100 mL 85%磷酸中，储存于干燥器内，此液在室温中稳定。

铁矾显色液：吸取铁矾储备液 10 mL，用浓硫酸定容至 100 mL，储存于干燥器内，以防吸水。

(8) 氢氧化钾溶液(500 g/L)：称取 50 g 氢氧化钾，用蒸馏水溶解，并定容至 100 mL。

(9) 氯化钠溶液(50 g/L)：称取 5 g 氯化钠，用蒸馏水溶解，并定容至 100 mL。

(10) 钢瓶氮气：纯度 99.99%。

5. 分析步骤

1) 胆固醇标准曲线

吸取胆固醇标准工作液 0、0.5、1.0、1.5、2.0 mL 分别置于 10 mL 试管内，在管内加入冰乙酸使总体积皆达 4 mL。沿管壁加入 2 mL 铁矾显色液,混匀,在 15～90 min 内,在 560～575 nm波长下比色,测定吸光度。以胆固醇标准溶液浓度为横坐标,吸光度为纵坐标制作标准曲线。

2) 样品的制备

根据食品种类,分别用索氏抽提法、研磨浸提法和罗高氏法提取脂肪,并计算出每 100 g 食品中的脂肪含量。

3) 测定

将提取的油脂 3～4 滴(含胆固醇 300～500 μg),置于 25 mL 试管内,称量,准确记录其质量。加入 4 mL 无水乙醇、0.5 mL 500 g/L 氢氧化钾溶液,在 65 ℃水浴中皂化 1 h。皂化时每隔 20～30 min 振摇一次,使皂化完全。皂化完毕,取出试管,冷却。加入 3 mL 50 g/L 氯化钠溶液、10 mL 石油醚,盖紧玻璃塞,在电动振荡器上振摇 2 min,静置分层(一般需 1 h 以上)。

取上层石油醚 2 mL,置于 10 mL 具塞试管内,在 65 ℃水浴中用氮气吹干,加入 4 mL 冰乙酸、2 mL 铁矾显色液,混匀,放置 15 min 后在 560～575 nm 波长下比色,测定吸光度,在标准曲线上查出相应的胆固醇含量。

不同试样的前处理需要同时做空白对照实验。

6. 结果计算

$$X=\frac{A\times V_1\times X_1}{V_2\times m}\times\frac{1}{1\,000}$$

式中:X——样品中胆固醇含量,mg/100 g;

A——测得的吸光度在胆固醇标准曲线上的胆固醇含量,μg;

V_1——石油醚总体积,mL;

V_2——取出的石油醚体积,mL;

m——称取食品样品的质量,g;

X_1——样品中油脂含量,g/100 g;

$\frac{1}{1\,000}$——折算成每 100 g 样品中胆固醇质量(mg)。

7. 说明及注意事项

在重复条件下获得的两次独立测定结果的绝对差值不得超过算术平均值的 10%。

8.5 油脂及含油脂类食品相关重要指标的测定

8.5.1 丙二醛的测定

油脂受到光、热和空气中氧的作用,经氧化后,发生酸败反应,进一步分解产生醛、酮和低分子有机酸类等化合物,丙二醛是动物油脂变质过程中的中间产物。对油脂中的丙二醛进行检测,能准确反映动物油脂腐败变质的程度。

强制性国家标准《食品安全国家标准　食用动物油脂》(GB 10146—2015)规定:丙二醛含量≤0.25 mg/100 g。

一、高效液相色谱法

1. 原理

试样先用酸液提取，再将提取液与硫代巴比妥酸(TBA)作用生成有色化合物，采用高效液相色谱-二极管阵列检测器测定，外标法定量。

2. 适用范围

本方法(GB 5009.181—2016 第一法)适用于所有食品中丙二醛的测定。

3. 仪器

配有二极管阵列检测器的高效液相色谱仪；天平(感量为 0.000 1 g、0.01 g)；恒温振荡器；恒温水浴锅；水相针式滤器；0.45 μm 聚醚砜滤膜。

4. 试剂

除非另有说明，本方法所用试剂均为分析纯，水为 GB/T 6682 规定的一级水。

(1) 甲醇：色谱纯。

(2) 三氯乙酸。

(3) 乙二胺四乙酸二钠。

(4) 硫代巴比妥酸(TBA)。

(5) 乙酸铵溶液(0.01 mol/L)：称取 0.77 g 乙酸铵，加水溶解，定容至 1 000 mL，经 0.45 μm 过滤器过滤。

(6) 三氯乙酸混合液：准确称取 37.50 g(精确至 0.01 g)三氯乙酸及 0.50 g(精确至 0.01 g)乙二胺四乙酸二钠，用水溶解，稀释至 500 mL。

(7) 硫代巴比妥酸(TBA)水溶液：准确称取 0.288 g(精确至 0.001 g)硫代巴比妥酸，溶于水中，并稀释至 100 mL(如不易溶解，可加热超声至全部溶解，冷却后定容至 100 mL)，相当于 0.02 mol/L。

(8) 标准品：1,1,3,3-四乙氧基丙烷(又名丙二醛乙缩醛)(CAS 号：122-31-6)，纯度≥97%。

(9) 丙二醛标准溶液。

丙二醛标准储备液(100 μg/mL)：准确移取 0.315 g(精确至 0.001 g)1,1,3,3-四乙氧基丙烷至 1 000 mL 容量瓶中，用水溶解后稀释至 1 000 mL，置于冰箱 4 ℃储存。有效期 3 个月。

丙二醛标准使用液(1.00 μg/mL)：准确移取丙二醛标准储备液 1.0 mL，用三氯乙酸混合液稀释至 100 mL，置于冰箱 4 ℃储存。有效期 2 周。

丙二醛标准系列溶液：准确移取丙二醛标准使用液 0.10、0.50、1.0、1.5、2.5 mL 于 10 mL 容量瓶中，加三氯乙酸混合液定容至刻度，该标准系列溶液浓度分别为0.01、0.05、0.10、0.15、0.25 μg/mL，现配现用。

5. 分析步骤

1) 样品处理

(1) 提取。

称取均匀的样品 5 g(精确至 0.01 g)，置入 100 mL 具塞锥形瓶中，准确加入 50 mL 三氯乙酸混合液，摇匀，加塞密封，置于恒温振荡器上 50 ℃振摇 30 min，取出，冷却至室温，用双层定量慢速滤纸过滤，弃去初滤液，续滤液备用。

(2) 衍生化。

准确移取上述滤液和标准系列溶液(浓度分别为 0.01、0.05、0.10、0.15、0.25 μg/mL)各

5 mL 分别置于 25 mL 具塞比色管内,加入 5 mL 硫代巴比妥酸(TBA)水溶液,加塞,混匀,置于 90 ℃水浴内反应 30 min,取出,冷却至室温,取适量上层清液过滤膜,上机分析。

2) 液相色谱参考条件

色谱柱:C18 柱,柱长 150 mm,内径 4.6 mm,粒径 5 μm,或性能相当者。

流动相:0.01 mol/L 乙酸铵-甲醇混合液(7+3)。

柱温:30 ℃。

流速:1.0 mL/min。

进样量:10 μL。

检测波长:532 nm。

3) 测定

分别吸取标准系列工作液和待测试样的衍生溶液注入高效液相色谱仪中,测定相应的峰面积,以标准工作液的浓度为横坐标,以峰面积响应值为纵坐标,绘制标准曲线。根据标准曲线得到待测液中丙二醛的浓度。丙二醛硫代巴比妥酸衍生物标准溶液的液相色谱图见图 8-9。

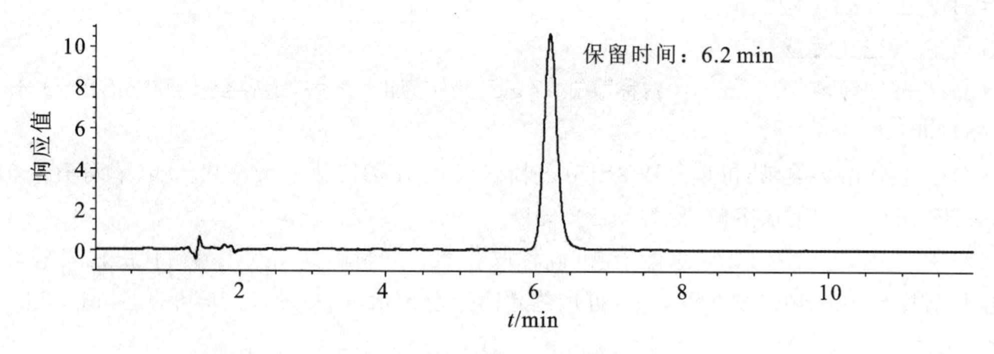

图 8-9 0.10 μg/mL 丙二醛硫代巴比妥酸衍生物标准色谱图

6. 结果计算

$$X=\frac{C\times V\times 1\,000}{m\times 1\,000}$$

式中:X——试样中丙二醛含量,mg/kg;

C——从标准系列曲线中得到的试样溶液中丙二醛的浓度,μg/mL;

V——试样溶液定容体积,mL;

m——最终试样溶液所代表的试样质量,g;

1 000——换算系数。

7. 说明及注意事项

计算结果以重复性条件下获得的两次独立测定结果的算术平均值表示,结果保留 2 位有效数字。在重复性条件下获得的两次独立测定结果的绝对差值不得超过算术平均值的 10%。本法检出限为 0.03 mg/kg,定量限为 0.10 mg/kg。

二、分光光度法

1. 原理

丙二醛经三氯乙酸溶液提取后,与硫代巴比妥酸(TBA)作用生成粉红色化合物,用分光光度计测定其在 532 nm 波长处的吸光度,与标准系列比较定量。

2. 适用范围

本方法(GB 5009.181—2016 第二法)适用于动植物油脂中丙二醛的测定。

3. 仪器

分光光度计;天平(感量为0.000 1 g、0.01 g);恒温振荡器;恒温水浴锅;100 mL具塞锥形瓶;25 mL具塞比色管。

4. 试剂

除非另有说明,本方法所用试剂均为分析纯,水为GB/T 6682规定的三级水。

(1) 三氯乙酸。

(2) 乙二胺四乙酸二钠。

(3) 硫代巴比妥酸(TBA)。

(4) 三氯乙酸混合液:准确称取37.50 g(精确至0.01 g)三氯乙酸及0.50 g(精确至0.01 g)乙二胺四乙酸二钠,用水溶解,稀释至500 mL。

(5) 硫代巴比妥酸(TBA)水溶液:准确称取0.288 g(精确至0.001 g)硫代巴比妥酸,溶于水中,并稀释至100 mL(如不易溶解,可加热超声至全部溶解,冷却后定容至100 mL),相当于0.02 mol/L。

(6) 标准品:1,1,3,3-四乙氧基丙烷(又名丙二醛乙缩醛)(CAS号:122-31-6),纯度≥97%。

(7) 丙二醛标准溶液。

丙二醛标准储备液(100 μg/mL):准确移取0.315 g(精确至0.001 g)1,1,3,3-四乙氧基丙烷至1 000 mL容量瓶中,用水溶解后稀释至1 000 mL,置于冰箱4 ℃储存。有效期3个月。

丙二醛标准使用液(1.00 μg/mL):准确移取丙二醛标准储备液1.0 mL,用三氯乙酸混合液稀释至100 mL,置于冰箱4 ℃储存。有效期2周。

丙二醛标准系列溶液:准确移取丙二醛标准使用液0.10、0.50、1.0、1.5、2.5 mL于10 mL容量瓶中,加三氯乙酸混合液定容至刻度,该标准系列溶液浓度为0.01、0.05、0.10、0.15、0.25 μg/mL,现配现用。

5. 分析步骤

1) 样品处理

(1) 提取。

称取样品5 g(精确到0.01 g)置于100 mL具塞锥形瓶中,准确加入50 mL三氯乙酸混合液,摇匀,加塞密封,置于恒温振荡器上50 ℃振摇30 min,取出,冷却至室温,用双层定量慢速滤纸过滤,弃去初滤液,续滤液备用。

(2) 衍生化。

准确移取上述滤液和标准系列溶液(浓度分别为0.01、0.05、0.10、0.15、0.25 μg/mL)各5 mL分别置于25 mL具塞比色管内,另取5 mL三氯乙酸混合液作为样品空白,分别加入5 mL硫代巴比妥酸(TBA)水溶液,加塞,混匀,置于90 ℃水浴内反应30 min,取出,冷却至室温。

2) 测定

以样品空白调节零点,用分光光度计于532 nm处测定样品溶液和标准系列溶液的吸光度,以标准系列溶液的质量浓度为横坐标、吸光度为纵坐标,绘制标准曲线。根据标准曲线得到待测液中丙二醛的浓度。

6. 结果计算

$$X=\frac{C\times V\times 1\,000}{m\times 1\,000}$$

式中：X——试样中丙二醛含量，mg/kg；

C——从标准系列曲线中得到的试样溶液中丙二醛的浓度，μg/mL；

V——试样溶液定容体积，mL；

m——最终试样溶液所代表的试样质量，g；

1 000——换算系数。

7. 说明及注意事项

计算结果以重复性条件下获得的两次独立测定结果的算术平均值表示，结果保留2位有效数字。在重复性条件下获得的两次独立测定结果的绝对差值不得超过算术平均值的10%。本法检出限为0.05 mg/kg，定量限为0.10 mg/kg。

8.5.2　过氧化值的测定

脂类氧化是油脂和含油脂食品变质的主要原因之一，它能导致食用油和含脂食品产生不良的风味(哈喇味)，使食品不能被消费者接受，此外，氧化反应降低了食品的营养价值，有些氧化产物还是潜在的毒物。

过氧化值是1 kg样品中的活性氧含量，以过氧化物的毫摩尔数(mmol)表示，是反映油脂氧化程度的指标之一。一般来说，过氧化值越高，其酸败就越厉害，过氧化值过高的油脂或含油食品不能食用。

一、滴定法

1. 原理

制备的油脂试样在三氯甲烷和冰乙酸中溶解，其中的过氧化物与碘化钾反应生成碘，用硫代硫酸钠标准溶液滴定析出的碘。用过氧化物相当于碘的质量分数或1 kg样品中活性氧的毫摩尔数表示过氧化值的量。

2. 适用范围

本方法(GB 5009.227—2016第一法)适用于食用动植物油脂、食用油脂制品，以小麦粉、谷物、坚果等植物性食品为原料经油炸、膨化、烘烤、调制、炒制等加工工艺而制成的食品，以及以动物性食品为原料经速冻、干制、腌制等加工工艺而制成的食品中过氧化值的测定。

3. 仪器

250 mL碘量瓶；10 mL滴定管(最小刻度为0.05 mL)；25 mL或50 mL滴定管(最小刻度为0.1 mL)；天平(感量为1 mg、0.01 mg)；电热恒温干燥箱；旋转蒸发仪。

4. 试剂

除非另有说明，本方法所用试剂均为分析纯，水为GB 6682规定的三级水。

(1) 冰乙酸。

(2) 三氯甲烷。

(3) 碘化钾。

(4) 硫代硫酸钠。

(5) 石油醚：沸程为30～60 ℃。

(6) 无水硫酸钠。

(7) 可溶性淀粉。

(8) 重铬酸钾：工作基准试剂。

(9) 三氯甲烷-冰乙酸混合液(40+60)：量取 40 mL 三氯甲烷，加 60 mL 冰乙酸，混匀。

(10) 碘化钾饱和溶液：称取 20 g 碘化钾，加入 10 mL 新煮沸并冷却的水，摇匀后储存于棕色瓶中，存放于避光处备用。要确保溶液中有碘化钾结晶存在。

(11) 1%淀粉指示剂：称取 0.5 g 可溶性淀粉，加少量水调成糊状。边搅拌边倒入 50 mL 沸水，再煮沸搅匀后，放冷备用。临用前配制。

(12) 硫代硫酸钠标准溶液。

0.1 mol/L 硫代硫酸钠标准溶液：称取 26 g 硫代硫酸钠，加 0.2 g 无水碳酸钠，溶于 1 000 mL 水中，缓缓煮沸 10 min，冷却。放置两周后过滤、标定。

0.01 mol/L 硫代硫酸钠标准溶液：由 0.1 mol/L 硫代硫酸钠标准溶液以新煮沸并冷却的水稀释而成。临用前配制。

0.002 mol/L 硫代硫酸钠标准溶液：由 0.1 mol/L 硫代硫酸钠标准溶液以新煮沸并冷却的水稀释而成。临用前配制。

5. 分析步骤

1) 试样处理

(1) 动植物油脂。

对液态样品，振摇装有试样的密闭容器，充分均匀后直接取样；对固态样品，选取有代表性的试样置于密闭容器中混匀后取样。

(2) 油脂制品。

① 食用氢化油、起酥油、代可可脂：对液态样品，振摇装有试样的密闭容器，充分混匀后直接取样；对固态样品，选取有代表性的试样置于密闭容器中混匀后取样。如有必要，将盛有固态试样的密闭容器置于恒温干燥箱中，缓慢加温到刚好可以融化，振摇混匀，趁试样为液态时立即取样测定。

② 人造奶油：将样品置于密闭容器中，于 60～70 ℃的恒温干燥箱中加热至融化，振摇混匀后，继续加热至破乳分层并将油层通过快速定性滤纸过滤到烧杯中，烧杯中滤液为待测试样。制备的待测试样应澄清。趁待测试样为液态时立即取样测定。

③ 以小麦粉、谷物、坚果等植物性食品为原料，经油炸、膨化、烘烤、调制、炒制等加工工艺而制成的食品：从所取全部样品中取出有代表性样品的可食部分，在玻璃研钵中研碎，将粉碎的样品置于广口瓶中，加入 2～3 倍于样品体积的石油醚，摇匀，充分混合后静置浸提 12 h 以上，经装有无水硫酸钠的漏斗过滤，取滤液，在低于 40 ℃的水浴中，用旋转蒸发仪减压蒸干石油醚，残留物即为待测试样。

④ 以动物性食品为原料经速冻、干制、腌制等加工工艺而制成的食品：从所取全部样品中取出有代表性样品的可食部分，将其破碎并充分混匀后置于广口瓶中，加入 2～3 倍于样品体积的石油醚，摇匀，充分混合后静置浸提 12 h 以上，经装有无水硫酸钠的漏斗过滤，取滤液，在低于 40 ℃的水浴中，用旋转蒸发仪减压蒸干石油醚，残留物即为待测试样。

2) 试样的测定

称取上述处理好的试样 2～3 g(精确至 0.001 g)，置于 250 mL 碘量瓶中，加入 30 mL 三氯甲烷-冰乙酸混合液，轻轻振摇使试样完全溶解。准确加入 1.00 mL 碘化钾饱和溶液，塞紧瓶盖，并轻轻振摇 0.5 min，在暗处放置 3 min。取出加 100 mL 水，摇匀后立即用硫代硫酸钠标准溶液(过氧化值估计值在 0.15 g/100 g 及以下时,用 0.002 mol/L 标准溶液;过氧化值估计值大于 0.15 g/100 g 时,用 0.01 mol/L 标准溶液)滴定析出的碘,滴定至淡黄色时,加 1 mL 淀粉指示剂,继续滴定并强烈振摇至溶液蓝色消失为终点。同时进行空白实验。空白实验所消耗 0.01 mol/L 硫代硫酸钠溶液体积 V_0 不得超过 0.1 mL。

6. 结果计算

用过氧化物相当于碘的质量分数表示过氧化值时,按下式计算:

$$X_1=\frac{(V-V_0)\times c\times 0.1269}{m}\times 100$$

式中:X_1——过氧化值,g/100 g;

V——试样消耗的硫代硫酸钠标准溶液体积,mL;

V_0——空白实验消耗的硫代硫酸钠标准溶液体积,mL;

c——硫代硫酸钠标准溶液的浓度,mol/L;

0.126 9——与 1.00 mL 硫代硫酸钠标准滴定溶液[$c(Na_2S_2O_3)=1.000$ mol/L]相当的碘的质量;

m——试样质量,g;

100——换算系数。

用 1 kg 样品中活性氧的毫摩尔数表示过氧化值时,按下式计算:

$$X_2=\frac{(V-V_0)\times c}{2\times m}\times 1000$$

式中:X_2——过氧化值,mmol/kg;

V——试样消耗的硫代硫酸钠标准溶液体积,mL;

V_0——空白实验消耗的硫代硫酸钠标准溶液体积,mL;

c——硫代硫酸钠标准溶液的浓度,mol/L;

m——试样质量,g;

1 000——换算系数。

7. 说明及注意事项

(1) 计算结果以重复性条件下获得的两次独立测定结果的算术平均值表示,结果保留 2 位有效数字。在重复性条件下获得的两次独立测定结果的绝对差值不得超过算术平均值的 10%。

(2) 本方法中使用的所有器皿不得含有还原性或氧化性物质。磨砂玻璃表面不得涂油。

(3) 碘化钾饱和溶液中不可存在游离碘和碘酸盐,在使用前要进行检查。检查方法如下:在 30 mL 异辛烷-冰乙酸混合液中添加 0.5 mL 碘化钾饱和溶液和 2 滴 1%淀粉指示剂,若出现蓝色,并需用 0.01 mol/L 硫代硫酸钠溶液超过 1 滴以上才能消除的,此溶液应重新配制。

(4) 石油醚中不可存在氧化物或过氧化物,在使用前要进行检查。检查方法如下:取 100 mL 石油醚于蒸馏瓶中,在低于 40 ℃的水浴中,用旋转蒸发仪减压蒸干。用 30 mL 三氯甲烷-冰乙酸混合液分次洗涤蒸馏瓶,合并洗涤液于 250 mL 碘量瓶中。准确加入 1.00 mL 碘化钾饱和溶液,塞紧瓶盖,并轻轻振摇 0.5 min,在暗处放置 3 min,加 1.0 mL 淀粉指示剂后混匀,若无蓝色出现,此石油醚可用于试样制备;如加 1.0 mL 淀粉指示剂混匀后有蓝色出现,则需更换试剂。

(5) 光线会促进空气对试剂的氧化,配好的试剂应置于暗处保存,也应避免在阳光直射下进行试样处理和试样测定，并尽可能避免带入空气。

（6）三氯甲烷、乙酸的比例，加入碘化钾后静置时间的长短及加水量多少等，对测定结果均有影响，所以操作过程应注意条件一致。

（7）用硫代硫酸钠标准溶液滴定被测样品时，必须在溶液呈淡黄色时才能加入淀粉指示剂，否则淀粉会包裹或吸附碘而影响测定结果。

（8）本方法不适用于植脂末等包埋类油脂制品的测定。

二、电位滴定法

1. 原理

制备的油脂试样溶解在异辛烷和冰乙酸中，试样中过氧化物与碘化钾反应生成碘，反应后用硫代硫酸钠标准溶液滴定析出的碘，用电位滴定仪确定滴定终点。用过氧化物相当于碘的质量分数或 1 kg 样品中活性氧的毫摩尔数表示过氧化值的量。

2. 适用范围

本方法（GB 5009.227—2016 第二法）适用于动植物油脂和人造奶油中过氧化值的测定，测量范围是 0～0.38 g/100 g。

3. 仪器

250 mL 碘量瓶；天平（感量为 1、0.01 mg）；电热恒温干燥箱；旋转蒸发仪；电位滴定仪（精度为±2 mV；能实时显示滴定过程的电位值-滴定体积变化曲线；配备复合铂环电极或其他具有类似指示功能的氧化还原电极以及 10、20 mL 的带防扩散滴定头的滴定管）；磁力搅拌器。

4. 试剂

除非另有说明，本方法所用试剂均为分析纯，水为 GB 6682 规定的三级水。

（1）冰乙酸。

（2）异辛烷。

（3）碘化钾。

（4）硫代硫酸钠。

（5）重铬酸钾：工作基准试剂。

（6）异辛烷-冰乙酸混合液（40＋60）：量取 40 mL 异辛烷，加 60 mL 冰乙酸，混匀。

（7）碘化钾饱和溶液：称取 20 g 碘化钾，加入 10 mL 新煮沸并冷却的水，摇匀后储存于棕色瓶中，存放于避光处备用。要确保溶液中有碘化钾结晶存在。

（8）硫代硫酸钠标准溶液。

0.1 mol/L 硫代硫酸钠标准溶液：称取 26 g 硫代硫酸钠（$Na_2S_2O_3 \cdot 5H_2O$），加 0.2 g 无水碳酸钠，溶于 1 000 mL 水中，缓缓煮沸 10 min，冷却。放置两周后过滤、标定。

0.01 mol/L 硫代硫酸钠标准溶液：由 0.1 mol/L 硫代硫酸钠标准溶液以新煮沸并冷却的水稀释而成。临用前配制。

5. 分析步骤

1）试样处理

试样处理同滴定法。

2）试样的测定

称取处理好的油脂试样 5 g（精确至 0.001 g）于电位滴定仪的滴定杯中，加入 50 mL 异辛烷-冰乙酸混合液,轻轻振摇使试样完全溶解。如果试样溶解性较差(如硬脂或动物脂肪),可先向滴定杯中加入 20 mL 异辛烷,轻轻振摇使样品溶解,再加 30 mL 冰乙酸后混匀。向滴定杯中准确加入 0.5 mL 碘化钾饱和溶液,开动磁力搅拌器,在合适的搅拌速度下反应(60±1) s。立即向滴定杯中加入 30~100 mL 水,插入电极和滴定头,设置好滴定参数,运行滴定程序,采用动态滴定模式进行滴定并观察滴定曲线和电位变化,硫代硫酸钠标准溶液加液量一般控制在 0.05~0.2 毫升。到达滴定终点后,记录滴定终点消耗的标准溶液体积 V。每完成一个样品的滴定后,须将搅拌器或搅拌磁子、滴定头和电极浸入异辛烷中清洗表面的油脂。

同时进行空白实验。采用等量滴定模式进行滴定并观察滴定曲线和电位变化,硫代硫酸钠标准溶液加液量一般控制在 0.005 毫升。到达滴定终点后,记录滴定终点消耗的标准溶液体积 V_0。空白实验所消耗 0.01 mol/L 硫代硫酸钠溶液体积 V_0 不得超过 0.1 mL。

6. 结果计算

用过氧化物相当于碘的质量分数表示过氧化值时,按下式计算:

$$X_1=\frac{(V-V_0)\times c\times 0.1269}{m}\times 100$$

式中:X_1——过氧化值,g/100 g;

V——试样消耗的硫代硫酸钠标准溶液体积,mL;

V_0——空白实验消耗的硫代硫酸钠标准溶液体积,mL;

c——硫代硫酸钠标准溶液的浓度,mol/L;

0.126 9——与 1.00 mL 硫代硫酸钠标准滴定溶液[$c(Na_2S_2O_3)=1.000$ mol/L]相当的碘的质量;

m——试样质量,g;

100——换算系数。

用 1 kg 样品中活性氧的毫摩尔数表示过氧化值时,按下式计算:

$$X_2=\frac{(V-V_0)\times c}{2\times m}\times 1\,000$$

式中:X_2——过氧化值,mmol/kg;

V——试样消耗的硫代硫酸钠标准溶液体积,mL;

V_0——空白实验消耗的硫代硫酸钠标准溶液体积,mL;

c——硫代硫酸钠标准溶液的浓度,mol/L;

m——试样质量,g;

1 000——换算系数。

7. 说明及注意事项

(1) 计算结果以重复性条件下获得的两次独立测定结果的算术平均值表示,结果保留 2 位有效数字。在重复性条件下获得的两次独立测定结果的绝对差值不得超过算术平均值的 10%。

(2) 使用的所有器皿不得含有还原性或氧化性物质。磨砂玻璃表面不得涂油。

(3) 碘化钾饱和溶液中不可存在游离碘和碘酸盐,在使用前要进行检查。检查方法如下:在 30 mL 异辛烷-冰乙酸混合液中添加 0.5 mL 碘化钾饱和溶液和 2 滴 1%淀粉指示剂,若出现蓝色,并需用 0.01 mol/L 硫代硫酸钠溶液超过 1 滴以上才能消除的,此溶液应重新配制。

(4) 光线会促进空气对试剂的氧化，配好的试剂应置于暗处保存，也应避免在阳光直射下进行试样处理和试样测定。

(5) 要保证样品混合均匀又不会产生气泡影响电极响应。可根据仪器说明书的指导，选择一个合适的搅拌速度。

(6) 可根据仪器进行加水量的调整，加水量会影响起始电位，但不影响测定结果。被滴定相位于下层，更大量的水有利于相转化，加水量越大，滴定起点和滴定终点间的电位差异越大，滴定曲线上的拐点越明显。

(7) 本方法也不适用于植脂末等包埋类油脂制品的测定。

8.5.3 油脂酸价的测定

油脂酸价是指中和 1 g 油脂中的游离脂肪酸所需氢氧化钾的质量(mg)，酸价的高低，表示油脂中游离脂肪酸含量的多少。精制的新鲜油脂常为中性，含少量游离脂肪酸，酸价较小；未经精炼的粗制油脂酸价往往较高。此外，有水存在下，油脂在加热、酸、碱及脂水解酶的作用下，会发生水解反应，生成游离脂肪酸，致使酸价增高。因此，测定油脂酸价可以评定油脂品质的好坏和储藏方法是否得当，还能为油脂碱炼工艺提供需要的加碱量。一般油脂因种类和用途不同规定酸价的标准不同，一般认为各种食用植物油酸价超过 4 mg/g 时，不能直接供应市场。

一、冷溶剂指示剂滴定法

1. 原理

用有机溶剂将油脂试样溶解成样品溶液，再用氢氧化钾或氢氧化钠标准溶液中和滴定样品溶液中的游离脂肪酸，以指示剂相应的颜色变化来判定滴定终点，最后通过滴定终点消耗的标准溶液的体积计算油脂试样的酸价。

2. 适用范围

本方法(GB 5009.229—2016 第一法)适用于常温下能够被冷溶剂完全溶解成澄清溶液的食用油脂样品，包括食用植物油(辣椒油除外)、食用动物油、食用氢化油、起酥油、人造奶油、植脂奶油、植物油料等 7 类。

3. 仪器

10 mL 微量滴定管(最小刻度为 0.05 mL)；天平(感量为 0.001 g)；恒温水浴锅；恒温干燥箱；离心机(最高转速不低于 8 000 r/min)；旋转蒸发仪；索氏脂肪提取装置；植物油料粉碎机或研磨机等。

4. 试剂和材料

除非另有说明，本方法所用试剂均为分析纯，水为 GB/T 6682 规定的三级水。

(1) 异丙醇。

(2) 乙醚。

(3) 甲基叔丁基醚。

(4) 95%乙醇。

(5) 酚酞指示剂。

(6) 百里香酚酞指示剂。

(7) 碱性蓝 6B 指示剂。

(8) 无水硫酸钠：在 105～110 ℃条件下充分烘干，然后装入密闭容器冷却并保存。

(9) 无水乙醚。

(10) 石油醚:沸程为 30～60 ℃。

(11) 氢氧化钾或氢氧化钠标准溶液,浓度为 0.1 mol/L 或 0.5 mol/L,按照 GB/T 601 标准要求配制和标定,也可购买市售商品化试剂。

(12) 乙醚-异丙醇混合液(1+1):500 mL 的乙醚与 500 mL 的异丙醇充分互溶混合,用时现配。

(13) 酚酞指示剂:称取 1 g 的酚酞,加入 100 mL 的 95%乙醇并搅拌至完全溶解。

(14) 百里香酚酞指示剂:称取 2 g 的百里香酚酞,加入 100 mL 的 95%乙醇并搅拌至完全溶解。

(15) 碱性蓝 6B 指示剂:称取 2 g 的碱性蓝 6B,加入 100 mL 的 95%乙醇并搅拌至完全溶解。

5. 分析步骤

1) 试样制备

(1) 食用油脂试样的制备。

若食用油脂样品常温下呈液态,且为澄清液体,则充分混匀后直接取样。

若食用油脂样品常温下呈液态,但不澄清、有沉淀,应进行除杂和脱水干燥处理,除杂和脱水干燥处理方法见附录 L。

若食用油脂样品常温下为固态,则按照表 8-3 的要求,称取固态油脂样品,置于比其熔点高 10 ℃左右的水浴或恒温干燥箱内,加热完全熔化固态油脂试样。若熔化后的油脂试样完全澄清,则可混匀后直接取样;若熔化后的油脂样品混浊或有沉淀,则应再进行除杂和脱水处理,方法同前。

表 8-3　试样称样表

估计的酸价/(mg/g)	试样的最小称样量/g	使用滴定液的浓度/(mol/L)	试样称重的精确度/g
0～1	20	0.1	0.05
1～4	10	0.1	0.02
4～15	2.5	0.1	0.01
15～75	0.5～3.0	0.1 或 0.5	0.001
>75	0.2～1.0	0.5	0.001

若样品为经乳化加工的食用油脂,则按照以下方法进行制备:称取的乳化油脂样品(含油量应符合表 8-3 的要求),加入试样体积 5～10 倍的石油醚,然后搅拌直至样品完全溶解于石油醚中(若油脂样品凝固点过高,可置于 40～55 ℃水浴内搅拌至完全溶解),然后充分静置并分层后,取上层有机相提取液,置于水浴温度不高于 45 ℃的旋转蒸发仪内,0.08～0.1 MPa 负压条件下,将其中的石油醚彻底旋转蒸干,取残留的液体油脂作为试样,若残留的油脂混浊、乳化、分层或有沉淀,则应进行除杂和脱水干燥处理,方法同前。对于难于溶解的油脂可采用石油醚-甲基叔丁基醚混合溶剂(1+3)作为浸提液。

(2) 植物油料试样的制备。

先用粉碎机或研磨机把植物油料粉碎成均匀的细颗粒,脆性较高的植物油料(如大豆、葵花籽、棉籽、油菜籽等)应粉碎至粒径为 0.8～3 mm 甚至更小的细颗粒,而脆性较低的植物油料(如椰干、棕榈仁等)应粉碎至粒径不大于 6 mm 的颗粒。如果在粉碎研磨期间发热明显,则应进行冷冻粉碎,冷冻粉碎过程见附录 L。

取粉碎的植物油料细颗粒装入索氏脂肪提取装置中，再加入适量的提取溶剂无水乙醚或石油醚，加热并回流提取 4 h。最后收集并合并所有的提取液于一个烧瓶中，置于水浴温度不高于 45 ℃的旋转蒸发仪内，0.08～0.1 MPa 负压条件下，将其中的溶剂彻底旋转蒸干，取残留的液体油脂作为试样进行酸价测定。若残留的液态油脂混浊、乳化、分层或有沉淀，应进行除杂和脱水干燥的处理，方法同前。

2）试样称量

根据制备试样的颜色和估计的酸价，按照表 8-3 规定称量试样。

试样称样量和滴定液浓度应使滴定液用量在 0.2～10 mL 之间（扣除空白后）。若检测后，发现样品的实际称样量与该样品酸价所对应的应有称样量不符，应按照表 8-3 要求，调整称样量后重新检测。

3）试样测定

取一个干净的 250 mL 锥形瓶，按照上述试样称量要求用天平称取制备的油脂试样，加入乙醚-异丙醇混合液 50～100 mL 和 3～4 滴酚酞指示剂，充分振摇溶解试样。再用装有标准氢氧化钾或氢氧化钠滴定溶液的刻度滴定管对试样溶液进行手工滴定，当试样溶液初现微红色，且 15 s 内无明显褪色，则为滴定的终点。立刻停止滴定，记录下此滴定所消耗的标准溶液的体积 V（mL）。

4）空白实验

另取一个干净的 250 mL 锥形瓶，准确加入与试样测定时相同体积、相同种类的有机溶剂混合液和指示剂，振摇混匀。然后再用装有标准溶液的刻度滴定管进行手工滴定，溶液初现微红色，且 15 s 内无明显褪色时，为滴定的终点。立刻停止滴定，记录下此滴定所消耗的标准溶液的体积 V_0（mL）。对于冷溶剂指示剂滴定法，也可在配制好的试样溶解液中滴加数滴指示剂，然后用标准溶液滴定试样溶解液至相应的颜色变化且 15 s 内无明显褪色后停止滴定，表明试样溶解液的酸性正好被中和。然后以这种酸性被中和的试样溶解液溶解油脂试样，再用同样的方法继续滴定试样溶液至相应的颜色变化且 15 s 内无明显褪色后停止滴定，记录下此滴定所消耗的标准溶液的体积 V，（mL），如此无须再进行空白实验，即 $V_0=0$。

6. 结果计算

$$X_{AV}=\frac{(V-V_0)\times c\times 56.1}{m}$$

式中：X_{AV}——酸价，mg/g；

V——试样测定所消耗的标准溶液的体积，mL；

V_0——相应的空白测定所消耗的标准溶液的体积，mL；

c——标准溶液的摩尔浓度，mol/L；

56.1——氢氧化钾的摩尔质量（g/mol）；

m——油脂样品的称样量，g。

7. 说明及注意事项

（1）当酸价≤1 mg/g 时，计算结果保留 2 位小数；当 1 mg/g＜酸价≤100 mg/g 时，计算结果保留 1 位小数；当酸价＞100 mg/g 时，计算结果保留至整数位。

（2）当酸价＜1 mg/g 时，在重复条件下获得的两次独立测定结果的绝对差值不得超过算术平均值的 15％；当酸价≥1 mg/g 时，在重复条件下获得的两次独立测定结果的绝对差值不得超过算术平均值的 12％。

(3) 测定深色油的酸价,可减少试样用量,或适当增加混合溶剂的用量,以酚酞为指示剂,终点变色明显。

(4) 对于深色油的测定,为便于观察终点,也可以用2%的碱性蓝6B乙醇溶液或2%的百里香酚酞乙醇溶液作为指示剂。碱性蓝6B指示剂的变色范围为pH=9.4~14,从蓝色到淡红色为滴定终点;百里香酚酞指示剂的变色范围为pH=9.3~10.5,从无色到蓝色为滴定终点。米糠油(稻米油)的冷溶剂指示剂法测定酸价只能用碱性蓝6B指示剂。

(5) 滴定过程中如出现混浊或分层,表明由碱液带入的水过多(水与乙醇体积比超过1:4),乙醇量不足以使乙醚与碱溶液互溶。一旦出现此现象,可补加95%的乙醇,促使均一相体系的形成,或改用碱乙醇溶液滴定。

(6) 蓖麻油不溶于乙醚,因此测定蓖麻油的酸价时,只能用中性乙醇,不能用混合溶剂。

二、冷溶剂自动电位滴定法

1. 原理

从食品样品中提取出油脂(纯油脂试样可直接取样)作为试样,用有机溶剂将油脂试样溶解成样品溶液,再用氢氧化钾或氢氧化钠标准溶液中和滴定样品溶液中的游离脂肪酸,同时测定滴定过程中样品溶液pH的变化并绘制相应的pH-滴定体积实时变化曲线及其一阶微分曲线,以游离脂肪酸发生中和反应所引起的“pH突跃”为依据判定滴定终点,最后通过滴定终点消耗的标准溶液的体积计算油脂试样的酸价。

2. 适用范围

本方法(GB 5009.229—2016第二法)适用于常温下能够被冷溶剂完全溶解成澄清溶液的食用油脂样品和含油食品中提取的油脂样品,包括食用植物油(包括辣椒油)、食用动物油、食用氢化油、起酥油、人造奶油、植脂奶油、植物油料、油炸小食品、膨化食品、烘炒食品、坚果食品、糕点、面包、饼干、油炸方便面、坚果与籽类的酱、动物性水产干制品、腌腊肉制品、添加食用油的辣椒酱等19类。

3. 仪器

自动电位滴定仪(具备自动pH电极校正功能、动态滴定模式功能;由微机控制,能实时自动绘制滴定时的pH-滴定体积实时变化曲线及相应的一阶微分曲线;滴定精度应达0.01 mL/滴,电信号测量精度达到0.1 mV,配备20 mL滴定液加液管,滴定管的出口处配备防扩散头);非水相酸碱滴定专用复合pH电极(采用Ag/AgCl内参比电极,具有移动套管式隔膜和电磁屏蔽功能,内参比液为2 mol/L氯化锂乙醇溶液);磁力搅拌器(配备聚四氟乙烯磁力搅拌子);食品粉碎机或捣碎机;全不锈钢组织捣碎机(配备1~2 L全不锈钢组织捣碎杯,转速至少达10 000 r/min);瓷研钵;圆孔筛(孔径为2.5 mm)。

4. 试剂

除非另有说明,本方法所用试剂均为分析纯,水为GB/T 6682规定的三级水。

液氮(N_2):纯度>99.99%。

其他试剂同冷溶剂指示剂滴定法。

5. 分析步骤

1) 试样制备

(1) 食用油脂试样的制备。

同冷溶剂指示剂滴定法。

(2) 植物油料试样的制备。

同冷溶剂指示剂滴定法。

(3) 含油食品试样的制备。

① 样品不同部分的分离和去除。

对于含有馅料和涂层的食品(如某些种类的面包、糕点、饼干等),先应将馅料和涂层与食品的其他可食用部分分离,分别进行油脂试样的制备。若馅料和涂层仅由食用油脂组成,则按照食用油脂试样的制备方法进行试样的制备,其他种类的馅料、涂层和食品的其他含油可食用部分按照下面的②和③的要求进行试样的制备,且样品中不含油的部分(如水果、果浆、糖类等)和不可食用的部分(如壳、骨头等)应去除。若含有少量的涂层或馅料,只要其不影响对样品的粉碎和有机溶剂对油脂的提取,可以不做分离处理,一同与食品进行粉碎和油脂提取。

② 样品的粉碎。

根据样品的硬度的大小,选择附录 L 中适当的方法进行粉碎。

一般对于硬度较小的样品(如油炸食品、膨化食品、面包、糕点等)按照附录 L 中普通粉碎的要求粉碎;对于松软或有一定流动性的样品(如馅料、花生酱、芝麻酱等)按照附录 L 中普通捣碎的要求粉碎;对于硬度较大的样品(如动物性水产干制品、腌腊肉制品等)按照附录 L 中冷冻粉碎的要求粉碎;对于含有调味油包的预包装食品(如油炸方便面等)样品按照附录 L 中含有调味油包的预包装食品的粉碎要求粉碎。

③ 油脂试样的提取、净化和合并。

取粉碎的样品(其中油脂的含量能够满足表 8-3 的要求),加入样品体积 3～5 倍的石油醚,并用磁力搅拌器充分搅拌 30～60 min,使样品充分分散于石油醚中,然后在常温下静置浸提 12 h 以上。再用滤纸过滤,收集并合并滤液于一个烧瓶内,置于水浴温度不高于 45 ℃的旋转蒸发仪内,0.08～0.1 MPa 负压条件下,将其中的石油醚彻底旋转蒸干,取残留的液体油脂作为试样进行酸价测定。若残留的液态油脂出现混浊、乳化、分层或有沉淀,应进行除杂和脱水干燥的处理,方法同冷溶剂指示剂滴定法。

对于经过分离而分别提取获得的食品不同部分的油脂试样,最后按照原始单个单位食品或包装的组成比例,将从食品不同部分提取的油脂试样合并为该食品样品酸价检测的油脂试样。

2) 试样称量

按表 8-3 的要求,对上述制备好的油脂试样进行称量。

3) 试样测定

取一个干净的 200 mL 烧杯,按照表 8-3 的要求用天平称取制备的油脂试样,准确加入乙醚-异丙醇混合液 50～100 mL,再加入 1 颗干净的聚四氟乙烯磁力搅拌子,将此烧杯放在磁力搅拌器上,以适当的转速搅拌至少 20 s,使油脂试样完全溶解并形成样品溶液,维持搅拌状态。然后,将已连接在自动电位滴定仪上的电极和滴定管插入样品溶液中,注意应将电极的玻璃泡和滴定管的防扩散头完全浸没在样品溶液的液面以下,但又不可与烧杯壁、烧杯底和旋转的搅拌子触碰,同时打开电极上部的密封塞。启动自动电位滴定仪,用标准溶液进行滴定,测定时自动电位滴定仪的参数条件如下。

滴定速度:启用动态滴定模式控制。

最小加液体积:0.01～0.06 mL(空白实验:0.01～0.03 mL)。

最大加液体积:0.1～0.5 mL(空白实验:0.01～0.03 mL)。

信号漂移:20～30 mV。

pH-滴定体积实时变化曲线及对应的一阶微分曲线:启动实时自动监控功能,由微机实时自动绘制相应的 pH-滴定体积实时变化曲线及对应的一阶微分曲线,如图 8-10(a) 所示。

终点判定方法:以游离脂肪酸发生中和反应时,其产生的 S 形 pH-滴定体积实时变化曲线上的“pH 突跃”导致的一阶微分曲线的峰顶点所指示的点为滴定终点[如图 8-10(a)所示]。过了滴定终点后自动电位滴定仪会自动停止滴定,滴定结束,并自动显示出滴定终点所对应的消耗的标准溶液的毫升数,即滴定体积 V;若在整个自动电位滴定测定过程中,发生多次不同 pH 范围“pH 突跃”的油脂试样(如米糠油等),则以“突跃”起点的 pH 最符合或接近于 pH 7.5～9.5 范围的“pH 突跃”作为滴定终点判定的依据[如图 8-10(b)所示];若产生“直接突跃”型 pH-滴定体积实时变化曲线,则直接以其对应的一阶微分曲线的顶点为滴定终点判定的依据[如图 8-10(c)所示];若在一个“pH 突跃”上产生多个一阶微分峰,则以最高峰作为滴定终点判定的依据[如图 8-10(d)所示]。

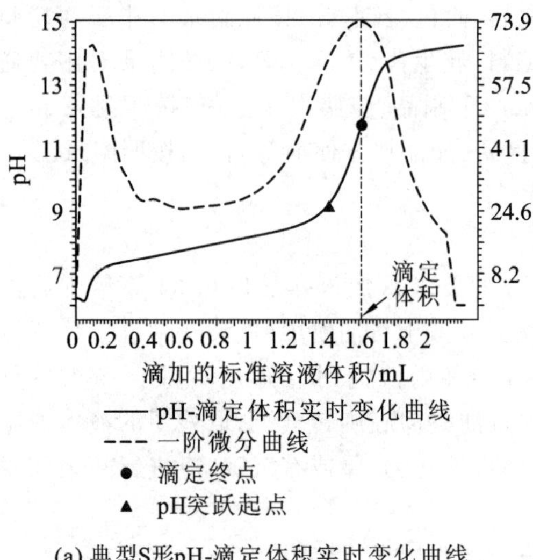

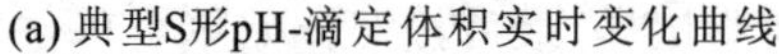
(a) 典型S形pH-滴定体积实时变化曲线

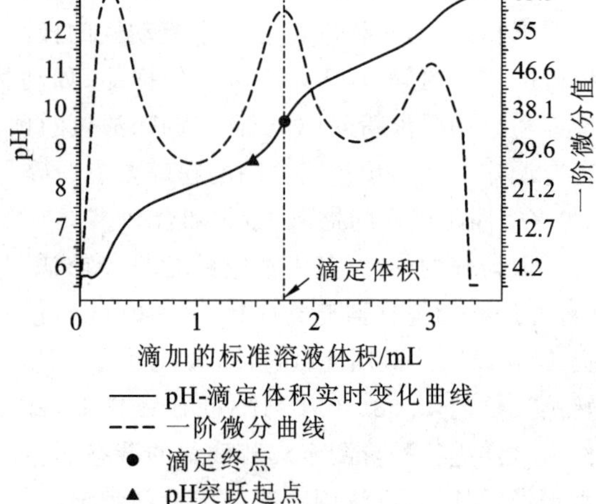

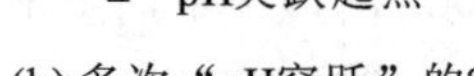
(b) 多次“pH突跃”的S形pH-滴定体积实时变化曲线

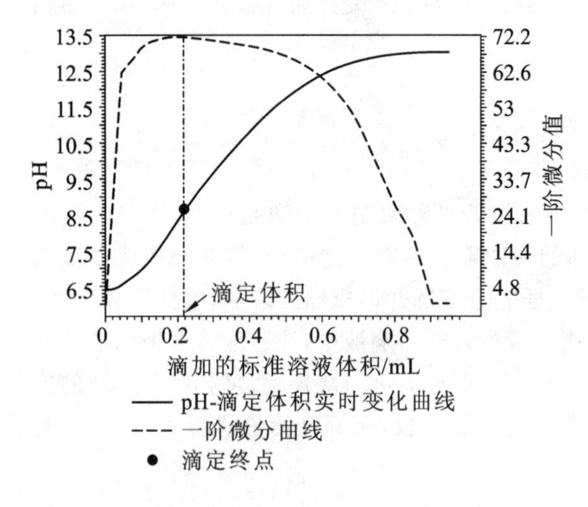

(c)“直接突跃”型pH-滴定体积实时变化曲线

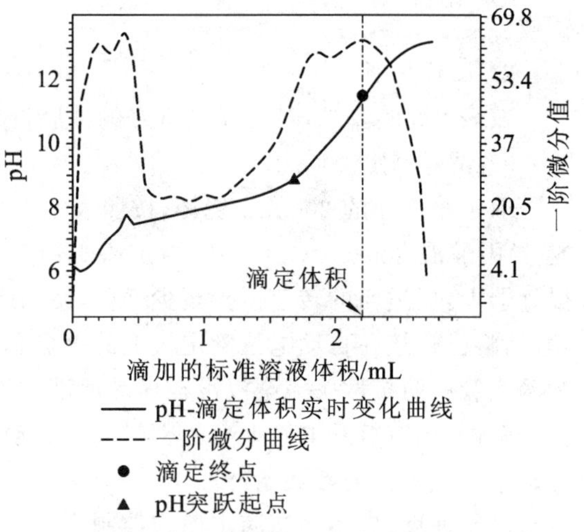

(d)“pH突跃”中多个一阶微分峰的S形pH-滴定体积实时变化曲线

图 8-10　不同类型 pH-滴定体积实时变化曲线

4）空白实验

另取一个干净的 200 mL 烧杯，准确加入与试样测定时相同体积、相同种类有机溶剂混合液，然后按照试样测定中相关的自动电位滴定仪参数进行测定。获得空白测定的“直接突跃”型 pH-滴定体积实时变化曲线及对应的一阶微分曲线，以一阶微分曲线的顶点所指示的点为空白测定的滴定终点[如图 8-8(c)所示]，获得空白测定消耗的标准溶液的体积 V_0(mL)。

6. 结果计算

同冷溶剂指示剂滴定法。

7. 说明及注意事项

(1) 当酸价≤1 mg/g 时，计算结果保留 2 位小数；当 1 mg/g＜酸价≤100 mg/g 时，计算结果保留 1 位小数；当酸价＞100 mg/g 时，计算结果保留至整数位。

(2) 当酸价＜1 mg/g 时，在重复条件下获得的两次独立测定结果的绝对差值不得超过算术平均值的 15%；当酸价≥1 mg/g 时，在重复条件下获得的两次独立测定结果的绝对差值不得超过算术平均值的 12%。

(3) 滴定过程中如出现混浊或分层，表明由碱液带入的水过多(水与乙醇体积比超过 1∶4)，乙醇量不足以使乙醚与碱溶液互溶。一旦出现此现象，可补加 95%的乙醇，促使均一相体系的形成，或改用碱乙醇溶液滴定。

(4) 蓖麻油不溶于乙醚，因此测定蓖麻油的酸价时，只能用中性乙醇，不能用混合溶剂。

(5) 每个样品滴定结束后，电极和滴定管应用溶剂冲洗干净，再用适量的蒸馏水冲洗后方可进行下一个样品的测定；搅拌子先后用溶剂和蒸馏水清洗干净并用纸巾拭干后方可重复使用。

三、热乙醇指示剂滴定法

1. 原理

将固态油脂试样同乙醇一起加热至 70 ℃以上(但不超过乙醇的沸点)，使固态油脂试样熔化为液态，同时通过振摇形成油脂试样的热乙醇悬浊液，使油脂试样中的游离脂肪酸溶解于热乙醇，再趁热用氢氧化钾或氢氧化钠标准溶液中和滴定热乙醇悬浊液中的游离脂肪酸，以指示剂相应的颜色变化来判定滴定终点，然后通过滴定终点消耗的标准溶液的体积计算样品油脂的酸价。

2. 适用范围

本方法(GB 5009.229—2016 第三法)适用于常温下不能被冷溶剂完全溶解成澄清溶液的食用油脂样品，包括食用植物油、食用动物油、食用氢化油、起酥油、人造奶油、植脂奶油等 6 类。

3. 仪器

同冷溶剂指示剂滴定法。

4. 试剂

同冷溶剂指示剂滴定法。

5. 分析步骤

1）试样制备

同冷溶剂指示剂滴定法中常温下为固态的食用油脂样品或经乳化加工的食用油脂样品的制备方法。

2）试样称量

按表 8-3 的要求，对上述制备好的油脂试样进行称量。

3）试样测定

取一个干净的 250 mL 锥形瓶，按照冷溶剂指示剂滴定法的要求用天平称取制备的油脂试样。另取一个干净的 250 mL 锥形瓶，加入 50～100 mL 95% 乙醇，再加入 0.5～1 mL 酚酞指示剂。然后，将此锥形瓶放入 90～100 ℃的水浴中加热直到乙醇微沸。取出该锥形瓶，趁乙醇的温度还维持在 70 ℃以上时，立即用装有标准溶液的刻度滴定管对乙醇进行滴定。当乙醇初现微红色，且 15 s 内无明显褪色时，立刻停止滴定，乙醇的酸性被中和。将此中和乙醇溶液趁热立即倒入装有试样的锥形瓶中，然后放入 90～100 ℃的水浴中加热直到乙醇微沸，其间剧烈振摇锥形瓶形成悬浊液。最后取出该锥形瓶，趁热，立即用装有标准溶液的刻度滴定管对试样的热乙醇悬浊液进行滴定，当试样溶液初现微红色，且 15 s 内无明显褪色时，为滴定的终点，立刻停止滴定，记录下此滴定所消耗的标准溶液的体积 V(mL)。

热乙醇指示剂滴定法无须进行空白实验，即 $V_0=0$。

6. 结果计算

同冷溶剂指示剂滴定法。

7. 说明及注意事项

(1) 当酸价≤1 mg/g 时，计算结果保留 2 位小数；当 1 mg/g＜酸价≤100 mg/g 时，计算结果保留 1 位小数；当酸价＞100 mg/g 时，计算结果保留至整数位。

(2) 当酸价＜1 mg/g 时，在重复条件下获得的两次独立测定结果的绝对差值不得超过算术平均值的 15%；当酸价≥1 mg/g 时，在重复条件下获得的两次独立测定结果的绝对差值不得超过算术平均值的 12%。

(3) 测定深色油的酸价，可减少试样用量，或适当增加混合溶剂的用量，以酚酞为指示剂，终点变色明显。

(4) 对于深色油的测定，为便于观察终点，也可以用 2%的碱性蓝 6B 乙醇溶液或 2%的百里香酚酞乙醇溶液作为指示剂。碱性蓝 6B 指示剂的变色范围为 pH＝9.4～14，从蓝色到淡红色为终点；百里香酚酞指示剂的变色范围为 pH＝9.3～10.5，从无色到蓝色为终点。米糠油(稻米油)的冷溶剂指示剂法测定酸价只能用碱性蓝 6B 指示剂。

(5) 热乙醇指示剂滴定法无须进行空白实验，即 $V_0=0$。

思　考　题

1. 简述索氏抽提器的提取原理。
2. 潮湿的样品可否采用乙醚直接提取？为什么？
3. 脂类测定操作过程中应注意什么事项？

第9章 碳水化合物的测定

本章提要

(1) 掌握食品中还原糖、总糖、淀粉含量的测定原理和方法。

(2) 熟悉可溶性膳食纤维、果胶物质的测定原理和方法。

(3) 了解测定食品中碳水化合物的意义。

Question 生活小提问

1. 日常饮食中,摄入膳食纤维越多越好吗?
2. 要减肥,就要少吃含糖高的食品吗?

9.1 概　　述

糖类是食品的重要组成部分,在植物性食品中含量较高。它的分子中含有碳、氢、氧,其分子组成可用 $C_n(H_2O)_m$ 的通式表示,故统称为碳水化合物(carbohydrates)。但后来发现有不符合此通式的糖,如鼠李糖($C_6H_{12}O_5$),也有符合此通式的非糖类,如甲醛(CH_2O),而且有些糖还含有N、S、P等成分,因此碳水化合物的名称并不确切,但由于沿用已久,这一名词才一直使用至今。

糖类是多羟基醛或多羟基酮及其缩合物和衍生物的总称,可以分为单糖(monosaccharide)、低聚糖(oligosaccharide)、多糖(polysaccharide)三大类。自然界中大量存在的单糖是葡萄糖和果糖,单糖中以己糖、戊糖最为重要。蔗糖、乳糖、麦芽低聚糖是可消化性低聚糖,棉子糖、水苏糖等是非消化性低聚糖,也称为新型低聚糖,具有保健功能。多糖占总糖的90%以上,无甜味,淀粉是唯一能被人体消化、提供能量的多糖,其他多糖均为非消化性多糖。常见食品中的总糖含量见表9-1。

表9-1 常见食品中的总糖含量

食　品	总糖含量(湿重)/(%)	食　品	总糖含量(湿重)/(%)
面包(白)	50	玉米粉、意大利面条	86
牛奶(全)	4.7	冰淇淋、巧克力	28.2
普通低脂酸奶	7	蜂蜜	82.4
碳酸饮料、可乐	10.4	无脂沙拉调味品	11
苹果沙司	20	葡萄	17.2
带皮苹果	15	带皮马铃薯	12.4
橘子原汁	10.4	西红柿、西红柿汁	4.2
萝卜	10	鱼皮(捣碎后加面包屑烹制)	17
牛肉腊肠	0.8	炸鸡	0

碳水化合物的测定,在食品工业中具有十分重要的意义。在食品加工工艺中,糖类对改变食品的形态、组织结构、理化性质以及色、香、味等感官指标起着十分重要的作用。此外,糖类还对食品的其他性质有贡献,如体积、黏度、乳化和泡沫稳定性、持水性、冷冻-解冻稳定性、风味、质地、褐变等。如食品加工中常需要控制一定量的糖酸比;糖果中糖的组成及比例直接关系到其风味和质量;糖的焦糖化作用及美拉德反应既可使食品获得诱人的色泽与风味,又能引起食品的褐变,必须根据工艺需要加以控制。现代营养研究工作者指出,合理的膳食组成中,糖类应占其总热能的50%~70%,不宜超过70%,且源于食糖的热能不宜超过15%;单糖能被小肠直接吸收,低聚糖、多糖需先水解,方能被吸收。人类缺乏消化膳食纤维的酶,故膳食纤维不提供热量,但这类多糖在维持人体健康方面起着重要作用,如具有降低血清胆固醇、降血脂、调节血糖、防止便秘等作用,被称为第七类营养素。新型低聚糖具有使双歧杆菌增殖、抗龋齿、改善脂质及防止便秘等作用,具有难消化性及胰岛素非依赖性,可作为糖尿病人、肥胖病人的甜味剂。

9.2 可溶性糖类的测定

9.2.1 样品的前处理

样品的前处理包括脱脂、用溶剂提取小分子糖、提取液的澄清等步骤,以除去脂肪、蛋白质、多糖、色素等干扰物。前处理会因原料、成分、样品的存在物态不同而不同,但大致可按图9-1进行。

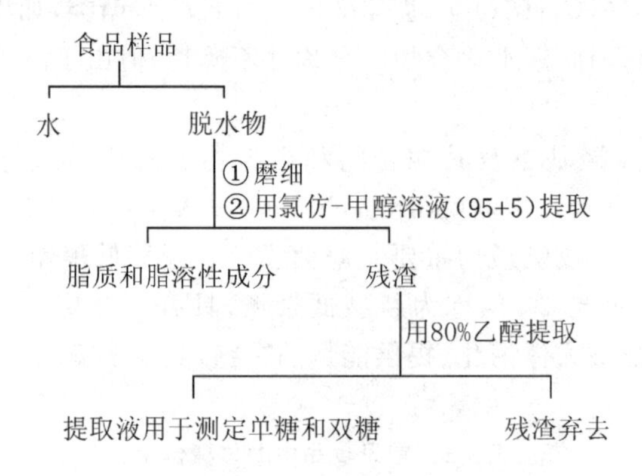

图9-1 样品前处理流程图

1. 脱脂

对于脂肪含量高的食品(如乳酪、巧克力等),脱脂是必需的。脱脂可用氯仿-甲醇溶液(95+5)或石油醚为溶剂,萃取样品一两次,待分层后,弃去有机相,必要时可加热萃取,离心分离。对脂肪含量低的样品,此步骤可省略。脱水步骤是为了使有机溶剂能有效脱脂,对不需脱脂的样品,脱水步骤也可省略。

2. 研磨

固体样品需将样品磨细,以便溶剂能充分浸提其中的小分子糖。

3. 小分子糖的提取

食品中的可溶性糖类包括葡萄糖、果糖等单糖和蔗糖、麦芽糖等低聚糖。这些小分子糖具有很好的水溶性，可用水提取；对含有大量果胶、淀粉和糊精的食品，如水果、粮谷制品等，宜采用 70%～80%的乙醇溶液提取。因为果胶、淀粉等多糖和糊精不溶于该浓度的乙醇，而且蛋白质也不会溶出；若用水提取会使果胶、淀粉、蛋白质、糊精溶出，不仅易造成过滤困难，而且干扰测定。

从固体样品中提取糖时，适当加热有利于提取，但加热温度宜控制在 40～50 ℃，一般不超过 80 ℃，温度过高时可溶性多糖会溶出，增加后续澄清工作的负担，用乙醇作提取剂，加热时应安装回流装置。酸性食品在加热前应预先用氢氧化钠中和至中性，以防止低聚糖被部分水解。

4. 糖液的澄清

糖的水提取液中，除含单糖和低聚糖等被测物外，还含有色素、单宁、蛋白质、果胶及淀粉等胶态杂质，会使糖液呈色或混浊，使过滤困难，并影响后续测定时对终点的观察，也可能在测定过程中发生副反应，影响分析结果的准确度，因此除去这些干扰物质是十分必要的。若采用 80%乙醇溶液作提取液，或糖液不混浊，也可省去澄清步骤。常用澄清剂有以下几种。

(1) 中性乙酸铅[$Pb(CH_3COO)_2 \cdot H_2O$]。这是最常用的一种澄清剂，它不仅能除去蛋白质、有机酸、单宁等杂质，还能凝聚胶体，但其脱色能力较差，不宜用于深色样液的澄清，且铅盐有毒。其澄清原理是铅离子能与很多离子结合，生成难溶沉淀物，同时吸附除去部分杂质，但不会沉淀还原糖，在室温下也不会形成铅糖化合物，因此适用于测定还原糖的样液的澄清。一般先向糖提取液中加入 1～3 mL 乙酸铅饱和溶液（约 30%），充分混合后静置 15 min，向上层清液中加入几滴中性乙酸铅溶液，上层清液中如无新的沉淀形成，说明杂质已沉淀完全，如有新的沉淀形成，则再混匀并静置数分钟，如此重复直至无新沉淀形成为止。澄清后的样液中残留有铅离子，在测定时会因加热导致铅与还原糖（特别是果糖）反应，生成铅糖化合物，使结果偏低。因此，多余的铅须除去。常用的除铅剂有乙二酸钠、乙二酸钾、硫酸钠、磷酸氢二钠等。除铅剂的用量也要适当，在保证使铅完全沉淀的前提下，尽量少用。

(2) 碱性乙酸铅。这种澄清剂能除去蛋白质、色素、有机酸等杂质，能凝聚胶体，其最大的优点是能处理深色样液，但能吸附糖，尤其是果糖。

(3) 乙酸锌和亚铁氰化钾溶液。这种澄清剂除蛋白质能力强，但脱色能力差，适用于色泽较浅、蛋白质含量较高的样液的澄清，如乳制品、豆制品等。它是利用 $Zn(CH_3COO)_2$ 与 $K_4Fe(CN)_6$ 反应生成的氰亚铁酸锌来夹带或吸附干扰物质。但用高锰酸钾滴定法测定还原糖时，不能用此澄清剂，以免样液中引入亚铁离子。用法：在 50～75 mL 样液加入 21.9 g/L 乙酸锌[$Zn(CH_3COO)_2 \cdot H_2O$]溶液（配制时加入 3 mL 冰乙酸）和 10.6%的亚铁氰化钾溶液各 5 mL。

(4) 硫酸铜和氢氧化钠溶液。此类澄清剂适合富含蛋白质的样品的澄清。该澄清剂是由 $CuSO_4$ 溶液（69.28 g $CuSO_4 \cdot 5H_2O$ 溶于 1 L 水中）和 1 mol/L NaOH 溶液组成的，在碱性条件下，Cu^{2+} 可使蛋白质沉淀，但直接滴定法测定还原糖时不能用该澄清剂，以免样液中引入 Cu^{2+}。用法：在 50～75 mL 样液中加入 10 mL 硫酸铜溶液（69.28 g $CuSO_4 \cdot 5H_2O$ 溶于 1 L 水中）和 1 mol/L NaOH 溶液 4 mL。

9.2.2　还原糖的测定

醛糖具有还原性，酮糖在碱性条件下可转变为活泼的烯二醇结构，也具有一定的还原性，实际上单糖和仍保留有半缩醛羟基的低聚糖均能还原斐林试剂，故被称为还原糖（reducing sugar)。乳糖和麦芽糖分子中含有半缩醛羟基,属于还原糖;蔗糖不含半缩醛羟基,无还原性,多糖无还原性,属于非还原性糖。但当多糖或低聚糖水解生成单糖后,均可用测定还原性糖的方法进行定量。

还原糖的测定方法很多,其中最常用的有直接滴定法、高锰酸钾滴定法、铁氰化钾法、奥氏试剂滴定法、3,5-二硝基水杨酸比色法、碘量法等。

1. 直接滴定法(GB 5009.7—2016 第一法)

1) 原理

试样经除去蛋白质后,在加热条件下,以亚甲基蓝为指示剂,滴定标定过的碱性酒石酸铜溶液(用还原糖标准溶液标定),根据样液消耗的体积计算还原糖含量。

该方法是在经典的斐林试剂法的基础上不断改进后得到的方法。先将一定量的碱性酒石酸铜甲、乙液等量混合后摇匀,加热至溶液沸腾,然后以亚甲基蓝为指示剂,用含还原糖的样液滴定,还原糖与酒石酸钾钠铜发生氧化还原反应,生成红棕色的 Cu_2O 沉淀,Cu_2O 沉淀对滴定终点的观察有干扰,故在碱性酒石酸铜乙液中加入少量亚铁氰化钾,可使之与 Cu_2O 反应生成可溶性的无色配合物,消除干扰。待 Cu^{2+} 全部被还原后,稍过量的还原糖将亚甲基蓝还原,溶液由蓝色变为无色,指示滴定终点的到达。

以葡萄糖为例,各步反应式如下:

$$CuSO_4 + 2NaOH \longrightarrow Cu(OH)_2\downarrow + Na_2SO_4$$

$$Cu(OH)_2 + \begin{array}{c} COOK \\ | \\ CHOH \\ | \\ CHOH \\ | \\ COONa \end{array} \longrightarrow \begin{array}{c} COOK \\ | \\ CHO \diagdown \\ |\qquad Cu \\ CHO \diagup \\ | \\ COONa \end{array} + 2H_2O$$

$$\begin{array}{c} CHO \\ | \\ (CHOH)_4 \\ | \\ CH_2OH \end{array} + 2\begin{array}{c} COOK \\ | \\ CHO \diagdown \\ |\qquad Cu \\ CHO \diagup \\ | \\ COONa \end{array} + 2H_2O \longrightarrow \begin{array}{c} COOH \\ | \\ (CHOH)_4 \\ | \\ CH_2OH \end{array} + 2\begin{array}{c} COOK \\ | \\ CHOH \\ | \\ CHOH \\ | \\ COONa \end{array} + Cu_2O\downarrow$$

$$Cu_2O\downarrow + K_4Fe(CN)_6 + H_2O \longrightarrow K_2Cu_2Fe(CN)_6 + 2KOH$$

$$\begin{array}{c} CHO \\ | \\ (CHOH)_4 \\ | \\ CH_2OH \end{array} + \text{(亚甲基蓝: }(CH_3)_2N\text{—吩噻嗪环—}N^+(CH_3)_2Cl^-\text{)} + H_2O \rightleftharpoons$$

$$\begin{array}{c} COOH \\ | \\ (CHOH)_4 \\ | \\ CH_2OH \end{array} + \text{(}(CH_3)_2N\text{—吩噻嗪环(N—H)—}N(CH_3)_2\text{)} + HCl$$

虽然以上反应式中葡萄糖与 Cu^{2+} 反应的物质的量比为 1∶6,但实际情形要复杂得多,两者之间的反应并非严格按反应式的化学剂量比进行,其还受反应条件的影响。因此,不能根据上述反应式直接计算出还原糖含量，而需首先用已知浓度的葡萄糖标准溶液标定10.00 mL碱性酒石酸铜甲、乙液等量混合液，以确定还原糖因数F，即10.00 mL碱性酒石酸铜溶液相当于葡萄糖的质量(mg)，或利用通过实验编制出的还原糖检索表来计算。

2) 试剂

(1) 碱性酒石酸铜甲液：称取15 g硫酸铜($CuSO_4 \cdot 5H_2O$)及0.05 g亚甲基蓝，溶于水中并稀释至1 000 mL。

(2) 碱性酒石酸铜乙液：称取50 g酒石酸钾钠及75 g氢氧化钠，溶于水中，再加入4 g亚铁氰化钾，完全溶解后，用水稀释至1 000 mL，储存于带橡皮塞的玻璃瓶中。

(3) 葡萄糖标准溶液：称取1 g(精确至0.000 1 g)经过98～100 ℃干燥2 h的葡萄糖，加水溶解后加入5 mL盐酸(防止微生物生长)，并以水稀释至1 000 mL，其浓度为1.0 mg/mL。

(4) 乙酸锌溶液(219 g/L)：称取21.9 g乙酸锌，加3 mL冰乙酸，加水溶解并稀释至100 mL。

(5) 亚铁氰化钾溶液(106 g/L)：称取10.6 g亚铁氰化钾，加水溶解并稀释至100 mL。

3) 分析步骤

(1) 样品前处理。

① 一般样品：称取粉碎后的固体试样2.5～5 g或混匀后的液体试样5～25 g，精确至0.001 g，置于250 mL容量瓶中，加50 mL水，慢慢加入5 mL乙酸锌溶液及5 mL亚铁氰化钾溶液，加水至刻度，混匀，静置30 min，用干燥滤纸过滤，弃去初滤液备用。

② 酒精性饮料：吸取100 g样品，精确至0.01 g，置于蒸发皿中，用1 mol/L NaOH溶液中和，在水浴上蒸发至原体积的1/4后，移入250 mL容量瓶中。加50 mL水，混匀。以下按①中从“慢慢加入5 mL乙酸锌溶液”起依次操作。

③ 含大量淀粉的食品：称取10～20 g样品，置于干净烧杯中，加200 mL水，在45 ℃水浴中加热1 h，并不时振摇(此步骤是使还原糖溶于水中，切忌温度过高，因为淀粉在高温条件下会糊化、水解，影响测定结果)。冷却后转移至250 mL容量瓶中，再用少量水冲内壁，洗液并入容量瓶，加水至刻度，混匀，静置，沉淀。吸取200 mL上清液于另一250 mL容量瓶中，以下按①中从“慢慢加入5 mL乙酸锌溶液”起依次操作。

④ 碳酸类饮料：吸取100 mL样品，置于蒸发皿中，在水浴上除去二氧化碳后，移入250 mL容量瓶中，并用水洗涤蒸发皿，洗液并入容量瓶中，再加水至刻度，混匀后，备用。

(2) 碱性酒石酸铜溶液的标定。

准确吸取碱性酒石酸铜甲液和乙液各5.0 mL，置于150 mL锥形瓶中并加水10 mL，加玻璃珠两粒。从滴定管滴加约9 mL葡萄糖标准溶液，控制在2 min内加热至沸，趁热以每2 s 1滴的速度继续滴加葡萄糖标准溶液，直至溶液蓝色刚好褪去，即为终点，记录消耗葡萄糖标准溶液的体积，平行测定3次，取平均值。

(3) 试样溶液预测。

吸取碱性酒石酸铜甲液和乙液各5.0 mL，置于150 mL锥形瓶中并加水10 mL，加玻璃珠两粒。控制在2 min内加热至沸，保持沸腾以先快后慢的速度，从滴定管中滴加试样溶液，并保持溶液沸腾状态，待溶液颜色变浅时，以每2 s 1滴的速度滴定，直至溶液蓝色刚好褪去，即为终点，记录样液的消耗体积。

(4) 试样溶液的测定。

吸取碱性酒石酸铜甲液和乙液各5.0 mL，置于150 mL锥形瓶中并加水10 mL，加玻璃珠两粒。从滴定管中滴加比预测体积少 1 mL 的试样溶液至锥形瓶中，使在 2 min 内加热至沸，保持沸腾继续以每 2 s 1 滴的速度滴定，直至蓝色刚好褪去即为终点，记录样液的消耗体积。同法平行操作三份，得出平均消耗体积。

4）结果计算

根据标定结果计算还原糖因数 F(10.00 mL 碱性酒石酸铜溶液相当于葡萄糖的质量，mg)：

$$F=C\times V$$

式中：C——葡萄糖标准溶液的浓度，mg/mL；

V——标定时消耗葡萄糖标准溶液的体积，mL。

$$\text{还原糖质量分数(以葡萄糖计)}=\frac{F\times \text{样液总体积}}{m\times V_1\times 1\,000}\times 100\%$$

式中：F——还原糖因数；

样液总体积——此处为 250 mL；

m——样品质量，g；

V_1——消耗样液的体积，mL。

5）说明及注意事项

(1) 此法与斐林试剂法相比试剂用量大为减少，因滴定终点更明显，所以准确度提高。但仍不适合深色样品的测定。

(2) 与斐林试剂法相同，碱性酒石酸铜甲液和乙液应分别储存，用时才混合，否则酒石酸钾钠铜配合物长期在碱性条件下会慢慢分解析出 Cu_2O 沉淀，使试剂有效浓度降低。

(3) 滴定必须在沸腾条件下进行，以驱赶氧气。因为空气中的氧易与指示剂反应使之返色，易与 Cu_2O 反应使之氧化成 Cu^{2+}，导致滴定终点推迟。故滴定时不能随意摇动锥形瓶，更不能让锥形瓶离开热源，以防止空气进入反应溶液中。

(4) 反应液的碱度直接影响 Cu^{2+} 与还原糖的反应速度和程度。在一定范围内，溶液碱度越高，反应速度越快。因此，有必要严格控制反应液的体积，标定和测定时消耗的体积应接近(应进行样液的预实验，以调整样液的浓度)，使反应体系碱度一致。热源强度应控制在使反应液在 2 min 内沸腾，且应保持一致。否则因蒸发量不同，导致反应液碱度不同，从而引入误差。沸腾时间和滴定速度对结果的影响：沸腾时间短，消耗糖液多；滴定速度过快，消耗糖量多。因此，在测定过程中要严格遵守标定或制表时所规定的操作条件，如热源强度(电炉功率)、锥形瓶规格、加热时间、滴定速度等，应力求一致。平行实验样液消耗相差不应超过 0.1 mL。

(5) 测定时先将反应所需样液的绝大部分加入碱性酒石酸铜溶液中，与其共沸，仅留 1 mL 左右以滴定方式加入，其目的是使大多数样液与碱性酒石酸铜在完全相同的条件下反应，减少因滴定操作带来的误差，提高测定精度。

(6) 通过样液预测，一是便于进行样液浓度的调整(此法要求样液中还原糖浓度为 0.1% 左右)，二是可知样液的大概消耗量，以便在正式测定时，预先加入比实际用量少 1 mL 左右的样液，以保证在 1 min 内完成续滴定工作，提高测定的准确度。

(7) 当样液中还原糖浓度过高时，应适当稀释后再进行正式测定，使每次滴定消耗样液的体积控制在与标定碱性酒石酸铜溶液时所消耗的还原糖标准溶液的体积相近(约 10 mL)。当浓度过低时，则采取直接加入 10 mL 样品液方法，免去加水 10 mL，再用还原糖标准溶液滴定至终点，记录消耗体积与标定时消耗的还原糖标准溶液体积之差相当于 10 mL 样液中所含还原糖的量，此时应按下式计算：

$$还原糖质量分数=\frac{m_2}{m\times(10/250)\times 1\,000}\times 100\%$$

式中：m_2——标定时体积与加入样品后消耗的还原糖标准溶液体积之差相当于还原糖的质量，mg；

m——样品质量，g。

(8) 若需进行澄清处理，则以乙酸锌和亚铁氰化钾溶液作澄清剂，按前述澄清剂的用法进行处理。

2. 高锰酸钾滴定法(GB 5009.7—2016 第二法)

1) 原理

样品除去蛋白质后与过量的碱性酒石酸铜溶液反应，还原糖可将二价铜还原为氧化亚铜，加硫酸铁后，氧化亚铜被氧化为铜盐，其中三价铁盐被定量地还原为亚铁盐，用高锰酸钾标准溶液滴定所生成的亚铁盐，根据高锰酸钾溶液的消耗量可计算出氧化亚铜的量，再根据与氧化亚铜量相当的还原糖量(查表)，即可计算出样品中还原糖含量。各步反应式如下：

$$CuSO_4+2NaOH \longrightarrow Cu(OH)_2\downarrow+Na_2SO_4$$

$$Cu(OH)_2+\begin{array}{c}COOK\\ |\\ CHOH\\ |\\ CHOH\\ |\\ COONa\end{array} \longrightarrow \begin{array}{c}COOK\\ |\\ CHO\diagdown\\ |\quad\ Cu\\ CHO\diagup\\ |\\ COONa\end{array}+2H_2O$$

$$\begin{array}{c}CHO\\ |\\ (CHOH)_4\\ |\\ CH_2OH\end{array}+2\begin{array}{c}COOK\\ |\\ CHO\diagdown\\ |\quad\ Cu\\ CHO\diagup\\ |\\ COONa\end{array}+2H_2O \longrightarrow \begin{array}{c}COOH\\ |\\ (CHOH)_4\\ |\\ CH_2OH\end{array}+2\begin{array}{c}COOK\\ |\\ CHOH\\ |\\ CHOH\\ |\\ COONa\end{array}+Cu_2O\downarrow$$

$$Cu_2O+Fe_2(SO_4)_3+H_2SO_4 \longrightarrow 2CuSO_4+2FeSO_4+H_2O$$

$$10FeSO_4+2KMnO_4+8H_2SO_4 \longrightarrow 5Fe_2(SO_4)_3+K_2SO_4+2MnSO_4+8H_2O$$

由反应式可见，5 mol Cu_2O 相当于 2 mol $KMnO_4$，故根据高锰酸钾标准溶液的消耗量可计算出氧化亚铜的量，再由氧化亚铜量查检索表得出相当的还原糖量。

2) 仪器

25 mL 古氏坩埚或 G4 垂融坩埚；真空泵；滴定管；水浴锅。

3) 试剂

实验用水为蒸馏水，试剂为分析纯。

(1) 斐林试剂甲液(碱性酒石酸铜甲液)：称取 34.639 g 硫酸铜($CuSO_4\cdot 5H_2O$)，加适量水溶解，加入 0.5 mL 硫酸，加水稀释至 500 mL，用精制石棉过滤。

(2) 斐林试剂乙液(碱性酒石酸铜乙液)：称取 173 g 酒石酸钾钠和 50 g 氢氧化钠，加适量水溶解并稀释到 500 mL，用精制石棉过滤，储存于带橡皮塞的玻璃瓶中。

(3) 精制石棉：取石棉先用 3 mol/L 盐酸浸泡 2～3 天，用水洗净，再用 10%氢氧化钠溶液浸泡 2～3 天，倾去溶液，然后用碱性酒石酸铜乙液浸泡数小时，用水洗净，再以 3 mol/L 盐酸浸泡数小时，用水洗至不呈酸性。加水振荡，使之成为微细的浆状软纤维，用水浸泡并储存于玻璃瓶中,即可用于填充古氏坩埚。

(4) 0.02 mol/L 高锰酸钾标准溶液:称取 3.3 g 高锰酸钾溶于 1 050 mL 水中,缓缓煮沸 20～30 min,冷却后于暗处密闭保存数日,用垂融漏斗过滤,保存于棕色瓶中。

标定:精确称取 150～200 ℃干燥 1～1.5 h 的基准草酸钠约 0.2 g,溶于 50 mL 水中;加 80 mL硫酸,用配制的高锰酸钾标准溶液滴定,接近终点时加热至 70 ℃,继续滴至溶液呈粉红色且 30 s 不褪色为止。同时做试剂空白实验。

计算:

$$c=\frac{m\times 1\,000}{(V-V_0)\times 134.00}\times\frac{2}{5}$$

式中:c——高锰酸钾标准溶液的浓度,mol/L;

m——草酸钠的质量,g;

V——标定时消耗高锰酸钾标准溶液的体积,mL;

V_0——空白实验消耗高锰酸钾标准溶液的体积,mL;

134.00——草酸钠的摩尔质量,g/moL。

(5) 1 mol/L 氢氧化钠溶液:称取 4 g 氢氧化钠加水溶解并稀释至 100 mL。

(6) 硫酸铁溶液:称取 50 g 硫酸铁,加入 200 mL 水,溶解后加入 100 mL 硫酸,冷却后加水稀释至 1 000 mL。

(7) 3 mol/L 盐酸:量取 30 mL 浓盐酸,加水稀释至 120 mL。

4) 分析步骤

(1) 样品处理。

① 一般样品:称取粉碎后的固体试样 2.5～5 g 或混匀后的液体试样 5～25 g,精确至 0.001 g,置于 250 mL 容量瓶中,加 50 mL 水,摇匀后加入 10 mL 碱性酒石酸铜甲液、4 mL 1 mol/L NaOH 溶液,加水至刻度,混匀。静置 30 min,用干燥滤纸过滤,弃去初滤液,滤液备用(此步骤目的是沉淀蛋白质)。

② 酒精性饮料:吸取 100 g 样品,精确至 0.01 g,置于蒸发皿中,用 1 mol/L NaOH 溶液中和,在水浴上蒸发至原体积的 1/4 后,移入 250 mL 容量瓶中。加 50 mL 水,混匀。以下按①中从“加入 10 mL 碱性酒石酸铜甲液”起依次操作。

③ 含大量淀粉的食品:称取 10～20 g 样品,置于干净烧杯中,加 200 mL 水,在 45 ℃水浴中加热 1 h,并不时振摇(此步骤是使还原糖溶于水中,切忌温度过高,因为淀粉在高温条件下会糊化、水解,影响测定结果)。冷却后转移至 250 mL 容量瓶中,再用少量水冲洗内壁,洗液并入容量瓶,加水至刻度,混匀,静置,沉淀。吸取 200 mL 上清液于另一 250 mL 容量瓶中,以下按①中从“加入 10 mL 碱性酒石酸铜甲液”起依次操作。

④ 碳酸类饮料:吸取 100 mL 样品置于蒸发皿中,在水浴上除去二氧化碳后,移入 250 mL 容量瓶中,并用水洗涤蒸发皿,洗液并入容量瓶中,再加水至刻度,混匀后,备用。

(2) 样品测定。

吸取 50.00 mL 处理后的样品溶液于 400 mL 烧杯中,加入 25 mL 碱性酒石酸甲液及 25 mL乙液,于烧杯上盖一表面皿,加热,控制在 4 min 内沸腾,再准确煮沸 2 min,趁热用铺好石棉的古氏坩埚或 G4 垂融坩埚抽滤,并用 60 ℃热水洗涤烧杯及沉淀,至洗液不呈碱性为止。将古氏坩埚或垂融 G4 坩埚放回原 400 mL 烧杯中,加 25 mL 硫酸铁溶液及 25 mL 水,用玻璃棒搅拌使氧化亚铜完全溶解,以 0.02 mol/L $KMnO_4$ 标准溶液滴定至微红色即为终点(注意:

还原糖与碱性酒石酸铜试剂的反应一定要在沸腾状态下进行，沸腾时间需严格控制。沸腾的溶液应保持蓝色，如果蓝色消失，说明还原糖含量过高，应将样品溶液稀释后重做）。

同时吸取 50 mL 水，加与测定样品时相同量的碱性酒石酸铜甲、乙液，硫酸铁溶液及水，按同一方法做试剂空白实验。

5）结果计算

$$x=c\times(V-V_0)\times\frac{5}{2}$$

式中：x——与滴定时所消耗的 $KMnO_4$ 标准溶液相当的 Cu_2O 量，mg；

c——$KMnO_4$ 标准溶液的浓度，mol/L；

V——测定用样液消耗 $KMnO_4$ 标准溶液的体积，mL；

V_0——试剂空白实验消耗 $KMnO_4$ 标准溶液的体积，mL；

143.08——Cu_2O 的摩尔质量，g/mol。

根据 x，查“氧化亚铜质量相当于葡萄糖、果糖、乳糖、转化糖的质量表”（见附录 M），即可按下式计算出还原糖含量：

$$X=\frac{A}{m\times\frac{V_2}{V_1}\times 1\,000}\times 100$$

式中：X——样品中还原糖的含量，g/100 g 或 g/100 mL；

A——由 x 查附录 M 得出的 Cu_2O 相当于还原糖的质量，mg；

V_1——样品处理液总体积，mL；

V_2——测定用样品溶液体积，mL；

m——样品质量（或体积），g 或 mL。

6）说明及注意事项

（1）取样量视样品含糖量而定，取得样品中含糖量应在 25～1 000 mg 范围内，测定用样液的含糖浓度应调整到 0.01%～0.45%范围内，浓度过大或过小都会带来误差。通常先进行预实验，确定样液的稀释倍数后再进行正式测定。

（2）测定必须严格按规定的操作条件进行，须控制好热源强度，保证在 4 min 内加热至沸腾，否则误差较大。实验时可先取 50 mL 水，加碱性酒石酸铜甲、乙液各 25 mL，调整热源强度，使在 4 min 内加热至沸腾，维持热源强度不变，再正式测定。

（3）此法所用碱性酒石酸铜溶液是过量的，即保证把所有的还原糖全部氧化后，还有过剩 Cu^{2+} 存在。因此，煮沸后的反应液应呈蓝色。如不呈蓝色，说明样液含糖浓度过高，应调整样液浓度。

（4）当样品中的还原糖有双糖（如麦芽糖、乳糖）时，由于这些糖的分子中仅有一个还原基，测定结果将偏低。

3. 其他方法

1）铁氰化钾法（GB 5009.7—2016 第三法）

（1）原理。

还原糖在碱性溶液中将铁氰化钾还原为亚铁氰化钾，还原糖本身被氧化为相应的糖酸。过量的铁氰化钾在乙酸的存在下，在碘化钾作用下析出碘，析出的碘以硫代硫酸钠标准溶液滴定。通过计算氧化还原糖时所用的铁氰化钾的量，查表得试样中还原糖的含量。

（2）试剂。

除非另有说明，本方法所用试剂均为分析纯，水为 GB/T 6682 规定的三级水。

① 乙酸缓冲溶液：将冰乙酸 3.0 mL、无水乙酸钠 6.8 g 和浓硫酸 4.5 mL 混合溶解，然后稀释至 1 000 mL。

② 钨酸钠溶液(12.0%)：将钨酸钠 12.0 g 溶于 100 mL 水中。

③ 碱性铁氰化钾溶液(0.1 mol/L)：将铁氰化钾 32.9 g 与碳酸钠 44.0 g 溶于 1 000 mL 水中。

④ 乙酸盐溶液：将氯化钾 70.0 g 和硫酸锌 40.0 g 溶于 750 mL 水中，然后缓慢加入 200 mL 冰乙酸，再用水稀释至 1 000 mL，混匀。

⑤ 碘化钾溶液(10%)：称取碘化钾 10.0 g 溶于 100 mL 水中，再加一滴饱和氢氧化钠溶液。

⑥ 淀粉溶液(1%)：称取可溶性淀粉 1.0 g，用少量水润湿调和后，缓慢倒入 100 mL 沸水中，继续煮沸直至溶液透明。

⑦ 硫代硫酸钠溶液(0.1 mol/L)：按 GB/T 601 配制与标定。

(3) 分析步骤。

① 试样制备。

称取试样 5 g(精确至 0.001 g)于 100 mL 磨口锥形瓶中。倾斜锥形瓶以便所有试样粉末集中于一侧，用 5 mL 95%乙醇浸湿全部试样，再加入 50 mL 乙酸缓冲溶液，振荡摇匀后立即加入 2 mL 12.0%钨酸钠溶液，在振荡器上混合振摇 5 min。将混合液过滤，弃去最初几滴滤液，收集滤液于干净锥形瓶中，此滤液即为样品测定液。同时做空白实验。

② 试样溶液的测定。

精确吸取样品测定液 5 mL 于试管中，再精确加入 5 mL 碱性铁氰化钾溶液，混合后立即将试管浸入剧烈沸腾的水浴中，并确保试管内液面低于沸水液面下 3～4 cm，加热 20 min 后取出，立即用冷水迅速冷却。将试管内容物倾入 100 mL 锥形瓶中，用 25 mL 乙酸盐溶液荡洗试管，洗液一并倾入锥形瓶中，加 5 mL 10% 碘化钾溶液，混匀后，立即用 0.1 mol/L 硫代硫酸钠溶液滴定至淡黄色，再加 1 mL 淀粉溶液，继续滴定直至溶液蓝色消失，记下消耗硫代硫酸钠溶液体积(V_1)。吸取空白液 5 mL，代替样品测定液按上述步骤操作，记下消耗的硫代硫酸钠溶液体积(V_0)。

(4) 结果计算。

根据氧化样品液中还原糖所需 0.1 mol/L 铁氰化钾溶液的体积查表，即可查得试样中还原糖(以麦芽糖计算)的质量分数。铁氰化钾溶液体积(V_3)按下式计算：

$$V_3=\frac{(V_0-V_1)\times c}{0.1}$$

式中：V_3——氧化样品液中还原糖所需 0.1 mol/L 铁氰化钾溶液的体积，mL；

V_0——滴定空白液消耗 0.1 mol/L 硫代硫酸钠溶液的体积，mL；

V_1——滴定样品液消耗 0.1 mol/L 硫代硫酸钠溶液的体积，mL；

c——硫代硫酸钠溶液实际浓度，mol/L。

(5) 说明及注意事项。

① 本法还原糖含量以麦芽糖计算，0.1 mol/L 铁氰化钾体积与还原糖含量对照可查表(见附录 N)。

② 本法适用于小麦粉中还原糖含量的测定，计算结果保留小数点后 2 位。

③ 在重复性条件下，获得的两次独立测定结果的绝对差值不得超过算术平均值的 10%。

2）奥氏试剂滴定法（GB 5009.7—2016 第四法）

（1）原理。

在沸腾条件下，还原糖与过量奥氏试剂反应生成相当量的 Cu_2O 沉淀，冷却后加入盐酸使溶液呈酸性，并使 Cu_2O 沉淀溶解。然后加入过量碘溶液进行氧化，用硫代硫酸钠溶液滴定过量的碘，同法做一个空白实验。硫代硫酸钠标准溶液空白实验滴定量减去其样品实验滴定量得到一个差值，由此差值便可计算出还原糖的量。各步反应式如下：

$$C_6H_{12}O_6 + 2KNaC_4H_2O_6Cu + 2H_2O \longrightarrow C_6H_{12}O_7 + 2KNaC_4H_4O_6 + Cu_2O \downarrow$$

$$Cu_2O + 2HCl \longrightarrow 2CuCl + H_2O$$

$$2CuCl + 2KI + I_2 \longrightarrow 2CuI_2 + 2KCl$$

$$I_2(\text{过剩的}) + 2Na_2S_2O_3 \longrightarrow Na_2S_4O_6 + 2NaI$$

（2）试剂。

除非另有说明，本方法所用试剂均为分析纯，水为 GB/T 6682 规定的三级水。

① 盐酸（6 mol/L 和 1 mol/L）：吸取盐酸 50.0 mL，加入已装有 30 mL 水的烧杯中，慢慢加水稀释至 100 mL，此盐酸浓度为 6 mol/L。吸取盐酸 84.0 mL，加入已装有 200 mL 水的烧杯中，慢慢加水稀释至 1 000 mL，此盐酸浓度为 1 mol/L。

② 奥氏试剂：分别称取硫酸铜 5.0 g、酒石酸钾钠 300 g、无水碳酸钠 10.0 g、磷酸氢二钠 50.0 g，溶解并稀释至 1 000 mL，用细孔砂芯玻璃漏斗或硅藻土或活性炭过滤，保存于棕色试剂瓶中。

③ 碘化钾溶液（250 g/L）：称取碘化钾 25.0 g，溶于水，移入 100 mL 容量瓶中，用水稀释至刻度，摇匀。

④ 乙酸锌溶液：称取乙酸锌 21.9 g，加冰乙酸 3 mL，加水溶解并定容至 100 mL。

⑤ 亚铁氰化钾溶液（106 g/L）：称取亚铁氰化钾 10.6 g，加水溶解并定容至 100 mL。

⑥ 淀粉指示剂（5 g/L）：称取可溶性淀粉 0.50 g，加冷水 10 mL 调匀，搅拌下注入 90 mL 沸水中，再微沸 2 min，冷却。溶液于使用前制备。

⑦ 硫代硫酸钠标准滴定储备液[$c(Na_2S_2O_3)=0.1$ mol/L]：按 GB/T 601 配制与标定。也可使用商品化的产品。

⑧ 硫代硫酸钠标准滴定溶液[$c(Na_2S_2O_3)=0.032\ 3$ mol/L]：精确吸取硫代硫酸钠标准滴定储备液 32.30 mL，移入 100 mL 容量瓶中，用水稀释至刻度。校正系数按下式计算：

$$K = c/0.032\ 3$$

式中：c——硫代硫酸钠标准溶液的浓度，mol/L。

⑨ 碘溶液标准滴定储备液[$c(I_2)=0.1$ mol/L]：按 GB/T 601 配制与标定。也可使用商品化的产品。

⑩ 碘标准滴定溶液：[$c(I_2)=0.016\ 15$ mol/L]。精确吸取碘溶液标准滴定储备液 16.15 mL，移入 100 mL 容量瓶中，用水稀释至刻度。

（3）分析步骤。

① 试样溶液的制备。

将备检样品清洗干净。取 100 g（精确至 0.01 g）样品，放入高速捣碎机中，用移液管移入 100 mL 的水，以不低于 12 000 r/min 的转速将其捣成 1∶1 的匀浆。称取匀浆样品 25 g（精确至 0.001 g），于 500 mL 具塞锥形瓶中（含有机酸较多的试样加粉状碳酸钙 0.5～2.0 g 调至中性），加水调整体积约为 200 mL。置（80±2）℃水浴保温 30 min，其间摇动数次，取出加入乙酸锌溶液 5 mL 和亚铁氰化钾溶液 5 mL，冷却至室温后，转入 250 mL 容量瓶，用水定容至刻度。

摇匀,过滤,澄清试样溶液备用。

② Cu_2O 沉淀生成。

吸取试样溶液 20.00 mL(若样品还原糖含量较高时,可适当减少取样体积,并补加水至 20 mL,使试样溶液中还原糖的量不超过 20 mg),加入 250 mL 锥形瓶中。然后加入奥氏试剂 50.00 mL,充分混合,用小漏斗盖上,在电炉上加热,控制在 3 min 内加热至沸,并继续准确煮沸 5.0 min,将锥形瓶静置于冷水中冷却至室温。

③ 碘氧化反应。

取出锥形瓶,加入冰乙酸 1.0 mL,在不断摇动下,准确加入碘标准滴定溶液 5.00～30.00 mL,其数量以确保碘溶液过量为准,用量筒沿锥形瓶壁快速加入盐酸 15 mL,立即盖上小烧杯,放置约 2 min,不时摇动溶液。

④ 滴定过量碘。

用硫代硫酸钠标准滴定溶液滴定过量的碘,滴定至溶液有黄绿色出现时,加入淀粉指示剂 2 mL,继续滴定溶液至蓝色褪尽为止,记录消耗的硫代硫酸钠标准滴定溶液体积(V_4)。

⑤ 空白实验。

按上述步骤进行空白实验(V_3),除了不加试样溶液外,操作步骤和应用的试剂均与测定时相同。

(4) 结果计算。

$$X=K\times(V_3-V_4)\times\frac{0.001}{m\times V_5/250}\times 100$$

式中:X——试样中还原糖的含量,g/100 g;

K——硫代硫酸钠标准滴定溶液[$c(Na_2S_2O_3)=0.0323$ mol/L]校正系数;

V_3——空白实验滴定消耗的硫代硫酸钠标准滴定溶液体积,mL;

V_4——试样溶液消耗的硫代硫酸钠标准滴定溶液体积,mL;

V_5——所取试样溶液的体积,mL;

m——试样的质量,g;

250——试样浸提稀释后的总体积,mL。

(5) 说明及注意事项。

① 本法适用于甜菜块根中还原糖含量的测定。奥氏试剂碱性较弱,样品中蔗糖等非还原糖不会发生水解,对还原糖测定结果影响较小。

② 在重复性条件下获得的两次独立测定结果的绝对差值不得超过算术平均值的 5%,当称样量为 5 g 时,定量限为 0.25 g/100 g。

③ 计算结果保留小数点后 2 位。

3) 3,5-二硝基水杨酸比色法(DNS 比色法)

(1) 原理。

在氢氧化钠和丙三醇(或酒石酸钾钠)存在下,还原糖能将 3,5-二硝基水杨酸中的硝基还原成为氨基,生成橘红色的化合物,其最大吸收波长为 540 nm,在一定的浓度范围内其吸光度与还原糖浓度成正比,符合朗伯-比尔定律,故可以进行定量分析。

(2) 试剂。

① 3,5-二硝基水杨酸溶液:称取 6.5 g 3,5-二硝基水杨酸溶于少量水中,移入 1 000 mL 容量瓶中,加入 2 mol/L 氢氧化钠溶液 325 mL,再加入 45 g 丙三醇,摇匀,冷却后定容到1 000 mL。

② 10 mg/mL 葡萄糖标准溶液：准确称取 1.000 0 g 在 100 ℃干燥至恒重的无水葡萄糖，加水溶解后移入 100 mL 容量瓶中，加入 0.5 mL 盐酸（防止微生物生长），用水稀释至 100 mL。

③ 葡萄糖标准系列溶液：在 8 支 10 mL 具塞试管中，分别加入 10 mg/mL 葡萄糖标准溶液 0、1、2、3、4、5、6、7 mL，定容，得到一组浓度分别为 0、1、2、3、4、5、6、7 mg/mL 的葡萄糖系列标准溶液。

(3) 分析步骤。

取 0、1、2、3、4、5、6、7 mg/mL 的葡萄糖标准溶液各 1 mL，样液 1 mL（含糖 3～4 mg），分别置于干燥的 25 mL 比色管中，各加入 3,5-二硝基水杨酸溶液 2 mL，置于沸水浴中 2 min，显色，然后以流动水迅速冷却，用水定容到 25 mL，摇匀。以零管作参比，在 540 nm 处测定其吸光度，绘制标准曲线，并计算样品中还原糖含量。

(4) 结果计算。

以样液管的吸光度的平均值，分别在标准曲线上查出相应的还原糖质量 $m_{\text{还原糖}}$(mg)。按下式计算出样品中还原糖的含量：

$$\text{还原糖质量分数}=\frac{m_{\text{还原糖}}(\text{mg})}{1\,000\times m\times\frac{V_{\text{样液}}}{V_{\text{样液总}}}}\times100\%$$

式中：$V_{\text{样液总}}$——样液总体积，mL；

$V_{\text{样液}}$——测定用样液体积，mL；

m——样品质量，g。

(5) 说明及注意事项。

① 若用酒石酸钾钠，则不仅用量大，且试剂的灵敏度和稳定性均不如用丙三醇。

② 该法可用于含微量还原糖样品的测定，具有准确度高、重现性好、操作简便快速等优点，尤其适用于大批样品的测定，其分析结果与直接测定结果基本一致。

③ 样品中含有的较多酚类物质，会干扰测定。

4) 碘量法

(1) 原理。

样品经处理后，取一定量样液于碘量瓶中，加入一定量过量的碘液和过量的氢氧化钠溶液，样液中的醛糖在碱性条件下被碘氧化为醛糖酸钠。

$$\begin{array}{l}CHO\\ |\\ (CHOH)_4\\ |\\ CH_2OH\end{array}+I_2+3NaOH\longrightarrow\begin{array}{l}COONa\\ |\\ (CHOH)_4\\ |\\ CH_2OH\end{array}+2NaI+2H_2O$$

由于反应液中碘和氢氧化钠都是过量的，两者作用生成的次碘酸钠残留在反应液中，当加入盐酸使反应液呈酸性时，即析出碘。

$$I_2+2NaOH\longrightarrow NaIO+NaI+H_2O$$

$$NaIO+NaI+2HCl\longrightarrow I_2+2NaCl+H_2O$$

用硫代硫酸钠标准溶液滴定析出的碘，则可计算出氧化醛糖消耗的碘量，从而计算出样液中醛糖的含量。

在一定范围内，上述反应是完全按化学反应式定量进行的，因此，可以利用化学反应式进行定量计算，而不用经验检索表。从反应式可计算出 1 mmol 碘相当于葡萄糖 180 mg、麦芽糖 342 mg、乳糖 360 mg。

(2) 适用范围。

本法用于醛糖和酮糖共存时单独测定醛糖,适用于各类食品,如硬糖、异构糖、果汁等样品中葡萄糖的测定。

(3) 说明与讨论。

① 碘量法自1918年创始以来,已经历了多次改良,主要是在碱性试剂的选择、反应体系的碱度、反应温度等方面进行了改进。其目的:一是防止酮糖氧化,降低共存的酮糖的影响;二是使碱性条件下醛糖与碘的反应完全按当量反应式进行,以便于计算。例如用弱碱性的碳酸钠代替氢氧化钠,以降低反应体系的碱度,在20℃恒温条件下反应。实践证明,在此条件下有2倍量的果糖共存时,对测定葡萄糖的影响也很小。

② 样品中含有乙醇、丙酮等成分时,因为它们也会消耗碘,影响测定,故应除去。

③ 碘量法分为常量法和微量法,主要差别在于测定时样液用量、试剂浓度及用量不同。常量法用样液量为20~25 mL,样液含醛糖0.02%~0.45%;微量法用样液量为5 mL,检出量为0.25~1 mg。

④ 此法配合直接滴定法,也可用于葡萄糖和果糖共存时果糖的测定。先用碘的碱性溶液把葡萄糖氧化,过量的碘用硫代硫酸钠溶液滴定除去,然后用直接滴定法测定果糖的含量。

9.2.3 蔗糖的测定

在食品生产过程中,为判断食品加工原料的成熟度,鉴别白糖、蜂蜜等食品原料的品质,以及控制糖果、果脯、加糖乳制品等产品的质量指标,常需测定蔗糖的含量。

对于谷物类、乳制品、果蔬制品、蜂蜜、糖浆、饮料等食品中蔗糖的测定,可采用高效液相色谱法(GB 5009.8—2016 第一法),该法还可以同时测定果糖、葡萄糖、蔗糖、麦芽糖和乳糖。当称样量为10 g时,检出限为0.02 g/100 g。

对于食品中蔗糖的测定,可采用酸水解-莱因-埃农氏法(GB 5009.8—2016 第二法)。当称样量为5 g时,定量限为0.24 g/100 g。

1. *高效液相色谱法*(GB 5009.8—2016 *第一法*)

1) 原理

试样中的果糖、葡萄糖、蔗糖、麦芽糖和乳糖经提取后,利用高效液相色谱柱分离,用示差折光检测器或蒸发光散射检测器检测,用外标法进行定量。

2) 试剂和材料

除非另有规定,本方法所用试剂均为分析纯,水为GB/T 6682规定的一级水。

(1) 乙腈:色谱纯。

(2) 乙酸锌[$Zn(CH_3COO)_2 \cdot 2H_2O$]。

(3) 亚铁氰化钾($K_4[Fe(CN)_6] \cdot 3H_2O$)。

(4) 石油醚:沸程30~60℃。

(5) 乙酸锌溶液:称取乙酸锌21.9 g,加冰乙酸3 mL,加水溶解并稀释至100 mL。

(6) 亚铁氰化钾溶液:称取亚铁氰化钾21.9 g,加水溶解并稀释至100 mL。

(7) 果糖($C_6H_{12}O_6$):纯度≥99%。

(8) 葡萄糖($C_6H_{12}O_6$):纯度≥99%。

(9) 蔗糖($C_{12}H_{22}O_{11}$):纯度≥99%。

(10) 麦芽糖($C_{12}H_{22}O_{11} \cdot H_2O$):纯度≥99%。

(11) 乳糖(含水)($C_6H_{12}O_6 \cdot H_2O$):纯度≥99%。

(12) 糖标准储备液(20 mg/mL):分别准确称取上述经过(96±2) ℃干燥 2 h 的果糖、葡萄糖、蔗糖、麦芽糖和乳糖(含水)各 1 g,用水溶解后定容至 50 mL。4 ℃密封放置可保存一个月。

(13) 糖标准使用液:分别准确吸取糖标准储备液 1.00、2.00、3.00、5.00 mL 于 10 mL 容量瓶中,加水定容,分别相当于 2.0、4.0、6.0、10.0 mg/mL 的标准溶液。

3) 试样的制备和保存

如果是固体样品,则取有代表性样品至少 200 g,用粉碎机粉碎,并通过 2.0 mm 圆孔筛,混匀,装入洁净容器,密封,标明标记。如果是半固体和液体样品(除蜂蜜样品外),则取有代表性样品至少 200 g 或 200 mL,充分混匀,装入洁净容器,密封,标明标记。如果是蜂蜜样品,未结晶的样品将其用力搅拌均匀;有结晶析出的样品,可将样品瓶盖塞紧后置于不超过 60 ℃的水浴中温热,待样品全部溶解后,搅匀,迅速冷却至室温以备检验用。在溶解时应注意防止水分侵入。蜂蜜等易变质试样置于 0～4 ℃保存。

4) 分析步骤

(1) 样品处理。

对于脂肪含量小于 10%的食品,可准确称取均匀的样品 0.5～10 g(含糖量≤5%时,准确称取 10 g;含糖量为 5%～10%时,准确称取 5 g;含糖量为 10%～40%时,准确称取 2 g;含糖量≥40%时,准确称取 0.5 g),用 50 mL 水溶解并转移至 100 mL 容量瓶中,缓慢加入乙酸锌溶液和亚铁氰化钾溶液各 5 mL,加水定容至刻度,磁力搅拌或超声 30 min,用干燥滤纸过滤,弃去初滤液,后续滤液用 0.45 μm 微孔滤膜过滤或离心获取上清液过 0.45 μm 微孔滤膜至样品瓶,供高效液相色谱分析。

对于糖浆、蜂蜜类,可准确称取均匀样品 1～2 g,加水溶解并定容至 50 mL,充分摇匀,用干燥滤纸过滤,弃去初滤液,续滤液用 0.45 μm 微孔滤膜过滤或离心获取上清液过 0.45 μm 微孔滤膜至样品瓶,供高效液相色谱分析。

对于含二氧化碳的饮料,可吸取样品于蒸发皿中,在水浴上微热搅拌去除二氧化碳,吸取 50.0 mL 移入 100 mL 容量瓶中,缓慢加入乙酸锌溶液和亚铁氰化钾溶液各 5 mL,用水定容至刻度,摇匀,静置 30 min,用干燥滤纸过滤,弃去初滤液,续滤液用 0.45 μm 微孔滤膜过滤或离心获取上清液过 0.45 μm 微孔滤膜至样品瓶,供高效液相色谱分析。

对于脂肪含量大于 10%的食品,可准确称取均匀样品 5～10 g,置于 100 mL 具塞离心管中,加入 50 mL 石油醚,混匀,放气,振摇 2 min,1 800 r/min 离心 15 min,去除石油醚后重复以上步骤至去除大部分脂肪。蒸发残留的石油醚,用玻璃棒将样品捣碎并转移至 150 mL 烧杯中,用 50 mL 水分两次冲洗离心管,洗液并入 100 mL 容量瓶中,缓慢加入乙酸锌溶液和亚铁氰化钾溶液各 5 mL,加水定容至刻度,磁力搅拌或超声 30 min,用干燥滤纸过滤,弃去初滤液,续滤液用 0.45 μm 微孔滤膜过滤或离心获取上清液过 0.45 μm 微孔滤膜至样品瓶,供高效液相色谱分析。

(2) 色谱参考条件。

色谱条件应当满足:果糖、葡萄糖、蔗糖、麦芽糖和乳糖之间的分离度大于 1.5。

液相色谱柱:氨基色谱柱,4.6 mm×250 mm,5 μm。也可用其他具有同等性能的色谱柱。

流动相:乙腈-水混合液(7+3)。

流动相流速:1.0 mL/min。

柱温:40 ℃。

进样量:20 μL。

示差折光检测器条件:温度为 40 ℃。

蒸发光散射检测器条件:飘移管温度为 80～90 ℃。

氮气压力:350 kPa。

撞击器:关。

(3) 检测过程。

将糖标准使用液依次按上述推荐色谱条件上机测定,记录色谱图峰面积或峰高,以峰面积或峰高为纵坐标,以标准工作液的浓度为横坐标,绘制标准曲线,示差折光检测器采用线性方程,蒸发光散射检测器采用幂函数方程。

将试样溶液注入高效液相色谱仪中,记录峰面积或峰高,从标准曲线中查得试样溶液中糖的浓度。可根据具体试样进行稀释。按以上步骤,对同一样品进行平行测定。

空白实验,除不加试样外,均按上述步骤进行。

5) 结果计算

$$X=\frac{(\rho-\rho_0)\times V\times n}{m\times 1\,000}\times 100$$

式中:X——试样中糖(果糖、葡萄糖、蔗糖、麦芽糖和乳糖)的含量,g/100 g;

ρ——样液中糖的浓度,mg/mL;

ρ_0——空白中糖的浓度,mg/mL;

V——样液定容体积,mL;

n——稀释倍数;

m——试样的质量,g 或 mL;

1 000——换算系数;

100——换算系数。

计算结果需扣除空白值。

以重复性条件下获得的两次独立测定结果的算术平均值表示。当蔗糖含量≥10 g/100 g 时,计算结果保留 3 位有效数字;当蔗糖含量<10 g/100 g 时,计算结果保留 2 位有效数字。在重复条件下获得的两次独立测定结果的绝对差值不得超过算术平均值的 10%。

2. 酸水解-莱因-埃农氏法(GB 5009.8—2016 第二法)

蔗糖是葡萄糖和果糖组成的双糖,没有还原性,不能用碱性铜盐试剂直接测定,但在一定条件下,蔗糖可水解为具有还原性的葡萄糖和果糖。

1) 原理

样品脱脂后,用水或乙醇提取,提取液经澄清处理以除去蛋白质等杂质,再用盐酸进行水解,使蔗糖转化为还原糖。然后按还原糖测定方法分别测定水解前后样品液中还原糖含量,两者的差值即为由蔗糖水解产生的还原糖量,乘以一个换算系数即为蔗糖含量。

2) 试剂

(1) 盐酸(1+1):量取浓盐酸 50 mL,缓慢加入 50 mL 水中,冷却后混匀。

(2) 氢氧化钠溶液(40 g/L):称取氢氧化钠 4 g,加水溶解后,放冷,加水定容至 100 mL。

(3) 甲基红指示液(1 g/L):称取甲基红盐酸盐 0.1 g,用 95%乙醇溶解并定容至 100 mL。

(4) 氢氧化钠溶液(200 g/L):称取氢氧化钠 20 g,加水溶解后,放冷,加水并定容至 100 mL。

(5) 葡萄糖标准溶液(1.0 mg/mL):称取经过 98～100 ℃烘箱中干燥 2 h 后的葡萄糖标准

品 1 g (精确到 0.001 g)(纯度≥99%,加水溶解后加入盐酸 5 mL,并用水定容至 1 000 mL。此溶液每毫升相当于 1.0 mg 葡萄糖。

其他试剂同还原糖的测定中的直接滴定法或高锰酸钾滴定法。

3) 试样的制备和保存

同上述高效液相色谱法。

4) 分析步骤

(1) 样品处理。

对于含蛋白质食品,可称取粉碎或混匀后的固体试样 2.5～5 g (精确到 0.001 g)或液体试样 5～25 g(精确到 0.001 g),置于 250 mL 容量瓶中,加水 50 mL,缓慢加入乙酸锌溶液 5 mL 和亚铁氰化钾溶液 5 mL,加水至刻度,混匀,静置 30 min,用干燥滤纸过滤,弃去初滤液,取续滤液备用。

对于含大量淀粉的食品,可称取粉碎或混匀后的试样 10～20 g (精确到 0.001 g),置于 250 mL 容量瓶中,加水 200 mL,在 45 ℃水浴中加热 1 h,并时时振摇,冷却后加水至刻度,混匀,静置,沉淀。吸取 200 mL 上清液于另一 250 mL 容量瓶中,缓慢加入乙酸锌溶液 5 mL 和亚铁氰化钾溶液 5 mL,加水至刻度,混匀,静置 30 min,用干燥滤纸过滤,弃去初滤液,取续滤液备用。

对于酒精饮料,可称取混匀后的试样 100 g (精确到 0.01 g),置于蒸发皿中,用氢氧化钠溶液(40 g/L)中和,在水浴上蒸发至原体积的四分之一后,移入 250 mL 容量瓶中,缓慢加入乙酸锌溶液 5 mL 和亚铁氰化钾溶液 5 mL,加水至刻度,混匀,静置 30 min,用干燥滤纸过滤,弃去初滤液,取续滤液备用。

对于碳酸饮料,可称取混匀后的试样 100 g (精确到 0.01 g)于蒸发皿中,在水浴上微热搅拌除去二氧化碳后,移入 250 mL 容量瓶中,用水洗蒸发皿,洗液并入容量瓶,加水至刻度,混匀后备用。

(2) 酸水解。

转化前:吸取样品处理液 2 份各 50.0 mL,分别置于 100 mL 容量瓶中。一份用水稀释至 100 mL。

转化后:另一份加盐酸(1+1)5 mL,在 68～70 ℃水浴中加热 15 min,冷却后加甲基红指示液 2 滴,用 200 g/L 氢氧化钠溶液中和至中性,加水至刻度。

(3) 还原糖的测定。

水解转化前后样品稀释液还原糖的测定按直接滴定法或高锰酸钾滴定法进行测定。

5) 结果计算

(1) 转化糖的含量。

$$R=\frac{A}{m\times\frac{50}{250}\times\frac{V}{100}\times 1\,000}\times 100$$

式中:R——试样中转化糖的质量分数,g/100 g;

A——碱性酒石酸铜溶液(甲、乙液各半)相当于葡萄糖的质量,mg;

m——样品的质量,g;

50——酸水解中吸取样液体积,mL;

250——试样处理中样品定容体积,mL;

V——滴定时平均消耗试样溶液体积,mL;

100——酸水解中定容体积,mL;

1 000——换算系数；

100——换算系数。

注：酸水解步骤中转化前样液的计算值为转化前转化糖的质量分数 R_1，转化后样液的计算值为转化后转化糖的质量分数 R_2。

(2) 蔗糖的含量。

$$X=(R_2-R_1)\times 0.95$$

式中：X——试样中蔗糖的质量分数，g/100 g；

R_2——转化后转化糖的质量分数，g/100 g；

R_1——转化前转化糖的质量分数，g/100 g；

0.95—转化糖(以葡萄糖计)换算为蔗糖的系数。

6) 说明及注意事项

(1) 蔗糖的水解条件远比其他双糖的水解条件低，在本方法规定的水解条件下，蔗糖可完全水解，而其他双糖和淀粉等的水解作用很小，可忽略不计。

(2) 为获得准确的结果，必须严格控制水解条件。取样液体积、酸的浓度及用量、水解温度和水解时间都不能随意改动，到达规定时间后应迅速冷却，以防止果糖的分解。

(3) 根据蔗糖的水解反应：

$$\underset{\text{蔗糖}}{C_{12}H_{22}O_{11}}+H_2O\longrightarrow \underset{\text{葡萄糖}}{C_6H_{12}O_6}+\underset{\text{果糖}}{C_6H_{12}O_6}$$

蔗糖的相对分子质量为 342，水解后生成 2 分子单糖，相对分子质量之和为 360，故由转化糖的含量换算成蔗糖含量时应乘的换算系数为 0.95。

(4) 蔗糖含量≥10 g/100 g 时，结果保留 3 位有效数字；蔗糖含量 ＜10 g/100 g 时，结果保留 2 位有效数字。在重复性条件下获得的两次独立测定结果的绝对差值不得超过算术平均值的 10%。当称样量为 5 g 时，定量限为 0.24 g/100 g。

9.2.4　总糖的测定

营养学中"总糖"的概念是指能够被人体消化、吸收利用的糖类物质的总和，包括单糖、低聚糖和淀粉。而在食品生产中常规分析项目"总糖"则是不同的概念，一般是指具有还原性的糖(葡萄糖、果糖、乳糖、麦芽糖等)和在测定条件下能水解成为还原糖的低聚糖的总和，不包括淀粉。因为在测定条件下，淀粉的水解作用很微弱。这些糖或源于原料，或源于添加剂，对产品的风味、组织形态、营养价值和成本核算均有影响，是食品生产中常规分析项目，例如，总糖是甜点、水果罐头、饮料等食品中的重要质量指标。

1. 直接测定法

样品经处理除去蛋白质等杂质后，加入盐酸，在加热条件使低聚糖水解为单糖(还原糖)，以直接测定法测定水解后样品中的还原糖的含量。水解中要注意酸的浓度和水解时间的控制，以防止淀粉水解。

2. 蒽酮法

1) 原理

单糖在浓硫酸的作用下，脱水生成糠醛或糠醛衍生物，糠醛类化合物可与蒽酮反应生成蓝绿色的有色化合物，在 620 nm 处有最大吸收，当糖含量为 20～200 mg/L 时，其吸光度与糖含量成正比，符合朗伯-比尔定律，故可以进行定量分析。该法适用于含微量糖的样品的测定，具有灵敏度高、试剂用量少等优点。其反应式如下：

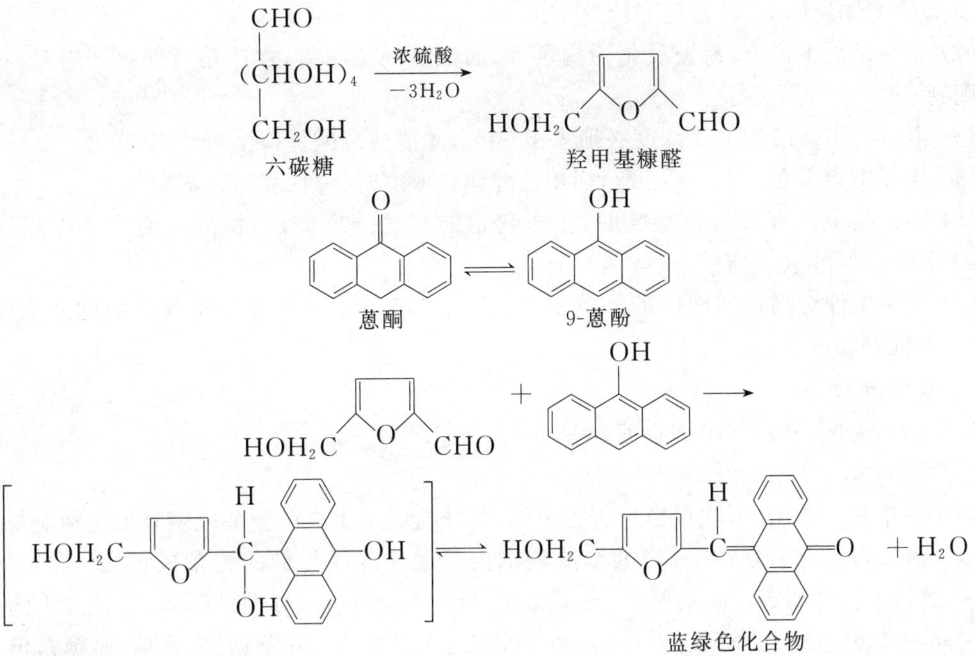

六碳糖 $CHO-(CHOH)_4-CH_2OH$ $\xrightarrow[-3H_2O]{浓硫酸}$ 羟甲基糠醛

蒽酮 ⇌ 9-蒽酚

羟甲基糠醛 + 9-蒽酚 →

[中间产物] ⇌ 蓝绿色化合物 + H_2O

2）试剂

(1) 10～100 μg/mL 葡萄糖系列标准溶液：称取 1.000 0 g 葡萄糖，用水定容至 1 000 mL，从中吸取 1、2、4、6、8、10 mL 分别移入 100 mL 容量瓶中，用水定容即得 10、20、40、60、80、100 μg/mL葡萄糖系列标准溶液。

(2) 72%硫酸。

(3) 0.1%蒽酮溶液：称取 0.1 g 蒽酮和 1.0 g 硫脲（作稳定剂），溶于 100 mL 72%硫酸中，储存于棕色瓶中，于 0～4 ℃存放。

3）分析步骤

取 8 支具塞比色管，分别加入蒸馏水（零管），10、20、40、60、80、100 μg/mL 葡萄糖系列标准溶液，样品溶液（含糖 20～80 μg/mL）各 1.0 mL，沿管壁各加入蒽酮试剂 5.0 mL，立即摇匀，放入沸水浴中加热 10 min，取出，迅速冷却至室温，并在暗处放置 20 min 后，用 1 cm 比色皿，以零管作参比，于 620 nm 波长处测定吸光度，绘制标准曲线。根据样品溶液的吸光度查标准曲线，测得含糖量。

4）结果计算

$$\text{总糖质量分数(以葡萄糖计)}=\frac{C\times f\times V_{\text{样液总}}}{10^6\times m}\times 100\%$$

式中：C——从标准曲线查得的糖浓度，μg/mL；

$V_{\text{样液总}}$——样液总体积，mL；

f——稀释倍数；

m——样品质量，g。

5）说明及注意事项

(1) 该法实际上几乎可以测定所有的糖类，不但可以测定单糖、低聚糖，而且能测定多糖，如淀粉、纤维素等（因为反应液中的浓硫酸可以把多糖水解成单糖而发生反应），所以用蒽酮法可测出溶液中全部可溶性糖类总量，因此有特殊的应用价值。但如果不希望包含多糖的量，则应用80%乙醇作提取剂，以避免多糖的干扰。

(2) 蒽酮试剂不稳定，易被氧化为褐色，添加稳定剂硫脲后，在冰箱可保存2周。一般宜当天配制。

(3) 混合物中硫酸的最终浓度必须大于50%，才能使蒽酮保持溶解状态。

(4) 样品中允许含有5%的乙醇，当用乙醇作提取剂时，可稀释后再测定。

(5) 当样品中含有大量色氨酸时，由于它也能与蒽酮反应，与糠醛发生竞争作用，减少620 nm处的吸收，干扰测定。

(6) 反应条件对测定准确度的影响很大，故应严格遵守测定方法所规定的试剂浓度、用量、反应时间和温度等。

3. 苯酚-硫酸法

以软饮料为例，测定其中的总糖。

1) 原理

糖类在浓硫酸作用下，非单糖水解为单糖，单糖再脱水生成的糠醛或糠醛衍生物能与苯酚缩合成一种橙红色化合物，在一定的浓度范围内其颜色深浅与糖的含量成正比，可在480～490 nm波长下比色测定。此法简单、灵敏度高，基本不受蛋白质存在的影响，并且产生的颜色稳定时间在160 min以上。虽然该法可以测定几乎所有的糖类(单糖、低聚糖、多糖)，但是不同的糖其吸光度大小不同，若已知样品中不同糖的比例，则最好用混合糖作标准溶液，若不知样品中不同糖的比例，则常用葡萄糖作标准溶液，绘制标准曲线。

2) 仪器

分光光度计；水浴锅；20 mL刻度试管；移液管。

3) 试剂

(1) 80%苯酚溶液：称取精制苯酚80 g，加去离子水20 mL溶解，储存于棕色试剂瓶中。

(2) 100 mg/L葡萄糖储备液。

(3) 浓硫酸(相对密度1.84)。

4) 分析步骤

(1) 标准系列溶液的配制。

按表9-2配制标准系列溶液。

表9-2　葡萄糖标准系列溶液的配制

葡萄糖浓度/(μg/mL)	0	10	20	30	40	50
加入葡萄糖储备液的体积/mL	0	0.2	0.4	0.6	0.8	1.0
加入去离子水的体积/mL	2.0	1.8	1.6	1.4	1.2	1.0

(2) 样品及标准系列的测定。

取约100 mL饮料于500 mL容量瓶中，不断振摇(对泡沫多的样品，如啤酒只能轻轻振摇，避免产生大量气泡逸出)排气，直至无明显CO_2气泡为止。

取2 mL样液(糖含量在1～50 μg/mL，样液需事先稀释1 000～2 000倍)于25 mL具塞试管中，向上述标准系列溶液管、样液管中分别加入80%苯酚溶液0.05 mL，在20 s内迅速加入浓硫酸5 mL，摇匀(逐管操作)，放置10 min后，放入25 ℃水浴保温10 min，于490 nm处比色，以零管作参比，测定其吸光度，以糖含量为横坐标、吸光度为纵坐标，绘制标准曲线，根据样品管的吸光度，从标准曲线上查其糖含量。

5）结果计算

$$总糖含量(以葡萄糖计,mg/mL)=\frac{C\times f}{1\ 000}$$

式中：C——从标准曲线查得的糖浓度，μg/mL；

f——稀释倍数；

1 000——将微克换算成毫克的系数。

6）说明及注意事项

（1）虽然该法可以测定几乎所有的糖类，但是不同的糖其吸光度大小不同：五碳糖常以木糖为标准绘制标准曲线，木糖的最大吸收波长在 480 nm 处，适合测定木糖含量高的样品，如小麦麸、玉米麸；六碳糖常以葡萄糖为标准绘制标准曲线，葡萄糖的最大吸收波长在 490 nm 处，软饮料、啤酒、果汁等可用此法测定其中的总糖，因为每克糖类可提供 17.2 kJ 热量，故可通过测定总糖的量计算出饮料中的热量。

（2）苯酚有毒，硫酸有腐蚀性，要戴手套操作。

9.2.5　可溶性糖类的分离与定量

前面介绍的几种测定糖的方法，所测结果多是几种糖的总量，不能确定糖的组成及每个组分的含量。但是，在科研和生产中，有时需要对各种糖分别进行定量，现在一般采用色谱分析法来完成这项工作。

1. 概述

最早用于分析糖的色谱法是 1946 年 Partridge 开创的纸色谱法（PC），这种方法设备简单，可分离不同类型的糖，但对结构类似的糖分离不好，定量精度差，操作时间长。第二种分析糖的色谱法是气相色谱法（GC），1958 年 Mclnnes 首先采用该法分离各种糖，由于配用合适的检测器，获得了较高的灵敏度，但因糖的挥发性差，分析时需先将糖制成易挥发的衍生物，该过程较费时，衍生也难以达到定量，另外衍生后一些糖的分离也存在问题，所以给正确定量带来了一定困难。第三种分析糖的色谱法是薄层色谱法（TLC），1961 年由 Stahl 等人最先研究，这种方法虽所用设备简单，但也存在纸色谱法类似的问题。高效液相色谱法（HPLC）是第四种分析糖的色谱法，始于 1973 年，由于 HPLC 分析糖不存在上述几种色谱法的缺点，所以问世以来发展很快。高效液相色谱法分析糖，一般使用折光检测器，但这种检测器灵敏度低，且不宜做梯度分析。高效液相色谱法常用氨基键合硅胶柱对某些糖进行分离，在柱的使用寿命方面尚有不足。作为高效液相色谱法的一个分支，离子色谱法（IC）分析糖类的发展较快，其中用高性能阴离子交换柱，配合脉冲安培检测器的分析方法，具有灵敏度高、选择性好等优点，是一种很有前途的糖类分析方法。

目前，分析糖常用的色谱法有气相色谱法、高效液相色谱法和离子色谱法。由于食品的种类繁多，组成、性状各异，具体应用这些方法时，必须根据样品的组成、性状，选择适当的色谱分离条件和样品处理方法。

2. 气相色谱法

糖类分子间引力一般较强，挥发性弱，故不能直接进行气相色谱分析。但把糖制成某种具有挥发性的衍生物，就可以用气相色谱法进行分离定量，分析中所用衍生物有三氯硅烷（TMS）衍生物、三氟乙酸（TFA）衍生物、乙酰衍生物和甲基衍生物等。其中常用的是前两种。

下面以 TMS 衍生物为例介绍气相色谱法。

1）原理

样品经处理后，进行衍生使之生成挥发性 TMS 衍生物，然后注入色谱仪器，在一定色谱条件下进行分离，得出色谱图，再与标准样品的色谱图比较，根据峰的保留时间定性，根据峰面积内标法定量。

2）适用范围

此法适用于果汁、果酱、饼干、蔬菜，不适用于含乳糖的乳制品。

3）仪器

气相色谱仪，附有火焰离子化检测器；旋转蒸发仪，附有 25 mL 的圆底烧瓶；微量进样器。

4）试剂

(1) 六甲基二硅胺烷(HMDS)。

(2) 三氟乙酸(TFA)。

(3) 糖混合标准溶液：精确称取在 70 ℃下减压干燥的果糖、阿戊糖、蔗糖、鼠李糖、棉子糖和水苏糖各 1.000 0 g，用水稀释至 1 000 mL。此溶液每毫升含上述各种糖 1 mg。

(4) 二甲基亚砜：作溶剂用。

(5) 肌醇：作内标物用。取 100 mg 肌醇，用二甲基亚砜溶解，稀释至 100 mL，即成含肌醇 1 mg/mL 的标样。

5）分析步骤

(1) 样品处理。

脂肪含量高的样品，应先用正己烷脱脂。淀粉含量较高的样品应该用 80%乙醇提取，一般样品可用水提取。

① 果汁、果酱：取适量均匀的样品，置于 200 mL 烧杯中，加水 50 mL，充分混合使试样分散。用氢氧化钠溶液调整溶液的 pH 到 7，再用水稀释到 200 mL，离心分离，取上清液作为试样溶液。

② 饼干、糕点等：取粉碎均匀的试样 2 g，置于 50 mL 具塞离心管中，加入正己烷 200 mL，充分混匀，离心分离后去掉正己烷层，反复操作两次，最后将残存的正己烷蒸发掉。残渣中加入 20 mL 80%乙醇，充分混合使其分散均匀，加入少量沸石，装上冷凝器，在水浴上回流30 min。用小型 G3 玻璃砂芯过滤器过滤，用 80%乙醇洗涤残渣 3～4 次，洗液并入滤液中，用 80%乙醇定容至 250 mL，作为试样溶液。

(2) TMS 衍生物的制备。

称取适量制备的试样溶液(总糖量在 10 mg 以下)，放入 25 mL 磨口圆底烧瓶中，水溶液试样要进行冷冻干燥，乙醇溶液试样要在 40 ℃以下减压干燥。用微量进样器吸取内标物肌醇的二甲基亚砜溶液 500 μL，加到干燥试样中。然后加 HMDS 0.45 mL、TFA 0.05 mL，加塞，充分振荡混匀，使糖溶解，在室温下放置 15～60 min，即得到 TMS 衍生物溶液。

(3) 色谱条件的设定。

柱子：3% Silicone DC QF-1，Chromosorb W (AW,DMOS)60～80 目。

柱温：120～240 ℃(升温)。

升温速度：6 ℃/min。

进样口、检测器温度：250 ℃。

氮气流量：60 mL/min。

FID 氢气流量:50 mL/min。

FID 空气流量:1 L/min。

(4) 标准工作曲线的绘制。

取适量标准样液(每种糖含量 0～3 mg),置于磨口圆底烧瓶中,冷冻干燥后,按试样的操作方法进行 TMS 衍生。取衍生液 1 μL,注入色谱仪中进行分析,得出标准溶液色谱图,如图 9-2 所示。从所得色谱图计算糖和内标物的峰面积。以糖的量(mg)/内标物的含量(mg)为横坐标,以糖的峰面积/内标物的峰面积为纵坐标,根据最小二乘法求回归曲线,即为标准工作曲线。

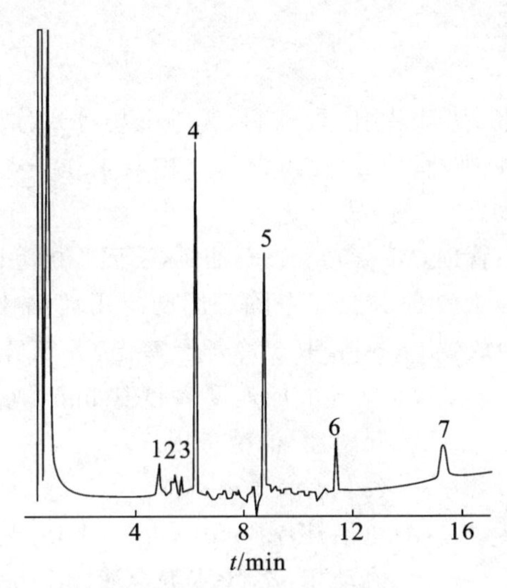

图 9-2　TMS 衍生物分析单糖和双糖的气相色谱图

1—阿戊糖;2—鼠李糖;3—果糖;4—肌醇;5—蔗糖;6—棉子糖;7—水苏糖

(5) 测定。

取试样的 TMS 衍生液 1 μL 注入色谱仪中,得出样液的色谱图。

6) 结果计算

将样液的色谱图与标准溶液的色谱图比较,根据峰保留时间定性。然后再计算糖的峰面积与内标物峰面积之比,查标准工作曲线得出试样中糖的含量。

7) 说明及注意事项

(1) 脂肪含量较低的样品不必脱脂。

(2) TMS 衍生物的制备条件:在无水状态下,使其在室温下反应。制备后至少可稳定 7 h。

(3) 糖类的异构体较多,进行气相色谱分析时,各异构体被分离,得出各自的峰(见图 9-2),定量时要把这些峰值加起来计算。

3. 高效液相色谱法

1) 原理

样品经适当的前处理后,将糖类的水溶液注入反相化学键合相色谱体系,用乙腈和水作为流动相,糖类分子按其相对分子质量由小到大的顺序流出,经示差折光检测器检测,与标准曲线比较定量。

2) 适用范围

本法适用于乳及乳制品的检测。根据待测糖的种类,通过改变流动相乙腈溶液的浓度,可以扩大适用范围。如果对不同的食品分别采取适当的样品处理方法,适用范围还可以扩大。

3）仪器

高效液相色谱仪，附有示差折光检测器、数据处理机；微量注射器(25 μL)。

4）试剂

(1) 糖混合标准原溶液：精确称取在70 ℃减压干燥的果糖、葡萄糖、蔗糖、麦芽糖、乳糖各1.000 0 g，用水稀释至100 mL。

(2) 糖混合系列标准溶液：取原溶液，用水稀释，制成1～5 mg/mL的系列标准溶液。

(3) 流动相：乙腈-水混合液(80+20)，用0.45 μm有机溶剂微孔滤膜过滤，脱气后使用。

5）分析步骤

(1) 样品处理。

含糖在10%以下的乳制品(如牛乳、乳饮料、无糖酸奶等)，称取10.00 g样品；含糖量在10%～40%的乳制品(加糖酸奶、淡炼乳、冰淇淋等)，称取4.00 g样品；含糖在40%以上的乳制品(奶粉、甜炼乳等)，称取1.00 g样品。

将样品置于50 mL离心管中，加入50 mL石油醚，于离心机上以1 800 r/min的速度离心分离15 min，弃去石油醚层，重复提取至完全除去脂肪。用玻璃棒捣碎残留物，用水定容至100 mL，在85～90 ℃水浴中放置25 min，取出冷却至室温，并定容至100 mL，于离心机上以2 000 r/min的速度离心10 min，取部分上清液，用0.45 μm微孔滤膜过滤，滤液备用。

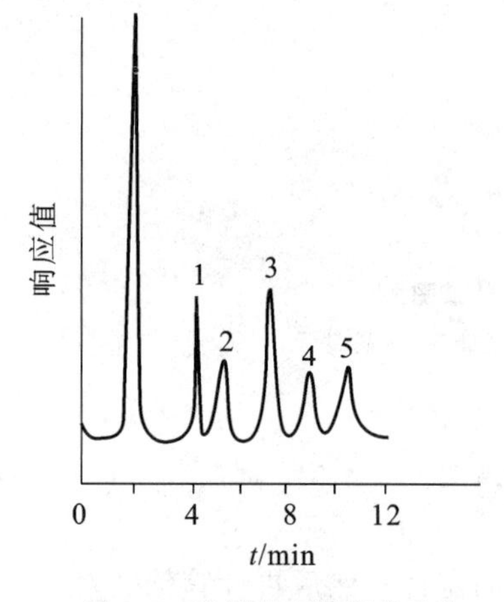

图9-3 乳制品中糖类的分离

1—果糖；2—葡萄糖；3—蔗糖；4—麦芽糖；5—乳糖

(2) 色谱分离条件。

色谱柱：μBondapak Carbohydrate(4 mm×300 mm)。

流动相：乙腈-水混合液(80+20)。

流速：2.5 mL/min。

进样量：20 μL。

检测器：401型，4X。

温度：室温。

(3) 标准曲线绘制。

取糖混合系列标准溶液各20 μL，依次注入色谱仪中进行分析，得出糖标准溶液色谱图，如图9-3所示。以各种糖含量(mg/mL)为横坐标，以其峰高或峰面积为纵坐标，分别绘制各种糖的标准曲线。

(4) 样液测定。

取20 μL样液，注入色谱仪中进行分析，得出样液色谱图，与标准色谱图比较，以峰保留时间定性，以峰高或峰面积查相应的标准曲线，得出样液中各种糖的浓度(mg/mL)。

6）结果计算

$$糖质量分数=\frac{C\times V}{m\times 1\,000}\times 100\%$$

式中：C——由标准工作曲线查得的样液中某种糖浓度，mg/mL；

V——样液总体积，mL；

m——样品质量，g。

7）说明及注意事项

(1) 样品处理时以水作为提取剂是为了解决乳糖溶解度低的问题。在加热提取时，溶液应保持中性，以防蔗糖转化。25 min 的提取时间被认为是糖的最佳提取时间。

(2) μBondapak Carbohydrate 色谱柱的寿命有限，应用 μBondapak Porasil B 填充的保护柱可以延长柱的使用寿命。

(3) 本方法可以在 15 min 内完成 5 种糖的分离，精密度和准确度都很好，变异系数小于 2%。

(4) 除 μBondapak Carbohydrate 色谱柱外，常用的还有氨丙烷基键合硅胶柱，如 Lichrosorb-NH_2，国产的有 YWG-NH_2（天津化学试剂二厂）。

(5) 也有用丙酮-乙酸乙酯-水代替毒性较大的乙腈作流动相的。

(6) 高效液相色谱法广泛应用于食品中糖的测定。由于萃取与提取步骤、色谱条件和检测类型有着宽广的范围，因此，几乎所有含游离糖的样品都可以使用这种分析技术。在选择分析方法时，除考虑灵敏度、准确度、选择性外，还需要考虑样品制备的难易程度及分析费用。

4. 离子色谱法

1）原理

糖是一种多羟基醛或酮的化合物，具有弱酸性，当 pH 在 12～14 时，会发生解离，所以能被阴离子交换树脂(HPAC)保留，用 pH 为 12 或碱性更大的氢氧化钠溶液淋洗，可实现糖的分离，再以脉冲安培检测器(PAD)检测，以峰保留时间定性，以峰高外标法定量。

2）适用范围

本法适用于果汁、蜂蜜、牛乳及其制品、饮料、黄酒、大豆粉等多种食品可溶性糖的鉴定，具有灵敏度高(检测下限可达 ng/g 级)、选择性好、操作简单、样品不必经过复杂的前处理等优点。

3）仪器

Dionex-4000 i 离子色谱仪(附脉冲安培检测器)；微量进样器(50 μL)。

4）试剂

(1) 糖混合系列标准溶液：各种糖含量为 1 000 μg/g，使用时稀释为 16、32、48、64、80 μg/g 的混合系列标准溶液。

(2) 流动相：0.15 mol/L NaOH 溶液。

各试剂均用二次去离子水(电导<1 μS)配制。

5）色谱条件

色谱柱：HPIC-AS6 阴离子分离柱，保护柱为 HPIC-AG6。

检测器：脉冲安培检测器。工作参数：E_1 为 200 mV，t_1 为 60 ms；E_2 为 600 mV，t_2 为60 ms；E_3 为 800 mV，t_3 为 240 ms。

流动相：0.15 mol/L NaOH 溶液。

流速：1.0 mL/min。

6）分析步骤

取混合系列标准溶液各 50 μL，分别进样，得出标准色谱图，如图 9-4 所示。由测得结果作各种糖的峰高-浓度的标准曲线。

取适量样品，经适当的稀释、过滤。取 50 μL 进样分析，得出样品色谱图，与标准色谱图比较，根据峰保留时间定性，根据峰高查相应的标准曲线定量。

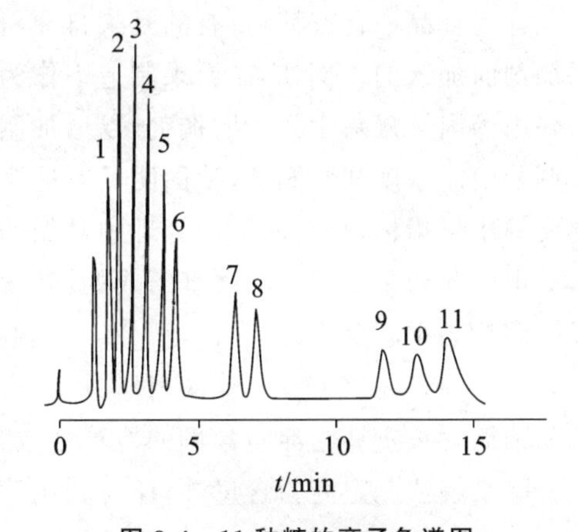

图 9-4　11 种糖的离子色谱图

1—木糖醇；2—山梨糖醇；3—鼠李糖；4—阿拉伯糖；5—葡萄糖；6—果糖；7—乳糖；8—蔗糖；9—棉子糖；10—水苏糖；11—麦芽糖

7) 说明及注意事项

(1) 用 HPAC-PAD 分析糖的唯一缺点是由于检测过程属于氧化检测,所以像甲醇、丙醇等有机改进剂在实验过程中不能使用。

(2) 流动相的脱气十分重要,流动相中的气体不仅会影响高压泵的正常运转,在 HPAC-PAD 分析样品时,还会影响基线稳定性。

(3) PAD 金电极使用完后其表面有可能变粗糙,影响基线稳定,此时必须对电极表面进行抛光,抛光必须严格按说明书上的技术要求进行。

(4) HPAC 柱每次用后用比流动相稍浓一些的 NaOH 溶液冲洗,这样做能使保留值具有较好的重现性。

9.3 淀粉的测定

淀粉是一种多糖。它广泛存在于植物的根、茎、叶、种子等组织中,是人类食物的重要组成部分,也是人体热能的主要来源。淀粉是由葡萄糖单位构成的聚合体,按聚合形式不同,可形成两种不同的淀粉——直链淀粉和支链淀粉。直链淀粉是由葡萄糖残基以 α-1,4 糖苷键结合构成的,分子呈直链状。支链淀粉是由葡萄糖残基以 α-1,4 糖苷键结合构成直链主干,而支链通过第六碳原子以 α-1,6 糖苷键与主链相连,形成树枝状结构。由于两种淀粉分子的结构不同,性质上也有一定差异。不同来源的淀粉,所含直链淀粉和支链淀粉的比例是不同的,因而也具有不同的性质和用途。

淀粉的主要性质如下。

水溶性:直链淀粉不溶于冷水,可溶于热水;支链淀粉常压下不溶于水,只有在加热并加压时才能溶解于水。

醇溶性:不溶于浓度在 30%以上的乙醇溶液。

水解性:在酸或酶的作用下可以水解,最终产物是葡萄糖。

旋光性:淀粉水溶液具有右旋性。

许多食品中含有淀粉,有的是来自原料,有的是生产过程中为了改变食品的物理性状作为添加剂而加入的。例如:在糖果制造中作为填充剂;在雪糕、棒冰等冷饮食品中作为稳定剂;在午餐肉等肉类罐头中作为增稠剂,以增加制品的黏着性和持水性;在面包、饼干、糕点生产中用来调节面筋浓度和胀润度,使面团具有适合于工艺操作的物理性质等。淀粉含量是某些食品主要的质量指标,是食品生产管理中常做的分析项目。

由于淀粉是由葡萄糖残基组成的,其含量可通过水解后测定葡萄糖的方法进行定量分析,根据淀粉的水解反应:

$$(C_6H_{10}O_5)_n + nH_2O \longrightarrow n(C_6H_{12}O_6)$$

将葡萄糖含量折算为淀粉含量的换算系数为 162/180=0.9。

除水解法测定淀粉含量外,还可利用淀粉遇碘变蓝的反应进行比色测定。

1. 酶水解法(GB 5009.9—2016 第一法)

1) 原理

食品样品经去除脂肪和可溶性糖类后,在淀粉酶的作用下,淀粉水解为小分子糖,再用稀盐酸进一步将其水解为葡萄糖,然后按还原糖测定,再折算成淀粉含量。

2）试剂

(1) 高峰氏淀粉酶：酶活力≥1.6 U/mg。

(2) 石油醚：沸程为 60～90 ℃。乙醚。甲苯。三氯甲烷。

(3) 甲基红指示液(2 g/L)：称取甲基红 0.20 g，用少量乙醇溶解后，定容至 100 mL。

(4) 盐酸(1+1)：量取 50 mL 浓盐酸，与 50 mL 水混合。

(5) 氢氧化钠溶液(200 g/L)：称取 20 g 氢氧化钠，加水溶解并定容至 100 mL。

(6) 碱性酒石酸铜甲液：称取 15 g 硫酸铜($CuSO_4 \cdot 5H_2O$)及 0.050 g 亚甲基蓝，溶于水并定容到 1 000 mL。

(7) 碱性酒石酸铜乙液：称取 50 g 酒石酸钾钠、75 g 氢氧化钠，溶于水中，再加入 4 g 亚铁氰化钾，完全溶解后，用水定容至 1 000 mL，储存于橡胶塞玻璃瓶内。

(8) 葡萄糖标准溶液：称取 1 g(精确至 0.000 1 g)经过 98～100 ℃干燥 2 h 的 D-无水葡萄糖(纯度≥98%)，加水溶解后加入 5 mL 盐酸，并以水定容至 1 000 mL。此溶液每毫升相当于 1.0 mg 葡萄糖。

(9) 淀粉酶溶液(5 g/L)：称取淀粉酶 0.5 g，加 100 mL 水溶解，临用现配；也可加入数滴甲苯或三氯甲烷防止长霉，储存于 4 ℃冰箱中备用。

(10) 碘溶液：称取 3.6 g 碘化钾，溶于 20 mL 水中，加入 1.3 g 碘，溶解后加水定容至 100 mL。

(11) 85%乙醇：取 85 mL 无水乙醇，加水定容至 100 mL 混匀。

3）分析步骤

(1) 试样处理。

对于易粉碎的试样，可磨碎过 40 目筛，称取 2～5 g(精确至 0.001 g)，置于放有折叠滤纸的漏斗内，先用 50 mL 石油醚或乙醚分 5 次洗去脂肪，再用约 150 mL 乙醇(85%)洗去可溶性糖类，滤干乙醇，将残留物移入 250 mL 烧杯内，并用 50 mL 水洗滤纸，洗液并入烧杯内，将烧杯置于沸水浴上加热 15 min，使淀粉糊化，放冷至 60 ℃以下，加 20 mL 淀粉酶溶液，在 55～60 ℃保温 1 h，并时时搅拌。然后取一滴此液，加一滴碘溶液，应不显蓝色，若显蓝色则再加热糊化并加 20 mL 淀粉酶溶液，继续保温，直至加碘溶液不显蓝色为止。加热至沸，冷后移入 250 mL 容量瓶中，加水至刻度，混匀，过滤，弃去初滤液。取 50 mL 续滤液，置于 250 mL 锥形瓶中，加 5 mL 盐酸(1+1)，装上回流冷凝器，在沸水浴中回流 1 h，冷后加 2 滴甲基红指示液，用氢氧化钠溶液(200 g/L)中和，溶液移入 100 mL 容量瓶中，洗涤锥形瓶，洗液也并入 100 mL 容量瓶中，加水至刻度，混匀备用。

对于其他样品，可加适量水在组织捣碎机中捣成匀浆(蔬菜、水果需先洗净、晾干，取可食部分)，称取相当于原样质量 2.5～5 g(精确至 0.001 g)的匀浆。以后步骤按易粉碎的试样自“置于放有折叠滤纸的漏斗内”起依次操作。

(2) 标定碱性酒石酸铜溶液。

吸取 5.00 mL 碱性酒石酸铜甲液及 5.00 mL 碱性酒石酸铜乙液，置于 150 mL 锥形瓶中，加水 10 mL，加入玻璃珠两粒，从滴定管滴加约 9 mL 葡萄糖标准溶液，控制在 2 min 内加热至沸，趁沸以每 2 s 1 滴的速度继续滴加葡萄糖标准溶液，直至溶液蓝色刚好褪去为终点，记录消耗葡萄糖标准溶液的总体积，同时平行做三份，取其平均值，计算每 10 mL(甲、乙液各5 mL)碱性酒石酸铜溶液相当于葡萄糖的质量 m_1(mg)。

(3) 试样溶液预测定。

吸取 5.00 mL 碱性酒石酸铜甲液及 5.00 mL 碱性酒石酸铜乙液，置于 150 mL 锥形瓶中，加水 10 mL,加入玻璃珠两粒,控制 2 min 内加热至沸,以先快后慢的速度,从滴定管中滴加试样溶液,并保持溶液沸腾状态,待溶液颜色变浅时,以每 2 s 1 滴的速度滴定,直至溶液蓝色刚好褪去为终点,记录样液消耗体积。当样液中还原糖浓度过高时,应适当稀释后再进行正式测定,使每次滴定消耗样液的体积控制在与标定碱性酒石酸铜溶液时所消耗的还原糖标准溶液体积相近,约为 10 mL。

(4) 试样溶液测定。

吸取 5.00 mL 碱性酒石酸铜甲液及 5.00 mL 碱性酒石酸铜乙液,置于 150 mL 锥形瓶中,加水 10 mL,加入玻璃珠两粒,从滴定管滴加比预测体积少 1 mL 的试样溶液至锥形瓶中,使其在 2 min 内加热至沸,保持沸腾状态继续以每 2 s 1 滴的速度滴定,直至蓝色刚好褪去为终点,记录样液消耗体积。同法平行操作三份,得出平均消耗体积。

当浓度过低时,则直接加入 10.00 mL 样品液,免去加水 10 mL,再用葡萄糖标准溶液滴定至终点,记录消耗的体积与标定时消耗的葡萄糖标准溶液体积之差相当于 10 mL 样液中所含葡萄糖的量(mg)。

(5) 试剂空白测定。

同时量取 20.00 mL 水及与试样溶液处理时相同量的淀粉酶溶液,按返滴定法做试剂空白实验。即:用葡萄糖标准溶液滴定试剂空白溶液至终点,记录消耗的体积与标定时消耗的葡萄糖标准溶液体积之差相当于 10 mL 样液中所含葡萄糖的量(mg)。

4) 结果计算

(1) 试样中葡萄糖含量计算。

$$X_1=\frac{m_1}{\frac{50}{250}\times\frac{V_1}{100}}$$

式中:X_1——试样中葡萄糖的含量,mg;

m_1——10 mL 碱性酒石酸铜溶液(甲、乙液各半)相当于葡萄糖的质量,mg;

50——测定用样品溶液体积,mL;

250——样品定容体积,mL;

V_1——测定时平均消耗试样溶液体积,mL;

100——测定用样品的定容体积,mL。

(2) 试样中淀粉浓度过低时葡萄糖含量计算。

$$X_2=\frac{m_2}{\frac{50}{250}\times\frac{10}{100}}$$

$$m_2=m_1\left(1-\frac{V_2}{V_s}\right)$$

式中:X_2——所称试样中葡萄糖的质量,mg;

m_2——标定 10 mL 碱性酒石酸铜溶液(甲、乙液各半)时消耗的葡萄糖标准溶液的体积与加入试样后消耗的葡萄糖标准溶液体积之差相当于葡萄糖的质量,mg;

50——测定用样品溶液体积,mL;

250——样品定容体积,mL;

10——直接加入的试样体积,mL;

100——测定用样品的定容体积,mL;

m_1——10 mL 碱性酒石酸铜溶液(甲、乙液各半)相当于葡萄糖的质量,mg;

V_2——加入试样后消耗的葡萄糖标准溶液体积,mL;

V_s——标定 10 mL 碱性酒石酸铜溶液(甲、乙液各半)时消耗的葡萄糖标准溶液的体积,mL。

(3) 试剂空白值计算。

$$X_0=\frac{m_0}{\frac{50}{250}\times\frac{10}{100}}$$

$$m_0=m_1\left(1-\frac{V_0}{V_s}\right)$$

式中:X_0——试剂空白值,mg;

m_0——标定 10 mL 碱性酒石酸铜溶液(甲、乙液各半)时消耗的葡萄糖标准溶液的体积与加入空白后消耗的葡萄糖标准溶液体积之差相当于葡萄糖的质量,mg;

50——测定用样品溶液体积,mL;

250——样品定容体积,mL;

10——直接加入的试样体积,mL;

100——测定用样品的定容体积,mL;

V_0——加入空白试样后消耗的葡萄糖标准溶液体积,mL;

V_s——标定 10 mL 碱性酒石酸铜溶液(甲、乙液各半)时消耗的葡萄糖标准溶液的体积,mL。

(4) 试样中淀粉含量的计算。

$$X=\frac{(X_1-X_0)\times 0.9}{m\times 1\,000}\times 100 \quad 或 \quad X=\frac{(X_2-X_0)\times 0.9}{m\times 1\,000}\times 100$$

式中:X——试样中淀粉的含量,g/100 g;

0.9——还原糖(以葡萄糖计)换算成淀粉的换算系数;

m——试样质量,g。

5) 说明及注意事项

(1) 因为淀粉酶有严格的选择性,它只水解淀粉而不会水解其他多糖,水解后通过过滤可除去其他多糖。所以该法不受半纤维素、多缩戊糖、果胶质等多糖的干扰,适合于这类多糖含量高的样品,也适合淀粉含量很低的样品的测定,分析结果准确可靠,但操作复杂费时。

(2) 脂肪的存在会妨碍酶对淀粉的作用及可溶性糖的去除,应用乙醚脱脂。对于脂肪含量非常少的样品可省略除脂这一步。此法不适用于肉制品中淀粉的测定。

(3) 结果<1 g/100 g 时,保留 2 位有效数字;结果≥1 g/100 g 时,保留 3 位有效数字。在重复性条件下获得的两次独立测定结果的绝对差值不得超过算术平均值的 10%。

2. 酸水解法(GB 5009.9—2016 第二法)

1) 原理

食品样品经脱去脂肪和可溶性糖后,淀粉被酸水解为还原性糖,再按测定还原糖的方法测定,折算为淀粉含量。

2) 试剂

(1) 氢氧化钠溶液(400 g/L):称取 40 g 氢氧化钠,加水溶解后,放冷,稀释至 100 mL。

(2) 乙酸铅溶液(200 g/L):称取 20 g 乙酸铅,加水溶解并稀释至 100 mL。

(3) 硫酸钠溶液(100 g/L):称取 10 g 硫酸钠,加水溶解并稀释至 100 mL。

其余试剂同酶水解法(GB 5009.9—2016 第一法)。

3）测定方法

（1）试样处理。

对于易粉碎的试样，可磨碎过 40 目筛，称取 2～5 g(精确至 0.001 g)，置于放有慢速滤纸的漏斗内，先用 50 mL 石油醚或乙醚分 5 次洗去脂肪，弃去石油醚或乙醚。用 150 mL 乙醇(85%，体积分数)分数次洗涤残渣，除去可溶性糖类物质。滤干乙醇溶液，以 100 mL 水洗涤漏斗中残渣，并转移至 250 mL 锥形瓶中，加入 30 mL 盐酸(1+1)，接好冷凝管，置沸水中回流 2 h。回流完毕后，立即冷却。待试样水解液冷却后，加 2 滴甲基红指示液，先以氢氧化钠溶液(400 g/L)调至黄色，再以盐酸(1+1)校正至水解液刚变红色。若水解液颜色较深，可用精密 pH 试纸测试，使水解液的 pH 约为 7。然后加 20 mL 乙酸铅溶液(200 g/L)，摇匀，放置 10 min。再加 20 mL 硫酸钠溶液(100 g/L)，以除去过多的铅。摇匀后将全部溶液及残渣转入 500 mL 容量瓶中，用水洗涤锥形瓶，洗液合并于容量瓶中，加水稀释至刻度。过滤，弃去初滤液 20 mL，剩下的滤液供测定备用。

对于其他样品，加适量水在组织捣碎机中捣成匀浆(蔬菜、水果需先洗净、晾干，取可食部分)，称取相当于原样质量 2.5～5 g(精确至 0.001 g)的匀浆，置于 250 mL 锥形瓶中，用 50 mL 石油醚或乙醚分 5 次洗去脂肪，弃去石油醚或乙醚。以后步骤按易粉碎的试样自"用 150 mL 乙醇(85%，体积分数)"起依次操作。

（2）测定方法。

同酶水解法测定淀粉(GB 5009.9—2016 第一法)。

4）结果计算

试样中淀粉含量按下式进行计算：

$$X=\frac{(A_1-A_2)\times 0.9}{m\times\frac{V}{500}\times 1\,000}\times 100$$

式中：X——试样中淀粉的含量，g/100 g；

A_1——测定用试样水解液中还原糖的质量，mg；

A_2——试剂空白中还原糖的质量，mg；

0.9——以还原糖(以葡萄糖计)换算成淀粉的换算系数；

m——称取试样的质量，g；

500——试样液总体积，mL；

V——测定用试样水解液的体积，mL。

5）说明及注意事项

（1）此法适用于淀粉含量较高，而半纤维素、多缩戊糖及果胶质等其他多糖含量较少的样品，因为富含半纤维素、多缩戊糖及果胶质的样品在酸水解时它们也被水解为木糖、阿拉伯糖等还原糖，使测定结果偏高。此法也不适用于肉制品中淀粉的测定。该法操作简单、应用广泛，但选择性和准确度不及酶法。

（2）结果保留 3 位有效数字，在重复性条件下获得的两次独立测定结果的绝对差值不得超过算术平均值的 10%。

3. 肉制品中淀粉含量测定(GB 5009.9—2016 第三法)

1）原理

试样中加入氢氧化钾-乙醇溶液，在沸水浴上加热后，滤去上清液，用热乙醇洗涤沉淀除去脂肪和可溶性糖，沉淀经盐酸水解后，用碘量法测定形成的葡萄糖并计算淀粉含量。

2）试剂

除非另有说明，本方法所用试剂均为分析纯，水为 GB/T 6682 规定的三级水。

(1) 氢氧化钾-乙醇溶液：称取氢氧化钾 50 g，用 95％乙醇溶解并稀释至 1 000 mL。

(2) 80％乙醇溶液：量取 95％乙醇 842 mL，用水稀释至 1 000 mL。

(3) 1.0 mol/L 盐酸：量取浓盐酸 83 mL，用水稀释至 1 000 mL。

(4) 氢氧化钠溶液：称取固体氢氧化钠 30 g，用水溶解并稀释至 100 mL。

(5) 蛋白沉淀剂，分溶液 A 和溶液 B。

溶液 A：称取铁氰化钾 106 g，用水溶解并稀释至 1 000 mL。

溶液 B：称取乙酸锌 220 g，加冰乙酸 30 mL，用水稀释至 1 000 mL。

(6) 碱性铜试剂。

溶液 a：称取硫酸铜 25 g，溶于 100 mL 水中。

溶液 b：称取无水碳酸钠 144 g，溶于 300～400 mL 50 ℃水中。

溶液 c：称取柠檬酸 50 g，溶于 50 mL 水中。

将溶液 c 缓慢加入溶液 b 中，边加边搅拌直至气泡停止产生。将溶液 a 加到此混合液中并连续搅拌，冷却至室温后，转移到 1 000 mL 容量瓶中，定容至刻度，混匀。放置 24 h 后使用，若出现沉淀需过滤。取 1 份此溶液加入 49 份煮沸并冷却的蒸馏水中，pH 应为 10.0±0.1。

(7) 碘化钾溶液：称取碘化钾 10 g，用水溶解并稀释至 100 mL。

(8) 盐酸(5＋8)：取浓盐酸 100 mL，用水稀释至 160 mL。

(9) 0.1 mol/L 硫代硫酸钠标准溶液：按 GB/T 601 制备。

(10) 溴百里酚蓝指示剂：称取溴百里酚蓝 1 g，用 95％乙醇溶解并稀释到 100 mL。

(11) 淀粉指示剂：称取可溶性淀粉 0.5 g，加少许水，调成糊状，倒入盛有 50 mL 沸水中调匀，煮沸，临用时配制。

3）分析步骤

(1) 试样制备。

取有代表性的试样不少于 200 g，用绞肉机绞两次并混匀。绞好的试样应尽快分析，若不立即分析，应密封冷藏储存，防止变质和成分发生变化。储存的试样启用时应重新混匀。

(2) 淀粉分离。

称取试样 25 g（精确到 0.01 g，淀粉含量约 1 g）放入 500 mL 烧杯中，加入热氢氧化钾-乙醇溶液 300 mL，用玻璃棒搅匀，盖上表面皿，在沸水浴上加热 1 h，不时搅拌。然后，将沉淀完全转移到漏斗上过滤，用 80％热乙醇溶液洗涤沉淀数次。根据样品的特征，可适当增加洗涤液的用量和洗涤次数，以保证糖洗涤完全。

(3) 水解。

将滤纸钻孔，用 1.0 mol/L 盐酸 100 mL，将沉淀完全洗入 250 mL 烧杯中，盖上表面皿，在沸水浴中水解 2.5 h，不时搅拌。溶液冷却到室温，用氢氧化钠溶液中和至 pH 约为 6(不要超过 6.5)。将溶液移入 200 mL 容量瓶中，加入蛋白沉淀剂溶液 A 3 mL，混合后再加入蛋白沉淀剂溶液 B 3 mL，用水定容到刻度。摇匀，经不含淀粉的滤纸过滤。滤液中加入氢氧化钠溶液 1～2 滴，使之对溴百里酚蓝指示剂呈碱性。

(4) 测定。

准确取一定量(V_4)滤液稀释到一定体积(V_5)，然后取 25.00 mL（最好含葡萄糖 40～

50 mg)移入碘量瓶中,加入 25.00 mL 碱性铜试剂,装上冷凝管,在电炉上 2 min 内煮沸。随后改用温火继续煮沸 10 min,迅速冷却至室温,取下冷凝管,加入碘化钾溶液 30 mL,小心加入盐酸(5+8)25.0 mL,盖好盖子,待滴定。用硫代硫酸钠标准溶液滴定上述溶液中释放出来的碘。当溶液变成浅黄色时,加入淀粉指示剂 1 mL,继续滴定直到蓝色消失,记下消耗的硫代硫酸钠标准溶液体积(V_3)。同一试样进行两次测定并做空白实验。

4) 结果计算

(1) 葡萄糖量的计算。

消耗硫代硫酸钠的物质的量 X_3 按下式计算:

$$X_3 = 10 \times (V_{空} - V_3) \times c$$

式中:X_3——消耗硫代硫酸钠的物质的量,mmol;

$V_{空}$——空白实验消耗硫代硫酸钠标准溶液的体积,mL;

V_3——试样液消耗硫代硫酸钠标准溶液的体积,mL;

c——硫代硫酸钠标准溶液的浓度,mol/L。

根据 X_3 从表 9-3 中查出相应的葡萄糖量(m_3)。

表 9-3 硫代硫酸钠的毫摩尔数同葡萄糖量(m_3)的换算关系

X_3 [$10 \times (V_{空} - V_3) \times c$]	相应的葡萄糖量 m_3/mg
1	2.4
2	4.8
3	7.2
4	9.7
5	12.2
6	14.7
7	17.2
8	19.8
9	22.4
10	25.0
11	27.6
12	30.3
13	33.0
14	35.7
15	38.5
16	41.3
17	44.2
18	47.1
19	50.0

续表

X_3 $[10\times(V_{空}-V_3)\times c]$	相应的葡萄糖量 m_3/mg
20	53.0
21	56.0
22	59.1
23	62.2
24	65.3
25	68.4

(2) 淀粉含量的计算。

$$X=\frac{m_3\times 0.9}{1\ 000}\times\frac{V_5}{25}\times\frac{200}{V_4}\times\frac{100}{m}=0.72\times\frac{V_5}{V_4}\times\frac{m_3}{m}$$

式中：X——淀粉含量，g/100 g；

m_3——葡萄糖含量，mg；

0.9——葡萄糖折算成淀粉的换算系数；

V_5——稀释后的体积，mL；

V_4——取原液的体积，mL；

m——试样的质量，g。

5) 说明及注意事项

(1) 本法适用于肉制品中淀粉的测定，但不适用于同时含有经水解也能产生还原糖的其他添加物的淀粉测定。

(2) 当平行测定符合精密度所规定的要求时，取平行测定的算术平均值作为结果，精确到0.1%。在重复性条件下获得的两次独立测定结果的绝对差值不得超过0.2%。

4. 碘-淀粉比色法

1) 原理

淀粉可与碘生成深蓝色的配合物，在一定的浓度范围内，配合物颜色的深浅与样品中淀粉的含量成正比，即吸光度与淀粉含量之间的关系符合朗伯-比尔定律，故可用分光光度法测定样品中淀粉的含量。

2) 主要仪器及试剂

分光光度计，烧杯(100 mL)，研钵，容量瓶(100 mL)，洗瓶，漏斗，滤纸，具塞刻度试管(15 mL)，恒温水浴装置，移液管(1 mL，2 mL)。

I_2-KI 溶液：称取 20.00 g KI，加 50 mL 蒸馏水溶解，再迅速称取 2.0 g 碘，置于 100 mL 烧杯中，将溶解的 KI 溶液倒入其中，用玻璃棒搅拌，直到碘完全溶解，若碘不能完全溶解，可再加少量固体 KI 使之溶解，储存在棕色小滴瓶中待用，用时稀释 50 倍。

乙醚，80%乙醇。

3) 测定方法

(1) 标准曲线的制作。

用分析天平准确称取 1.000 g 精制马铃薯淀粉，加入 5.0 mL 蒸馏水制成匀浆，逐渐倒入

90 mL 左右沸腾的蒸馏水中,边倒边搅拌,即得澄清透明的糊化淀粉溶液,准确移入 100 mL 容量瓶中,定容,此淀粉溶液浓度为 10 mg/mL。吸取该溶液 2.0 mL,置于 100 mL 容量瓶中,定容,此淀粉溶液的浓度为 200 μg/mL。取具塞刻度试管 8 支,按表 9-4 加入淀粉及 I_2-KI 溶液,再加蒸馏水将每支试管溶液补足到 10 mL,摇匀,使蓝色溶液稳定 10 min 后,于分光光度计 660 nm 波长处测其吸光度。以吸光度为纵坐标、淀粉溶液的浓度(μg/mL)为横坐标,绘制标准曲线。

表 9-4 淀粉标准系列溶液的配制

试管编号	1	2	3	4	5	6	7	8
标准淀粉溶液体积/mL	0	0.5	1.0	1.5	2.0	2.5	3.0	4.0
I_2-KI 溶液体积/mL	0.2	0.2	0.2	0.2	0.2	0.2	0.2	0.2
蒸馏水体积/mL	9.8	9.3	8.8	8.3	7.8	7.3	6.8	5.8
淀粉含量/(μg/mL)	0	100	200	300	400	500	600	800

(2) 马铃薯中淀粉含量的测定。

① 样品前处理:将马铃薯洗净、去皮,切成碎丝,迅速称取马铃薯碎丝 300 g,置于研钵中磨成匀浆。将匀浆转移到漏斗中,用乙醚 50 mL 分 5 次洗涤脱脂,再用 80%乙醇洗涤 3 次,以除去样品中的可溶性糖、色素等物质,然后将滤纸上的残留物转移到 100 mL 烧杯中,用蒸馏水分次将滤纸上的残留物全部洗入烧杯,将烧杯置于沸水浴中边搅拌边加热,直到淀粉全部糊化呈澄清透明状。将此糊化淀粉转移到 100 mL 容量瓶中,定容,混匀。

② 测定:吸取上述淀粉样品溶液 2.0 mL,置于 100 mL 容量瓶中,用蒸馏水定容,混匀。准确吸取该溶液 2 mL(吸取量依样品中淀粉浓度而变),置于 15 mL 具塞刻度试管中,加入 0.2 mL I_2-KI 溶液,直至溶液呈现透明蓝色,用蒸馏水补足到 10 mL,混匀,静置 10 min,于 660 nm 波长处测定吸光度,由标准曲线查出样品中淀粉的含量。

4) 结果计算

$$\text{淀粉质量分数}=\frac{C\times f\times 100}{m\times 10^6}\times 100\%$$

式中:C——从标准曲线查得的样品淀粉含量,μg/mL;

m——试样的称样量,g;

f——稀释倍数;

100——为未稀释样液的体积,mL;

10^6——将 g 换算成 μg 的系数。

5) 说明及注意事项

(1) 若样品含淀粉浓度高,加 I_2-KI 溶液后会出现极深的蓝色而无法比色,此时必须将溶液重新稀释后再进行测定。

(2) 当样品含淀粉量太少时,加 I_2-KI 溶液后不呈现蓝色,可适当加大样品用量。

9.4 纤维的测定

纤维是植物性食品的主要成分之一,广泛存在于各种植物体内,其含量随食品种类的不同而异,尤其在谷类、豆类、水果、蔬菜中含量较高。食品的纤维在化学上不是单一组分的物质,而是包括多种成分的混合物，其组成十分复杂，且随食品的来源、种类而变化。因此，不同的研究者对纤维的解释也有所不同，其定义也就不同。目前，还没有明确、科学的定义。早在 19 世纪 60 年代，德国的科学家首次提出了“粗纤维”的概念，用来表示食品中不能被稀酸、稀碱所溶解，不能为人体所消化利用的物质。它仅包括食品中部分纤维素、半纤维素、木质素及少量含氮物质，不能代表食品中纤维的全部内容。到了近代，在研究和评价食品的消化率和品质时，从营养学的观点，提出了食物纤维（膳食纤维）的概念。它是指食品中不能被人体消化酶所消化的多糖类和木质素的总和。它包括纤维素、半纤维素、戊聚糖、木质素、果胶、树胶等，至于是否应包括作为添加剂添加的某些多糖（羧甲基纤维素、藻酸丙二醇等）则尚无定论。食物纤维比粗纤维更能客观、准确地反映食品的可利用率，因此有逐渐取代粗纤维指标的趋势。

纤维是人类膳食中不可缺少的重要物质之一，在维持人体健康、预防疾病方面有着独特的作用，已日益引起人们的重视。人类每天要从食品中摄入一定量的纤维才能维持人体正常的生理代谢功能。为保证纤维的正常摄取，一些国家强调增加纤维含量高的谷物、果蔬制品的摄取，同时还开发了许多强化纤维的配方食品。在食品生产和食品开发中，常需要测定纤维的含量，它也是食品成分全分析项目之一，对于食品品质管理和营养价值的评定具有重要意义。

1. 植物类食品中粗纤维的测定（重量法）（GB/T 5009.10—2003）

粗纤维（crude fiber）是指食品中难溶于稀酸、稀碱，不易被消化的成分，由于酸、碱处理时会使纤维成分发生不同程度的降解，故检测值未包含所有的纤维质，主要包括纤维素和木质素。

1）原理

在硫酸的作用下，样品中的淀粉、糖、果胶质和半纤维素经水解除去后，再用碱处理除去蛋白质、脂肪酸，剩余的残渣扣除灰分即为粗纤维。

2）仪器

坩埚和 G2 垂融坩埚；马弗炉。

3）试剂

1.25%硫酸，1.25%氢氧化钾溶液。

4）分析步骤

称取 20～30 g 捣碎样品（或 5.0 g 干样品），置于 500 mL 锥形瓶中。加入 200 mL 煮沸的 1.25%硫酸，加热使其微沸，保持体积恒定，维持 30 min，每隔 5 min 摇动锥形瓶一次，以充分混合瓶内的物质，取下锥形瓶，立即用亚麻布过滤，用沸水洗涤至滤液不呈酸性（以甲基红为指示剂）。再用 1.25%煮沸的氢氧化钾溶液 200 mL，将亚麻布上的残渣洗入原锥形瓶中，加热微沸 30 min 后，取下锥形瓶，立即用亚麻布过滤，以沸水洗至洗液不呈碱性（以酚酞为指示剂）。

用水将滤布上的残渣洗入 100 mL 烧杯中，然后移入干燥至恒重的 G2 垂融坩埚中，抽滤，用热水充分洗涤后，抽干，再依次用乙醇、乙醚洗涤一次。将坩埚和残渣在 105 ℃烘箱中烘干至恒重。

若样品中含有较多不溶性杂质，则可将上述残渣转移至已恒重的坩埚中，烘干称量后，再移入 550 ℃马弗炉中灼烧，使含碳物质全部灰化，置于干燥器内，冷却至室温后称量，所损失的量即为粗纤维量。

5）结果计算

$$粗纤维质量分数=\frac{m_1}{m_2}\times 100\%$$

式中：m_1——残余物的质量（或经高温炉损失的质量），g；

m_2——样品质量,g。

6) 说明及注意事项

(1) 此法是1860年由Helnneberg等人首次提出的,一直沿用至今,目前是测定粗纤维的标准分析方法。该法操作简单、迅速,适用于各类食品,但重现性不好。

(2) 该法是应用最广泛的经典分析法。目前,我国的食品成分表中"纤维"一项的数据均是用此法测定的。

(3) 酸、碱消化时,若产生大量泡沫,可加入2滴辛醇消泡。

(4) 样品粒度的大小、滤布的孔径是否稳定及过滤时间,均影响结果的重现性。样品粒度过大不利于消化,会使结果偏高;粒度过细则会造成过滤困难,甚至穿过滤布;过滤时间不宜太长,一般不超过10 min,可通过控制称样量来调节。

(5) 加热回流时间、沸腾的状态等因素也会影响测定结果。沸腾不宜过于剧烈,以避免样品脱离液体,附着于瓶壁上。

(6) 样品若脱脂不足,则结果会偏高,所以,当样品中脂肪含量大于1%时,必须脱脂。

2. 食品中膳食纤维的测定(酶重量法)(GB 5009.88—2014)

膳食纤维(dietary fiber,DF)是指不能被人体小肠消化吸收但具有健康意义的、植物中天然存在或通过提取/合成的、聚合度(DP)≥3的碳水化合物。包括纤维素、半纤维素、果胶及其他单体成分等。可溶性膳食纤维 (SDF)是指能溶于水的膳食纤维部分,包括低聚糖和部分不能消化的多聚糖等。不溶性膳食纤维 (IDF)是指不能溶于水的膳食纤维部分,包括木质素、纤维素、部分半纤维素等。总膳食纤维 (TDF)是指可溶性膳食纤维与不溶性膳食纤维之和。

1) 原理

干燥试样经热稳定α-淀粉酶、蛋白酶和葡萄糖苷酶酶解消化去除蛋白质和淀粉后,经乙醇沉淀、抽滤,残渣用乙醇和丙酮洗涤,干燥称量,即为总膳食纤维残渣。另取试样同样酶解,直接抽滤并用热水洗涤,残渣干燥称量,即得不溶性膳食纤维残渣;滤液用4倍体积的乙醇沉淀,抽滤,干燥称量,得可溶性膳食纤维残渣。扣除各类膳食纤维残渣中相应的蛋白质、灰分和试剂空白含量,即可计算出试样中总的、不溶性和可溶性膳食纤维含量。

2) 仪器

(1) 高型无导流口烧杯:400 mL或600 mL。

(2) 坩埚:具粗面烧结玻璃板,孔径40~60 μm。清洗后的坩埚在马弗炉中(525±5) ℃灰化6 h,炉温降至130 ℃以下取出,于重铬酸钾洗液中室温浸泡2 h,用水冲洗干净,再用15 mL丙酮冲洗后风干。用前,加入约1.0 g硅藻土,130 ℃烘干,取出坩埚,在干燥器中冷却约1 h,称量,记录处理后坩埚质量(m_G),精确到0.1 mg。

(3) 真空抽滤装置:真空泵或有调节装置的抽吸器。备1 L抽滤瓶,侧壁有抽滤口,带与抽滤瓶配套的橡胶塞,用于酶解液抽滤。

(4) 恒温振荡水浴箱:带自动计时器,控温范围为5~100 ℃,温度波动±1 ℃。

(5) 分析天平:感量0.1 mg和1 mg。

(6) 马弗炉:(525±5)℃。

(7) 烘箱:(130±3)℃。

(8) 干燥器:二氧化硅或同等的干燥剂。干燥剂每两周(130±3)℃烘干过夜一次。

(9) pH计:具有温度补偿功能,精度±0.1。用前用pH 4.0、7.0和10.0标准缓冲溶液校正。

(10) 真空干燥箱:(70±1)℃。

(11) 筛:筛板孔径0.3～0.5 mm。

3) 试剂

除非另有说明,本方法所用试剂均为分析纯,水为GB/T 6682规定的二级水。

(1) 乙醇溶液(85%,体积分数):取895 mL95%乙醇,用水稀释并定容至1 L,混匀。

(2) 乙醇溶液(78%,体积分数):取821 mL95%乙醇,用水稀释并定容至1 L,混匀。

(3) 氢氧化钠溶液(6 mol/L):称取24 g氢氧化钠,用水溶解至100 mL,混匀。

(4) 氢氧化钠溶液(1 mol/L):称取4 g氢氧化钠,用水溶解至100 mL,混匀。

(5) 盐酸(1 mol/L):取8.33 mL浓盐酸,用水稀释至100 mL,混匀。

(6) 盐酸(2 mol/L):取167 mL浓盐酸,用水稀释至1 L,混匀。

(7) MES-TRIS缓冲溶液(0.05 mol/L):称取19.52 g 2-(N-吗啉代)乙烷磺酸和12.2 g三羟甲基氨基甲烷,用1.7 L水溶解,根据室温用6 mol/L氢氧化钠溶液调pH,20 ℃时调pH为8.3,24 ℃时调pH为8.2,28 ℃时调pH为8.1;20～28 ℃之间其他室温用插入法校正pH。加水稀释至2 L。

(8) 热稳定α-淀粉酶液:CAS 9000-85-5,IUB 3.2.1.1,(10 000±1 000)U/mL,不得含丙三醇稳定剂,于0～5 ℃冰箱储存,酶的活性测定及判定标准应符合附录M的要求。

(9) 蛋白酶液:CAS 9014-01-1,IUB 3.2.21.14,300～400 U/mL,不得含丙三醇稳定剂,于0～5 ℃冰箱储存,酶的活性测定及判定标准应符合附录M的要求。用0.05 mol/L MES-TRIS缓冲溶液配成浓度为50 mg/mL的蛋白酶溶液,使用前现配并于0～5 ℃暂存。

(10) 淀粉葡萄糖苷酶液:CAS 9032-08-0,IUB 3.2.1.3,2 000～3 300 U/mL,于0～5 ℃储存,酶的活性测定及判定标准应符合附录M的要求。

(11) 酸洗硅藻土:取200 g硅藻土于600 mL的2 mol/L盐酸中,浸泡过夜,过滤,用水洗至滤液为中性,置于(525±5)℃马弗炉中灼烧灰分后备用。

(12) 重铬酸钾洗液:称取100 g重铬酸钾,用200 mL水溶解,加入1 800 mL浓硫酸混合。

(13) 乙酸溶液(3 mol/L):取172 mL乙酸,加入700 mL水,混匀后用水定容至1 L。

4) 分析步骤

(1) 样品制备。

① 脂肪含量<10%的试样。

若试样水分含量较低(<10%),取试样直接反复粉碎,至完全过筛。混匀,待用。

若试样水分含量较高(≥10%),试样混匀后,称取适量试样(m_C,不少于50 g),置于(70±1)℃真空干燥箱内干燥至恒重。将干燥后试样转至干燥器中,待试样温度降到室温后称量(m_D)。根据干燥前后试样质量,计算试样质量损失因子(f)。干燥后试样反复粉碎至完全过筛,置于干燥器中待用。

② 脂肪含量≥10%的试样。

试样需经脱脂处理。称取适量试样(m_C,不少于50 g),置于漏斗中,按每克试样25 mL的比例加入石油醚进行冲洗,连续3次。脱脂后将试样混匀再按①进行干燥、称量(m_D),记录脱脂、干燥后试样质量损失因子(f)。试样反复粉碎至完全过筛,置于干燥器中待用。

③ 糖含量≥5%的试样。

试样需经脱糖处理。称取适量试样(m_C,不少于50 g),置于漏斗中,按每克试样10 mL的比例用85%乙醇溶液冲洗,弃乙醇溶液,连续3次。脱糖后将试样置于40 ℃烘箱内干燥过夜,称量(m_D),记录脱糖、干燥后试样质量损失因子(f)。干样反复粉碎至完全过筛,置于干燥器中待用。

(2) 酶解。

① 试样分散:准确称取双份试样(m),约 1 g(精确至 0.1 mg),双份试样质量差≤0.005 g。将试样转置于 400～600 mL 高脚烧杯中,加入 0.05 mol/L MES-TRIS 缓冲溶液 40 mL,用磁力搅拌直至试样完全分散在缓冲溶液中。同时制备两个空白样液与试样液进行同步操作,用于校正试剂对测定的影响。(注:搅拌均匀,避免试样结成团块,以防止试样酶解过程中不能与酶充分接触。)

② 热稳定 α-淀粉酶酶解:向试样液中分别加入 50 μL 热稳定 α-淀粉酶液缓慢搅拌,加盖铝箔,置于 95～100 ℃恒温振荡水浴箱中持续振摇,当温度升至 95 ℃开始计时,通常反应 35 min。将烧杯取出,冷却至 60 ℃,打开铝箔盖,用刮勺轻轻将附着于烧杯内壁的环状物以及烧杯底部的胶状物刮下,用 10 mL 水冲洗烧杯壁和刮勺。[注:如试样中抗性淀粉含量较高(>40%),可延长热稳定 α-淀粉酶酶解时间至 90 min,如必要也可另加入 10 mL 二甲基亚砜帮助淀粉分散。]

③ 蛋白酶酶解:将试样液置于(60±1)℃水浴中,向每个烧杯加入 100 μL 蛋白酶溶液,盖上铝箔,开始计时,持续振摇,反应 30 min。打开铝箔盖,边搅拌边加入 5 mL 3 mol/L 乙酸溶液,控制试样温度保持在(60±1)℃。用 1 mol/L 氢氧化钠溶液或 1 mol/L 盐酸调节试样液 pH 至 4.5±0.2。[注:应在(60±1)℃时调 pH,因为温度降低会使 pH 升高。同时注意进行空白样液的 pH 测定,保证空白样液和试样液的 pH 一致。]

④ 淀粉葡萄糖苷酶酶解:边搅拌边加入 100 μL 淀粉葡萄糖苷酶液,盖上铝箔,继续于(60±1)℃水浴中持续振摇,反应 30 min。

(3) 测定。

① 总膳食纤维(TDF)测定。

沉淀:向每份试样酶解液中,按乙醇与试样液体积比 4∶1的比例加入预热至(60±1)℃的 95%乙醇(预热后体积约为 225 mL),取出烧杯,盖上铝箔,于室温条件下沉淀 1 h。

抽滤:取已加入硅藻土并干燥称量的坩埚,用 15 mL 78%乙醇润湿硅藻土并展平,接上真空抽滤装置,抽去乙醇使坩埚中硅藻土平铺于滤板上。将试样乙醇沉淀液转移入坩埚中抽滤,用刮勺和 78%乙醇将高脚烧杯中所有残渣转至坩埚中。

洗涤:分别用 78%乙醇 15 mL 洗涤残渣 2 次,用 95%乙醇 15 mL 洗涤残渣 2 次,丙酮 15 mL 洗涤残渣 2 次,抽滤去除洗涤液后,将坩埚连同残渣在 105 ℃烘干过夜。将坩埚置干燥器中冷却 1 h,称量(m_{GR},包括处理后坩埚质量及残渣质量),精确至 0.1 mg。减去处理后坩埚质量(m_G),计算试样残渣质量(m_R)。

蛋白质和灰分的测定:取 2 份试样残渣中的 1 份按 GB 5009.5—2016 测定氮(N)含量,以 6.25 为换算系数,计算蛋白质质量(m_P);另一份试样测定灰分,即在 525 ℃灰化 5 h,于干燥器中冷却,精确称量坩埚总质量(精确至 0.1 mg),减去处理后坩埚质量,计算灰分质量(m_A)。

② 不溶性膳食纤维(IDF)测定。

抽滤洗涤:取已处理的坩埚,用 3 mL 水润湿硅藻土并展平,抽去水分使坩埚中的硅藻土平铺于滤板上。将试样酶解液全部转移至坩埚中抽滤,残渣用 70 ℃热水 10 mL 洗涤 2 次,收集并合并滤液,转移至另一 600 mL 高脚烧杯中,备测可溶性膳食纤维。残渣按总膳食纤维测定方法进行洗涤、干燥、称量,记录残渣质量。

蛋白质和灰分的测定:同上述总膳食纤维测定方法。

③ 可溶性膳食纤维(SDF)测定。

计算滤液体积:收集不溶性膳食纤维抽滤产生的滤液,至已预先称量的 600 mL 高脚烧杯中,通过称量"烧杯＋滤液"总质量,扣除烧杯质量的方法估算滤液体积。

沉淀:按滤液体积加入 4 倍量预热至 60 ℃的 95%乙醇,室温下沉淀 1 h。

抽滤:按总膳食纤维测定步骤进行。

洗涤:按总膳食纤维测定步骤进行。

蛋白质和灰分的测定:按总膳食纤维测定步骤进行。

5) 结果计算

试剂空白质量按下式计算:

$$m_B = \overline{m}_{BR} - m_{BP} - m_{BA}$$

式中:m_B——试剂空白质量,g;

$\overline{m}_{BR}$——双份试剂空白残渣质量均值,g;

m_{BP}——试剂空白残渣中蛋白质质量,g;

m_{BA}——试剂空白残渣中灰分质量,g。

试样中 TDF、IDF、SDF 等膳食纤维含量均按下面公式进行计算:

$$m_R = m_{GR} - m_G$$

$$X = \frac{\overline{m}_R - m_P - m_A - m_B}{\overline{m} \times f} \times 100$$

$$f = \frac{m_C}{m_D}$$

式中:m_R——试样残渣质量,g;

m_{GR}——处理后坩埚质量及残渣质量,g;

m_G——处理后坩埚质量,g;

X——试样中 TDF、IDF、SDF 等膳食纤维的含量,g/100 g;

$\overline{m}_R$——双份试样残渣质量均值,g;

m_P——试样残渣中蛋白质质量,g;

m_A——试样残渣中灰分质量,g;

m_B——试剂空白质量,g;

$\overline{m}$——双份试样取样质量均值,g;

f——试样制备时因干燥、脱脂、脱糖导致质量变化的校正因子;

100——换算系数;

m_C——试样制备前质量,g;

m_D——试样制备后质量,g。

6) 说明及注意事项

(1) 本方法适用于所有植物性食品及其制品中总的、可溶性和不溶性膳食纤维的测定,本方法测定的总膳食纤维为不能被 α-淀粉酶、蛋白酶和葡萄糖苷酶酶解的碳水化合物,包括不溶性膳食纤维和能被乙醇沉淀的高相对分子质量可溶性膳食纤维,如纤维素、半纤维素、木质素、果胶、部分回生淀粉,及其他非淀粉多糖和美拉德反应产物等;不包括低相对分子质量(聚合度 3～12)的可溶性膳食纤维,如低聚果糖、低聚半乳糖、聚葡萄糖、抗性麦芽糊精,以及抗性淀粉等。

(2) 试样需根据水分含量、脂肪含量和糖含量进行适当的处理及干燥,并粉碎、混匀过筛。若试样脂肪含量未知,按先脱脂再干燥粉碎方法处理;若试样不宜加热,也可采取冷冻干燥法。

(3) 酶解前的试样分散过程要搅拌均匀,避免试样结成团块,以防止试样酶解过程中不能与酶充分接触。在热稳定 α-淀粉酶酶解过程时,如试样中抗性淀粉含量较高(>40%),可延长热稳定 α-淀粉酶酶解时间至 90 min,如必要也可另加入 10 mL 二甲基亚砜帮助淀粉分散。在蛋白酶酶解过程中应在(60±1)℃时调 pH,因为温度降低会使 pH 升高。同时注意进行空白样液的 pH 测定,保证空白样液和试样液的 pH 一致。

(4) 如果试样没有经过干燥、脱脂、脱糖等处理,在结果计算时因干燥、脱脂、脱糖导致质量变化的校正因子 $f=1$;总膳食纤维(TDF)的测定可以独立检测,也可分别测定不溶性膳食纤维(IDF) 和可溶性膳食纤维(SDF),再根据公式 TDF=IDF+SDF 计算;当试样中添加了抗性淀粉、抗性麦芽糊精、低聚果糖、低聚半乳糖、聚葡萄糖等符合膳食纤维定义却无法通过酶重量法检出的成分时,宜采用适宜方法测定相应的单体成分,总膳食纤维可采用公式"总膳食纤维=TDF (酶重量法)+单体成分"计算。

(5) 以重复性条件下获得的两次独立测定结果的算术平均值表示,结果保留 3 位有效数字。在重复性条件下获得的两次独立测定结果的绝对差值不得超过算术平均值的 10%。

9.5 果胶物质的测定

果胶物质是一种植物胶,存在于果蔬类植物组织中,是构成植物细胞的主要成分之一。果胶物质是复杂的高分子聚合物,分子中含有半乳糖醛酸、乳糖、阿拉伯糖、葡萄糖醛酸等,但基本结构是半乳糖醛酸以 α-1,4 糖苷键聚合形成的聚半乳糖醛酸。这些半乳糖醛酸中的部分羧基被甲基酯化,剩余部分被钙、镁、钾、钠、铵根等离子所中和。因此,果胶是不同程度甲酯化和中和的半乳糖醛酸以 α-1,4 糖苷键形成的聚合物。

果胶物质一般以原果胶、果胶酯酸、果胶酸三种不同的形态存在于果蔬等植物组织中,它们之间的一个重要区别是甲氧基含量或酯化程度不同,因而也具有不同的特性。原果胶是与纤维素、半纤维素结合在一起的高度甲酯化的聚半乳糖醛酸,只存在于细胞壁中,不溶于水,在原果胶酶或酸的作用下可水解为果胶酯酸。果胶酯酸是羧基不同程度甲酯化和中和的聚半乳糖醛酸,存在于植物细胞汁液中,可溶于水,溶解度与酯化程度有关,在果胶酶或酸、碱的作用下可水解为果胶酸。果胶酸是完全未酯化的聚半乳糖醛酸(因很难得到无甲酯的果胶物质,通常把甲氧基含量小于 1%的叫作果胶酸),可溶于水,在细胞汁中可与 Ca^{2+}、Mg^{2+}、K^{+}、Na^{+} 等离子形成不溶于水或微溶于水的果胶酸盐。

果胶在食品工业中用途较广。例如:利用果胶的水溶液在适当的条件下可以形成凝胶的特性,可以生产果酱、果冻及高级糖果等食品;利用果胶具有增稠、稳定、乳化等功能,可以在解决饮料的分层、稳定结构、防止沉淀、改善风味等方面起重要作用;利用低甲氧基果胶具有配合有害金属的性质,可以用其制成防治某些职业病的保健饮料。

测定果胶物质的方法有重量法、咔唑比色法、果胶酸钙滴定法、蒸馏滴定法等。其中果胶酸钙滴定法主要适用于纯果胶的测定,当样液有色时,不易确定滴定终点,此外,由不同来源的试样得到的果胶酸钙中钙所占的比例并不相同,从测得的钙量不能准确计算出果胶物质的含量,这使此法的应用受到了一定的限制。对于蒸馏滴定法,因为在蒸馏时有一部分糠醛分解了,使回收率降低,故此法也不常用。较常用的是重量法和咔唑比色法。

1. 重量法

1）原理

先用 70%乙醇处理样品，使果胶沉淀，再依次用乙醇、乙醚洗涤沉淀，以除去可溶性糖类、脂肪、色素等物质，残渣分别用酸或用水提取总果胶或水溶性果胶。果胶经皂化生成果胶酸钠，再经乙酸酸化使之生成果胶酸，加入钙盐则生成果胶酸钙沉淀，烘干后称重。

2）适用范围

此法适用于各类食品，方法稳定可靠，但操作较烦琐、费时。果胶酸钙沉淀中易夹杂其他胶态物质，使本法选择性较差。

3）仪器

布氏漏斗；G2 垂融坩埚；抽滤瓶；真空泵。

4）试剂

（1）乙醇，乙醚，0.05 mol/L 盐酸，0.1 mol/L 氢氧化钠溶液。

（2）1 mol/L 乙酸溶液：取 58.3 mL 冰乙酸，用水定容到 100 mL。

（3）1 mol/L 氯化钙溶液：称取 110.99 g 无水氯化钙，用水定容到 500 mL。

5）分析步骤

（1）样品处理。

a. 新鲜样品：称取试样 30～50 g，用小刀切成薄片，置于预先放有 99%乙醇的 500 mL 锥形瓶中，装上回流冷凝器，在水浴上沸腾回流 15 min 后，冷却，用布氏漏斗过滤，残渣于研钵中一边慢慢磨碎，一边滴加 70%的热乙醇，冷却后再过滤，反复操作至滤液不呈糖的反应（用苯酚-硫酸法检验）为止。残渣用 99%乙醇洗涤脱水，再用乙醚洗涤以除去脂类和色素，风干乙醚。

b. 干燥样品：研细，使之通过 60 目筛，称取 5～10 g 样品于烧杯中，加入热的 70%乙醇充分搅拌以提取糖类，过滤。反复操作至滤液不呈糖的反应。残渣用 99%乙醇洗涤，再用乙醚洗涤，风干乙醚。

（2）提取果胶。

a. 水溶性果胶提取：用 150 mL 水将上述漏斗中的残渣移入 250 mL 烧杯中，加热至沸并保持沸腾 1 h，随时补足蒸发的水分，冷却后移入 250 mL 容量瓶中，加水定容，摇匀，过滤，弃去初滤液，收集续滤液即得水溶性果胶提取液。

b. 总果胶的提取：用 150 mL 加热至沸的 0.05 mol/L 盐酸把漏斗中的残渣移入 250 mL 锥形瓶中，装上冷凝器，于沸水浴中加热回流 1 h，冷却后移入 250 mL 容量瓶中，加甲基红指示剂 2 滴，加 0.5 mol/L 氢氧化钠溶液中和后，用水定容，摇匀，过滤，收集滤液即得总果胶提取液。

（3）测定。

取 25 mL 提取液（能生成果胶酸钙 25 mg 左右）于 500 mL 烧杯中，加入 0.1 mol/L 氢氧化钠溶液 100 mL，充分搅拌，放置 0.5 h，再加入 1 mol/L 乙酸溶液 50 mL，放置 5 min，边搅拌边缓缓加入 1 mol/L 氯化钙溶液 25 mL，放置 1 h（陈化），加热煮沸 5 min，趁热用烘干至恒重的滤纸（或 G2 垂融坩埚）过滤，用热水洗涤至无氯离子（用 10%硝酸银溶液检验）为止。滤渣连同滤纸一同放入称量瓶中，置于 105 ℃烘箱中（G2 垂融漏斗可直接放入）干燥至恒重。

6）结果计算

$$\text{果胶物质质量分数(以果胶酸计)}=\frac{(m_1-m_2)\times 0.9233}{m\times\frac{25}{250}\times 1}\times 100\%$$

式中:m_1——果胶酸钙和滤纸或垂融坩埚质量,g;

m_2——滤纸或垂融坩埚的质量,g;

m——样品质量,g;

25——测定时取果胶提取液的体积,mL;

250——果胶提取液总体积,mL;

0.923 3——由果胶酸钙换算为果胶酸的系数。果胶酸钙的实验式定为 $C_{17}H_{22}O_{11}Ca$,其中钙含量约为7.67%,果胶酸含量约为92.33%。

7) 说明及注意事项

(1) 新鲜试样若直接研磨,由于果胶分解酶的作用,果胶会迅速分解,故需将切片浸入乙醇中,以钝化酶的活性。

(2) 检验糖分的苯酚-硫酸法:取检液 1 mL,置于试管中,加入 5%苯酚水溶液 1 mL,再加入硫酸 5 mL,混匀,如溶液呈褐色,证明检液中含有糖分。

(3) 加入氯化钙溶液时,应边搅拌边缓缓滴加,以减小过饱和度,并避免溶液局部过浓。

(4) 采用热过滤和热水洗涤沉淀,是为了降低溶液的黏度,加快过滤和洗涤速度,并增大杂质的溶解度,使其易被洗去。

2. 咔唑比色法

1) 原理

果胶经水解生成半乳糖醛酸,在强酸中与咔唑试剂发生缩合反应,生成紫红色化合物,其呈色强度与半乳糖醛酸含量成正比,可比色定量。

2) 适用范围

此法适用于各类食品,具有操作简便、快速,准确度高,重现性好等优点。

3) 仪器

分光光度计;50 mL 比色管。

4) 试剂

(1) 乙醇,乙醚,0.05 mol/L 盐酸。

(2) 0.15%咔唑乙醇溶液:称取化学纯咔唑 0.150 g,溶解于精制乙醇中并定容到100 mL。咔唑溶解缓慢,需加以搅拌。

(3) 精制乙醇:取无水乙醇或 95%乙醇 1 000 mL,加入锌粉 4 g、硫酸(1+1)4 mL,在水浴中回流 10 h,用全玻璃仪器蒸馏,馏出液每 1 000 mL 加锌粉和氢氧化钾各 4 g,重新蒸馏一次。

(4) 半乳糖醛酸标准溶液:称取半乳糖醛酸 100 mg,溶于蒸馏水并定容到 100 mL。用此液配制一组浓度为 10～70 μg/mL 的半乳糖醛酸标准溶液。

(5) 硫酸:优级纯。

5) 分析步骤

(1) 样品处理:同重量法。

(2) 果胶的提取:同重量法。

(3) 标准曲线的制作。

取 8 支 50 mL 比色管,各加入 12 mL 浓硫酸,置于冰水浴中,边冷却边缓缓依次加入浓度为 0、10、20、30、40、50、60、70 μg/mL 的半乳糖醛酸标准溶液 2 mL,充分混合后,再置于冰水浴中冷却。然后在沸水浴中准确加热 10 min,用流动水迅速冷却到室温,各加入 0.15%咔唑试剂 1 mL,充分混合,室温下放置 30 min,以零管为空白在 530 nm 波长下测定吸光度,绘制标准曲线。

（4）测定。

取果胶提取液（水溶性果胶提取液或总果胶提取液），用水稀释到适当浓度（含半乳糖醛酸 10～70 μg/mL）。取 2 mL 稀释液于 50 mL 比色管中，以下按制作标准曲线的方法操作，测定吸光度。从标准曲线上查出半乳糖醛酸浓度（μg/mL）。

6）结果计算

$$\text{果胶物质质量分数（以半乳糖醛酸计）}=\frac{C\times V\times K}{m\times 10^{6}}\times 100\%$$

式中：C——从标准曲线上查得的半乳糖醛酸浓度，μg/mL；

V——果胶提取液总体积，mL；

K——提取液稀释倍数。

m——样品质量，g。

7）说明及注意事项

（1）本法的测定结果以半乳糖醛酸表示，因不同来源的果胶中半乳糖醛酸的含量不同，如甜橙为 77.7%，柠檬为 94.2%，柑橘为 96%，苹果为 72%～75%。若把结果换算为果胶的含量，可按上述关系计算换算系数。

（2）糖分存在对咔唑的呈色反应影响较大，使结果偏高，故样品处理时应充分洗涤以除去糖分。

（3）硫酸浓度对呈色反应影响较大，故在测定样液和制作标准曲线时，应使用同规格、同批号的浓硫酸，以保证其浓度一致。

（4）硫酸与半乳糖醛酸混合液在加热条件下可形成与咔唑试剂反应所必需的中间化合物。此化合物在加热 10 min 后即已形成，在测定条件下显色迅速、稳定，可满足分析要求。

思　考　题

1. 直接滴定法测定食品还原糖含量时，为什么要对碱性酒石酸铜溶液进行标定？
2. 直接滴定法测定食品还原糖含量时，对样品液进行预滴定的目的是什么？
3. 影响直接滴定法测定结果的主要操作因素有哪些？为什么要严格控制这些实验条件？
4. 简述对澄清剂的要求。
5. 简述膳食纤维的测定原理。
6. 用直接滴定法测定食品中还原糖含量的过程中，应该注意哪些问题？
7. 食品中淀粉含量的测定方法有哪些？其测定原理分别是什么？
8. 用直接滴定法测定某厂生产的硬糖的还原糖含量，称取 2.000 g 样品，用适量水溶解后，定容于 100 mL。吸取碱性酒石酸铜甲、乙液各 5.00 mL 于锥形瓶中，加入 10.00 mL 水，加热沸腾后用上述硬糖溶液滴定至终点，耗去 9.65 mL。已知标定 10.00 mL 碱性酒石酸铜甲、乙液耗去 0.1%葡萄糖溶液 10.15 mL，问：该硬糖中还原糖含量为多少？

第10章　蛋白质和氨基酸的测定

本章提要

(1) 掌握凯氏定氮法的定义、测定方法及注意事项。
(2) 了解和熟悉蛋白质的快速测定方法。
(3) 了解和熟悉氨基酸总量的测定方法。
(4) 了解氨基酸的分离及测定方法。

Question 生活小提问

1. 2008年我国发生的奶制品污染"三聚氰胺"重大食品安全事件，其主要原因是什么？与蛋白质的检测方法有着怎样的关系？
2. 安徽阜阳"大头娃娃"事件发生的主要原因是什么？
3. 我国酿造酱油通常是根据什么来划分等级的？该指标的测定方法是什么？

10.1 概　述

蛋白质是生命的物质基础，是构成生物体组织细胞的重要成分，可以说没有蛋白质，就没有生命。人及动物从食品中获取蛋白质及其分解产物来构成自身的蛋白质，蛋白质是人体重要的营养物质，也是食品中重要的营养指标。不同的食品中蛋白质含量各不相同，一般来说，动物性食品的蛋白质含量高于植物性食品，常见食物中蛋白质的大致含量见表10-1。测定食品中蛋白质的含量，对于评价食品的营养价值，合理开发利用食品资源、提高产品质量、优化食品配方、指导生产等均具有极其重要的意义。

表10-1　常见食物中蛋白质的大致含量(%)

食物名称	蛋白质含量	食物名称	蛋白质含量	食物名称	蛋白质含量
大豆	36.3	鸭肉	16.5	牛乳	3.3
乳粉(全脂)	26.2	鸡蛋	14.7	菠菜	2.4
鸡肉	21.5	羊肉	11.1	大白菜	1.1
牛肉	20.1	小麦粉(标准)	9.9	柑橘	0.9
带鱼	18.1	小米	9.7	桃	0.8
大黄鱼	17.6	猪肉	9.5	黄瓜	0.8
鲤鱼	17.3	玉米	8.5	苹果	0.4
小黄鱼	16.7	稻米	8.3	鸭梨	0.1

蛋白质是复杂的含氮有机化合物，相对分子质量很大，主要化学元素为 C、H、O、N，在某些蛋白质中还含有 P、S、Cu、Fe、I 等元素，由于食物中另外两种重要的营养素糖类和脂肪中只含有 C、H、O，不含有 N，所以含氮是蛋白质区别于其他有机化合物的主要标志。不同的蛋白质中氨基酸的构成比例及方式不同，故不同的蛋白质其含氮量也不同。一般蛋白质含氮量为 16%，即一份氮相当于 6.25 份蛋白质，此数值(6.25)称为蛋白质换算系数(F)。不同种类食品的蛋白质换算系数有所不同，见表 10-2。蛋白质可以被酶、酸或碱水解，最终产物为氨基酸，氨基酸是构成蛋白质的最基本物质。

表 10-2　不同种类食品的蛋白质换算系数

食品类别		折算系数	食品类别		折算系数
小麦	全小麦粉	5.83	大米及米粉		5.95
	麦糠麸皮	6.31	鸡蛋	鸡蛋(全)	6.25
	麦胚芽	5.80		蛋黄	6.12
	麦胚粉、黑麦、普通小麦、面粉	5.70		蛋白	6.32
燕麦、大麦、黑麦粉		5.83	肉与肉制品		6.25
小米、稞麦		5.83	动物明胶		5.55
玉米、黑小麦、饲料小麦、高粱		6.25	纯乳与纯乳制品		6.38
油料	芝麻、棉籽、葵花籽、蓖麻、红花籽	5.30	复合配方食品		6.25
	其他油料	6.25			
	菜籽	5.53	酪蛋白		6.40
坚果、种子类	巴西果	5.46	胶原蛋白		5.79
	花生	5.46	豆类	大豆及其粗加工制品	5.71
	杏仁	5.18		大豆蛋白制品	6.25
	核桃、榛子、椰果等	5.30	其他食品		6.25

测定蛋白质的方法可分为两大类：一类是利用蛋白质的共性，即含氮量、肽键和折射率等测定蛋白质含量；另一类是利用蛋白质中特定氨基酸残基、酸性和碱性基团以及芳香基团等测定蛋白质含量。蛋白质含量测定最常用的方法是凯氏定氮法，它是测定总有机氮的最准确和操作较简便的方法之一，在国内外应用普遍。此外，双缩脲法、染料结合法、酚试剂法等也常用于蛋白质含量测定，由于这些方法简便快速，故多用于生产单位质量控制分析。近年来，国外采用红外检测仪对蛋白质进行快速定量分析。

鉴于组成食品蛋白质的氨基酸种类的复杂性，在一般的常规检验中人们对食品中蛋白质含量的测定多是测定样品中的氨基酸总量，且通常采用酸碱滴定法来完成。近年来世界上已出现了多种氨基酸分析仪、近红外反射分析仪，可以快速、准确地测出各种氨基酸含量。下面介绍常用的几种蛋白质和氨基酸的测定方法。

10.2　蛋白质的一般测定方法

新鲜食品中的含氮化合物大都以蛋白质为主体，所以检验食品中的蛋白质时，往往只限于测定总氮量,然后乘以蛋白质换算系数,即可得到蛋白质含量。凯氏定氮法(GB 5009.5—2016 第一法)可用于所有动、植物性食品的蛋白质含量测定,但因样品中常含有核酸、生物碱、含氮类脂、卟啉以及含氮色素等非蛋白质类含氮化合物,故结果为粗蛋白质含量。

凯氏定氮法是由丹麦人凯达尔(J. Kjeldahl)于 1883 年提出用于测定研究蛋白质,并因此得名的,经长期改进,迄今已演变成常量法、微量法、半微量法、自动凯氏定氮仪法等多种方法。其测定原理和操作步骤大体相同。微量法、半微量法蒸馏用试液量和试剂用量都较常量法少,并且采用了适合微量和半微量测定的定氮蒸馏装置。与常量法相比,不仅可以节省试剂和缩短实验时间,而且准确度也较高,在实际工作中应用更为普遍。

10.2.1　凯氏定氮法

1. 原理

样品用浓硫酸消化,使蛋白质分解,其中碳和氢被氧化为二氧化碳和水逸出,而样品中的有机氮转化为氨并与硫酸结合成硫酸铵。然后加碱蒸馏,使氨蒸出,用硼酸吸收后再以标准盐酸或硫酸溶液滴定。根据标准酸液消耗量,可计算出样品中的氮含量,再乘以蛋白质换算系数,进而得出蛋白质的含量。

1) 样品消化

消化反应方程式如下:

$$2NH_2(CH_2)_2COOH + 13H_2SO_4 = (NH_4)_2SO_4 + 6CO_2\uparrow + 12SO_2\uparrow + 16H_2O$$

浓硫酸具有脱水性,可使有机物脱水后炭化。浓硫酸同时具有氧化性,将有机物炭化后的碳转化为二氧化碳,硫酸则被还原成二氧化硫。反应方程式为

$$2H_2SO_4 + C = 2SO_2\uparrow + 2H_2O + CO_2\uparrow$$

二氧化硫使氮还原为氨,本身则被氧化为三氧化硫,氨随之与硫酸作用生成硫酸铵留在酸性溶液中。反应方程式为

$$H_2SO_4 + 2NH_3 = (NH_4)_2SO_4$$

在消化反应中,为了加速蛋白质的分解,缩短消化时间,常加入下列物质。

(1) 硫酸钾。

加入硫酸钾可以提高溶液的沸点,从而加快有机物分解,它与硫酸作用生成硫酸氢钾可提高反应温度,一般纯硫酸的沸点在 340 ℃左右,而添加硫酸钾后,可使温度提高至 400 ℃以上,原因主要在于随着消化过程的进行,硫酸不断地被分解,水分不断逸出而使硫酸钾浓度增大,故沸点升高,其反应方程式如下:

$$K_2SO_4 + H_2SO_4 = 2KHSO_4$$

$$2KHSO_4 = K_2SO_4 + H_2O\uparrow + SO_3$$

但硫酸钾加入量不能太大,否则消化体系温度过高,又会引起已生成的铵盐发生热分解放出氨气而造成损失:

$$(NH_4)_2SO_4 = NH_3\uparrow + NH_4HSO_4$$

$$NH_4HSO_4 = NH_3\uparrow + SO_3\uparrow + H_2O$$

除硫酸钾外,也可以加入硫酸钠、氯化钾等盐类来提高沸点,但效果不如硫酸钾。

(2) 硫酸铜。

硫酸铜起催化剂的作用。凯氏定氮法中可用的催化剂种类很多,除硫酸铜外,还有氧化汞、汞、硒粉、二氧化钛等。但考虑到效果、价格及环境污染等多种因素,应用最广泛的是硫酸铜,使

用时常加入少量过氧化氢、次氯酸钾等作为氧化剂以加速有机物氧化，其反应方程式如下：

$$2CuSO_4 = Cu_2SO_4 + SO_2\uparrow + O_2\uparrow$$

$$C + 2CuSO_4 = Cu_2SO_4 + SO_2\uparrow + CO_2\uparrow$$

$$Cu_2SO_4 + 2H_2SO_4 = 2CuSO_4 + 2H_2O + SO_2\uparrow$$

此反应不断进行，待有机物全部消化完后，不再有硫酸亚铜（Cu_2SO_4，褐色）生成，溶液呈现清澈的蓝绿色。因此，硫酸铜除起催化剂的作用外，还可指示消化终点的到达，并在下一步蒸馏时作为碱性反应的指示剂。

2）蒸馏

在消化完全的样品溶液中加入浓氢氧化钠溶液使其呈碱性，加热蒸馏，即可释放出氨气，反应方程式如下：

$$2NaOH + (NH_4)_2SO_4 = 2NH_3\uparrow + Na_2SO_4 + 2H_2O$$

3）吸收与滴定

加热蒸馏所放出的氨气，可用硼酸溶液进行吸收，待吸收完全后，再用 HCl 标准溶液滴定，因硼酸呈微弱酸性（$K_{a_1} = 5.8\times10^{-10}$），在酸碱滴定中并不影响指示剂的变色反应，但它有吸收氨的作用，吸收及滴定反应方程式如下：

$$2NH_3 + 4H_3BO_3 = (NH_4)_2B_4O_7 + 5H_2O$$

$$(NH_4)_2B_4O_7 + 5H_2O + 2HCl = 2NH_4Cl + 4H_3BO_3$$

蒸馏释放出来的氨气，也可以采用硫酸或 HCl 标准溶液吸收，然后用氢氧化钠标准溶液返滴定吸收液中过剩的硫酸或盐酸，从而计算出总氮量。

2. 适用范围

此法可应用于各类食品中蛋白质含量的测定，不适用于添加无机含氮物质、有机非蛋白质含氮物质的食品测定。

3. 仪器

定氮瓶（或凯氏烧瓶）；定氮蒸馏装置。

4. 试剂

（1）硫酸（密度为 1.84 g/mL）。

（2）硫酸铜（$CuSO_4\cdot5H_2O$）。

（3）硫酸钾。

（4）氢氧化钠溶液（400 g/L）。

（5）硼酸吸收液（20 g/L）。

（6）甲基红-溴甲酚绿混合指示剂：1 份甲基红乙醇溶液（1 g/L）与 5 份溴甲酚绿乙醇溶液（1 g/L）临用时混合；也可用 2 份甲基红乙醇溶液（1 g/L）与 1 份亚甲基蓝乙醇溶液（1 g/L）临用时混合。

（7）HCl 标准溶液[$c(HCl)=0.0500$ mol/L]或硫酸标准溶液$\left[c\left(\frac{1}{2}H_2SO_4\right)=0.0500\ \text{mol/L}\right]$。

5. 分析步骤

1）试样处理

称取充分混匀的固态试样 0.2～2 g、半固态试样 2～5 g 或液态试样 10～25 g（相当于30～40 mg 氮），精确至 0.001 g，移入干燥的 100 mL、250 mL 或 500 mL 定氮瓶中，然后加入研细的硫酸铜 0.2 g、硫酸钾 6 g 和硫酸 20 mL，稍摇匀后在瓶口放一小漏斗，将瓶以 45°角斜支于有小孔的石棉网上,如图10-1所示。小火加热,待内容物完全炭化,不再产生泡沫后逐步加大火力,保持瓶内液体微沸,至瓶内液体呈蓝绿色且澄清透明后,再继续加热 0.5～1 h。取下放冷,小心加入 20 mL 水。放冷后,移入 100 mL 容量瓶中,并用少量水洗定氮瓶,洗液合并于容量瓶中。用水稀释至刻度,混匀备用。同时做试剂空白实验。

2) 蒸馏及滴定

按图 10-2 装好凯氏定氮蒸馏装置,向水蒸气发生器内装水至三分之二处,加入数粒玻璃珠,加甲基红指示液数滴及数毫升硫酸,以保持水呈酸性,加热煮沸水蒸气发生器内的水并保持沸腾。

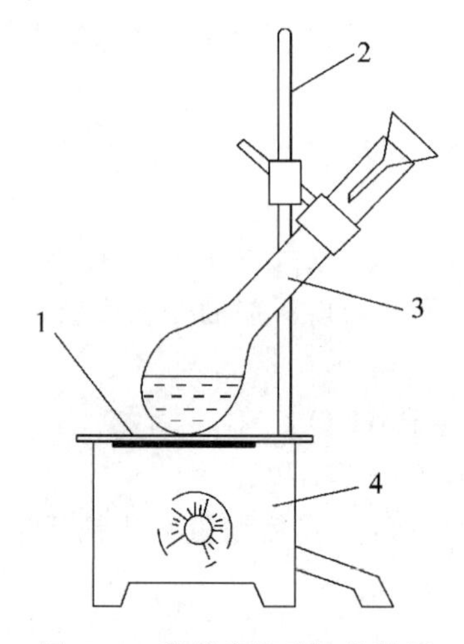

图 10-1 凯氏定氮法消化装置

1—石棉网;2—铁架台;3—凯氏烧瓶;4—电炉

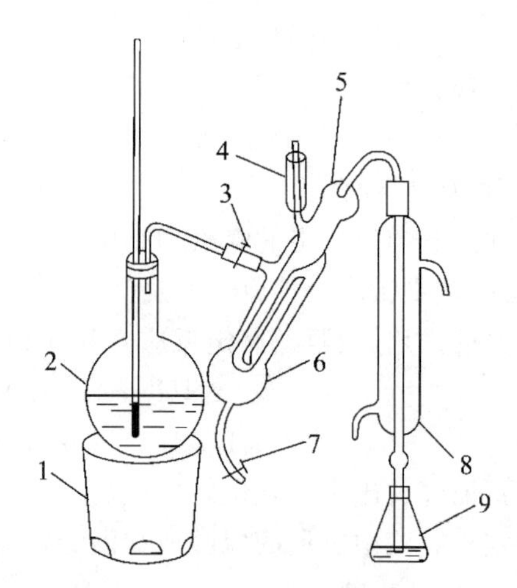

图 10-2 凯氏定氮蒸馏装置

1—电炉;2—水蒸气发生器(2 L 烧瓶);3—螺旋夹;4—小玻璃杯及棒状玻璃塞;5—反应室;6—反应室外层;7—橡皮管及螺旋夹;8—冷凝管;9—蒸馏液接收瓶

向接收瓶内加入 10.0 mL 硼酸溶液(20 g/L)及 1～2 滴混合指示液,并将冷凝管的下端插入液面以下,根据试样中的氮含量,准确吸取 2.0～10.0 mL 试样处理液由小玻璃杯注入反应室,以 10 mL 水洗涤小玻璃杯并使之流入反应室内,随后塞紧棒状玻璃塞。将 10.0 mL 氢氧化钠溶液(400 g/L)倒入小玻璃杯,提起玻璃塞使其缓缓流入反应室,立即将玻璃塞盖紧,并加水于小玻璃杯以防漏气。夹紧螺旋夹,开始蒸馏。蒸馏 10 min 后移动蒸馏液接收瓶,液面离开冷凝管下端,再蒸馏 1 min。然后用少量水冲洗冷凝管下端外部,取下蒸馏液接收瓶。以硫酸或 HCl 标准溶液滴定至终点,如用 2 份甲基红乙醇溶液与 1 份亚甲基蓝乙醇溶液为指示剂,则颜色由紫红色变成灰色,pH 为 5.4;如用 1 份甲基红乙醇溶液与 5 份溴甲酚绿乙醇溶液为指示剂,则颜色由酒红色变成绿色,pH 为 5.1。同时做试剂空白实验。

6. 结果计算

$$蛋白质质量分数=\frac{(V_1-V_2)\times c\times 0.0140}{m\times\frac{V_3}{100}}\times F\times 100\%$$

式中:V_1——滴定样品吸收液时消耗 HCl 标准溶液体积,mL;

V_2——滴定空白吸收液时消耗 HCl 标准溶液体积,mL;

V_3——吸取消化液的体积,mL;

c——硫酸或 HCl 标准溶液浓度,mol/L;

0.014 0——1.0 mL 盐酸[$c(HCl)=1.000$ mol/L]或硫酸$\left[c\left(\frac{1}{2}H_2SO_4\right)=1.000\ \text{mol/L}\right]$标准溶液相当于氮的质量,g;

F——氮换算为蛋白质的系数,按表10-2换算;

m——样品质量,g。

以重复性条件下获得的两次独立测定结果的算术平均值表示。当蛋白质含量≥1 g/100 g时,结果保留3位有效数字;当蛋白质含量<1 g/100 g时,结果保留2位有效数字。

精密度要求:在重复性条件下获得的两次独立测定结果的绝对差值不得超过算术平均值的10%。

7. 说明及注意事项

(1) 所用试剂溶液应用无氨蒸馏水配制。

(2) 消化时不要用强火,应保持缓和沸腾;在消化过程中应注意不时转动凯氏烧瓶,以便利用冷凝酸液将附着在瓶壁上的固体残渣洗下并促进其消化完全。

(3) 样品中含脂肪或糖较多时,消化过程中易产生大量泡沫。为防止泡沫溢出瓶外,在开始消化时应用小火加热,并不时摇动;或者加入少量消泡剂如辛醇、液体石蜡、硅油,同时注意控制热源强度。

(4) 当样品消化液不易澄清透明时,可将凯氏烧瓶冷却,加入30%过氧化氢溶液2~3 mL后再继续加热消化。

(5) 若取样量较大,如干试样超过5 g,可按每克试样5 mL的比例增加硫酸用量。

(6) 一般消化至呈透明后,继续消化30 min即可,但对于含有特别难以消化的氮化合物的样品,如含赖氨酸、组氨酸、色氨酸、酪氨酸或脯氨酸等时,需适当延长消化时间。有机物如分解完全,消化液呈蓝色或浅绿色,但含铁量多时,呈较深绿色。

(7) 蒸馏前水蒸气发生器内的水始终保持酸性,这样可以避免水中的氨被蒸出而影响测定结果。蒸馏装置不能漏气。加碱要足量,操作要迅速。漏斗应采用水封措施,以免氨由此逸出而损失。硼酸吸收液的温度不应超过40 ℃,否则对氨的吸收作用减弱而造成损失,此时可置于冷水浴中使用。

(8) 在蒸馏时,蒸汽发生要均匀充足,蒸馏过程中不得停火断汽,否则将发生倒吸。蒸馏完毕后,应先将冷凝管下端提离液面清洗管口,再蒸1 min后关掉热源,否则可能造成吸收液倒吸。

(9) 当称样量为5.0 g时,本方法定量检出限为8 mg/100 g。

(10) 自动凯氏定氮仪法的测定:称取固态试样0.2~2 g、半固态试样2~5 g或液态试样10~25 g(相当于30~40 mg氮),精确至0.001 g。按照仪器说明书的要求进行检测。

10.2.2　分光光度法

1. 原理

食品中的蛋白质在催化加热条件下被分解,分解产生的氨与硫酸结合生成硫酸铵,在pH为4.8的乙酸-乙酸钠缓冲溶液中与乙酰丙酮和甲醛反应生成黄色的3,5-二乙酰-2,6-二甲基-1,4-二氢化吡啶化合物。在波长400 nm下测定吸光度,与标准系列比较定量,结果乘以蛋白质换算系数,即为蛋白质含量。

2. 适用范围

本法(GB 5009.5—2016 第二法)可应用于各类食品中蛋白质含量的测定,不适用于添加无机含氮物质、有机非蛋白质含氮物质的食品测定。当称样量为 5.0 g 时,本方法定量检出限为 0.1 mg/100 g。

3. 仪器

分光光度计;电热恒温水浴锅[(100±0.5)℃];10 mL 具塞玻璃比色管。

4. 试剂

(1) 硫酸(H_2SO_4,密度为 1.84 g/mL):优级纯。

(2) 对硝基苯酚($C_6H_5NO_3$)。

(3) 三水乙酸钠($CH_3COONa\cdot3H_2O$)。

(4) 无水乙酸钠(CH_3COONa)。

(5) 乙酸(CH_3COOH):优级纯。

(6) 37%甲醛(HCHO)。

(7) 乙酰丙酮($C_5H_8O_2$)。

(8) 氢氧化钠溶液(300 g/L):称取 30 g 氢氧化钠加水溶解后,放冷,并稀释至 100 mL。

(9) 对硝基苯酚指示剂溶液(1 g/L):称取 0.1 g 对硝基苯酚,溶于 20 mL 95%乙醇中,加水稀释至 100 mL。

(10) 乙酸溶液(1 mol/L):量取 5.8 mL 乙酸,加水稀释至 100 mL。

(11) 乙酸钠溶液(1 mol/L):称取 41 g 无水乙酸钠或 68 g 三水乙酸钠($CH_3COONa\cdot3H_2O$),加水溶解后并稀释至 500 mL。

(12) 乙酸钠-乙酸缓冲溶液:量取 60 mL 乙酸钠溶液与 40 mL 乙酸溶液混合,该溶液 pH 为 4.8。

(13) 显色剂:将 15 mL 甲醛与 7.8 mL 乙酰丙酮混合,加水稀释至 100 mL,剧烈振摇混匀(室温下放置稳定 3 天)。

(14) 氨氮标准储备液(以氮计)(1.0 g/L):称取 105 ℃下干燥 2 h 的硫酸铵 0.472 0 g,加水溶解后移于 100 mL 容量瓶中,并稀释至刻度,混匀,此溶液每毫升相当于 1.0 mg 氮。

(15) 氨氮标准使用液(0.1 g/L):用移液管吸取 10.00 mL 氨氮标准储备液于 100 mL 容量瓶内,加水定容至刻度,混匀,此溶液每毫升相当于 0.1 mg 氮。

5. 分析步骤

1) 试样消解

称取经粉碎、混匀、过 40 目筛的固态试样 0.1~0.5 g(精确至 0.001 g)、半固态试样 0.2~1 g(精确至 0.001 g)或液态试样 1~5 g(精确至 0.001 g),移入干燥的 100 mL 或 250 mL 定氮瓶中,加入 0.1 g 硫酸铜、1 g 硫酸钾及 5 mL 硫酸,摇匀后于瓶口放一小漏斗,将定氮瓶以 45°角斜支于有小孔的石棉网上。缓慢加热,待内容物全部炭化,不再产生气泡后,加大火力,并保持瓶内液体微沸,至液体呈蓝绿色澄清透明后,再继续加热 0.5 h。取下放冷,慢慢加入 20 mL 水,放冷后移入 50 mL 或 100 mL 容量瓶中,并用少量水洗定氮瓶,洗液并入容量瓶中,再加水至刻度,混匀备用。按同一方法做试剂空白实验。

2) 试样溶液的制备

吸取 2.00~5.00 mL 试样或试剂空白消化液于 50 mL 或 100 mL 容量瓶内,加 1~2 滴对硝基苯酚指示剂溶液，摇匀后滴加氢氧化钠溶液中和至黄色，再滴加乙酸溶液至溶液无色，用水稀释至刻度，混匀。

3）标准曲线的绘制

吸取 0、0.05、0.10、0.20、0.40、0.60、0.80、1.00 mL 氨氮标准使用液，溶液分别相当于 0、5.0、10.0、20.0、40.0、60.0、80.0、100.0 μg 氮，分别置于 10 mL 具塞比色管中。加 4.0 mL 乙酸钠-乙酸缓冲溶液（pH=4.8）及 4.0 mL 显色剂，加水稀释至刻度，混匀。置于 100 ℃水浴中加热 15 min。取出用水冷却至室温后，移入 1 cm 比色皿内，以零管为参比，于波长 400 nm 处测量吸光度，根据标准各点吸光度绘制标准曲线或计算线性回归方程。

4）试样测定

吸取 0.50～2.00 mL（相当于含氮量低于 100 μg）试样溶液和等量的试剂空白溶液，分别置于 10 mL 具塞比色管中。以下按标准曲线的绘制自“加 4.0 mL 乙酸钠-乙酸缓冲溶液（pH=4.8）及 4.0 mL 显色剂”起操作。将试样吸光度与标准曲线比较定量或代入线性回归方程求出含量。

6. 结果计算

$$蛋白质含量(g/100\ g)=\frac{m'-m'_0}{m\times\frac{V_2}{V_1}\times\frac{V_4}{V_3}\times 1\,000\times 1\,000}\times 100\times F$$

式中：m'——试样测定液中氮的含量，μg；

m'_0——试剂空白测定液中氮的含量，μg；

V_1——试样消化液定容体积，mL；

V_2——制备试样溶液的消化液体积，mL；

V_3——试样溶液总体积，mL；

V_4——测定用试样溶液体积，mL；

m——试样质量，g；

1 000——换算系数；

100——换算系数；

F——氮换算为蛋白质的系数。

以重复性条件下获得的两次独立测定结果的算术平均值表示。当蛋白质含量≥1 g/100 g 时，结果保留 3 位有效数字；当蛋白质含量＜1 g/100 g 时，结果保留 2 位有效数字。

精密度要求：在重复性条件下获得的两次独立测定结果的绝对差值不得超过算术平均值的 10%。

10.2.3 燃烧法

1. 原理

试样在 900～1 200 ℃高温下燃烧，燃烧过程中产生混合气体，其中的碳、硫等干扰气体和盐类被吸收管吸收，氮氧化物被全部还原成氮气，形成的氮气气流通过热导检测仪（TCD）进行检测。

2. 适用范围

本法（GB 5009.5—2016 第三法）适用于蛋白质含量在 10 g/100 g 以上的粮食、豆类、奶粉、米粉、蛋白质粉等固态试样的筛选测定，不适用于添加无机含氮物质、有机非蛋白质含氮物质的食品测定。

3. 仪器

氮/蛋白质分析仪;天平(感量为 0.1 mg)。

4. 分析步骤

按照仪器说明书要求称取 0.1～1.0 g 充分混匀的试样(精确至 0.000 1 g),用锡箔包裹后置于样品盘上。试样进入燃烧反应炉(900～1 200 ℃)后,在高纯氧(纯度≥99.99%)中充分燃烧。燃烧产物(NO_x)被载气 CO_2 运送至还原炉(800 ℃)中,经还原生成氮气后检测其含量。

5. 结果计算

$$蛋白质含量(g/100\ g)=C\times F$$

式中:C——试样中氮的含量,g/100 g;

F——氮换算为蛋白质的系数。

以重复性条件下获得的两次独立测定结果的算术平均值表示,结果保留 3 位有效数字。

精密度要求:在重复性条件下获得的两次独立测定结果的绝对差值不得超过算术平均值的 10%。

10.3 蛋白质的快速测定法

10.3.1 双缩脲法

1. 原理

当脲(尿素)加热至 150～160 ℃时,两个分子脲缩合,放出一分子氨而形成双缩脲,双缩脲在碱性条件下能与硫酸铜生成紫红色配合物,即发生双缩脲反应。

$$H_2NCONH_2+H_2NCONH_2 \xrightarrow{150\sim160\ ℃} H_2NCONHCONH_2+NH_3$$

由于蛋白质分子中含有肽键(—CO—NH—),与双缩脲结构相似,故蛋白质与碱性硫酸铜也能形成紫红色配合物,在一定条件下其颜色深浅与蛋白质浓度成正比,故可用来进行蛋白质定量。此有色配合物的最大吸收波长为 560 nm。

2. 适用范围

本法灵敏度较低,但操作简单、快速,生物化学领域中测定蛋白质含量时常用此法,还适用于豆类、油料、米谷等作物种子及肉类等样品测定。

3. 仪器

分光光度计;离心机(4 000 r/min);纳氏比色管。

4. 试剂

(1) 碱性硫酸铜溶液:将 10 mL 10 mol/L 氢氧化钾溶液和 20 mL 250 g/L 酒石酸钾钠溶液加入 930 mL 蒸馏水中,剧烈搅拌,同时慢慢加入 40 mL 40 g/L 硫酸铜溶液,混匀,备用。

(2) 四氯化碳。

5. 分析步骤

1) 标准曲线的绘制

以预先用凯氏定氮法测出蛋白质含量的样品作为蛋白质标样,根据其纯度,按蛋白质含量在 40、50、60、70、80、90、100、110 mg 分别称取混合均匀的标准样品于 8 支 50 mL 纳氏比色管中，然后各加入1 mL四氯化碳，再用碱性硫酸铜溶液定容，振摇10 min后静置1 h。取上层清液离心5 min，将离心分离后的透明液移入比色皿中。在560 nm波长下，以蒸馏水作参比，测定吸光度。

以蛋白质的含量为横坐标、吸光度为纵坐标绘制标准曲线。

2）样品测定

准确称取适量样品(蛋白质含量为40～110 mg)于50 mL纳氏比色管中，按上述步骤显色后测定其吸光度，由标准曲线查得样品的蛋白质质量(mg)。

6. 结果计算

$$蛋白质含量(\mathrm{mg}/100\ \mathrm{g})=\frac{m_0\times100}{m}$$

式中：m_0——由标准曲线查得的蛋白质质量，mg；

m——样品质量，g。

7. 说明及注意事项

(1) 有大量脂类物质共存时，会产生混浊的反应混合物，可用乙醚或石油醚脱脂后测定。

(2) 在配制试剂加入硫酸铜溶液时必须剧烈搅拌，否则会生成氢氧化铜沉淀。

(3) 蛋白质的种类不同，对发色程度的影响不大。

(4) 当样品中含有脯氨酸时，若有大量糖类共存，则显色不好，测定结果偏低。

10.3.2　紫外分光光度法

1. 原理

蛋白质及其降解产物的芳香环残基($-\mathrm{NH}-\underset{}{\overset{\mathrm{R}}{\overset{|}{\mathrm{C}}}}\mathrm{H}-\mathrm{CO}-$)在紫外区内对一定波长的光具有选择吸收作用。在280 nm波长下，光吸收程度与蛋白质浓度(3～8 mg/mL)呈直线关系，因此，通过测定蛋白质溶液的吸光度，并参照事先用凯氏定氮法测定蛋白质含量的标准样所作的标准曲线，即可求出样品的蛋白质含量。

2. 适用范围

本法操作简便、迅速，常用于生物化学研究，但由于许多非蛋白质成分在紫外光区也有吸收作用，加之光散射作用的干扰，故在食品分析领域中的应用并不广泛，最早用于测定牛乳的蛋白质含量，也可用于测定小麦、面粉、糕点、豆类、蛋黄及肉制品中的蛋白质含量。

3. 仪器

紫外分光光度计；离心机(3 000～5 000 r/min)。

4. 试剂

(1) 0.1 mol/L柠檬酸溶液。

(2) 8 mol/L尿素的氢氧化钠溶液。

(3) 95%乙醇。

(4) 无水乙醚。

5. 分析步骤

1) 标准曲线的绘制

准确称取样品2.00 g，置于50 mL烧杯中，加入0.1 mol/L柠檬酸溶液30 mL，不断搅拌

10 min 使其充分溶解,用四层纱布过滤于玻璃离心管中,以 3 000～5 000 r/min 的速度离心 5～10 min,倾出上清液。分别吸取 0.5、1.0、1.5、2.0、2.5、3.0 mL 上清液于 10 mL 容量瓶中,各加入 8 mol/L 尿素的氢氧化钠溶液,定容至标线,充分振摇 2 min,若混浊,再次离心直至透明为止。将透明液置于比色皿中,于紫外分光光度计 280 nm 波长处以 8 mol/L 尿素的氢氧化钠溶液作参比液,测定各溶液的吸光度。

以事先用凯氏定氮法测得的样品中蛋白质的含量为横坐标,吸光度为纵坐标,绘制标准曲线。

2) 样品的测定

准确称取试样 1.00 g,如前处理,吸取的每毫升样品溶液中含有 3～8 mg 的蛋白质。按标准曲线绘制的操作条件测定其吸光度,从标准曲线中查出蛋白质的质量(mg)。

6. 结果计算

$$\text{蛋白质质量分数}=\frac{m'}{m}\times 100\%$$

式中:m'——从标准曲线上查得的蛋白质质量,mg;

m——所测定样品溶液相当于样品的质量,mg。

7. 说明及注意事项

(1) 测定牛乳样品时的操作步骤:准确吸取混合均匀的样品 0.2 mL,置于 25 mL 纳氏比色管中,用 95%～97%的冰乙酸稀释至标线,摇匀,以 95%～97%冰乙酸为参比液,用 1 cm 比色皿于 280 nm 波长处测定吸光度,并用标准曲线法确定样品蛋白质含量(标准曲线以采用凯氏定氮法已测出蛋白质含量的牛乳标准样绘制)。

(2) 测定糕点时,应将表皮的颜色去掉。

(3) 温度对蛋白质水解有影响,操作温度应控制在 20～30 ℃。

10.3.3 染料结合法

1. 原理

在特定的条件下,蛋白质可与某些阴离子磺酸基染料(如胺黑 10 B 或酸性橙 12 等)定量结合而生成沉淀。反应平衡后,离心或过滤除去沉淀,用分光光度计测定溶液中剩余的染料量,可计算出反应消耗的染料量,进而求得样品中蛋白质的含量。

2. 适用范围

本法适用于牛乳、冰淇淋、乳酪、巧克力饮料、脱脂乳粉等食品的蛋白质含量的测定。

3. 仪器

分光光度计;组织捣碎机;离心机。

4. 试剂

(1) 柠檬酸溶液:称取柠檬酸(含 1 分子结晶水)20.14 g,用水稀释至 1 000 mL,加入 1.0 mL丙酸(防腐),摇匀后 pH 应为 2.2。

(2) 胺黑 10 B 染料溶液:准确称取胺黑 10 B 染料 1.066 g,用 pH 为 2.2 的柠檬酸溶液定容至 1 000 mL,摇匀,取出 1 mL,用水稀释至 250 mL,以水为参比液,用 1 cm 比色皿于 615 nm 波长处测定吸光度应为 0.320;否则用染料柠檬酸溶液或水进行调节。

5. 分析步骤

1) 样品处理

用组织捣碎机将样品粉碎,准确称取一定量(蛋白质含量在 370～430 mg)已粉碎的样品,作标样用时称四份(两份凯氏定氮法、两份染料结合法)。如样品脂肪含量较高,用乙醚提取脂肪后弃去,然后再进行实验。

2) 染料结合

将脱脂后的样品全部放入组织捣碎机中,准确加入吸光度为 0.320 的染料溶液 200 mL,缓慢搅拌 4 min。

3) 过滤离心

将已结合后的样品溶液用铺有玻璃棉的布氏漏斗自然过滤,或用 G2 垂融漏斗抽滤,静置 20 min,取上清液 4 mL,用水定容至 100 mL,摇匀,取出部分溶液离心(2 000 r/min)5 min。

4) 比色

取离心后的澄清透明溶液,用 1 cm 比色皿,以蒸馏水为参比液于 615 nm 波长处测定吸光度。

5) 标准曲线的绘制

用凯氏定氮法测出上述两份平行样品的总氮量,进而计算出用于染料结合法测定的每份平行样的蛋白质含量,以比色测定得到的吸光度(实质是由沉淀反应后剩余的染料所产生的吸光度)为纵坐标(注意数值最好按从上到下吸光度增大的顺序标出),相应蛋白质含量为横坐标绘图,即得标准曲线。

该标准曲线供分析同类样品蛋白质含量时使用。

6) 测样

按照上述 1)~4)步骤进行,根据测出的吸光度在标准曲线上查得蛋白质含量即可。

6. 说明及注意事项

(1) 取样要均匀。

(2) 绘制完整的标准曲线可供同类样品长期使用,而不需要每次测样时都绘制标准曲线。

(3) 对脂肪含量高的样品,应先用乙醚脱脂,然后再测定。

(4) 在样品溶解性能不好时,也可用此法测定。

(5) 本法具有较高的经验性,故操作方法必须标准化。

(6) 本法所用染料还包括橙黄 G 和溴酚蓝等。

10.3.4　水杨酸比色法

1. 原理

样品中的蛋白质经硫酸消化而转化成铵盐溶液后,在一定的酸度和温度条件下可与水杨酸钠和次氯酸钠作用生成蓝色的化合物,可以在 660 nm 波长处比色测定,求出样品含氮量,进而计算出蛋白质含量。

2. 仪器

分光光度计;恒温水浴锅。

3. 试剂

(1) 氮标准溶液:称取在 110 ℃下干燥 2 h 的硫酸铵 0.471 9 g,置于小烧杯中,用水溶解放冷后移入 100 mL 容量瓶中,用水稀释至刻度,摇匀。此溶液每毫升相当于 1.0 mg 氮标准溶液。使用时用水配制成每毫升相当于 2.50 μg 含氮量的标准溶液。

(2) 空白酸溶液:称取 0.50 g 蔗糖,加入 15 mL 浓硫酸及 5 g 催化剂(其中含硫酸铜 1 份和无水硫酸钠 9 份,两者研细混匀备用),与样品一样处理并消化后移入 250 mL 容量瓶中,加水至标线。临用前吸取此液 10 mL,加水至 100 mL,摇匀作为工作液。

(3) 磷酸盐缓冲溶液:称取 7.1 g 磷酸氢二钠、38 g 磷酸三钠和 20 g 酒石酸钾钠,加入 400 mL水溶解后过滤,另称取 35 g 氢氧化钠溶于 100 mL 水中,冷至室温,缓慢地边搅拌边加入磷酸盐溶液中,用水稀释至 1 000 mL 备用。

(4) 水杨酸钠溶液:称取 25 g 水杨酸钠和 0.15 g 亚硝基铁氰化钠,溶于 200 mL 水中,过滤,加水稀释至 500 mL。

(5) 次氯酸钠溶液:吸取 4 mL 安替福民,用水稀释至 100 mL,摇匀备用。

4. 分析步骤

1) 标准曲线的绘制

准确吸取每毫升相当于含氮量 2.50 μg 的标准溶液 0、1.0、2.0、3.0、4.0、5.0 mL,分别置于 25 mL 容量瓶或比色管中,分别加入 2 mL 空白酸工作液、5 mL 磷酸盐缓冲溶液,并分别加水至 15 mL,再加入 5 mL 水杨酸钠溶液,移入 36~37 ℃的恒温水浴中加热 15 min 后,逐瓶加入 2.5 mL 次氯酸钠溶液,摇匀后再在恒温水浴中加热 15 min,取出加水至标线,在分光光度计上于 660 nm 波长处进行比色测定,测得各标准溶液的吸光度后绘制标准曲线。

2) 样品处理

准确称取 0.20~1.00 g 样品(视含氮量而定,小麦及饲料称取样品 0.50 g 左右),置于凯氏定氮瓶中,加入 15 mL 浓硫酸、5 g 催化剂(0.5 g 硫酸铜与 4.5 g 无水硫酸钠),在电炉上小火加热至沸腾后,加大火力进行消化。待瓶内溶液澄清呈暗绿色时,不断摇动瓶子,使瓶壁黏附的残渣溶下消化。待溶液完全澄清后取出冷却,加水移至 250 mL 容量瓶中,并用水稀释至标线。

3) 样品测定

准确吸取上述消化好的样液 10 mL(如取 5 mL 则补加 5 mL 空白酸原液),置于 100 mL 容量瓶中,并用水稀释至标线。准确吸取 2 mL 于 25 mL 容量瓶(或比色管)中,加入 5 mL 磷酸盐缓冲溶液,以下按标准曲线绘制的操作步骤进行,并以试剂空白为参比液测定样液的吸光度,从标准曲线上查出其含氮量。

5. 结果计算

$$\text{含氮量}=\frac{m'\times K}{m\times 1\,000\times 1\,000}\times 100\%$$

式中:m'——从标准曲线查得的样液的含氮量,μg;

K——样品溶液的稀释倍数;

m——样品的质量,g。

$$\text{蛋白质含量}=\text{含氮量}\times F$$

式中:F——蛋白质换算系数。

6. 说明及注意事项

(1) 样品消化完全后当天进行测定时,结果的重现性好,而样液放至第二天比色即有变化。

(2) 温度对显色影响极大,故应严格控制反应温度。

(3) 对谷物及饲料等样品的测定,此法结果与凯氏定氮法基本一致。

10.4　食品中氨基酸态氮的测定

10.4.1　酸度计法

1. 原理

利用氨基酸的两性作用，加入甲醛以固定氨基的碱性，使羧基显示出酸性，用氢氧化钠标准溶液滴定后定量，以酸度计测定终点。

2. 适用范围

本法(GB 5009.235—2016 第一法)适用于以粮食和其副产品豆饼、麸皮等为原料酿造或配制的酱油，以粮食为原料酿造的酱类，以黄豆、小麦粉为原料酿造的豆酱类食品中氨基酸态氮的测定。

3. 仪器

酸度计(附磁力搅拌器)、10 mL 微量碱式滴定管、分析天平(感量 0.1 mg)。

4. 试剂

除非另有说明，本方法所用试剂均为分析纯，水为 GB/T 6682 规定的三级水。

(1) 甲醛溶液(36%～38%)：应不含有聚合物(没有沉淀且溶液不分层)。

(2) 乙醇(CH_3CH_2OH)。

(3) 氢氧化钠标准滴定溶液[c(NaOH)＝0.050 mol/L]：经国家认证并授予标准物质证书的标准滴定溶液或配制方法如下。

① 酚酞指示液：称取酚酞 1 g，溶于 95%的乙醇中，用 95%乙醇稀释至 100 mL。

② 氢氧化钠溶液[氢氧化钠标准滴定溶液 c(NaOH)＝0.05 mol/L]：称取 110 g 氢氧化钠于 250 mL 的烧杯中，加 100 mL 的水，振摇使之溶解成饱和溶液，冷却后置于聚乙烯的塑料瓶中，放置数日，澄清后备用。取上层清液 2.7 mL，加适量新煮沸过的冷蒸馏水至 1 000 mL，摇匀。

③ 氢氧化钠标准滴定溶液的标定：准确称取约 0.36 g 在 105～110 ℃干燥至恒重的基准邻苯二甲酸氢钾，加 80 mL 新煮沸过的水，使之尽量溶解，加 2 滴酚酞指示液(10 g/L)，用氢氧化钠标准滴定溶液滴定至溶液呈微红色，30 s 不褪色。记下消耗氢氧化钠标准滴定溶液的体积(mL)。同时做空白实验。

④ 计算：氢氧化钠标准滴定溶液的浓度按下式计算：

$$c=\frac{m}{(V_1-V_2)\times 0.2042}$$

式中：c——氢氧化钠标准滴定溶液的实际浓度，mol/L；

m——基准邻苯二甲酸氢钾的质量，g；

V_1——滴定邻苯二甲酸氢钾溶液时氢氧化钠标准滴定溶液的用量，mL；

V_2——空白实验中氢氧化钠标准滴定溶液的用量，mL；

0.204 2——与 1.00 mL 氢氧化钠标准滴定溶液［c(NaOH)＝1.000 mol/L］相当的基准邻苯二甲酸氢钾的质量，g。

5. 分析步骤

(1) 酱油试样。

称量 5.0 g(或吸取 5.0 mL)试样于 50 mL 的烧杯中，用水分数次洗入 100 mL 容量瓶中，加水至刻度,混匀后吸取 20.0 mL 置于 200 mL 烧杯中,加 60 mL 水,开动磁力搅拌器,用氢氧化钠标准滴定溶液[c(NaOH)=0.050 mol/L]滴定至酸度计指示 pH 为 8.2,记下消耗氢氧化钠标准滴定溶液的体积(mL),可计算总酸含量。加入 10.0 mL 甲醛溶液,混匀。再用氢氧化钠标准滴定溶液继续滴定至 pH 为 9.2,记下消耗氢氧化钠标准滴定溶液的体积(mL)。同时取 80 mL 水,先用氢氧化钠标准滴定溶液[c(NaOH)=0.050 mol/L]调节至 pH 为 8.2,再加入 10.0 mL 甲醛溶液,用氢氧化钠标准滴定溶液滴定至 pH 为 9.2,做试剂空白实验。

(2) 酱及黄豆酱样品。

将酱或黄豆酱样品搅拌均匀后,放入研钵中,在 10 min 内迅速研磨至无肉眼可见颗粒,装入磨口瓶中备用。用已知质量的称量瓶称取搅拌均匀的样品 5.0 g,用 50 mL 80 ℃左右的蒸馏水分数次洗入 100 mL 烧杯中,冷却后,转入 100 mL 容量瓶中,用少量水分次洗涤烧杯,洗液并入容量瓶中,并加水至刻度,混匀后过滤。吸取滤液 10.0 mL,置于 200 mL 烧杯中,加 60 mL 水,开动磁力搅拌器,用氢氧化钠标准滴定溶液[c(NaOH)=0.050 mol/L]滴定至酸度计指示 pH 为 8.2,记下消耗氢氧化钠标准滴定溶液的体积(mL),可计算总酸含量。加入 10.0 mL 甲醛溶液,混匀。再用氢氧化钠标准滴定溶液继续滴定至 pH 为 9.2,记下消耗氢氧化钠标准滴定溶液的体积(mL)。同时取 80 mL 水,先用氢氧化钠标准滴定溶液[c(NaOH)=0.050 mol/L]调节至 pH 为 8.2,再加入 10.0 mL 甲醛溶液,用氢氧化钠标准滴定溶液滴定至 pH 为 9.2,做试剂空白实验。

6. 结果计算

试样中氨基酸态氮的含量按下式进行计算:

$$X_1=\frac{(V_1-V_2)\times c\times 0.014}{m\times V_3/V_4}\times 100$$

$$X_2=\frac{(V_1-V_2)\times c\times 0.014}{V\times V_3/V_4}\times 100$$

式中:X_1——试样中氨基酸态氮的含量,g/100 g;

X_2——试样中氨基酸态氮的含量,g/100 mL;

V_1——测定用试样稀释液加入甲醛后消耗氢氧化钠标准滴定溶液的体积,mL;

V_2——试剂空白实验加入甲醛后消耗氢氧化钠标准滴定溶液的体积,mL;

c——氢氧化钠标准滴定溶液的浓度,mol/L;

0.014——与 1.00 mL 氢氧化钠标准滴定溶液[c(NaOH)=1.000 mol/L]相当的氮的质量,g;

m——称取试样的质量,g;

V——吸取试样的体积,mL;

V_3——试样稀释液的取用量,mL;

V_4——试样稀释液的定容体积,mL;

100——单位换算系数。

计算结果保留 2 位有效数字。

7. 说明及注意事项

精密度:在重复性条件下获得的两次独立测定结果的绝对差值不得超过算术平均值的 10%。

10.4.2　比色法

1. 原理

在 pH 为 4.8 的乙酸钠-乙酸缓冲溶液中,氨基酸态氮与乙酰丙酮和甲醛反应生成黄色的

3,5-二乙酸-2,6-二甲基-1,4 二氢化吡啶氨基酸衍生物。在 400 nm 波长处测定吸光度,与标准系列比较定量。

2. 适用范围

本法(GB 5009.235—2016 第二法)适用于以粮食和其副产品豆饼、麸皮等为原料酿造或配制的酱油中氨基酸态氮的测定。

3. 仪器

分光光度计、电热恒温水浴锅[(100±0.5) ℃]、10 mL 具塞玻璃比色管。

4. 试剂

除非另有说明,本方法所用试剂均为分析纯,水为 GB/T 6682 规定的二级水。

(1) 乙酸溶液(1 mol/L):量取 5.8 mL 冰乙酸(CH_3COOH),加水稀释至 100 mL。

(2) 乙酸钠溶液(1 mol/L):称取 41 g 无水乙酸钠(CH_3COONa)或 68 g 三水乙酸钠($CH_3COONa \cdot 3H_2O$),加水溶解并稀释至 500 mL。

(3) 乙酸钠-乙酸缓冲溶液:量取 60 mL 乙酸钠溶液(1 mol/L)与 40 mL 乙酸溶液(1 mol/L)混合,该溶液 pH 为 4.8。

(4) 显色剂:15 mL 甲醇(CH_3OH,37%)与 7.8 mL 乙酰丙酮($C_5H_8O_2$)混合,加水稀释至 100 mL,剧烈振摇混匀(室温下放置稳定 3 天)。

(5) 标准溶液。

① 氨氮标准储备溶液(1.0 mg/mL):精密称取在 105 ℃干燥 2 h 的硫酸铵 0.4720 g 于小烧杯中,加水溶解后移至 100 mL 容量瓶中,并稀释至刻度,混匀,此溶液每毫升相当于 1.0 mg 氨氮(10 ℃下冰箱内储存,可稳定 1 年以上)。

② 氨氮标准使用溶液(0.1 g/L):用移液管精确量取 10 mL 氨氮标准储备溶液(1.0 mg/mL)于 100 mL 容量瓶内,加水稀释至刻度,混匀,此溶液每毫升相当于 100 μg 氨氮(10 ℃下冰箱内储存,可稳定 1 个月)。

5. 分析步骤

(1) 试样前处理。

称量 1.00 g(或吸取 1.0 mL)试样于 50 mL 容量瓶中,加水稀释至刻度,混匀。

(2) 标准曲线的制作。

精密吸取氨氮标准使用溶液 0、0.05、0.1、0.2、0.4、0.6、0.8、1.0 mL(分别相当于氨氮 0、5.0、10.0、20.0、40.0、60.0、80.0、100.0 μg)分别于 10 mL 比色管中。向各比色管分别加入 4 mL 乙酸钠-乙酸缓冲溶液(pH=4.8)及 4 mL 显色剂,用水稀释至刻度,混匀。置于 100 ℃水浴中加热 15 min,取出,水浴冷却至室温后,移入 1 cm 比色皿内,以零管为参比,于 400 nm 波长处测量吸光度,绘制标准曲线或计算线性回归方程。

(3) 试样的测定。

精密吸取 2 mL 试样稀释溶液于 10 mL 比色管中。加入 4 mL 乙酸钠-乙酸缓冲溶液(pH=4.8)及 4 mL 显色剂,用水稀释至刻度,混匀。置于 100 ℃水浴中加热 15 min,取出,水浴冷却至室温后,移入 1 cm 比色皿内,以零管为参比,于 400 nm 波长处测量吸光度。试样吸光度与标准曲线比较定量或代入线性回归方程,计算试样含量。

6. 结果计算

试样中氨基酸态氮的含量按下式进行计算:

$$X_1=\frac{m}{m_1\times 1\,000\times 1\,000\times V_1/V_2}\times 100$$

$$X_2=\frac{m}{V\times 1\,000\times 1\,000\times V_1/V_2}\times 100$$

式中:X_1——试样中氨基酸态氮的含量,g/100 g;

X_2——试样中氨基酸态氮的含量,g/100 mL;

m——试样测定液中氮的质量,μg;

m_1——称取试样的质量,g;

V——吸取试样的体积,mL;

V_1——测定用试样溶液体积,mL;

V_2——试样前处理中的定容体积,mL;

100、1 000——单位换算系数。

7. 说明及注意事项

(1) 精密度:在重复性条件下获得的两次独立测定结果的绝对差值不得超过算术平均值的10%。

(2) 本方法的检出限为0.007 0 mg/100 g,定量限为0.021 0 mg/100 g。

10.5 氨基酸的分离及测定

10.5.1 薄层色谱法

1. 原理

取一定量经水解的样品溶液,滴在制好的薄层板上,在溶剂系统中进行双向上行法展开,样品各组分在薄层板上经过多次的吸附、解吸、交换等作用,同一成分具有相同的 R_f 值,不同成分则有不同的 R_f 值,因而可达到各种氨基酸彼此分离的目的。然后用茚三酮显色,与标准氨基酸进行对比,即可鉴别样品中所含氨基酸的种类,从显色斑点颜色的深浅可大致确定其含量。

2. 试剂

(1) 展开剂Ⅰ:叔丁醇-甲乙酮-氢氧化铵-水(5+3+1+1),须临时配制。

(2) 展开剂Ⅱ:异丙醇-甲酸-水(20+1+5),须临时配制。

(3) 5 g/L 茚三酮的无水丙酮溶液。

(4) 羧甲基纤维素或微晶纤维素。

(5) 标准氨基酸溶液:浓度0~2 mg/mL。

3. 分析步骤

1) 薄层板制备

称取10 g微晶纤维素,加入20 mL水和2.5 mL丙酮,研磨1 min调成匀浆后,用薄层涂布器涂布于洁净干燥的玻璃板(200 mm×200 mm,厚度3 mm)上,涂层厚度以300~500 μm为宜(比一般的薄层板厚一些),置于水平架上晾干后即可使用。

2) 样品液制备

称取样品5 mg,放入小试管内,加入5.7 mol/L盐酸0.6 mL。在火焰上熔融封口后,置于

110 ℃烘箱中水解 24 h。取出，打开封口，置于真空干燥器中减压抽干，以去掉多余的盐酸。以稀氨水调节 pH 为 7 左右，再加入 10%异丙醇至最后体积达 0.5 mL，置于冰箱中保存备用。

3）点样

用微量注射器吸取样液 5 μL(每种氨基酸 1～10 μg)，分次滴加在距薄层板下边缘约 2 cm 处，边点边用吹风机吹干，使点样直径在 2～3 mm 内。

4）展开

采用双向上行法展开。将已点样的两个薄层板的薄层面朝外合在一起，放入层析缸(250 mm×100 mm×250 mm)中的玻璃船内。将两块板的上端分开靠在缸壁上。先进行碱向展开，将展开剂Ⅰ从两块板中间加入，薄层浸入展开剂中的深度约 0.5 cm，盖好缸盖，进行展开。当溶剂前沿达到距原点约 11 cm 时(时间 1～1.5 h)，即可将薄层板取出，冷风吹干，放平，刮去前沿上端的黄色杂质部分。再进行酸向展开，将薄层板重新放入另一个缸中的船槽内，与碱向体系成垂直方向，加入展开剂Ⅱ，进行展开。展开至前沿距原点约 11 cm 时，取出，吹干。

5）显色

每块板喷以 5 g/L 茚三酮的无水丙酮溶液 7～10 mL，喷雾时应控制使薄层板恰好湿润而无液滴流下。喷雾后的薄层板用吹风机吹干。有氨基酸存在的地方逐渐显出蓝紫色斑点，仅脯氨酸为黄色斑点。用铅笔将斑点圈出，并用描图纸复绘、复印或摄影保存。

6）标准氨基酸的图谱测定

将标准氨基酸按上述步骤进行点样、展开、显色。为了定量还可以点上不同浓度的氨基酸标准溶液，所得图谱供比较和确定样品中的氨基酸含量。

4. 结果计算

$$\text{氨基酸含量(mg/kg)} = \frac{V_0 \times m_2}{V \times m_1}$$

式中：V_0——样品溶液的总体积，mL；

V——点样用样品溶液的体积，mL；

m_1——样品的质量，g；

m_2——样品色斑相当于标准氨基酸的量，μg。

5. 说明及注意事项

(1) 薄层色谱法操作简便快速，灵敏度高，成本低廉，故应用广泛。

(2) 薄层扫描仪是一种定量测定薄层斑点的现代仪器，它发挥了薄层色谱法的优势，可与气相色谱法和高效液相色谱法相媲美。

10.5.2　氨基酸分析仪法

1. 原理

对氨基酸的组成分析，现代广泛采用离子交换法，并由自动化的仪器来完成。其原理是利用各种氨基酸的酸碱性、极性和相对分子质量大小等性质，使用阳离子交换树脂在色谱柱上进行分离。当样液加入色谱柱顶端后，采用不同 pH 和离子浓度的缓冲溶液即可将它们依次洗脱下来，即先洗脱下来的是酸性氨基酸和极性较大的氨基酸，其次是非极性的和芳香性氨基酸,最后是碱性氨基酸。相对分子质量小的比相对分子质量大的先洗脱下来,洗脱下来的氨基酸可用茚三酮显色,从而定量各种氨基酸。

定量测定的依据是氨基酸和茚三酮反应生成蓝紫色化合物,其颜色深浅与各氨基酸的含量成正比。但脯氨酸和羟脯氨酸则生成黄棕色化合物,故需在另外波长处定量测定。

阳离子交换树脂是由聚苯乙烯和二乙烯经交联再磺化而成的,其交联度为 8。

2. 适用范围

本方法(GB 5009.124—2016)适用于食品中酸水解氨基酸的测定,包括天冬氨酸、苏氨酸、丝氨酸、谷氨酸、脯氨酸、甘氨酸、丙氨酸、缬氨酸、蛋氨酸、异亮氨酸、亮氨酸、酪氨酸、苯丙氨酸、组氨酸、赖氨酸和精氨酸共 16 种氨基酸。

3. 仪器

(1) 实验室用组织粉碎机或研磨机。

(2) 匀浆机。

(3) 分析天平:感量分别为 0.000 1 g 和 0.000 01 g。

(4) 水解管:耐压螺丝盖玻璃试管或安瓿瓶,体积为 20～30 mL。

(5) 真空泵:排气量≥40 L/min。

(6) 酒精喷灯。

(7) 电热鼓风恒温箱或水解炉。

(8) 试管浓缩仪或平行蒸发仪(配 15～25 mL 试管)。

(9) 氨基酸分析仪:茚三酮柱后衍生离子交换色谱仪。

4. 试剂

(1) 苯酚(C_6H_5OH);氮气(纯度≥99.9%)。

(2) 盐酸(6 mol/L):取 500 mL 浓盐酸(HCl,浓度≥36%,优级纯)加水稀释至 1 000 mL,混匀。

(3) 冷冻剂:市售食盐与冰块按质量 1∶3混合。

(4) 氢氧化钠溶液(500 g/L):称取 50 g 氢氧化钠(NaOH,优级纯),溶于 50 mL 水中,冷却至室温后,用水稀释至 100 mL,混匀。

(5) 柠檬酸钠缓冲溶液[$c(Na^+)$=0.2 mol/L]:称取 19.6 g 柠檬酸钠($Na_3C_6H_5O_7 \cdot 2H_2O$,优级纯)加入 500 mL 水溶解,加入 16.5 mL 盐酸,用水稀释至 1 000 mL,混匀,用 6 mol/L 盐酸或 500 g/L 氢氧化钠溶液调节 pH 至 2.2。

(6) 不同 pH 和离子强度的洗脱用缓冲溶液:参照仪器说明书配制或购买。

(7) 茚三酮溶液:参照仪器说明书配制或购买。

(8) 标准品。

① 混合氨基酸标准溶液:经国家认证并授予标准物质证书的标准溶液。

② 16 种单个氨基酸标准品:固体,纯度≥98%。

(9) 标准溶液。

① 混合氨基酸标准储备液(1 μmol/mL):分别准确称取单个氨基酸标准品(精确至 0.000 01 g)于同一 50 mL 烧杯中,用 8.3 mL 6 mol/L 盐酸溶解,精确转移至 250 mL 容量瓶中,用水稀释定容至刻度,混匀(各氨基酸标准品称量质量参考值见表 10-3)。

表 10-3　配制混合氨基酸标准储备液时各氨基酸标准品的称量质量参考值及摩尔质量

氨基酸标准品名称	称量质量参考值/mg	摩尔质量/(g/mol)	氨基酸标准品名称	称量质量参考值/mg	摩尔质量/(g/mol)
L-天冬氨酸	33	133.1	L-蛋氨酸	37	149.2
L-苏氨酸	30	119.1	L-异亮氨酸	33	131.2
L-丝氨酸	26	105.1	L-亮氨酸	33	131.2
L-谷氨酸	37	147.1	L-酪氨酸	45	181.2
L-脯氨酸	29	115.1	L-苯丙氨酸	41	165.2
甘氨酸	19	75.07	L-组氨酸盐酸盐	52	209.7
L-丙氨酸	22	89.06	L-赖氨酸盐酸盐	46	182.7
L-缬氨酸	29	117.2	L-精氨酸盐酸盐	53	210.7

② 混合氨基酸标准工作液(100 nmol/mL):准确吸取混合氨基酸标准储备液 1.0 mL 于 10 mL 容量瓶中,加 pH 2.2 柠檬酸钠缓冲溶液定容至刻度,混匀,为标准上机液。

5. 分析步骤

(1) 试样制备。

固体或半固体试样使用组织粉碎机或研磨机粉碎,液体试样用匀浆机打成匀浆密封冷冻保存,分析时将其解冻后使用。

(2) 试样称量。

均匀性好的样品,如奶粉等,准确称取一定量试样(精确至 0.000 1 g),使试样中蛋白质含量在 10～20 mg 范围内。

对于蛋白质含量未知的样品,可先测定样品中蛋白质含量。将称量好的样品置于水解管中。

很难获得高均匀性的试样,如鲜肉等,为减少误差可适当增大称样量,测定前再做稀释。对于蛋白质含量低的样品,如蔬菜、水果、饮料和淀粉类食品等,固体或半固体试样称样量不大于 2 g,液体试样称样量不大于 5 g。

(3) 试样水解。

根据试样的蛋白质含量,在水解管内加 10～15 mL 6 mol/L 盐酸。对于含水量高、蛋白质含量低的试样,如饮料、水果、蔬菜等,可先加入约相同体积的浓盐酸混匀后,再用 6 mol/L 盐酸补充至大约 10 mL。继续向水解管内加入苯酚 3～4 滴。

将水解管放入冷冻剂中,冷冻 3～5 min,接到真空泵的抽气管上,抽真空(接近 0 Pa),然后充入氮气,重复抽真空-充入氮气操作 3 次后,在充氮气状态下封口或拧紧螺丝盖。

将已封口的水解管放在(110±1)℃的电热鼓风恒温箱或水解炉内,水解 22 h 后,取出,冷却至室温。

打开水解管,将水解液过滤至 50 mL 容量瓶内,用少量水多次冲洗水解管,水洗液移入同一 50 mL 容量瓶内,最后用水定容至刻度,振荡混匀。

准确吸取 1.0 mL 滤液移入 15 mL 或 25 mL 试管内,用试管浓缩仪或平行蒸发仪在 40～50 ℃加热环境下减压干燥,干燥后残留物用 1～2 mL 水溶解,再减压干燥,最后蒸干。

用 1.0～2.0 mL pH 2.2 柠檬酸钠缓冲溶液加入干燥后试管内溶解,振荡混匀后,吸取溶液通过 0.22 μm 滤膜后,转移至仪器进样瓶,为样品测定液,供仪器测定用。

(4) 测定。

① 仪器条件。

将混合氨基酸标准工作液注入氨基酸自动分析仪,参照氨基酸分析仪检定规程及仪器说明书,适当调整仪器操作程序及参数和洗脱用缓冲溶液试剂配比,确认仪器操作条件。

② 色谱参考条件。

a. 色谱柱:磺酸型阳离子树脂。

b. 检测波长:570 nm 和 440 nm。

③ 试样的测定。

混合氨基酸的标准工作液和样品测定液分别以相同体积注入氨基酸自动分析仪,以外标法通过峰面积计算样品测定液中氨基酸的浓度。混合氨基酸标准工作液色谱图见图 10-3。

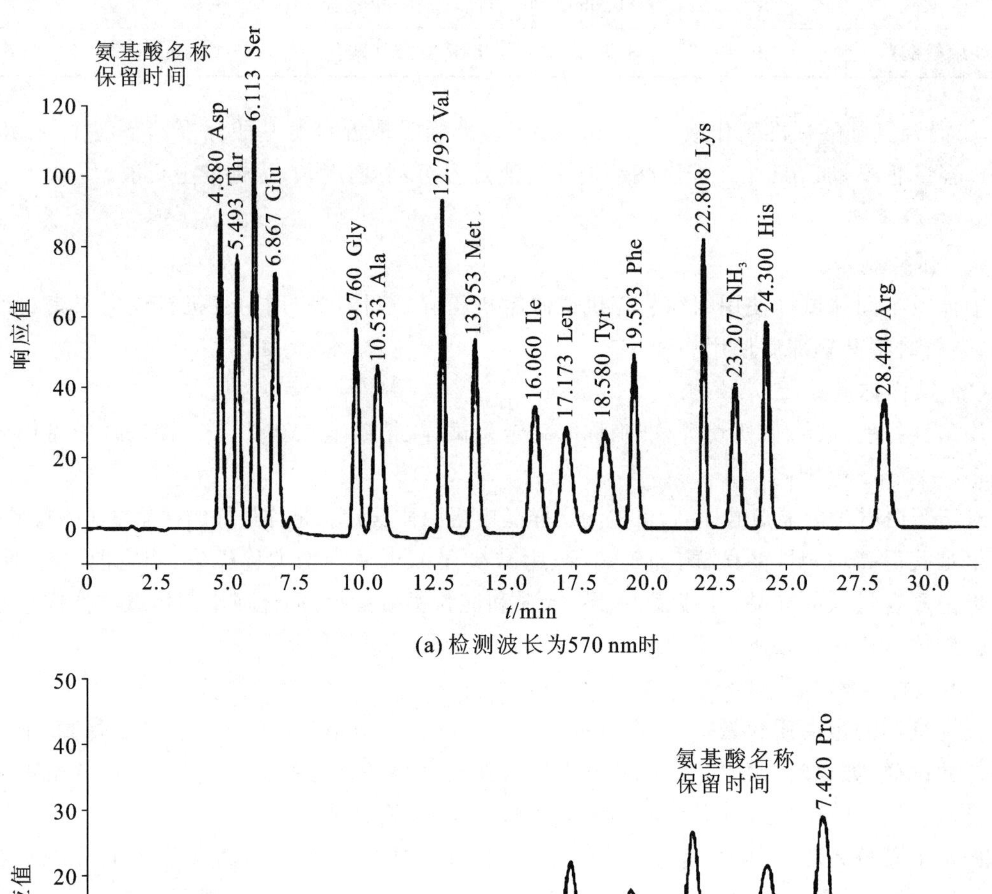

(a) 检测波长为570 nm时

(b) 检测波长为440 nm时

图 10-3 混合氨基酸标准工作液色谱图

6. 结果计算

(1) 混合氨基酸标准储备液中各氨基酸浓度的计算。

混合氨基酸标准储备液中各氨基酸的含量按下式计算：

$$c_j=\frac{m_j}{M_j\times 250}\times 1\,000$$

式中：c_j——混合氨基酸标准储备液中氨基酸 j 的浓度，μmol/mL；

m_j——称取氨基酸标准品 j 的质量，mg；

M_j——氨基酸标准品 j 的摩尔质量，g/mol；

250——定容体积，mL；

1 000——换算系数。

结果保留 4 位有效数字。

(2) 样品中氨基酸含量的计算。

样品测定液氨基酸的含量按下式计算：

$$c_i=\frac{c_s}{A_s}\times A_i$$

式中：c_i——样品测定液氨基酸 i 的含量，nmol/mL；

A_i——试样测定液氨基酸 i 的峰面积；

A_s——氨基酸标准工作液氨基酸 s 的峰面积；

c_s——氨基酸标准工作液氨基酸 s 的含量，nmol/mL。

试样中各氨基酸的含量按下式计算：

$$X_i=\frac{c_i\times F\times V\times M_i}{m\times 10^9}\times 100$$

式中：X_i——试样中氨基酸 i 的含量，g/100 g；

c_i——试样测定液中氨基酸 i 的含量，nmol/mL；

F——稀释倍数；

V——试样水解液转移定容的体积，mL；

M_i——氨基酸 i 的摩尔质量，g/mol，各氨基酸的名称及摩尔质量见表 10-4；

m——称样量，g；

10^9——将试样含量由纳克(ng)折算成克(g)的系数；

100——换算系数。

表 10-4　16 种氨基酸的名称和摩尔质量

氨基酸名称	摩尔质量/(g/mol)	氨基酸名称	摩尔质量/(g/mol)
天冬氨酸	133.1	蛋氨酸	149.2
苏氨酸	119.1	异亮氨酸	131.2
丝氨酸	105.1	亮氨酸	131.2
谷氨酸	147.1	酪氨酸	181.2
脯氨酸	115.1	苯丙氨酸	165.2
甘氨酸	75.07	组氨酸	155.2
丙氨酸	89.06	赖氨酸	146.2
缬氨酸	117.2	精氨酸	174.2

试样氨基酸含量在 1.00 g/100 g 以下时,保留 2 位有效数字;含量在 1.00 g/100 g 以上时,保留 3 位有效数字。

7. 说明及注意事项

(1) 精密度:在重复性条件下获得的两次独立测定结果的绝对差值不得超过算术平均值的 12%。

(2) 当试样为固体或半固体时,最大试样量为 2 g,干燥后溶解体积为 1 mL,各氨基酸的检出限和定量限见表 10-5。

表 10-5　固体样品中各氨基酸的检出限和定量限

氨基酸名称	检出限/(g/100 g)	定量限/(g/100 g)	氨基酸名称	检出限/(g/100 g)	定量限/(g/100 g)
天冬氨酸	0.000 13	0.000 36	异亮氨酸	0.000 43	0.001 3
苏氨酸	0.000 14	0.000 48	亮氨酸	0.001 1	0.003 6
丝氨酸	0.000 18	0.000 60	酪氨酸	0.002 8	0.009 5
谷氨酸	0.000 24	0.000 70	苯丙氨酸	0.002 5	0.008 3
甘氨酸	0.000 25	0.000 84	赖氨酸	0.000 13	0.000 44
丙氨酸	0.002 9	0.009 7	组氨酸	0.000 59	0.002 0
缬氨酸	0.000 12	0.000 32	精氨酸	0.002 0	0.006 5
蛋氨酸	0.002 3	0.007 5	脯氨酸	0.002 6	0.008 7

当试样为液体时,最大试样量为 5 g,干燥后溶解体积为 1 mL,各氨基酸的检出限和定量限见表 10-6。

表 10-6　液体样品中各氨基酸的检出限和定量限

氨基酸名称	检出限/(g/100 g)	定量限/(g/100 g)	氨基酸名称	检出限/(g/100 g)	定量限/(g/100 g)
天冬氨酸	0.000 050	0.000 14	异亮氨酸	0.000 15	0.000 50
苏氨酸	0.000 057	0.000 19	亮氨酸	0.000 43	0.001 4
丝氨酸	0.000 072	0.000 24	酪氨酸	0.001 1	0.003 8
谷氨酸	0.000 090	0.000 28	苯丙氨酸	0.000 99	0.003 3
甘氨酸	0.000 10	0.000 34	赖氨酸	0.000 053	0.000 18
丙氨酸	0.001 2	0.003 9	组氨酸	0.000 24	0.000 79
缬氨酸	0.000 050	0.000 13	精氨酸	0.000 78	0.002 6
蛋氨酸	0.000 90	0.003 0	脯氨酸	0.001 0	0.003 5

思　考　题

1. 试述凯氏定氮法测定食品中蛋白质的主要原理。
2. 凯氏定氮法测定蛋白质,在消化过程中加入的硫酸铜和硫酸钾各有什么作用?
3. 蛋白质蒸馏装置的水蒸气发生器中的水为何要用硫酸调成酸性?

第 11 章　维生素的测定

本章提要

(1) 掌握维生素的定义和分类，以及水溶性维生素和脂溶性维生素的特点。

(2) 熟悉维生素 A、维生素 D、维生素 E、维生素 C 及 B 族维生素的检测方法。

Question 生活小提问

1. 化妆品中经常添加的维生素有哪几种？其作用是什么？
2. 生吃蔬菜水果一定比熟吃摄入的维生素多吗？
3. 经常食生鱼为什么会导致缺乏维生素 B_1？

11.1　概　　述

维生素(vitamin)是人和动物为维持正常的生理功能而必须从食物中获得的一类微量有机物质，在人体生长、代谢、发育过程中发挥着重要的作用。维生素种类繁多，结构复杂，理化性质及生理功能各异，有的属于醇类，有的属于胺类，有的属于酯类，还有的属于酚类或醌类化合物。维生素在体内的含量较低，但不可或缺。各种维生素的化学结构以及性质虽然不同，但它们有以下共同特点：①维生素或其前体都在天然食物中存在，但是没有一种天然食物含有人体所需的全部维生素；②维生素不是构成机体组织或细胞的组成成分，也不会产生能量，其作用主要是参与机体代谢的调节；③维生素一般在体内不能合成，或合成量不能满足生理需要，必须经常通过食物获得；④机体对维生素的需要量很小，日需要量常以毫克(mg)或微克(μg)计算，但长期缺乏任何一种都会引发相应的维生素缺乏症，对人体健康造成损害；⑤维生素摄入量过多，超过生理需要量时，可导致体内积存过多而引起中毒。

食品中各种维生素的含量主要取决于食品的品种，通常某种维生素相对集中于某些品种的食品中，但是加工工艺不合理或储存不当都会造成维生素的损失。测定食品中维生素的含量具有非常重要的意义和作用：评价食品的营养价值，开发利用富含维生素的食品资源；指导人们合理膳食，防止维生素缺乏症；研究维生素在食品加工、储存过程中的稳定性，指导制定合理的生产工艺条件及储存条件，最大限度地保留各种维生素；监督维生素强化食品的强化剂量，防止维生素摄入过多引起中毒等。

按照维生素的溶解性能可将其分为水溶性维生素和脂溶性维生素两大类。水溶性维生素主要包括 B 族维生素和维生素 C，这类维生素溶于水，多存在于植物性食物中，特别在新鲜的蔬菜和水果内含量较多，粗粮、豆类的含量也较多。脂溶性维生素主要有维生素 A、维生素 D、维生素 E、维生素 K 等，这些维生素溶于脂肪及有机溶剂，不溶于水，多存在于动物性食物中，特别是在动物内脏和脂肪中较多，蔬菜、水果中也较为丰富。

维生素的分析方法主要有生物分析法、化学分析法和仪器分析法。生物分析法不需要详尽分离样品,但是费时(21天)、费力,需要动物饲养设施和场地,现在很少采用。其中微生物法选择性高,灵敏度高,不需要特殊仪器,主要适用于水溶性维生素的测定,但是前处理操作烦琐、培养时间长,而且成本较高、技术难度大、影响因素较多、重现性较差,因此该法得不到广泛应用。化学分析法分析时间短、步骤少、不需特殊仪器,但是准确度欠佳。仪器分析法包括荧光法、分光光度法、液相色谱法、高效毛细管电泳法、红外漫反射光谱法、酶法、免疫法等,它们灵敏、快速,有较高的选择性。高效液相色谱法(HPLC)能对维生素进行快速、灵敏、准确测定,并可与其他分析技术联用,操作简便,待测物一般不需要衍生化,可以同时测定几种维生素及其异构体,但是费用较高。高效毛细管电泳(HPCE)是比较新的色谱技术,检测灵敏度很高,分析周期短,消耗样品试剂少,样品预处理简单,进样量极微(数纳升),污染少,但是费用高。

本章主要介绍维生素A、β-胡萝卜素、维生素D、维生素E、维生素B_1、维生素B_2、维生素C等的测定方法。

11.2 脂溶性维生素的测定

脂溶性维生素在食品中与脂类共同存在,并随脂类一同吸收。吸收后的脂溶性维生素在血液中与脂蛋白及某些特殊的结合蛋白特异地结合而运输。

脂溶性维生素具有以下理化性质。

(1) 溶解性:不溶于水,易溶于脂肪、乙醇、丙酮、氯仿、乙醚、苯等有机溶剂。

(2) 耐酸碱性:维生素A、维生素D对酸不稳定,对碱稳定;维生素E对碱不稳定,但在抗氧化剂存在下或惰性气体保护下,也能经受住碱的煮沸。

(3) 耐热性、耐氧化性:维生素A、维生素D、维生素E耐热性都好,能经受住煮沸,但维生素A易被氧化,光和热能促进氧化,维生素E在空气中能慢慢被氧化,光、热、碱能促进其氧化。

测定脂溶性维生素时,通常先用皂化法处理样品,用水洗法去除类脂物,然后用有机溶剂提取脂溶性维生素(不皂化物),浓缩后溶于适当的溶剂后测定。在皂化和浓缩时,为防止维生素氧化分解,常加入抗氧化剂(如焦性没食子酸、维生素C等)。对于某些液态样品或脂肪含量低的样品,可以先用有机溶剂抽出脂类,然后进行皂化处理;对于维生素A、维生素D、维生素E共存的样品,或杂质含量高的样品,在皂化提取后,还需进行层析分离。分析操作一般要在避光条件下进行。

11.2.1 维生素A的测定

维生素A又名视黄醇、抗干眼病维生素,属于高度不饱和脂肪醇,是由β-紫罗酮环与不饱和一元醇所组成的一类化合物及其衍生物的总称。维生素A在自然界中主要以脂肪酸酯的形式存在,常见的有维生素A乙酸酯和维生素A棕榈酸酯等。维生素A纯品为黄色片状结晶,不纯品一般是无色或淡黄色油状物(加热至60 ℃应成澄清溶液)。维生素A不溶于水,在乙醇中微溶,易溶于油及其他有机溶剂,对酸和热稳定,一般烹调和罐头加工不易破坏,对紫外线不稳定,脂肪酸败时易破坏。维生素A存在于动物性脂肪中,主要来源于肝脏、鱼肝油、蛋类、乳类等动物性食品中,以维生素A_1(视黄醇)和维生素A_2(3-脱氢视黄醇)形式存在;在植物性食物中以维生素A原(胡萝卜素)的形式存在。缺乏维生素A,会使人眼膜干燥,暗适应能力差，表皮细胞角质化，甚至会发生夜盲症或失明。维生素 A_1 和维生素 A_2 的结构式如下：

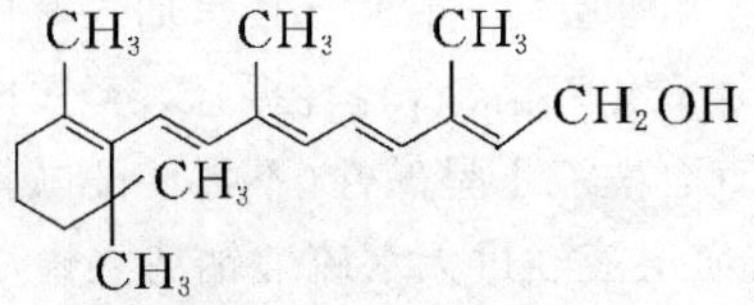

维生素 A_1(视黄醇)

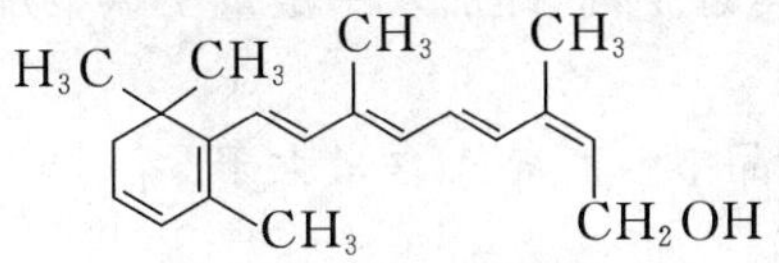

维生素 A_2(3-脱氢视黄醇)

维生素 A 测定常用的方法有三氯化锑比色法、紫外分光光度法、荧光分析法和高效液相色谱法等。

1. 三氯化锑比色法

1）原理

在三氯甲烷中，维生素 A 与三氯化锑相互作用，产生蓝色可溶性物质，在 620 nm 波长处有最大吸收峰，其吸光度与溶液中所含维生素 A 的含量成正比。该蓝色物质虽不稳定，但在一定时间内可用分光光度计于 620 nm 波长处测定其吸光度。

2）仪器

分光光度计；回流冷凝装置。

3）试剂

(1) 三氯甲烷：应不含分解物，否则会破坏维生素 A。三氯甲烷不稳定，放置后易受空气中氧的作用生成氯化氢和光气。检查时可取少量三氯甲烷置于试管中，加少许振摇，使氯化氢溶到水层。加入几滴硝酸银溶液，如有白色沉淀即说明三氯甲烷中有分解产物。如有分解产物，则应于分液漏斗中加水洗数次，加无水硫酸钠或氯化钙使之脱水，然后蒸馏。

(2) 三氯化锑的三氯甲烷溶液(250 g/L)：用三氯甲烷配制三氯化锑溶液，储存于棕色瓶中(注意勿使其吸收水分)。

(3) 氢氧化钾溶液(50%)。

(4) 维生素 A 或视黄醇乙酸酯标准溶液：视黄醇(纯度 85%)或视黄醇乙酸酯(纯度 90%)经皂化后使用。用脱醛乙醇溶解维生素 A 标准品，使其浓度大约为 1 mL 相当于 1 mg 视黄醇。临用前用紫外分光光度法标定其准确浓度。

(5) 酚酞指示剂(10 g/L)：用 95%乙醇配制。

4）分析步骤

(1) 样品处理。

根据样品性质可采用皂化法或研磨法。

① 皂化法：适用于维生素 A 含量不高的样品，可减少脂溶性物质的干扰，但整个实验过程比较费时，且容易导致维生素 A 的损失。

具体步骤如下：准确称取 0.5～5.0 g 样品于锥形瓶中，加入 10 mL 50%氢氧化钾溶液及 20～40 mL 乙醇，在电热板上回流 30 min，直至皂化完全。将皂化瓶内的混合物移入分液漏斗中，用 30 mL 水洗皂化瓶，洗液并入分液漏斗中，再用 50 mL 无水乙醚分两次冲洗皂化瓶，洗液并入分液漏斗中,振摇并注意放气,静置分层后,水层放入另一分液漏斗中,用乙醚反复抽提水层,直至无维生素 A 为止。合并醚层后,将 30 mL 水加入其中,轻轻振摇,静置后放弃水层。再加入 15～20 mL 0.5 mol/L 氢氧化钾溶液,轻轻振摇,弃去下层碱液(除去醚溶性酸皂),继续用水洗涤,每次用水 30 mL,直至洗液不呈碱性(不再使酚酞指示剂变红)为止。醚层液静置 10～20 min,放掉析出的水。将醚层液经过无水硫酸钠滤入锥形瓶中,再用约 25 mL 乙醚冲洗分液漏斗和硫酸钠两次,洗液并入锥形瓶中。置于水浴上蒸馏浓缩,并回收乙醚,待瓶中剩约 5 mL 乙醚时用减压抽气法抽至近干,立即加入一定量三氯甲烷使溶液中维生素 A 的含量在适宜浓度范围内。

② 研磨法:适用于每克样品中维生素 A 含量大于 5 μg/g 的样品的测定,如肝脏样品等。该法步骤简单、省时,结果准确。

具体步骤如下:准确称取 2～5 g 样品,放入盛有 3～5 倍样品质量的无水硫酸钠研钵中,研磨至样品中水分完全被吸收,并均质化,小心地将全部均质化样品移入带盖的锥形瓶中,准确加入 50～100 mL 乙醚。紧压盖子,用力振摇,使样品中维生素 A 溶于乙醚中,然后静置澄清(需要 1～2 h)或离心澄清(注意:乙醚容易挥发,气温高时在冷水浴中操作,装乙醚的试剂瓶也要事先放在冷水浴中)。取澄清的乙醚提取液 2～5 mL,放入比色管中,在 70～80 ℃水浴中抽气蒸干,立即加入 1 mL 三氯甲烷溶解残渣。

(2) 标准曲线绘制。

准确取一定量维生素 A 标准溶液于 4～5 个容量瓶中,用三氯甲烷配制标准系列溶液。再取相同数量比色管顺次取 1 mL 三氯甲烷和标准系列使用液 1 mL,各管加入乙酸酐 1 滴,制成标准比色系列溶液,于 620 nm 波长处,用三氯甲烷调节吸光度零点,将标准比色系列溶液按顺序移入光路前,迅速加入 9 mL 三氯化锑的三氯甲烷溶液,于 6 s 内测定吸光度,以吸光度为纵坐标,维生素 A 含量为横坐标绘制标准曲线。

(3) 样品测定。

于一支比色管中加 1 mL 三氯甲烷、1 滴乙酸酐为空白液,另一支比色管中加入 1 mL 三氯甲烷,其他比色管分别加入 1 mL 样品溶液及 1 滴乙酸酐,其余步骤同标准曲线的绘制。

5) 结果计算

$$X=\frac{c}{m}\times V\times\frac{100}{1\,000}$$

式中:X——样品中维生素 A 的含量,mg/100 g(如按国际单位,1 IU=0.3 μg(维生素 A));

c——由标准曲线上查得样品中维生素 A 的含量,μg/mL;

m——样品质量,g;

V——提取后加三氯甲烷定量的体积,mL。

6) 说明及注意事项

(1) 精密度:在重复性条件下获得的两次独立测定结果的绝对差值不得超过算术平均值的 10%。

(2) 维生素 A 见光易分解,整个实验应在暗处进行,防止阳光的照射。

(3) 三氯化锑有腐蚀性,不能沾在手上。所用三氯甲烷中不应含有水分,因为三氯化锑遇水会生成白色沉淀,干扰比色测定,所以三氯甲烷应保证脱水。

(4) 三氯化锑与维生素 A 生成的蓝色物质很不稳定,通常 6 s 后便会开始褪色,因此要在 6 s 内完成吸光度的测定,否则蓝色会迅速消退,将造成极大误差。

2. 紫外分光光度法

1) 原理

维生素 A 的异丙醇溶液在 325 nm 波长处有最大吸收峰，其吸光度与维生素 A 的含量成正比。

2) 试剂

(1) 维生素 A 标准溶液：同三氯化锑比色法试剂(4)。

(2) 异丙醇。

3) 分析步骤

(1) 样品处理。

按照三氯化锑比色法对样品进行皂化、提取、洗涤和浓缩，将乙醚减压抽干，立即用异丙醇溶解并移入 50 mL 容量瓶中，用异丙醇定容。

(2) 标准曲线绘制。

分别取维生素 A 标准使用液 0、1.00、2.00、3.00、4.00、5.00 mL 于 10 mL 棕色容量瓶中，用异丙醇定容。以零管调零，用紫外分光光度计在 325 nm 波长处分别测定吸光度，绘制标准曲线。

(3) 样品测定。

取浓缩后的定容液用紫外分光光度计在 325 nm 波长处测定吸光度，通过此吸光度从标准曲线上查出维生素 A 的含量。

4) 结果计算

$$X=\frac{C\times V}{m}\times 100$$

式中：X——样品中维生素 A 的含量，IU/100 g；

C——测出的样品浓缩后的定容液的维生素 A 的含量，IU/mL；

V——浓缩后的定容液的体积，mL；

m——样品的质量，g。

5) 说明及注意事项

(1) 本法操作简便、省时，成本低，只是结果偏低，但误差在允许值范围内。

(2) 由于在 325 nm 附近许多化合物有吸收，会干扰测定，所以本法适用于透明鱼肝油、维生素 A 的浓缩物等纯度较高的样品。

3. 反相高效液相色谱法测定食品中维生素 A 和维生素 E 的含量(GB 5009.82—2016 第一法)

反相高效液相色谱法能快速分离和测定视黄醇和它的同分异构体、酯及其衍生物。这里介绍的是现执行国家标准中的同时测定维生素 A 和维生素 E 的方法。

1) 原理

试样中的维生素 A 及维生素 E 经皂化(含淀粉先用淀粉酶酶解)、提取、净化、浓缩后，C30 或 PFP 反相液相色谱柱分离，紫外检测器或荧光检测器检测，外标法定量。

2) 试剂

(1) 无水乙醇(C_2H_5OH)：不含醛类物质。

(2) 抗坏血酸($C_6H_8O_6$)。

(3) 氢氧化钾溶液(50%)：称取 50 g 氢氧化钾(KOH)，加入 50 mL 水溶解，冷却后，储存于聚乙烯瓶中。

(4) 无水乙醚[$(CH_3CH_2)_2O$]：不含过氧化物。

(5) 石油醚($C_5H_{12}O_2$):沸程为 30～60 ℃。

(6) 石油醚-乙醚溶液(1+1):量取 200 mL 石油醚,加入 200 mL 乙醚,混匀。

(7) 无水硫酸钠(Na_2SO_4)。

(8) pH 试纸(pH 范围为 1～14)。

(9) 甲醇(CH_3OH):色谱纯。

(10) 淀粉酶:活力单位≥100 U/mg。

(11) 2,6-二叔丁基对甲酚($C_{15}H_{24}O$):简称 BHT。

(12) 有机系过滤头(孔径为 0.22 μm)。

(13) 维生素 A 标准品:视黄醇($C_{20}H_{30}O$,CAS 号:68-26-8),纯度≥95%,或经国家认证并授予标准物质证书的标准物质。

(14) 维生素 E 标准品:α-生育酚($C_{29}H_{50}O_2$,CAS 号:10191-41-0),纯度≥95%,或经国家认证并授予标准物质证书的标准物质;β-生育酚($C_{28}H_{48}O_2$,CAS 号:148-03-8),纯度≥95%,或经国家认证并授予标准物质证书的标准物质;γ-生育酚($C_{28}H_{48}O_2$,CAS 号:54-28-4),纯度≥95%,或经国家认证并授予标准物质证书的标准物质;δ-生育酚($C_{27}H_{46}O_2$,CAS 号:119-13-1),纯度≥95%,或经国家认证并授予标准物质证书的标准物质。

3) 仪器和设备

(1) 分析天平:感量为 0.01 mg。

(2) 恒温水浴振荡器。

(3) 旋转蒸发仪。

(4) 氮吹仪。

(5) 紫外分光光度计。

(6) 分液漏斗萃取净化振荡器。

(7) 高效液相色谱仪:带紫外检测器或二极管阵列检测器或荧光检测器。

4) 分析步骤

(1) 标准溶液配制。

① 维生素 A 标准储备溶液(0.500 mg/mL)。

准确称取 25.0 mg 维生素 A 标准品,用无水乙醇溶解后,转移入 50 mL 容量瓶中定容,此溶液浓度约为 0.500 mg/mL。将溶液转移至棕色试剂瓶中,密封后,在−20 ℃下避光保存,有效期 1 个月。临用前将溶液回温至 20 ℃,并进行浓度校正。

② 维生素 E 标准储备溶液(1.00 mg/mL)。

分别准确称取 α-生育酚、β-生育酚、γ-生育酚和 δ-生育酚各 50.0 mg,分别用无水乙醇溶解后,分别转移入 50 mL 容量瓶中定容,此溶液浓度约为 1.00 mg/mL。将溶液转移至棕色试剂瓶中,密封后,在−20 ℃下避光保存,有效期 6 个月。临用前将溶液回温至 20 ℃,并进行浓度校正。

③ 维生素 A 和维生素 E 混合标准溶液中间液。

准确吸取维生素 A 标准储备溶液 1.00 mL 和维生素 E 标准储备溶液各 5.00 mL 于同一 50 mL 容量瓶中,用甲醇定容,此溶液中维生素 A 浓度为 10.0 μg/mL,维生素 E 各生育酚浓度为 100 μg/mL。在−20 ℃下避光保存,有效期半个月。

④ 维生素 A 和维生素 E 标准系列工作溶液。

分别准确吸取维生素 A 和维生素 E 混合标准溶液中间液 0.20、0.50、1.00、2.00、4.00、6.00 mL 于 10 mL 棕色容量瓶中,用甲醇定容,该标准系列工作溶液中维生素 A 浓度分别为

0.20、0.50、1.00、2.00、4.00、6.00 μg/mL，维生素 E 浓度分别为 2.00、5.00、10.0、20.0、40.0、60.0 μg/mL。临用前配制。

(2) 样品制备。

将一定数量的样品按要求经过缩分、粉碎均质后，储存于样品瓶中，避光冷藏，尽快测定。

(3) 样品处理。

① 皂化。

对于不含淀粉的样品：称取 2～5 g(精确至 0.01 g)经均质处理的固体试样或 50 g(精确至 0.01 g)液体试样于 150 mL 平底烧瓶中，固体试样需加入约 20 mL 温水混匀，再加入 1.0 g 抗坏血酸和 0.1 g BHT，混匀，加入 30 mL 无水乙醇，加入 10～20 mL 氢氧化钾溶液，边加边振摇，混匀后于 80 ℃恒温水浴振荡皂化 30 min，皂化后立即用冷水冷却至室温。皂化时间一般为 30 min，如皂化液冷却后液面有浮油，需要加入适量氢氧化钾溶液，并适当延长皂化时间。

对于含淀粉的样品：称取 2～5 g(精确至 0.01 g)经均质处理的固体试样或 50 g(精确至 0.01 g)液体样品于 150 mL 平底烧瓶中，固体试样需用约 20 mL 温水混匀，加入 0.5～1 g 淀粉酶，放入 60 ℃水浴避光恒温振荡 30 min 后取出，向酶解液中加入 1.0 g 抗坏血酸和 0.1 g BHT，混匀，加入 30 mL 无水乙醇，10～20 mL 氢氧化钾溶液，边加边振摇，混匀后于 80 ℃恒温水浴振荡皂化 30 min，皂化后立即用冷水冷却至室温。

② 提取。

将皂化液用 30 mL 水转入 250 mL 的分液漏斗中，加入 50 mL 石油醚-乙醚混合液，振荡萃取 5 min，将下层溶液转移至另一 250 mL 的分液漏斗中，加入 50 mL 的混合醚液再次萃取，合并醚层。如只测维生素 A 与 α-生育酚，可用石油醚作提取剂。

③ 洗涤。

用约 100 mL 水洗涤醚层，约需重复 3 次，直至将醚层洗至中性(可用 pH 试纸检测下层溶液 pH)，去除下层水相。

④ 浓缩。

将洗涤后的醚层经无水硫酸钠(约 3 g)滤入 250 mL 旋转蒸发瓶或氮气浓缩管中，用约 15 mL 石油醚冲洗分液漏斗及无水硫酸钠两次，并入蒸发瓶内，并将其接在旋转蒸发仪或气体浓缩仪上，于 40℃水浴中减压蒸馏或气流浓缩，待瓶中醚液剩下约 2 mL 时，取下蒸发瓶，立即用氮气吹至近干。用甲醇分次将蒸发瓶中残留物溶解并转移至 10 mL 容量瓶中，定容。溶液过 0.22 μm 有机系滤膜后供高效液相色谱测定。

(4) 色谱参考条件。

色谱参考条件列出如下。

① 色谱柱：C30 柱(柱长 250 mm，内径 4.6 mm，粒径 3 μm)，或相当者。

② 柱温：20 ℃。

③ 流动相：A 为水；B 为甲醇，洗脱梯度见表 11-1。

表 11-1　C30 色谱柱-反相高效液相色谱法洗脱梯度参考条件

时间/min	流动相 A/(%)	流动相 B/(%)	流速/(mL/min)
0.0	4	96	0.8
13.0	4	96	0.8
20.0	0	100	0.8

续表

时间/min	流动相 A/(%)	流动相 B/(%)	流速/(mL/min)
24.0	0	100	0.8
24.5	4	96	0.8
30.0	4	96	0.8

④ 流速:0.8 mL/min。

⑤ 紫外检测波长:维生素 A 为 325 nm;维生素 E 为 294 nm。

⑥ 进样量:10 μL。

⑦ 标准色谱图参见图 11-1。

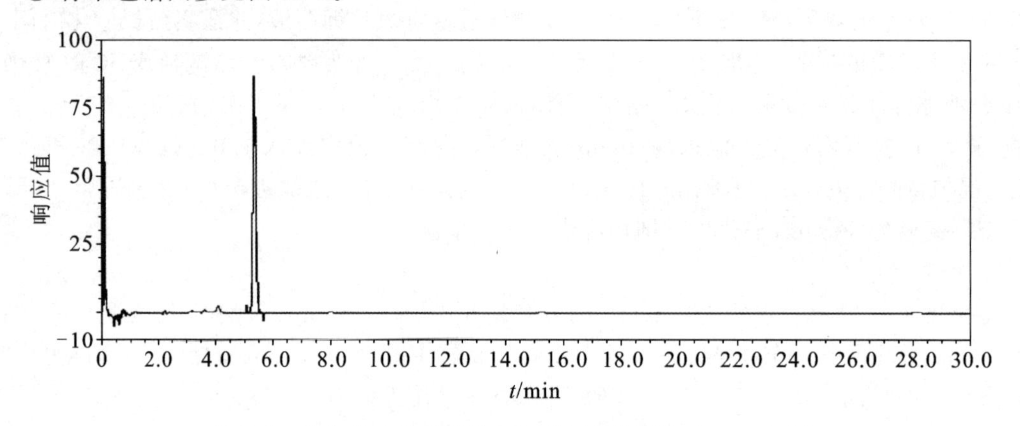

图 11-1　维生素 A 标准溶液 C30 柱反相色谱图(2.5 μg/mL)

如难以将柱温控制在(20±2)℃,可改用 PFP 柱分离异构体,流动相为水和甲醇,梯度洗脱。如样品中只含 α-生育酚,不需分离 β-生育酚和 γ-生育酚,可选用 C18 柱,流动相为甲醇。如有荧光检测器,可选用荧光检测器检测,对生育酚的检测有更高的灵敏度和选择性。可按以下检测波长检测:维生素 A 时激发波长 328 nm,发射波长 440 nm;测维生素 E 时激发波长 294 nm,发射波长 328 nm。

(5) 标准曲线的绘制。

本法采用外标法定量。将维生素 A 和维生素 E 标准系列工作溶液分别注入高效液相色谱仪中,测定相应的峰面积,以峰面积为纵坐标,标准测定液浓度为横坐标,绘制标准曲线,计算线性回归方程。

(6) 样品测定。

试样液经高效液相色谱仪分析,测得峰面积,采用外标法通过上述标准曲线计算其浓度。在测定过程中,建议每测定 10 个样品用同一份标准溶液或标准物质检查仪器的稳定性。

5) 分析结果的表述

试样中维生素 A 的含量计算公式为:

$$X=\frac{\rho\times V\times f\times 100}{m}$$

式中:X——试样中维生素 A 或维生素 E 的含量,维生素 A μg/100 g,维生素 E mg/100 g;

ρ——根据标准曲线计算得到的试样中维生素 A 或维生素 E 的浓度,μg/mL;

V——定容体积,mL;

f——换算因子(维生素 A $f=1$;维生素 E $f=0.001$);

100——试样中以每 100 g 计算的换算系数;

m——试样的称样量,g。

计算结果保留 3 位有效数字。

如维生素 E 的测定结果要用 α-生育酚当量(α-TE)表示,可按下式计算:维生素 E [mg(α-TE)/100 g]=α-生育酚(mg/100 g)+β-生育酚(mg/100 g)×0.5+γ-生育酚(mg/100 g)×0.1+δ-生育酚(mg/100 g)×0.01。

6) 说明及注意事项

(1) 精密度要求:在重复性条件下获得的两次独立测定结果的绝对差值不得超过算术平均值的 10%。

(2) 使用的所有器皿不得含有氧化性物质;分液漏斗活塞玻璃表面不得涂油;处理过程应避免紫外光照,尽可能避光操作;提取过程应在通风橱中操作。

(3) 皂化过程不要振摇太剧烈,避免溶液乳化而不易分层。用氮气吹干乙醚时,氮气不要开得太大,否则样品容易被吹出瓶外。

(4) 本法适用于食品中维生素 A 和维生素 E 的同时测定。当取样量为 5 g,定容至 10 mL 时,维生素 A 的紫外检出限为 10 μg/100 g,定量限为 30 μg/100 g;生育酚的紫外检出限为 40 μg/100 g,定量限为 120 μg/100 g。

(5) 本方法摘自 GB 5009.82—2016《食品安全国家标准 食品中维生素 A、D、E 的测定》。

11.2.2　β-胡萝卜素的测定

胡萝卜素是一种广泛存在于有色蔬菜和水果中的天然色素,有多种异构体和衍生物,总称为类胡萝卜素,目前已发现类胡萝卜素 600 余种,但只有 50 多种能在体内转化生成视黄醇,其中在分子结构中含有 β-紫罗宁残基的类胡萝卜素在人体内可转化为维生素 A,故称为维生素 A 原,如 α-、β-、γ-胡萝卜素,其中最重要的是 β-胡萝卜素,在小肠黏膜细胞内的加氧酶催化下,一分子 β-胡萝卜素可生成两分子视黄醇。β-胡萝卜素结构式如下:

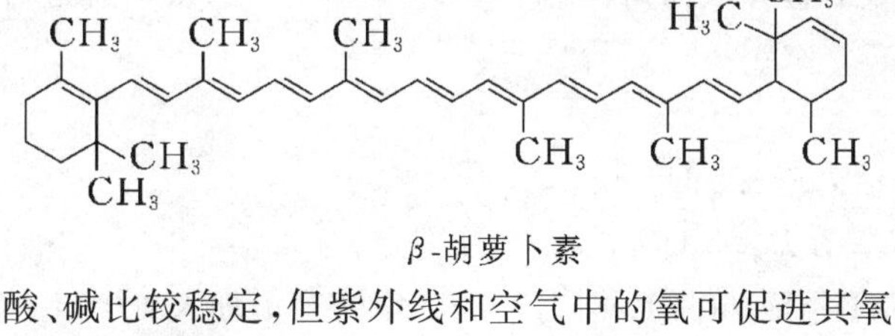

β-胡萝卜素

胡萝卜素对热及酸、碱比较稳定,但紫外线和空气中的氧可促进其氧化破坏。因其属于脂溶性维生素,故可用有机溶剂从食物中提取。

胡萝卜素本身是一种色素,在 450 nm 波长处有最大吸收,故只要能完全分离,便可定性和定量测定。但在植物体内,胡萝卜素经常与叶绿素、叶黄素等共存,在提取 β-胡萝卜素时,这些色素也能被有机溶剂提取,因此在测定前,必须将胡萝卜素与其他色素分开。常用的方法有纸层析比色法、柱层析比色法、薄层层析法和高效液相色谱法等。

1. 柱层析比色法

1) 原理

利用丙酮-石油醚将食品中的总类胡萝卜素抽提出来,经氧化镁柱层析,使 β-胡萝卜素与其他色素分离,将洗脱液于 450 nm 波长处进行比色测定。

2）分析步骤

(1) 层析柱制备。

在 100 mL 交换柱底部加入少许玻璃纤维，拍打下加入 MgO，使 MgO 层高约 8 cm，再在 MgO 上部加入约 1 cm 无水 Na_2CO_3。管下部插入抽滤瓶中，准备抽滤。

(2) 样品处理。

对于粮食、水果、蔬菜等样品，可以经磨粉或打成匀浆后，准确称取 1～5 g，用 30～40 mL 4% NaOH 的甲醇溶液在 60～70 ℃皂化 1 h，然后用丙酮与石油醚混合溶剂(3+7)30 mL反复萃取，收集萃取液，静置分层，醚层先用水洗至中性，在 50～60 ℃下减压浓缩，浓缩液经过 MgO 柱层析，加约 20 mL 洗脱液[丙酮-石油醚混合溶剂(3+97)]洗脱，当黄色层位移至柱下部时，立即接收，直至洗脱液无色为止。可以重复层析提纯。

(3) 标准曲线的制备。

准确称取 β-胡萝卜素标样 12.5 mg 于烧杯中，先用少量氯仿溶解，再用石油醚定容到 50 mL容量瓶中，母液浓度为 250 μg/mL。再将标准 β-胡萝卜素溶液用石油醚稀释成每毫升含标准 β-胡萝卜素 0.5、1.0、1.5、2.0、2.5 μg。以石油醚为空白，在 450 nm 波长处测定吸光度，绘制 β-胡萝卜素标准曲线。

(4) 样品中胡萝卜素的含量测定。

精密吸取 1.00 mL 洗脱的胡萝卜素溶液，用石油醚稀释至 5.00 mL，摇匀，以石油醚为空白，在 450 nm 波长处测定吸光度，并从标准曲线中求得 β-胡萝卜素的含量。

3）说明及注意事项

(1) 皂化处理可提高胡萝卜素的提取效果，并减少提取时出现的乳化现象带来的误差。但皂化过程中的热处理会导致异构化反应的出现，反式结构的类胡萝卜素可能转化为顺式。

(2) 柱层析不能区分 α-、β-、γ-胡萝卜素，虽然标准品为 β-胡萝卜素，但实际上结果为总胡萝卜素。由于天然食品中大部分是 β-胡萝卜素，因此对结果影响不大。

2. 高效液相色谱法(GB 5009.83—2016 法)

1）原理

试样经皂化使胡萝卜素释放为游离态，用石油醚萃取，二氯甲烷定容后，采用反相色谱法分离，外标法定量。

2）试剂

(1) α-淀粉酶：酶活力≥1.5 U/mg。

(2) 木瓜蛋白酶：酶活力≥5 U/mg。

(3) 氢氧化钾(KOH)溶液(50%)：称固体氢氧化钾 500 g，加入 500 mL 水溶解。临用前配制。

(4) 无水硫酸钠(Na_2SO_4)。

(5) 抗坏血酸($C_6H_8O_6$)。

(6) 石油醚：沸程 30～60 ℃。

(7) 甲醇(CH_4O)：色谱纯。

(8) 乙腈(C_2H_3N)：色谱纯。

(9) 三氯甲烷($CHCl_3$)：色谱纯。

(10) 甲基叔丁基醚[$CH_3OC(CH_3)_3$]：色谱纯。

(11) 二氯甲烷(CH_2Cl_2)：色谱纯。

(12) 无水乙醇(C_2H_6O)：优级纯。

(13) 正己烷(C_6H_{14}):色谱纯。

(14) 2,6-二叔丁基-4-甲基苯酚($C_{15}H_{24}O$,BHT)。

(15) α-胡萝卜素($C_{40}H_{56}$,CAS 号:7488-99-5):纯度≥95%,或经国家认证并授予标准物质证书的标准物质。

(16) β-胡萝卜素($C_{40}H_{56}$,CAS 号:7235-40-7):纯度≥95%,或经国家认证并授予标准物质证书的标准物质。

3) 仪器和设备

(1) 匀浆机。

(2) 高速粉碎机。

(3) 恒温振荡水浴箱:控温精度±1 ℃。

(4) 旋转蒸发仪。

(5) 氮吹仪。

(6) 紫外-可见光分光光度计。

(7) 高效液相色谱仪:带紫外检测器。

4) 分析步骤

(1) 标准溶液配制。

① α-胡萝卜素标准储备液(500 μg/mL)。

准确称取 α-胡萝卜素标准品 50 mg(精确到 0.1 mg),加入 0.25 g BHT,用二氯甲烷溶解,转移至 100 mL 棕色容量瓶中定容。于－20 ℃以下避光储存,使用期限不超过 3 个月。标准储备液用前需进行标定。

② α-胡萝卜素标准中间液(100 μg/mL)。

准确移取 10.0 mL α-胡萝卜素标准储备液于 50 mL 棕色容量瓶中,用二氯甲烷定容。

③ β-胡萝卜素标准储备液(500 μg/mL)。

准确称取 β-胡萝卜素标准品 50 mg(精确到 0.1 mg),加入 0.25 g BHT,用二氯甲烷溶解,转移至 100 mL 棕色容量瓶中定容。于－20 ℃以下避光储存,使用期限不超过 3 个月。标准储备液用前需进行标定。

④ β-胡萝卜素标准中间液(100 μg/mL)。

从 β-胡萝卜素标准储备液中准确移取 10.0 mL 溶液于 50 mL 棕色容量瓶中,用二氯甲烷定容。

⑤ α-胡萝卜素、β-胡萝卜素混合标准工作液(色谱条件一用)。

准确移取 α-胡萝卜素标准中间液 0.50、1.00、2.00、3.00、4.00、10.00 mL 至 6 个 100 mL 棕色容量瓶,分别加入 3.00 mL β-胡萝卜素标准中间液,用二氯甲烷定容,得到 α-胡萝卜素浓度分别为 0.50、1.00、2.00、3.00、4.00、10.00 μg/mL,β-胡萝卜素浓度均为 3.0 μg/mL 的系列混合标准工作液。

⑥ β-胡萝卜素标准工作液(色谱条件二用)。

从 β-胡萝卜素标准中间液中分别准确移取 0.50、1.00、2.00、3.00、4.00、10.00 mL 溶液至 6 个 100 mL 棕色容量瓶。用二氯甲烷定容,得到浓度分别为 0.5、1.0、2.0、3.0、4.0、10 μg/mL 的系列标准工作液。

(2) 试样制备。

谷物、豆类、坚果等试样需粉碎、研磨、过筛(筛板孔径 0.3～0.5 mm),蔬菜、水果、蛋、藻类等试样用均质器混匀,固体粉末状试样和液体试样用前振摇或搅拌混匀。4 ℃冰箱可保存 1 周。

(3) 试样处理。

① 普通食品试样。

预处理:蔬菜、水果、菌藻类、谷物、豆类、蛋类等普通食品试样,准确称取混合均匀的试样 1～5 g(精确至 0.001 g),油类准确称取 0.2～2 g(精确至 0.001 g),转至 250 mL 锥形瓶中,加入 1 g 抗坏血酸、75 mL 无水乙醇,于(60±1)℃水浴振荡 30 min。如试样蛋白质、淀粉含量较高(>10%),先加入 1 g 抗坏血酸、15 mL 45～50 ℃温水、0.5 g 木瓜蛋白酶和 0.5 g α-淀粉酶,盖上瓶塞混匀后,置(55±1) ℃恒温水浴箱内振荡或超声处理 30 min 后,再加入 75 mL 无水乙醇,于(60±1)℃水浴振荡 30 min。

皂化:加入 25 mL 氢氧化钾溶液,盖上瓶塞。置于已预热至(53±2)℃恒温振荡水浴箱中,皂化 30 min。取出,静置,冷却到室温。

② 添加 β-胡萝卜素的食品试样。

预处理:固体试样,准确称取 1～5 g(精确至 0.001 g),置于 250 mL 锥形瓶中,加入 1 g 抗坏血酸,加 50 mL 45～50 ℃温水混匀。加入 0.5 g 木瓜蛋白酶和 0.5 g α-淀粉酶(无淀粉试样可以不加 α-淀粉酶),盖上瓶塞,置(55±1)℃恒温振荡水浴箱内振荡或超声处理 30 min。

液体试样,准确称取 5～10 g(精确至 0.001 g),置于 250 mL 锥形瓶中,加入 1 g 抗坏血酸。

皂化:取预处理后试样,加入 75 mL 无水乙醇,摇匀,再加入 25 mL 氢氧化钾溶液,盖上瓶塞。置于已预热至(53±2)℃恒温振荡水浴箱中,皂化 30 min。取出,静置,冷却到室温。如皂化不完全可适当延长皂化时间至 1 h。

(4) 试样萃取。

将皂化液转入 500 mL 分液漏斗中,加入 100 mL 石油醚,轻轻摇动,排气,盖好瓶塞,室温下振荡 10 min 后静置分层,将水相转入另一分液漏斗中按上述方法进行第二次提取。合并有机相,用水洗至近中性。弃水相,有机相通过无水硫酸钠过滤脱水。滤液收入 500 mL 蒸发瓶中,于旋转蒸发仪上(40±2)℃减压浓缩至近干。用氮气吹干,用移液管准确加入 5.0 mL 二氯甲烷,盖上瓶塞,充分溶解提取物。经 0.45 μm 膜过滤后,弃去初始约 1 mL 滤液后将续滤液收集至进样瓶中,备用。必要时可根据待测样液中胡萝卜素含量进行浓缩或稀释,使待测样液中 α-胡萝卜素和(或)β-胡萝卜素浓度在 0.5～10 μg/mL 范围内。

(5) 色谱测定。

① 色谱条件一(适用于食品中 α-胡萝卜素、β-胡萝卜素及总胡萝卜素的测定)。

参考色谱条件列出如下。

a. 色谱柱:C30 柱,柱长 150 mm,内径 4.6 mm,粒径 5 μm,或等效柱。

b. 流动相:A 相为甲醇-乙腈-水(73.5+24.5+2);B 相为甲基叔丁基醚。流动相梯度见表 11-2。

表 11-2 流动相梯度程序

时间/min	0	15	18	19	20	22
流动相 A/(%)	100	59	20	20	0	100
流动相 B/(%)	0	41	80	80	100	0

c. 流速:1.0 mL/min。

d. 检测波长:450 nm。

e. 柱温：(30±1)℃。

f. 进样体积：20 μL。

绘制 α-胡萝卜素标准曲线，计算全反式 β-胡萝卜素响应因子。将 α-胡萝卜素、β-胡萝卜素混合标准工作液注入 HPLC 仪中(色谱图见图 11-2)，根据保留时间定性，根据 α-胡萝卜素、β-胡萝卜素各异构体峰面积定量。

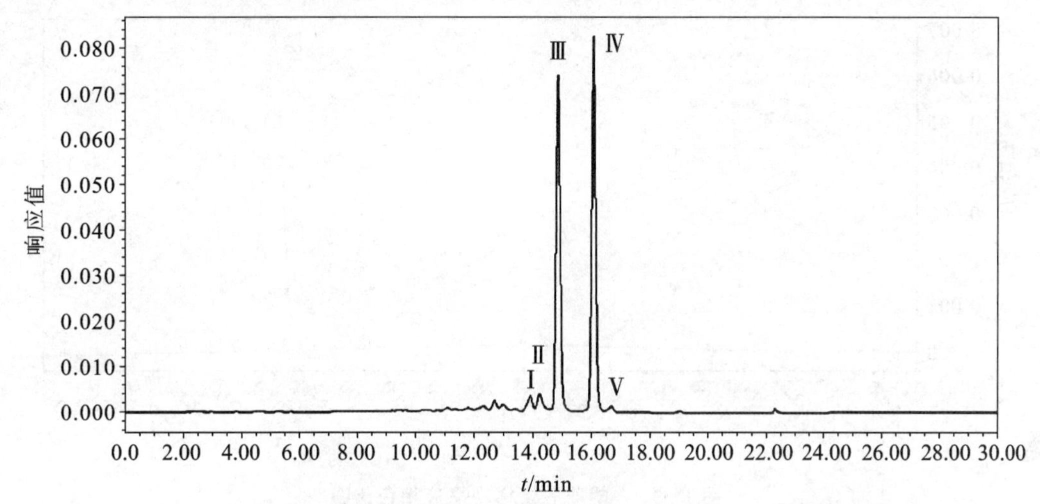

图 11-2　采用色谱条件一获得的 α-胡萝卜素和 β-胡萝卜素色谱图(C30 柱)

注：Ⅰ为 15-顺式-β-胡萝卜素；Ⅱ为 13-顺式-β-胡萝卜素；Ⅲ为全反式 α-胡萝卜素；Ⅳ为全反式 β-胡萝卜素；Ⅴ为 9-顺式-β-胡萝卜素

α-胡萝卜素根据系列标准工作液浓度及峰面积，以浓度为横坐标、峰面积为纵坐标绘制标准曲线，计算回归方程。

β-胡萝卜素根据标准工作液标定浓度、全反式 β-胡萝卜素 6 次测定峰面积平均值、全反式 β-胡萝卜素色谱纯度(CP)，按下式计算全反式 β-胡萝卜素响应因子：

$$RF=\frac{\overline{A}_{全反式}}{\rho\times CP}$$

式中：RF——全反式 β-胡萝卜素响应因子，AU · mL/μg；

$\overline{A}_{全反式}$——全反式 β-胡萝卜素标准工作液色谱峰峰面积平均值，AU；

ρ——β-胡萝卜素标准工作液标定浓度，μg/mL；

CP——全反式 β-胡萝卜素的色谱纯度，%。

试样测定：在相同色谱条件下，将待测液注入液相色谱仪中，以保留时间定性，根据峰面积采用外标法定量。α-胡萝卜素根据标准曲线回归方程计算待测液中 α-胡萝卜素浓度，β-胡萝卜素根据全反式 β-胡萝卜素响应因子进行计算。

② 色谱条件二(适用食品中 β-胡萝卜素的测定)。

参考色谱条件列出如下。

a. 色谱柱：C18 柱，柱长 250 mm，内径 4.6 mm，粒径 5 μm，或等效柱。

b. 流动相：三氯甲烷-乙腈-甲醇(3＋12＋85)，含抗坏血酸 0.4 g/L，经 0.45 μm 膜过滤后备用。

c. 流速：2.0 mL/min。

d. 检测波长：450 nm。

e. 柱温:(35±1) ℃。

f. 进样体积:20 μL。

标准曲线的制作:将β-胡萝卜素标准工作液注入 HPLC 仪中(色谱图见图 11-3),以保留时间定性,测定峰面积。以标准系列工作液浓度为横坐标、峰面积为纵坐标绘制标准曲线,计算回归方程。

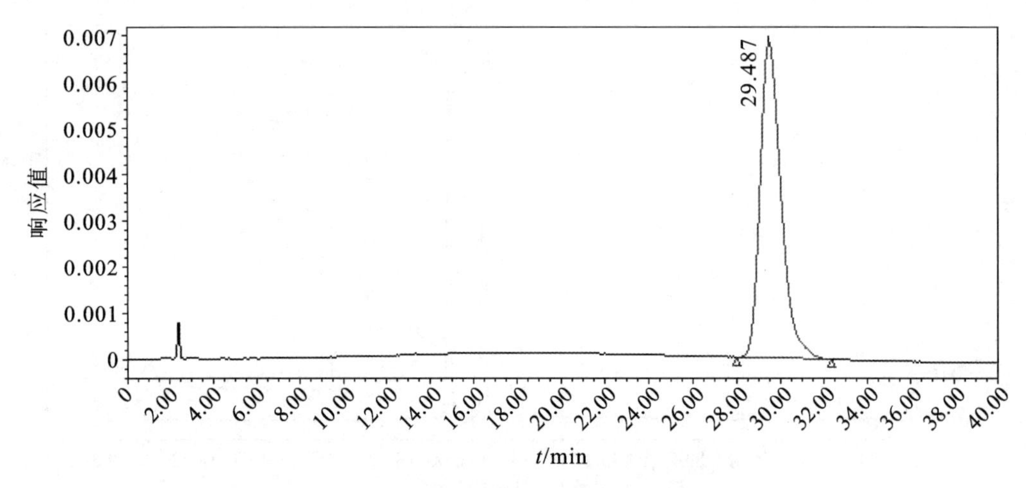

图 11-3 β-胡萝卜素标准品液相色谱图

试样测定:在相同色谱条件下,将待测试样液分别注入液相色谱仪中,进行 HPLC 分析,以保留时间定性,根据峰面积外标法定量,根据标准曲线回归方程计算待测液中β-胡萝卜素的浓度。本色谱条件适用于α-胡萝卜素含量较低(小于总胡萝卜素 10%)的食品试样中β-胡萝卜素的测定。

5) 结果计算

(1) 色谱条件一。

试样中α-胡萝卜素含量按下式计算:

$$X_{\alpha}=\frac{\rho_{\alpha}\times V\times 100}{m}$$

式中:X_{α}——试样中α-胡萝卜素的含量,μg/100 g;

ρ_{α}——从标准曲线得到的待测液中α-胡萝卜素浓度,μg/mL;

V——试样液定容体积,mL;

100——将结果表示为微克每百克(μg/100 g)的系数;

m——试样质量,g。

试样中β-胡萝卜素含量按下式计算:

$$X_{\beta}=\frac{(A_{全反式}+A_{9Z}+A_{13Z}\times 1.2+A_{15Z}\times 1.4+A_{xZ})\times V\times 100}{\mathrm{RF}\times m}$$

式中:X_{β}——试样中β-胡萝卜素的含量,μg/100 g;

$A_{全反式}$——试样待测液中全反式β-胡萝卜素峰面积,AU;

A_{9Z}——试样待测液中 9-顺式-β-胡萝卜素的峰面积,AU;

A_{13Z}——试样待测液中 13-顺式-β-胡萝卜素的峰面积,AU;

1.2——13-顺式-β-胡萝卜素的相对校正因子;

A_{15Z}——试样待测液中 15-顺式-β-胡萝卜素的峰面积，AU；

1.4——15-顺式-β-胡萝卜素的相对校正因子；

A_{xZ}——试样待测液中其他顺式-β-胡萝卜素的峰面积，AU；

V——试样液定容体积，mL；

100——将结果表示为微克每百克(μg/100 g)的系数；

RF——全反式 β-胡萝卜素响应因子，AU · mL/μg；

m——试样质量，g。

由于 β-胡萝卜素各异构体百分吸光系数不同，因此在 β-胡萝卜素计算过程中，需采用相对校正因子对结果进行校正。如果试样中其他顺式-β-胡萝卜素含量较低，可不进行计算。

试样中总胡萝卜素含量按下式计算：

$$X_{总} = X_{\alpha} + X_{\beta}$$

式中：$X_{总}$——试样中总胡萝卜素的含量，μg/100 g；

X_{α}——试样中 α-胡萝卜素的含量，μg/100 g；

X_{β}——试样中 β-胡萝卜素的含量，μg/100 g。

必要时，α-胡萝卜素、β-胡萝卜素可转化为微克视黄醇当量(μg RE)进行表示。计算结果保留 3 位有效数字。

(2) 色谱条件二。

试样中 β-胡萝卜素含量按下式计算：

$$X_{\beta} = \frac{\rho_{\beta} \times V \times 100}{m}$$

式中：X_{β}——试样中 β-胡萝卜素的含量，μg/100 g；

ρ_{β}——从标准曲线得到的待测液中 β-胡萝卜素浓度，μg/mL；

V——试样液定容体积，mL；

100——将结果表示为微克每百克(μg/100 g)的系数；

m——试样质量，g。

结果中包含全反式 β-胡萝卜素、9-顺式-β-胡萝卜素、13-顺式-β-胡萝卜素、15-顺式-β-胡萝卜素及其他顺式异构体，不排除有部分 α-胡萝卜素的可能性。计算结果保留 3 位有效数字。

6) 说明及注意事项

(1) 精密度：在重复性条件下获得的两次独立测定结果的绝对差值不得超过算术平均值的 10%。

(2) 试样称样量为 5 g 时，α-胡萝卜素、β-胡萝卜素检出限均为 0.5 μg/100 g，定量限均为 1.5 μg/100 g。

(3) β-胡萝卜素标准品主要为全反式 β-胡萝卜素，在储存过程中受到温度、氧化等因素的影响，会出现部分全反式 β-胡萝卜素异构化为顺式-β-胡萝卜素的现象，如 9-顺式-β-胡萝卜素、13-顺式-β-胡萝卜素、15-顺式-β-胡萝卜素等。如果采用色谱条件一进行 β-胡萝卜素的测定，应确认 β-胡萝卜素异构体保留时间，并计算全反式 β-胡萝卜素标准溶液色谱纯度。

3. 纸层析比色法

1) 原理

试样经过皂化后，以丙酮和石油醚提取食物中的胡萝卜素及其他植物色素，以石油醚为展开剂进行纸层析，胡萝卜素极性最小，移动速度最快，将胡萝卜素与其他色素分离，剪下含胡萝卜素的区带,洗脱后于 450 nm 波长下定量测定。

2) 试剂

(1) 石油醚:沸程 30～60 ℃,同时是展开剂。

(2) 氢氧化钾溶液(50%)。

(3) β-胡萝卜素标准储备液:精确称取 β-胡萝卜素 50.0 mg,溶于 100.0 mL 三氯甲烷中。此液浓度约为 500 μg/mL,使用时需标定以确定其准确浓度。

(4) Na_2SO_4 溶液(5%)。

(5) 无水硫酸钠。

3) 分析步骤

(1) 样品处理。

① 粮食:样品用水洗三次,置于 60 ℃烤箱中烤干,磨粉,储存于塑料瓶内,放一小包樟脑精,盖紧瓶塞保存,备用。

② 蔬菜与其他植物性食物:取可食部分,用水冲洗三次后,用纱布吸去水滴,切碎,用匀浆器制成匀浆,储存于塑料瓶内,于冰箱内保存,备用。

(2) 提取(需在避光条件下进行)。

取适量样品,相当于原样 1～5 g(含胡萝卜素 20～80 μg)匀浆,置于 100 mL 具塞锥形瓶中,植物油和高脂肪样品取适量样品(＜10 g),加脱醛乙醇 30 mL,再加 10 mL 氢氧化钾溶液(50%),回流加热 30 min,然后用冰水使之迅速冷却,皂化后的样品用石油醚提取,直至提取液无色为止。每次提取石油醚用量为 15～25 mL。

(3) 洗涤。

提取液静置分层,弃去下层水溶液,反复用 5% Na_2SO_4 溶液振摇洗涤,直至下层水溶液清亮为止。将皂化后的样品提取液用水洗涤至中性。石油醚提取液通过盛有 10 g 无水硫酸钠的小漏斗,漏入球形瓶,用少量石油醚分数次洗净分液漏斗和无水硫酸钠层内的色素,洗涤液并入球形瓶内。

(4) 浓缩与定容。

提取液于旋转蒸发仪上减压蒸发(60 ℃),蒸发至约 1 mL 时,取下,用氮气吹干,立即加入 2.00 mL 石油醚定容,备层析用。

(5) 纸层析。

① 点样:在 18 cm×30 cm 滤纸下端距底边 4 cm 处作一基线,在基线上均匀取 A、B、C、D 四点,吸取 0.100～0.400 mL 浓缩液在 AB 和 CD 间迅速点样。

② 展开:待纸上所点样液自然挥发干后,将滤纸卷成圆筒状,置于预先用石油醚饱和的层析缸中,进行上行展开。

③ 洗脱:待胡萝卜素与其他色素完全分开后,取出滤纸,自然挥发干石油醚,剪下位于展开剂前沿的胡萝卜素层析带,立即放入盛有 5 mL 石油醚的具塞试管中,用力振摇,使胡萝卜素完全溶入溶剂中。

(6) 标准曲线绘制。

取 β-胡萝卜素标准使用液(浓度为 50 μg/mL)1.00、2.00、3.00、4.00、6.00、8.00 mL,分别置于 100 mL 具塞锥形瓶中,按样品测定步骤进行操作,点样体积为 0.100 mL,标准曲线各点胡萝卜素含量依次为 2.50、5.00、7.50、10.00、15.00、20.00 μg。以胡萝卜素含量为横坐标、吸光度为纵坐标,绘制标准曲线。

(7) 比色测定。

用 1 cm 比色皿，以石油醚调节零点，于 450 nm 波长下，测定吸光度，根据吸光度从标准曲线上查出 β-胡萝卜素的含量，供计算时使用。

4) 结果计算

$$X=m_1\times\frac{V_2}{V_1}\times\frac{100}{m}$$

式中：X——样品中 β-胡萝卜素的含量(以 β-胡萝卜素计)，μg/100 g；

m_1——由标准曲线上查得样品中胡萝卜素的质量，μg；

V_1——点样体积，mL；

V_2——样品提取液浓缩后的定容体积，mL；

m——样品质量，g。

5) 说明及注意事项

纸层析与柱层析一样，不能区分 α-、β-、γ-胡萝卜素，虽然标准品为 β-胡萝卜素，但实际上结果为总胡萝卜素。由于天然食品中大部分是 β-胡萝卜素，所以对结果影响不大。

11.2.3　维生素 D 的测定

维生素 D 是指含环戊氢烯菲环结构，并具有钙化醇生物活性的一大类物质。具有维生素 D 活性的化合物约有 10 种，以维生素 D_2（麦角钙化醇）及维生素 D_3（胆钙化醇）最为常见。维生素 D_2 无天然存在的，是由酵母菌或麦角中的麦角固醇经日光或紫外光照射后的产物，并且能被人体吸收。维生素 D_3 只存在于某些动物性食物中，是由储存于皮下的胆固醇的衍生物(7-脱氢胆固醇)在紫外光照射下转变而成的。

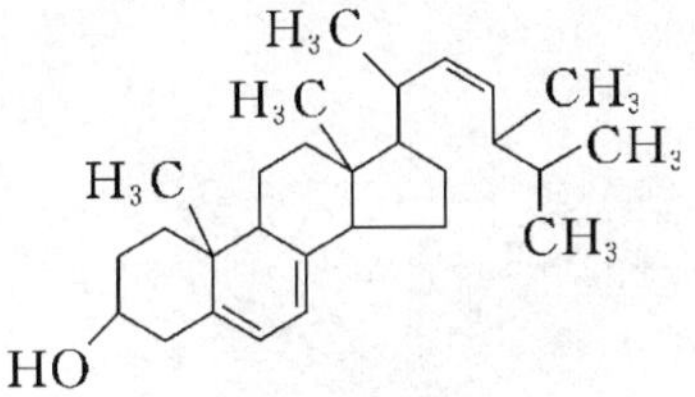

麦角固醇 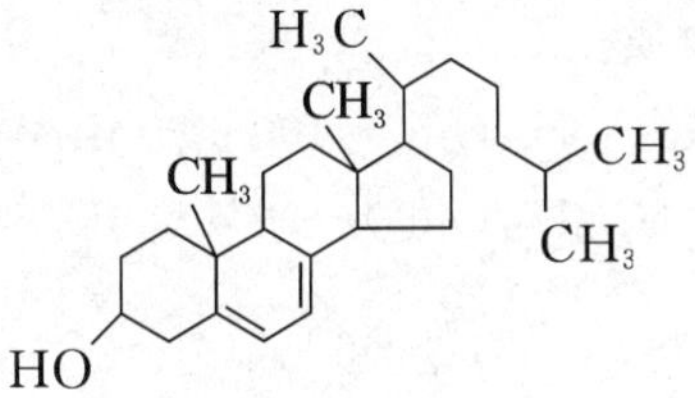　　　7-脱氢胆固醇 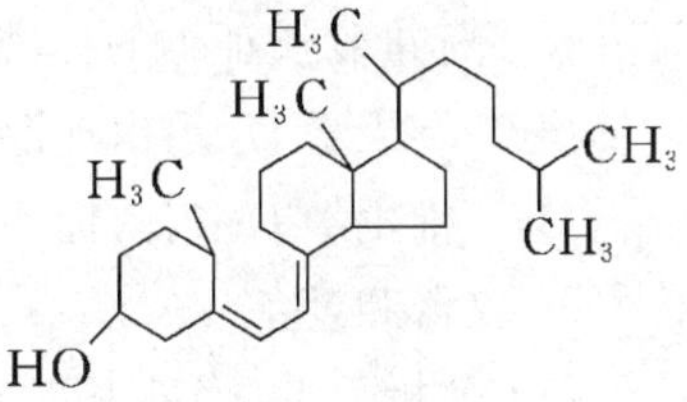　　　维生素 D_3（胆钙化醇）

维生素 D 的测定方法有比色法、紫外分光光度法、气相色谱法、液相色谱法及薄层层析法等。其中比色法灵敏度较低，适用于维生素 D 含量较高的食品的测定，但操作十分复杂、费时。气相色谱法虽然操作简单，精密度也高，但灵敏度低，不能用于含微量维生素 D 的样品。液相色谱法的灵敏度比比色法高 20 倍以上，且操作简便，精密度高，分析速度快，是目前分析维生素 D 的最好方法。比色法和高效液相色谱法是 AOAC 选定的正式方法。

下面介绍液相色谱-串联质谱法和高效液相色谱法测定维生素 D 含量的方法。

1. 液相色谱-串联质谱法(GB 5009.82—2016 第三法)

1) 原理

试样中加入维生素 D_2 和维生素 D_3 的同位素内标后，经 KOH 乙醇溶液皂化(含淀粉的试样先用淀粉酶酶解)、提取、硅胶固相萃取柱净化、浓缩后，反相高效液相色谱 C18 柱分离，串联质谱法检测，内标法定量。

2）试剂

(1) 无水乙醇(C_2H_5OH)：色谱纯，经检验不含醛类物质。

(2) 抗坏血酸($C_6H_8O_6$)。

(3) 2,6-二叔丁基对甲酚($C_{15}H_{24}O$)：简称 BHT。

(4) 淀粉酶：活力单位≥100 U/mg。

(5) 氢氧化钾(KOH)溶液(50%)：50 g 氢氧化钾，加入 50 mL 水溶解，冷却后储存于聚乙烯瓶中。

(6) 乙酸乙酯($C_4H_8O_2$)：色谱纯。

(7) 正己烷(n-C_6H_{14})：色谱纯。乙酸乙酯-正己烷溶液(5+95)：量取 5 mL 乙酸乙酯加入 95 mL 正己烷中，混匀。乙酸乙酯-正己烷溶液(15+85)：量取 15 mL 乙酸乙酯加入 85 mL 正己烷中，混匀。

(8) 无水硫酸钠(Na_2SO_4)。

(9) pH 试纸(pH 范围为 1～14)。

(10) 固相萃取柱(硅胶)：6 mL，500 mg。

(11) 甲醇(CH_3OH)：色谱纯。

(12) 甲酸(HCOOH)：色谱纯。

(13) 甲酸铵($HCOONH_4$)：色谱纯。0.05%甲酸-5 mmol/L 甲酸铵溶液：称取 0.315 g 甲酸铵，加入 0.5 mL 甲酸、1 000 mL 水溶解，超声混匀。0.05%甲酸-5 mmol/L 甲酸铵甲醇溶液：称取 0.315 g 甲酸铵，加入 0.5 mL 甲酸、1 000 mL 甲醇溶解，超声混匀。

(14) 维生素 D_2 标准品：麦角钙化醇($C_{28}H_{44}O$，CAS 号：50-14-6)，纯度>98%，或经国家认证并授予标准物质证书的标准物质。

(15) 维生素 D_3 标准品：胆钙化醇($C_{27}H_{44}O$，CAS 号：511-28-4)，纯度>98%，或经国家认证并授予标准物质证书的标准物质。

(16) 维生素 D_2-d_3 内标溶液($C_{28}H_{44}O$-d_3)：100 μg/mL。

(17) 维生素 D_3-d_3 内标溶液($C_{27}H_{44}O$-d_3)：100 μg/mL。

3）仪器和设备

(1) 分析天平：感量为 0.1 mg。

(2) 磁力搅拌器或恒温振荡水浴装置：带加热和温控功能。

(3) 旋转蒸发仪。

(4) 氮吹仪。

(5) 紫外分光光度计。

(6) 萃取净化振荡器。

(7) 多功能涡旋振荡器。

(8) 高速冷冻离心机：转速≥6 000 r/min。

(9) 高效液相色谱-串联质谱仪：带电喷雾离子源。

4）分析步骤

(1) 标准溶液配制。

① 维生素 D_2 标准储备溶液。

准确称取维生素 D_2 标准品 10.0 mg，用色谱纯无水乙醇溶解并定容至 100 mL，使其浓度约为 100 μg/mL，转移至棕色试剂瓶中，于 −20 ℃冰箱中密封保存，有效期 3 个月。临用前用紫外分光光度法校正其浓度。

② 维生素 D_3 标准储备溶液。

准确称取维生素 D_3 标准品 10.0 mg，用色谱纯无水乙醇溶解并定容至 10 mL，使其浓度约为 100 μg/mL，转移至 100 mL 棕色试剂瓶中，于 −20 ℃冰箱中密封保存，有效期 3 个月。临用前用紫外分光光度法校正其浓度。

③ 维生素 D_2 标准中间使用液。

准确吸取维生素 D_2 标准储备溶液 10.00 mL，用流动相稀释并定容至 100 mL，浓度约为 10.0 μg/mL，有效期 1 个月。准确浓度按校正后的浓度折算。

④ 维生素 D_3 标准中间使用液。

准确吸取维生素 D_3 标准储备溶液 10.00 mL，用流动相稀释并定容至 100 mL 棕色容量瓶中，浓度约为 10.0 μg/mL，有效期 1 个月。准确浓度按校正后的浓度折算。

⑤ 维生素 D_2 和维生素 D_3 混合标准使用液。

准确吸取维生素 D_2 和维生素 D_3 标准中间使用液各 10.00 mL，用流动相稀释并定容至 100 mL，浓度均为 1.00 μg/mL。有效期 1 个月。

⑥ 维生素 D_2-d_3 和维生素 D_3-d_3 内标混合溶液。

分别量取 100 μL 浓度为 100 μg/mL 的维生素 D_2-d_3 和维生素 D_3-d_3 标准储备液加入 10 mL 容量瓶中，用甲醇定容，配制成 1 μg/mL 混合内标。有效期 1 个月。

⑦ 分别准确吸取维生素 D_2 和维生素 D_3 混合标准使用液 0.10、0.20、0.50、1.00、1.50、2.00 mL 于 10 mL 棕色容量瓶中，各加入维生素 D_2-d_3 和维生素 D_3-d_3 内标混合溶液 1.00 mL，用甲醇定容，混匀。此标准系列工作液浓度分别为 10.0、20.0、50.0、100、150、200 μg/L。

(2) 试样制备。

将一定数量的样品按要求经过缩分、粉碎、均质后，储存于样品瓶中，避光冷藏，尽快测定。

(3) 试样处理。

① 皂化。

不含淀粉样品：称取 2 g(准确至 0.01 g)经均质处理的试样于 50 mL 具塞离心管中，加入 100 μL 维生素 D_2-d_3 和维生素 D_3-d_3 混合内标溶液和 0.4 g 抗坏血酸，加入 6 mL 约 40 ℃温水，涡旋 1 min，加入 12 mL 乙醇，涡旋 30 s，再加入 6 mL 氢氧化钾溶液，涡旋 30 s 后放入恒温振荡器中，80 ℃避光恒温水浴振荡 30 min(如样品组织较为紧密，可每隔 5～10 min 取出涡旋 0.5 min)，取出放入冷水浴降温。

一般皂化时间为 30 min，如皂化液冷却后，液面有浮油，需要加入适量氢氧化钾溶液，并适当延长皂化时间。

含淀粉样品：称取 2 g(准确至 0.01 g)经均质处理的试样于 50 mL 具塞离心管中，加入 100 μL 维生素 D_2-d_3 和维生素 D_3-d_3 混合内标溶液和 0.4 g 淀粉酶，加入 10 mL 约 40 ℃的温水，放入恒温振荡器中，60 ℃避光恒温振荡 30 min 后，取出放入冷水浴降温，向冷却后的酶解液中加入 0.4 g 抗坏血酸、12 mL 乙醇，涡旋 30 s，再加入 6 mL 氢氧化钾溶液，涡旋 30 s 后放入恒温振荡器中，80 ℃避光恒温水浴振荡 30 min(如样品组织较为紧密，可每隔 5～10 min 取出涡旋 0.5 min)，取出放入冷水浴降温。

② 提取。

向冷却后的皂化液中加入 20 mL 正己烷，涡旋提取 3 min，6 000 r/min 条件下离心 3 min。

转移上层清液到 50 mL 离心管，加入 25 mL 水，轻微晃动 30 次，在 6 000 r/min 条件下离心 3 min，取上层有机相备用。

③ 净化。

将硅胶固相萃取柱依次用 8 mL 乙酸乙酯活化，8 mL 正己烷平衡，取备用液全部过柱，再用 6 mL 乙酸乙酯-正己烷溶液(5＋95)淋洗，用 6 mL 乙酸乙酯-正己烷溶液(15＋85)洗脱。洗脱液在 40 ℃下氮气吹干，加入 1.00 mL 甲醇，涡旋 30 s，过 0.22 μm 有机系滤膜供仪器测定。

(4) 仪器测定条件。

① 色谱参考条件。

色谱参考条件列出如下。

a. C18 柱(柱长 100 mm，柱内径 2.1 mm，填料粒径 1.8 μm)，或相当者。

b. 柱温：40 ℃。

c. 流动相 A：0.05％甲酸-5 mmol/L 甲酸铵溶液。流动相 B：0.05％甲酸-5 mmol/L 甲酸铵甲醇溶液；流动相洗脱梯度见表 11-3。

d. 流速：0.4 mL/min。

e. 进样量：10 μL。

表 11-3　流动相洗脱梯度

时间/min	流动相 A/(％)	流动相 B/(％)	流速/(mL/min)
0.0	12	88	0.4
1.0	12	88	0.4
4.0	10	90	0.4
5.0	7	93	0.4
5.1	6	94	0.4
5.8	6	94	0.4
6.0	0	100	0.4
17.0	0	100	0.4
17.5	12	88	0.4
20.0	12	88	0.4

② 质谱参考条件。

质谱参考条件列出如下。

a. 电离方式：ESI^+。

b. 鞘气温度：375 ℃。

c. 鞘气流速：12 L/min。

d. 喷嘴电压：500 V。

e. 雾化器压力：172 kPa。

f. 毛细管电压：4 500 V。

g. 干燥气温度：325 ℃。

h. 干燥气流速：10 L/min。

i.多反应监测(MRM)模式。锥孔电压和碰撞能量见表11-4,质谱图见图11-4。

表11-4 维生素 D_2 和维生素 D_3 质谱参考条件

维生素	保留时间/min	母离子 m/z	定性子离子 m/z	碰撞电压/eV	定性子离子 m/z	碰撞电压/eV
维生素 D_2	6.04	397	379 147	5 25	107	29
维生素 D_2-d_3	6.03	400	382 271	4 6	110	22
维生素 D_3	6.33	385	367 259	7 8	107	25
维生素 D_3-d_3	6.33	388	370 259	3 6	107	19

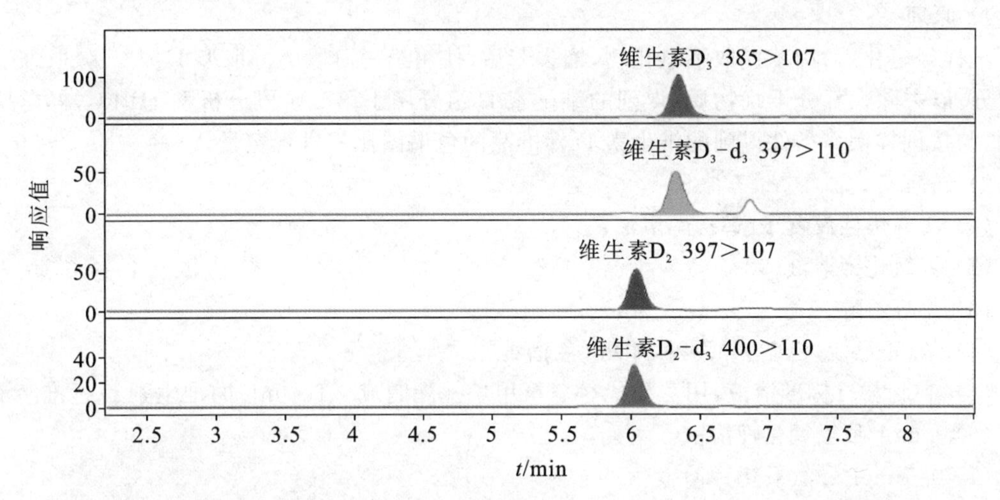

图11-4 维生素D和维生素D-d_3 混合标准溶液(100 μg/L)的MRM质谱色谱图

(5)标准曲线的制作。

分别将维生素 D_2 和维生素 D_3 标准系列工作液由低浓度到高浓度依次进样,以维生素 D_2、维生素 D_3 与相应同位素内标的峰面积比值为纵坐标,以维生素 D_2、维生素 D_3 标准系列工作液浓度为横坐标,分别绘制维生素 D_2、维生素 D_3 标准曲线。

(6)样品测定。

将待测样液依次进样,得到待测物与内标物的峰面积比值,根据标准曲线得到测定液中维生素 D_2、维生素 D_3 的浓度。待测样液中的响应值应在标准曲线线性范围内,超过线性范围则应减少取样量重新按3)中试样处理步骤进行处理后再进样分析。

5)分析结果的表述

试样中维生素 D_2、维生素 D_3 的含量按下式计算:

$$X=\frac{\rho\times V\times f\times 100}{m}$$

式中:X——试样中维生素 D_2(或维生素 D_3)的含量,μg/100 g;

ρ——根据标准曲线计算得到的试样中维生素 D_2(或维生素 D_3)的浓度,μg/mL;

V——定容体积,mL;

f——稀释倍数；

100——试样中量以每 100 g 计算的换算系数；

m——试样的称样量,g。

如试样中同时含有维生素 D_2 和维生素 D_3,维生素 D 的测定结果以维生素 D_2 和维生素 D_3 含量之和计算。计算结果保留 3 位有效数字。

6) 说明与注意事项

(1) 使用的所有器皿不得含有氧化性物质。分液漏斗活塞玻璃表面不得涂油。

(2) 精密度:在重复性条件下获得的两次独立测定结果的绝对差值不得超过算术平均值的 15%。

(3) 当取样量为 2 g 时,维生素 D_2 的检出限为 1 μg/100 g,定量限为 3 μg/100 g;维生素 D_3 的检出限为 0.2 μg/100 g;定量限为 0.6 μg/100 g。

2. 高效液相色谱法(GB 5009.82—2016 第四法)

1) 原理

试样经皂化后,用苯提取不皂化物,馏去苯后,使用第一阶段的分取型 HPLC,分取维生素 D 组分,以去除大部分干扰物质,得到的维生素 D 组分用于第二阶段分析型 HPLC,得样品色谱图,与按同样操作条件得到的维生素 D 标准品的色谱图比较进行定量。

2) 试剂

(1) 10%焦性没食子酸-乙醇溶液。

(2) 氢氧化钾溶液(90%)。

(3) 无醛乙醇。

(4) 苯,正己烷,乙腈,异丙醇,甲醇(色谱纯)。

(5) 维生素 D 标准溶液:用乙醇代替三氯甲烷。配制成 4 IU/mL 的维生素 D 标准溶液。

(6) 1 mol/L 氢氧化钾溶液。

(7) 0.5 mol/L 氢氧化钾溶液。

3) 仪器和设备

(1) 高效液相色谱仪,紫外检测器。

(2) 馏分收集器。

4) 色谱条件

(1) 第一阶段(分离用)。

色谱柱:Nucleosil 5 μm C18,7.5 mm×300 mm。

流动相:乙腈-甲醇溶液(1+1)。

流速:2.0 mL/min。

检测波长:254 nm。

(2) 第二阶段(分析用)。

色谱柱: Zorbax SIL,4.5 mm×250 mm。

流动相:0.4%异丙酮的正己烷溶液。

流速:1.6 mL/min。

检测波长:254 nm。

5) 测定方法

(1) 样品的皂化及不皂化物的提取。

称取粉碎的样品 1～10 g(维生素 D 含量在 2 IU 以下)置于皂化瓶中,加入 40 mL 10%焦性没食子酸-乙醇溶液及 10 mL 90% 氢氧化钾溶液,装上回流装置,在沸水浴上皂化 30 min,然后用流动冷水冷却至室温,准确加入 100 mL 苯,塞上瓶塞,激烈振摇 15 s,然后移入 200～250 mL 分液漏斗中(如有沉淀物就留在烧瓶中,此时不需要用苯洗皂化瓶),加入 1 mol/L 氢氧化钾溶液50 mL,振摇后静置,弃去水层。再加 0.5 mol/L 氢氧化钾溶液 50 mL,振摇后静置,弃去水层。再每次用 50 mL 水洗涤苯层数次。直至用酚酞检验时洗液不呈碱性为止。分液漏斗静置几分钟,直至最后一滴水分离,弃去水。

(2) 维生素 D 的分离。

准确吸取上述苯溶液 80 mL 于圆底烧瓶内,以 40 ℃以下的温度减压蒸去苯,所得残留物中准确加入 5 mL 正己烷使之溶解,取 4.5 mL 置于 10 mL 具塞试管内,减压蒸去溶剂,残留物中准确加入乙腈-甲醇溶液(1+1)500 μL 使之溶解。准确吸取该溶液 200 μL,注入分取用色谱柱中。事先用标准维生素 D 确定其洗出位置,用馏分收集器收集维生素 D 组分(本实验色谱条件下维生素 D 保留时间为 17～18 min),收集其 16～19 min 洗出的组分。

(3) 维生素的定量。

减压蒸馏除去维生素 D 组分中的溶剂,残留物溶解在 200 μL 的 0.4%异丙酮-正己烷溶液中,取其中 100 μL 注入分析用色谱柱中,得样品色谱图。

取维生素 D 标准液 1 mL,按上述(1)～(3)操作,得标准维生素 D 色谱图。

6) 结果计算

比较样品色谱图和标准溶液色谱图,根据峰面积或峰高定量。

$$X=\frac{P_{sa}\times C\times 100}{P_{st}\times m}$$

式中:X——维生素 D 含量,IU/100 g;

P_{sa}——样品色谱图中维生素 D 的峰高(或峰面积);

P_{st}——标准溶液色谱图中维生素 D 的峰高(或峰面积);

C——维生素 D 标准溶液的浓度,IU/mL;

m——取样质量,g。

7) 说明与注意事项

(1) 本法使用两级 HPLC,反相柱用于把维生素 D 与许多其他干扰物质分离,分离的维生素 D 应在半日内更换柱子后测定,如超过半日应封入惰性气体冷冻保存,再改换柱子测定。本法对维生素 D_2 和维生素 D_3 不能分离,两者混合存在时,得到维生素 D 总量。

(2) 焦性没食子酸是作为抗氧化剂而加入的。

(3) 维生素 D(包括 D_2 和 D_3)加热皂化时,有一部分发生热异性化而转变为维生素 D 原。此热异性化反应在一定的条件下大致以一定的比例进行。因此,本法中维生素 D 标准溶液和试样溶液在同样条件下进行操作。这样,试样溶液和标准溶液一样以同等比例热异性化生成维生素 D 原,由于只比较标准维生素 D 的峰高,热异性化部分相互抵消了。

(4) 水洗苯提取的不皂化物时,为防止因形成胶粒而在水中损失,所以用 1 mol/L 氢氧化钾溶液、0.5 mol/L 氢氧化钾溶液及水洗,使碱的浓度逐渐降低。

(5) 采用高效液相色谱法时也可采用毛地黄皂苷-硅藻土及皂土柱层析去除甾醇、维生素 A、胡萝卜素等干扰成分。

11.2.4 维生素 E 的测定

维生素 E 又称生育酚,属于酚类化合物,是一系列具有 α-生育酚生物活性的化合物,包括 α-、β-、γ-、δ-生育酚和 α-、β-、γ-、δ-三烯生育酚。维生素 E 广泛存在于动植物组织中,以油脂中含量最丰富,耐热、耐酸,碱性条件下稳定性差,当酚基被氧化为醌后便失去生理活性。

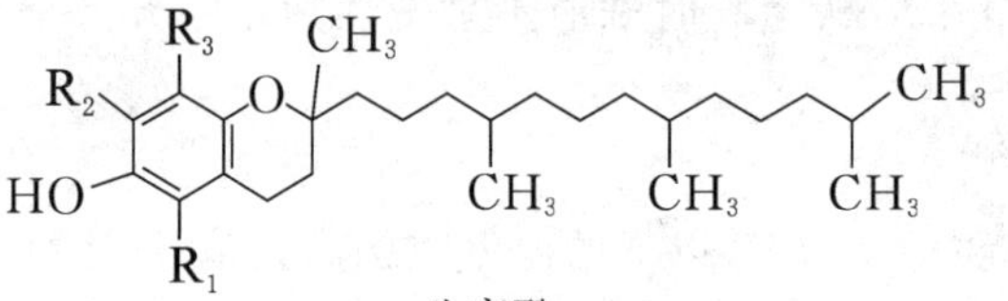

生育酚

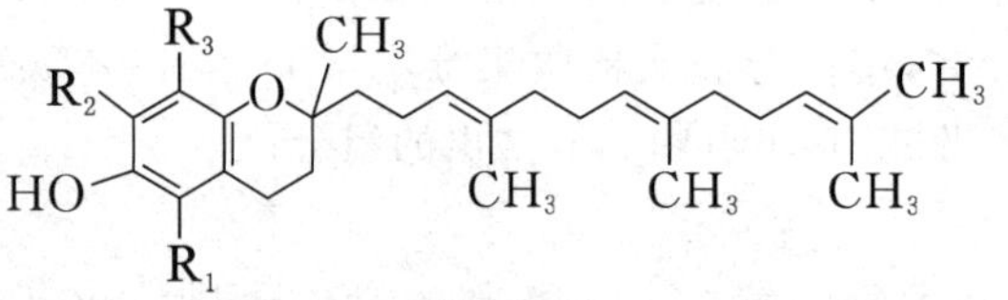

三烯生育酚

	R_1	R_2	R_3
α-生育酚	CH_3	CH_3	CH_3
β-生育酚	CH_3	H	CH_3
γ-生育酚	H	CH_3	CH_3
δ-生育酚	H	H	CH_3

食品中维生素 E 的测定方法有比色法、荧光法、气相色谱法和液相色谱法。比色法操作简单,灵敏度较高,但对维生素 E 没有特异的反应,需要采取一些方法消除干扰。荧光法特异性强、干扰少、灵敏、快速、简便。高效液相色谱法具有简便、分辨率高等优点,可在短时间完成同系物的分离定量,是目前测定维生素 E 最好的分析方法。高效液相色谱法检测维生素 E 可分反相色谱法和正相色谱法,反相色谱法参见本章 11.2.1 中反相高效液相色谱法测定食品中维生素 A 和维生素 E 的含量(GB 5009.82—2016 第一法)内容。下面主要介绍正相高效液相色谱法及气相色谱法。

1. 正相高效液相色谱法(GB 5009.82—2016 第二法)

1) 原理

试样中的维生素 E 经有机溶剂提取、浓缩后,用高效液相色谱酰氨基柱或硅胶柱分离,经荧光检测器检测,外标法定量。

2) 试剂

(1) 无水乙醇(C_2H_5OH):色谱纯,不含醛类物质。

(2) 乙醚[$(CH_3CH_2)_2O$]:分析纯,不含氧化物。

(3) 石油醚($C_5H_{12}O_2$):沸程为 30～60 ℃。石油醚-乙醚溶液(1+1):量取 200 mL 石油醚,加入 200 mL 乙醚,混匀,临用前配制。

(4) 无水硫酸钠(Na_2SO_4)。

(5) 正己烷(n-C_6H_{14}):色谱纯。

(6) 异丙醇[$(CH_3)_2CHOH$]:色谱纯。

(7) 叔丁基甲基醚[$CH_3OC(CH_3)_3$]:色谱纯。

(8) 甲醇(CH_3OH):色谱纯。

(9) 四氢呋喃(C_4H_8O):色谱纯。正己烷+[叔丁基甲基醚-四氢呋喃-甲醇混合液(20+1+0.1)]=90+10,临用前配制。

(10) 1,4-二氧六环($C_4H_8O_2$):色谱纯。

(11) 2,6-二叔丁基对甲酚($C_{15}H_{24}O$):简称BHT。

(12) 有机系过滤头(孔径为0.22 μm)。

(13) α-生育酚($C_{29}H_{50}O_2$,CAS号:10191-41-0):纯度≥95%,或经国家认证并授予标准物质证书的标准物质。

(14) β-生育酚($C_{28}H_{48}O_2$,CAS号:148-03-8):纯度≥95%,或经国家认证并授予标准物质证书的标准物质。

(15) γ-生育酚($C_{28}H_{48}O_2$,CAS号:54-28-4):纯度≥95%,或经国家认证并授予标准物质证书的标准物质。

(16) δ-生育酚($C_{27}H_{46}O_2$,CAS号:119-13-1):纯度≥95%,或经国家认证并授予标准物质证书的标准物质。

3) 仪器和设备

(1) 分析天平:感量为0.1 mg。

(2) 恒温水浴振荡器。

(3) 旋转蒸发仪。

(4) 氮吹仪。

(5) 紫外分光光度计。

(6) 索氏脂肪抽提仪或加速溶剂萃取仪。

(7) 高效液相色谱仪(带荧光检测器或紫外检测器)。

4) 分析步骤

(1) 标准溶液配制。

① 维生素E标准储备溶液(1.00 mg/mL)。

分别称取4种生育酚异构体标准品50.0 mg(准确至0.1 mg),用无水乙醇溶解于50 mL容量瓶中,定容,此溶液浓度约为1.00 mg/mL。将溶液转移至棕色试剂瓶中,密封后,在-20 ℃下避光保存,有效期6个月。临用前将溶液回温至20 ℃,并进行浓度校正。

② 维生素E标准中间液。

准确吸取维生素E标准储备溶液各1.00 mL于同一100 mL容量瓶中,用氮气吹除乙醇后,用流动相定容,此溶液中维生素E各生育酚浓度为10.00 μg/mL。密封后,在-20 ℃下避光保存,有效期半个月。

③ 维生素E标准系列工作溶液。

分别准确吸取维生素E混合标准中间液0.20、0.50、1.00、2.00、4.00、6.00 mL于10 mL棕色容量瓶中,用流动相定容,该标准系列中4种生育酚浓度分别为0.20、0.50、1.00、2.00、4.00、6.00 μg/mL。

(2) 试样制备。

将一定数量的样品按要求经过缩分、粉碎、均质后,储存于样品瓶中,避光冷藏,尽快测定。

(3) 试样处理。

① 植物油脂。

称取0.5~2 g油样(准确至0.01 g)于25 mL的棕色容量瓶中,加入0.1 g BHT,加入10 mL流动相超声或涡旋振荡溶解后,用流动相定容,摇匀。过孔径为0.22 μm有机系滤膜于棕色进样瓶中,待进样。

② 奶油、黄油。

称取 2~5 g 样品(准确至 0.01 g)于 50 mL 的离心管中,加入 0.1 g BHT,45 ℃水浴融化,加入 5 g 无水硫酸钠,涡旋 1 min,混匀,加入 25 mL 流动相超声或涡旋振荡提取,离心,将上清液转移至浓缩瓶中,再用 20 mL 流动相重复提取 1 次,合并上清液至浓缩瓶,在旋转蒸发仪或气体浓缩仪上,于 45 ℃水浴中减压蒸馏或气流浓缩,待瓶中醚剩下约 2 mL 时,取下蒸发瓶,立即用氮气吹干。用流动相将浓缩瓶中残留物溶解并转移至 10 mL 容量瓶中,定容,摇匀。溶液过 0.22 μm 有机系滤膜后供高效液相色谱测定。

③ 坚果、豆类、辣椒粉等干基植物样品。

称取 2~5 g 样品(准确至 0.01 g),用索氏提取器或加速溶剂萃取仪提取其中的植物油脂,将含油脂的提取溶剂转移至 250 mL 蒸发瓶内,于 40 ℃水浴中减压蒸馏或气流浓缩至干,取下蒸发瓶,用 10 mL 流动相将油脂转移至 25 mL 容量瓶中,加入 0.1 g BHT,超声或涡旋振荡溶解后,用流动相定容至刻度,摇匀。过孔径为 0.22 μm 的有机系滤膜于棕色进样瓶中,待进样。

(4) 色谱参考条件。

色谱参考条件列出如下。

① 色谱柱:酰氨基柱(柱长 150 mm,内径 3.0 mm,粒径 1.7 μm),或相当者。

② 柱温:30 ℃。

③ 流动相:正己烷+[叔丁基甲基醚-四氢呋喃-甲醇混合液(20+1+0.1)]=90+10。

④ 流速:0.8 mL/min。

⑤ 荧光检测波长:激发波长 294 nm,发射波长 328 nm。

⑥ 进样量:10 μL。

可用 Si60 硅胶柱(柱长 250 mm,内径 4.6 mm,粒径 5 μm)分离 4 种生育酚异构体,推荐流动相为正己烷与 1,4-二氧六环按 95+5 的比例混合。

(5) 标准曲线的制作。

本法采用外标法定量。将维生素 E 标准系列工作溶液从低浓度到高浓度分别注入高效液相色谱仪中,测定相应的峰面积。以峰面积为纵坐标,标准溶液浓度为横坐标绘制标准曲线,计算线性回归方程。

(6) 样品测定。

试样液经高效液相色谱仪分析,测得峰面积,采用外标法通过上述标准曲线计算其浓度。在测定过程中,建议每测定 10 个样品用同一份标准溶液或标准物质检查仪器的稳定性。

5) 结果计算

试样中 α-生育酚、β-生育酚、γ-生育酚或 δ-生育酚的含量按下式计算:

$$X=\frac{\rho\times V\times f\times 100}{m}$$

式中:X——α-生育酚、β-生育酚、γ-生育酚或 δ-生育酚的含量,mg/100 g;

ρ——根据标准曲线计算得到的试样中 α-生育酚、β-生育酚、γ-生育酚或 δ-生育酚的浓度,μg/mL;

V——定容体积,mL;

f——稀释倍数(f=0.001);

100——试样中量以每 100 g 计算的换算系数;

m——试样的称样量,g。

如维生素 E 的测定结果要用 α-生育酚当量(α-TE)表示,可按下式计算:维生素 E[mg(α-TE)/100 g]=α-生育酚(mg/100 g)+β-生育酚(mg/100 g)×0.5+γ-生育酚(mg/100 g)×0.1+δ-生育酚(mg/100 g)×0.01。计算结果保留 3 位有效数字。

6) 说明与注意事项

(1) 试样处理时使用的所有器皿不得含有氧化性物质;分液漏斗活塞玻璃表面不得涂油;处理过程应避免紫外光照射,尽可能避光操作。

(2) 精密度:在重复性条件下获得的两次独立测定结果的绝对差值不得超过算术平均值的 10%。

(3) 当取样量为 2 g,定容至 25 mL 时,各生育酚的检出限为 50 μg/100 g,定量限为 150 μg/100 g。

2. 荧光法

1) 原理

样品经皂化、提取、浓缩蒸干后,用正己烷溶解未皂化物。在 295 nm 激发波长,324 nm 发射波长下测定其荧光强度,并与标准 α-维生素 E 做比较,从而计算出样品中维生素 E 的含量。

2) 分析步骤

(1) 样品处理。

准确称取 0.5~5.0 g 样品于锥形瓶中,加入 5.00 mL 10%抗坏血酸、10 mL 50%氢氧化钾溶液及 20~40 mL 无水乙醇,在电热板上回流 30 min,直至皂化完全。将皂化瓶内的混合物移入分液漏斗中,用 30 mL 水洗皂化瓶,洗液并入分液漏斗中,再用 50 mL 无水乙醚分两次冲洗皂化瓶,洗液并入分液漏斗中,振摇并注意放气,静置分层后,将醚层液经过无水硫酸钠滤入锥形瓶中,再用约 25 mL 乙醚冲洗分液漏斗和硫酸钠两次,洗液并入锥形瓶中。置水浴上蒸馏浓缩,并回收乙醚,待瓶中剩约 5 mL 乙醚时用减压抽气法至干,立即加入一定量正己烷使溶液中维生素 A 的含量在适宜浓度范围内。

(2) 荧光测定。

激发波长:295 nm　　发射波长:324 nm

激发狭缝:3 nm　　发射狭缝:2 nm

样品及标准溶液分别置于 1 cm 比色皿,测定荧光激发光谱和发射光谱,读取最大激发波长及最大发射波长下的荧光强度。

3) 结果计算

$$X=\frac{F_i \times C_s \times V}{F_s \times m} \times \frac{100}{1\,000}$$

式中:X——样品中维生素 E 含量,mg/100 g;

F_i——样品荧光强度;

F_s——标准荧光强度;

C_s——维生素 E 标准使用液浓度,μg/mL;

V——维生素 E 标准使用液体积,mL;

m——样品的质量,g。

3. 气相色谱法

1) 原理

样品经皂化后,用石油醚将维生素 E 提取出来,经气相色谱进行分析,内标法定量测定。

2) 色谱条件

色谱柱:不锈钢填充柱 2%OV-17[2 m×2 mm(内径),酸洗硅烷化 Chromosorb W 担体,粒度 80~100 目]。

汽化室和氢火焰离子化检测器(FID)温度:30 ℃。

柱温:200 ℃(8 min)$\xrightarrow{30\ ℃/min}$240 ℃(8 min)$\xrightarrow{30\ ℃/min}$243 ℃(10 min)$\xrightarrow{5\ ℃/min}$280 ℃(8 min)。

气体流速:N_2、H_2、空气的流速分别为 40、40、400 mL/min。

进样量:1 μL 或 2 μL。

3) 分析步骤

准确称取 0.5~5.0 g 样品于锥形瓶中,加入 5 mL 50%氢氧化钾溶液及 10 mL 乙醇,在电热板上回流 30 min(每 5 min 振摇一次),直至皂化完全。加入 10%氯化钠溶液 5 mL,摇匀,再加入石油醚 10 mL,涡旋混匀,离心分离,取上清液进行气相色谱分析。

4) 结果计算

$$X=\frac{C\times V}{m}\times\frac{100}{1\,000}$$

式中:X——样品中维生素 E 的含量,mg/100 g;

C——由标准曲线上查得样品中维生素 E 的含量,μg/mL;

V——样品提取后定量的体积,mL;

m——样品质量,g。

11.3 水溶性维生素的测定

水溶性维生素 B_1、B_2 和 C,广泛存在于动植物组织中,饮食来源充足。由于它们本身的水溶性质,除满足人体生理需要外,多余量会从小便中排出。为避免耗尽,需要经常由饮食提供。

水溶性维生素一般具有以下理化性质。

(1) 易溶于水,而不溶于苯、乙醚、氯仿等大多数有机溶剂。

(2) 在酸性介质中稳定,即使加热也不被破坏,但在碱性介质中不稳定,易于分解,特别在碱性条件下加热,可大部分或全部被破坏。

(3) 易受空气、光、热、酶、金属离子等影响,维生素 B_2 对光,特别是紫外线敏感,维生素 C 对氧、铜离子敏感,易被氧化。

根据上述性质,测定水溶性维生素时,一般在酸性溶液中进行前处理。维生素 B_1、B_2 通常采用酸水解,或经淀粉酶、木瓜蛋白酶等酶解,使结合态维生素游离出来,再将它们从食物中提取出来。维生素 C 通常采用草酸或草酸-乙酸直接提取。在一定浓度的酸性介质中,可以消除某些还原性杂质对维生素 C 的破坏。

测定水溶性维生素的方法有分光光度法、荧光法、微生物法、高效液相色谱法等。

11.3.1 维生素 B_1 的测定

维生素 B_1 又称硫胺素、抗神经炎素,存在于大多数天然食物中,纯品为无色针状结晶。在酸性介质中不易分解破坏,但在碱性条件下加热极易破坏。普通烹调可损失 25%的维生素 B_1,食品加工时如使用亚硫酸盐可将硫胺素破坏。维生素 B_1 易被小肠吸收,但此时不具有生物活性,它运至肝脏中被进一步磷酸化形成硫胺焦磷酸酯(TPP)时才具有生物活性。长期以食用精白米、精白粉为主,又无其他多种副食品补充,无其他杂粮进行调剂,或烹调不当易造成食物中维生素 B_1 大量流失,或酗酒引起摄入不足及小肠吸收不良患者等均可造成缺乏,严重时易患脚气病。

维生素 B_1 在碱性介质中可被铁氰化钾氧化产生硫色素,在紫外光照射下产生蓝色荧光,可借此以荧光比色法定量。硫胺素能与多种重氮盐耦合呈现各种不同颜色,借此可用比色法测定。比色法灵敏度较低,准确度也稍差,适用于含硫胺素高的样品。荧光法和高效液相色谱法灵敏度很高,是目前常用的方法。

1. 高效液相色谱法(GB 5009.84—2016 第一法)

1) 原理

样品在稀盐酸介质中恒温水解、中和,再酶解,水解液用碱性铁氰化钾溶液衍生,正丁醇萃取后,经C18反相色谱柱分离,用高效液相色谱-荧光检测器检测,外标法定量。

2) 试剂

(1) 正丁醇(C_4H_9OH)。

(2) 铁氰化钾[$K_3Fe(CN)_6$]。铁氰化钾溶液(20 g/L):称取2 g铁氰化钾,用水溶解并定容至100 mL,摇匀,临用前配制。

(3) 氢氧化钠(NaOH)。氢氧化钠溶液(100 g/L):称取25 g氢氧化钠,用水溶解并定容至250 mL,摇匀。

(4) 碱性铁氰化钾溶液:将5 mL铁氰化钾溶液与200 mL氢氧化钠溶液混合,摇匀,临用前配制。

(5) 盐酸(HCl)。盐酸(0.1 mol/L):移取8.5 mL浓盐酸,加水稀释至1 000 mL,摇匀。盐酸(0.01 mol/L):量取0.1 mol/L盐酸50 mL,用水稀释并定容至500 mL,摇匀。

(6) 乙酸钠($CH_3COONa \cdot 3H_2O$)。乙酸钠溶液(0.05 mol/L):称取6.80 g乙酸钠,加900 mL水溶解,用冰乙酸调pH至4.0～5.0之间,加水定容至1 000 mL。经0.45 μm微孔滤膜过滤后使用。乙酸钠溶液(2.0 mol/L):称取27.2 g乙酸钠,用水溶解并定容至100 mL,摇匀。

(7) 冰乙酸(CH_3COOH)。

(8) 甲醇(CH_3OH):色谱纯。

(9) 五氧化二磷(P_2O_5)或者氯化钙($CaCl_2$)。

(10) 木瓜蛋白酶:应不含维生素 B_1,酶活力≥800 U/mg。

(11) 淀粉酶:应不含维生素 B_1,酶活力≥3 700 U/g。混合酶溶液:称取1.76 g木瓜蛋白酶、1.27 g淀粉酶,加水定容至50 mL,涡旋,使呈混悬状液体,冷藏保存。临用前再次摇匀后使用。

(12) 维生素 B_1 标准品:盐酸硫胺素($C_{12}H_{17}ClN_4OS \cdot HCl$),CAS号为67-03-8,纯度≥99.0%。

3) 仪器和设备

(1) 高效液相色谱仪(配荧光检测器)。

(2) 分析天平:感量为0.01 g和0.1 mg。

(3) 离心机:转速≥4 000 r/min。

(4) pH计:精度为0.01。

(5) 组织捣碎机(最大转速不低于10 000 r/min)。

(6) 电热恒温干燥箱或高压灭菌锅。

4) 分析步骤

(1) 标准溶液配制。

① 维生素 B_1 标准储备液(500 μg/mL)。

准确称取经五氧化二磷或者氯化钙干燥 24 h 的盐酸硫胺素标准品 56.1 mg(精确至 0.1 mg),相当于 50 mg 硫胺素,用 0.01 mol/L 盐酸溶解并定容至 100 mL,摇匀。置于 0～4 ℃冰箱中,保存期为 3 个月。

② 维生素 B_1 标准中间液(10.0 μg/mL)。

准确移取 2.00 mL 标准储备液,用水稀释并定容至 100 mL,摇匀。临用前配制。

③ 维生素 B_1 标准系列工作液。

吸取维生素 B_1 标准中间液 0、50、100、200、400、800、1 000 μL,用水定容至 10 mL,标准系列工作液中维生素 B_1 的浓度分别为 0、0.050 0、0.100、0.200、0.400、0.800、1.00 μg/mL。临用前配制。

(2) 试样的制备。

① 液体或固体粉末样品。

将样品混合均匀后,立即测定或于冰箱中冷藏。

② 新鲜水果、蔬菜和肉类。

取 500 g 左右样品(肉类取 250 g),用匀浆机或者粉碎机将样品均质化后,制得均匀性一致的匀浆,立即测定或者于冰箱中冷冻保存。

③ 其他含水量较低的固体样品。

如含水量在 15%左右的谷物,取 100 g 左右样品,用粉碎机将样品粉碎后,制得均匀性一致的粉末,立即测定或者于冰箱中冷藏保存。

(3) 试样溶液的制备。

① 试液提取。

称取 3～5 g(精确至 0.01 g)固体试样或者 10～20 g 液体试样于 100 mL 锥形瓶中(带有软质塞子),加 60 mL 0.1 mol/L 盐酸,充分摇匀,塞上软质塞子,高压灭菌锅中 121 ℃保持 30 min。水解结束待冷却至 40 ℃以下取出,轻摇数次。用 pH 计指示,用 2.0 mol/L 乙酸钠溶液调节 pH 至 4.0 左右,加入 2.0 mL(可根据酶活力不同适当调整用量)混合酶溶液,摇匀后,置于培养箱中 37 ℃过夜(约 16 h);将酶解液全部转移至 100 mL 容量瓶中,用水定容,摇匀,离心或者过滤,取上清液备用。

② 试液衍生化。

准确移取上述上清液或者滤液 2.0 mL 于 10 mL 试管中,加入 1.0 mL 碱性铁氰化钾溶液,涡旋混匀后,准确加入 2.0 mL 正丁醇,再次涡旋混匀 1.5 min 后静置约 10 min 或者离心,待充分分层后,吸取正丁醇相(上层)经 0.45μm 有机微孔滤膜过滤,取滤液于 2 mL 棕色进样瓶中,供分析用。若试液中维生素 B_1 浓度超出线性范围的最高浓度值,应取上清液稀释适宜倍数后,重新衍生后进样。另取 2.0 mL 标准系列工作液,与试液同步进行衍生化。

室温条件下衍生产物在 4 h 内稳定。操作过程应在避免强光照射的环境下进行。辣椒干等样品,提取液直接衍生后测定时,维生素 B_1 的回收率偏低。提取液经人造沸石净化后,再衍生时维生素 B_1 的回收率满足要求。故对于个别特殊样品,当回收率偏低时,样品提取液应净化后再衍生。

(4) 仪器参考条件。

① 色谱柱：C18 反相色谱柱（粒径 5 μm，250 mm×4.6 mm）或相当者。

② 流动相：0.05 mol/L 乙酸钠溶液-甲醇（65+35）。

③ 流速：0.8 mL/min。

④ 检测波长：激发波长 375 nm，发射波长 435 nm。

⑤ 进样量：20 μL。

(5) 标准曲线的制作。

将标准系列工作液衍生物注入高效液相色谱仪中，测定相应的维生素 B_1 峰面积，以标准工作液的浓度（μg/mL）为横坐标，以峰面积为纵坐标，绘制标准曲线。

(6) 试样溶液的测定。

按照(4)的色谱条件，将试样衍生物溶液注入高效液相色谱仪中，得到维生素 B_1 的峰面积，根据标准曲线计算得到待测液中维生素 B_1 的浓度。

5) 结果计算

试样中维生素 B_1（以硫胺素计）含量按下式计算：

$$X=\frac{C\times V\times f}{m\times 1\,000}\times 100$$

式中：X——试样中维生素 B_1（以硫胺素计）的含量，mg/100 g；

C——由标准曲线计算得到的试液（提取液）中维生素 B_1 的浓度，μg/mL；

V——试液（提取液）的定容体积，mL；

f——试液（上清液）衍生前的稀释倍数；

m——试样的质量，g。

计算结果以重复性条件下获得的两次独立测定结果的算术平均值表示，保留 3 位有效数字。试样中测定的硫胺素含量乘以换算系数 1.121，即得盐酸硫胺素的含量。

6) 说明与注意事项

(1) 精密度：在重复性条件下获得的两次独立测定结果的绝对差值不得超过算术平均值的 10%。

(2) 当称样量为 10.0 g 时，按照本标准方法的定容体积，食品中维生素 B_1 的检出限为 0.03 mg/100 g，定量限为 0.10 mg/100 g。

2. 荧光分光光度法（GB 5009.84—2016 第二法）

1) 原理

硫胺素在碱性铁氰化钾溶液中被氧化成噻嘧色素，在紫外线照射下，噻嘧色素发出荧光。在给定的条件下，以及没有其他荧光物质干扰时，此荧光的强度与噻嘧色素量成正比，即与溶液中硫胺素量成正比。如试样中含杂质过多，应经过离子交换剂处理，使硫胺素与杂质分离，然后以所得溶液用于测定。

2) 试剂

(1) 正丁醇（C_4H_9OH）。

(2) 无水硫酸钠（Na_2SO_4）：560 ℃烘烤 6 h 后使用。

(3) 铁氰化钾[$K_3Fe(CN)_6$]。铁氰化钾溶液（10 g/L）：称取 1 g 铁氰化钾，用水溶解并定容至 100 mL，摇匀，于棕色瓶内保存。

(4) 氢氧化钠（NaOH）。氢氧化钠溶液（150 g/L）：称取 150 g 氢氧化钠，用水溶解并定容至

1 000 mL,摇匀。氢氧化钠溶液(0.1 mol/L):称取 0.4 g 氢氧化钠,用水溶解并定容至 100 mL,摇匀。

(5) 碱性铁氰化钾溶液:移取 4 mL 10 g/L 铁氰化钾溶液,用 150 g/L 氢氧化钠溶液稀释至 60 mL,摇匀。用时现配,避光使用。

(6) 盐酸(HCl)。0.1 mol/L 盐酸:移取 8.5 mL 浓盐酸,用水稀释并定容至 1 000 mL,摇匀。0.01 mol/L 盐酸:量取 0.1 mol/L 盐酸 50 mL,用水稀释并定容至 500 mL,摇匀。

(7) 乙酸钠($CH_3COONa \cdot 3H_2O$)。乙酸钠溶液(2 mol/L):称取 272 g 乙酸钠,用水溶解并定容至 1 000 mL,摇匀。

(8) 冰乙酸(CH_3COOH)。乙酸溶液:量取 30 mL 冰乙酸,用水稀释并定容至 1 000 mL,摇匀。

(9) 活性人造沸石:称取 200 g 0.25～0.42 mm(40～60 目)的人造沸石于 2 000 mL 试剂瓶中,加入 10 倍于其体积的接近沸腾的热乙酸溶液,振荡 10 min,静置后,弃去上清液,再加入热乙酸溶液,重复一次;再加入 5 倍于其体积的接近沸腾的热 250 g/L 氯化钾溶液,振荡 15 min,倒出上清液;再加入乙酸溶液,振荡 10 min,倒出上清液;反复洗涤,最后用水洗直至不含氯离子。

氯离子的定性鉴别方法:取 1 mL 上述上清液(洗涤液)于 5 mL 试管中,加入几滴 0.01 mol/L 硝酸银溶液,振荡,观察是否有混浊产生,如果有混浊说明还含有氯离子,继续用水洗涤,直至不含氯离子为止。将此活性人造沸石于水中冷藏保存备用。使用时,倒入适量铺有滤纸的漏斗中,沥干水后称取约 8.0 g 倒入充满水的层析柱中。

(10) 硝酸银($AgNO_3$)。硝酸银溶液(0.01 mol/L):称取 0.17 g 硝酸银,用 100 mL 水溶解后,于棕色瓶中保存。

(11) 溴甲酚绿($C_{21}H_{14}Br_4O_5S$)。溴甲酚绿溶液(0.4 g/L):称取 0.1 g 溴甲酚绿,置于小研钵中,加入 1.4 mL 0.1 mol/L 氢氧化钠溶液研磨片刻,再加入少许水继续研磨至完全溶解,用水稀释至 250 mL。

(12) 五氧化二磷(P_2O_5)或者氯化钙($CaCl_2$)。

(13) 氯化钾(KCl)。氯化钾溶液(250 g/L):称取 250 g 氯化钾,用水溶解并定容至 1 000 mL,摇匀。酸性氯化钾溶液(250 g/L):移取 8.5 mL 浓盐酸,用 250 g/L 氯化钾溶液稀释并定容至 1 000 mL,摇匀。

(14) 淀粉酶:不含维生素 B_1,酶活力≥3 700 U/g。

(15) 木瓜蛋白酶:不含维生素 B_1,酶活力≥800 U/mg。混合酶溶液:称取 1.76 g 木瓜蛋白酶、1.27 g 淀粉酶,加水定容至 50 mL,涡旋,使呈混悬状液体,冷藏保存。临用前再次摇匀后使用。

(16) 标准品盐酸硫胺素($C_{12}H_{17}ClN_4OS \cdot HCl$):CAS 号为 67-03-8,纯度≥99.0%。

3) 仪器和设备

(1) 荧光分光光度计。

(2) 离心机:转速≥4 000 r/min。

(3) pH 计:精度为 0.01。

(4) 电热恒温箱。

(5) 盐基交换管或层析柱(60 mL,300 mm×10 mm)。

(6) 天平:感量为 0.01 g 和 0.01 mg。

4) 分析步骤

(1) 标准溶液配制。

① 维生素 B_1 标准储备液(100 μg/mL)。

准确称取经氯化钙或者五氧化二磷干燥 24 h 的盐酸硫胺素 112.1 mg(精确至 0.1 mg),相当于硫胺素为 100 mg,用 0.01 mol/L 盐酸溶解,并稀释至 1 000 mL,摇匀。于 0～4 ℃冰箱避光保存,保存期为 3 个月。

② 维生素 B_1 标准中间液(10.0 μg/mL)。

将标准储备液用 0.01 mol/L 盐酸稀释 10 倍,摇匀,在冰箱中避光保存。

③ 维生素 B_1 标准使用液(0.100 μg/mL)。

准确移取维生素 B_1 标准中间液 1.00 mL,用水稀释、定容至 100 mL,摇匀。临用前配制。

(2) 试样制备。

① 试样预处理。

用匀浆机将样品均质成匀浆,于冰箱中冷冻保存,用时将其解冻混匀使用。干燥试样取不少于 150 g,将其全部充分粉碎后备用。

② 提取。

准确称取适量试样(估计其硫胺素含量为 10～30 μg,一般称取 2～10 g 试样),置于 100 mL 锥形瓶中,加入 50 mL 0.1 mol/L 盐酸,使得样品分散开,将样品放入恒温箱中于 121 ℃水解 30 min,结束后,凉至室温后取出。用 2 mol/L 乙酸钠溶液调 pH 为 4.0～5.0 或者用 0.4 g/L 溴甲酚绿溶液为指示剂,滴定至溶液由黄色转变为蓝绿色。

③ 酶解。

于水解液中加入 2 mL 混合酶液,于 45～50 ℃恒温箱中保温过夜(16 h)。待溶液凉至室温后,转移至 100 mL 容量瓶中,用水定容,混匀、过滤,即得提取液。

④ 净化。

装柱:根据待测样品的数量,取适量处理好的活性人造沸石,经滤纸过滤后,放在烧杯中。用少许脱脂棉铺于盐基交换柱(或层析柱)的底部,加水将棉纤维中的气泡排出,关闭柱塞,加入约 20 mL 水,再加入约 8.0 g(以湿重计,相当于干重 1.0～1.2 g)经预处理的活性人造沸石,要求保持盐基交换柱中液面始终高过活性人造沸石。活性人造沸石柱床的高度对维生素 B_1 测定结果有影响,高度不低于 45 mm。

样品提取液的净化:准确加入 20 mL 上述提取液于上述盐基交换柱(或层析柱)中,使通过活性人造沸石的硫胺素总量为 2～5 μg,流速约为 1 滴/秒。加入 10 mL 近沸腾的热水冲洗盐基交换柱,流速约为 1 滴/秒,弃去淋洗液,如此重复三次。于交换柱下放置 25 mL 刻度试管用于收集洗脱液,分两次加入 20 mL 温度约为 90 ℃的酸性氯化钾溶液,每次 10 mL,流速为 1 滴/秒。待洗脱液凉至室温后,用 250 g/L 酸性氯化钾溶液定容,摇匀,即为试样净化液。

标准溶液的处理:重复上述操作,取 20 mL 维生素 B_1 标准使用液(0.1 μg/mL)代替试样提取液,同上用盐基交换柱(或层析柱)净化,即得到标准净化液。

⑤ 氧化。

将 5 mL 试样净化液分别加入 A、B 两支已标记的 50 mL 离心管中。在避光条件下将 3 mL 150 g/L 氢氧化钠溶液加入离心管 A,将 3 mL 碱性铁氰化钾溶液加入离心管 B,涡旋 15 s;然后各加入 10 mL 正丁醇,将 A、B 管同时涡旋 90 s。静置分层后吸取上层有机相于另一套离心管中,加入 2～3 g 无水硫酸钠,涡旋 20 s,使溶液充分脱水,待测定。

用标准的净化液代替试样净化液重复⑤的操作。

(3) 测定。

荧光测定条件:激发波长为 365 nm;发射波长为 435 nm;狭缝宽度为 5 nm。依次测定下列荧光强度。

① 试样空白荧光强度(试样反应管 A)。

② 标准空白荧光强度(标准反应管 A)。

③ 试样荧光强度(试样反应管 B)。

④ 标准荧光强度(标准反应管 B)。

5) 结果计算

试样中维生素 B_1(以硫胺素计)的含量按下式计算:

$$X=\frac{(U-U_b)\times C\times V}{S-S_b}\times\frac{V_1\times f}{V_2\times m}\times\frac{100}{1\,000}$$

式中:X——试样中维生素 B_1(以硫胺素计)的含量,mg/100 g;

U——试样荧光强度;

U_b——试样空白荧光强度;

S——标准荧光强度;

S_b——标准空白荧光强度;

C——硫胺素标准使用液的浓度,μg/mL;

V——用于净化的硫胺素标准使用液体积,mL;

V_1——试样水解后定容得到的提取液的体积,mL;

V_2——试样用于净化的提取液体积,mL;

f——试样提取液的稀释倍数;

m——试样质量,g。

试样中测定的硫胺素含量乘以换算系数 1.121,即得盐酸硫胺素的含量。维生素 B_1 含量在 0.2～10 μg 之间呈线性关系,可以用单点法计算结果,否则用标准工作曲线法。以重复性条件下获得的两次独立测定结果的算术平均值表示,结果保留 3 位有效数字。

6) 说明与注意事项

(1) 如样品中所含杂质较多,应经离子交换剂处理,使硫胺素与杂质分离,然后测定纯化液中硫胺素的含量。一般食品中的硫胺素有游离型的,也有结合型的(即与淀粉、蛋白质等结合在一起),故需用酸和酶水解,使结合型硫胺素成为游离型,再采用此法测定。

(2) 可在加入酸性氯化钾溶液后停止实验,因为硫胺素在此溶液中比较稳定。

(3) 样品与铁氰化钾溶液混合后,所呈现的黄色应至少保持 15 s,否则应再滴加铁氰化钾溶液 1～2 滴。因为样品中如含有还原性物质,而铁氰化钾用量不够时,硫胺素氧化不完全,会给结果带来误差。但过多的铁氰化钾会破坏硫色素,故其用量应适当。

(4) 硫色素能溶于正丁醇,在正丁醇中比在水中稳定,故用正丁醇等提取硫色素。萃取时振摇不宜过猛,以免乳化,不易分层。

(5) 紫外线破坏硫色素,所以硫色素形成后要迅速测定,并力求避光操作。

(6) 用甘油-淀粉润滑剂代替凡士林涂盐基交换柱下活塞,因凡士林具有荧光。

(7) 谷类物质不需酶分解,样品粉碎后用 25%酸性氯化钾溶液直接提取,氧化测定。

(8) 氧化是操作的关键步骤,操作中迅速加试剂且保持一致性对测定非常重要。

(9) 精密度：在重复性条件下获得的两次独立测定结果的绝对差值不得超过算术平均值的10%。

(10) 本方法的检出限为0.04 mg/100 g，定量限为0.12 mg/100 g。

11.3.2　维生素B_2的测定

维生素B_2又称核黄素，纯品为橙黄色结晶。在酸性和中性溶液中对热稳定，但在碱性溶液中则很容易被破坏。游离核黄素对光敏感。牛奶中的核黄素大部分为游离型，将牛奶置于日光下照射2 h，核黄素可被破坏一半，一般食物中的核黄素为结合型，对光较稳定。膳食中的主要来源是各种动物性食品，其中以肝、肾、心、蛋、奶中含量最多，其次是植物性食品(如豆类和新鲜绿叶蔬菜)。

测定维生素B_2常用的方法有荧光法和高效液相色谱法。根据核黄素在中性或酸性溶液中经光照射自身可产生黄绿色荧光，而在碱性溶液中经光照射可发生光分解产生强荧光物质——光黄素的性质，荧光法又分为测定自身荧光的核黄素荧光法和测定光分解产物荧光的光黄素荧光法。核黄素荧光法分析精度不高，适合于测定比较纯的试样。光黄素荧光法灵敏度、精密度都较高，且只要提取完全，可省去将结合型维生素B_2转变为游离型的操作。液相色谱法测定维生素B_2具有简便、快速，可同时进行多种水溶性维生素测定等优点，是近几年发展较快的分析方法。

1. 高效液相色谱法(GB 5009.85—2016 第一法)

1) 原理

试样在稀盐酸环境中恒温水解，调pH至6.0～6.5，用木瓜蛋白酶和高峰氏淀粉酶酶解，定容过滤后，滤液经反相色谱柱分离，高效液相色谱荧光检测器检测，外标法定量。

2) 试剂

(1) 浓盐酸。0.1 mol/L 盐酸：吸取9 mL浓盐酸，用水稀释并定容至1 000 mL。盐酸(1+1)：量取100 mL浓盐酸，缓慢倒入100 mL水中，混匀。

(2) 冰乙酸(CH_3COOH)。

(3) 氢氧化钠(NaOH)。氢氧化钠溶液(1 mol/L)：准确称取4 g氢氧化钠，加90 mL水溶解，冷却后定容至100 mL。

(4) 三水乙酸钠($CH_3COONa \cdot 3H_2O$)。乙酸钠溶液(0.1 mol/L)：准确称取13.60 g三水乙酸钠，加900 mL水溶解，用水定容至1 000 mL。乙酸钠溶液(0.05 mol/L)：准确称取6.80 g三水乙酸钠，加900 mL水溶解，用冰乙酸调pH至4.0～5.0，用水定容至1 000 mL。

(5) 甲醇(CH_3OH)：色谱纯。

(6) 木瓜蛋白酶：活力单位≥10 U/mg。

(7) 高峰氏淀粉酶：活力单位≥100 U/mg，或性能相当者。混合酶溶液：准确称取2.345 g木瓜蛋白酶和1.175 g高峰氏淀粉酶，加水溶解后定容至50 mL。临用前配制。

(8) 维生素B_2标准品($C_{17}H_{20}N_4O_6$，CAS号：83-88-5)：纯度≥98%。

3) 仪器和设备

(1) 高效液相色谱仪(带荧光检测器)。

(2) 天平：感量为1 mg和0.01 mg。

(3) 高压灭菌锅。

(4) pH计：精度为0.01。

(5) 涡旋振荡器。

(6) 组织捣碎机。

(7) 恒温水浴锅。

(8) 干燥器。

(9) 分光光度计。

4) 分析步骤

(1) 标准溶液配制。

① 维生素 B_2标准储备液(100 μg/mL)。

将维生素 B_2标准品置于真空干燥器或装有五氧化二磷的干燥器中干燥处理 24 h 后,准确称取 10 mg(精确至 0.1 mg)维生素 B_2标准品,加入 2 mL 盐酸(1+1)超声溶解后,立即用水转移并定容至 100 mL。混匀后转移入棕色玻璃容器中,在 4 ℃冰箱中储存,保存期为 2 个月。标准储备液在使用前需要进行浓度校正。

② 维生素 B_2标准中间液(2.00 μg/mL)。

准确吸取 2.00 mL 维生素 B_2标准储备液,用水稀释并定容至 100 mL。临用前配制。

③ 维生素 B_2标准系列工作液。

分别吸取维生素 B_2标准中间液 0.25、0.50、1.00、2.50、5.00 mL,用水定容至 10 mL,该标准系列浓度分别为 0.05、0.10、0.20、0.50、1.00 μg/mL。临用前配制。

(2) 试样制备。

取样品约 500 g,用组织捣碎机充分打匀,分装入洁净棕色磨口瓶中,密封,并做好标记,避光存放,备用。称取 2～10 g(精确至 0.01 g)(试样中维生素 B_2 的含量大于 5 μg)均质后的试样于 100 mL 具塞锥形瓶中,加入 60 mL 0.1 mol/L 盐酸,充分摇匀,塞好瓶塞。将锥形瓶放入高压灭菌锅内,在 121 ℃下保持 30 min,冷却至室温后取出。用 1 mol/L 氢氧化钠溶液调 pH 至 6.0～6.5,加入 2 mL 混合酶溶液,摇匀后,置于 37 ℃培养箱或恒温水浴锅中过夜酶解。将酶解液转移至 100 mL 容量瓶中,加水定容,用滤纸过滤或离心,取滤液或上清液,过 0.45 μm 水相滤膜作为待测液。不加试样,按同一操作方法做空白实验。操作过程应避免强光照射。

(3) 仪器参考条件。

① 色谱柱:C18 柱,柱长 150 mm,内径 4.6 mm,填料粒径 5 μm,或相当者。

② 流动相:乙酸钠溶液(0.05 mol/L)-甲醇(65+35)。

③ 流速:1 mL/min。

④ 柱温:30 ℃。

⑤ 检测波长:激发波长 462 nm,发射波长 522 nm。

⑥ 进样体积:20 μL。

(4) 标准曲线的制作。

将标准系列工作液分别注入高效液相色谱仪中,测定相应的峰面积,以标准系列工作液的浓度为横坐标,以峰面积为纵坐标,绘制标准曲线。

(5) 试样溶液的测定。

将试样溶液注入高效液相色谱仪中,得到相应的峰面积,根据标准曲线得到待测液中维生素 B_2的浓度。

(6) 空白实验要求。

空白实验溶液色谱图中应不含待测组分峰或其他干扰峰。

5）结果计算

试样中维生素 B_2 的含量按下式计算：

$$X=\frac{\rho\times V}{m}\times\frac{100}{1\,000}$$

式中：X——试样中维生素 B_2（以核黄素计）的含量，mg/100 g；

ρ——根据标准曲线计算得到的试样中维生素 B_2 的浓度，μg/mL；

V——试样溶液的最终定容体积，mL；

m——试样质量，g；

100——换算为 100 g 样品中含量的换算系数；

1 000——将浓度单位 μg/mL 换算为 mg/mL 的换算系数。

6）说明与注意事项

（1）精密度：在重复性条件下获得的两次独立测定结果的绝对差值不得超过算术平均值的 10%。

（2）当取样量为 10.00 g 时，方法检出限为 0.02 mg/100 g，定量限为 0.05 mg/100 g。

2. 荧光分光光度法（GB 5009.85—2016 第二法）

1）原理

维生素 B_2 在 440～500 nm 波长光照射下发出黄绿色荧光。在稀溶液中其荧光强度与维生素 B_2 的浓度成正比。在 525 nm 波长下测定其荧光强度。试液再加入连二亚硫酸钠，将维生素 B_2 还原为无荧光的物质，然后再测定试液中残余荧光杂质的荧光强度，两者之差即为试样中维生素 B_2 所产生的荧光强度。

2）试剂

（1）浓盐酸。0.1 mol/L 盐酸：吸取 9 mL 浓盐酸，用水稀释并定容至 1 000 mL。盐酸（1+1）：量取 100 mL 浓盐酸，缓慢倒入 100 mL 水中，混匀。

（2）冰乙酸（CH_3COOH）。

（3）氢氧化钠（NaOH）。氢氧化钠溶液（1 mol/L）：准确称取 4 g 氢氧化钠，加 90 mL 水溶解，冷却后定容至 100 mL。

（4）三水乙酸钠（$CH_3COONa\cdot 3H_2O$）。乙酸钠溶液（0.1 mol/L）：准确称取 13.60 g 三水乙酸钠，加 900 mL 水溶解，用水定容至 1 000 mL。

（5）木瓜蛋白酶：活力单位≥10 U/mg。

（6）高峰氏淀粉酶：活力单位≥100 U/mg，或性能相当者。混合酶溶液：准确称取 2.345 g 木瓜蛋白酶和 1.175 g 高峰氏淀粉酶，加水溶解后定容至 50 mL。临用前配制。

（7）硅镁吸附剂：50～150 μm。

（8）丙酮（CH_3COCH_3）。洗脱液：丙酮-冰乙酸-水（5+2+9）。

（9）高锰酸钾（$KMnO_4$）。高锰酸钾溶液（30 g/L）：准确称取 3 g 高锰酸钾，用水溶解后定容至 100 mL。

（10）过氧化氢（H_2O_2）溶液（30%）。过氧化氢溶液（3%）：吸取 10 mL 30% 过氧化氢溶液，用水稀释并定容至 100 mL。

（11）连二亚硫酸钠（$Na_2S_2O_4$）。连二亚硫酸钠溶液（200 g/L）：准确称取 20 g 连二亚硫酸钠，用水溶解后定容至 100 mL。此溶液用前配制，保存在冰水浴中，4 h 内有效。

（12）维生素 B_2 标准品（$C_{17}H_{20}N_4O_6$，CAS 号为 83-88-5）：纯度≥98%。

3) 仪器和设备

(1) 荧光分光光度计。

(2) 天平:感量为 1 mg 和 0.01 mg。

(3) 高压灭菌锅。

(4) pH 计:精度为 0.01。

(5) 涡旋振荡器。

(6) 组织捣碎机。

(7) 恒温水浴锅。

(8) 干燥器。

(9) 维生素 B_2 吸附柱。

4) 分析步骤

(1) 标准溶液配制。

① 维生素 B_2 标准储备液(100 μg/mL)。

将维生素 B_2 标准品置于真空干燥器或装有五氧化二磷的干燥器中干燥处理 24 h,准确称取 10 mg(精确至 0.1 mg)维生素 B_2 标准品,加入 2 mL 盐酸(1+1)超声溶解后,立即用水转移并定容至 100 mL。混匀后转移入棕色玻璃容器中,在 4 ℃冰箱中储存,保存期 2 个月。标准储备液在使用前需要进行浓度校正。

② 维生素 B_2 标准中间液(10 μg/mL)。

准确吸取 10 mL 维生素 B_2 标准储备液,用水稀释并定容至 100 mL。在 4 ℃冰箱中避光储存,保存期 1 个月。

③ 维生素 B_2 标准工作液(1 μg/mL)。

准确吸取 10 mL 维生素 B_2 标准中间液,用水定容至 100 mL。此溶液每毫升相当于 1.00 μg 维生素 B_2。在 4 ℃冰箱中避光储存,保存期 1 周。

(2) 试样制备。

① 试样的水解。

取样品约 500 g,用组织捣碎机充分打匀,分装入洁净棕色磨口瓶中,密封,并做好标记,避光存放,备用。称取 2～10 g(精确至 0.01 g,含 10～200 μg 维生素 B_2)均质后的试样于 100 mL 具塞锥形瓶中,加入 60 mL 0.1 mol/L 盐酸,充分摇匀,塞好瓶塞。将锥形瓶放入高压灭菌锅内,在 121 ℃下保持 30 min,冷却至室温后取出。用氢氧化钠溶液调 pH 至 6.0～6.5。

② 试样的酶解。

加入 2 mL 混合酶溶液,摇匀后,置于 37 ℃培养箱或恒温水浴锅中过夜酶解。

③ 过滤。

将上述酶解液转移至 100 mL 容量瓶中,加水定容,用干滤纸过滤备用。此提取液在 4 ℃冰箱中可保存 1 周。操作过程应避免强光照射。

(3) 氧化去杂质。

视试样中维生素 B_2 的含量取一定体积的试样提取液(含 1～10 μg 维生素 B_2)及维生素 B_2 标准工作液分别置于 20 mL 的具塞刻度试管中,加水至 15 mL。各管加 0.5 mL 冰乙酸,混匀。加 0.5 mL 30 g/L 高锰酸钾溶液,摇匀,放置 2 min,使氧化去杂质。滴加 3%过氧化氢溶液数滴,直至高锰酸钾的颜色褪去。剧烈振摇试管,使多余的氧气逸出。

(4) 维生素 B_2 的吸附和洗脱。

① 维生素 B_2 吸附柱。

硅镁吸附剂约 1 g 用湿法装入柱，占柱长 1/2～2/3（约 5 cm）为宜（吸附柱下端用一小团脱脂棉垫上），勿使柱内产生气泡，调节流速约为 60 滴/分。

② 过柱与洗脱。

将全部氧化后的样液及标准液通过吸附柱后，用约 20 mL 热水淋洗样液中的杂质。然后用 5 mL 洗脱液将试样中维生素 B_2 洗脱至 10 mL 容量瓶中，再用 3～4 mL 水洗吸附柱，洗出液合并至容量瓶中，并用水定容，混匀后待测定。

（5）标准曲线的制作。

分别精确吸取维生素 B_2 标准工作液 0.3、0.6、0.9、1.25、2.5、5.0、10.0、20.0 mL（相当于 0.3、0.6、0.9、1.25、2.5、5.0、10.0、20.0 μg 维生素 B_2）按（3）（4）步骤操作，根据维生素 B_2 浓度和荧光值制作标准曲线。

（6）试样溶液的测定。

于激发光波长 440 nm、发射光波长 525 nm，测量试样管及标准管的荧光值。待试样管及标准管的荧光值测量后，在各管的剩余液（5～7 mL）中加 0.1 mL 20%连二亚硫酸钠溶液，立即混匀，在 20 s 内测出各管的荧光值，作各自的空白值。

5）结果计算

试样中维生素 B_2 的含量按下式计算：

$$X=\frac{(A-B)\times S}{C-D}\times f\times\frac{100}{1\,000}$$

式中：X——试样中维生素 B_2（以核黄素计）的含量，mg/100 g；

A——试样荧光值；

B——试样空白荧光值；

S——标准管中维生素 B_2 的质量，μg；

C——标准荧光值；

D——标准空白荧光值；

m——试样质量，g；

f——稀释倍数；

100——换算为 100 g 样品中含量的换算系数；

1 000——将浓度单位 μg/100 g 换算为 mg/100 g 的换算系数。

计算结果保留至小数点后两位。

6）说明与注意事项

（1）核黄素对光敏感，整个操作应在暗室中进行。

（2）核黄素可被连二亚硫酸钠还原成无荧光型，但摇动后很快就被空气氧化成有荧光的物质，所以要立即测定。

（3）精密度：在重复性条件下获得的两次独立测定结果的绝对差值不得超过算术平均值的 10%。

（4）当取样量为 10.00 g 时，方法检出限为 0.006 mg/100 g，定量限为 0.02 mg/100 g。

3．光黄素荧光分光光度法

1）原理

维生素 B_2 在碱性溶液中经紫外线照射，分解产生光黄素。光黄素的荧光强度比维生素 B_2 强得多，而且溶于氯仿中。将经过光照射后的碱性溶液进行酸化，用氯仿提取，由提取液的荧光强度来测定维生素 B_2 的含量。

2) 试剂

(1) 氢氧化钠溶液(1 mol/L):称取 40 g 氢氧化钠,溶于 950 mL 水中,加入新配制的饱和氢氧化钡溶液至不发生沉淀为止,继续加水至 1 000 mL,放置 24 h 后,过滤备用。

(2) 氯仿(重蒸后无荧光),冰乙酸,4%高锰酸钾溶液,3%过氧化氢溶液,0.05 mol/L 硫酸。

(3) 维生素 B_2 标准溶液:准确称取 0.10 g 维生素 B_2 标准品,溶于 0.05 mol/L 乙酸中,用 0.05 mol/L 乙酸稀释至 1 L,储存于棕色容量瓶中,使用时稀释成 1 μg/mL 的工作液。

3) 仪器与设备

(1) 荧光光度计。

(2) 光分解装置:内装有荧光灯及反射板的暗箱。

4) 分析步骤

一般样品(谷类及面粉等):准确称取样品 5.0～10.0 g,置于 100 mL 棕色容量瓶中,加入 0.05 mol/L 硫酸 80～90 mL,在水浴上加热 30 min,不断地摇动,冷却后用 0.05 mol/L 硫酸稀释至刻度,过滤,取适当过滤澄清液,用水稀释至溶液中含维生素 B_2 约为 0.2 μg/mL 作为待测溶液。取 A、B、C 三支具塞试管,各取此溶液 5.0 mL,于 A 管中加入 1 mL 维生素 B_2 标准溶液(1 μg/mL)。向 B、C 二管各加入水 1 mL,然后于三管中均加入 1 mol/L 氢氧化钠溶液 3 mL,摇匀,将 A、B 二管置于光解室中经光分解 1 h。C 管置于暗盒中 1 h,取出后于三管中均加入 0.3 mL 冰乙酸及 10.0 mL 氯仿,剧烈振摇提取 1 min,分层后取氯仿层置于荧光光度计比色皿中,测定荧光强度。激发波长为 440 nm,荧光发射波长为 565 nm。

5) 结果计算

试样中维生素 B_2 的含量按下式计算:

$$X=\frac{B-C}{A-B}\times\frac{T}{m}\times\frac{100}{1\,000}$$

式中:X——试样中维生素 B_2 的含量,mg/100 g;

A、B、C——分别为 A、B、C 三管中测试液荧光强度;

m——样品质量,g;

T——提取液的稀释倍数。

6) 说明及注意事项

豆浆等制品:称取 3.00 g 样品,按前述步骤提取维生素 B_2,并将提取液稀释到维生素 B_2 含量约为 0.2 μg/mL 的程度。取 25 mL 提取液,加入 20 mL 氯仿,剧烈振摇后于高速离心机上离心分离,弃去氯仿层。如此操作三次。于 A、B、C 三管中各加入 5.0 mL 上述提取液,在 A 管中加入维生素 B_2 标准液(1 μg/mL)1 mL。B、C 两管各加水 1 mL,然后三管各加入 1 mol/L 氢氧化钠溶液 3 mL。将 A、B 两管置于光解室中光解 1 h,C 管置于暗盒中 1 h,此后,向三管中各加入冰乙酸 0.3 mL,分别滴加 4%高锰酸钾溶液至溶液呈红色。再加入 3%过氧化氢溶液使红色褪去。各加入 10.0 mL 氯仿进行剧烈振摇 1 min,测定各管的氯仿提取液的荧光强度。计算公式同上法。

11.3.3　维生素 C 含量的测定

维生素 C 又称抗坏血酸,能防治坏血症,它是一种不饱和的多羟基化合物,以内酯形式存在,在 2 位与 3 位碳原子之间烯醇羟基上的氢可游离成 H^+,所以具有酸性。植物和多数动物可利用六碳糖合成维生素 C,但人体不能合成,必须靠摄食供给。自然界存在还原型和氧化型

(脱氢抗坏血酸)两种抗坏血酸,天然食品中 90%的抗坏血酸是还原型的,都可被人体利用,它们可以互相转化,但当氧化型生成二酮古洛酸后,就不能再复原,从而失去生物活性。

维生素 C 为无色或白色晶体,易溶于水,微溶于乙醇。固态的维生素 C 性质相对稳定,溶液中的维生素 C 性质不稳定,在有氧、光照、加热、碱性物质、氧化酶,以及痕量铜、铁存在时则易被氧化破坏。因此食物在加碱处理或加水蒸煮、蔬菜长期在空气中放置等情况下维生素 C 损失较多,而在酸性、冷藏及隔绝空气时损失较少。维生素 C 对人体健康有重要的作用。新鲜的水果蔬菜,特别是枣、辣椒、苦瓜、猕猴桃、柑橘等食品中含量尤为丰富。

测定维生素 C 常用的方法有 2,6-二氯靛酚滴定法、苯肼比色法、荧光法及高效液相色谱法、极谱法等。靛酚滴定法测定的是还原型维生素 C,该法简便,也较灵敏,但特异性差,样品中的其他还原性物质(如 Fe^{2+}、Sn^{2+}、Cu^{2+}等)会干扰测定,使测定值偏高;且对深色样液滴定终点不易辨别。苯肼比色法和荧光法测得的都是维生素 C 和脱氢维生素 C 的总量。苯肼比色法操作复杂,特异性较差,易受共存物质的影响,结果中包括二酮古洛糖酸,故测定值往往偏高。荧光法受干扰的影响较小,且结果不包括二酮古洛糖酸,故准确度较高,重现性好,灵敏度与苯肼比色法基本相同,但操作较复杂。高效液相色谱法可以同时测得维生素 C 和脱氢维生素 C 的含量,具有干扰少,准确度高,重现性好,灵敏、简便、快速等优点,是上述几种方法中最先进、最可靠的方法。

1. 高效液相色谱法(GB 5009.86—2016 第一法)

1) 原理

试样中的抗坏血酸用偏磷酸溶解超声提取后,以离子对试剂为流动相,经反相色谱柱分离,其中 L-(+)-抗坏血酸和 D-(−)-抗坏血酸直接用配有紫外检测器(波长 245 nm)的液相色谱仪测定;试样中的 L-(+)-脱氢抗坏血酸经 L-半胱氨酸溶液进行还原后,用紫外检测器(波长 245 nm)测定 L-(+)-抗坏血酸总量,或减去原样品中测得的 L-(+)-抗坏血酸含量而获得 L-(+)-脱氢抗坏血酸的含量。以色谱峰的保留时间定性,外标法定量。

2) 试剂

(1) 偏磷酸$(HPO_3)_n$:含量(以 HPO_3计)≥38%。偏磷酸溶液(200 g/L):称取 200 g(精确至 0.1 g)偏磷酸,溶于水并稀释至 1 L,此溶液保存于 4 ℃的环境下可保存 1 个月。偏磷酸溶液(20 g/L):量取 50 mL 200 g/L 偏磷酸溶液,用水稀释至 500 mL。

(2) 磷酸三钠($Na_3PO_4 \cdot 12H_2O$)。磷酸三钠溶液(100 g/L):称取 100 g(精确至 0.1 g)磷酸三钠,溶于水并稀释至 1 L。

(3) 磷酸二氢钾(KH_2PO_4)。

(4) 磷酸(H_3PO_4):85%。

(5) L-半胱氨酸($C_3H_7NO_2S$):优级纯。L-半胱氨酸溶液(40 g/L):称取 4 g L-半胱氨酸,溶于水并稀释至 100 mL。临用时配制。

(6) 十六烷基三甲基溴化铵($C_{19}H_{42}BrN$):色谱纯。

(7) 甲醇(CH_3OH):色谱纯。

(8) L-(+)-抗坏血酸标准品($C_6H_8O_6$):纯度≥99%。

(9) D-(−)-抗坏血酸(异抗坏血酸)标准品($C_6H_8O_6$):纯度≥99%。

3) 仪器和设备

(1) 液相色谱仪:配有二极管阵列检测器或紫外检测器。

(2) pH 计:精度为 0.01。

(3) 天平:感量为 0.1 g、1 mg、0.01 mg。

(4) 超声波清洗器。

(5) 离心机:转速≥4 000 r/min。

(6) 均质机。

(7) 滤膜:0.45 μm 水相膜。

(8) 振荡器。

4) 分析步骤

(1) 标准溶液配制。

① L-(+)-抗坏血酸标准储备液(1.000 mg/mL)。

准确称取 L-(+)-抗坏血酸标准品 0.01 g(精确至 0.01 mg),用 20 g/L 偏磷酸溶液定容至 10 mL。该储备液在 2～8 ℃避光条件下可保存 1 周。

② D-(－)-抗坏血酸标准储备液(1.000 mg/mL)。

准确称取 D-(－)-抗坏血酸标准品 0.01 g(精确至 0.01 mg),用 20 g/L 偏磷酸溶液定容至 10 mL。该储备液在 2～8 ℃避光条件下可保存 1 周。

③ 抗坏血酸混合标准系列工作液。

分别吸取 L-(+)-抗坏血酸和 D-(－)-抗坏血酸标准储备液 0、0.05、0.50、1.0、2.5、5.0 mL,用 20 g/L 偏磷酸溶液定容至 100 mL。标准系列工作液中 L-(+)-抗坏血酸和 D-(－)-抗坏血酸的浓度分别为 0、0.5、5.0、10.0、25.0、50.0 μg/mL。临用时配制。

(2) 试样制备。

① 液体或固体粉末样品。

混合均匀后,应立即用于检测。

② 水果、蔬菜及其制品或其他固体样品。

取 100 g 左右样品加入等质量的 20 g/L 偏磷酸溶液,经均质机均质并混合均匀后,应立即测定。

(3) 试样溶液的制备。

称取相当于样品 0.5～2 g(精确至 0.001 g)混合均匀的固体试样或匀浆试样,或吸取 2～10 mL 液体试样[使所取试样含 L-(+)-抗坏血酸为 0.03～6 mg]于 50 mL 烧杯中,用 20 g/L偏磷酸溶液将试样转移至 50 mL 容量瓶中,振摇溶解并定容。摇匀,全部转移至 50 mL 离心管中,超声提取 5 min 后,于 4 000 r/min 离心 5 min,取上清液过 0.45 μm 水相滤膜,滤液待测[由此试液可同时分别测定试样中 L-(+)-抗坏血酸和 D-(－)-抗坏血酸的含量]。

(4) 试样溶液的还原。

准确吸取 20 mL 上述离心后的上清液于 50 mL 离心管中,加入 10 mL 40 g/L L-半胱氨酸溶液,用 100 g/L 磷酸三钠溶液调节 pH 至 7.0～7.2,以 200 次/分速度振荡 5 min。再用磷酸调节 pH 至 2.5～2.8,用水将试液全部转移至 50 mL 容量瓶中,并定容。混匀后取此试液过 0.45 μm 水相滤膜后待测[由此试液可测定试样中包括脱氢型的 L-(+)-抗坏血酸总量]。

若试样含有增稠剂,可准确吸取 4 mL 经 L-半胱氨酸溶液还原的试液,再准确加入 1 mL 甲醇,混匀后过 0.45 μm 滤膜后待测。

(5) 仪器参考条件。

① 色谱柱:C18 柱,柱长 250 mm,内径 4.6 mm,粒径 5 μm,或同等性能的色谱柱。

② 检测器：二极管阵列检测器或紫外检测器。

③ 流动相：A 液为 6.8 g 磷酸二氢钾和 0.91 g 十六烷基三甲基溴化铵，用水溶解并定容至 1 L（用磷酸调 pH 至 2.5～2.8）；B 液为 100% 甲醇。将 A、B 按 98∶2 的体积比混合，过 0.45 μm 滤膜，超声脱气。

④ 流速：0.7 mL/min。

⑤ 检测波长：245 nm。

⑥ 柱温：25 ℃。

⑦ 进样量：20 μL。

（6）标准曲线制作。

分别对抗坏血酸混合标准系列工作液进行测定，以 L-(＋)-抗坏血酸[或 D-(－)-抗坏血酸]标准溶液的质量浓度（μg/mL）为横坐标，L-(＋)-抗坏血酸[或 D-(－)-抗坏血酸]的峰高或峰面积为纵坐标，绘制标准曲线或计算回归方程。L-(＋)-抗坏血酸、D-(－)-抗坏血酸标准色谱图见图 11-5。

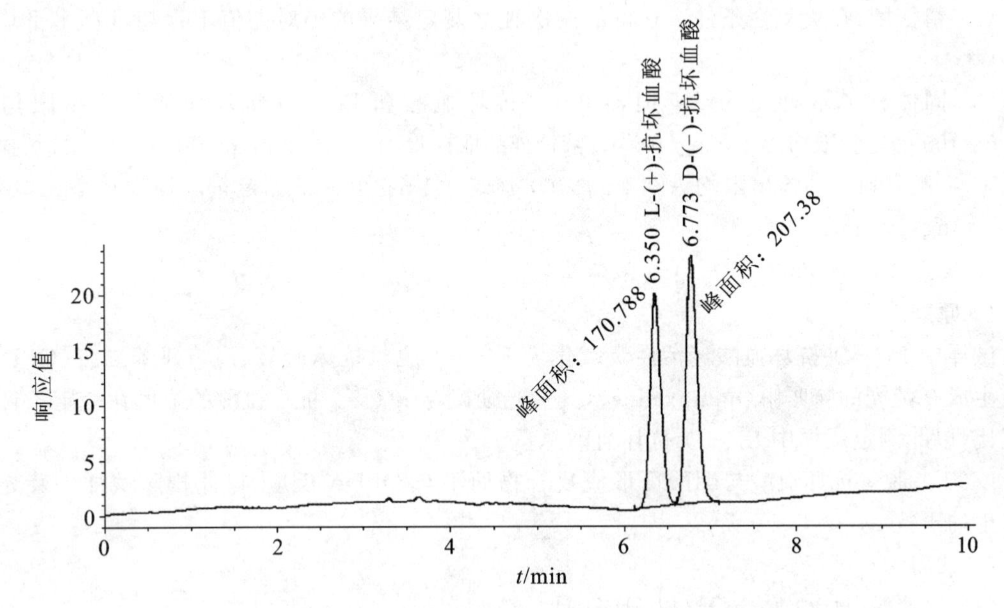

图 11-5　L-(＋)-抗坏血酸、D-(－)-抗坏血酸标准色谱图

（7）试样溶液的测定。

对试样溶液进行测定，根据标准曲线得到测定液中 L-(＋)-抗坏血酸[或 D-(－)-抗坏血酸]的浓度（μg/mL）。

（8）空白实验。

空白实验系指除不加试样外，采用完全相同的分析步骤、试剂和用量，进行平行操作。

5）分析结果的表述

试样中 L-(＋)-抗坏血酸[或 D-(－)-抗坏血酸]的含量和 L-(＋)-抗坏血酸总量以 mg/100 g 表示，按下式计算：

$$X=\frac{(C_1-C_0)\times V}{m\times 1\,000}\times F\times K\times 100$$

式中：X——试样中 L-(＋)-抗坏血酸[或 D-(－)-抗坏血酸]的含量或 L-(＋)-抗坏血酸总量，

mg/100 g；

C_1——样液中 L-(+)-抗坏血酸[或 D-(−)-抗坏血酸]的质量浓度，μg/mL；

C_0——样品空白液中 L-(+)-抗坏血酸[或 D-(−)-抗坏血酸]的质量浓度，μg/mL；

V——试样的最后定容体积，mL；

m——实际检测试样质量，g；

1 000——换算系数(由 μg/mL 换算成 mg/mL 的换算因子)；

F——稀释倍数，若使用(4)还原步骤，则为 2.5；

K——若使用(4)中甲醇沉淀步骤，则为 1.25；

100——换算系数(由 mg/g 换算成 mg/100 g 的换算因子)。

计算结果以重复性条件下获得的两次独立测定结果的算术平均值表示，结果保留 3 位有效数字。

6）说明与注意事项

(1) 整个检测过程尽可能在避光条件下进行。

(2) 精密度：在重复性条件下获得的两次独立测定结果的绝对差值不得超过算术平均值的 10%。

(3) 固体样品取样量为 2 g 时，L-(+)-抗坏血酸和 D-(−)-抗坏血酸的检出限均为 0.5 mg/100 g，定量限均为 2.0 mg/100 g。液体样品取样量为 10 g(或 10 mL)时，L-(+)-抗坏血酸和 D-(−)-抗坏血酸的检出限均为 0.1 mg/100 g(或 0.1 mg/100 mL)，定量限均为 0.4 mg/100 g(或 0.4 mg/100 mL)。

2. 荧光法(GB 5009.86—2016 第二法)

1）原理

试样中 L-(+)-抗坏血酸经活性炭氧化为 L-(+)-脱氢抗坏血酸后，与邻苯二胺(OPDA)反应生成有荧光的喹喔啉(quinoxaline)，其荧光强度与 L-(+)-抗坏血酸的浓度在一定条件下成正比，以此测定试样中 L-(+)-抗坏血酸总量。

L-(+)-脱氢抗坏血酸与硼酸可形成复合物而不与 OPDA 反应，以此排除试样中荧光杂质产生的干扰。

2）试剂

(1) 偏磷酸$(HPO_3)_n$：含量(以 HPO_3 计)≥38%。

(2) 冰乙酸(CH_3COOH)：浓度约为 30%。偏磷酸-乙酸溶液：称取 15 g 偏磷酸，加入 40 mL 冰乙酸及 250 mL 水，加温，搅拌，使之逐渐溶解，冷却后加水至 500 mL。于 4 ℃冰箱可保存 7～10 d。

(3) 浓硫酸：浓度约为 98%。硫酸溶液(0.15 mol/L)：取 8.3 mL 浓硫酸，小心加入水中，再加水稀释至 1 000 mL。偏磷酸-乙酸-硫酸溶液：称取 15 g 偏磷酸，加入 40 mL 冰乙酸，滴加 0.15 mol/L 硫酸溶液至溶解，并稀释至 500 mL。

(4) 乙酸钠(CH_3COONa)。乙酸钠溶液(500 g/L)：称取 500 g 乙酸钠，加水至 1 000 mL。

(5) 硼酸(H_3BO_3)。硼酸-乙酸钠溶液：称取 3 g 硼酸，用 500 g/L 乙酸钠溶液溶解并稀释至 100 mL。临用时配制。

(6) 邻苯二胺($C_6H_8N_2$)。邻苯二胺溶液(200 mg/L)：称取 20 mg 邻苯二胺，用水溶解并稀释至 100 mL，临用时配制。

(7) 百里酚蓝($C_{27}H_{30}O_5S$)。百里酚蓝指示剂溶液(0.4 mg/mL)：称取 0.1 g 百里酚蓝，加

入 0.02 mol/L 氢氧化钠溶液约 10.75 mL，在玻璃研钵中研磨至溶解，用水稀释至 250 mL。(变色范围：pH 等于 1.2 时呈红色；pH 等于 2.8 时呈黄色；pH 大于 4 时呈蓝色。)

(8) 活性炭粉。酸性活性炭：称取约 200 g 活性炭粉(75～177 μm)，加入 1 L 盐酸(1+9)，加热回流 1～2 h，过滤，用水洗至滤液中无铁离子为止，置于 110～120 ℃烘箱中干燥 10 h，备用。

检验铁离子方法：利用普鲁士蓝反应。将 20 g/L 亚铁氰化钾溶液与 1%盐酸等量混合，将上述洗出滤液滴入，如有铁离子则产生蓝色沉淀。

(9) L-(+)-抗坏血酸标准品($C_6H_8O_6$)：纯度≥99%。

3) 仪器和设备

荧光分光光度计：具有激发波长 338 nm 及发射波长 420 nm。配有 1 cm 比色皿。

4)分析步骤

(1) 标准品的配制。

① L-(+)-抗坏血酸标准储备液(1.000 mg/mL)。

称取 L-(+)-抗坏血酸 0.05 g(精确至 0.01 mg)，用偏磷酸-乙酸溶液溶解并稀释至 50 mL，该储备液在 2～8 ℃避光条件下可保存 1 周。

② L-(+)-抗坏血酸标准工作液(100.0 μg/mL)。

准确吸取 L-(+)-抗坏血酸标准储备液 10 mL，用偏磷酸-乙酸溶液稀释至 100 mL，临用时配制。

(2) 试液的制备。

精密称取约 100 g(精确至 0.1 g)试样，加 100 g 偏磷酸-乙酸溶液，倒入捣碎机内打成匀浆，用百里酚蓝指示剂测试匀浆的酸碱度。如呈红色，即称取适量匀浆用偏磷酸-乙酸溶液稀释；若呈黄色或蓝色，则称取适量匀浆用偏磷酸-乙酸-硫酸溶液稀释，使其 pH 为 1.2。匀浆的取用量根据试样中抗坏血酸的含量而定。当试样液中抗坏血酸含量在 40～100 μg/mL 之间，一般称取 20 g(精确至 0.01 g)匀浆，用相应溶液稀释至 100 mL，过滤，滤液备用。

(3) 测定。

氧化处理：分别准确吸取 50 mL 试样滤液及抗坏血酸标准工作液于 200 mL 具塞锥形瓶中，加入 2 g 活性炭，用力振摇 1 min，过滤，弃去最初数毫升滤液，分别收集其余全部滤液，即为试样氧化液和标准氧化液，待测定。

分别准确吸取 10 mL 试样氧化液于两个 100 mL 容量瓶中，作为“试样液”和“试样空白液”。

分别准确吸取 10 mL 标准氧化液于两个 100 mL 容量瓶中，作为“标准液”和“标准空白液”。

于“试样空白液”和“标准空白液”中各加 5 mL 硼酸-乙酸钠溶液，混合振摇 15 min，用水稀释至 100 mL，在 4 ℃冰箱中放置 2～3 h，取出待测。

于“试样液”和“标准液”中各加 5 mL 500 g/L 乙酸钠溶液，用水稀释至 100 mL，待测。

(4) 标准曲线的制备。

准确吸取上述“标准液”(L-(+)-抗坏血酸含量为 10 μg/mL) 0.5、1.0、1.5、2.0 mL，分别置于 10 mL 具塞刻度试管中，用水补充至 2.0 mL。另准确吸取“标准空白液”2 mL 于 10 mL 具塞刻度试管中。在暗室迅速向各管中加入 5 mL 邻苯二胺溶液，振摇混合，在室温下反应 35 min，于激发波长 338 nm、发射波长 420 nm 处测定荧光强度。以“标准液”系列荧光强度分别减去“标准空白液”荧光强度的差值为纵坐标，对应的 L-(+)-抗坏血酸含量为横坐标，绘制标准曲线或计算线性回归方程。

(5) 试样测定。

分别准确吸取 2 mL“试样液”和“试样空白液”于 10 mL 具塞刻度试管中,在暗室迅速向各管中加入 5 mL 邻苯二胺溶液,振摇混合,在室温下反应 35 min,于激发波长 338 nm、发射波长 420 nm 处测定荧光强度。以“试样液”荧光强度减去“试样空白液”的荧光强度的差值于标准曲线上查得或回归方程计算测定试样溶液中 L-(+)-抗坏血酸总量。

5) 分析结果的表述

试样中 L-(+)-抗坏血酸总量按下式计算:

$$X=\frac{C\times V}{m}\times F\times \frac{100}{1\ 000}$$

式中:X——试样中 L-(+)-抗坏血酸的总量,mg/100 g;

C——由标准曲线查得或回归方程计算的进样液中 L-(+)-抗坏血酸的质量浓度,μg/mL;

V——荧光反应所用试样体积,mL;

m——实际检测试样质量,g;

F——试样溶液的稀释倍数;

100——换算系数;

1 000——换算系数。

计算结果以重复性条件下获得的两次独立测定结果的算术平均值表示,结果保留 3 位有效数字。

6) 说明及注意事项

(1) 精密度:在重复性条件下获得的两次独立测定结果的绝对差值不得超过算术平均值的 10%。

(2) 当样品取样量为 10 g 时,L-(+)-抗坏血酸总量的检出限为 0.044 mg/100 g,定量限为 0.7 mg/100 g。

3. 2,6-二氯靛酚滴定法(GB 5009.86—2016 第三法)

1) 原理

用蓝色的碱性染料 2,6-二氯靛酚标准溶液对含 L-(+)-抗坏血酸的试样酸性浸出液进行氧化还原滴定,2,6-二氯靛酚被还原为无色,当到达滴定终点时,多余的 2,6-二氯靛酚在酸性介质中显浅红色,由 2,6-二氯靛酚的消耗量计算样品中 L-(+)-抗坏血酸的含量。

2) 试剂

(1) 偏磷酸($(HPO_3)_n$):含量(以 HPO_3 计)≥38%。偏磷酸溶液(20 g/L):称取 20 g 偏磷酸,用水溶解并定容至 1 L。

(2) 草酸($C_2H_2O_4$)。草酸溶液(20 g/L):称取 20 g 草酸,用水溶解并定容至 1 L。

(3) 碳酸氢钠($NaHCO_3$)。

(4) 2,6-二氯靛酚(2,6-二氯靛酚钠盐,$C_{12}H_6Cl_2NNaO_2$)。2,6-二氯靛酚溶液:称取碳酸氢钠 52 mg,溶解在 200 mL 热蒸馏水中,然后称取 2,6-二氯靛酚 50 mg 并溶解在上述碳酸氢钠溶液中。冷却并用水定容至 250 mL,过滤至棕色瓶内,于 4~8 ℃环境中保存。每次使用前,用标准抗坏血酸溶液标定其滴定度。

标定方法:准确吸取 1 mL 抗坏血酸标准溶液于 50 mL 锥形瓶中,加入 10 mL 偏磷酸溶液或草酸溶液,摇匀,用 2,6-二氯靛酚溶液滴定至粉红色,保持 15 s 不褪色为止。同时另取 10 mL 偏磷酸溶液或草酸溶液做空白实验。2,6-二氯靛酚溶液的滴定度按下式计算:

$$T=\frac{C\times V}{V_1-V_0}$$

式中：T——2,6-二氯靛酚溶液的滴定度，即每毫升 2,6-二氯靛酚溶液相当于抗坏血酸的毫克数，mg/mL；

C——抗坏血酸标准溶液的质量浓度，mg/mL；

V——吸取抗坏血酸标准溶液的体积，mL；

V_1——滴定抗坏血酸标准溶液所消耗 2,6-二氯靛酚溶液的体积，mL；

V_0——滴定空白所消耗 2,6-二氯靛酚溶液的体积，mL。

(5) 白陶土(或高岭土)：对抗坏血酸无吸附性。

(6) L-(＋)-抗坏血酸标准品($C_6H_8O_6$)：纯度≥99%。

3) 分析步骤

(1) 标准溶液的配制。

L-(＋)-抗坏血酸标准储备液(1.000 mg/mL)：称取 100 mg(精确至 0.1 mg)L-(＋)-抗坏血酸标准品，溶于偏磷酸溶液或草酸溶液并定容至 100 mL。该储备液在 2～8 ℃避光条件下可保存 1 周。

(2) 试液制备。

称取具有代表性样品的可食部分 100 g，放入粉碎机中，加入 100 g 偏磷酸溶液或草酸溶液，迅速捣成匀浆。准确称取 10～40 g 匀浆样品(精确至 0.01 g)于烧杯中，用偏磷酸溶液或草酸溶液将样品转移至 100 mL 容量瓶，并稀释至刻度，摇匀后过滤。若滤液有颜色，可按每克样品加 0.4 g 白陶土脱色后再过滤。

(3) 滴定。

准确吸取 10 mL 滤液于 50 mL 锥形瓶中，用标定过的 2,6-二氯靛酚溶液滴定，直至溶液呈粉红色 15 s 不褪色为止。同时做空白实验。

4) 分析结果的表述

试样中 L-(＋)-抗坏血酸含量按下式计算：

$$X=\frac{(V-V_0)\times T\times A}{m}\times 100$$

式中：X——试样中 L-(＋)-抗坏血酸含量，mg/100 g；

V——滴定试样所消耗 2,6-二氯靛酚溶液的体积，mL；

V_0——滴定空白所消耗 2,6-二氯靛酚溶液的体积，mL；

T——2,6-二氯靛酚溶液的滴定度，即每毫升 2,6-二氯靛酚溶液相当于抗坏血酸的毫克数，mg/mL；

A——稀释倍数；

m——试样质量，g。

计算结果以重复性条件下获得的两次独立测定结果的算术平均值表示，结果保留 3 位有效数字。

5) 说明及注意事项

(1) 所有试剂最好用重蒸馏水配制。

(2) 样品采取后，应浸泡在已知量的 2%草酸溶液中，以防止维生素 C 氧化损失。测定时整个操作过程要迅速，防止抗坏血酸被氧化。

(3) 若测动物性样品,须用10%三氯乙酸代替2%草酸溶液提取。

(4) 若样品滤液颜色较深,影响滴定终点观察,可加入白陶土再过滤。白陶土使用前应测定回收率。

(5) 若样品中含有Fe^{2+}、Sn^{2+}、亚硫酸根离子、硫代硫酸根离子等还原性杂质时,会使结果偏高。有无这些干扰离子可用以下方法检验。

取样品提取液、偏磷酸-乙酸溶液各5 mL混合均匀,加入0.05%亚甲蓝水溶液2滴。如亚甲蓝颜色在5～10 s内消失,即证明有干扰物存在。此检验对Sn^{2+}无反应,可在另一份10 mL的样品溶液中加入盐酸(1+3)10 mL,加0.05%靛胭脂红水溶液5滴,若颜色在5～10 s内消失,证明有亚锡或其他干扰性物质存在。

为消除上述杂质带来的误差,还可采取以下测定方法。

取10 mL提取液两份,各加入0.1 mL 10%硫酸铜溶液,在110 ℃加热10 min,冷却后用染料滴定。有亚铜离子存在时,抗坏血酸完全被破坏,从样品滴定值中扣除校正值,即得抗坏血酸含量。

(6) 精密度:在重复性条件下获得的两次独立测定结果的绝对差值,在L-(+)-抗坏血酸含量大于20 mg/100 g时不得超过算术平均值的2%,在L-(+)-抗坏血酸含量小于或等于20 mg/100 g时不得超过算术平均值的5%。

11.3.4 高效液相色谱法同时测定食品中B族维生素和维生素C

1. 原理

样品经过处理后,将B族维生素(维生素B_1、维生素B_2、维生素B_3、维生素B_5、维生素B_6、维生素B_{11}、维生素B_{12})和维生素C提取出来,用高效液相色谱法将它们分离,经紫外检测器检测,用内标法定量测定。

2. 样品处理

饮料:用注射器吸取一定量的饮料,备用。用移液枪吸取2 mL,加入1 mL马尿酸内标溶液,混合均匀后,通过0.45 μm的超滤膜进行过滤,上机检测。

固态食品:将固态食品磨成粉末,准确称取2 g(精确到0.000 1 g),加入1 mL马尿酸内标溶液和10 mL 60 ℃水,立即振摇使其迅速溶解,然后于超声波振荡器中超声10 min。待溶液温度降至室温后,用5 mol/L盐酸调节pH=1.90,放置2 min,再用5 mol/L氢氧化钠溶液调节pH=4.70,滤纸过滤,转移至20 mL棕色容量瓶中,定容后过0.45 μm超滤膜进行过滤,处理后的样品须于2 h内分析。

复合维生素药片样品:取20片复合维生素药片,放入研钵中研磨成粉末,混匀。取一片的量(1 g,精确到0.000 1 g)放入锥形瓶中,加入0.57 mL马尿酸内标溶液,加入50 mL水和1.25 mL氨水进行溶解,振摇1 min,并于60 ℃超声水浴中超声30 min,冷却后,用甲酸调节pH=7,然后将其转移至100 mL容量瓶中,纯水加至刻度,溶液悬浮物用0.45 μm微孔滤膜过滤,用高效液相色谱进行检测。

由于维生素见光容易分解,因此为防止样品中维生素损失,以上前处理均需要在避光条件下进行,并将处理后的样品溶液立即上机检测。

3. 色谱条件

色谱柱:GLSciencesinertsil-ODS-SP,填料5 μm,型号4.6 mm×250 mm。

流动相:A为含1 mol/L七氟丁酸的磷酸二氢钾缓冲溶液(pH=4.0);

B 为乙腈。

梯度洗脱条件：0～5.5 min，95%A；5.5～6 min A 的比例线性下降至 90%；6～15 min A 的比例线性下降至 70%；15～16 min A 的比例线性上升至 80%。

检测波长：0～13 min 选用 266 nm 作为检测波长，13～16 min 选用 360 nm 作为检测波长。

进样量：5 μL。

柱温：30 ℃。

流速：1 mL/min。

4. 结果计算

$$X=\frac{C\times V}{m}\times\frac{100}{1\,000}$$

式中：X——样品中维生素的含量，mg/100 g；

C——由标准曲线上查得样品中维生素的浓度，μg/mL；

V——样品处理后的总体积，mL；

m——样品质量，g。

思　考　题

1. 测定食品中维生素有哪些方法？各有什么优缺点？
2. 测定水溶性维生素时，应怎样对样品进行前处理？
3. 维生素 A 及维生素 C 的测定中样品处理及提取有何不同之处？为什么？
4. 维生素 C 的测定方法有哪些？其原理是什么？

第12章　食品添加剂的测定

本章提要

(1) 掌握食品添加剂的定义、分类及测定意义，了解食品添加剂的使用卫生标准。

(2) 掌握甜味剂的定义、分类，了解和熟悉常用甜味剂的性质及检测方法。

(3) 掌握防腐剂的定义、种类，熟悉常用防腐剂的性质及检测方法。

(4) 掌握发色剂的含义、发色机理，了解和熟悉常用发色剂的性质及检测方法。

(5) 掌握漂白剂的定义、分类，了解常用漂白剂的性质及检测方法。

(6) 掌握着色剂的来源、种类及常用着色剂的性质，了解和熟悉其检测方法。

(7) 对于食品添加剂的分析检测，最后的检测结果还要与食品添加剂的使用卫生标准的规定限量进行比较，以判定其是否合格。

Question 生活小提问

1. “有毒黄花菜”是否真的有毒？该事件说明了什么？
2. 腊肉为什么会出现鲜艳的红色？主要使用了哪种添加剂？其作用是什么？
3. 曾经发生的“苏丹红”以及“红心鸭蛋”事件中，“苏丹红”是食品添加剂吗？
4. 糖果、饮料的颜色为何多种多样？

12.1　概　　述

12.1.1　食品添加剂的定义和分类

1. 定义

1)《中华人民共和国食品安全法》中的定义

食品添加剂是指为改善食品品质和色、香、味以及为防腐、保鲜和加工工艺的需要而加入食品中的人工合成或者天然物质。

2)《食品添加剂使用标准》(GB 2760—2014)中的定义

食品添加剂是指为改善食品品质和色、香、味，以及为防腐、保鲜和加工工艺的需要而加入食品中的化学合成或者天然物质，食品用香料、胶基糖果中基础剂物质、食品工业用加工助剂也包括在内。

3) 联合国粮农组织和世界卫生组织联合食品法规委员会对食品添加剂的定义

食品添加剂是有意识地一般以少量添加于食品，以改善食品的外观、风味、组织结构或储存性质的非营养物质。按照这一定义,以增强食品营养成分为目的的食品强化剂不应该包括在食品添加剂范围内。

2. 分类

食品添加剂的种类很多,按其来源可分为天然食品添加剂和化学合成添加剂两大类。天然食品添加剂是利用动植物组织或分泌物及以微生物的代谢产物为原料,经过提取、加工所得到的物质;化学合成添加剂是通过一系列化学手段所得到的有机或无机物质。由于食品添加剂功能各异,因此食品添加剂按其用途的分类,世界各国至今也没有统一的标准。据统计,国际上目前使用的食品添加剂种类已达 14 000 多种,其中直接使用的大约为 4 000 种,常用的有 1 000 多种。目前,我国有 23 大类近 2 000 种食品添加剂,如酸度调节剂、甜味剂、漂白剂、着色剂、发色剂、增稠剂、防腐剂、抗氧化剂、凝固剂等。

12.1.2　测定意义

天然的食品添加剂一般对人体无害,但目前使用的添加剂中,绝大多数是化学合成的食品添加剂。化学合成的食品添加剂大都有一定的毒性,如不加以限制使用,对人体健康将产生危害。为保证食品卫生质量,保障人民身体健康,世界各国都制定了有关食品添加剂的质量标准和使用卫生标准(我国目前采用的是 GB 2760—2014),以监督食品添加剂的生产和使用。因此,测定食品添加剂的含量对于控制其用量,保证食品质量,保障人民健康都具有十分重要的意义。

12.1.3　食品添加剂的测定项目和方法

由于食品添加剂种类繁多、功能各异,而且分类没有统一的标准,因此食品添加剂的测定是一项艰巨任务。鉴于目前我国食品工业中使用食品添加剂的情况,常需检测的项目有防腐剂、甜味剂、发色剂、漂白剂、着色剂等,本章只介绍这几种食品添加剂的测定方法。

食品添加剂的测定和其他分析一样,首先需要将待分析物质从复杂的混合物中分离出来,其分离手段可以采取前面介绍的蒸馏法、溶剂萃取法、色层分离法等多种方式,其目的是分离与富集待测物质。分离后再针对待测物质的物理、化学性质选择适当的分析方法,常用的方法有比色法、紫外分光光度法、薄层层析法和高效液相色谱法等。

12.2　防腐剂的测定

12.2.1　概述

防腐剂是指用来防止食品腐败变质、延长食品储存期的物质。

目前,我国已批准使用 30 多种食用防腐剂。其中最常用的是苯甲酸及其钠盐、山梨酸及其钾盐两类防腐剂,主要用于酸性食品的防腐。

苯甲酸(benzoic acid)又名安息香酸,为白色、有丝光的鳞片或针状结晶,熔点为 122 ℃,沸点为 249.2 ℃,100 ℃开始升华。在酸性条件下可随水蒸气蒸馏。微溶于水,易溶于氯仿、丙酮、乙醇、乙醚等有机溶剂。化学性质比较稳定。

苯甲酸钠(sodium benzoate)易溶于水和乙醇,难溶于有机溶剂,与酸作用生成苯甲酸。

苯甲酸及其钠盐主要用于酸性食品的防腐,在 pH 为 2.5～4.0 时,其抑菌作用较强,当 pH>5.5 时,抑菌效果明显减弱。但对霉菌和酵母菌效果甚差。苯甲酸进入人体后,大部分与甘氨酸结合形成无害的马尿酸,其余部分与葡萄糖醛酸结合生成苯甲酸葡萄糖醛酸苷从尿中排出,不在人体积累。苯甲酸的毒性较小,ADI 值为 0～5 mg/kg,是一种较为安全的防腐剂。根据GB 2760—2014,苯甲酸及其钠盐可用于风味冰、果酱(不包括罐头)、调味糖浆、醋、酱油、酱及酱制品、半固态复合调味料、果蔬汁(浆)类饮料、风味饮料等,其最大使用量为 1.0 g/kg(以下均以苯甲酸计),其在碳酸饮料的最大使用量为 0.2 g/kg,在配制酒的最大使用量为 0.4 g/kg,在蜜饯凉果的最大使用量为 0.5 g/kg,在腌渍蔬菜的最大使用量为 1.0 g/kg,在复合调味料的最大使用量为 0.6 g/kg,在乳脂糖果、凝胶糖果、葡萄酒、果酒等的最大使用量为 0.8 g/kg,在胶基糖果的最大使用量为 1.5 g/kg,在浓缩果蔬汁(浆)(仅限食品工业用)的最大使用量为 2.0 g/kg。另外,苯甲酸与苯甲酸钠同时使用时,以苯甲酸计,不得超过最大使用量。

山梨酸(sorbic acid)又名花椒酸,是 2,4-己二烯酸,化学式为 $C_6H_8O_2$,结构式为

$$CH_3—CH═CH—CH═CH—COOH$$

山梨酸为无色、无臭的针状结晶,熔点为 134 ℃,沸点为 228 ℃。山梨酸难溶于水,易溶于乙醇、乙醚、氯仿等有机溶剂,在酸性条件下可随水蒸气蒸馏,化学性质稳定。

山梨酸钾(potassium sorbate)易溶于水,难溶于有机溶剂,与酸作用生成山梨酸。

山梨酸及其钾盐也作为酸性食品的防腐剂,适合于在 pH 在 6 以下时使用。它是通过与霉菌、酵母菌酶系统中的巯基结合而达到抑菌作用的。但对厌氧芽孢杆菌、乳酸菌无效。山梨酸是一种不饱和脂肪酸,在机体内可参加正常的新陈代谢,最后被氧化为二氧化碳和水。因此,山梨酸是一种比苯甲酸更安全的防腐剂,但价格较苯甲酸贵。

12.2.2　苯甲酸(钠)和山梨酸(钾)的测定

1. *液相色谱法*(GB 5009.28—2016 *第一法*)

1) 原理

样品经水提取,高脂肪样品经正己烷脱脂,高蛋白样品经蛋白沉淀剂沉淀蛋白,采用液相色谱分离、紫外检测器检测,外标法定量。

2) 仪器

液相色谱仪(带紫外检测器)。

3) 试剂

(1) 氨水 (1+99):取氨水 1 mL,加到 99 mL 水中,混匀。

(2) 亚铁氰化钾溶液(92 g/L):称取 106 g 亚铁氰化钾[$K_4Fe(CN)_6 \cdot 3H_2O$],加入适量水溶解,用水定容至 1 000 mL。

(3) 乙酸锌溶液(183 g/L):称取 220 g 乙酸锌[$Zn(CH_3COO)_2 \cdot 2H_2O$],溶于少量水中,加入 30 mL 冰乙酸,用水定容至 1 000 mL。

(4) 乙酸铵溶液(20 mmol/ L):称取 1.54 g 乙酸铵(CH_3COONH_4),加入适量水溶解,用水定容至 1 000 mL,经 0.22 μm 滤膜过滤。

(5) 苯甲酸、山梨酸标准储备液:准确称取 0.118 g 苯甲酸钠或 0.134 g 山梨酸钾,用水溶解并分别定容至 100 mL。当使用苯甲酸或山梨酸标准品时,需要用甲醇溶解并定容。此溶液

每毫升相当于 1.0 mg 苯甲酸或山梨酸。

(6) 苯甲酸、山梨酸标准使用液：取适量苯甲酸、山梨酸标准储备液，用水稀释到每毫升相当于 0、1、5、10、20、50、100、200 μg 苯甲酸或山梨酸。

4) 分析步骤

(1) 样品提取。

一般性试样：准确称取 2 g 混合均匀的试样于 50 mL 具塞离心管中，加水 25 mL，涡旋混匀，于 50 ℃ 水浴超声 20 min，冷却至室温后加亚铁氰化钾和乙酸锌溶液各 2 mL，混匀，于 8 000 r/min 离心 5 min，将水相转移至 50 mL 容量瓶中，于残渣中加入 20 mL，涡旋混匀后超声 5 min，于 8 000 r/min 离心 5 min，将水相转移到同一 50 mL 容量瓶中，用水定容至刻度，混匀。取适量上清液过 0.22 μm 滤膜，待液相色谱测定。

注：碳酸饮料、果酒、果汁、蒸馏酒等测定时可以不加蛋白沉淀剂。

含胶基的果冻、糖果等试样：准确称取 2 g 混合均匀的试样于 50 mL 具塞离心管中，加水 25 mL，涡旋混匀，于 70 ℃ 水浴加热溶解试样，于 50 ℃ 水浴超声 20 min，之后操作与一般性试样相同。

油脂、巧克力、奶油、油炸食品等高油脂试样：准确称取 2 g 混合均匀的试样于 50 mL 具塞离心管中，加正己烷 10 mL，于 60 ℃ 水浴加热 5 min，并不时轻摇以溶解脂肪，加氨水(1+99) 25 mL、乙醇 1 mL，涡旋混匀，于 50 ℃ 水浴超声 20 min，之后操作与一般性试样相同。

(2) 色谱条件。

色谱柱：C18 柱，4.6 mm×250 mm，5 μm。

流动相：甲醇-乙酸铵溶液(5+95)。

流速：1 mL /min。

检测波长：230 nm。

进样量：10 μL。

(3) 测定。

将试样溶液注入液相色谱仪中，得到峰面积，根据标准曲线得到待测液中苯甲酸、山梨酸的质量浓度。

5) 结果计算

$$X=\frac{\rho\times V}{m\times 1\,000}$$

式中：X——试样中待测组分含量，g/kg；

ρ——由标准曲线得出的试样液中待测物的质量浓度，mg/L；

V——试样定容体积，mL；

m——试样质量，g；

1 000——由 mg/kg 换算为 g/kg 的换算因子。

计算结果保留 3 位有效数字。

精密度要求：在重复性条件下获得的两次独立测定结果的绝对差值不得超过算术平均值的 10%。

该高效液相色谱分离条件可以同时测定苯甲酸、山梨酸和糖精钠。色谱图见图 12-1。

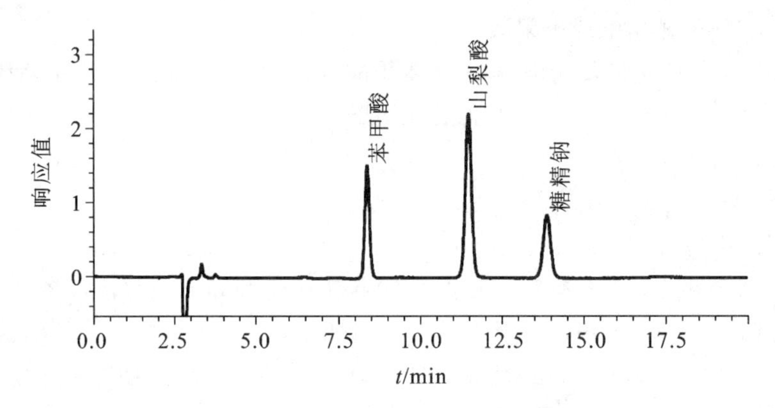

图 12-1　苯甲酸、山梨酸和糖精钠标准溶液液相色谱图

2. 气相色谱法(GB 5009.28—2016 第二法)

1) 原理

样品经酸化后,用乙醚提取苯甲酸、山梨酸,用附氢火焰离子化检测器的气相色谱仪进行分离测定,与标准系列比较定量。

2) 仪器

气相色谱仪(附氢火焰离子化检测器)。

3) 试剂

(1) 乙醚:不含过氧化物。

(2) 乙醇。

(3) 盐酸(1+1):取 100 mL 浓盐酸,加水稀释至 200 mL。

(4) 无水硫酸钠。

(5) 酸性氯化钠溶液(40 g/L):于氯化钠溶液(40 g/L)中加少量盐酸(1+1)酸化。

(6) 苯甲酸、山梨酸标准储备液:精密称取苯甲酸、山梨酸各 0.100 0 g,置于 100 mL 容量瓶中,用甲醇溶解并稀释至刻度。此溶液每毫升相当于 1.0 mg 苯甲酸或山梨酸。

(7) 苯甲酸、山梨酸标准使用液:吸取适量苯甲酸、山梨酸标准储备液,用正己烷-乙酸乙酯混合溶剂(1+1)稀释到每毫升相当于 0、1、5、10、20、50、100、200 μg 苯甲酸或山梨酸。

4) 分析步骤

(1) 样品提取。

称取 2.50 g 混合均匀的样品,置于 25 mL 具塞量筒中,加 0.5 g 氯化钠,加 0.5 mL 盐酸(1+1)和 0.5 mL乙醇,用 15、10 mL 乙醚提取两次,每次振摇 1 min,8 000 r/min 离心 30 min,将上层乙醚提取液吸入另一个 25 mL 具塞量筒中,合并乙醚提取液。用 3 mL 酸性氯化钠溶液(40 g/L)洗涤两次,静置 15 min,用滴管将乙醚层通过无水硫酸钠移入 25 mL 容量瓶中,加乙醚至刻度,混匀。准确吸取 5 mL 乙醚提取液于5 mL具塞刻度试管中,于 35 ℃氮吹至干,加入 2 mL 正己烷-乙酸乙酯混合溶剂(1+1)溶解残渣,备用。

(2) 色谱条件。

① 色谱柱:聚乙二醇毛细管气相色谱柱,内径 320 μm,长 30 m,膜厚度 0.25 μm,或等效色谱柱。

② 气流速度:载气为氮气 3 mL/min,空气 400 L/min,氢气 40 L/min(氮气和空气、氢气比

例按各仪器型号不同选择各自的最佳比例条件)。

③ 温度:进样口 250 ℃,检测器 250 ℃,初始柱温为 80 ℃,保持 2 min,以 15 ℃/min 的速度升温至 250 ℃,保持 5 min。

(3) 测定。

进样 2 μL 各浓度系列标准使用液于气相色谱仪中,测得不同浓度的苯甲酸、山梨酸的峰高,以浓度为横坐标,以相应的峰高值为纵坐标,绘制标准曲线。

同时进样 2 μL 样品溶液,测得峰高,与标准曲线比较定量。

5) 结果计算

$$X=\frac{m'\times 1\,000}{m\times\frac{5}{25}\times\frac{V_1}{V_2}\times 1\,000}$$

式中:X——样品中苯甲酸或山梨酸的含量,mg/kg;

m'——测定用样液中苯甲酸或山梨酸的含量,μg;

V_1——测定时进样体积,μL;

V_2——溶解残渣时加入石油醚-乙醚混合溶剂(3+1)的体积,mL;

m——样品质量,g;

5——测定时吸取样品乙醚提取液的体积,mL;

25——样品乙醚提取液的总体积,mL。

由测得苯甲酸的质量乘以 1.18,即为样品中苯甲酸钠的含量。

计算结果保留 2 位有效数字。

精密度要求:在重复性条件下获得的两次独立测定结果的绝对差值不得超过算术平均值的 10%。

6) 说明及注意事项

(1) 乙醚提取液应用无水硫酸钠充分脱水,挥干乙醚后如仍有残留水分,必须将水分挥干,进样溶液中含水会影响测定结果。

(2) 样品加酸酸化的目的是使山梨酸盐、苯甲酸盐转变为山梨酸、苯甲酸。

(3) 本法适用于酱油、果汁、果酱等样品。

12.3　甜味剂的测定

甜味剂是指赋予食品以甜味的物质。目前使用的有近 20 种。甜味剂有几种不同的分类方法:按照来源的不同,可将其分为天然甜味剂和人工甜味剂;按营养价值,可分为营养型甜味剂和非营养型甜味剂;按其化学结构和性质,又可分为糖类甜味剂和非糖类甜味剂。天然营养型甜味剂如蔗糖、葡萄糖、果糖、果葡糖浆、麦芽糖、蜂蜜等,一般视为食品原料,可用来制造各种糕点、糖果、饮料等,不作为食品添加剂加以控制。非糖类甜味剂有天然的和人工合成的两类,天然甜味剂如甜菊糖、甘草等,人工合成甜味剂有糖精、糖精钠、环己基氨基磺酸钠(甜蜜素)、天冬酰苯丙氨酸甲酯(阿斯巴甜)、三氯蔗糖等。非糖类甜味剂甜度高,使用量少,热值很小,常称为非营养性或低热值甜味剂,在食品加工中使用广泛。

12.3.1 糖精钠的测定

1. 糖精钠简介

糖精是应用较为广泛的人工甜味剂，其学名为邻磺酰苯甲酰亚胺，为无色到白色结晶或白色晶状粉末，在水中溶解度很低，易溶于乙醇、乙醚、氯仿、碳酸钠水溶液及稀氨水中。对热不够稳定，无论是在酸性还是碱性条件下，其水溶液长时间加热，其会逐渐分解而失去甜味。因糖精难溶于水，故食品生产中常用其钠盐，即糖精钠。糖精钠为无色结晶，易溶于水，不溶于乙醚、氯仿等有机溶剂。其热稳定性与糖精类似但较糖精要好，其甜度为蔗糖的200～700倍。

糖精钠被摄入人体后不分解，不吸收，将随尿排出，不供给热能，无营养价值。其致癌作用由于一直都有争议，尚无确切结论，但考虑到人体的安全性，FAO/WHO食品添加剂委员会把其ADI值定为0～2.5 mg/kg。我国规定：糖精钠可用于冷冻饮品、腌的蔬菜、复合调味料、配制酒等，其最大使用量为0.15 g/kg(以下均以糖精计)；用于熟制豆类、新型豆制品(大豆蛋白及其膨化食品、大豆素肉等)、脱壳熟制坚果与籽类、蜜饯凉果中的最大使用量为1.0 g/kg；用于果酱最大使用量为0.2 g/kg；用于带壳熟制坚果与籽类的最大使用量为1.2 g/kg；用于芒果干、无花果干、凉果类、话梅类、果糕类的最大使用量为5.0 g/kg。但由于糖精对人体无营养价值，也不是食品的天然成分，故应尽量少用或不用。我国规定婴幼儿食品、病人食品和大量食用主食都不得使用。

2. 糖精钠的测定

糖精钠测定方法很多，有高效液相色谱法、气相色谱法、薄层色谱法、离子选择电极法、紫外分光光度法和酚磺酞比色法等，在最新版国标中，糖精钠的测定方法已与苯甲酸、山梨酸的测定方法合并，详细测定方法见12.2.2。

12.3.2 甜蜜素的测定

1. 甜蜜素简介

甜蜜素是食品生产中常用的另一种甜味添加剂，其学名为环已基氨基磺酸钠。甜蜜素为白色针状、片状结晶或结晶状粉末。它无臭，味甜，甜度为蔗糖的40～50倍，为无营养甜味剂。10 %水溶液呈近中性(pH=6.5)，对热、光、空气稳定。加热后略有苦味。分解温度约280 ℃，不发生焦糖化反应。酸性环境下略有分解，碱性时稳定。溶于水和丙二醇，几乎不溶于乙醇、乙醚、苯和氯仿。其浓度大于0.4 %时带苦味，溶于亚硝酸盐、亚硫酸盐含量高的水中，产生石油或橡胶样的气味。具有非吸湿性，不支持霉菌或其他细菌生长。

因为甜蜜素有致癌、致畸、损害肾功能等副作用，一些国家已全面禁止在食品中使用甜蜜素。消费者如果长期过度食用甜蜜素超标的食品，就会因摄入过量而对人体造成危害，特别是对代谢排毒能力较弱的老人、孕妇、小孩危害更明显。我国规定，甜蜜素可用于冷冻饮品、水果罐头、腐乳类、饼干、复合调味料、饮料类、调制酒、果冻等，其最大使用量为0.65 g/kg；用于蜜饯凉果、果酱、腌渍的蔬菜、熟制豆类等的最大使用量为1.0 g/kg；用于陈皮、话梅、话李、杨梅干等，最大使用量为8.0 g/kg。膨化食品、小油炸食品在生产中不得使用甜蜜素。

2. 环己基氨基磺酸钠(甜蜜素)的测定

1) 气相色谱法(GB 5009.97—2016 第一法)

(1) 原理。

食品中的环己基氨基磺酸钠用水提取,在硫酸介质中环己基氨基磺酸钠与亚硝酸反应,生成环己醇亚硝酸酯,利用气相色谱氢火焰离子化检测器进行分离及分析,保留时间定性,外标法定量。

(2) 仪器。

气相色谱仪,配氢火焰离子化检测器(FID)。

(3) 试剂。

① 石油醚:沸程为 30～60 ℃。

② 硫酸溶液(200 g/L):量取 54 mL 浓硫酸,小心缓缓加入 400 mL 水中,加水至 500 mL。

③ 亚铁氰化钾溶液(150 g/L):称取折合 15 g 亚铁氰化钾,溶于水稀释至 100 mL。

④ 硫酸锌溶液(300 g/L):称取折合 30 g 硫酸锌,溶于水稀释至 100 mL。

⑤ 环己基氨基磺酸标准储备液(5.00 mg/mL):精确称取 0.561 2 g 环己基氨基磺酸钠标准品,用水溶解并定容至 100 mL,此溶液 1.00 mL 相当于环己基氨基磺酸 5.00 mg(环己基氨基磺酸钠与环己基氨基磺酸的换算系数为 0.890 9)。

⑥ 环己基氨基磺酸标准使用液(1.00 mg/mL):准确移取 20.0 mL 环己基氨基磺酸标准储备液,用水稀释并定容至 100 mL。

(4) 分析步骤。

① 试样制备。

a. 液体样品处理:普通液体试样摇匀后称取 25.0 g 试样(如需要可过滤),用水定容至 50 mL;含二氧化碳的试样置于 60 ℃水浴加热 30 min 以除去二氧化碳,放冷后定容;含酒精的试样用 40 g/L 氢氧化钠溶液调至弱碱性(pH 为 7～8),60 ℃水浴加热 30 min 除去酒精后定容。

b. 固体、半固体试样处理:低脂、低蛋白样品打碎混匀后称取 3.00～5.00 g 于 50 mL 离心管中,加 30 mL 水,振摇,超声提取 20 min,混匀后 3 000 r/min 离心 10 min,过滤,用水分次洗涤残渣,收集滤液并定容至 50 mL。高蛋白样品超声提取后加入 2 mL 亚铁氰化钾溶液及 2 mL 硫酸锌溶液沉淀蛋白后离心过滤,收集滤液并定容;高脂样品打碎混匀后称取 3.00～5.00 g 于 50 mL 离心管中,加入 25 mL 石油醚,振摇,超声提取 3 min,混匀后 1 000 r/min 以上离心 10 min,弃石油醚,再用 25 mL 石油醚提取一次,60 ℃水浴挥发除去石油醚,残渣加 30 mL 水,混匀,超声提取 20 min,加入 2 mL 亚铁氰化钾溶液及 2 mL 硫酸锌溶液,混匀后 3 000 r/min 离心 10 min,过滤,用水分次洗涤残渣,收集滤液并定容至 50 mL。

c. 衍生化:准确移取处理好的试样溶液 10.0 mL 于 50 mL 带盖离心管中,冰浴 5 min,加入 5.00 mL 正庚烷、2.5 mL 亚硝酸钠溶液(50 g/L)、2.5 mL 硫酸溶液(200 g/L),盖紧离心管盖,摇匀,在冰浴中放置 30 min,其间振摇 3～5 次。加入 2.5 g 氯化钠固体,盖上盖后置涡旋混合器上振动 1 min,低温离心(3 000 r/min)10 min 分层或低温静置 20 min 至澄清分层,取上清液放置于冰箱,冷藏保存。

② 标准系列溶液的制备及衍生化。

准确移取 1.00 mg/mL 环己基氨基磺酸标准溶液 0.50、1.00、2.50、5.00、10.0、25.0 mL 于 50 mL 容量瓶中,加水定容,配成的标准系列溶液浓度为 0.01、0.02、0.05、0.10、0.20、0.50 mg/mL,现用现配。准确移取标准系列溶液 10.0 mL,按样品衍生化步骤衍生化。

③ 色谱条件。

a. 色谱柱:弱极性石英毛细管柱(内涂 5%苯基甲基聚硅氧烷,30 m×0.53 mm×1.0 μm)或等效柱。

b. 气流速度:载气为氮气,流量为 12.0 mL/min,尾吹 20 mL/min;氢气 30 mL/min;空气 330 mL/min(载气、氢气、空气流量大小可根据仪器条件进行调整)。

c. 柱温:初温 55 ℃保持 3 min;10 ℃/min 升温至 90 ℃,保持 0.5 min;20 ℃/min 升温至 200 ℃,保持 3 min。进样口 230 ℃;检测器 260 ℃。

④ 测定。

分别吸取 1 μL 经衍生化处理的标准系列各浓度溶液上清液,注入气相色谱仪中,测得不同浓度被测物的响应峰面积,以浓度为横坐标,环己醇亚硝酸酯和环己醇两峰面积之和为纵坐标,绘制标准曲线。

在完全相同的条件下进样 1 μL 经衍生化处理的试样待测液上清液,以保留时间定性,测得峰面积,根据标准曲线得到样液中的组分浓度。

(5) 结果计算。

$$X_1=\frac{C}{m}\times V$$

式中:X_1 ——试样中环己基氨基磺酸的含量,g/kg;

C ——由标准曲线计算出定容样液中环己基氨基磺酸的浓度,mg/mL;

m ——试样质量,g;

V ——试样的最后定容体积,mL。

计算结果保留 3 位有效数字。

精密度要求:在重复性条件下获得的两次独立测定结果的绝对差值不得超过算术平均值的 10%。

2) 高效液相色谱法(GB 5009.97—2016 第二法)

(1) 原理。

食品中的环己基氨基磺酸钠用水提取后,在强酸性溶液中与次氯酸钠反应,生成 N,N-二氯环己胺,用正庚烷萃取后,利用高效液相色谱法检测,保留时间定性,外标法定量。

(2) 仪器。

液相色谱仪(配紫外检测器或二极管阵列检测器)。

(3) 试剂。

① 硫酸溶液(1+1):将 50 mL 浓硫酸小心缓缓加入 50 mL 水中,混匀。

② 次氯酸钠溶液:用次氯酸钠稀释,保存于棕色瓶中,保持有效氯含量在 50 g/L 以上,混匀,市售产品需及时标定,临用时配制。

③ 碳酸氢钠溶液:称取 5 g 碳酸氢钠,用水溶解并稀释至 100 mL,混匀。

④ 硫酸锌溶液:称取折合 30 g 硫酸锌,溶于水并稀释至 100 mL。

⑤ 亚铁氰化钾溶液:称取折合 15 g 亚铁氰化钾,溶于水并稀释至 100 mL。

⑥ 环己基氨基磺酸标准储备液(5.00 mg/mL):精确称取 0.561 2 g 环己基氨基磺酸钠标准品,用水溶解并定容至 100 mL,此溶液 1.00 mL 相当于环己基氨基磺酸 5.00 mg(环己基氨基磺酸钠与环己基氨基磺酸的换算系数为 0.890 9)。

⑦ 环己基氨基磺酸标准中间液(1.00 mg/mL):准确移取 20.0 mL 环己基氨基磺酸标准

储备液，用水稀释并定容至 100 mL。

⑧ 环己基氨基磺酸标准曲线系列工作液：分别吸取标准中间液 0.50、1.0、2.5、5.0、10.0 mL 至 50 mL 容量瓶中，用水定容。该标准系列浓度分别为 10.0、20.0、50.0、100、200 μg/mL。现用现配。

(4) 分析步骤。

① 试样溶液制备。

a. 固体类和半固体类试样处理：称取均质后试样 5.00 g 于 50 mL 离心管中，加入 30 mL 水，混匀超声提取 20 min，3 000 r/min 离心 20 min，转出上清液，用水洗涤残渣并定容至 50 mL。含高蛋白类样品可在超声提取时加入 2.0 mL 300 g/L 硫酸锌溶液和 2.0 mL 150 g/L 亚铁氰化钾溶液。含高脂质类样品可在提取前先加入 25 mL 石油醚振摇后弃去石油醚层除脂。

b. 液体类试样处理：普通液体试样摇匀后可直接称取样品 25.0 g，用水定容至 50 mL（如需要可过滤）；含二氧化碳的试样 60 ℃水浴加热 30 min 以除去二氧化碳，放冷后定容；含酒精的试样用氢氧化钠溶液调至弱碱性（pH 为 7～8），60 ℃水浴加热 30 min 以除去酒精，放冷后定容；含乳类饮料加入 3.0 mL 硫酸锌溶液和 3.0 mL 亚铁氰化钾溶液，离心分层后，将上清液转出，用水洗涤残渣并定容至 50 mL。

c. 衍生化：准确移取 10 mL 已制备好的试样溶液，加入 2.0 mL 硫酸溶液、5.0 mL 正庚烷和 1.0 mL 次氯酸钠溶液，剧烈振荡 1 min，静置分层，除去水层后在正庚烷层中加入 25 mL 碳酸氢钠溶液，振荡 1 min。静置，取上层有机相经 0.45 μm 微孔有机相滤膜过滤。

② 仪器参考条件。

a. 色谱柱：C18 柱，150 mm×3.9 mm×5 μm，或同等性能的色谱柱。

b. 流动相：乙腈-水（70+30）。

c. 流速：0.8 mL/min。

d. 柱温：40 ℃。

e. 检测器：紫外检测器或二极管阵列检测器，波长 314 nm。

③ 测定。

移取 10 mL 环己基氨基磺酸标准系列工作液衍生化，取过 0.45 μm 微孔有机相滤膜后的溶液 10 μL 分别注入液相色谱仪中，测定相应的峰面积，以标准工作溶液的浓度为横坐标，以环己基氨基磺酸钠衍生化产物 N，N-二氯环己胺峰面积为纵坐标，绘制标准曲线。

另取 10 μL 衍生后试样溶液注入液相色谱仪中，以保留时间定性，以峰面积根据标准曲线得到试样定容溶液中环己基氨基磺酸的浓度。

(5) 结果计算。

$$X_2=\frac{C\times V}{m\times 1\,000}$$

式中：X_2——试样中环己基氨基磺酸的含量，g/kg；

C——由标准曲线计算出试样定容溶液中环己基氨基磺酸的浓度，μg/mL；

V——试样的最后定容体积，mL；

m——试样的质量，g；

1 000——由 μg/g 换算成 g/kg 的换算因子。

计算结果保留 3 位有效数字。在重复性条件下获得的两次独立测定结果的绝对差值不得超过算术平均值的 10%。

12.4　发色剂——亚硝酸盐和硝酸盐的测定

发色剂是指能与肉及肉制品中呈色物质作用,使之在食品加工、储藏等过程中不致分解、破坏,呈现良好色泽的物质,也称护色剂或呈色剂。发色剂和着色剂不同,它本身没有颜色,不起染色作用,但与食品原料中的有色物质可结合形成稳定的颜色。肉类在腌制过程中最常用的护色剂是亚硝酸盐和硝酸盐。

亚硝酸盐和硝酸盐作为食品添加剂,在肉制品加工中除了有良好的呈色作用外,还具有抑制肉毒梭状芽孢杆菌和增强肉制品风味的作用,但过多地使用将对人体产生毒害作用。亚硝酸盐可与仲胺反应生成具有致癌作用的亚硝胺。过多地摄入亚硝酸盐会引起正常血红蛋白(二价铁)转变成正铁血红蛋白(三价铁)而失去携氧功能,导致组织缺氧。以亚硝酸钠计,ADI为0～0.2 mg/kg;以硝酸钠计,ADI为0～0.5 mg/kg。我国卫生标准规定:亚硝酸钠、硝酸钠的使用限于肉制品及肉类罐头中,其最大使用量,硝酸钠为0.5 g/kg,亚硝酸钠为0.15 g/kg;残留量以亚硝酸钠计,西式火腿不超过70 mg/kg,肉类罐头不超过50 mg/kg,肉制品不超过30 mg/kg。

亚硝酸盐和硝酸盐的测定方法很多,公认用离子色谱法、分光光度法测亚硝酸盐含量,紫外分光光度法测蔬菜、水果中硝酸盐含量。

12.4.1　离子色谱法

1. 原理

试样经沉淀蛋白质、除去脂肪后,采用相应的方法提取和净化,以氢氧化钾溶液为淋洗液,经阴离子交换柱分离,电导检测器检测。以保留时间定性,外标法定量。

本法(GB 5009.33—2016 第一法)中亚硝酸盐和硝酸盐检出限分别为0.2 mg/kg和0.4 mg/kg。

2. 仪器

离子色谱仪,包括电导检测器或紫外检测器、高容量阴离子交换柱、50 μL定量环;食物粉碎机;超声波清洗器;天平(感量为0.1 mg和1 mg);离心机,转速≥10 000 r/min,50 mL离心管;0.22 μm水性滤膜针头滤器;净化柱,包括C18柱、Ag柱和Na柱或等效柱;注射器(1.0 mL和2.5 mL)。

注:所有玻璃器皿使用前均需依次用2 mol/L氢氧化钾溶液和水分别浸泡4 h,然后用水冲洗3～5次,晾干备用。

3. 试剂

(1) 超纯水:电阻率>18.2 MΩ· cm。

(2) 乙酸(CH_3COOH):分析纯。

(3) 氢氧化钾(KOH):分析纯。

(4) 乙酸溶液(3%):量取乙酸3 mL于100 mL容量瓶中,以水稀释至刻度,混匀。

(5) 亚硝酸根离子(NO_2^-)标准溶液(100 mg/L)。

(6) 硝酸根离子(NO_3^-)标准溶液(1 000 mg/L)。

(7) 亚硝酸盐(以NO_2^-计,下同)和硝酸盐(以NO_3^-计,下同)混合标准使用液:准确移取亚硝酸根离子(NO_2^-)和硝酸根离子(NO_3^-)标准溶液各1.0 mL于100 mL容量瓶中,用水稀释至刻度,此溶液每升含亚硝酸根离子 1.0 mg 和硝酸根离子 10.0 mg。

4. 分析步骤

1) 试样预处理

(1) 新鲜蔬菜、水果:将试样用去离子水洗净,晾干后,取可食部分切碎混匀。将切碎的样品用四分法取适量,用食物粉碎机制成匀浆备用。如需加水应记录加水量。

(2) 肉类、蛋、水产及其制品:用四分法取适量或取全部,用食物粉碎机制成匀浆备用。

(3) 乳粉、豆奶粉、婴儿配方粉等固态乳制品(不包括干酪):将试样装入能够容纳 2 倍试样体积的带盖容器中,通过反复摇晃和颠倒容器使样品充分混匀。

(4) 发酵乳、乳、炼乳及其他液态乳制品:通过搅拌或反复摇晃和颠倒容器使试样充分混匀。

(5) 干酪:取适量的样品研磨成均匀的泥浆状。为避免水分损失,研磨过程中应避免产生过多的热量。

2) 提取

(1) 水果、蔬菜、鱼类、肉类、蛋类及其制品等:称取试样匀浆 5 g(精确至 0.001 g,可适当调整试样的取样量,以下相同),以 80 mL 水洗入 100 mL 容量瓶中,超声提取 30 min,每隔 5 min 振摇一次,保持固相完全分散。于 75 ℃水浴中放置 5 min,取出放置至室温,加水稀释至刻度。溶液经滤纸过滤后,取部分溶液于 10 000 r/min 离心 15 min,取上清液备用。

(2) 腌鱼类、腌肉类及其他腌制品:称取试样匀浆 2 g(精确至 0.001 g),以 80 mL 水洗入 100 mL 容量瓶中,超声提取 30 min,每 5 min 振摇一次,保持固相完全分散。于 75 ℃水浴中放置 5 min,取出放置至室温,加水稀释至刻度。溶液经滤纸过滤后,取部分溶液于10 000 r/min离心 15 min,取上清液备用。

(3) 乳:称取试样 10 g(精确至 0.01 g),置于 100 mL 容量瓶中,加水 80 mL,摇匀,超声 30 min,加入 3%乙酸溶液 2 mL,于 4 ℃放置 20 min,取出放置至室温,加水稀释至刻度。溶液经滤纸过滤,取上清液备用。

(4) 乳粉:称取试样 2.5 g(精确至 0.01 g),置于 100 mL 容量瓶中,加水 80 mL,摇匀,超声 30 min,加入 3%乙酸溶液 2 mL,于 4 ℃放置 20 min,取出放置至室温,加水稀释至刻度。溶液经滤纸过滤,取上清液备用。

(5) 取上述备用的上清液约 15 mL,通过 0.22 μm 水性滤膜针头滤器、C18 柱,弃去前面 3 mL(如果氯离子浓度大于 100 mg/L,则需要依次通过针头滤器、C18 柱、Ag 柱和 Na 柱,弃去前面 7 mL),收集后面洗脱液待测。

固相萃取柱使用前需进行活化,如使用 OnGuard Ⅱ RP 柱(1.0 mL)、OnGuard Ⅱ Ag 柱(1.0 mL)和 OnGuard Ⅱ Na 柱(1.0 mL),其活化过程如下:OnGuard Ⅱ RP 柱(1.0 mL)使用前依次用 10 mL 甲醇、15 mL 水通过,静置活化 30 min;OnGuard Ⅱ Ag 柱(1.0 mL)和 OnGuard Ⅱ Na 柱(1.0 mL)用 10 mL 水通过,静置活化 30 min。

3) 色谱条件

(1) 色谱柱:氢氧化物选择性,可兼容梯度洗脱的高容量阴离子交换柱,如 Dionex IonPac AS11-HC 4 mm×250 mm(带 IonPac AG11-HC 型保护柱 4 mm×50 mm),或性能相当的离子色谱柱。

(2) 淋洗液。

一般试样:氢氧化钾溶液,浓度为 6～70 mmol/L;洗脱梯度为 6 mmol/L 30 min,70 mmol/L 5 min,6 mmol/L 5 min;流速为 1.0 mL/min。

粉状婴幼儿配方食品：氢氧化钾溶液，浓度为 5～50 mmol/L；洗脱梯度为 5 mmol/L 33 min，50 mmol/L 5 min，5 mmol/L 5 min；流速为 1.3 mL/min。

(3) 抑制器：连续自动再生膜阴离子抑制器或等效抑制装置。

(4) 检测器：电导检测器，检测池温度为 35 ℃。

(5) 进样体积：50 μL(可根据试样中被测离子含量进行调整)。

4) 测定

(1) 标准曲线。

移取亚硝酸盐和硝酸盐混合标准使用液，加水稀释，制成系列标准溶液，含亚硝酸根离子浓度为 0、0.02、0.04、0.06、0.08、0.10、0.15、0.20 mg/L，硝酸根离子浓度为 0、0.2、0.4、0.6、0.8、1.0、1.5、2.0 mg/L，从低浓度到高浓度依次进样，得到上述各浓度混合标准溶液的色谱图(见图 12-2)。以亚硝酸根离子或硝酸根离子的浓度(mg/L)为横坐标，以峰高或峰面积为纵坐标，绘制标准曲线或计算线性回归方程。

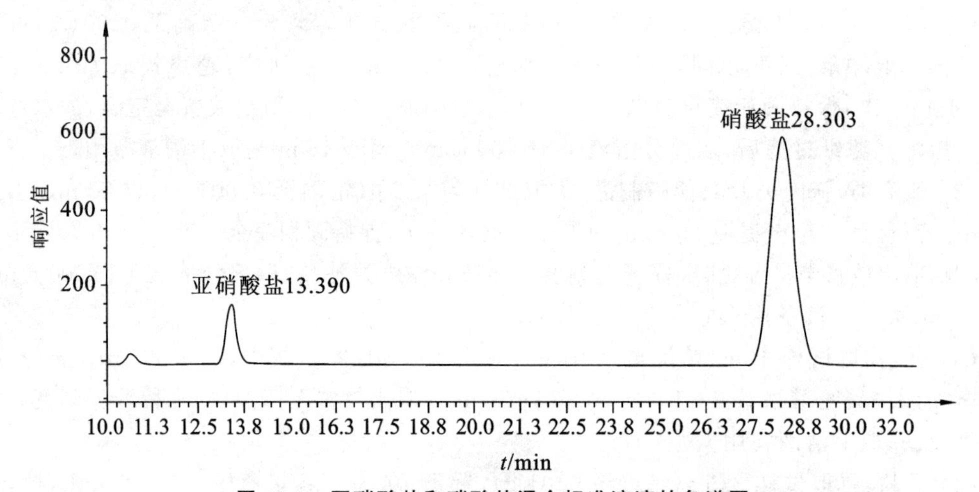

图 12-2　亚硝酸盐和硝酸盐混合标准溶液的色谱图

(2) 样品测定。

分别吸取空白和试样溶液 50 μL，在相同工作条件下，依次注入离子色谱仪中，记录色谱图。根据保留时间定性，分别测量空白和样品的峰高或峰面积。

5. 结果计算

试样中亚硝酸盐(以 NO_2^- 计)或硝酸盐(以 NO_3^- 计)含量按下式计算：

$$X=\frac{(C-C_0)\times V\times f\times 1\,000}{m\times 1\,000}$$

式中：X——试样中亚硝酸根离子或硝酸根离子的含量，mg/kg；

C——测定用试样溶液中的亚硝酸根离子或硝酸根离子的浓度，mg/L；

C_0——试剂空白液中亚硝酸根离子或硝酸根离子的浓度，mg/L；

V——试样溶液的体积，mL；

f——试样溶液的稀释倍数；

1 000——换算系数；

m——试样取样量，g。

说明：试样中测得的亚硝酸根离子含量乘以换算系数 1.5，即得亚硝酸盐(按亚硝酸钠计)含量；试样中测得的硝酸根离子含量乘以换算系数 1.37，即得硝酸盐(按硝酸钠计)含量。

以重复性条件下获得的两次独立测定结果的算术平均值表示，结果保留 2 位有效数字。

精密度：在重复性条件下获得的两次独立测定结果的绝对差值不得超过算术平均值的 10%。

12.4.2　分光光度法

1. 原理

亚硝酸盐采用盐酸萘乙二胺法测定，硝酸盐采用镉柱还原法测定。

试样经沉淀蛋白质、除去脂肪后，在弱酸条件下亚硝酸盐与对氨基苯磺酸重氮化后，再与盐酸萘乙二胺耦合形成紫红色染料，外标法测得亚硝酸盐含量。

$$NO_2^- + 2H^+ + H_2N\text{—}C_6H_4\text{—}SO_3H \xrightarrow{\text{重氮化}} N{\equiv}N^+\text{—}C_6H_4\text{—}SO_3H + 2H_2O$$

$$N{\equiv}N^+\text{—}C_6H_4\text{—}SO_3H + C_{10}H_7\text{—}NHCH_2CH_2NH_2 \cdot 2HCl \xrightarrow{-2HCl}$$

盐酸萘乙二胺

$$HO_3S\text{—}C_6H_4\text{—}N{=}N\text{—}C_{10}H_6\text{—}NHCH_2CH_2NH_2$$

紫红色

样品经沉淀蛋白质、去除脂肪后，得到提取液，将提取液通过镉柱，在 pH 为 9.6～9.7 的氨缓冲溶液中，使其中的硝酸根还原为亚硝酸根，然后利用盐酸萘乙二胺法测定亚硝酸盐的总量，由总量减去还原前亚硝酸盐含量即为由硝酸盐还原产生的亚硝酸盐含量。再乘以换算系数，即得硝酸盐含量。

在镉柱中，镉定量地将 NO_3^- 还原成 NO_2^-：

$$Cd + NO_3^- \longrightarrow CdO + NO_2^-$$

镉柱经使用后用稀盐酸除去表面的氧化镉可重新使用：

$$CdO + 2HCl \longrightarrow CdCl_2 + H_2O$$

本法(GB 5009.33—2016 第二法)中亚硝酸盐和硝酸盐检出限分别为 1 mg/kg 和 1.4 mg/kg。

2. 仪器

天平(感量为 0.1 mg 和 1 mg)，组织捣碎机，超声波清洗器，恒温干燥箱，分光光度计，镉柱。

下面具体介绍镉柱制备及装填方法。

(1) 海绵状镉的制备：镉粒直径为 0.3～0.8 mm。将适量的锌棒放入烧杯中，用 40 g/L 硫酸镉溶液浸没锌棒。在 24 h 之内，不断将锌棒上的海绵状镉轻轻刮下。取出残余锌棒，使镉沉底，倾去上层溶液。用水冲洗海绵状镉 2～3 次后，将镉转移至搅拌器中，加 400 mL 盐酸(0.1 mol/L)，搅拌数秒，以得到所需粒径的镉颗粒。将制得的海绵状镉倒回烧杯中，静置 3～4 h，其间搅拌数次，以除去气泡。

(2) 镉柱的装填：如图 12-3 所示。用水装满镉柱玻璃管，并装入 2 cm 高的玻璃棉，将玻璃棉压向柱底时，应将其中所包含的空气全部排出，在轻轻敲击下加入海绵状镉至 8～10 cm 高，上面用 1 cm 高的玻璃棉覆盖，上置一储液漏斗，末端要穿过橡皮塞与镉柱玻璃管紧密连接。

当无上述镉柱玻璃管时，可用 25 mL 酸式滴定管代替，但过柱时要注意始终保持液面在镉层之上。当镉柱填装好后，先用 25 mL 盐酸(0.1 mol/L)洗涤，再以水洗两次，每次 25 mL，镉柱不用时用水封盖，随时都要保持水平面在镉层之上，不得使镉层夹有气泡。

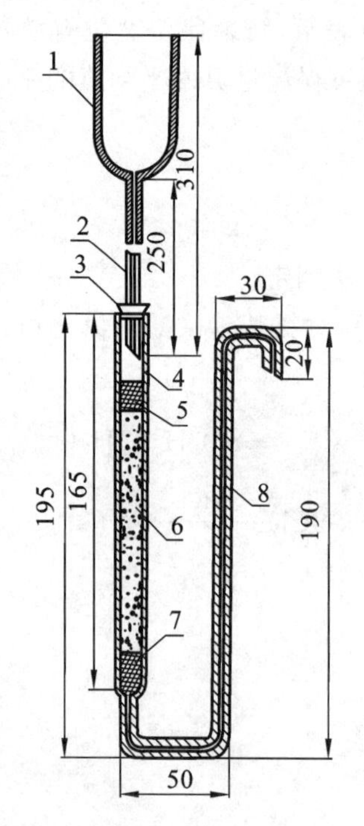

图 12-3　镉柱示意图

1—储液漏斗,内径 35 mm,外径 37 mm;
2—进液毛细管,内径 0.4 mm,外径 6 mm;
3—橡皮塞;
4—镉柱玻璃管,内径 12 mm,外径 16 mm;
5、7—玻璃棉;6—海绵状镉;
8—出液毛细管,内径 2 mm,外径 8 mm

(3) 镉柱每次使用完毕后,应先以 25 mL 盐酸(0.1 mol/L)洗涤,再以水洗两次,每次25 mL,最后用水覆盖镉柱。

(4) 镉柱还原效率的测定:吸取 20 mL 硝酸钠标准使用液,加入 5 mL 氨缓冲溶液的稀释液,混匀后注入储液漏斗,使流经镉柱还原,用一个 100 mL 容量瓶收集洗液。洗液的流量不应超过 6 mL/min,在储液漏斗将要排空时,用约 15 mL 水冲洗漏斗壁。冲洗水流尽后,再用 15 mL 水重复冲洗,第 2 次冲洗水也流尽后,将储液漏斗灌满水,并使其以最大流量流过柱子。当容量瓶中的洗液接近 100 mL 时,从柱子下取出容量瓶,用水定容至刻度,混匀。取 10 mL 溶液(相当于 10 μg 亚硝酸钠)于 50 mL 比色管中,依次测定,根据标准曲线计算测得的结果,与加入量一致,还原效率大于 95%为符合要求。

(5) 还原效率计算。

还原效率按下式进行计算:

$$X=\frac{m'}{10}\times 100\%$$

式中:X——还原效率;

m'——测得亚硝酸钠的含量,μg;

10——测定用溶液相当于亚硝酸钠的含量,μg。

3. 试剂

(1) 亚铁氰化钾[$K_4Fe(CN)_6$]。

(2) 乙酸锌[($Zn(CH_3COO)_2$]。

(3) 冰乙酸(CH_3COOH)。

(4) 硼酸钠($Na_2B_4O_7$)。

(5) 浓盐酸(1.19 g/mL)。

(6) 氨水(25%)。

(7) 对氨基苯磺酸($C_6H_7NO_3S$)。

(8) 盐酸萘乙二胺($C_{12}H_{14}N_2\cdot 2HCl$)。

(9) 亚硝酸钠($NaNO_2$)。

(10) 硝酸钠($NaNO_3$)。

(11) 锌皮或锌棒。

(12) 硫酸镉。

(13) 亚铁氰化钾溶液(106 g/L):称取 106.0 g 亚铁氰化钾,用水溶解,并稀释至1 000 mL。

(14) 乙酸锌溶液(220 g/L):称取 220.0 g 乙酸锌,先加 30 mL 冰乙酸溶解,用水稀释至 1 000 mL。

(15) 饱和硼砂溶液(50 g/L):称取 5.0 g 硼酸钠,溶于 100 mL 热水中,冷却后备用。

(16) 氨缓冲溶液(pH 为 9.6～9.7):量取 30 mL 浓盐酸,加 100 mL 水,混匀后加 65 mL 氨水,再加水稀释至 1 000 mL,混匀。调节 pH 至 9.6～9.7。

(17) 氨缓冲溶液的稀释液：量取50 mL氨缓冲溶液，加水稀释至500 mL，混匀。

(18) 盐酸(0.1 mol/L)：量取5 mL浓盐酸，用水稀释至600 mL。

(19) 对氨基苯磺酸溶液(4 g/L)：称取0.4 g对氨基苯磺酸，溶于100 mL 20%盐酸中，置于棕色瓶中混匀，避光保存。

(20) 盐酸萘乙二胺溶液(2 g/L)：称取0.2 g盐酸萘乙二胺，溶于100 mL水中，混匀后，置于棕色瓶中，避光保存。

(21) 亚硝酸钠标准储备液(200 μg/mL)：准确称取0.100 0 g于110～120 ℃干燥至恒重的亚硝酸钠，加水溶解后移入500 mL容量瓶中，加水稀释至刻度，混匀。

(22) 亚硝酸钠标准使用液(5.0 μg/mL)：临用前，吸取亚硝酸钠标准储备液5.00 mL，置于200 mL容量瓶中，加水稀释至刻度。

(23) 硝酸钠标准储备液(200 μg/mL，以亚硝酸钠计)：准确称取0.123 2 g于110～120 ℃干燥至恒重的硝酸钠，加水溶解，移入500 mL容量瓶中，加水稀释至刻度。

(24) 硝酸钠标准使用液(5 μg/mL，以亚硝酸钠计)：临用时吸取硝酸钠标准储备液2.50 mL，置于100 mL容量瓶中，加水稀释至刻度。

4. 分析步骤

1) 试样的预处理

同离子色谱法。

2) 提取

称取5 g(精确至0.01 g)制成匀浆的试样(如制备过程中加水，应按加水量折算)，置于50 mL烧杯中，加12.5 mL饱和硼砂溶液，搅拌均匀，用70 ℃左右的水约300 mL将试样洗入500 mL容量瓶中，于沸水浴中加热15 min，取出，置于冷水浴中冷却，并放至室温。

3) 提取液净化

在振荡上述提取液时加入5 mL亚铁氰化钾溶液，摇匀，再加入5 mL乙酸锌溶液，以沉淀蛋白质。加水至刻度，摇匀，放置30 min，除去上层脂肪，上清液用滤纸过滤，弃去初滤液30 mL，续滤液备用。

4) 亚硝酸盐的测定

吸取40.0 mL上述续滤液于50 mL具塞比色管中，另吸取0、0.20、0.40、0.60、0.80、1.00、1.50、2.00、2.50 mL亚硝酸钠标准使用液(相当于0、1.0、2.0、3.0、4.0、5.0、7.5、10.0、12.5 μg亚硝酸钠)，分别置于50 mL具塞比色管中。于标准管与试样管中分别加入2 mL对氨基苯磺酸溶液，混匀，静置3～5 min后各加入1 mL盐酸萘乙二胺溶液，加水至刻度，混匀，静置15 min，用2 cm比色皿，以零管调节零点，于538 nm波长处测吸光度，绘制标准曲线。同时做试剂空白实验。

5) 硝酸盐的测定

(1) 镉柱还原。

先以25 mL氨缓冲溶液的稀释液冲洗镉柱，流速控制在3～5 mL/min(以滴定管代替的可控制在2～3 mL/min)。

吸取20 mL滤液于50 mL烧杯中，加5 mL氨缓冲溶液，混合后注入储液漏斗，使流经镉柱还原，以原烧杯收集流出液，当储液漏斗中的样液流尽后，再加5 mL水置换柱内留存的样液。

将全部收集液如前再经镉柱还原一次，第二次流出液收集于100 mL容量瓶中，继以水流经镉柱洗涤三次，每次20 mL，洗液一并收集于同一容量瓶中，加水至刻度，混匀。

(2) 亚硝酸钠总量的测定。

吸取 10～20 mL 还原后的样液于 50 mL 比色管中。以下按分析步骤中亚硝酸盐的测定方法中自“吸取 0、0.20、0.40、0.60、0.80、1.00、1.50、2.00、2.50 mL 亚硝酸钠标准使用液”起依次操作。

5. 结果计算

1) 亚硝酸盐含量的计算

亚硝酸盐(以亚硝酸钠计)的含量按下式进行计算:

$$X_1=\frac{m_1\times 1\,000}{m\times \frac{V_1}{V_0}\times 1\,000}$$

式中:X_1——试样中亚硝酸钠的含量,mg/kg;

m_1——测定用样液中亚硝酸钠的质量,μg;

m——试样质量,g;

V_1——测定用样液体积,mL;

V_0——试样处理液总体积,mL。

以重复性条件下获得的两次独立测定结果的算术平均值表示,结果保留 2 位有效数字。

2) 硝酸盐含量的计算

硝酸盐(以硝酸钠计)的含量按下式进行计算:

$$X_2=\left(\frac{m_2\times 1\,000}{m\times \frac{V_2}{V_0}\times \frac{V_4}{V_3}\times 1\,000}-X_1\right)\times 1.232$$

式中:X_2——试样中硝酸钠的含量,mg/kg;

m_2——经镉粉还原后测得总亚硝酸钠的质量,μg;

m——试样的质量,g;

1.232——亚硝酸钠换算成硝酸钠的系数;

V_2——测定总亚硝酸钠用样液体积,mL;

V_0——试样处理液的总体积,mL;

V_3——经镉柱还原后样液的总体积,mL;

V_4——经镉柱还原后样液的测定用体积,mL;

X_1——通过计算得到的试样中亚硝酸钠的含量,mg/kg。

以重复性条件下获得的两次独立测定结果的算术平均值表示,结果保留 2 位有效数字。

精密度:在重复性条件下获得的两次独立测定结果的绝对差值不得超过算术平均值的 10%。

6. 说明及注意事项

(1) 镉柱每次使用完毕,应先以 25 mL 0.1 mol/L 盐酸洗涤,再以水洗两次,每次 25 mL,最后用水覆盖镉柱。

(2) 在制备海绵状镉和装填镉柱时最好在水中进行,勿使镉柱暴露于空气中,以免氧化。

(3) 为保证硝酸盐测定结果准确,应当经常检查镉柱还原效率。镉柱维护得当,则使用一年效能尚无显著变化。

(4) 肉制品在沉淀蛋白质时也可使用硫酸锌溶液,但用量不宜过多。否则,在经镉柱还原时,由于加 5 mL pH 为 9.6～9.7 氨缓冲溶液而生成 $Zn(OH)_2$ 白色沉淀,堵塞镉柱而影响测定。

(5) 盐酸萘乙二胺有致癌作用,使用时应注意安全。

12.4.3 蔬菜、水果中硝酸盐的测定

测定原理:用 pH 为 9.6～9.7 的氨缓冲溶液提取样品中硝酸根离子,同时加活性炭去除色素类,加沉淀剂去除蛋白质及其他干扰物质,利用硝酸根离子和亚硝酸根离子在紫外区 219 nm 波长处具有等吸收波长的特性,测定提取液的吸光度,测得结果为硝酸盐和亚硝酸盐吸光度的总和,鉴于新鲜蔬菜、水果中亚硝酸盐含量甚微,可忽略不计。测定结果为硝酸盐的吸光度,可从工作曲线上查得相应的质量浓度,计算样品中硝酸盐的含量。

本法中(GB 5009.33—2016 第三法)中硝酸盐检出限为 1.2 mg/kg。

12.5 漂白剂——二氧化硫及亚硫酸盐的测定

漂白剂是指能够破坏、抑制食品的发色因素,使其褪色或使食品免于褐变的物质。从漂白剂的作用机制上看,可分为还原型和氧化型两大类,它们分别具有一定的还原能力和氧化能力,常用的还原型漂白剂有二氧化硫、亚硫酸钠、亚硫酸氢钠、焦亚硫酸钠等,常用的氧化型漂白剂有过氧化氢、次氯酸等。我国目前使用较多的是二氧化硫和亚硫酸盐。

亚硫酸盐类食品添加剂除了具有漂白作用,还具有防腐和抗氧化的作用。亚硫酸盐真正起作用的是 SO_2。亚硫酸盐的毒性较小,在食品加热加工中,亚硫酸盐大部分变为二氧化硫挥发,可认为对人体安全无害。但过量使用会破坏食品中维生素 B_1 等营养成分,也会对易感人群造成过敏反应,因此对在食品中添加本品应加以限制。我国《食品添加剂使用卫生标准》(GB 2760—2014)规定,以二氧化硫残留量计,食用淀粉不超过 0.03 g/kg,经表面处理的鲜水果、食用菌和藻类罐头(仅限蘑菇罐头)、蔬菜罐头(仅限竹笋、酸菜)、果蔬汁(浆)等不超过 0.05 g/kg,葡萄酒、果酒不超过 0.25 g/kg,水果干类、粉丝、饼干、可可制品、巧克力和巧克力制品(包括代可可脂巧克力及制品)以及糖果不超过 0.1 g/kg,干制蔬菜、腐竹类(包括腐竹、油皮)不超过 0.2 g/kg,蜜饯凉果不超过 0.35 g/kg,干制蔬菜(仅限脱水马铃薯)不超过 0.4 g/kg 等。

测定二氧化硫的方法有蒸馏法、碘量法、高效液相色谱法和极谱法等,其中常用的是蒸馏法。下面主要介绍蒸馏法。

1. 原理

在密闭容器中对试样进行酸化并加热蒸馏,以释放其中的二氧化硫,释放物用乙酸铅溶液吸收。吸收后用浓酸酸化,再以碘标准溶液滴定,根据所消耗的碘标准溶液的量计算出试样中的二氧化硫含量。本法(GB 5009.34—2016)适用于果脯、干菜、米粉类、粉条、砂糖、食用菌及葡萄酒等食品中二氧化硫的测定。

2. 仪器

全玻璃蒸馏器,碘量瓶,酸式滴定管。

3. 试剂

(1) 盐酸(1+1):浓盐酸用水稀释 1 倍。

(2) 乙酸铅溶液(20 g/L):称取 2 g 乙酸铅,溶于少量水中并稀释至 100 mL。

(3) 碘标准溶液[$c(1/2\ I_2)$=0.010 mol/L]:碘标准溶液(0.100 mol/L)用水稀释 10 倍。

(4) 淀粉指示液(10 g/L):称取 1 g 可溶性淀粉,用少许水调成糊状,缓缓倾入 100 mL 沸水中,边加边搅拌,煮沸 2 min,放冷,备用,此溶液应临用时新制。

4. 分析步骤

1）试样处理

固态试样用刀切或用剪刀剪成碎末后混匀，称取约 5.00 g 均匀试样(试样量可视含量高低而定)。液态试样可直接吸取 5.0～10.0 mL，置于 500 mL 圆底蒸馏烧瓶中。

2）测定

(1) 蒸馏。

将称好的试样置入圆底蒸馏烧瓶中，加入 250 mL 水，装上冷凝装置，冷凝管下端应插入碘量瓶中的 25 mL 乙酸铅吸收液(20 g/L)中，然后在蒸馏瓶中加入 10 mL 盐酸(1＋1)，立即盖塞，加热蒸馏。当蒸馏液剩约 200 mL 时，使冷凝管下端离开液面，再蒸馏 1 min，用少量蒸馏水冲洗插入乙酸铅溶液的装置部分，在检测试样的同时做空白实验。

(2) 滴定。

向取下的碘量瓶中依次加入 10 mL 浓盐酸、1 mL 淀粉指示液。摇匀之后用碘标准溶液(0.010 mol/L)滴定至变蓝色且在 30 s 内不褪色为止。

5. 结果计算

$$X=\frac{(V-V_0)\times 0.01\times 0.032\times 1\,000}{m}$$

式中：X——试样中二氧化硫总含量，g/kg；

V——滴定试样所用碘标准溶液(0.010 mol/L)的体积，mL；

V_0——滴定试剂空白所用碘标准溶液(0.010 mol/L)的体积，mL；

m——试样质量，g；

0.032——1 mL 碘标准溶液[$c(1/2\ I_2)=1.0$ mol/L]相当的二氧化硫的质量，g。

12.6　着色剂——食用合成色素的测定

为了保持或改善食品的色泽，在食品加工中往往需要对食品进行人工着色。着色剂是赋予食品色泽和改善食品色泽的物质，也常称为食用色素。

食用色素依来源可分为天然色素及人工合成色素两大类。天然色素是从一些动、植物组织中提取的色素，它安全性高，但着色能力差，对光、热、酸、碱等条件敏感，稳定性差，难以调出任意的色泽，且价格昂贵，逐渐被合成色素所代替。食用合成色素也称食用合成染料，其优势在于稳定性好、色泽鲜艳、附着力强、能调出任意色泽，加之成本低廉，使用方便，因而得到广泛应用。但合成色素很多是以煤焦油为原料制成的，故常被人们称为煤焦油色素或苯胺色素，在合成过程中可能被砷、铅以及其他有害物所污染。如果不能合理使用这些合成色素，人体摄入过量，将给人们的健康带来危害，所以其使用范围及用量多有限制。

我国允许使用的合成着色剂是偶氮类色素苋菜红、胭脂红、新红、柠檬黄、日落黄和非偶氮类色素赤藓红、亮蓝、靛蓝，它们全是水溶性色素，有红、黄、蓝三种基本色，按比例可以任意调配成橙、绿、紫等多种色调，基本可以满足使用的需要。

目前合成色素的测定方法主要为高效液相色谱法。

1. 原理

高效液相色谱法测定食品中合成着色剂是 GB 5009.35—2016。合成色素在酸性条件下用聚酰胺粉吸附或用液-液分配提取，然后制成样液(水溶液)，注入高效液相色谱仪，经反相色谱分离，根据保留时间和峰面积进行定性和定量。

2. 仪器

高效液相色谱仪(带二极管阵列检测器或紫外检测器)。

3. 试剂

(1) 正己烷。

(2) 盐酸。

(3) 乙酸。

(4) 甲醇：经 0.5 μm 滤膜过滤。

(5) 聚酰胺粉(尼龙 6)：过 200 目筛。

(6) 乙酸铵溶液(0.02 mol/L)：称取 1.54 g 乙酸铵，加水至 1 000 mL，溶解，经 0.45 μm 滤膜过滤。

(7) 稀氨水：量取氨水 2 mL，加水至 100 mL，混匀。

(8) 氨水-乙酸铵溶液(0.02 mol/L)：量取氨水 0.5 mL，用 0.02 mol/L 乙酸铵溶液定容至 1 000 mL，混匀备用。

(9) 甲醇-甲酸溶液(6+4)：量取甲醇 60 mL、甲酸 40 mL，混匀。

(10) 柠檬酸溶液：称取 20 g 柠檬酸($C_6H_8O_7 \cdot H_2O$)，加水至 100 mL，溶解混匀。

(11) 无水乙醇-氨水-水溶液(7+2+1)：量取无水乙醇 70 mL、氨水 20 mL、水 10 mL，混匀。

(12) 三正辛胺-正丁醇溶液(5%)：量取 5 mL 三正辛胺，用正丁醇定容至 100 mL，混匀。

(13) 饱和硫酸钠溶液。

(14) 硫酸钠溶液(ρ=2 g/L)。

(15) pH=6 的水：水加柠檬酸溶液，调 pH 到 6。

(16) 合成着色剂标准溶液：准确称取按其纯度折算为 100% 质量的柠檬黄、日落黄、苋菜红、胭脂红、新红、赤藓红、亮蓝、靛蓝各 0.100 g，置于 100 mL 容量瓶中，加 pH=6 的水至刻度，配成水溶液(1.00 mg/mL)。

(17) 合成着色剂标准使用液：临用时将上述溶液加水稀释 20 倍，经 0.45 μm 滤膜过滤，配成每毫升相当于 50.0 μg 的合成着色剂。

4. 分析步骤

1) 样品处理

(1) 橘子汁、果味水、果子露汽水等：称取 20.0～40.0 g，放入 100 mL 烧杯中。含 CO_2 的加热排除 CO_2。

(2) 配制酒类：称取 20.0～40.0 g，放入 100 mL 烧杯中，加小碎磁片数片，加热驱除乙醇。

(3) 硬糖、蜜饯类、淀粉软糖等：称取 5.00～10.00 g 粉碎试样，放入 100 mL 烧杯中，加水 30 mL，温热溶解，若试样溶液 pH 较高，用柠檬酸溶液调 pH 到 6 左右。

(4) 巧克力豆及着色糖衣制品：取 5.00～10.00 g 粉碎试样，放入 100 mL 烧杯中，用水反复洗涤色素，到试样无色素为止，合并色素漂洗液为试样溶液。

2) 色素提取

(1) 聚酰胺粉吸附法：在样品溶液中加柠檬酸溶液，调 pH 到 6，加热至 60 ℃，将 1 g 聚酰胺粉加少许水调成粥状，倒入试样溶液中，搅拌片刻，以 G3 垂融漏斗抽滤，用 60 ℃ pH=4 的水洗涤 3～5 次，然后用甲醇-甲酸溶液洗涤 3～5 次[含赤藓红的试样用(2)法处理]，再用水洗至中性，用无水乙醇-氨水-水溶液解吸 3～5 次，每次 5 mL，收集解吸液，加乙酸中和，蒸发至近干,加水溶解,定容至 5 mL。经 0.45 μm 滤膜过滤,取 10 μL 进高效液相色谱仪。

(2) 液-液分配法(适用于含赤藓红的样品):将制备好的试液放入分液漏斗中,加 2 mL 盐酸、三正辛胺-正丁醇溶液(5%)10～20 mL,振摇提取,分取有机相,重复提取直至有机相无色,合并有机相,用饱和硫酸钠溶液洗 2 次,每次 10 mL,分取有机相,放入蒸发皿中,水浴加热浓缩至 10 mL,转移至分液漏斗中,加 10 mL 正己烷,混匀,加稀氨水提取 2～3 次,每次 5 mL,合并氨水溶液层(含水溶性酸性色素),用正己烷洗 2 次,氨水层加乙酸调成中性,水浴加热蒸发至近干,加水定容至 5 mL。经 0.45 μm 滤膜过滤,取 10 μL 进高效液相色谱仪。

3) 测定

(1) 色谱条件。

① 色谱柱:C18 柱,5 μm 不锈钢柱,4.6 mm(内径)×250 mm。

② 流动相:甲醇,乙酸铵溶液(0.02 mol/L)。

③ 梯度洗脱条件:0～3 min,甲醇 3%～35%;3～7 min,甲醇 35%～100%;7～10 min,甲醇 100%;10～21 min,甲醇 5%。

④ 流速为 1 mL/min,柱温为 35 ℃,进样量为 10 μL。

⑤ 检测器:二极管阵列检测器,检测波长范围为 400～800 nm,或紫外检测器,检测波长为 254 nm。

(2) 测定。

取相同体积样液和合成着色剂标准使用液,分别注入高效液相色谱仪中,根据保留时间定性,外标峰面积法定量。

5. 结果计算

$$X=\frac{m'\times 1\,000}{m\times\frac{V_2}{V_1}\times 1\,000\times 1\,000}$$

式中:X——试样中着色剂的含量,g/kg;

m'——样液中着色剂的质量,μg;

V_1——试液稀释总体积,mL;

V_2——进样体积,mL;

m——样品质量,g。

计算结果保留 2 位有效数字。

精密度:在重复性条件下获得的两次独立测定结果的绝对差值不得超过算术平均值的 10%。

思　考　题

1. 什么是食品添加剂?食品添加剂的测定有何意义?
2. 测定食品中苯甲酸钠和山梨酸钾时,在处理样品时为什么要先将样品酸化后,再用乙醚提取?乙醚提取液为什么要用无水硫酸钠脱水?
3. 说明盐酸萘乙二胺法测定食品中亚硝酸盐的原理。
4. 着色剂和发色剂有何区别?食品中使用的着色剂有哪些种类?
5. 蒸馏法测定样品中二氧化硫时,为何要将冷凝管下端插入乙酸铅吸收液中?蒸馏结束后使冷凝管下端离开液面再蒸馏 1 min 的作用是什么?

第13章　食品中有毒有害物质的测定

本章提要

(1) 掌握食品中有毒有害物质的分类和各种毒害物质的基本特性。

(2) 熟悉食品中有机氯、有机磷等常见农药残留的快速测定原理和仪器检测方法，了解菊酯类农药残留的测定方法。

(3) 了解食品中四环素、磺胺类以及克伦特罗等常见兽药残留的测定方法。

(4) 熟悉食品中黄曲霉素等常见微生物毒素的测定方法，了解其他天然毒素的测定方法。

(5) 了解食品中苯并[a]芘、二噁英等常见污染物的测定方法，了解苏丹红、三聚氰胺等非法添加物质的检测方法。

(6) 熟悉食品中有害物质的常见检测方法：薄层色谱法、气相色谱法、液相色谱法、酶联免疫法。了解气相色谱-质谱、液相色谱-质谱联用技术等新兴检测技术。

Question 生活小提问

1. 近年来的一系列食品安全事件分别是由食品中哪些有毒有害物质引发的？瘦肉精、毒鼠强、二噁英、毒大米、地沟油、日本雪印事件、吊白块、苏丹红、三聚氰胺、毒豇豆。
2. 你觉得当前食品安全工作的重点应该是什么？

13.1　概　　述

13.1.1　相关概念

按照《中华人民共和国食品安全法》，食品安全指食品无毒无害，符合应当有的营养要求，对人体健康不造成任何急性、亚急性或者慢性危害。食源性疾病，指食品中致病因素进入人体引起的感染性、中毒性等疾病，包括食物中毒。食品安全事故，指食源性疾病、食品污染等源于食品，对人体健康有危害或者可能有危害的事故。

在食品的安全检测方面，我们还会经常碰到“有毒物质”与“有害物质”的概念。那么什么是“有毒有害物质”？“有毒有害物质”即对人体有生理毒性，食用后会引起不良反应，损害机体健康的物质。所谓“有毒的物质”，是指进入人体后能与人体内的一些物质发生化学变化，从而引起人体的机体功能或器质性病理变化的物质。所谓“有害的物质”，是指人类在生产条件下或日常生活中所接触的，对人体的组织、机能产生影响、损害的物质。从对机体健康影响的角度可将有害物质分为普通有害物质、有毒物质、致癌物和危险物。根据这一定义可知，有害物质包括有毒物质，其范畴比有毒物质更广。

13.1.2 食品中有毒有害物质的分类与来源

食品中有害物质可分为三类。

一是物理性有害物质,如玻璃、金属、石子、昆虫等。在食品的生产、加工、储运等各个阶段都可能引入物理性有害物质。二是生物性有害物质,如细菌、霉菌,以及李斯特菌等致病菌,还包括寄生虫等。微生物是生物性危害的基本因素之一。三是化学性有害物质,如毒菌素、贝类毒素、重金属、有机氯等农药残留、环境污染物等。有毒物质基本上都属于化学性有害物质。

化学性有害物质有天然存在的和人为引入的。天然存在的包括毒菌素(肉毒毒素、黄曲霉毒素)、蘑菇毒素、贝类毒素(麻痹性、腹泻性、神经性)、组胺、鱼肉毒素(河豚毒素),是在食品中自然存在的,可能会随着食物的食用而对人体产生危害。人为引入的则可能发生在食品生产、加工、储藏、运输和消费的各个环节。这些有害物质的主要来源包括:在食品原料种养殖环节不恰当地使用农药、兽药,包括施药过量、施药期不当或使用禁用药物;在食品的加工、储藏或运输环节中带来的污染,如人员操作、生产设备设施环境、清洗消毒、用水等;食品生产加工工艺未被严格遵守导致的,如食品添加剂使用不规范、储藏方法不当等造成的;还有来自特定的食品加工工艺,如肉类熏烤、蔬菜腌制等可能引入的有害物质;来自食品包装材料中的某些有害物质也可能迁移到被包装的食品中;来自环境污染品,如二噁英、多氯联苯等也不可避免地会污染食品。此外,近年来,一些食品生产经营者利令智昏,违法使用非食用物质加工食品,也导致了很多有毒有害物质进入食品中。

13.1.3 开展食品中有毒有害物质检测工作的意义

众所周知,食品安全已经成为一个世界性的挑战和全球重要的公共卫生问题。近年来,我国食品安全问题也处于多发期。尤其近几年来的苏丹红事件、日本毒饺子事件、“三鹿奶粉”事件,都在国际、国内社会产生了非常大的影响。可以说,食品安全不仅是民生问题,而且关系到中国在国际贸易中的形象和地位。2009 年 2 月 28 日,《中华人民共和国食品安全法》正式通过,自 2009 年 6 月 1 日起施行。2013 年《食品安全法》启动修订,2015 年 4 月 24 日,新修订的《中华人民共和国食品安全法》经第十二届全国人民代表大会常务委员会第十四次会议审议通过。新版食品安全法共十章,154 条,于 2015 年 10 月 1 日起正式施行。根据 2018 年 12 月 29 日第十三届全国人民代表大会常务委员会第七次会议《全国人民代表大会常务委员会关于修改〈中华人民共和国产品质量法〉等五部法律的决定》,《中华人民共和国食品安全法》进行了再次修订。2010 年 2 月 9 日,为贯彻落实《中华人民共和国食品安全法》,切实加强对食品安全工作的领导,专门设立国务院食品安全委员会,作为国务院食品安全工作的高层次议事协调机构。这些举措都体现了我国政府对食品安全问题的高度重视。但食品安全工作任重道远,仅靠一部法律或一个委员会还不能完全解决问题,仍需要政府部门、生产企业、消费者,乃至全社会的共同努力。这里面,食品安全检测人员和相关检测技术研究,是食品安全工作不可或缺的重要保障。

食品安全检测范围广泛,涉及领域较多,检测物质的品种庞杂,某些残留物、污染物都在痕量水平,对检测技术要求很高。开展食品中有毒有害物质检测和相关技术研究工作,对内有助于全面提升食品安全水平,维护公共卫生安全,保障人民群众身体健康;对外有助于破解国外技术壁垒,促进我国农产品质量的提高,保证食品进出口贸易。

13.2　食品中农药残留量的测定

农药是指在农业生产中，为保障、促进植物和农作物的成长，用于预防、消灭或者控制危害农业、林业的病、虫、菌、草及其他有害生物，以及调节植物、昆虫生长的化学合成或者来源于生物、其他天然物质的一种物质或者几种物质的混合物及其制剂。按《中国农业百科全书·农药卷》的定义，农药主要是指用来防治危害农、林、牧业生产的有害生物和调节植物生长的化学药品，但通常也把改善有效成分物理、化学性状的各种助剂包括在内。

目前，全世界实际生产和使用的农药品种有上千种，其中绝大部分为化学合成农药。根据防治对象，农药可分为杀虫剂、杀菌剂、杀螨剂、杀线虫剂、杀鼠剂、除草剂、脱叶剂、植物生长调节剂等；根据原料来源，可分为有机农药、无机农药、植物性农药、微生物农药，还有昆虫激素；按化学成分，可分为有机磷类、氨基甲酸酯类、有机氯类、拟除虫菊酯类、苯氧乙酸类、有机锡类等；按药剂的作用方式，可分为触杀剂、胃毒剂、熏蒸剂、内吸剂、引诱剂、驱避剂、拒食剂、不育剂等；按加工剂型分，主要有粉剂、可湿性粉剂、可溶性粉剂、乳剂、乳油、浓乳剂、乳膏、糊剂、胶体剂、熏烟剂、熏蒸剂、烟雾剂、油剂、颗粒剂、微粒剂等；按其毒性可分为高毒、中毒、低毒三类；按杀虫效率可分为高效、中效、低效三类；按农药在植物体内残留时间的长短可分为高残留、中残留和低残留三类。

农药残留是农药使用后一个时期内没有被分解，而残存在生物体、收获物、土壤、水体、大气中的微量农药原体、有毒代谢产物、降解物和杂质的总称。施用于作物上的农药，其中一部分附着于作物上，一部分散落在土壤、大气和水等环境中，环境残存的农药中的一部分又会被植物吸收。残留农药直接通过植物果实或水、大气到达人、畜体内，或通过环境、食物链最终传递给人、畜。残留的数量称为残留量，表示单位为 mg/kg。当农药过量或长期施用，导致食物中农药残存数量超过最大残留限量(MRL)时，将对人和动物产生不良影响，或通过食物链对生态系统中其他生物造成毒害。导致和影响农药残留的原因有很多，其中农药本身的性质、环境因素以及农药的使用方法是影响农药残留的主要因素。

根据《食品安全国家标准 食品中农药最大残留限量》(GB 2763—2016)，相关术语和定义如下。

残留物(residue definition)：由于使用农药而在食品、农产品和动物饲料中出现的任何特定物质，包括被认为具有毒理学意义的农药衍生物，如农药转化物、代谢物、反应产物及杂质等。

最大残留限量(maximum residue limit，MRL)：在食品或农产品内部或表面法定允许的农药最大浓度，以每千克食品或农产品中农药残留的毫克数表示(mg/kg)。

再残留限量(extraneous maximum residue limit，EMRL)：一些持久性农药虽已禁用，但还长期存在环境中，从而再次在食品中形成残留，为控制这类农药残留物对食品的污染而制订其在食品中的残留限量，以每千克食品或农产品中农药残留的毫克数表示(mg/kg)。

每日允许摄入量(acceptable daily intake，ADI)：人类终生每日摄入某物质，而不产生可检测到的危害健康的估计量，以每千克体重可摄入的量表示(mg/kg(bw))。

《食品安全国家标准 食品中农药最大残留限量》(GB 2763—2016)规定了食品中 2,4-D 等 433 种农药 4140 项最大残留限量。

本节主要介绍目前市面上使用比较普遍的几类农药的残留分析，包括有机氯类农药、有机磷类农药、拟除虫菊酯类农药等的残留分析。

13.2.1 有机氯农药残留及其检测

有机氯农药(organochlorine pesticides,OCPs)是用于防治植物病、虫害的组成成分中含有有机氯元素的有机化合物的总称。通常,OCPs分为四种主要的类型,即滴滴涕(DDT)及其同系物、六六六、环戊二烯类及有关化合物和毒杀芬及有关化合物。由于有机氯农药具有高效、广谱、价廉等特点,这类杀虫剂广泛地用于农业生产,其中,六六六、DDT等作为有机氯农药的主要品种,使用尤为广泛。1939年瑞士化学家穆勒发现了DDT的杀昆虫作用,并因此获得了1948年的诺贝尔奖。

但由于有机氯农药化学性质稳定,在环境和生物体内难于降解,所以积存在动、植物体内的有机氯农药分子消失缓慢,并通过生物富集和食物链的作用,环境中的残留农药会进一步得到富集和扩散。有机氯农药脂溶性大,通过食物链进入人体后能在肝、肾、心脏等组织中蓄积,对人体健康产生危害。因此20世纪70年代开始,许多工业化国家相继限用或禁用某些OCPs,其中主要是DDT、六六六、艾氏剂及狄氏剂等。我国自1983年停止生产、使用农药六六六和DDT,但由于其高残留性和持久性蓄积作用,在许多地方的空气、水域和土壤中仍能够检测出微量OCPs的存在,并会在相当长时间内继续影响食品的安全性,危害人类健康。DDT的污染是全球性的,有资料表明,在人迹罕至的南极的企鹅、海豹,北极的北极熊,甚至未出世的胎儿体内均可检出DDT的存在。因此,此类化合物仍然是我国食品中农药残留的主要检测品种。

常见的有机氯农药有六六六(BHC,又称六氯化苯,分子式为$C_6H_6Cl_6$,一般工业品是α-、β-、γ-、δ-六六六四种异构体的混合物)、滴滴涕(DDT,分子式为$C_{14}H_9Cl_5$,简称二氯二苯基三氯乙烷)、五氯硝基苯(PCNB,分子式为$C_6NO_2Cl_5$)、艾氏剂(aldrin,分子式为$C_{12}H_8Cl_6$)、狄氏剂(dieldrin,分子式为$C_{12}H_8Cl_6O$)、异狄氏剂(endrin)、氯丹(chlordane)、七氯(heptachlor,分子式为$C_{10}H_5Cl_7$)、林丹(lindane)、硫丹(endosulfan)、毒杀芬(camphechlor)等。

有机氯农药残留量检测常用的有气相色谱法和薄层色谱法。其中薄层色谱法的原理如下:试样中的六六六、DDT经有机溶剂提取,并经硫酸处理,除去干扰物质,浓缩,点样展开后,用硝酸银显色,经紫外线照射生成棕黑色斑点,与标准比较,可以粗略定量。薄层色谱法的检出限为0.02 μg,适宜范围为0.02~0.20 μg。薄层色谱法已不是六六六、DDT残留检测的主流技术,本节不作重点介绍。

在有机氯农药分析领域,使用最为广泛的检测技术是气相色谱法(GC),它具有分离效能高、灵敏度高、选择性好、分析速度快、用样量少等特点。气相色谱仪原理如图13-1所示。气相色谱法又称气相层析法,是一种以气体为流动相,采用洗脱法的柱色谱法。当多组分的混合样品进入色谱柱后,由于吸附剂对每个组分的吸附力不同,经过一定时间后,各组分在色谱柱中的运行速度也就不同。吸附力弱的组分容易被解吸下来,最先离开色谱柱进入检测器,而吸附力最强的组分最不容易被解吸下来,因此最后离开色谱柱。如此,各组分得以在色谱柱中彼此分离,顺序进入检测器中被检测、记录下来。在仪器允许的汽化条件下,凡是能够汽化且稳定、不具腐蚀性的液体或气体,都可用气相色谱法分析。有的化合物沸点过高难以汽化或因热不稳定而分解,则可通过化学衍生化的方法,使其转变成易汽化或热稳定的物质后再进行分析。典型的气相色谱仪如图13-2所示。

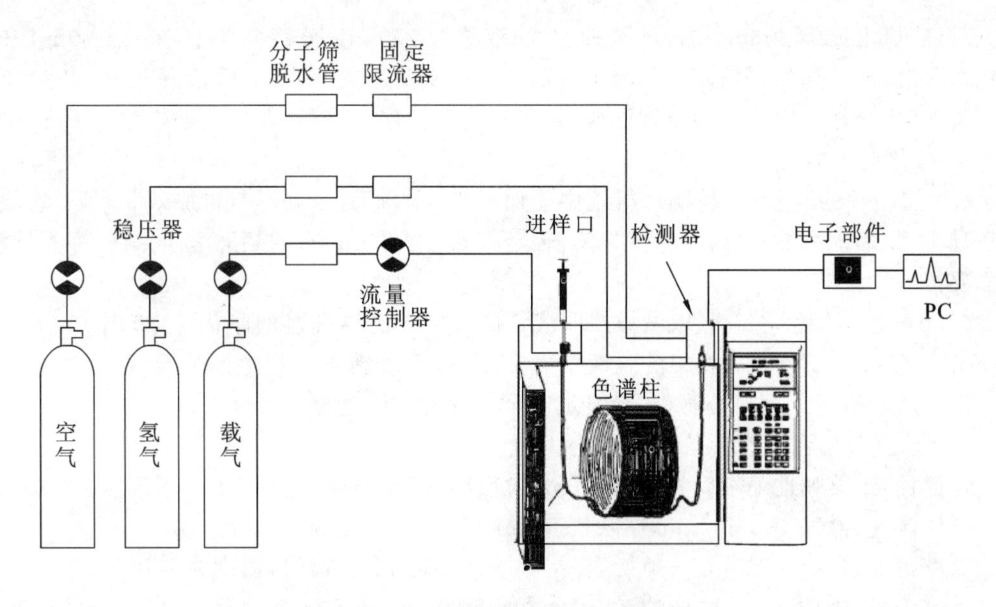

图 13-1　气相色谱仪原理示意图

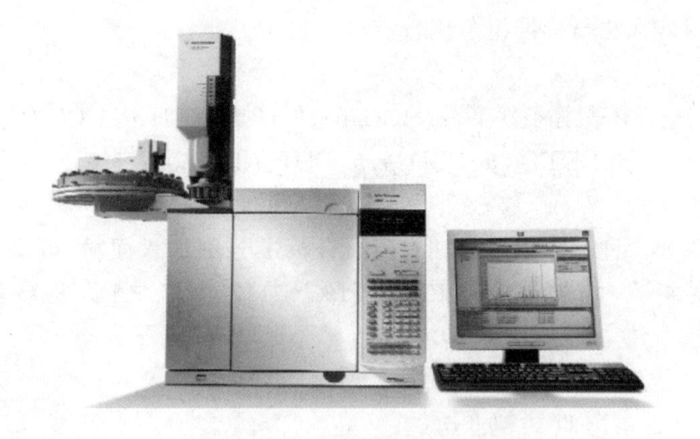

图 13-2　典型的气相色谱仪

目前国内有机氯农药残留检测的主要方法有《植物性食品中有机氯和拟除虫菊酯类农药多种残留量的测定》(GB/T 5009.146—2008)、《食品中有机氯农药多组分残留量的测定》(GB/T 5009.19—2008)以及《蔬菜和水果中有机磷、有机氯、拟除虫菊酯和氨基甲酸酯类农药多残留的测定》(NY/T 761—2008)。下面简单介绍气相色谱法测定有机氯农药残留的方法(GB/T 5009.146—2008)。

1. 原理

试样中的有机氯农药经有机溶剂提取，经液液分配及层析净化除去干扰物质后，采用配有电子捕获检测器的气相色谱仪检测，根据色谱峰的保留时间定性，外标法定量。

2. 分析步骤

1) 样品处理

(1) 粮食试样：称取 10 g 粮食试样，置于 100 mL 具塞锥形瓶中，加入 20 mL 石油醚，于振荡器上振摇 0.5 h。

(2) 蔬菜试样：称取 20 g 蔬菜试样，置于组织捣碎杯中，加入 30 mL 丙酮和 30 mL 石油醚，于捣碎机上捣碎 2 min，捣碎液经抽滤，滤液移入 250 mL 分液漏斗中，加入 100 mL 2%硫酸钠水溶液，充分摇匀，静置分层，将下层溶液转移到另一支 250 mL 分液漏斗中，用 2×20 mL 石油醚萃取，合并三次萃取的石油醚层，过无水硫酸钠层，于旋转蒸发仪上浓缩至 10 mL。

2）净化与浓缩

（1）层析柱的制备：在玻璃层析柱中先加入 1 cm 高无水硫酸钠，再加入 5 g 5%水脱活弗罗里硅土，最后加入 1 cm 高无水硫酸钠，轻轻敲实，用 20 mL 石油醚淋洗净化柱，弃去淋洗液，柱面要留有少量液体。

（2）净化与浓缩：准确吸取试样提取液 2 mL，加入已淋洗过的净化柱中，用 100 mL 石油醚-乙酸乙酯(95+5)洗脱，收集洗脱液于蒸馏瓶中，于旋转蒸发仪上浓缩至近干，用少量石油醚多次溶解残渣于刻度离心管中，最终定容至 1.0 mL，供气相色谱分析。

3）测定(气相色谱参考条件)

色谱柱：石英弹性毛细管柱，0.25 mm(内径)×15 m，内涂有 OV-101 固定液。

气体流速：氮气 40 mL/min，尾吹气 60 mL/min，分流比为 1∶50。

温度：柱温自 180 ℃升至 230 ℃，保持 30 min；检测器、进样口温度为 250 ℃。

色谱分析：吸收 1 μL 试样液，注入气相色谱仪，记录色谱峰的保留时间和峰高，再吸取 1 μL混合标准溶液进样，记录色谱峰的保留时间和峰高。根据组分在色谱上的出峰时间与标准组分比较定性，用外标法与标准组分比较定量。

3. 检出限

在上述取样量、进样体积等条件下，α-HCH、β-HCH、γ-HCH、δ-HCH 依次为 0.1、0.2、0.6、0.6 μg/kg；*p*,*p*′-DDE、*o*,*p*′-DDT、*p*,*p*′-DDD、*p*,*p*′-DDT 依次为 0.8、1.0、1.0、1.0 μg/kg。

4. 精密度和准确度

将 10 种有机氯和 6 种拟除虫菊酯类农药混合标准分别加入面粉、黄瓜、油菜中进行方法的精密度和准确度实验，添加回收率在 81.71%～112.41%之间，变异系数在 2.48%～10.05%之间。

5. 典型色谱图

有机氯农药标准色谱图如图 13-3 所示。

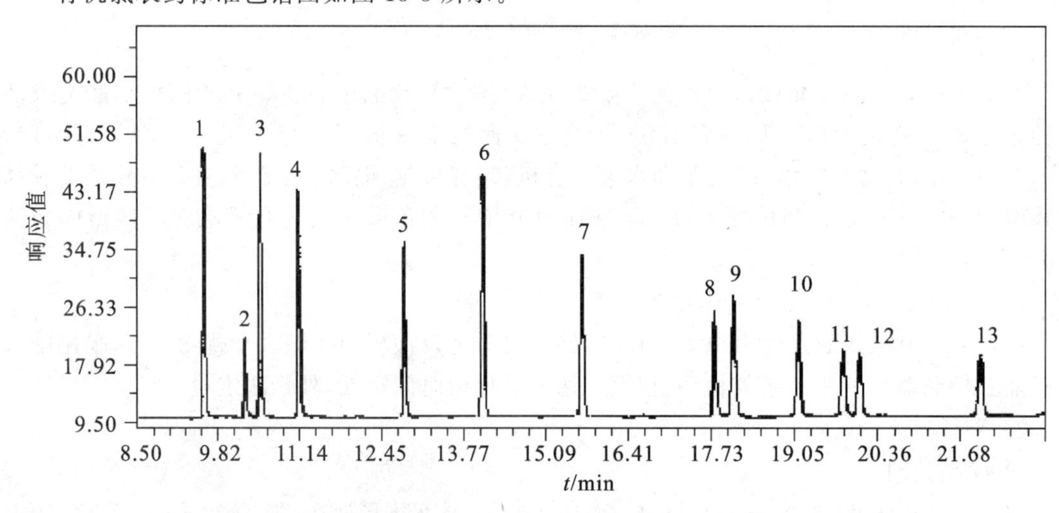

图 13-3 有机氯农药标准品色谱图

1—α-BHC；2—β-BHC；3—γ-BHC；4—δ-BHC；5—HEPT；6—ALD；7—HCE；8—*p*,*p*′-DDE；9—DIE；10—endrin；11—*p*,*p*′-DDD；12—*o*,*p*′-DDT；13—*p*,*p*′-DDT

13.2.2　有机磷农药残留及其检测

有机磷农药(organophosphorus pesticides,OPPs)是用于防治植物病、虫、害的含有机磷酸酯的有机化合物的总称。有机磷农药多为磷酸酯类或硫代磷酸酯类,无机磷酸结构上的羟基被不同的有机基团取代,就构成了品种繁多的有机磷化合物。这类农药具有高效、广谱的特点,不但可以作为杀虫剂、杀菌剂,而且可以作为除草剂和植物生长调节剂。有机磷农药易于被水、酶及微生物所降解,很少残留毒性,在人、畜体内一般不积累,在农药中是极为重要的一类化合物。从 20 世纪 40 年代到 70 年代得到飞速发展,有机磷农药在世界各地被广泛应用,有 140 多种化合物正在或曾被用作农药。

但是,有机磷农药存在抗药性问题,某些品种存在急性毒性过高和迟发性神经毒性问题。有机磷农药主要是抑制生物体内的胆碱酯酶的活性,导致乙酰胆碱这种传导介质代谢紊乱,产生迟发性神经毒性,引起运动失调、昏迷、呼吸中枢麻痹甚至死亡。从 20 世纪 70 年代以后,有机磷杀虫剂的研究和开发速度大大放慢了,但在杀虫剂领域,目前它仍被广泛使用。过量或施用时期不当是造成有机磷农药污染食品的主要原因。

目前正式商品化的有机磷农药有上百种。常见的有代表性的或影响较大的有机磷农药有敌敌畏(DDVP,DDVF,分子式为 $C_4H_7Cl_2O_4P$)、甲拌磷(phorate,分子式为 $C_7H_{17}O_2PS_3$)、二嗪磷(diazinon,分子式为 $C_{12}H_{21}O_3N_2PS$)、对硫磷(parathion,分子式为 $C_{10}H_{14}NO_5PS$)、甲基对硫磷(parathion-methyl,分子式为 $C_8H_{10}NO_5PS$)、马拉硫磷(malathion)、乐果(dimethoate)、氧化乐果(omethoate)、甲胺磷(methamidophos)、乙酰甲胺磷(acephate)、杀螟硫磷(fenitrothion)、辛硫磷(phoxim)、敌百虫(trichlorfon)等。其中甲拌磷、对硫磷、甲基对硫磷、氧化乐果等为高毒类($LD_{50}<50$ mg/kg),敌敌畏、乐果、二嗪磷等为中毒类(LD_{50} 在 50～500 mg/kg),敌百虫、马拉硫磷、辛硫磷等为低毒类($LD_{50}>500$ mg/kg)。

文献中报道的有机磷农药残留分析方法包括色谱法、波谱法和酶抑制法三大类,而以色谱法中的气相色谱法及高效液相色谱法应用得最多。AOAC 在 20 世纪 80 年代就对大部分有机磷农药建立了气相色谱分析方法。近年来,AOAC 又对近半数的有机磷农药建立了高效液相色谱检测法。

关于有机磷农药的快速检测方法,其基本原理是基于有机磷和氨基甲酸酯类农药能够抑制乙酰胆碱酯酶的活性,在底物(试剂)的作用下,使显色剂显色或不显色,从而可以判断出是否有农药存在或含量高低。国家标准《蔬菜中有机磷和氨基甲酸酯类农药残留量的快速检测》(GB/T 5009.199—2003),就是运用酶抑制原理,制订了速测卡法即纸片法、酶抑制率法即分光光度法,能快速检测有机磷和氨基甲酸酯农药在蔬菜中的残留,广泛应用于蔬菜、水果、粮食、茶叶等的快速检测,以便及时发现问题,采取措施,控制高残留农药的蔬菜上市,保障人们食菜安全。

其中纸片法的原理是胆碱酯酶可催化靛酚乙酸酯(红色)水解为乙酸和靛酚(蓝色),有机磷和氨基甲酸酯农药对胆碱酯酶有抑制作用,使催化、水解、变色过程发生变化,由此可以判断出样品中是否有高剂量有机磷和氨基甲酸酯类农药的存在。分光光度法的原理是有机磷和氨基甲酸酯类农药对胆碱酯酶的抑制率与农药的浓度呈正相关。乙酰胆碱酯酶水解产物与显色剂反应,用分光光度计在 412 nm 处测定吸光度变化并计算出抑制率,从而判断是否有高剂量有机磷和氨基甲酸酯类农药的存在。

纸片法和分光光度法是适合我国国情的快速检测方法,并以其简便、灵敏、经济等特点,在我国得到了较快的推广和应用,在农产品上市销售前的快速筛查方面起到了非常大的作用。但快速检测法也存在着很多不足,如速测卡法对水胺硫磷的检测限是 3.1 mg/kg。而 GB 2763—2016《食品安全国家标准 食品中农药最大残留限量》标准中规定的水胺硫磷在稻谷中最大残留限量是 0.05 mg/kg,柑橘类水果中则是 0.02 mg/kg。显然,对于如此水平的限量要求,快速检测法是无能为力的。

我国食品检验国家标准《植物性食品中有机磷和氨基甲酸酯类农药多种残留的测定》(GB/T 5009.145—2003)采用的是气相色谱法检测有机磷农药残留,适用于粮食、蔬菜中有机磷和氨基甲酸酯类农药残留的检测。此外还有,《食品中有机磷农药残留量的测定》(GB/T 5009.20—2003)、《动物性食品中有机磷农药多组分残留量的测定》(GB/T 5009.161—2003)、《粮食、水果和蔬菜中有机磷农药测定的气相色谱法》(GB/T 14553—2003)等标准。下面简要介绍 GB/T 5009.20—2003 第一法,即气相色谱法测定水果、蔬菜、谷类中有机磷农药的残留。本标准规定了水果、蔬菜、谷类中敌敌畏、速灭磷、久效磷、甲拌磷、巴胺磷、二嗪磷、乙嘧硫磷、甲基嘧啶磷、甲基对硫磷、稻瘟净、水胺硫磷、氧化喹硫磷、稻丰散、甲喹硫磷、克线磷、乙硫磷、乐果、喹硫磷、对硫磷、杀螟硫磷的残留量分析方法。

本法适用于使用过敌敌畏等二十种农药制剂的水果、蔬菜、谷类等作物的农药残留量分析。

1. 原理

含有机磷的试样在富氢焰上燃烧,以 HPO 碎片的形式,放射出波长为 526 nm 的特性光,这种光通过滤光片选择后,由光电倍增管接收,转换成电信号,经微电流放大器放大后被记录下来。将试样的峰面积或峰高与标准品的峰面积或峰高进行比较定量。

2. 分析步骤

1) 水果、蔬菜样品提取

称取 50.00 g 试样,置于 300 mL 烧杯中,加入 50 mL 水和 100 mL 丙酮(提取液总体积为 150 mL),用组织捣碎机提取 1～2 min。匀浆液经铺有两层滤纸和约 10 g Celite 545 的布氏漏斗减压抽滤。取滤液 100 mL,移至 500 mL 分液漏斗中。

2) 净化

向滤液中加入 10～15 g 氯化钠,使溶液处于饱和状态。猛烈振摇 2～3 min,静置 10 min,使丙酮与水相分层,水相用 50 mL 二氯甲烷振摇 2 min,再静置分层。

将丙酮与二氯甲烷提取液合并,经装有 20～30 g 无水硫酸钠的玻璃漏斗脱水滤入 250 mL 圆底烧瓶中,再以约 40 mL 二氯甲烷分数次洗涤容器和无水硫酸钠。洗涤液也并入烧瓶中,用旋转蒸发仪浓缩至约 2 mL,浓缩液定量转移至 5～25 mL 容量瓶中,加二氯甲烷定容至刻度。供气相色谱分析。

3) 色谱条件

色谱柱:

① 玻璃柱 2.6 m×3 mm(内径),填装涂有 4.5% DC-200+2.5% OV-17 的 Chromosorb WAW DMCS (80～100 目)的担体。

② 玻璃柱 2.6 m×3 mm(内径),填装涂有质量分数为 1.5%的 QF-1 的 Chromosorb WAW DMCS (60～80 目)的担体。

检测器:火焰光度检测器(FPD)。

气体流量:氮气 50 mL/min、氢气 100 mL/min、空气 50 mL/min。

温度：柱箱 240 ℃、汽化室 260 ℃、检测器 270 ℃。

进样量：吸取 2～5 μL 混合标准溶液及试样净化液注入色谱仪中，以保留时间定性，以试样的峰高或峰面积与标准比较定量。

3. 结果计算

略。

4. 说明

将 16 种有机磷农药混合标准溶液分别加入大米、西红柿、白菜中进行方法的精密度和准确度实验，添加回收率在 73.38%～108.22%，变异系数在 2.17%～7.69%。

5. 典型色谱图

16 种有机磷农药混合标准溶液的色谱图如图 13-4 所示。

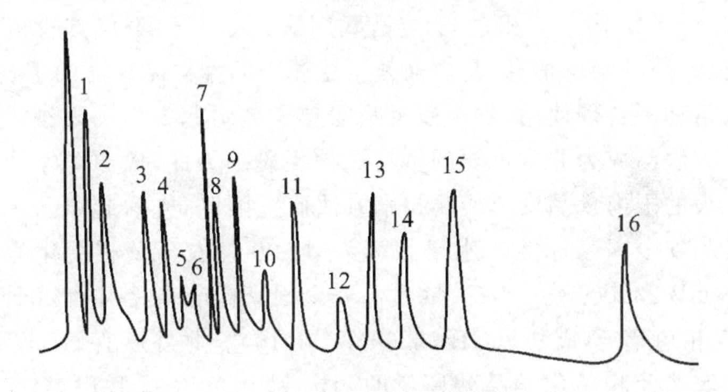

图 13-4　16 种有机磷农药混合标准溶液的色谱图

1—敌敌畏；2—速灭磷；3—久效磷；4—甲拌磷；5—巴胺磷；6—二嗪磷；7—乙嘧硫磷；8—甲基嘧啶磷；9—甲基对硫磷；10—稻瘟净；11—水胺硫磷；12—氧化喹硫磷；13—稻丰散；14—甲喹硫磷；15—克线磷；16—乙硫磷

13.2.3　拟除虫菊酯类农药残留及其检测

拟除虫菊酯农药(pyrethroid pesticides)是近年来发展较快的一类仿生杀虫剂。拟除虫菊酯分子较大，亲脂性强，可溶于多种有机溶剂，在水中溶解度小，在酸性条件下稳定，在碱性条件下易分解；具有无特殊臭味、安全系数高、使用浓度低、触杀作用强、灭虫速度快、残效时间长等优点。拟除虫菊酯主要应用在农业上，如防治棉花、蔬菜和果树的食叶和食果害虫，在高毒有机磷农药被禁止使用后，拟除虫菊酯农药便有了更为广泛的应用。除此之外，拟除虫菊酯还作为家庭用杀虫剂被广泛应用，它可防治蚊蝇、蟑螂及牲畜、寄生虫等。目前，人工已合成的拟除虫菊酯种类数以万计，迄今已商品化的拟除虫菊酯有近 40 个品种，在全世界的杀虫剂销售额中占 20%左右。

常见的拟除虫菊酯有烯丙菊酯(allethrin)、胺菊酯(tetramethrin)、醚菊酯(etofenprox)、苯醚菊酯(phenothrin)、甲醚菊酯(methothrin)、氯菊酯(permethrin)、氯氰菊酯(cypermethrin)、溴氰菊酯(deltamethrin)、杀螟菊酯(phencyclate)、氰戊菊酯(fenvalerate)、氟氰菊酯(flucythrin)、氟胺氰菊酯(fluvalinate)、氟氰戊菊酯(flucythrinate)、溴氟菊酯(brothrinate)等。

拟除虫菊酯在化学结构上的特点是存在多种异构体，有左、右旋，顺、反式结构。这些异构体具有不同的生物活性，在分析中必须解决同分异构体问题。常规分析程序：溶剂提取—液液分配—柱层析净化—气相色谱检测。一般使用毛细管柱进行分离，因其分辨能力、灵敏度、分析速度都比填充柱优越。

关于拟除虫菊酯农药残留的检测,请参考本节中有机氯农药残留的检测,详见 GB/T 5009.146—2008。

13.2.4 食品中多农药残留的检测方法

气相色谱法是农药残留分析的经典技术。电子捕获检测器(ECD)、火焰光度检测器(FPD)、氮磷检测器(NPD)是农药残留分析最常用的气相色谱检测器,而质谱检测器(MSD)则是最通用和灵敏的检测器。质谱法是一种近代物理方法,其工作原理是将气态化的物质分子裂解成离子,然后使离子按质量的大小分离,经检测和记录系统得到离子的质荷比和相对强度的谱图(质谱图)。质谱图提供了有关物质的相对分子质量、元素组成及分子结构的重要信息,从而鉴定物质的分子结构。气相色谱-质谱联用法(GC-MS)不仅具有色谱保留时间的定性指标,还可以提供农药的结构信息,是农药残留检测中阳性样品确证的主要手段。

由于农药的大量和不合理使用,农药残留问题越来越引起人们的重视。建立常规农药项目多残留系统检测方法已成为非常重要的贸易保护手段。为此,以原国家质检总局首席研究员庞国芳院士为代表的国内食品安全检测技术方法研究团队,先后起草了一系列多农药残留检测方法,包括《食品安全国家标准　水果和蔬菜中 500 种农药及相关化学品残留量的测定 气相色谱-质谱法》(GB 23200.8—2016)和《食品安全国家标准 粮谷中 475 种农药及相关化学品残留量的测定 气相色谱-质谱法》(GB 23200.9—2016)。此外还有 GB/T 20769—2008《水果和蔬菜中 405 种农药及相关化学品残留量的测定 液相色谱-串联质谱法》、GB/T 20770—2008《粮谷中 486 种农药及相关化学品残留量的测定 液相色谱-串联质谱法》,以及《食品安全国家标准 茶叶中 448 种农药及相关化学品残留量的测定 液相色谱-质谱法》(GB 23200.13—2016)等。这些标准构筑了我国新的农产品食品安全屏障,对破解国外技术壁垒,提升我国农产品检测技术的国际地位,提高我国农产品质量,扩大出口,具有深远的影响,并产生了显著社会经济效益。

气相色谱-质谱联用法检测农药残留的原理:样品用乙腈提取,经固相萃取柱净化,用乙腈-甲苯(3+1)洗脱农药及相关物质,用配有电子轰击源(EI)的气相色谱-质谱联用仪检测。每种化合物选择 1 种定量离子、2～3 种定性离子,根据每种化合物的保留时间、定量离子、定性离子及其丰度比,对照标准样品进行定性分析,使用环氧七氯内标法进行定量分析。典型的气相色谱-质谱联用仪如图 13-5 所示。

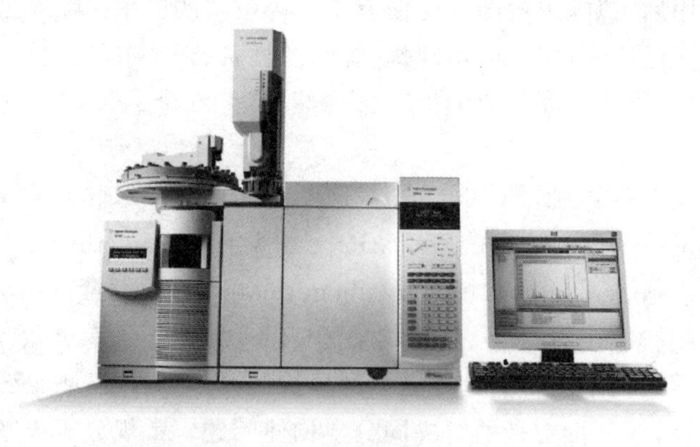

图 13-5　典型的气相色谱-质谱联用仪

13.3　食品中兽药残留的检测

兽药(veterinary drugs)是指用于预防、治疗、诊断动物疾病或者有目的地调节动物生理机能的物质(含药物、饲料、添加剂),主要包括血清制品、疫苗、诊断制品、微生态制品、中药材、中成药、化学药品、抗生素、生化药品、放射性药品及外用杀虫剂、消毒剂等。从理论上说,凡能影响机体器官生理功能或细胞代谢活动的化学物质都属于药物范畴。在我国,鱼药、蜂药、蚕药也列入兽药管理。

兽药残留(residues of veterinary drug)是指食品动物用药后,动物产品的任何食用部分中与所用药物有关的物质的残留,包括原形药物和(或)其代谢产物。

最高残留限量(maximum residue limit,MRL):对食品动物用药后产生的允许存在于食品表面或内部的该兽药残留的最高量(浓度)(以鲜重计,表示为 μg/kg)。

休药期指从停止给药到允许动物或其产品上市的间隔时间。不遵守休药期的规定、非法使用违禁药物、不合理用药等是造成兽药残留超标的主要原因。非法使用违禁药物是指在养殖过程中不遵守用药规定,违法使用国家明令禁止的兽药。不合理用药是指滥用药物及兽药添加剂,重复、超量使用兽药和用药方式方法不规范。

在动物源食品中较容易引起兽药残留超标的兽药主要有抗生素类、磺胺类、呋喃类、抗寄生虫类和激素类药物。

大量、频繁地使用抗生素,可使动物机体中的耐药致病菌很容易感染人类,而且抗生素药物残留可使人体中细菌产生耐药性,扰乱人体微生态而产生各种毒副作用。目前,在畜产品中容易造成残留超标的抗生素主要有氯霉素、四环素、土霉素、金霉素等。

磺胺类药物主要通过输液、口服、创伤外用等用药方式或作为饲料添加剂而残留在动物源食品中。近几十年,动物源食品中磺胺类药物残留超标现象十分严重,多在猪、禽、牛等动物中发生。

在养殖业中常使用的激素和 β-兴奋剂类主要有性激素类、皮质激素类和盐酸克伦特罗(瘦肉精)等。目前,许多研究已经表明盐酸克伦特罗、己烯雌酚等激素类药物在动物源食品中的残留超标可极大地危害人类健康。其中,盐酸克伦特罗很容易在动物源食品中造成残留,健康人摄入盐酸克伦特罗超过 20 μg 就有药效,5～10 倍的摄入量则会导致中毒。

其他兽药(如呋喃唑酮和硝呋烯腙)常添加到猪或鸡的饲料中来预防疾病,它们在动物源食品中应为零残留,即不得检出,是我国食品动物禁用兽药。苯并咪唑类能在机体各组织器官中蓄积,并在投药期肉、蛋、奶中有较高残留。

为加强兽药残留监控工作,保证动物性食品卫生安全,农业部根据《兽药管理条例》规定,组织编制了《动物性食品中兽药最高残留限量》,并于 2002 年 12 月 24 日以农业部 235 号公告形式发布。

人长期摄入含兽药的动物性食品后,药物不断在人体内蓄积,当积累到一定程度后,就会对人体产生毒性作用。如磺胺类药物可引起肾损害,特别是乙酰化磺胺在尿中溶解度低,析出结晶后对肾脏损害更大。

经常食用一些含低剂量抗菌药物的食品还能使易感个体出现过敏反应,这些药物包括青霉素、四环素、磺胺类药物及某些氨基糖苷类抗生素等。这些药物具有抗原性,可刺激机体内相应抗体的形成,造成过敏反应,严重者可引起休克、喉头水肿、呼吸困难等严重症状。

呋喃类引起人体的不良反应主要是胃肠反应和过敏反应,表现为以周围神经炎、药物热、嗜酸性粒细胞增多为特征的过敏反应。磺胺类药物的过敏反应表现为皮炎、白细胞减少、溶血性贫血和药物热。抗菌药物残留所致变态反应比起食物引起的其他不良反应所占的比例小。青霉素药物引起的变态反应,轻者表现为接触性皮炎和皮肤反应,严重者表现为致死性过敏性休克。

动物在经常反复接触某一种抗菌药物后,其体内的敏感菌株将受到选择性抑制,细菌产生耐药性,使耐药菌株大量繁殖。人体经常食用含药物残留的动物性食品,动物体内的耐药菌株可传播给人体,当人体发生疾病时,就给临床上感染性疾病的治疗带来一定的困难,从而延误正常的治疗。已发现长期食用低剂量的抗生素能导致金黄色葡萄球菌耐药菌株的出现,也能引起大肠杆菌耐药菌株的产生。迄今为止,具有耐药性的微生物通过动物性食品转移到人体内时对人体健康产生危害的问题尚未得到解决。

在正常条件下,人体肠道内的菌群与人体能相互适应,如某些菌群能抑制其他菌群的过度繁殖,某些菌群能合成 B 族维生素和维生素 K 以供机体使用。过多应用药物会使这种平衡发生紊乱,造成一些非致病菌死亡,使菌群的平衡失调,从而导致长期腹泻或引起维生素缺乏等反应,造成对人体的危害。

长期食用含低剂量激素的动物性食品的后果也不可忽视。因此,测定兽药残留有很重要的意义。

13.3.1 四环素族兽药残留检测

土霉素、四环素、金霉素因其广谱的抗菌效果和便宜的价格,成为近年来常用的兽用抗生素的主要品种。四环素族兽药抗菌谱最广,对大多数革兰阳性菌和阴性菌都很敏感,是临床上广泛使用的药物。给动物饲喂抗生素有可能促进细菌演化为对这些药物产生耐药性,而人们在制备或消费食品时就可能接触到这些耐药性细菌,使人成为耐药菌疾病的宿主,给临床治疗带来不可估量的麻烦。这些药物在畜禽体内残留,并随肉、蛋、奶等食品进入人体,危害人类健康。

我国食品卫生检验方法国家标准《畜、禽肉中土霉素、四环素、金霉素残留量的测定(高效液相色谱法)》(GB/T 5009.116—2003),采用的是高效液相色谱法检测畜、禽肉中土霉素、四环素、金霉素残留量。下面予以简单介绍。

1. 原理

试样经提取、微孔滤膜过滤后直接进样,用反相色谱分离,紫外检测器检测,与标准系列比较定量,出峰顺序为土霉素、四环素、金霉素。

2. 分析步骤

1) 样品处理

称取 5.00 g(±0.01 g)切碎的肉样(<5 mm),置于 50 mL 三角烧瓶中,加入 5%高氯酸 25.0 mL,振荡提取 10 min,2 000 r/ min 离心 3 min,取上清液经 0.45 μm 滤膜过滤,取 10 μL 溶液进样,记录峰高,并从工作曲线上查得含量。

2) 色谱条件

色谱柱:ODS-C18(5 μm),6.2 mm×15 cm。

检测器:紫外检测器,波长为 355 nm。

流动相:乙腈-0.01 mol/L 磷酸二氢钠溶液(用 30%硝酸调 pH 为 2.5),体积比为35∶65,

使用前超声脱气 10 min。

流速：1.0 mL/ min。

柱温：室温。

3. 说明

本方法中土霉素、四环素、金霉素的检测限分别为 0.3、0.4、1.3 ng，取样量为 5 g 时，检出浓度分别为 0.15、0.20、0.65 mg/kg。

在重复性条件下获得的两次独立测定结果的绝对差值不得超过算术平均值的 10%。

13.3.2　动物性食品中克伦特罗残留量的测定

克伦特罗又名氨必妥、克喘素、氨哮素、双氯醇胺。常用其盐酸盐，为白色或几乎白色的结晶性粉末；无臭，味略苦；在水和乙醇中溶解，在氯仿或丙酮中微溶，在乙醚中不溶；熔点为 172～176 ℃（分解）。克伦特罗为人工合成的肾上腺素 β_2-受体激动剂，其松弛支气管平滑肌作用强而持久，但对心血管系统影响较小，临床上主要用于治疗哮喘。克伦特罗为瘦肉精的主要成分，其可促进动物生长，使体内脂肪分解代谢增强，增加蛋白质的合成作用，使动物瘦肉率增加。20 世纪 90 年代，我国错误地将其作为科研成果开始以饲料添加剂引入并推广，被俗称为“瘦肉精”。但克伦特罗可在动物可食性组织中蓄积，从而使食用这些动物组织的人产生中毒反应，危害人的身体健康。一连串因食用含克伦特罗的食物引起的中毒事件发生后，克伦特罗成为世界上普遍禁用的饲料添加剂。1997 年以来，我国有关行政部门多次明令禁止畜牧行业生产、销售和使用盐酸克伦特罗。但我国各地克伦特罗中毒事件仍然频繁发生，非法使用克伦特罗现象依然存在。

我国食品卫生检验方法国家标准《动物性食品中克伦特罗残留量的测定》(GB/T 5009.192—2003)，其中第一法是气相色谱-质谱法检测新鲜或冷冻的畜禽肉与内脏及其制品中克伦特罗残留量，同时也适用于生物材料（人或动物血液、尿液）中克伦特罗的测定。现简要介绍如下。

1. 原理

将固体试样剪碎，用高氯酸溶液匀浆。液体试样加入高氯酸溶液，进行超声加热提取，用异丙醇-乙酸乙酯(40＋60)萃取，有机相浓缩，经弱阳离子交换柱进行分离，用乙醇-浓氨水溶液(98＋2)洗脱，洗脱液浓缩，经 N,O-双三甲基硅烷三氟乙酰胺(BSTFA)衍生后于气相色谱-质谱联用仪上进行测定。以美托洛尔为内标定量。

2. 分析步骤

1) 样品处理

称取肌肉、肝脏或肾脏试样 10 g(精确到 0.01 g)，用 20 mL 0.1 mol/L 高氯酸溶液匀浆，置于磨口玻璃离心管中；然后置于超声清洗器中超声 20 min，取出置于 80 ℃水浴中加热 30 min。取出冷却后离心(4 500 r/min)15 min。倾出上清液，沉淀用 5 mL 0.1 mol/L 高氯酸溶液洗涤，再离心，将两次的上清液合并。用 1 mol/L 氢氧化钠溶液调 pH 至 9.5±0.1，若有沉淀产生，再离心(4 500 r/min)10 min，将上清液转移至磨口玻璃离心管中，加入 8 g 氯化钠，混匀，加入 25 mL 异丙醇-乙酸乙酯(40＋60)，置于振荡器上振荡提取 20 min。提取完毕，放置 5 min(若有乳化层稍离心一下)。用吸管小心将上层有机相移至圆底烧瓶中，用 20 mL 异丙醇-乙酸乙酯(40＋60)再重复萃取一次，合并有机相，于 60 ℃在旋转蒸发仪上浓缩至近干。用 1 mL 0.1 mol/L 磷酸二氢钠缓冲溶液(pH＝6.0)充分溶解残留物，经针筒式微孔滤膜过滤，洗涤三次后完全转移至 5 mL 玻璃离心管中,并用 0.1 mol/L 磷酸二氢钠缓冲溶液(pH=6.0)定容至刻度。

2）净化

依次用 10 mL 乙醇、3 mL 水、3 mL 0.1 mol/L 磷酸二氢钠缓冲溶液(pH=6.0)、3 mL 水冲洗弱阳离子交换柱,取适量提取液至弱阳离子交换柱上,弃去流出液,分别用 4 mL 水和 4 mL乙醇冲洗柱子,弃去流出液,用 6 mL 乙醇-浓氨水(98+2)冲洗柱子,收集流出液。将流出液在氮吹仪上浓缩至干。

3）衍生化

于净化、吹干的试样残渣中加入 100～500 μL 甲醇、50 μL 2.4 mg/L 的内标工作液,在氮吹仪上浓缩至干,迅速加入 40 μL 衍生剂(BSTFA),旋紧塞子,在涡旋式混合器上混匀1 min,置于 75 ℃的恒温加热器中衍生 90 min。衍生反应完成后取出,冷却至室温,在涡旋式混合器上混匀 30 s,置于氮吹仪上浓缩至干。加入 200 μL 甲苯,在涡旋式混合器上充分混匀,在气相色谱-质谱联用仪进样。同时用克伦特罗标准使用液做系列同步衍生。

4）气相色谱-质谱法测定参数设定

气相色谱柱:DB-5MS 柱,30 m×0.25 mm×0.25 μm。

载气:He。柱前压:8 psi(1 psi=6.895 kPa)。

进样口温度:240 ℃。

进样量:1 μL,不分流。

柱温程序:70 ℃保持 1 min,以 18 ℃/min 的速度升至 200 ℃,以 5 ℃/min 的速度再升至 245 ℃,再以 25 ℃/min 升至 280 ℃并保持 2 min。

电子轰击能:70 eV。

离子源温度:200 ℃。

接口温度:285 ℃。

溶剂延迟:12 min。

EI 源检测特征质谱峰:克伦特罗 m/z 86、187、243、262;美托洛尔 m/z 72、223。

5）测定

吸取 1 μL 衍生的试样液或标准溶液,注入气相色谱-质谱联用仪中,以试样峰(m/z 86、187、243、262、264、277、333)与内标峰(m/z 72、223)的相对保留时间定性,要求试样峰中至少有 3 对选择离子相对强度(与基峰的比例)不超过标准相应选择离子相对强度平均值的±20%或 3 倍标准差。以试样峰(m/z 86)与内标峰(m/z 72)的峰面积比单点或多点校准定量。

3. 说明

气相色谱-质谱法的检出限为 0.5 μg/kg,线性范围为 0.025～2.5 ng。

13.3.3　磺胺类兽药残留检测

磺胺类药物(sulfonamides,SAs)是具有对氨基苯磺酰胺结构的一类药物的总称,是一类用于预防和治疗细菌感染性疾病的化学治疗药物。SAs 种类可达数千种,其中应用较广并具有一定疗效的就有几十种。磺胺类药物一般为白色或微黄色结晶性粉末,遇光易变质,色渐变深,大多数磺胺类药物在水中溶解度极低,较易溶于稀碱,但形成钠盐后则易溶于水,其水溶液呈强碱性。磺胺类药物能抑制革兰阳性菌及一些阴性菌。对其高度敏感的细菌有链球菌、肺炎球菌、沙门氏菌、化脓棒状杆菌、大肠杆菌。对葡萄球菌、肺炎杆菌、巴氏杆菌、炭疽杆菌、志贺氏杆菌、亚利桑那菌等有抑制作用,对危害家禽的某些原虫也有作用。对磺胺类药物敏感的细菌,在体内外均能获得耐药性,而且对一种磺胺类药产生耐药性后,对其他磺胺类药也往往产生交叉耐药性,但耐磺胺类药物的细菌对其他抗菌药物仍然敏感。

关于畜禽肉中磺胺类药物残留的测定,有条件的单位基本采用 GB/T 20759—2006《畜禽肉中十六种磺胺类药物残留量的测定　液相色谱-串联质谱法》标准,规定了牛肉、羊肉、猪肉、鸡肉和兔肉中十六种磺胺类药物残留量液相色谱-串联质谱测定方法。

质谱分析是一种测量离子质荷比(质量-电荷比)的分析方法,其基本原理是使试样中各组分在离子源中发生电离,生成不同质荷比的带正电荷的离子,经加速电场的作用,形成离子束,进入质量分析器。在质量分析器中,再利用电场和磁场使发生相反的速度色散,将它们分别聚焦而得到质谱图,从而确定其质量。

液相色谱-质谱联用技术以液相色谱作为分离系统,质谱为检测系统。样品在色谱部分和流动相分离,被离子化后,经质谱的质量分析器将离子碎片按质量数分开,经检测器得到质谱图。

液相色谱-质谱联用体现了色谱和质谱优势的互补,将色谱对复杂样品的高分离能力,与质谱具有高选择性、高灵敏度及能够提供相对分子质量与结构信息的优点结合起来,在药物分析、食品分析和环境分析等许多领域得到了广泛的应用。

液相色谱-串联质谱法测定畜禽肉中磺胺类药物残留的原理是,畜禽肉中的磺胺类药物用乙腈提取,用旋转蒸发仪浓缩,并用正己烷脱脂,用配有电喷雾离子源的液相色谱-串联质谱仪进行检测,外标法定量。典型的液相色谱-质谱联用仪见图 13-6。

样品前处理及仪器检测方法详见 GB/T 20759—2006。

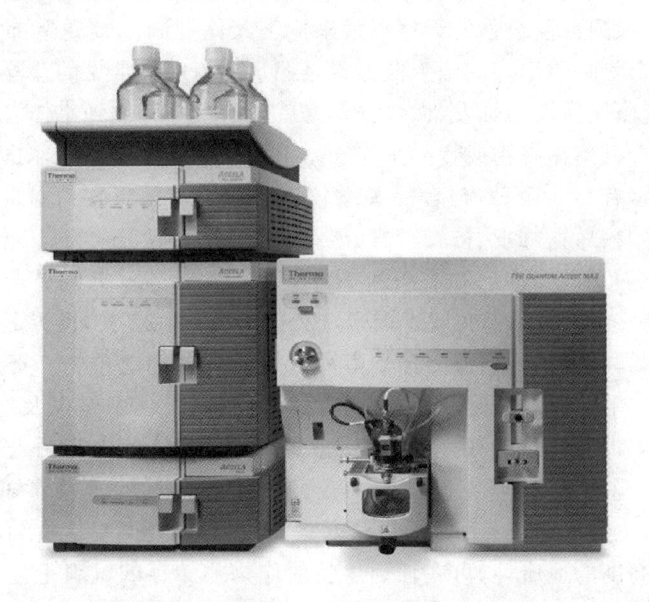

图 13-6　典型的液相色谱-质谱联用仪

13.3.4　食品中其他兽药残留的检测方法

近年来,相关兽药残留检测技术也在不断发展,出现了一系列以液相色谱-串接质谱技术为检测手段的多兽药残留检测方法,如 GB/T 21311—2007《动物源性食品中硝基呋喃类药物代谢物残留量检测方法 高效液相色谱-串联质谱法》、GB/T 21315—2007《动物源性食品中青霉素族抗生素残留量检测方法 液相色谱-质谱/质谱法》、GB/T 21316—2007《动物源性食品中磺胺类药物残留量的测定 液相色谱-质谱/质谱法》、GB/T 21317—2007《动物源性食品中四环素类兽药残留量检测方法 液相色谱-质谱/质谱法与高效液相色谱法》、GB/T 21981—2008《动物源食品中激素多残留检测方法 液相色谱-质谱/质谱法》和 GB/T 22286—2008《动物源性食品中多种 β-受体激动剂残留量的测定 液相色谱串联质谱法》等。

13.4 微生物毒素的检测

近年来,生物毒素污染对人畜健康和世界经济的影响越来越被社会各界所关注。生物毒素是指生物体所生产出来的、极少量即可引起动物中毒的物质,有蛋白毒素和非蛋白毒素。按来源可分为动物毒素、植物毒素和微生物毒素,这些毒素各种各样。下面将选择常见毒素分别简单介绍其测定方法。本节先介绍微生物毒素的测定。

微生物毒素包括细菌毒素、霉菌毒素和单细胞藻类(如原核的蓝藻和真核的甲藻)毒素等。

细菌可产生内、外毒素及侵袭性酶,与细菌的致病性密切相关。内毒素即革兰阴性菌细胞壁的脂多糖,其毒性成分为类脂 a。菌体死亡崩解后释放出来。外毒素是由革兰阳性菌及少数革兰阴性菌在生长代谢过程中释放至菌体外的蛋白质,具有抗原性强、毒性强、作用特异性强等突出特点。某些细菌可产生具有侵袭性的酶,能损伤机体组织,促进细菌的侵袭、扩散,是细菌重要的致病因素,如链球菌的透明质酸酶等。

蓝藻是一类古老的、呈革兰阴性的原核生物,这类生物虽然不能寄生于人类或动物而引起疾病,却可能产生一系列毒性很强的天然毒素来危害人体健康。微囊藻毒素是蓝藻产生的一类天然毒素。由七个氨基酸组成的微囊藻毒素是淡水环境中最常见的蓝藻毒素。当水体严重富营养化时,产毒蓝藻往往大量暴发,微囊藻毒素就会产生并释放到水体之中。

霉菌毒素是产毒霉菌在谷物或食品中生长繁殖而产生的代谢产物,对人类和动物都有害。目前已知的霉菌毒素有 200 余种,与食品关系较为密切的霉菌毒素有黄曲霉毒素(AFT)、赭曲霉毒素、杂色曲霉素、岛青霉素、桔青霉素、展青霉素、单端孢霉素类、玉米赤霉烯酮,以及脱氧雪腐镰刀菌烯醇(DON)等。已知有五种毒素可使动物致癌,它们是黄曲霉毒素(B_1、G_1、M_1)、黄天精、环氯素、杂色曲霉素和展青霉素。2017 年 10 月 27 日,世界卫生组织国际癌症研究机构将玉米赤霉烯酮、脱氧雪腐镰刀菌烯醇列入 3 类致癌物清单中。霉菌中毒往往表现为明显的地方性和季节性,临床表现较为复杂,有急性中毒、慢性中毒以及致癌、致畸和致突变等。真菌毒素造成中毒的最早记载是中世纪欧洲的麦角中毒,是由霉菌麦角菌在黑麦中产生的生物碱而导致的,这种疾病至今仍被称为麦角中毒。常见的真菌毒素为黄曲霉毒素 B_1(AFT B_1)。1960 年英国引起 10 万多只火鸡死亡的"火鸡 X 病"就是由饲料中的黄曲霉毒素引起的。霉菌具有高度的适应性,可在任何生长的作物或储存的饲料上生长和繁殖。霉菌可在非常宽泛的条件下产生霉菌毒素,因此,霉菌毒素的威胁无处不在。霉菌污染食品可使食品的食用价值降低,甚至完全不能食用,造成巨大的经济损失。据统计,全世界每年平均有 2% 的谷物由于霉变不能食用。霉菌毒素对食品和饲料的污染造成了世界性的安全、经济与贸易问题。

造成食品污染的霉菌种类很多,还有一些毒素是未被认识的,不同的霉菌可产生多种毒素,不同毒素还有协同作用。由于条件限制,许多发展中国家遭受霉菌侵害的谷物较发达国家要多得多。我国的霉菌毒素限量标准和检测标准方面还有很多不完善之处。在各种黄曲霉毒素中以 AFT B_1 的毒性最强，污染最广泛。AFT B_1 可诱发人类肝癌，对肝癌高发区人们的膳食进行调查发现，膳食中黄曲霉毒素的污染水平与人类原发性肝癌的发病率呈很强的正相关。因此，在食品卫生监测中，主要以黄曲霉毒素 B_1 为检测指标。本节就以黄曲霉毒素为例简要介绍霉菌毒素的检测。

目前涉及 AFT B_1 的检测方法有薄层色谱法(TLC)、酶联免疫吸附测定法(ELISA)、高效液相色谱法(HPLC)、高效液相色谱-质谱法(HPLC-MS)等技术。我国现行的黄曲霉毒素检测国家标准主要有以下几种。

(1)《食品安全国家标准 食品中黄曲霉毒素 B 族和 G 族的测定》(GB 5009.22—2016)

该标准规定了食品中黄曲霉毒素 B_1、黄曲霉毒素 B_2、黄曲霉毒素 G_1、黄曲霉毒素 G_2(以下简称 AFT B_1、AFT B_2、AFT G_1 和 AFT G_2)的测定方法。该标准第一法为同位素稀释液相色谱-串联质谱法，适用于谷物及其制品、豆类及其制品、坚果及籽类、油脂及其制品、调味品、婴幼儿配方食品和婴幼儿辅助食品中 AFT B_1、AFT B_2、AFT G_1 和 AFT G_2 的测定。该标准第二法为高效液相色谱-柱前衍生法，适用于谷物及其制品、豆类及其制品、坚果及籽类、油脂及其制品、调味品、婴幼儿配方食品和婴幼儿辅助食品中 AFT B_1、AFT B_2、AFT G_1 和 AFT G_2 的测定。该标准第三法为高效液相色谱-柱后衍生法，适用于谷物及其制品、豆类及其制品、坚果及籽类、油脂及其制品、调味品、婴幼儿配方食品和婴幼儿辅助食品中 AFT B_1、AFT B_2、AFT G_1 和 AFT G_2 的测定。该标准第四法为酶联免疫吸附筛查法，适用于谷物及其制品、豆类及其制品、坚果及籽类、油脂及其制品、调味品、婴幼儿配方食品和婴幼儿辅助食品中 AFT B_1 的测定。该标准第五法为薄层色谱法，适用于谷物及其制品、豆类及其制品、坚果及籽类、油脂及其制品、调味品中 AFT B_1 的测定。

(2)《食品安全国家标准 食品中黄曲霉毒素 M 族的测定》(GB 5009.24—2016)

该标准规定了食品中黄曲霉毒素 M_1 和黄曲霉毒素 M_2(以下简称 AFT M_1 和 AFT M_2)的测定方法。第一法为同位素稀释液相色谱-串联质谱法，适用于乳、乳制品和含乳特殊膳食用食品中 AFT M_1 和 AFT M_2 的测定。第二法为高效液相色谱法，适用范围同第一法。第三法为酶联免疫吸附筛查法，适用于乳、乳制品和含乳特殊膳食用食品中 AFT M_1 的筛查测定。

下面以 GB 5009.22—2016《食品安全国家标准 食品中黄曲霉毒素 B 族和 G 族的测定》的同位素稀释液相色谱-串联质谱法为例简要介绍食品中黄曲霉素的测定。

(1) 原理。

试样中的黄曲霉毒素 B_1、黄曲霉毒素 B_2、黄曲霉毒素 G_1、黄曲霉毒素 G_2，用乙腈-水溶液或甲醇-水溶液提取，提取液用含 1% Triton X-100(或吐温-20)的磷酸盐缓冲溶液稀释后(必要时经黄曲霉毒素固相净化柱初步净化)，通过免疫亲和柱净化和富集，净化液浓缩、定容和过滤后经液相色谱分离，串联质谱检测，同位素内标法定量。

(2) 主要仪器。

① 固相萃取装置(带真空泵)。

② 氮吹仪。

③ 液相色谱-串联质谱仪：带电喷雾离子源。

④ 液相色谱柱。

⑤ 免疫亲和柱：AFT B_1 柱容量≥200 ng，AFT B_1 柱回收率≥80%，AFT G_2 的交叉反应率≥80%。

⑥ 黄曲霉毒素专用型固相萃取净化柱或功能相当的固相萃取柱,对复杂基质样品测定时使用。

(3) 主要试剂材料。

① 乙腈(CH_3CN):色谱纯。

② 甲醇(CH_3OH):色谱纯。

③ 乙酸铵(CH_3COONH_4):色谱纯。

④ 氯化钠(NaCl)、磷酸氢二钠(Na_2HPO_4)、磷酸二氢钾(KH_2PO_4)、氯化钾(KCl)、盐酸。

⑤ Triton X-100(或吐温-20)。

⑥ AFT B_1标准品($C_{17}H_{12}O_6$,CAS 号为 1162-65-8):纯度≥98%。

⑦ AFT B_2标准品($C_{17}H_{14}O_6$,CAS 号为 7220-81-7):纯度≥98%。

⑧ AFT G_1标准品($C_{17}H_{12}O_7$,CAS 号为 1165-39-5):纯度≥98%。

⑨ AFT G_2标准品($C_{17}H_{14}O_7$,CAS 号为 7241-98-7):纯度≥98%。

⑩ 同位素内标$^{13}C_{17}$-AFT B_1($C_{17}H_{12}O_6$,CAS 号为 157449-45-0):纯度≥98%,浓度为0.5 μg/mL。

⑪ 同位素内标$^{13}C_{17}$-AFT B_2($C_{17}H_{14}O_6$,CAS 号为 157470-98-8):纯度≥98%,浓度为0.5 μg/mL。

⑫ 同位素内标$^{13}C_{17}$-AFT G_1($C_{17}H_{12}O_7$,CAS 号为 157444-07-9):纯度≥98%,浓度为0.5 μg/mL。

⑬ 同位素内标$^{13}C_{17}$-AFT G_2($C_{17}H_{14}O_7$,CAS 号为 157462-49-7):纯度≥98%,浓度为0.5 μg/mL。

(4) 分析步骤。

详见 GB 5009.22—2016 标准。

(5) 检出限及定量限。

当称取样品 5 g 时,AFT B_1 的检出限为 0.03 μg/kg,AFT B_2的检出限为 0.03 μg/kg,AFT G_1的检出限为 0.03 μg/kg,AFT G_2的检出限为 0.03 μg/kg;AFT B_1 的定量限为 0.1 μg/kg,AFT B_2 的定量限为 0.1 μg/kg,AFT G_1的定量限为 0.1 μg/kg,AFT G_2的定量限为 0.1 μg/kg。

13.5 动物毒素的检测

人类生活在巨大的自然体系中,食物主要来源于自然界的各种植物和动物,人类早期的历史是一部以开发食物资源为主要内容的历史。人类至今已经发现的食物种类是很丰富的,这是人类在不断地探索自然的过程中积累的成果。其中包括了绝大多数的不含任何天然有害物质的食物,也包括少数的含有天然有害物质的食物。随着科学技术的发展,人们发现一些原来被认为是安全的食物事实上也含有某种或某些天然有害物质。

就动物性食物而言,常见的动物性天然有害物质主要有以下几种。

1. 动物肝脏中的毒素

动物肝脏是人们常享用的食品,它含有丰富的蛋白质、维生素、微量元素和胆固醇等营养物质,对促进儿童的生长发育,维持成人的身体健康都有一定的益处。

动物肝脏中主要的毒素是胆酸、内胆酸、脱氧胆酸和牛磺胆酸构成的混合物,它们是中枢神经系统的抑制剂，毒性从大到小依次为牛磺胆酸、脱氧胆酸、胆酸，摄入量小时不会中毒，脱氧胆酸对人肠道上皮细胞癌(如结肠癌、直肠癌)有促进作用。

肝脏是动物的最大解毒器官，动物体内的各种毒素大多要经过肝脏来处理、排泄、转化、结合，因此，肝脏中暗藏着毒素。肝脏又是重要的免疫器官和“化学加工厂”，它可以产生多种激素、抗体、免疫细胞等，而这些物质往往对异体(例如对人体)有毒。

动物肝脏中维生素A的含量都较高，尤其在鱼类肝脏中含量最多。鱼类中的鲛鱼、鲨鱼、旗鱼和硬鳞脂鱼等鱼的肝脏经常引发中毒事件。这些鱼类中大型品种的肝脏更易使人中毒。

2. 河豚毒素

河豚是近海底栖居的肉食性有毒海产鱼类，其味道鲜美，但又含有剧毒。全球有200种左右，在我国，河豚有30余种，常见的有黄鳍东方、虫纹东方、红鳍东方、暗纹东方等。河豚毒素是一种神经毒素，有剧毒，河豚毒素的毒性比氰化钠高1 000多倍，只需要0.48 mg就能致人死亡。河豚最毒的部分是卵巢、肝脏，其次是肾脏、血液、眼、鳃和皮肤。毒素含量的大小因生长水域、品种及季节的不同而不同。河豚中毒是世界上最严重的动物性食物中毒。因误食或食用加工不当的河豚而发生人畜中毒的事件每年都有发生。

我国《水产品卫生管理办法》中明确规定：河豚有剧毒，不得流入市场。捕获的有毒鱼类，如河豚应拣出装箱，专门固定存放。目前检测方法主要包括生物法、液相色谱法、荧光检测法、气相色谱及气-质联用、电泳法等，并已有直接竞争免疫分析法河豚毒素检测试剂盒面市。现行有效的检测方法有GB 5009.206—2016《食品安全国家标准 水产品中河豚毒素的测定》，该标准第一法适用于河豚肌肉、肝脏、皮肤和性腺组织中河豚毒素的测定，第二法适用于河豚肌肉、肝脏、皮肤和性腺组织中河豚毒素的测定，第三法适用于河豚、织纹螺、虾、牡蛎、花蛤和鱿鱼中河豚毒素的测定，第四法适用于河豚肌肉、肝脏、皮肤和性腺组织中河豚毒素的测定。

3. 贝类毒素

贝类毒素不是由贝类自身产生的，而是由一些浮游藻类合成的多种毒素而产生的，这些藻类是贝类的食物。海洋软体动物摄食了这类海藻后，这些海藻所含毒素在贝类中以无毒的结合态蓄积。当人体摄食此类蛤肉后，毒素被释放出来，引起中毒。常见有麻痹性贝类中毒(PSP)，PSP是由亚历山大藻属链状裸甲藻等所含蛤科毒素、膝沟藻毒素等引起。即使食入少量的PSP毒素，也会引起神经系统的疾病，包括：颤抖、兴奋及唇、舌的灼痛和麻木感，严重时会导致呼吸系统麻痹以致死亡。此外还有腹泻性贝类中毒(DSP)、神经毒性贝类中毒(NSP)、失忆性贝类中毒(ASP)。目前贝类毒素的检测方法国家标准有GB 5009.213—2016《食品安全国家标准 贝类中麻痹性贝类毒素的测定》。

4. 组胺

组胺又名组织胺，分子式为$C_5H_9N_3$，相对分子质量为111.15，化学名是2-咪唑基乙胺。组胺是一种生物碱，溶于水及乙醇。组胺不仅是判定鱼类限度的一项重要指标，又是食物中毒的原因物质。组胺是由鱼体内存在的游离组氨酸在具有组氨酸脱羧酶的细菌作用下，发生脱羧反应而形成的腐败性胺类物质。组胺中毒，国内外均有报道，大多是由于食用不新鲜或腐败变质的鱼类引起的。一般认为，成人摄入100 mg的组胺就有可能引起中毒。容易形成组胺并含有较多组胺的鱼类一般有青皮红肉的特点，比如金枪鱼及沙丁鱼在37 ℃储藏96 h可产生组胺1.6～3.2 mg/g。一般情况下，温度在15～37 ℃、有氧、弱酸性(pH为6.0～6.2)和渗透压不高(盐分含量3%～5%)的条件，利于组氨酸转化成组胺。

本节简单介绍组胺等生物胺的检测。在《食品安全国家标准 食品中生物胺的测定》(GB 5009.208—2016)中规定了食品中色胺、β-苯乙胺、腐胺、尸胺、组胺、章鱼胺、酪胺、亚精胺和精胺含量的测定方法。适用于酒类(葡萄酒、啤酒、黄酒等)、调味品(醋和酱油)、水产品(鱼类及其制品、虾类及其制品)、肉类中生物胺的测定。其中第一法为液相色谱法,第二法为分光光度法。液相色谱法的测定方法如下。水产品(鱼类及其制品、虾类及其制品)、肉类:试样用5%三氯乙酸提取,正己烷去除脂肪,三氯甲烷-正丁醇溶液(1+1)萃取净化后,丹磺酰氯衍生,C18色谱柱分离,高效液相色谱-紫外检测器检测,内标法定量。酒类(葡萄酒、啤酒、黄酒等)、调味品(醋和酱油):试样用丹磺酰氯衍生,C18色谱柱分离,高效液相色谱-紫外检测器检测,内标法定量。

13.6　植物毒素的检测

在植物性有毒成分中,目前已发现的植物毒素有1 000余种。但是它们大部分属于植物次生代谢产物,主要的种类有氰苷、皂苷、茄碱、棉酚、毒菌的有毒成分以及植物凝集素等。其中棉酚的分子式为$C_{30}H_{30}O_8$,相对分子质量为518,在结构上有醛、烯醇及醌式三种同分异构体,易溶于中等极性的有机溶剂,不溶于水及己烷等。棉酚对人体有一定的毒性,对心、肝、肾及神经系统、生殖系统均有毒性。棉酚在棉籽中的含量为0.15%~0.28%,冷榨棉籽油中可达1%~1.3%,主要的棉酚中毒途径,是食用了未经脱酚处理的食用棉籽油。禽畜中毒,则是由于吃了未经脱毒处理的棉籽蛋白。在《食用植物油卫生标准的分析方法》(GB/T 5009.37—2003)中,规定了紫外分光光度法和苯胺法测定游离棉酚。紫外分光光度法简便易行,但往往因样品处理、杂质干扰等原因,结果不够理想。下面简单介绍苯胺法测定食用植物油中的棉酚。

测定的原理是棉酚分子中的醛基可以与苯胺分子作用,生成不溶于石油醚等非极性溶剂的棉酚二苯胺衍生物。样品中的游离棉酚经提取后,在乙醇溶液中与苯胺形成黄色化合物,可与标准系列比较定量。

测定的基本步骤为先称取试样,加丙酮剧烈振摇,放置于冰箱中过夜,过滤。在具塞比色管中加入试液和棉酚标准使用液,加丙酮和苯胺,显色,在波长445 nm处测定吸光度,以样品组与对照组的吸光度之差,根据标准曲线查出棉酚含量。

13.7　污染物及其他有害物质的测定

13.7.1　食品加工过程中形成的有害物质的测定

食品加工中某些特定的工艺,如烟熏、油炸、焙烤、腌制等,在改善食品的外观和质地,改善风味,延长保存期,以及提高食品的可利用度等方面发挥了很大作用,但与此同时,这些加工过程也会产生一些有害物质,对人体健康产生很大的危害。这类加工过程中形成的有害物质主要有N-亚硝基化合物、多环芳烃和杂环胺等。

1. N-亚硝基化合物及其检测

1) N-亚硝基化合物概述

N-亚硝基化合物是一类具有═N—N═O结构的有机化合物,根据其化学结构,可分为两类:一类为亚硝胺,另一类为 N-亚硝酰胺。对 300 多种 N-亚硝基化合物的研究,已经证明约 90%具有强致癌性,其中亚硝胺等是比较确定的人类致癌物。N-亚硝基化合物的基本膳食来源是腌肉、腌鱼以及啤酒。但在食品中很少是人为添加的,而是由其前体物质和各种胺类反应生成的。

低相对分子质量的亚硝胺在常温下为黄色液体,高相对分子质量的多为固体。二甲基亚硝胺可溶于水及有机溶剂,其他亚硝胺只能溶于有机溶剂。由于相对分子质量不同,其蒸气压也不相同,那些能够被水蒸气蒸馏出来并不经过衍生直接由气相色谱检测的 N-亚硝胺类化合物即为挥发性亚硝胺,这一特点正是其测定方法的依据。

2) 食品中 N-亚硝基化合物的测定

我国制定的国家标准 GB 5009.26—2016《食品安全国家标准 食品中 N-亚硝胺类化合物的测定》,适用于肉及肉制品、水产动物及其制品中 N-二甲基亚硝胺含量的测定。该标准中的第一法是气相色谱质谱法(GC-MS),其原理是试样中的 N-亚硝胺类化合物经水蒸气蒸馏和有机溶剂萃取后,浓缩至一定体积,采用气相色谱-质谱联用仪进行确认和定量。第二法是气相色谱-热能分析仪法(GC-TEA),原理是试样经水蒸气蒸馏,样品中 N-二甲基亚硝胺随着水蒸气通过二氯甲烷时被吸收,再以二氯甲烷萃取、分离,供气相色谱-热能分析仪测定。

2. 多环芳烃及其检测

1) 多环芳烃概述

多环芳烃(polycyclic aromatic hydrocarbons,PAHs)是煤、石油、木材、烟草、有机高分子化合物等有机物不完全燃烧时产生的挥发性碳氢化合物,是重要的环境和食品污染物。迄今已发现有 200 多种 PAHs,其中有相当一部分具有致癌性。PAHs 广泛分布于环境中,可以在我们生活的每一个角落发现,任何有有机物加工、废弃、燃烧或使用的地方都有可能产生多环芳烃。大多数加工食品中的多环芳烃主要源于加工过程本身,而环境污染只起到很小的作用。

2) 苯并[a]芘概述

苯并[a]芘是已发现的 200 多种多环芳烃中最主要的环境和食品污染物,其污染广泛,污染量大,致癌性强。苯并[a]芘,别名 3,4-苯并芘,分子式为 $C_{20}H_{12}$,相对分子质量为 252.32,是一种由 5 个苯环构成的多环芳烃。苯并[a]芘是一种强烈的致癌物质,对机体各器官和组织,如皮肤、肺、肝、食道、胃肠等均有致癌作用。

食品加工过程中苯并[a]芘污染主要存在于熏制食品(熏鱼、熏香肠、腊肉、火腿等)、烘烤食品(饼干、面包等)和煎炸食品(罐装鱼、方便面等)中,是由于熏制、烘烤和煎炸等食品加工工艺导致的。一方面是由于加工所用煤、煤气、木材等不完全燃烧,另一方面来源于食品中的脂类、胆固醇、蛋白质、碳水化合物等成分在高温下热解,并经过环化和聚合而产生。据研究报道,在烤制过程中动物性食品所滴下的油滴中苯并[a]芘含量是动物食品本身的 10～70 倍。当食品经烟熏或烘烤过程焦烤或炭化时,苯并[a]芘的生成量随温度的上升而急剧增加。烟熏时产生的苯并[a]芘直接附着在食品表面,随着储藏时间的延长而逐步深入到食品内部。另外,输送原料或产品的橡胶管道、包装用的蜡纸、食品加工机械用的润滑油等都可能含有苯并[a]芘,可能使得某些食品在加工环节中被污染。

常温下苯并[a]芘为浅黄色针状结晶,性质稳定,不溶于水,微溶于乙醇、甲醇,溶于苯、甲苯、二甲苯等有机溶剂。在有机溶剂中,用波长 365 nm 的紫外光照射时,可产生典型的紫色荧光。依据此特性可以对其进行测定。

3) 食品中苯并[a]芘的测定

我国制定了国家标准 GB 5009.27—2016《食品安全国家标准 食品中苯并(a)芘的测定》，适用于谷物及其制品(稻谷、糙米、大米、小麦、小麦粉、玉米、玉米面、玉米渣、玉米片)、肉及肉制品(熏、烧、烤肉类)、水产动物及其制品(熏、烤水产品)、油脂及其制品中苯并(a)芘的测定。该标准方法原理是，试样经过有机溶剂提取，中性氧化铝或分子印迹小柱净化，浓缩至干，乙腈溶解，反相液相色谱分离，荧光检测器检测，根据色谱峰的保留时间定性，外标法定量。

13.7.2 来源于环境中的有害物质的测定

食品的加工、生产、储存、运输、销售等各个环节，包括食品原料在其种、养殖环节，都有可能受到来自环境中有害物质的污染。

1. 二噁英及其检测

1) 二噁英概述

二噁英(dioxin)实际上是二噁英类(dioxins)的一个简称，它指的并不是单一物质，而是结构和性质都很相似的包含众多同类物或异构体的两大类 210 种有机化合物，包括多氯代二噁英(polychlorodibenzodioxins，PCDDs)和多氯代苯并呋喃(polychlorinated dibenzofuran，PCDFs)。二噁英这类物质非常稳定，熔点较高，极难溶于水，可以溶于大部分有机溶剂，是一种无色无味、毒性较大的脂溶性物质，所以非常容易在生物体内积累。二噁英的毒性因氯原子的取代位置不同而有差异，其中又以 2,3,7,8-TeCDD 的毒性最强，是目前已知的最毒的化合物。二噁英主要来源于城市和工业垃圾焚烧，此外，还有含氯化合物的生产和使用，以及煤、石油、汽油、沥青等的燃烧。

2) 二噁英的检测

食品中二噁英和其类似物的分析属于超痕量分析(pg～fg)，需要多组分(PCDDs 有 75 种，PCDFs 有 135 种)和复杂的前处理技术，对特异性、选择性和灵敏度的要求极高，成为当今食品和环境分析领域的难点。美国环境保护局(EPA)根据二噁英及其类似物痕量分析的要求，采用高分辨气相色谱-质谱法，在质谱仪分辨率大于 10 000 的条件下，通过精确质量测量监测目标化合物的相对分子质量，获得目标化合物的特异性响应。并用目标化合物的同位素标记化合物内标定量。GB 5009.205—2013《食品安全国家标准 食品中二噁英及其类似物毒性当量的测定》标准采用了 EPA 的方法，并经过修订，建立了适合我国的检测食品中二噁英及其类似物当量的标准化方法，适用于食品中 17 种 2,3,7,8-取代的多氯代二苯并二噁英(PCDDs)、多氯代二苯并呋喃(PCDFs)和 12 种二噁英样多氯联苯(DL-PCBs)含量及二噁英毒性当量(TEQ)的测定。

2. 多氯联苯及其检测

1) 多氯联苯概述

多氯联苯(polychlorinated biphenyls，PCBs)是一种人工合成的有机化合物，具有良好的阻燃性、较低的电导率、良好的抗热解能力、良好的化学稳定性，能抗多种氧化剂，被广泛用于工业和商业。多氯联苯是斯德哥尔摩公约中优先控制的 12 类持久性有机污染物之一。PCBs 是一种难以降解的生物毒性物质，对免疫系统、生殖系统、神经系统和内分泌系统均会产生不良影响，可长期蓄积在环境和人体内，代谢极为缓慢，患者往往数年不能康复，危害性很大。多氯联苯在体内蓄积量达到 0.5～2 g 时将出现中毒性症状，严重的可发生急性肝坏死，甚至死亡。1968 年日本发生的“米糠油”事件，就是由于多氯联苯泄漏而造成的食品污染，一千多人中毒，十多人死亡。此外，多氯联苯还有生物蓄积性和远距离迁移性，可以通过食物链的富集和大气环流迁移而在全球范围内扩散，因此成为典型的持久性有机污染物。环境中 PCBs 污染如图 13-7 所示。

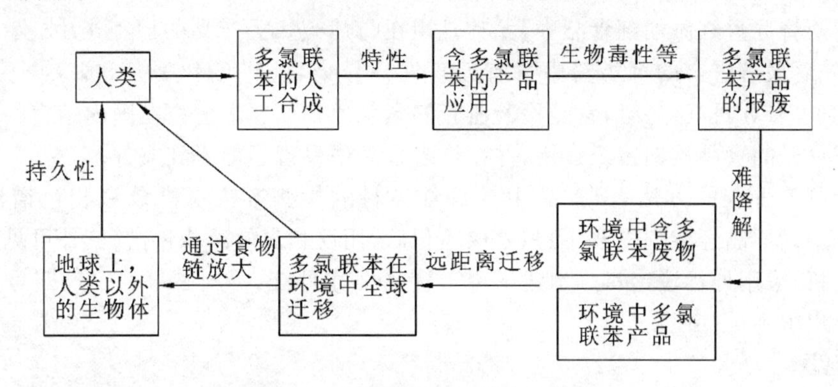

图 13-7　环境中 PCBs 污染示意图

2）多氯联苯的检测

理论上多氯联苯共有 10 组 209 个同系物异构体单体，在 PCBs 商品中已鉴定出来的有 130 种，其中具有二噁英样平面结构的 PCBs 单体的生化和毒理学特性与 2,3,7,8-TeCDD 极为相似，被称为二噁英样多氯联苯(DL-PCBs)。由于 DL-PCBs 的测定需要高分辨质谱仪，为了在普通实验室推广，全球环境监测系统/食品规划部分(GEMS/Food)规定了将 PCB28、PCB52、PCB101、PCB118、PCB138、PCB153、PCB180 作为污染状况指示性单体进行替代性监测。

GB 5009.190—2014《食品安全国家标准 食品中指示性多氯联苯含量的测定》，适用于鱼类、贝类、蛋类、肉类、奶类及其制品等动物性食品和油脂类试样中指示性 PCBs 的测定。第一法为稳定性同位素稀释的气相色谱-质谱法，规定了包括全球环境监测系统/食品规划中规定的指示性 PCBs(PCB28、PCB52、PCB101、PCB118、PCB138、PCB153 和 PCB180)以及 PCB18、PCB33、PCB44、PCB70、PCB105、PCB128、PCB170、PCB187、PCB194、PCB195、PCB199 和 PCB206 等指示性 PCBs 含量的测定方法。其原理：应用稳定性同位素稀释技术，在试样中加入 ^{13}C 标记的 PCBs 作为定量标准，经过索氏提取后的试样溶液经柱色谱层析净化、分离，浓缩后加入回收内标，使用气相色谱-低分辨质谱联用仪，以四极杆质谱选择离子监测(SIM)或离子阱串联质谱多反应监测(MRM)模式进行分析，内标法定量。第二法为气相色谱法，可用于 PCB28、PCB52、PCB101、PCB118、PCB138、PCB153 和 PCB180 的测定。该方法以 PCB198 为定量内标，在试样中加入 PCB198，水浴加热振荡提取后，经硫酸处理、色谱柱层析净化，采用气相色谱-电子捕获检测器法测定，以保留时间定性，内标法定量。

3. 非法添加非食用物质而引入食品中的有害物质

近年来，一些食品生产经营者利令智昏，违法使用各种非食用物质加工食品，导致了很多有毒有害物质进入食品。这包括使用非食品级的工业原料加工食品，也包括为不法目的而恶意添加到食品中的非食用物质。近年来，引起全社会广泛关注的“苏丹红”“吊白块”“三聚氰胺”等事件，都是由上述原因造成的。

1）苏丹红

苏丹红是一种人工合成的红色染料，常作为一种工业染料，广泛用于如溶剂、油、蜡、汽油的增色以及鞋、地板等增光方面。苏丹红为亲脂性偶氮化合物，主要包括Ⅰ、Ⅱ、Ⅲ和Ⅳ四种类型，其中苏丹红Ⅰ为毒性最强的物质，化学名称为 1-苯基偶氮-2-萘酚。它的化学成分中含有一种叫作萘的化合物,该物质具有偶氮结构,这种化学结构决定了它具有致癌性,对人体的肝、肾器官具有明显的毒性作用。由于苏丹红是一种人工合成的工业染料,1995 年欧盟(EU)及一些国家已禁止其作为色素在食品中进行添加,对此我国也明令禁止。但由于其染色鲜艳,所以有不法商贩将苏丹红添加到食品中,尤其是用在与辣椒相关产品的加工当中。2003 年起法国、英国等先后报道进口的辣椒粉中含有苏丹红一号染料,2005 年 2 月,国家质检总局发布《关于加强对含有苏丹红(一号)食品检验监管的紧急通知》,要求清查在国内销售的食品,防止含有苏丹红一号的食品被销售及食用,并在许多食品中发现了苏丹红成分。

目前检测苏丹红的方法有《食品中苏丹红染料的检测方法　高效液相色谱法》(GB/T 19681—2005)。样品经溶剂提取、固相萃取净化后,用反相高效液相色谱(紫外可见光检测器)进行色谱分析,采用外标法定量。本法适用于食品中苏丹红一号、二号、三号、四号的检测,本方法最低检出限为 10 μg/kg。

2) 吊白块

吊白块又称雕白粉,化学名称为次硫酸氢钠甲醛或甲醛次硫酸氢钠,为半透明白色结晶或小块,易溶于水;高温下具有极强的还原性,有漂白作用;遇酸即分解,120 ℃下分解产生甲醛、二氧化硫和硫化氢等有毒气体。吊白块在印染工业用作拔染剂和还原剂,生产靛蓝染料、还原染料等,还用于合成橡胶、制糖以及乙烯化合物的聚合反应。

吊白块的毒性:大鼠经口服的半数致死量为 2 g/kg(体重)。吊白块的毒性与其分解时产生的甲醛有关。口服甲醛溶液 10~20 mL,可致人死亡。人长期接触低浓度甲醛蒸气可出现头晕、头痛、乏力、嗜睡、食欲减退、视力下降等。

吊白块的检测,在卫生部(现已更名为国家卫生健康委员会)《关于印发面粉、油脂中过氧化苯甲酰测定等检验方法的通知》【2001 年 159 号文】的附件 2"食品中甲醛次硫酸氢钠的测定方法"中,规定了食品中次硫酸氢钠甲醛(吊白块)的检测方法。其原理是在磷酸酸性条件下对样品进行蒸馏,用水吸收,吸收液中的甲醛与乙酰丙酮及铵离子反应生成黄色物质,与标准系列比较定量。GB/T 21126—2007《小麦粉与大米粉及其制品中甲醛次硫酸氢钠含量的测定》,采用高效液相色谱测定小麦粉与大米粉及其制品中甲醛及甲醛次硫酸氢钠,适用于小麦粉、大米粉及其制品中残留甲醛及甲醛次硫酸氢钠含量的测定,标准的检出限为 0.08 μg/g。

国家标准《小麦粉与大米粉及其制品中甲醛次硫酸氢钠含量的测定》(GB/T 21126—2007)中规定了高效液相色谱法测定小麦粉与大米粉及其制品中甲醛及甲醛次硫酸氢钠含量的方法,检出限为 0.08 μg/g。其原理是在酸性溶液中,样品中的甲醛次硫酸氢钠分解释放出的甲醛被水提取,提取后的甲醛与 2,4-二硝基苯肼发生加成反应,生成黄色的 2,4-二硝基苯腙,用正己烷提取后,经高效液相色谱分离,与标准甲醛衍生物的保留时间对照定性,用标准曲线法定量。

3) 三聚氰胺

三聚氰胺(melamine)是一种重要的三嗪类含氮杂环有机化工原料,简称三胺,俗称蜜胺、蛋白精,分子式为 $C_3N_6H_6$ 或 $C_3N_3(NH_2)_3$,相对分子质量为 126.12。三聚氰胺作为一种白色结晶粉末,没有什么气味和味道,所以掺杂后不易被发现。食品中的蛋白质主要由氨基酸组成。蛋白质平均含氮量为 16%左右,而三聚氰胺的含氮量为 66%左右。常用的蛋白质测定方法——凯氏定氮法是通过测出食品中的含氮量,再乘以 6.25 来估算蛋白质含量的,添加三聚氰胺会使得食品的蛋白质测试含量虚高,因此,不法分子就利用这个原理往食品中掺入三聚氰胺,来冒充其蛋白质含量。目前三聚氰胺被认为毒性轻微,大鼠口服的半数致死量为 3 g/kg

(体重)。但是动物长期摄入三聚氰胺会造成生殖、泌尿系统的损害,膀胱、肾部结石,并可进一步诱发膀胱癌。1994 年国际化学品安全规划署和欧洲联盟委员会合编的《国际化学品安全手册》第三卷和国际化学品安全卡片说明:长期或反复大量摄入三聚氰胺可能对肾与膀胱产生影响,导致产生结石。2008 年 9 月,中国爆发“三鹿”奶粉事件,导致其发生的原因就是部分不法商贩往收购的鲜奶或加工的奶粉中恶意掺入三聚氰胺,利用三聚氰胺含氮量高的特性,来虚增蛋白质含量,并最终导致了一场席卷全国的重大食品安全事件,6 000 多名食用了受污染奶粉的婴幼儿产生肾结石病症,并有多起死亡病例。

“三鹿”奶粉事件爆发后,国务院启动国家重大食品安全事故Ⅰ级响应机制,成立应急处置领导小组,质检、卫生等部门快速反应,先后制订并颁布实施了一系列检测方法标准,为“三鹿”奶粉事件的处置和善后工作提供了技术支撑,包括:《原料乳与乳制品中三聚氰胺检测方法》(GB/T 22388—2008)、《原料乳中三聚氰胺快速检测　液相色谱法》(GB/T 22400—2008)和《植物源产品中三聚氰胺、三聚氰酸一酰胺、三聚氰酸二酰胺和三聚氰酸的测定　气相色谱-质谱法》(GB/T 22288—2008)。其中 GB/T 22388—2008 标准规定了原料乳、乳制品以及含乳制品中三聚氰胺的三种测定方法,即高效液相色谱法(HPLC)、液相色谱-质谱/质谱法(LC-MS/MS)和气相色谱-质谱联用法[包括气相色谱-质谱法(GC-MS)和气相色谱-质谱/质谱法(GC-MS/MS)]。本标准适用于原料乳、乳制品以及含乳制品中三聚氰胺的定量测定,LC-MS/MS、GC-MS/MS 法同时适用于原料乳、乳制品以及含乳制品中三聚氰胺的定性确证。其基本原理是试样用三氯乙酸溶液沉淀,经阳离子交换固相萃取柱净化后,用 HPLC 法或 LC-MS/MS 法测定或确证,或经硅烷化衍生 GC-MS/MS 扫描定性,采用外标法定量。

思　考　题

1. 食品中农药残留常采用什么方法测定?
2. 什么是兽药残留?
3. 苏丹红是什么物质? 对人体有何危害?

第14章　现代食品分析与检验新技术

本章提要

(1) 了解近红外检测的原理、特点及在食品分析中的应用。

(2) 了解质谱检测的原理、特点及在食品分析中的应用。

(3) 了解PCR检测的原理、特点及在食品分析中的应用。

(4) 了解生物芯片检测的原理、特点及在食品分析中的应用。

14.1　概　　述

随着科学技术的发展，食品分析与检测的技术发展十分迅速，国际上在这方面的研究开发工作日新月异，其他学科的先进技术不断地应用到食品检测领域中来。由于新技术的引入，食品行业开发出许多自动化程度和精度都很高的食品检测仪器。这不仅缩短了分析时间，减少了人为误差，而且大大提高了食品分析检测灵敏度和准确度。

14.2　近红外光谱技术

近红外光谱(near infrared spectroscopy，NIRS)分析技术是在近十几年内发展最快的分析新"巨人"，它的出现可以说带来了又一次分析技术的革命。近红外光谱分析技术集物理学、化学、计算机学、信息科学及相关技术于一体，已经发展成为一个十分活跃的研究领域。

14.2.1　近红外光谱技术简介

近红外光是介于可见光(VIS)和中红外光(MIR)之间的电磁波，按ASTM(美国实验和材料检测协会)定义，是指波长在780～2 526 nm范围内的电磁波，习惯上又将近红外区划分为近红外短波(780～1 100 nm)和近红外长波(1 100～2 526 nm)两个区域。

近红外光谱属于分子振动光谱的倍频和主频吸收光谱，主要是由于分子吸收光能使分子振动从基态向高能级跃迁时产生的。近红外光主要是对含氢基团X—H(X=C、N、O)振动的倍频和合频吸收，其中包含了大多数类型有机化合物的组成和分子结构的信息。由于不同的有机物含有不同的基团，不同的基团有不同的能级，不同的基团和同一基团在不同的物理化学环境中对近红外光的吸收波长都有明显差别，且吸收系数小，发热少，因此近红外光谱可作为获取信息的一种有效的载体。

红外光的能量要被分子所吸收，必须满足以下两个条件。

(1) 光辐射的能量应具有能满足分子产生振动跃迁所需的能量；

(2) 光辐射与分子间有相互耦合作用，即分子振动过程中其偶极矩必须发生变化。

14.2.2　近红外光谱测定的基本原理

当近红外光照射样品时，频率相同的光线和基团将发生共振现象，光的能量通过分子偶极矩的变化传递给分子；当近红外光的频率和样品的振动频率不相同时，该频率的红外光就不会被吸收。因此，选用连续频率的近红外光照射某样品时，由于试样对不同频率的近红外光的选择性吸收，通过试样后的近红外光在某些波长范围内会变弱，透射出来的红外光就携带有机物组分和结构信息。通过检测器分析透射或反射光线的光密度，就可以确定该组分含量。

近红外光谱分析技术包括定性分析和定量分析，定性分析的目的是确定物质的组成与结构，而定量分析则是为了确定物质中某些组分的含量或物质的品质属性的值。与常用的化学分析方法不同，近红外光谱分析法是一种间接分析技术，是用统计的方法在样品待测属性值与近红外光谱数据之间建立一个关联模型(或称校正模型，calibration model)。因此，在对未知样品进行分析之前需要搜集一批用于建立关联模型的训练样品(或称校正样品，calibration samples)，获得用近红外光谱仪器测得的样品光谱数据和用化学分析方法(或称参考方法，reference method)测得的真实数据。

如果样品的组成相同，则其光谱也相同，反之亦然。如果我们建立了光谱与待测参数之间的对应关系(称为分析模型)，那么，只要测得样品的光谱，通过光谱和上述对应关系，就能很快得到所需要的质量参数数据。分析方法包括校正和预测两个过程。

1. 校正

在校正过程中，收集一定量有代表性的样品(一般需要 80 个样品以上)，在测量其光谱图的同时，根据需要使用有关标准分析方法进行测量，得到样品的各种质量参数，称为参考数据。通过化学计量学对光谱进行处理，并将其与参考数据关联，这样在光谱图和其参考数据之间建立起一一对应映射关系，通常称为模型。虽然建立模型所使用的样本数目很有限，但通过化学计量学处理得到的模型应具有较强的代表性。对于建立模型所使用的校正方法视样品光谱与待分析的性质关系不同而异，常用的有多元线性回归、主成分回归、偏最小二乘、人工神经网络和拓扑方法等。显然，模型所适用的范围越宽越好，但是模型的范围大小与建立模型所使用的校正方法有关，与待测的性质数据有关，还与测量所要求达到的分析精度范围有关。实际应用中，建立模型都是通过化学计量学软件实现的，并且有严格的规范(如 ASTM-6500 标准)。

2. 预测

在预测过程中，首先使用近红外光谱仪测定待测样品的光谱图，通过软件自动对模型库进行检索，选择正确的模型计算待测质量参数。

14.2.3　近红外光谱仪的基本结构

近红外光谱仪器不管按何种方式设计，一般由光源、分光系统、载样器件(样品室)、检测器和数据处理以及记录仪(或打印机)等几部分构成。

1. 光源

近红外光谱仪器的光源，其基本要求是在所测量光谱区域内发射足够强度的光辐射，并具有良好的稳定性。目前，在近红外光谱仪器中最常见的光源为溴钨灯，在其近红外区域内，各波长下光源所辐射出的能量并非一致。为避免低波长的辐射光对样品吸收近红外光的影响，在光源和分光系统间常加有滤光片，以便将大部分可见光滤掉而不致影响近红外范围的光谱，并可减少杂散光的影响。

2. 分光系统

分光系统的作用是将多色光转化为单色光，是近红外光谱仪器的核心部件。根据分光原理，近红外光谱仪器的分光器件主要分为滤光片、光栅、干涉仪、声光可调滤光器等几种类型。

3. 检样器件

检样器件是指承载样品或与样品作用的器件。由于近红外光及样品近红外光谱的特点，近红外光谱仪器的检样器件随测样方式的不同有较大的差异。就实验室常规分析而言，液态样品根据选定使用的光谱区域可采用不同尺寸的玻璃或石英样品池；固态样品可采用积分球或特定的漫反射载样器件；有时根据样品的具体情况也可以采用一些特殊的载样器件。在定位或在线分析中经常采用光纤载样器件。

4. 检测器

检测器由光敏元件构成，其作用是检测近红外光与样品作用后携带样品信息的光信号，将光信号转变为电信号，并通过模数转换器以数字信号形式输出。

5. 控制及数据处理分析系统

现代近红外光谱仪器的控制及数据处理分析系统是仪器的重要组成部分。一般由仪器控制、采谱和光谱处理分析两个软件系统和相应的硬件设备构成。前者主要功能是控制仪器各部分的工作状态，设定光谱采集的有关参数，如光谱测量方式、扫描次数，设定光谱的扫描范围，设定检测器的工作状态并接收检测器的光谱信号。光谱处理分析软件主要对检测器所采集的光谱进行处理，实现定性或定量分析。

6. 打印机

记录或打印样品的光谱或定性、定量分析结果。

14.2.4　近红外光谱技术的特点

近红外光谱具有的优势如下：①测试简单，无烦琐的前处理和化学反应过程；②测试速度快，大大缩短测试周期；③对测试人员无专业化要求，且单人可完成多个化学指标的大量测试，大大提高测试效率；④测试过程无污染，检测成本低；⑤随模型中优秀数据的积累，模型不断优化，测试精度不断提高；⑥测试范围可以不断拓展。

但近红外光谱也有其固有的弱点，如：①由于物质在近红外区吸收弱，灵敏度较低，一般含量应高于0.1%；②建模工作难度大，需要有经验的专业人员和来源丰富的有代表性的样品，并配备精确的化学分析手段；③每一种模型只能适应一定的时间和空间范围，因此需要不断对模型进行维护，用户的技术会影响模型的使用效果。

14.2.5　近红外光谱技术在食品检测中的应用

近红外光谱技术不仅作为常规方法用于食品的品质分析，而且已用于食品加工过程中组成变化的监控和动力学行为的研究，如用NIR评价微型磨面机在磨面过程中化学成分的变化；在奶酪加工过程中优化采样时间，研究不同来源的奶酪的化学及物理动力学行为；通过测定颜色变化来确定农产品的新鲜度、成熟度，了解食品的安全性；通过检测水分含量的变化来控制烤制食品的质量；检测苹果、葡萄、梨、草莓等果汁加工过程中可溶性和总固形物的含量变化；在啤酒生产线上，监测发酵过程中酒精及糖分含量变化。

近红外光谱技术用于分析农牧产品和食品中的蛋白质、水分、含油量(或脂肪)、纤维素、淀粉等营养成分在国外已是十分成熟的技术，在农业品质育种、农牧产品品质评价、食品品质和加工过程控制中已广泛应用，许多方法已经成为 AOAC、AACC、ICC 的标准方法。

14.3　拉曼光谱技术

拉曼光谱是一种分子振动光谱，可反映分子的特征结构信息，是对物质结构和成分定性定量分析的重要研究手段。目前，拉曼光谱技术作为一种成熟的光谱分析方法，已发展了多种不同的分析技术，包括单通道检测拉曼光谱分析技术、多通道探测拉曼光谱分析技术、傅里叶变换-拉曼光谱分析技术、共振拉曼光谱分析技术、表面增强拉曼光谱分析技术(SERS)、激光共聚焦拉曼光谱分析技术(RRS)等。在食品检测领域，拉曼光谱技术也发挥着越来越重要的作用。

14.3.1　拉曼光谱技术原理

当单色光照射于物质，入射光光子与分子相互作用，可发生弹性散射和非弹性散射。发生弹性散射的光子仅改变传播方向，没有能量交换，不改变频率，这种散射称为瑞利散射；而非弹性散射有能量交换，波长位移有变化，这种散射称为拉曼散射，产生的谱线称为拉曼散射谱线。拉曼散射谱线与入射光波长无关，只和样品的振动、转动能级有关。因此，通过拉曼光谱，可得到相关分子振动或转动的信息。

与传统方法相比，拉曼光谱技术具有诸多优点：提供直接无损伤的定量、定性分析，无须对样品进行处理，样品用量少，误差小；可直接使用水溶液进行测定，操作简便；测定时间短，灵敏度高，谱峰尖锐，可表征特定分子的结构。通过和其他一些技术的结合，拉曼光谱具有更好的应用范围。

14.3.2　拉曼光谱技术在食品检测中的应用

1. 在食品营养成分检测中的应用

拉曼光谱技术可用于食品中多种营养成分的检测中。碳水化合物中含有 C═N、C═S、C═C 等具有特征拉曼散射效应的化学键，故可利用拉曼光谱获得一些小分子碳水化合物的特征谱线。目前已获得了蔗糖、甜菜糖、纤维低聚糖、果糖等物质的特征拉曼光谱线，并对掺杂在枫树糖浆中的甘蔗糖和甜菜糖进行了定量分析，检测准确度高达 95%。利用拉曼光谱技术，可检测脂肪酸组成、含油量及动物脂肪的结构，实现对油脂品质的控制及监测。目前拉曼技术已可用于检测植物油中的顺反异构及各类含脂物质中脂肪酸的含量。在蛋白质分析中，拉曼光谱技术不仅可以得到蛋白质结构等信息，还可以判断蛋白质所处环境如 pH 及温度的变化情况。色素中类胡萝卜素类色素具有较强的拉曼散射效应，通过检测食品样品中类胡萝卜素含量，可判断蔬果的成熟度及内部腐烂程度。

2. 在食品安全检测中的应用

拉曼光谱法在食品安全检测中也已有许多应用。利用拉曼光谱法已能实现牛乳中三聚氰胺的检测，检出限远低于国家标准方法，且分析时间只有几分钟，常见的含氮化合物也不会对检测结果产生干扰。在蔬果农药残留的检测中，利用拉曼光谱已获得多种农药标准品的拉曼光谱图，通过建立数据库和模型，在获得样品表面的拉曼图谱后，就可根据与数据库对比对蔬果表面的农药残留进行定性和定量分析。

14.4　质谱技术

质谱(mass spectrometry,MS)技术问世于1910年,英国人汤姆逊(Thomson)研制了世界上第一台抛物线质谱仪,随后出现了双聚焦质谱仪、四极杆质谱仪、飞行时间质谱仪等。现今的质谱仪器已汇集了当代先进的电子技术、高真空技术和计算机技术,并实现了与其他分析仪器的联用,如气相色谱-质谱联用、液相色谱-质谱联用、毛细管区带色谱-质谱联用等。目前,质谱已成为有机化学、生物化学、食品化学、药物学等领域进行分析和科学研究的有力手段。

14.4.1　质谱技术基本原理

质谱分析法是在高真空系统中测定样品的分子离子及碎片离子质量,以确定样品相对分子质量及分子结构的方法,是相对分子质量精确测定与化合物结构分析的重要工具。

质谱分析法的基本原理:气体分子或固体、液体的蒸气受到一定能量的电子流轰击或强电场作用,丢失价电子生成分子离子;同时,化学键也发生某些有规律裂解,生成各种碎片离子。这些带正电荷的离子在电场和磁场的作用下,按质荷比(即质量与电荷比值 m/z)的大小分开,排列成谱,记录下来即为质谱。

14.4.2　质谱仪

质谱仪通常由六部分组成:真空系统、进样系统、离子源、质量分析器、离子检测器和计算机自动控制及数据处理系统。

1. 真空系统

质谱分析中,为了降低背景以及减少离子间或离子与分子间的碰撞,离子源、质量分析器及检测器必须处于高真空状态。离子源的真空度为 $10^{-5}\sim10^{-4}$ Pa,质量分析器的真空度应保持在 10^{-6} Pa,要求真空度十分稳定。一般先用机械泵或分子泵预抽真空,然后用高效扩散泵抽至高真空。

2. 进样系统

质谱进样系统多种多样,一般有如下三种方式。

(1) 间接进样:一般气体或易挥发液体试样采用此种进样方式。试样进入储样器,调节温度使试样蒸发,依靠压差使试样蒸气经漏孔扩散进入离子源。

(2) 直接进样:高沸点试液、固态试样可采用探针或直接进样器送入离子源,调节温度使试样汽化。

(3) 色谱进样:色谱-质谱联用仪中,经色谱分离后的流出组分,通过接口元件直接导入离子源。

3. 离子源

离子源的作用是使试样分子或原子离子化,同时具有聚焦和准直的作用,使离子汇集成具有一定几何形状和能量的离子束。离子源的结构和性能对质谱仪的灵敏度、分辨率影响很大。常用的离子源有电子轰击离子源、化学电离源、高频火花离子源、ICP离子源等。前两者主要用于有机物分析,后两者用于无机物分析。目前,最常用的离子源为电子轰击离子源。

4. 质量分析器

质量分析器的作用是将离子源产生的离子按 m/z 的大小分离聚焦。质量分析器的种类很多,常见的有单聚焦质量分析器、双聚焦质量分析器和四极滤质器等。

5. 离子检测器和记录系统

常用的离子检测器是静电式电子倍增器,电子倍增器一般由一个转换极、10～20 个倍增极和一个收集极组成。一定能量的离子轰击阴极导致电子发射,电子在电场的作用下,依次轰击下一级电极而被放大,电子倍增器的放大倍数一般在 10^5～10^8。电子倍增器中电子通过的时间很短,利用电子倍增器可以实现高灵敏、快速测定。但电子倍增器存在质量歧视效应,且随着使用时间的增加,增益会逐步减小。

近代质谱仪中常采用隧道电子倍增器,其工作原理与电子倍增器相似,因为体积小、多个隧道电子倍增器可以串联起来,用于同时检测多个 m/z 不同的离子,大大提高了分析效率。

经离子检测器检测后的电流,经放大器放大后,用记录仪快速记录到光敏记录纸上,或者用计算机处理结果。

14.4.3　质谱技术在食品检测中的应用

质谱技术在食品检测中的应用,主要是与其他分析仪器的联用,特别是气相色谱与质谱仪器和液相色谱与质谱仪器的联用,并且许多检测食品的方法已经作为国家的检测标准,比如国家标准 GB 23200—2016、GB 23200.7—2016、GB/T 19650—2006。

14.5　PCR 基因扩增技术

聚合酶链式反应(polymerase chain reaction,PCR)是一种分子生物学技术,用于放大特定的 DNA 片段,可看作生物体外的特殊 DNA 复制,也称无细胞克隆系统,是 1985 年美国 Cetus 公司人类遗传学研究室的科学家 Kary B. Mullis 发明的一项 DNA 体外扩增技术,即通过温度变化控制 DNA 的变性和复性,加入设计引物,DNA 聚合酶、四种脱氧核糖核苷酸(dNTP)就可以完成特定基因的体外复制。但 DNA 聚合酶在高温时会失活,因此,每次循环都得加入新的 DNA 聚合酶,不仅操作烦琐,而且价格昂贵,常规应用受到限制。1988 年,Saiki等将耐热 DNA 聚合酶(Taq 酶)引入 PCR,使得 PCR 能高效率地进行,随后 PE-Cetus 公司推出了第一台 PCR 自动化热循环仪,此后 PCR 技术得到了极大的推广应用,成为分子生物学最重要的技术之一。因此该技术在问世不久,即被在科技界享有盛誉的《Science》杂志评为 1989 年度十大科技新闻之一,报道该技术的文献成为全世界引用频率最高的文献,1993 年,Mullis 等因此项技术获诺贝尔化学奖。

14.5.1　PCR 技术的基本原理

PCR 技术的基本原理类似于 DNA 的天然复制过程,其特异性依赖于与靶序列两端互补的寡核苷酸引物。PCR 由变性、退火、延伸三个基本反应步骤构成:①模板 DNA 的变性,经加热至 93 ℃左右一定时间后,模板 DNA 双链或经 PCR 扩增形成的双链 DNA 离解,成为单链,以便它与引物结合,为下轮反应做准备;②模板 DNA 与引物的退火(复性),模板 DNA 经加热变性成单链后,温度降至 55 ℃左右,引物与模板 DNA 单链的互补序列配对结合;③引物的延伸,DNA 模板-引物结合物在 Taq DNA 聚合酶的作用下,以 dNTP 为反应原料,靶序列为模板,按碱基互补配对与半保留复制原理,合成一条新的与模板 DNA 链互补的半保留复制链,重复循环变性—退火—延伸过程就可获得更多的“半保留复制链”,而且这种新链又可成为下次循环的模板。每完成一个循环需 2～4 min,2～3 h 就能将待扩目的基因扩增放大几百万倍。

14.5.2 PCR 反应的特点

1. 特异性强

PCR 反应的特异性决定因素包括:①引物与模板 DNA 特异、正确地结合;②碱基配对原则;③Taq DNA 聚合酶合成反应的忠实性;④靶基因的特异性与保守性。

其中引物与模板 DNA 的正确结合是关键。引物与模板的结合及引物链的延伸遵循碱基互补配对原则。聚合酶合成反应的忠实性及 Taq DNA 聚合酶耐高温性,使反应中模板与引物的结合(复性)可以在较高的温度下进行,结合的特异性大大增加,被扩增的靶基因片段也就能保持很高的正确度。再通过选择特异性和保守性高的靶基因区,其特异性程度就更高。

2. 灵敏度高

PCR 产物的生成量是以指数方式增加的,能将皮克(1 pg $=10^{-12}$ g)量级的起始待测模板扩增到微克(1 μg $=10^{-6}$ g)水平;能从 100 万个细胞中检出一个靶细胞;在病毒的检测中,PCR 的灵敏度可达 3 个 RFU(空斑形成单位);在细菌学中最小检出率为 3 个细菌。

3. 简便、快速

PCR 反应用耐高温的 Taq DNA 聚合酶,一次性地将反应液加好后,即在 DNA 扩增液和水浴锅上进行变性—退火—延伸反应,一般在 2～4 h 完成扩增反应。扩增产物一般用电泳分析,不一定要用同位素,无放射性污染、易推广。

4. 对标本的纯度要求低

不需要分离病毒或细菌及培养细胞,DNA 粗制品及 RNA 均可作为扩增模板,可直接用临床标本(如血液、体腔液、洗漱液、毛发、细胞、活组织等)DNA 扩增检测。

14.5.3 PCR 反应体系与反应条件

1. 标准的 PCR 反应体系

参加 PCR 反应的物质主要有五种,即引物(PCR 引物为 DNA 片段,细胞 DNA 复制的引物为一段 RNA 链)、酶、dNTP、模板和缓冲溶液(其中需要 Mg^{2+})。

1) 引物

引物有多种设计方法,由 PCR 在实验中的目的决定,但基本原则相同。

2) 酶

PCR 所用的酶主要有两种来源,即 Taq 和 Pfu,分别来自两种不同的嗜热菌。其中 Taq 扩增效率高但易发生错配,Pfu 扩增效率弱但有纠错功能。所以实际使用时根据需要做不同的选择。

3) 模板

模板即扩增用的 DNA,可以是任何来源,但有两个原则:第一,纯度必须较高;第二,浓度不能太高以免抑制。

4) 缓冲溶液

缓冲溶液的成分最为复杂,除水外一般包括四个有效成分:缓冲体系,一般使用 HEPES 或 MOPS 缓冲体系;一价阳离子,一般采用钾离子,但在特殊情况下也可使用铵根离子;二价阳离子,即镁离子,根据反应体系确定,除特殊情况外不需调整;辅助成分,常见的有 DMSO、甘油等，主要用来保持酶的活性和帮助 DNA 接触缠绕结构。

2. PCR 引物设计

PCR 反应中有两条引物，即 5′端引物和 3′端引物。设计引物时以一条 DNA 单链为基准（常以信息链为基准），5′端引物与位于待扩增片段 5′端上游的一小段 DNA 序列相同；3′端引物与位于待扩增片段 3′端的一小段 DNA 序列互补。

引物设计有如下基本原则。

(1) 引物长度：15～30 bp，常用为 20 bp 左右。

(2) 引物碱基：G+C 含量以 40%～60%为宜，G+C 太少扩增效果不佳，G+C 过多易出现非特异条带。A、T、G、C 最好随机分布，避免 5 个以上的嘌呤或嘧啶核苷酸成串排列。

(3) 引物内部不应出现互补序列。

(4) 两个引物之间不应存在互补序列，尤其是避免 3′端的互补重叠。

(5) 引物与非特异扩增区的序列的同源性不要超过 70%，引物 3′末端连续 8 个碱基在待扩增区以外不能有完全互补序列，否则易导致非特异性扩增。

(6) 引物 3′端的碱基，特别是最末及倒数第二个碱基，应严格要求配对，最佳选择是 G 和 C。

(7) 引物的 5′端可以修饰。如附加限制酶位点，引入突变位点，用生物素、荧光物质、地高辛标记，加入其他短序列，包括起始密码子、终止密码子等。

3. 模板的制备

PCR 的模板可以是 DNA，也可以是 RNA。模板的取材主要依据 PCR 的扩增对象，可以是病原体标本如病毒、细菌、真菌等，也可以是病理生理标本如细胞、血液、羊水细胞等。法医学标本有血斑、精斑、毛发等。

标本处理的基本要求是除去杂质，并部分纯化标本中的核酸。多数样品需要经过 SDS 和蛋白酶 K 处理。难以破碎的细菌可用溶菌酶加 EDTA 处理。所得到的粗制 DNA，经酚、氯仿抽提纯化，再用乙醇沉淀后用作 PCR 反应模板。

4. PCR 反应条件的控制

(1) PCR 反应的缓冲溶液：提供合适的酸碱度与某些离子。

(2) 镁离子浓度：总量应比 dNTP 的浓度高，常用 1.5 mmol/L。

(3) 底物浓度：dNTP 以等物质的量浓度配制，20～200 μmol/L。

(4) Taq DNA 聚合酶：2.5 U(100 μL)。

(5) 引物：浓度一般为 0.1～0.5 μmol/L。

(6) 反应温度和循环次数。

变性温度和时间：95 ℃，30 s。

退火温度和时间：低于引物 T_m 值 5 ℃左右，一般在 45～55 ℃。

延伸温度和时间：72 ℃，1 min/kb(10 kb 内)。

循环次数：一般为 25～30 次。循环次数决定 PCR 扩增的产量。模板初始浓度低，可增加循环次数以便达到有效的扩增量。但循环次数并不是可以无限增加的。一般循环次数为 30 个左右，循环次数超过 30 个以后，DNA 聚合酶活性逐渐达到饱和，产物的量不再随循环数的增加而增加，出现了所谓的“平台期”。

5. PCR 的循环参数

1) 预变性(initial denaturation)

模板 DNA 完全变性与 PCR 酶的完全激活对 PCR 能否成功至关重要，建议加热时间参考试剂说明书,一般未修饰的 Taq 酶激活时间为 2 min。

2) 循环中的变性步骤

循环中一般 95 ℃保持 30 s 足以使各种靶 DNA 序列完全变性,可能的情况下可缩短该步骤时间,变性时间过长会损害酶活性,过短靶序列变性不彻底,易造成扩增失败。

3) 引物退火(primer annealing)

退火温度需要从多方面去考虑,一般以引物的 T_m 值为参考,根据扩增的长度适当下调作为退火温度。然后在此次实验基础上做出预估。退火温度对 PCR 的特异性有较大影响。

4) 引物延伸

引物延伸一般在 72 ℃进行(Taq 酶最适宜温度)。但在扩增长度较短且退火温度较高时,本步骤可省略,延伸时间随扩增片段长短而定,一般推荐在 1 000 bp 以上。

5) 循环数

大多数 PCR 含 25～40 个循环,过多易产生非特异扩增。

6) 最后延伸

在最后一个循环后,反应在 72 ℃维持 5～15 min。使引物延伸完全,并使单链产物退火成双链。

14.5.4 PCR 扩增产物的检测分析及其发展

1. PCR 扩增产物的检测

PCR 反应扩增出了高的拷贝数,下一步检测就成了关键。荧光素(溴化乙锭,EB)染色凝胶电泳是最常用的检测手段。电泳法检测的特异性是不太高的,因此引物二聚体等非特异性的杂交体很容易引起误判。但因为其简捷易行,其已成为主流检测方法。近年来以荧光探针为代表的检测方法,有逐渐取代电泳法的趋势。

2. PCR 技术的发展

近年来,PCR 技术被大力发展和应用,许多改良方法相继出现,这些 PCR 改良方法主要与临床诊断和应用有关,目前常用的几种 PCR 技术主要有巢式 PCR 和半巢式 PCR、多重 PCR、不对称 PCR、竞争定量 PCR、实时荧光 PCR 等。

14.5.5 PCR 技术在食品检测中的应用

1. PCR 技术在食品致病菌检测中的应用

传统方法检测食品中致病菌的步骤烦琐、费时,需经富集培养、分离培养、形态特征观察、生理生化反应、血清学鉴定以及必要的动物实验等过程,并且传统方法无法对那些难以人工培养的微生物进行检测。而应用 PCR 技术,只需数小时,就可用电泳法检测出 0.1 mg DNA 中仅含数个拷贝的模板序列;用 PCR 扩增细菌中保守的 rDNA 片段,还可对那些无法人工培养的微生物进行检测。利用 PCR 检测食品中的致病菌,首先要富集细菌细胞,通常经离心沉淀、滤膜过滤等方法可从样品中获得细菌细胞,然后裂解细胞,使细胞中的 DNA 释放,纯化后经 PCR 扩增细胞靶 DNA 的特异性序列,最后用电泳法或特异性核酸探针检测扩增的 DNA 序列。目前,PCR 技术已成功地检测了食品中沙门氏菌、单核细胞增生李斯特菌、金黄色葡萄球菌和致病性大肠杆菌等微生物。

2. PCR 技术在转基因食品检测中的应用

随着现代生物技术的飞速发展，转基因食品已逐步进入普通百姓的生活。虽然转基因农产品和食品具有优质、高产等诸多优点，但由于转基因农产品是把外源基因片段转移到目的物种中，其安全性存在争议，转基因作物的环境释放安全性及食用安全性受到越来越广泛的关注，许多人担心转基因食品可能会对人类健康及生态环境造成危害。为了保护环境，维护消费者、生产者和经营者各自的利益，必须对转基因作物生产、销售等环节进行有效监控。目前，PCR 技术已广泛应用于转基因食品的检测，一些国家将此作为本国有关食品法规的标准检验方法。

欧洲三个食品控制实验室比较了定量 PCR 检测方法的实验操作特性。用竞争性定量 PCR 测定 Bt176 玉米，平均值偏离真实值 7%～18%。能够确定大豆 DNA 中 0.3%～36% Roundup Ready 大豆的含量，RSD 为 25%左右。来自日本、韩国和美国等的 13 个实验室参加的针对五个品种转基因玉米 Bt11、T25、MON810、GA21、Event176 和一种转基因大豆 Roundup Ready 的研究结果显示，实时定量 PCR 方法能特异、定量地检测上述食品的转基因成分，盲样测试结果表明这种方法可以应用于转基因作物标识制度的实际检测。

14.6　免疫层析技术

免疫层析技术是 20 世纪 80 年代兴起的一种检测技术，它将免疫反应与层析技术集于一体，相对于其他的检测方法而言，更加适用于现场检测和大批量样本的筛选。免疫层析技术广泛应用于食品安全快速检测中，对保证我国的食品质量安全和丰富食品检测技术具有重要意义。

14.6.1　免疫层析技术的原理

免疫层析技术又称侧流免疫(lateral flow assay，LFA)技术，该技术将层析色谱技术与抗原-抗体免疫技术有效结合，充分发挥了各自的优势。LFA 技术的原理：样品借助毛细管作用力在纤维素膜上泳动，待测物在泳动过程中可与膜上特定区域的配体(固定于膜上的抗原或抗体等物质)结合，然后通过标记物或者酶促反应在短时间内即可得到检测结果。

免疫层析技术主要可分为两类。一类需使用特定的标记物，如着色类的胶体金、胶体硒和乳胶颗粒等，通过标记物在试纸条膜上特定区域聚集产生信号的累加来对待测物进行分析，即为标记免疫层析技术；另一类是基于酶促反应，通过显色强度进行分析。

LFA 技术需构建免疫层析试纸条。免疫层析试纸条通常由以下几个部分组成：塑料背衬(聚氯乙烯塑料)、样本垫和结合垫(一般为玻璃纤维素材质)、硝酸纤维素膜以及吸水垫(一般为植物纤维素材质)。

14.6.2　免疫层析技术的优点

目前使用较多的免疫层析技术为标记免疫层析技术。该方法无须将自由标记物与反应结合的标记物进行分离，避免了多次加样、洗涤等步骤，操作简单，无须专门培训。该方法定性以及半定量检测一般通过裸眼即可判读出结果，定量分析则需要用到一些简单的便携设备(如胶体金免疫层析读取仪)，适用于现场检测。

14.6.3 免疫层析技术在食品安全检测中的应用

免疫层析技术由于其成本低、简便和快速等优点而被广泛应用于食品安全监测中。目前免疫层析技术已经成功实现了对一些农兽药残留、食源性致病菌和毒素等进行定性或定量检测。

14.7 生物芯片技术

生物芯片是20世纪90年代初发展起来的一种全新的微量分析技术,它综合了分子生物学、免疫学、微电子学、微机械学、化学、物理学、计算机科学等多门学科新技术,在生命科学和信息科学之间架起了一座桥梁,是当今世界上高度交叉、高度综合的前沿学科和研究的热点。生物芯片的概念源自计算机芯片,是由美国 Affymetrix 公司最早提出的,并于1991年生产了第一块寡核苷酸芯片。生物芯片技术是生命科学研究中继基因克隆技术、基因自动测序技术、PCR 技术后的又一次革命性技术突破。由于生物芯片技术具有高通量、自动化、微型化、高灵敏度、多参数同步分析、快速等传统检测方法不可比拟的优点,故在食品检测领域有广泛的发展前景。

14.7.1 生物芯片技术简介

1. 生物芯片技术的原理

生物芯片技术是采用原位合成或微矩阵点样等方法,将大量生物大分子如蛋白质、核酸片段、多肽片段,甚至组织切片、细胞等样品有序地固定在硅胶片或聚丙烯酰胺凝胶等支持物的表面,组成密集的二维分子排列,然后与已标记的待测生物样品中的靶分子杂交,通过特定的仪器(如激光共聚焦扫描或电荷偶联相机)对杂交信号的强度进行快速、并行、高效的检测分析,判断样品中靶分子的数量,从而达到分析检测的目的。

2. 生物芯片制备的基本流程

生物芯片的制备包括四个基本要点:芯片构建、样品制备、生物分子反应和反应图谱的检测和分析。

1) 芯片构建

目前芯片制备主要是采用表面化学的方法或组合化学的方法来处理芯片(玻璃片或硅胶片)的,然后使 DNA 片段或蛋白质分子按顺序排列在芯片上。因芯片种类较多,制备的方法也不尽相同,但基本上可以分成原位合成(insitu synthesis)与微矩阵点样(microarray distribute)两大类。

原位合成是采用光导化学合成和照相平版印刷技术在载体表面合成寡核苷酸探针的。原位合成又可分为光引导原位合成、喷墨打印和分子印迹原位合成三种。由于原位合成的短核酸探针阵列具有密度高、速度快、效率高等优点,而且杂交效率受错配碱基的影响很明显,所以原位合成 DNA 微点阵适于进行突变检测、多态性分析、杂交测序等需要大量探针和高杂交严谨性的实验。

微矩阵点样法将通过液相化学合成寡核苷酸链探针或 PCR 技术扩增得到 DNA 或生物分子,由阵列复制器(arraying and replicating device,ARD)或阵列机(arrayer)及电脑控制的点样仪,准确、快速地将不同探针样品定量点样于带正电荷的尼龙膜或硅片等相应位置上,再由紫外线交联固定后得到理想的芯片。该方法在多聚物设计方面与前者相似，合成工作用传统 DNA 或多肽固相合成仪完成，只是合成后用特殊自动化微量点样装置将其以较高密度涂布于芯片载体上。这种方法生产的芯片上的探针不受探针分子大小、种类的限制，能够灵活机动地根据使用者的要求制作出符合目的的芯片。

2）样品制备

生物样品是复杂生物分子的混合体，除少数特殊样品外，一般不能直接与芯片反应，必须将样品进行生物处理。对于基因芯片，通常需要逆转录成 cDNA 并进行标记后才能进行检测。在 PCR 扩增过程中进行样品标记的方法有荧光标记法、生物素标记法、同位素标记法等。而通常用来制备蛋白芯片的蛋白质在点样前要采用适合的缓冲溶液将其溶解，并要求具有较高的纯度和完好的生物活性。

3）生物分子反应

生物分子反应是芯片检测的关键步骤，样品 DNA 与探针 DNA 互补杂交。根据探针的类型、长度以及芯片的应用来选择、优化杂交条件。如果是基因表达检测，反应时需要高盐、低温和长时间(往往要求过夜)。如果检测是否有突变，因涉及单个碱基的错配，故需要在短时间内(几小时)、低盐、高温条件下高特异性杂交。检测蛋白结构的免疫芯片须保证抗原、抗体的特异性结合。芯片分子杂交的特点是探针固化，样品荧光标记，一次可以对大量生物样品进行检测分析。

4）反应图谱的检测和分析

生物芯片在与荧光标记的目标 DNA 或 RNA 杂交后或与荧光标记的目标抗原或抗体结合后，用激光共聚焦扫描芯片和 CCD 芯片扫描仪可将芯片测定结果转变成可供分析处理的图像和数据。获得图像数据后，进行数据分析有三个基本步骤，即数据标准化、数据筛选、模式鉴定。无论是成对样本还是一组实验，为了比较数值，均需对数据进行某种必要的标准化。数据筛选是为了去掉没有信息的基因。最后是鉴定数据的模式和分组，并给予生物学的解释。数据处理和破译的方法是不同的。生物芯片需要一个专门的系统处理芯片数据。一个完整的芯片数据处理系统应包括芯片图像分析、数据提取以及芯片数据统计学分析和生物学分析；另外还要进行芯片数据库管理、芯片表达基因互联网检索等。目前，质谱法、化学发光法、光导纤维法等更灵敏、快速，有取代荧光法的趋势。

14.7.2　生物芯片在食品检测中的应用

1. 转基因食品的检测

近年来，人们对转基因食品的安全性问题争议很大。传统的测试方法或 PCR 扩增法、化学组织检测法等，一次只能对一种转基因成分进行检测，且存在假阳性率高和周期长等问题。而采用基因芯片技术仅靠一个实验就能筛选出大量的转基因食品，因此被认为是最具潜力的检测手段之一。Rudi 等人研制出一种基于 PCR 的复合定性 DNA 阵列，并将其用于检测转基因玉米。结果表明，此方法能够快速、定量地检测出样品中 10％～20％的转基因成分，因而被认为适于将来 GMO 检测的需要。

2. 食品中微生物的检测

基因芯片技术可广泛地应用于各种导致食品腐败的致病菌的检测。该技术具有快速、准确、灵敏等优点，可以及时反映食品中微生物的污染情况。近年来许多研究者对生物芯片检测食品中常见致病菌进行了系列研究。

Appelbaum 在对几种细菌进行鉴别时,设计了一种鉴别诊断芯片,一方面从高度保守基因序列出发,即以各菌种间的差异序列为靶基因,另一方面,选择同种细菌不同血清型所特有的标志基因为靶基因,固着于芯片表面,同时,还含有细菌所共有的 16S rDNA 保守序列以确定为细菌感染标志。Keramas 等人利用基因芯片直接将来自鸡粪便中的两种十分相近的 Campylobacter 菌种 *Campylobactejejuni* 和 *Campylobactecoil* 检测并区分开来,而且其检测速度快、灵敏度高、专一性强,这给诊断和防治禽流感疫情提供了有利的工具。

3. 食品卫生检验

食品营养成分的分析、食品中有毒有害化学物质的分析、食品中生物毒素(细菌、真菌毒素等)的监督检测工作都可以用生物芯片来完成,一张芯片一次可对水中可能存在的常见致病菌进行全面、系统检测与鉴定,操作简便、快捷。

4. 在食品毒理学研究中的应用

传统的食品毒理学研究必须通过动物实验模式来进行模糊评判,它们在研究毒物的整体毒性效应和毒物代谢方面具有不可替代的作用。但是,这不仅需要消耗大量的动物,而且往往费时费力。另外,所用动物模型由于种属差异,得出的结果往往并不适宜外推至人。动物实验中所给予的毒物剂量也远远大于人的暴露水平,所以不能反映真实的暴露情况。生物芯片技术的应用将给毒理学领域带来一场革命。生物芯片可以同时对几千个基因的表达进行分析,为研究新型食品资源、对人体免疫系统影响机制提供完整的技术资料。通过对单个或多个混合体有害成分分析,确定该化学物质在低剂量条件下的毒性,从而推断出其最低限量。

思 考 题

1. 质谱分析法的基本原理是什么?
2. 生物芯片技术在食品分析检验中的主要应用有哪些?
3. 请简述 PCR 反应特点。
4. 简述免疫层析技术的原理及优点。

附　录

附录 A　常用标准溶液的配制

1. HCl 标准滴定溶液的配制

1）配制

(1) HCl 标准滴定溶液[$c(HCl)=1$ mol/L]：量取 90 mL 浓盐酸，加适量水并稀释至 1 000 mL。

(2) HCl 标准滴定溶液[$c(HCl)=0.5$ mol/L]：量取 45 mL 浓盐酸，加适量水并稀释至 1 000 mL。

(3) HCl 标准滴定溶液[$c(HCl)=0.1$ mol/L]：量取 9 mL 浓盐酸，加适量水并稀释至 1 000 mL。

(4) 溴甲酚绿-甲基红混合指示液：量取 30 mL 溴甲酚绿乙醇溶液(2 g/L)，加入 20 mL 甲基红乙醇溶液(1 g/L)，混匀。

2）标定

(1) HCl 标准滴定溶液[$c(HCl)=1$ mol/L]：准确称取约 1.5 g 在 270～300 ℃干燥至恒重的基准无水碳酸钠，加 50 mL 水使之溶解，加 10 滴溴甲酚绿-甲基红混合指示液，用本溶液滴定至溶液由绿色转变为紫红色，煮沸 2 min，冷却至室温，继续滴定至溶液由绿色变为暗紫色。

(2) HCl 标准滴定溶液[$c(HCl)=0.5$ mol/L]：按上步骤操作，但基准无水碳酸钠的量改为约 0.8 g。

(3) HCl 标准滴定溶液[$c(HCl)=0.1$ mol/L]：按上步骤操作，但基准无水碳酸钠的量改为约 0.15 g。

(4) 同时做试剂空白实验。

3）计算

HCl 标准滴定溶液的浓度按下式计算：

$$c_1=\frac{m}{(V_1-V_2)\times 0.0530}$$

式中：c_1——HCl 标准滴定溶液的实际浓度，mol/L；

m——基准无水碳酸钠的质量，g；

V_1——HCl 标准滴定溶液的用量，mL；

V_2——试剂空白实验中 HCl 标准滴定溶液的用量，mL；

0.053 0——与 1.00 mL HCl 标准滴定溶液[$c(HCl)=1$ mol/L]相当的基准无水碳酸钠的质量，g。

2. HCl 标准滴定溶液[$c(HCl)$为 0.02 mol/L 或 0.01 mol/L]的配制

临用前取 HCl 标准滴定溶液[$c(HCl)=0.1$ mol/L]加水稀释制成，必要时重新标定浓度。

3. 硫酸标准滴定溶液的配制

1) 配制

(1) 硫酸标准滴定溶液[$c(1/2\ H_2SO_4)=1$ mol/L]:量取 30 mL 浓硫酸,缓缓注入适量水中,冷却至室温后用水稀释至 1 000 mL,混匀。

(2) 硫酸标准滴定溶液[$c(1/2\ H_2SO_4)=0.5$ mol/L]:按上步骤操作,但硫酸量改为 15 mL。

(3) 硫酸标准滴定溶液[$c(1/2\ H_2SO_4)=0.1$ mol/L]:按上步骤操作,但硫酸量改为 3 mL。

2) 标定

(1) 硫酸标准滴定溶液[$c(1/2\ H_2SO_4)=1.0$ mol/L]:按盐酸标准滴定溶液(1 mol/L)的标定方法操作。

(2) 硫酸标准滴定溶液[$c(1/2\ H_2SO_4)=0.5$ mol/L]:按盐酸标准滴定溶液(0.5 mol/L)的标定方法操作。

(3) 硫酸标准滴定溶液[$c(1/2\ H_2SO_4)=0.1$ mol/L]:按盐酸标准滴定溶液(0.1 mol/L)的标定方法操作。

3) 计算

硫酸标准滴定溶液浓度按下式计算:

$$c_2=\frac{m}{(V_1-V_2)\times 0.0530}$$

式中:c_2——硫酸标准滴定溶液的实际浓度,mol/L;

m——基准无水碳酸钠的质量,g;

V_1——硫酸标准滴定溶液用量,mL;

V_2——试剂空白实验中硫酸标准滴定溶液的用量,mL;

0.053 0——与 1.00 mL 硫酸标准滴定溶液[$c(1/2\ H_2SO_4)=1$ mol/L]相当的基准无水碳酸钠的质量,g。

4. 氢氧化钠标准滴定溶液的配制

1) 配制

(1) 氢氧化钠饱和溶液:称取 120 g 氢氧化钠,加 100 mL 水,振摇使之溶解成饱和溶液,冷却后置于聚乙烯塑料瓶中,密封,放置数日,澄清后备用。

(2) 氢氧化钠标准滴定溶液[$c(NaOH)=1$ mol/L]:吸取 56 mL 澄清的氢氧化钠饱和溶液,加适量新煮沸过的冷水至 1 000 mL,摇匀。

(3) 氢氧化钠标准滴定溶液[$c(NaOH)=0.5$ mol/L]:按上步骤操作,但吸取澄清的氢氧化钠饱和溶液的量改为 28 mL。

(4) 氢氧化钠标准滴定溶液[$c(NaOH)=0.1$ mol/L]:按上步骤操作,但吸取澄清的氢氧化钠饱和溶液的量改为 5.6 mL。

(5) 酚酞指示液:称取酚酞 1 g,溶于适量乙醇中,再稀释至 100 mL。

2) 标定

(1) 氢氧化钠标准滴定溶液[$c(NaOH)=1$ mol/L]:准确称取约 6 g 在 105～110 ℃干燥至恒重的基准邻苯二甲酸氢钾,加 80 mL 新煮沸过的冷水,使之尽量溶解,加 2 滴酚酞指示液,用本溶液滴定至溶液呈粉红色,0.5 min 不褪色。

(2) 氢氧化钠标准滴定溶液[$c(NaOH)=0.5$ mol/L]：按上步骤操作，但基准邻苯二甲酸氢钾的量改为约 3 g。

(3) 氢氧化钠标准滴定溶液[$c(NaOH)=0.1$ mol/L]：按上步骤操作，但基准邻苯二甲酸氢钾的量改为约 0.6 g。

(4) 同时做试剂空白实验。

3) 计算

氢氧化钠标准滴定溶液的浓度按下式计算：

$$c_3=\frac{m}{(V_1-V_2)\times 0.2042}$$

式中：c_3——氢氧化钠标准滴定溶液的实际浓度，mol/L；

m——基准邻苯二甲酸氢钾的质量，g；

V_1——氢氧化钠标准滴定溶液的用量，mL；

V_2——试剂空白实验中氢氧化钠标准滴定溶液的用量，mL；

0.204 2——与 1.00 mL 氢氧化钠标准滴定溶液[$c(NaOH)=1$ mol/L]相当的基准邻苯二甲酸氢钾的质量，g。

5. 氢氧化钠标准滴定溶液[$c(NaOH)$为 0.02 mol/L 或 0.01 mol/L]的配制

临用前取氢氧化钠标准溶液[$c(NaOH)=0.1$ mol/L]，加新煮沸过的冷水稀释制成。必要时用盐酸标准滴定溶液[$c(HCl)$为 0.02 mol/L 或 0.01 mol/L]标定浓度。

6. 氢氧化钾标准滴定溶液[$c(KOH)=0.1$ mol/L]的配制

1) 配制

称取 6 g 氢氧化钾，加入新煮沸过的冷水溶解，并稀释至 1 000 mL，混匀。

2) 标定

按氢氧化钠标准滴定溶液[$c(NaOH)=0.1$ mol/L]的标定方法操作，同时做试剂空白实验。

3) 计算

同 c_3 的计算。

7. 高锰酸钾标准滴定溶液[$c(1/5\ KMnO_4)=0.1$ mol/L]的配制

1) 配制

称取约 3.3 g 高锰酸钾，加 1 000 mL 水。煮沸 15 min。加塞静置 2 天以上，用垂融漏斗过滤，置于具玻璃塞的棕色瓶中密封保存。

2) 标定

准确称取约 0.2 g 在 110 ℃干燥至恒重的基准草酸钠。加入 250 mL 新煮沸过的冷水、10 mL 硫酸，搅拌使之溶解。迅速加入约 25 mL 高锰酸钾溶液，待褪色后，加热至 65 ℃，继续用高锰酸钾溶液滴定至溶液呈微红色，保持 0.5 min 不褪色。在滴定终了时，溶液温度应不低于 55 ℃。同时做试剂空白实验。

3) 计算

高锰酸钾标准滴定溶液的浓度按下式计算：

$$c_4=\frac{m}{(V_1-V_2)\times 0.0670}$$

式中：c_4——高锰酸钾标准滴定溶液的实际浓度，mol/L；

m——基准草酸钠的质量,g;

V_1——高锰酸钾标准滴定溶液的用量,mL;

V_2——试剂空白实验中高锰酸钾标准滴定溶液的用量,mL;

0.067 0——与 1.00 mL 高锰酸钾标准滴定溶液[$c(1/5\ KMnO_4)=1$ mol/L]相当的基准草酸钠的质量,g。

8. 高锰酸钾标准滴定溶液[$c(1/5\ KMnO_4)=0.01$ mol/L]的配制

临用前取高锰酸钾标准滴定溶液[$c(1/5\ KMnO_4)=0.1$ mol/L]稀释制成,必要时重新标定浓度。

9. 草酸标准滴定溶液[$c(1/2\ H_2C_2O_4 \cdot 2H_2O)=0.1$ mol/L]的配制

1) 配制

称取约 6.4 g 草酸,加适量的水使之溶解,并稀释至 1 000 mL,混匀。

2) 标定

吸取 25.00 mL 草酸标准滴定溶液,按附录 A 7. "2) 标定"部分,自"加入 250 mL 新煮沸过的冷水"起操作。

3) 计算

草酸标准滴定溶液的浓度按下式计算:

$$c_5=\frac{(V_1-V_2)\times c}{V}$$

式中:c_5——草酸标准滴定溶液的实际浓度,mol/L;

V_1——高锰酸钾标准滴定溶液的用量,mL;

V_2——试剂空白实验中高锰酸钾标准滴定溶液的用量,mL;

c——高锰酸钾标准滴定溶液的浓度,mol/L;

V——草酸标准滴定溶液的用量,mL。

10. 草酸标准滴定溶液[$c(1/2\ H_2C_2O_4 \cdot 2H_2O)=0.01$ mol/L]的配制

临用前取草酸标准滴定溶液[$c(1/2\ H_2C_2O_4 \cdot 2H_2O)=0.1$ mol/L]稀释制成。

11. 硝酸银标准滴定溶液[$c(AgNO_3)=0.1$ mol/L]的配制

1) 配制

(1) 称取 17.5 g 硝酸银,加入适量水使之溶解,并稀释至 1 000 mL,混匀,避光保存。

(2) 需用少量硝酸银标准滴定溶液时,可准确称取约 4.3 g 在硫酸干燥器中干燥至恒重的硝酸银(优级纯),加水使之溶解,移至 250 mL 容量瓶中,并稀释至刻度,混匀,避光保存。

(3) 淀粉指示液:称取 0.5 g 可溶性淀粉,加入约 5 mL 水,搅匀后缓缓倾入 100 mL 沸水中,随加随搅拌,煮沸 2 min,放冷,备用。此指示液应临用时配制。

(4) 荧光黄指示液:称取 0.5 g 荧光黄,用乙醇溶解并稀释至 100 mL。

2) 标定

(1) 采用配制(1)方法配制的硝酸银标准滴定溶液的标定:准确称取约 0.2 g 在 270 ℃干燥至恒重的基准氯化钠,加入 50 mL 水使之溶解。加入 5 mL 淀粉指示液,边摇动边用硝酸银标准滴定溶液避光滴定,近终点时,加入 3 滴荧光黄指示液,继续滴定至混浊液由黄色变为粉红色。

(2) 采用配制(2)方法配制的硝酸银标准滴定溶液不需要标定。

3）计算

(1) 由配制(1)方法配制的硝酸银标准滴定溶液的浓度按下式计算：

$$c_6=\frac{m}{V\times 0.05844}$$

式中：c_6——硝酸银标准滴定溶液的实际浓度，mol/L；

m——基准氯化钠的质量，g；

V——硝酸银标准滴定溶液的用量，mL；

0.058 44——与 1.00 mL 硝酸银标准滴定溶液[$c(AgNO_3)$＝1 mol/L]相当的基准氯化钠的质量，g。

(2) 由配制(2)方法配制的硝酸银标准滴定溶液的浓度按下式计算：

$$c_7=\frac{m}{V\times 0.1699}$$

式中：c_7——硝酸银标准滴定溶液的实际浓度，mol/L；

m——硝酸银(优级纯)的质量，g；

V——配制成的硝酸银标准滴定溶液的体积，mL；

0.169 9——与 1.00 mL 硝酸银标准滴定溶液[$c(AgNO_3)$＝0.100 0 mol/L]相当的硝酸银的质量，g。

12. 硝酸银标准滴定溶液[$c(AgNO_3)$为 0.02 mol/L 或 0.01 mol/L]的配制

临用前取硝酸银标准滴定溶液[$c(AgNO_3)$＝0.1 mol/L]稀释制成。

13. 碘标准滴定溶液[$c(1/2\ I_2)$＝0.1 mol/L]的配制

1）配制

(1) 称取 13.5 g 碘，加 36 g 碘化钾、50 mL 水，溶解后加入 3 滴盐酸及适量水稀释至 1 000 mL。用垂融漏斗过滤，置于阴凉处，密闭，避光保存。

(2) 酚酞指示液：称取 1 g 酚酞，用乙醇溶解并稀释至 100 mL。

(3) 淀粉指示液：称取 0.5 g 可溶性淀粉，加入约 5 mL 水，搅匀后缓缓倾入 100 mL 沸水中，边加边搅拌，煮沸 2 min，放冷，备用。此指示液应临用时配制。

2）标定

准确称取约 0.15 g 在 105 ℃干燥 1 h 的基准三氧化二砷，加入 10 mL 氢氧化钠溶液(40 g/L)，微热使之溶解。加入 20 mL 水及 2 滴酚酞指示液，加入适量硫酸(1＋35)至红色消失，再加 2 g 碳酸氢钠、50 mL 水及 2 mL 淀粉指示液，用碘标准溶液滴定至溶液显浅蓝色。

3）计算

碘标准滴定溶液浓度按下式计算：

$$c_8=\frac{m}{V\times 0.04946}$$

式中：c_8——碘标准滴定溶液的实际浓度，mol/L；

m——基准三氧化二砷的质量，g；

V——碘标准溶液用量，mL；

0.049 46——与 1.00 mL 碘标准滴定溶液[$c(1/2\ I_2)$＝1.000 mol/L]相当的三氧化二砷的质量，g。

14. 碘标准滴定溶液[$c(1/2\ I_2)$＝0.02 mol/L]的配制

临用前取碘标准滴定溶液[$c(1/2\ I_2)$＝0.1 mol/L]稀释制成。

15. 硫代硫酸钠标准滴定溶液[$c(Na_2S_2O_3 \cdot 5H_2O)=0.1$ mol/L]的配制

1) 配制

(1) 称取 26 g 硫代硫酸钠及 0.2 g 碳酸钠,加入适量新煮沸过的冷水使之溶解,并稀释至 1 000 mL,混匀,放置一个月后过滤备用。

(2) 淀粉指示液:称取 0.5 g 可溶性淀粉,加入约 5 mL 水,搅匀后缓缓倾入 100 mL 沸水中,边加边搅拌,煮沸 2 min,放冷,备用。此指示液应临用时配制。

(3) 硫酸(1+8):吸取 10 mL 硫酸,慢慢倒入 80 mL 水中。

2) 标定

(1) 准确称取约 0.15 g 在 120 ℃干燥至恒重的基准重铬酸钾,置于 500 mL 碘量瓶中,加入 50 mL 水使之溶解。加入 2 g 碘化钾,轻轻振摇使之溶解。再加入 20 mL 硫酸(1+8),盖塞,摇匀,放置暗处 10 min 后用 250 mL 水稀释。用硫代硫酸钠标准溶液滴至溶液呈浅黄绿色,再加入 3 mL 淀粉指示液,继续滴定至蓝色消失而显亮绿色。反应液及稀释用水的温度不应高于 20 ℃。

(2) 同时做试剂空白实验。

3) 计算

硫代硫酸钠标准滴定溶液的浓度按下式计算:

$$c_9=\frac{m}{(V_1-V_2)\times 0.049\,03}$$

式中:c_9——硫代硫酸钠标准滴定溶液的实际浓度,mol/L;

m——基准重铬酸钾的质量,g;

V_1——滴定重铬酸钾时硫代硫酸钠标准滴定溶液的用量,mL;

V_2——试剂空白实验中硫代硫酸钠标准滴定溶液的用量,mL;

0.049 03——与 1.00 mL 硫代硫酸钠标准滴定溶液[$c(Na_2S_2O_3 \cdot 5H_2O)=1.000$ mol/L]相当的重铬酸钾的质量,g。

16. 硫代硫酸钠标准溶液[$c(Na_2S_2O_3 \cdot 5H_2O)$为 0.02 mol/L 或 0.01 mol/L]的配制

临用前取 0.10 mol/L 硫代硫酸钠标准溶液,加新煮沸过的冷水稀释制成。

17. 乙二胺四乙酸二钠标准滴定溶液的配制

1) 配制

(1) 乙二胺四乙酸二钠标准滴定溶液[$c(C_{10}H_{14}N_2O_8Na_2 \cdot 2H_2O)=0.05$ mol/L]:称取 20 g乙二胺四乙酸二钠($C_{10}H_{14}N_2O_8Na_2 \cdot 2H_2O$),加入 1 000 mL 水,加热使之溶解,冷却后摇匀。置于玻璃瓶中,避免与橡皮塞、橡皮管接触。

(2) 乙二胺四乙酸二钠标准滴定溶液[$c(C_{10}H_{14}N_2O_8Na_2 \cdot 2H_2O)=0.02$ mol/L]:按上述步骤操作,但乙二胺四乙酸二钠的量改为 8 g。

(3) 乙二胺四乙酸二钠标准滴定溶液[$c(C_{10}H_{14}N_2O_8Na_2 \cdot 2H_2O)=0.01$ mol/L]:按上述步骤操作,但乙二胺四乙酸二钠的量改为 4 g。

(4) 氨水-氯化铵缓冲溶液(pH=10):称取 5.4 g 氯化铵,加适量水溶解后,加入 35 mL 氨水,再加水稀释至 100 mL。

(5) 氨水(4→10):量取 40 mL 氨水,加水稀释至 100 mL。

(6) 铬黑 T 指示剂:称取 0.1 g 铬黑 T[6-硝基-1-(1-萘酚-4-偶氮)-2-萘酚-4-磺酸钠],加入 10 g 氯化钠,研磨混合。

2）标定

(1) 乙二胺四乙酸二钠标准滴定溶液[$c(C_{10}H_{14}N_2O_8Na_2 \cdot 2H_2O)=0.05$ mol/L]：准确称取约 0.4 g 在 800 ℃灼烧至恒重的基准氧化锌，置于小烧杯中，加入 1 mL 盐酸，溶解后移入 100 mL 容量瓶，加水稀释至刻度，混匀。吸取 30.00～35.00 mL 此溶液，加入 70 mL 水，用氨水(4→10)调至 pH 为 7～8，再加 10 mL 氨水-氯化铵缓冲溶液(pH＝10)，用乙二胺四乙酸二钠标准溶液滴定，接近终点时加入少许铬黑 T 指示剂，继续滴定至溶液自紫色转变为纯蓝色。

(2) 乙二胺四乙酸二钠标准滴定溶液[$c(C_{10}H_{14}N_2O_8Na_2 \cdot 2H_2O)=0.02$ mol/L]：按上述步骤操作，但基准氧化锌的量改为 0.16 g，盐酸量改为 0.4 mL。

(3) 乙二胺四乙酸二钠标准滴定溶液[$c(C_{10}H_{14}N_2O_8Na_2 \cdot 2H_2O)=0.01$ mol/L]：按上述步骤操作，但容量瓶改为 200 mL。

(4) 同时做试剂空白实验。

3）计算

乙二胺四乙酸二钠标准滴定溶液浓度按下式计算：

$$c_{10}=\frac{m}{(V_1-V_2)\times 0.08138}$$

式中：c_{10}——乙二胺四乙酸二钠标准滴定溶液的实际浓度，mol/L；

m——用于滴定的基准氧化锌的质量，mg；

V_1——滴定氧化锌时乙二胺四乙酸二钠标准滴定溶液的用量，mL；

V_2——试剂空白实验中乙二胺四乙酸二钠标准滴定溶液的用量，mL；

0.081 38——与 1.00 mL 乙二胺四乙酸二钠标准滴定溶液[$c(C_{10}H_{14}N_2O_8Na_2 \cdot 2H_2O)=1.000$ mol/L]相当的基准氧化锌的质量，g。

附录 B　常用指示剂的配制

表 B-1　酸碱指示剂

指示剂名称	变色范围(pH)	颜色变化	溶液配制方法
甲基紫	0.13～0.5 1.0～1.5 2.0～3.0	黄色—绿色 绿色—蓝色 蓝色—紫色	0.1%或0.05%的水溶液 0.1%水溶液 0.1%水溶液
苦味酸	0.0～1.3	无色—黄色	0.1%水溶液
甲基绿	0.1～2.0	黄色—绿色—浅蓝色	0.05%水溶液
孔雀绿	0.13～2.0 11.5～13.2	黄色—浅蓝色—绿色 蓝绿色—无色	0.1%水溶液
甲酚红	0.2～1.8 7.2～8.8	红色—黄色 亮黄色—紫红色	0.04 g 指示剂溶于 100 mL 50%乙醇中 0.1 g 指示剂溶于 100 mL 50%乙醇中
百里酚蓝	1.2～2.8 8.0～9.0	红色—黄色 黄色—蓝色	0.1 g 指示剂溶于 100 mL 20%乙醇中
茜素黄 R	1.9～3.3 10.1～12.1	红色—黄色 黄色—浅紫色	0.1%水溶液
二甲基黄	12.9～4.0	红色—黄色	0.1 g 或 0.01 g 指示剂溶于 100 mL 90%乙醇中
甲基橙	3.1～4.4	红色—橙黄色	0.1%水溶液
溴酚蓝	3.0～4.6	黄色—蓝色	0.1 g 指示剂溶于 100 mL 20%乙醇中
刚果红	3.0～5.2	蓝紫色—红色	0.1%水溶液
茜素红 S	3.7～5.2 10.0～12.0	黄色—紫色 紫色—浅黄色	0.1%水溶液
溴甲酚绿	3.8～5.4	黄色—蓝色	0.1 g 指示剂溶于 100 mL 20%乙醇中
甲基红	4.4～6.2	红色—黄色	0.1 g 或 0.2 g 指示剂溶于 100 mL 60%乙醇中
溴酚红	5.0～6.8	黄色—红色	0.1 g 或 0.04 g 指示剂溶于 100 mL 20%乙醇中
溴甲酚紫	5.2～6.8	黄色—紫红色	0.1 g 指示剂溶于 100 mL 20%乙醇中
溴百里酚蓝	6.0～7.6	黄色—蓝色	0.05 g 指示剂溶于 100 mL 20%乙醇中
中性红	6.8～8.0	红色—亮黄色	0.1 g 指示剂溶于 100 mL 60%乙醇中
酚红	6.8～8.0	黄色—红色	0.1 g 指示剂溶于 100 mL 20%乙醇中
酚酞	8.2～10.0	无色—紫红色	1 g 指示剂溶于 100 mL 90%乙醇中
百里酚酞	9.4～10.6	无色—蓝色	0.1 g 指示剂溶于 100 mL 90%乙醇中
达旦黄	12.0～13.0	黄色—红色	0.1%水溶液

表 B-2　混合酸碱指示剂

指示剂溶液的组成	变色点 pH	颜色		备　注
		酸色	碱色	
一份 0.1%甲基黄乙醇溶液 一份 0.1%亚甲基蓝乙醇溶液	3.25	蓝紫色	绿色	pH=3.2 蓝紫色 pH=3.4 绿色
四份 0.2%溴甲酚绿乙醇溶液 一份 0.2%二甲基黄乙醇溶液	3.9	橙色	绿色	变色点黄色
一份 0.2%甲基橙溶液 一份 0.28%靛蓝乙醇溶液	4.1	紫色	黄绿色	调节两者的比例,直至终点敏锐
一份 0.1%溴百里酚绿钠盐水溶液 一份 0.2%甲基橙水溶液	4.3	黄色	蓝绿色	pH=3.5 黄色 pH=4.0 黄绿色 pH=4.3 绿色
三份 0.1%溴甲酚绿乙醇溶液 一份 0.2%甲基红乙醇溶液	5.1	酒红色	绿色	
一份 0.2%甲基红乙醇溶液 一份 0.1%亚甲基蓝乙醇溶液	5.4	红紫色	绿色	pH=5.2 红紫色 pH=5.4 暗蓝色 pH=5.6 绿色
一份 0.1%溴甲酚绿钠盐水溶液 一份 0.1%氯酚红钠盐水溶液	6.1	黄绿色	蓝紫色	pH=5.4 蓝绿色 pH=5.8 蓝色 pH=6.2 蓝紫色
一份 0.1%溴甲酚紫钠盐水溶液 一份 0.1%溴百里酚蓝钠盐水溶液	6.7	黄色	蓝紫色	pH=6.2 黄紫色 pH=6.6 紫色 pH=6.8 蓝紫色
一份 0.1%中性红乙醇溶液 一份 0.1%亚甲基蓝乙醇溶液	7.0	蓝紫色	绿色	pH=7.0 蓝紫色
一份 0.1%溴百里酚蓝钠盐水溶液 一份 0.1%酚红钠盐水溶液	7.5	黄色	紫色	pH=7.2 暗绿色 pH=7.4 淡紫色 pH=7.6 深紫色
一份 0.1%甲酚红 50%乙醇溶液 六份 0.1%百里酚蓝 50%乙醇溶液	8.3	黄色	紫色	pH=8.2 玫瑰色 pH=8.4 紫色 变色点微红色

表 B-3　配位滴定指示剂

名　称	配　制	用于测定		
		元素	颜色变化	测定条件
酸性铬蓝 K	0.1%乙醇溶液	Ca Mg	红色—蓝色 红色—蓝色	pH=12 pH=10
钙指示剂	与 NaCl 配成 1∶100 的固体混合物	Ca	酒红色—蓝色	pH>12(NaOH 或 KOH)
二硫腙	0.03%乙醇溶液	Zn	红色—绿紫色	pH=4.5,50%乙醇溶液
铬黑 T (EBT)	与 NaCl 配成 1∶100 的固体混合物	Al Bi Ca Cd Mg Mn Ni Pb Zn	蓝色—红色 蓝色—红色 红色—蓝色 红色—蓝色 红色—蓝色 红色—蓝色 红色—蓝色 红色—蓝色 红色—蓝色	pH 为 7～8,吡啶存在下,以 Zn^{2+} 回滴 pH 为 9～10,以 Zn^{2+} 回滴 pH=10,加入 EDTA-Mg pH=10(氨性缓冲溶液) pH=10(氨性缓冲溶液) 氨性缓冲溶液,加羟胺 氨性缓冲溶液 氨性缓冲溶液,加酒石酸钾 pH 为 6.8～10(氨性缓冲溶液)
PAR	0.05%或 0.2%水溶液	Bi Cu Pb	红色—黄色 红色—黄(绿)色 红色—黄色	pH 为 1～2(HNO_3) pH 为 1～11(六次甲基四胺,氨性缓冲溶液) 六次甲基四胺或氨性缓冲溶液
二甲酚橙	0.5%乙醇或水溶液	Bi Cd Pb Th Zn	红色—黄色 粉红色—黄色 红紫色—黄色 红色—黄色 红色—黄色	pH 为 1～2(HNO_3) pH 为 5～6(六次甲基四胺) pH 为 5～6(乙酸缓冲溶液) pH 为 1.6～3.5(HNO_3) pH 为 5～6(乙酸缓冲溶液)
磺基水杨酸	1%～2%水溶液	Fe^{3+}	红紫色—黄色	pH 为 1.5～3
PAN	0.1%乙醇或甲醇溶液	Cd Co Cu Zn	红色—黄色 黄色—红色 紫色—黄色 红色—黄色 粉红色—黄色	pH=8(乙酸缓冲溶液) 乙酸缓冲溶液,70～80 ℃以 Cu^{2+} 回滴 pH=10(氨性缓冲溶液) pH=6(乙酸缓冲溶液) pH 为 5～7(乙酸缓冲溶液)

表 B-4　氧化还原指示剂

指示剂名称	$\varphi^{\ominus}$(pH=0)	颜色变化		溶液配制方法
		氧化态	还原态	
中性红	0.24	红色	无色	0.05%的60%乙醇溶液
亚甲基蓝	0.36	蓝色	无色	0.05%水溶液
变胺蓝	0.59 (pH=2)	无色	蓝色	0.05%水溶液
二苯胺	0.76	紫色	无色	1%的浓硫酸溶液
二苯胺磺酸钠	0.85	紫红色	无色	0.5%的水溶液，如溶液混浊，可滴加少量盐酸
N-邻苯氨基苯甲酸	1.08	紫红色	无色	1 g 指示剂加 20 mL 5%的 Na_2CO_3 溶液，用水稀释至 100 mL
邻二氮菲-Fe(Ⅱ)	1.06	浅蓝色	红色	1.485 g 邻二氮菲加 0.965 g $FeSO_4$，溶于 100 mL 水中(0.025 mol/L 水溶液)
5-硝基邻二氮菲-Fe(Ⅱ)	1.25	浅蓝色	紫红色	1.608 g 5-硝基邻二氮菲加 0.695 6 g $FeSO_4$，溶于 100 mL 水中(0.025 mol/L 水溶液)

表 B-5　沉淀滴定吸附指示剂

指示剂	被测离子	滴定剂	滴定条件	溶液配制方法
荧光黄	Cl^-	Ag^+	pH 为 7～10(一般为 7～8)	0.2%乙醇溶液
二氯荧光黄	Cl^-	Ag^+	pH 为 4～10(一般为 5～8)	0.1%水溶液
曙红	Br^-，I^-，SCN^-	Ag^+	pH 为 2～10(一般为 3～8)	0.5%水溶液
溴甲酚绿	SCN^-	Ag^+	pH 为 4～5	0.1%水溶液
甲基紫	Ag^+	Cl^-	酸性溶液	0.1%水溶液
罗丹明 6G	Ag^+	Br^-	酸性溶液	0.1%水溶液
钍试剂	SO_4^{2-}	Ba^{2+}	pH 为 1.5～3.5	0.5%水溶液
溴酚蓝	Hg^{2+}	Cl^-，Br^-	酸性溶液	0.1%水溶液

附录C　缓冲溶液的配制

表C-1　pH标准缓冲溶液的配制

名　称	干燥条件	浓度/(mol/L)	方　法	pK_a标准值(298 K)
草酸三氢钾	(330±2)K,烘4~5 h	0.05	称取12.61 g草酸三氢钾,用水溶解后转入1 L容量瓶中,稀释至刻度,摇匀	1.68±0.01
酒石酸氢钾		饱和溶液	过量的酒石酸氢钾(大于6.4 g/L)和水,控制温度在296~300 K,剧烈振摇20~30 min	3.56±0.01
邻苯二甲酸氢钾	(378±5)K,烘2 h	0.05	称取10.12 g邻苯二甲酸氢钾,用水溶解后转入1 L容量瓶中,稀释至刻度,摇匀	4.00±0.01
磷酸氢二钠-磷酸二氢钾	383~393 K,烘2~3 h	0.025	称取3.533 g磷酸氢二钠、3.387 g磷酸二氢钾,用水溶解后转入1 L容量瓶中,稀释至刻度,摇匀	6.86±0.01
四硼酸钠	在氯化钠和蔗糖饱和溶液中干燥至恒重	0.01	称取3.80 g四硼酸钠,用水溶解后,转入1 L容量瓶中,稀释至刻度,摇匀	9.18±0.01
氢氧化钙		饱和溶液	过量氢氧化钙(大于2 g/L)和水,控制温度在296~300 K,剧烈振摇20~30 min	12.46±0.01

注:(1) 标准缓冲溶液的pH随温度而变化。

(2) 配制标准缓冲溶液时,所用纯水的电导率应小于1.5 μS/cm。配制四硼酸钠和氢氧化钙标准缓冲溶液时,所用纯水要预先煮沸15 min,以除去溶解的二氧化碳。

(3) 缓冲溶液可保存2~3个月,若发现有混浊、沉淀或发霉现象,则不能再用。

表 C-2　常用缓冲溶液的配制

缓冲溶液组成	pK_a	缓冲溶液 pH	缓冲溶液配制方法
氨基乙酸-HCl	2.35 (pK_{a1})	2.3	取 150 g 氨基乙酸溶于 500 mL 水中后，加 80 mL 浓盐酸，用水稀释至 1 L
Na_2HPO_4-柠檬酸		2.5	取 113 g $Na_2HPO_4 \cdot 12H_2O$，溶于 200 mL 水后，加 387 g 柠檬酸，溶解，过滤，稀释至 1 L
邻苯二甲酸氢钾-HCl	2.95 (pK_{a1})	2.9	取 500 g 邻苯二甲酸氢钾溶于 500 mL 水中后，加 80 mL 浓盐酸，用水稀释至 1 L
甲酸-NaOH	3.76	3.7	取 95 g 甲酸和 40 g NaOH 溶于 500 mL 水中，稀释至 1 L
NaAc-HAc	4.74	4.2	取 3.2 g 无水 NaAc 溶于水中，加 50 mL 冰乙酸，用水稀释至 1 L
		4.7	取 83 g 无水 NaAc 溶于水中，加 60 mL 冰乙酸，用水稀释至 1 L
		5.0	取 160 g 无水 NaAc 溶于水中，加 50 mL 冰乙酸，用水稀释至 1 L
一氯乙酸-NaOH	2.86	2.8	取 200 g 一氯乙酸溶于 200 mL 水中，加 40 g NaOH 溶解后，用水稀释至 1 L
NH_4Ac-HAc		4.5	取 77 g NH_4Ac 溶于 200 mL 水中，加 59 mL 冰乙酸，用水稀释至 1 L
		5.0	取 250 g NH_4Ac 溶于水中，加 25 mL 冰乙酸，用水稀释至 1 L
		6.0	取 600 g NH_4Ac 溶于水中，加 20 mL 冰乙酸，用水稀释至 1 L
六亚甲基四胺-HCl	5.15	5.4	取 40 g 六亚甲基四胺溶于 200 mL 水中，加 100 mL 浓盐酸，用水稀释至 1 L
NaAc-Na_2HPO_4		8.0	取 50 g 无水 NaAc 和 50 g $Na_2HPO_4 \cdot 12H_2O$ 溶于水中，稀释至 1 L
Tris-HCl	8.21	8.2	取 25 g Tris 试剂溶于水中，加 18 mL 浓盐酸，用水稀释至 1 L
NH_3-NH_4Cl	9.26	9.2	取 54 g NH_4Cl 溶于水中，加 63 mL 浓氨水，用水稀释至 1 L
		9.5	取 54 g NH_4Cl 溶于水中，加 126 mL 浓氨水，用水稀释至 1 L
		10.0	(1) 取 54 g NH_4Cl 溶于水中，加 350 mL 浓氨水，用水稀释至 1 L (2) 取 67.5 g NH_4Cl 溶于 200 mL 水中，加 570 mL 浓氨水，用水稀释至 1 L

附录 D　χ^2分布表($\alpha=5\%,1\%$)

表 D-1　χ^2分布表($\alpha=5\%,1\%$)

f \ α	5%	1%	f \ α	5%	1%	f \ α	5%	1%
1	3.814	6.635	14	23.685	29.141	27	40.113	46.963
2	5.991	9.210	15	24.996	30.578	28	41.337	48.278
3	7.815	11.345	16	26.296	32.000	29	42.557	49.588
4	9.488	13.277	17	27.587	33.409	30	43.773	50.892
5	11.071	15.086	18	28.869	34.805	35	49.082	57.342
6	12.592	16.812	19	30.144	36.191	40	55.758	63.691
7	14.067	18.475	20	31.410	37.566	45	61.656	69.957
8	15.507	20.090	21	32.671	38.932	50	67.505	76.154
9	16.919	21.666	22	33.924	40.289	55	73.311	82.292
10	18.307	23.209	23	35.172	41.638	60	79.082	88.379
11	19.675	24.725	24	36.415	42.980	70	90.531	100.425
12	21.026	26.217	25	37.652	44.314	80	101.879	112.329
13	22.362	27.688	26	38.885	45.642	90	113.145	124.116

附录 E　排序检验法检验表(α=5%,1%)

表 E-1　排序检验法检验表(α=5%)

实验次数	样品数										
	2	3	4	5	6	7	8	9	10	11	12
2	—	—	—	—	—	—	—	—	—	—	—
	—	—	—	3～9	3～11	3～13	4～14	4～16	4～18	5～19	5～21
3	—	—	—	4～14	4～17	4～20	4～23	5～25	5～28	5～31	5～34
	—	4～8	4～11	5～13	6～15	6～18	7～20	8～22	8～25	9～27	10～29
4	—	5～11	5～15	6～18	6～22	7～25	7～29	8～32	8～36	8～39	9～43
	—	5～11	6～14	7～17	8～20	9～23	10～26	11～29	13～31	14～34	15～37
5	—	6～14	7～18	8～22	9～26	9～31	10～35	11～39	12～43	12～48	13～52
	6～9	7～13	8～17	10～20	11～24	13～27	14～31	15～35	17～38	18～42	20～45
6	7～11	8～16	9～21	10～26	11～31	12～36	13～41	14～46	15～51	17～55	18～60
	7～11	9～15	11～19	12～24	14～38	16～32	18～36	20～40	21～45	23～49	25～53
7	8～13	10～18	11～24	12～30	14～35	15～41	17～46	18～52	19～58	21～63	22～69
	8～13	10～18	13～22	15～27	17～32	19～37	22～41	24～46	26～51	28～56	30～61
8	9～15	11～21	13～27	15～33	17～39	18～46	20～52	22～58	24～64	25～71	27～77
	10～14	12～20	15～25	17～31	20～36	23～41	25～47	28～52	31～57	33～63	36～68
9	11～16	13～23	15～30	17～37	19～44	22～50	24～57	26～64	28～71	30～78	32～85
	11～16	14～22	17～28	20～34	23～44	26～46	29～52	32～58	35～64	38～70	41～76
10	12～18	15～25	17～33	20～40	22～48	25～55	27～63	30～70	32～78	35～85	37～93
	12～18	16～24	19～31	23～37	26～44	30～50	34～56	37～63	40～70	44～76	47～83
11	13～20	16～28	19～36	22～44	25～32	28～60	31～68	34～76	36～85	39～93	42～101
	14～19	18～26	21～34	25～41	29～48	33～55	37～62	41～69	45～76	49～83	53～90
12	15～21	18～30	21～39	25～47	28～56	31～65	34～74	38～82	41～91	44～100	47～109
	15～21	19～29	24～36	28～44	32～52	37～59	41～67	45～75	50～82	54～90	58～98
13	16～23	20～32	24～41	27～51	31～60	35～69	38～79	42～88	45～98	49～107	52～117
	17～22	21～31	26～39	31～47	35～56	40～64	45～72	50～80	54～89	59～97	64～105
14	17～25	22～34	26～44	30～54	34～46	38～74	42～84	46～94	50～104	54～114	57～125
	18～24	23～35	28～42	33～51	38～60	44～68	49～77	54～86	59～95	65～103	70～112
15	19～26	23～37	28～47	32～58	37～68	41～79	46～89	50～100	54～111	58～112	63～132
	19～26	25～35	30～45	36～54	42～63	47～73	53～82	59～91	64～101	70～110	75～120
16	20～28	25～39	30～50	35～61	40～72	45～83	49～95	54～106	59～117	63～129	68～140
	21～27	27～37	33～47	39～57	45～67	51～77	57～87	62～98	69～107	75～117	81～127
17	22～29	27～41	32～53	38～64	43～76	48～88	53～100	58～112	63～124	68～136	73～148
	22～29	28～40	35～50	41～61	48～71	54～82	61～92	67～103	74～113	81～123	87～134
18	23～31	29～43	34～56	40～68	46～80	52～92	57～105	61～118	68～130	73～143	79～155
	24～30	30～42	37～53	44～64	51～75	58～86	65～97	72～108	79～119	86～130	93～141
19	24～33	30～46	37～58	43～71	49～84	55～97	61～110	67～123	73～136	78～150	84～163
	25～32	32～44	39～56	47～67	54～79	62～90	69～102	76～114	84～125	91～137	99～148
20	26～34	32～48	39～61	45～75	52～88	58～102	62～115	71～129	77～143	83～157	90～170
	26～34	34～46	42～58	50～70	57～83	65～95	73～107	81～119	80～131	97～143	105～155

表 E-2　排序检验法检验表($\alpha=1\%$)

实验次数	样品数										
	2	3	4	5	6	7	8	9	10	11	12
2	—	—	—	—	—	—	—	—	—	—	—
	—	—	—	—	—	—	—	—	3～19	3～21	3～23
3	—	—	—	—	—	—	—	—	4～29	4～32	4～35
	—	—	—	4～14	4～17	4～20	5～22	5～25	6～27	6～30	6～33
4	—	—	—	5～19	5～23	5～27	6～30	6～34	6～38	6～42	7～45
	—	—	5～15	6～18	6～22	7～25	8～28	8～32	9～35	10～38	10～42
5	—	—	6～19	7～23	7～28	8～23	8～37	9～41	9～46	10～50	10～55
	—	6～14	7～18	8～22	9～26	10～30	11～34	12～38	13～42	14～46	15～50
6	—	7～17	8～22	9～27	9～33	10～38	11～43	12～48	13～53	13～59	14～64
	—	8～16	9～21	10～26	12～30	13～35	14～40	16～44	17～49	18～54	20～58
7	—	8～20	10～25	11～31	12～37	13～43	14～49	15～55	16～61	17～67	18～73
	8～13	9～19	11～24	12～30	14～35	16～40	18～45	19～51	21～56	23～61	25～66
8	9～15	10～22	11～29	13～35	14～42	16～48	17～55	19～61	20～68	21～75	23～81
	9～15	11～21	13～27	15～33	17～39	19～45	21～51	23～57	25～63	28～68	30～74
9	10～17	12～24	13～32	15～39	17～46	19～53	21～60	22～68	24～75	26～82	27～90
	10～17	12～24	15～30	17～37	20～43	22～50	25～56	27～63	30～69	32～76	35～82
10	11～19	13～27	15～35	18～42	20～50	22～58	24～66	26～74	28～82	30～90	32～98
	11～19	14～26	17～33	20～40	23～47	25～55	28～62	31～69	34～76	37～83	40～90
11	12～21	15～29	17～38	20～46	22～55	25～63	27～72	30～80	32～89	34～98	37～106
	13～20	16～28	19～36	22～44	25～52	29～59	32～67	35～75	39～82	42～90	45～98
12	14～22	17～31	19～41	22～50	25～59	28～68	31～77	33～87	36～96	39～105	42～114
	14～22	18～30	21～39	25～47	28～56	32～64	36～72	39～81	43～89	47～97	50～106
13	15～24	18～34	21～44	25～53	28～63	31～73	34～83	37～93	40～103	43～113	46～123
	15～24	19～33	23～42	27～51	31～60	35～69	39～78	44～86	48～95	52～104	56～113
14	16～26	20～36	24～46	27～57	31～67	34～78	38～88	41～98	45～100	48～120	51～131
	17～25	21～35	25～45	30～54	34～64	39～73	43～83	48～92	52～102	57～121	61～121
15	18～27	22～38	26～49	30～60	34～71	37～83	41～94	45～105	49～116	53～127	56～139
	18～27	23～37	28～47	32～58	37～68	42～76	47～88	52～98	57～108	62～118	67～128
16	19～29	23～41	28～52	32～64	36～76	41～87	45～99	49～111	53～123	57～135	62～146
	19～29	25～39	30～50	35～61	40～72	46～82	51～93	56～104	61～115	67～125	72～136
17	20～31	25～43	30～55	35～67	39～80	44～92	49～104	53～117	58～129	62～142	67～154
	21～30	26～42	32～53	38～64	43～76	49～87	55～98	60～110	66～121	72～132	78～143
18	22～32	27～45	32～58	37～71	42～84	47～97	52～110	57～123	62～136	67～149	72～170
	22～32	28～44	34～56	40～68	46～80	52～92	57～105	62～118	68～130	73～143	79～155
19	23～34	29～47	34～51	40～74	45～88	50～102	56～115	61～129	67～142	72～156	77～170
	24～33	30～46	36～59	43～71	49～84	56～96	62～109	69～121	76～133	82～146	89～158
20	24～36	30～50	36～64	42～78	48～92	54～106	60～120	65～135	71～149	77～163	82～178
	25～35	32～48	38～62	45～75	52～88	59～101	66～114	73～127	80～140	87～153	94～166

附录 F　t 分布表(α=5%,1%)

表 F-1　t 分布表(α=5%,1%)

f \ t \ α	5%	1%	f \ t \ α	5%	1%	f \ t \ α	5%	1%
1	12.706	63.657	15	2.131	2.947	29	2.045	2.756
2	4.303	9.925	16	2.120	2.921	30	2.042	2.750
3	3.182	5.841	17	2.100	2.898	35	2.030	2.724
4	2.776	4.604	18	2.101	2.878	40	2.021	2.704
5	2.571	4.032	19	2.093	2.861	45	2.014	2.690
6	2.417	3.707	20	2.086	2.845	50	2.008	2.678
7	2.385	3.489	21	2.080	2.831	55	2.004	2.669
8	2.306	3.355	22	2.074	2.819	60	2.000	2.660
9	2.262	3.250	23	2.069	2.807	70	1.994	2.648
10	2.226	3.169	24	2.064	2.799	80	1.989	2.638
11	2.201	3.106	25	2.060	2.787	90	1.986	2.631
12	2.179	3.055	26	2.055	2.779	100	1.982	2.625
13	2.160	3.012	27	2.052	2.771	120	1.980	2.617
14	2.145	2.977	28	2.048	2.763			

附录 G　观测糖锤度温度浓度换算表(标准温度 20 ℃)

表 G-1　观测糖锤度温度浓度换算表(标准温度 20 ℃)

温度/℃	观测糖锤度																										
	0	1	2	3	4	5	6	7	8	9	10	11	12	13	14	15	16	17	18	19	20	21	22	23	24	25	30
0	0.30	0.34	0.36	0.41	0.45	0.49	0.52	0.55	0.59	0.62	0.65	0.67	0.70	0.72	0.75	0.77	0.79	0.82	0.84	0.87	0.89	0.91	0.93	0.95	0.97	0.99	1.08
5	0.36	0.38	0.40	0.43	0.45	0.47	0.49	0.51	0.52	0.54	0.56	0.58	0.60	0.61	0.63	0.65	0.67	0.68	0.70	0.71	0.73	0.74	0.75	0.76	0.77	0.80	0.86
10	0.32	0.33	0.34	0.36	0.37	0.38	0.39	0.40	0.41	0.42	0.43	0.44	0.45	0.46	0.47	0.48	0.49	0.50	0.50	0.51	0.52	0.53	0.54	0.55	0.56	0.57	0.60
1/2	0.31	0.32	0.33	0.34	0.35	0.36	0.37	0.38	0.39	0.40	0.41	0.42	0.43	0.44	0.45	0.46	0.47	0.48	0.48	0.49	0.50	0.51	0.52	0.52	0.53	0.54	0.57
11	0.31	0.32	0.33	0.33	0.34	0.35	0.36	0.37	0.38	0.39	0.40	0.41	0.42	0.42	0.43	0.44	0.45	0.46	0.46	0.47	0.48	0.49	0.49	0.50	0.50	0.51	0.55
1/2	0.30	0.31	0.31	0.32	0.32	0.33	0.34	0.35	0.36	0.37	0.38	0.39	0.40	0.40	0.41	0.42	0.43	0.43	0.44	0.44	0.45	0.46	0.46	0.47	0.47	0.48	0.52
12	0.29	0.30	0.30	0.31	0.31	0.32	0.33	0.34	0.34	0.35	0.36	0.37	0.38	0.38	0.39	0.40	0.41	0.41	0.42	0.42	0.43	0.44	0.44	0.45	0.45	0.46	0.50
1/2	0.27	0.28	0.28	0.29	0.29	0.30	0.31	0.32	0.32	0.33	0.34	0.35	0.35	0.36	0.36	0.37	0.38	0.38	0.39	0.39	0.40	0.41	0.41	0.42	0.42	0.43	0.47
13	0.26	0.27	0.27	0.28	0.28	0.29	0.30	0.30	0.31	0.31	0.32	0.33	0.33	0.34	0.34	0.35	0.36	0.36	0.37	0.37	0.38	0.39	0.39	0.40	0.40	0.41	0.44
1/2	0.25	0.25	0.25	0.25	0.26	0.27	0.28	0.28	0.29	0.29	0.30	0.31	0.31	0.32	0.32	0.33	0.34	0.34	0.35	0.35	0.36	0.36	0.37	0.37	0.38	0.38	0.41
14	0.24	0.24	0.24	0.24	0.25	0.26	0.27	0.27	0.28	0.28	0.29	0.29	0.30	0.30	0.31	0.31	0.32	0.32	0.33	0.33	0.34	0.34	0.35	0.35	0.36	0.36	0.38
1/2	0.22	0.22	0.22	0.22	0.23	0.24	0.24	0.25	0.25	0.26	0.26	0.26	0.27	0.27	0.28	0.28	0.29	0.29	0.30	0.30	0.31	0.31	0.32	.032	0.33	0.33	0.35
15	0.20	0.20	0.20	0.20	0.21	0.22	0.22	0.23	0.23	0.24	0.24	0.24	0.25	0.25	0.26	0.26	0.26	0.27	0.27	0.28	0.28	0.28	0.29	0.29	0.30	0.30	0.32
1/2	0.18	0.18	0.18	0.18	0.19	0.20	0.20	0.21	0.21	0.22	0.22	0.22	0.23	0.23	0.24	0.24	0.24	0.24	0.25	0.25	0.25	0.25	0.26	0.26	0.27	0.27	0.29
16	0.17	0.17	0.17	0.18	0.18	0.18	0.18	0.19	0.19	0.20	0.20	0.20	0.21	0.21	0.22	0.22	0.22	0.22	0.23	0.23	0.23	0.23	0.24	0.24	0.25	0.25	0.26
1/2	0.15	0.15	0.15	0.16	0.16	0.16	0.16	0.16	0.17	0.17	0.17	0.17	0.18	0.18	0.19	0.19	0.19	0.19	0.20	0.20	0.20	0.20	0.21	0.21	0.22	0.22	0.23
17	0.13	0.13	0.13	0.14	0.14	0.14	0.14	0.14	0.15	0.15	0.15	0.15	0.16	0.16	0.16	0.16	0.16	0.16	0.17	0.17	0.18	0.18	0.18	0.18	0.19	0.19	0.20
1/2	0.11	0.11	0.11	0.12	0.12	0.12	0.12	0.12	0.12	0.12	0.12	0.12	0.12	0.13	0.13	0.13	0.13	0.13	0.14	0.14	0.15	0.15	0.15	0.16	0.16	0.16	0.16
18	0.09	0.09	0.09	0.10	0.10	0.10	0.10	0.10	0.10	0.10	0.10	0.10	0.10	0.11	0.11	0.11	0.11	0.11	0.12	0.12	0.12	0.12	0.12	0.13	0.13	0.13	0.13
1/2	0.07	0.07	0.07	0.07	0.07	0.07	0.07	0.07	0.07	0.07	0.07	0.07	0.07	0.08	0.08	0.08	0.08	0.08	0.09	0.09	0.09	0.09	0.09	0.09	0.09	0.09	0.10
19	0.05	0.05	0.05	0.05	0.05	0.05	0.05	0.05	0.05	0.05	0.05	0.05	0.05	0.06	0.06	0.06	0.06	0.06	0.06	0.06	0.06	0.06	0.06	0.06	0.06	0.06	0.07
1/2	0.03	0.03	0.03	0.03	0.03	0.03	0.03	0.03	0.03	0.03	0.03	0.03	0.03	0.03	0.03	0.03	0.03	0.03	0.03	0.03	0.03	0.03	0.03	0.03	0.03	0.03	0.04
20	0	0	0	0	0	0	0	0	0	0	0	0	0	0	0	0	0	0	0	0	0	0	0	0	0	0	0
1/2	0.02	0.02	0.02	0.03	0.03	0.03	0.03	0.03	0.03	0.03	0.03	0.03	0.03	0.03	0.03	0.03	0.03	0.03	0.03	0.03	0.03	0.03	0.03	0.03	0.04	0.04	0.04
21	0.04	0.04	0.04	0.05	0.05	0.05	0.05	0.05	0.06	0.06	0.06	0.06	0.06	0.06	0.06	0.06	0.06	0.06	0.06	0.06	0.06	0.06	0.06	0.07	0.07	0.07	0.07
1/2	0.07	0.07	0.07	0.08	0.08	0.08	0.08	0.08	0.09	0.09	0.09	0.09	0.09	0.09	0.09	0.09	0.09	0.09	0.09	0.09	0.09	0.09	0.09	0.10	0.10	0.10	0.11

续表

温度/℃	观测糖锤度																									
	0	1	2	3	4	5	6	7	8	9	10	11	12	13	14	15	16	17	18	19	20	21	22	23	24	25	30
22	0.10	0.10	0.10	0.10	0.10	0.10	0.10	0.10	0.11	0.11	0.11	0.11	0.11	0.12	0.12	0.12	0.12	0.12	0.12	0.12	0.12	0.12	0.12	0.13	0.13	0.13	0.14
1/2	0.13	0.13	0.13	0.13	0.13	0.13	0.13	0.13	0.14	0.14	0.14	0.14	0.14	0.15	0.15	0.15	0.15	0.15	0.16	0.16	0.16	0.16	0.16	0.17	0.17	0.17	0.18
23	0.16	0.16	0.16	0.16	0.16	0.16	0.16	0.16	0.17	0.17	0.17	0.17	0.17	0.17	0.17	0.17	0.17	0.18	0.18	0.19	0.19	0.19	0.19	0.20	0.20	0.20	0.21
1/2	0.19	0.19	0.19	0.19	0.19	0.19	0.19	0.19	0.20	0.20	0.20	0.20	0.20	0.21	0.21	0.21	0.21	0.22	0.22	0.23	0.23	0.23	0.23	0.24	0.24	0.24	0.25
24	0.21	0.21	0.21	0.22	0.22	0.22	0.22	0.23	0.23	0.23	0.23	0.23	0.23	0.24	0.24	0.24	0.24	0.25	0.25	0.26	0.26	0.26	0.26	0.27	0.27	0.27	0.28
1/2	0.24	0.24	0.24	0.25	0.25	0.25	0.26	0.26	0.26	0.27	0.27	0.27	0.27	0.28	0.28	0.28	0.28	0.28	0.29	0.29	0.29	0.29	0.30	0.30	0.31	0.31	0.32
25	0.27	0.27	0.27	0.28	0.28	0.28	0.28	0.29	0.29	0.30	0.30	0.30	0.30	0.31	0.31	0.31	0.31	0.31	0.32	0.32	0.32	0.32	0.33	0.33	0.34	0.34	0.35
1/2	0.30	0.30	0.30	0.31	0.31	0.31	0.31	0.32	0.32	0.33	0.33	0.33	0.33	0.34	0.34	0.34	0.34	0.35	0.35	0.36	0.36	0.36	0.36	0.37	0.37	0.37	0.39
26	0.33	0.33	0.33	0.34	0.34	0.34	0.34	0.35	0.35	0.36	0.36	0.36	0.36	0.37	0.37	0.37	0.38	0.38	0.39	0.39	0.40	0.40	0.40	0.40	0.40	0.40	0.42
1/2	0.37	0.37	0.37	0.38	0.38	0.38	0.38	0.38	0.39	0.39	0.39	0.39	0.40	0.40	0.41	0.41	0.41	0.42	0.42	0.43	0.43	0.43	0.43	0.44	0.44	0.44	0.46
27	0.40	0.40	0.40	0.41	0.41	0.41	0.41	0.41	0.42	0.42	0.42	0.42	0.43	0.43	0.44	0.44	0.44	0.45	0.45	0.46	0.46	0.46	0.47	0.47	0.48	0.48	0.50
1/2	0.43	0.43	0.43	0.44	0.44	0.44	0.44	0.45	0.45	0.46	0.46	0.46	0.47	0.47	0.48	0.48	0.48	0.49	0.49	0.50	0.50	0.50	0.51	0.51	0.52	0.52	0.54
28	0.46	0.46	0.46	0.47	0.47	0.47	0.47	0.48	0.48	0.49	0.49	0.49	0.50	0.50	0.51	0.51	0.52	0.52	0.53	0.53	0.54	0.54	0.55	0.55	0.56	0.56	0.58
1/2	0.50	0.50	0.50	0.51	0.51	0.51	0.51	0.52	0.52	0.53	0.53	0.53	0.54	0.54	0.55	0.55	0.56	0.56	0.57	0.57	0.58	0.58	0.59	0.59	0.60	0.60	0.62
29	0.54	0.54	0.54	0.55	0.55	0.55	0.55	0.55	0.56	0.56	0.56	0.57	0.57	0.58	0.58	0.59	0.59	0.60	0.60	0.61	0.61	0.61	0.62	0.62	0.63	0.63	0.66
1/2	0.58	0.58	0.58	0.59	0.59	0.59	0.59	0.59	0.60	0.60	0.60	0.61	0.61	0.62	0.62	0.63	0.63	0.64	0.64	0.65	0.65	0.65	0.66	0.66	0.67	0.67	0.70
30	0.61	0.61	0.61	0.62	0.62	0.62	0.62	0.62	0.63	0.63	0.63	0.64	0.64	0.65	0.65	0.66	0.66	0.67	0.67	0.68	0.68	0.68	0.69	0.69	0.70	0.70	0.73
1/2	0.65	0.65	0.65	0.66	0.66	0.66	0.66	0.66	0.67	0.67	0.67	0.68	0.68	0.69	0.69	0.70	0.70	0.71	0.71	0.72	0.72	0.73	0.73	0.74	0.74	0.75	0.78
31	0.69	0.69	0.69	0.70	0.70	0.70	0.70	0.70	0.71	0.71	0.71	0.72	0.72	0.73	0.73	0.74	0.74	0.75	0.75	0.76	0.76	0.77	0.77	0.78	0.78	0.79	0.82
1/2	0.73	0.73	0.73	0.74	0.74	0.74	0.74	0.74	0.75	0.75	0.75	0.76	0.76	0.77	0.77	0.78	0.79	0.79	0.80	0.80	0.81	0.81	0.82	0.82	0.83	0.83	0.86
32	0.76	0.76	0.77	0.77	0.78	0.78	0.78	0.78	0.79	0.79	0.79	0.80	0.80	0.81	0.81	0.82	0.83	0.83	0.84	0.84	0.85	0.85	0.86	0.86	0.87	0.87	0.90
1/2	0.80	0.80	0.81	0.81	0.82	0.82	0.82	0.83	0.83	0.83	0.83	0.84	0.84	0.85	0.85	0.86	0.87	0.87	0.88	0.88	0.89	0.90	0.90	0.91	0.91	0.92	0.95
33	0.84	0.84	0.85	0.85	0.85	0.85	0.85	0.85	0.86	0.86	0.86	0.87	0.88	0.88	0.89	0.90	0.91	0.91	0.92	0.92	0.93	0.94	0.94	0.95	0.95	0.96	0.99
1/2	0.88	0.88	0.88	0.89	0.89	0.89	0.89	0.89	0.90	0.90	0.90	0.91	0.92	0.92	0.93	0.94	0.95	0.95	0.96	0.97	0.98	0.98	0.99	0.99	1.00	1.00	1.03
34	0.91	0.91	0.92	0.92	0.93	0.93	0.93	0.93	0.94	0.94	0.94	0.95	0.96	0.96	0.97	0.98	0.99	1.00	1.00	1.01	1.02	1.02	1.03	1.03	1.04	1.04	1.07
1/2	0.95	0.95	0.96	0.96	0.97	0.97	0.97	0.97	0.98	0.98	0.98	0.99	0.99	1.00	1.01	1.02	1.03	1.04	1.04	1.05	1.06	1.07	1.07	1.08	1.08	1.09	1.12
35	0.99	0.99	1.00	1.00	1.01	1.01	1.01	1.01	1.02	1.02	1.02	1.03	1.04	1.05	1.05	1.06	1.07	1.08	1.08	1.09	1.10	1.11	1.11	1.12	1.12	1.13	1.16
40	1.42	1.43	1.43	1.44	1.44	1.45	1.45	1.46	1.47	1.47	1.47	1.48	1.49	1.50	1.50	1.51	1.52	1.53	1.53	1.54	1.54	1.55	1.55	1.56	1.56	1.57	1.62

注：温度低于 20 ℃时，表内数值为读数应减之数；温度高于 20 ℃时，表内数值为读数应加之数。

附录 H　酒精计温度浓度换算表

表 H-1　酒精计温度浓度换算表

溶液温度/℃	酒精计示值																								
	50	49	48	47	46	45	44	43	42	41	40	39	38	37	36	35	34	33	32	31	30	29	28	27	26
	温度+20 ℃时用体积分数表示乙醇浓度																								
35	44.3	43.3	42.3	41.2	40.2	39.0	38.1	37.0	36.0	35.0	34.0	33.0	32.0	31.0	30.0	28.8	27.8	26.8	26.0	25.0	24.2	23.2	22.3	21.3	20.4
34	44.7	43.7	42.7	41.5	40.5	39.5	38.5	37.4	36.4	35.4	34.4	33.4	32.4	31.4	30.4	29.3	28.3	27.3	26.4	25.4	24.5	23.5	22.7	21.7	20.8
33	45.0	44.1	43.1	41.9	40.9	39.9	39.0	37.8	36.8	35.8	34.8	33.8	32.8	31.8	30.8	29.7	28.7	27.7	26.8	25.8	24.9	23.9	23.1	22.0	21.2
32	45.4	44.4	43.4	42.3	41.3	40.3	39.3	38.2	37.2	36.2	35.2	34.2	33.2	32.2	31.2	30.1	29.1	28.1	27.2	26.2	25.3	24.3	23.4	22.4	21.4
31	45.8	44.8	43.8	42.7	41.7	40.7	39.7	38.6	37.6	36.6	35.6	34.6	33.6	32.6	31.6	30.5	29.5	28.5	27.6	26.6	25.7	24.7	23.8	22.8	21.9
30	46.2	45.2	44.2	43.1	42.1	41.0	40.1	39.0	38.0	37.0	36.0	35.0	34.0	33.0	32.0	30.9	29.9	28.9	28.0	27.0	26.1	25.1	24.2	23.2	22.3
29	46.6	45.6	44.5	43.5	42.5	41.5	40.4	39.4	38.4	37.4	36.4	35.4	34.4	33.4	32.4	31.3	30.3	29.4	28.4	27.4	26.4	25.5	24.6	23.6	22.7
28	47.0	45.9	44.9	43.9	42.9	41.9	40.8	39.8	38.8	37.8	36.8	35.8	34.8	33.8	32.8	31.7	30.7	29.7	28.8	27.8	26.8	25.9	24.9	24.0	23.0
27	47.3	46.3	45.3	44.3	43.3	42.3	41.2	40.2	39.2	38.2	37.2	36.2	35.2	34.2	33.2	32.2	31.2	30.2	29.2	28.2	27.2	26.3	25.3	24.4	23.4
26	47.7	46.7	45.7	44.7	43.7	42.7	41.6	40.6	39.6	38.6	37.6	36.6	35.6	34.6	33.6	32.6	31.6	30.6	29.6	28.6	27.6	26.6	25.7	24.7	23.8
25	48.1	47.1	46.1	45.1	44.1	43.0	42.0	41.0	40.0	39.0	38.0	37.0	36.0	35.0	34.0	33.0	32.0	31.0	30.0	29.0	28.0	27.0	26.1	25.1	24.1
24	48.5	47.5	46.4	45.4	44.4	43.4	42.4	41.4	40.4	39.4	38.4	37.4	36.4	35.4	34.4	33.4	32.4	31.4	30.4	29.4	28.4	27.4	26.4	25.5	24.5
23	48.9	47.8	46.8	45.8	44.8	43.8	42.8	41.8	40.8	39.8	38.8	37.8	36.8	35.8	34.8	33.8	32.8	31.8	30.8	29.8	28.8	27.8	26.8	25.8	24.9
22	49.2	48.2	47.2	46.2	45.2	44.2	43.2	42.3	41.2	40.2	39.2	38.2	37.2	36.2	35.2	34.2	33.2	32.2	31.2	30.2	29.2	28.2	27.2	26.2	25.3
21	49.6	48.6	47.6	46.6	45.6	44.6	43.6	42.6	41.6	40.6	39.6	38.6	37.6	36.6	35.6	34.6	33.6	32.6	31.6	30.6	29.6	28.6	27.6	26.6	25.6
20	50.0	49.0	48.0	47.0	46.0	45.0	44.0	43.0	42.0	41.0	40.0	39.0	38.0	37.0	36.0	35.0	34.0	33.0	32.0	31.0	30.0	29.0	28.0	27.0	26.0
19	50.4	49.4	48.4	47.4	46.4	45.4	44.4	43.4	42.4	41.4	40.4	39.4	38.4	37.4	36.4	35.4	34.4	33.4	32.4	31.4	30.4	29.4	28.4	27.4	26.4
18	50.7	49.8	48.8	47.8	46.8	45.8	44.8	43.8	42.8	41.8	40.8	39.8	38.8	37.8	36.8	35.8	34.8	33.8	32.8	31.8	30.8	29.8	28.8	27.8	26.7
17	51.1	50.1	49.2	48.2	47.2	46.2	45.2	44.2	43.2	42.2	41.2	40.2	39.2	38.2	37.2	36.2	35.2	34.2	33.2	32.2	31.2	30.2	29.2	28.1	27.1
16	51.5	50.5	49.5	48.6	47.6	46.6	45.6	44.6	43.6	42.6	41.6	40.6	39.6	38.6	37.6	36.6	35.6	34.6	33.6	32.6	31.6	30.6	29.5	28.5	27.5
15	51.9	50.9	49.9	48.9	47.9	47.0	46.0	45.0	44.0	43.0	42.0	41.0	40.0	39.0	38.0	37.0	36.0	35.0	34.0	33.0	32.0	31.0	29.9	28.9	27.9
14	52.2	51.3	50.3	49.3	48.3	47.3	46.4	45.4	44.4	43.4	42.4	41.4	40.4	39.4	38.4	37.4	36.4	35.4	34.3	33.5	32.4	31.4	30.4	29.3	28.3
13	52.6	51.6	50.7	49.7	48.7	47.7	46.7	45.8	44.8	43.8	42.8	41.8	40.8	39.8	38.8	37.8	36.8	35.9	34.9	33.9	32.8	31.8	30.8	29.7	28.7
12	53.0	52.0	51.0	50.1	49.1	48.1	47.1	46.1	45.2	44.2	43.2	42.2	41.2	40.2	39.2	38.2	37.3	36.3	35.3	34.3	33.3	32.2	31.2	30.2	29.1
11	53.4	52.4	51.4	50.4	49.5	48.5	47.5	46.5	45.6	44.6	43.6	42.6	41.6	40.6	39.6	38.7	37.7	36.7	35.7	34.7	33.7	32.7	31.6	30.6	29.5
10	53.7	52.8	51.8	50.8	49.8	48.9	47.9	46.9	46.0	45.0	44.0	43.0	42.0	41.0	40.1	39.1	38.1	37.1	36.1	35.1	34.1	33.1	32.0	31.0	29.9

续表

溶液温度/℃	酒精计示值																								
	25	24	23	22	21	20	19	18	17	16	15	14	13	12	11	10	9	8	7	6	5	4	3	2	1
	温度+20 ℃时用体积分数表示乙醇浓度																								
35	19.6	18.8	17.9	16.9	16.0	15.2	14.5	13.6	12.8	12.1	11.2	10.4	9.6	8.7	7.9	6.8	6.0	5.2	4.3	3.3	2.4	1.6	0.6	—	—
34	20.0	19.1	18.2	17.2	16.4	15.5	14.8	13.9	13.1	12.4	11.5	10.6	9.8	8.9	8.1	7.1	6.2	5.3	4.5	3.5	2.6	1.8	0.8	—	—
33	20.3	19.4	18.6	17.6	16.7	15.8	15.1	14.2	13.4	12.6	11.8	10.9	10.0	9.1	8.3	7.3	6.4	5.5	4.7	3.7	2.8	1.9	0.9	—	—
32	20.7	19.8	18.9	17.9	17.0	16.2	15.4	14.5	13.6	12.9	12.0	11.0	10.2	9.4	8.5	7.5	6.6	5.7	4.8	3.8	3.0	2.1	1.1	0.1	—
31	21.0	20.2	19.3	18.3	17.4	16.5	15.7	14.8	13.9	13.1	12.2	11.4	10.5	9.6	8.7	7.7	6.8	5.9	5.0	4.0	3.1	2.2	1.2	0.2	—
30	21.4	20.5	19.6	18.6	17.7	16.8	16.0	15.1	14.2	13.4	12.5	11.6	10.7	9.8	8.9	7.9	7.0	6.1	5.2	4.2	3.3	2.4	1.4	0.4	—
29	21.8	20.8	19.9	19.0	18.0	17.2	16.3	15.4	14.5	13.6	12.7	11.8	10.9	10.0	9.1	8.2	7.2	6.3	5.4	4.4	3.5	2.5	1.6	0.6	—
28	22.1	21.2	20.2	19.3	18.4	17.5	16.6	15.7	14.8	13.9	13.0	12.1	11.2	10.3	9.3	8.4	7.5	6.5	5.6	4.6	3.7	2.7	1.8	0.8	—
27	22.5	21.5	20.6	19.6	18.7	17.8	16.9	16.0	15.1	14.2	13.2	12.3	11.4	10.5	9.5	8.6	7.7	6.7	5.8	4.8	3.9	2.9	1.9	1.0	—
26	22.8	21.9	20.9	20.0	19.0	18.1	17.2	16.3	15.4	14.4	13.5	12.6	11.7	10.7	9.8	8.8	7.9	6.9	6.0	5.0	4.0	3.1	2.1	1.1	0.1
25	23.2	22.2	21.0	20.3	19.4	18.4	17.5	16.6	15.6	14.7	13.8	12.8	11.9	10.9	10.0	9.0	8.1	7.1	6.2	5.2	4.2	3.2	2.3	1.3	0.3
24	23.5	22.6	21.6	20.7	19.7	18.7	17.8	16.9	15.9	15.0	14.0	13.1	12.1	11.2	10.2	9.2	8.3	7.3	6.3	5.4	4.4	2.4	2.4	1.4	0.4
23	23.9	22.9	22.0	21.0	20.0	19.0	18.1	17.1	16.2	15.2	14.3	13.3	12.3	11.4	10.4	9.4	8.4	7.5	6.5	5.5	4.6	3.6	2.6	1.6	0.6
22	24.3	23.3	22.3	21.3	20.4	19.4	18.4	17.4	16.5	15.5	14.5	13.6	12.6	11.6	10.6	9.6	8.6	7.7	6.7	5.7	4.7	3.7	2.7	1.7	0.7
21	24.6	23.6	22.6	21.7	20.7	19.7	18.7	17.7	16.7	15.7	14.8	13.8	12.8	11.8	10.6	9.8	8.8	7.8	6.8	5.8	4.8	3.9	2.9	1.9	0.9
20	25.0	24.0	23.0	22.0	21.0	20.0	19.0	18.0	17.0	16.0	15.0	14.0	13.0	12.0	11.0	10.0	9.0	8.0	7.0	6.0	5.0	4.0	3.0	2.0	1.0
19	25.4	24.4	23.3	22.3	21.3	20.3	19.3	18.3	17.3	16.3	15.2	14.2	13.2	12.2	11.2	10.2	9.2	8.2	7.2	6.1	5.1	4.1	3.1	2.1	1.1
18	25.7	24.7	23.7	22.6	21.6	20.6	19.6	18.6	17.6	16.5	15.5	14.4	13.4	12.4	11.4	10.4	9.3	8.3	7.3	6.3	5.3	4.2	3.2	2.2	1.2
17	26.1	25.1	24.0	23.0	22.0	20.9	19.9	18.9	17.9	16.8	15.7	14.7	13.6	12.6	11.5	10.5	9.5	8.5	7.4	6.4	5.4	4.4	3.4	2.3	1.3
16	26.5	25.4	24.4	23.3	22.3	21.2	20.2	19.2	18.1	17.0	15.9	14.9	13.8	12.8	11.7	10.7	9.6	8.6	7.6	6.5	5.5	4.5	3.4	2.4	1.4
15	26.8	25.8	24.7	23.7	22.6	21.6	20.5	19.4	18.3	17.2	16.2	15.1	14.0	12.9	11.9	10.8	9.8	8.8	7.7	6.6	5.6	4.6	3.6	2.5	1.5
14	27.2	26.2	25.1	24.0	23.0	21.9	20.8	19.7	18.6	17.5	16.4	15.3	14.2	13.1	12.0	11.0	9.9	8.9	7.8	6.7	5.7	4.7	3.6	2.6	1.6
13	27.6	26.5	25.4	24.4	23.3	22.2	21.1	20.0	18.8	17.7	16.6	15.5	14.4	13.2	12.2	11.1	10.0	9.0	7.9	6.8	5.8	4.8	3.7	2.7	1.7
12	28.0	26.9	25.8	24.7	23.6	22.5	21.4	20.2	19.1	18.0	16.8	15.7	14.5	13.4	12.3	11.2	10.1	9.1	8.0	6.9	5.9	4.8	3.8	2.8	1.8
11	28.4	27.3	26.2	25.0	23.9	22.8	21.7	20.5	19.4	18.2	17.0	15.8	14.7	13.6	12.4	11.3	10.2	9.2	8.1	7.0	6.0	4.9	3.9	2.8	1.8
10	28.8	27.7	26.6	25.4	24.3	23.1	22.0	20.8	19.6	18.4	17.2	16.0	14.9	13.7	12.6	11.4	10.3	9.3	8.2	7.1	6.0	5.0	3.9	2.9	1.8

附录 I　乳稠计读数变为 15 ℃时的度数换算表

表 I-1　乳稠计读数变为 15 ℃时的度数换算表

乳稠计读数 \ 鲜乳温度/℃	8	9	10	11	12	13	14	15	16	17	18	19	20	21	22
15	14.2	14.3	14.4	14.5	14.6	14.7	14.8	15.0	15.1	15.2	15.4	15.6	15.8	16.0	16.2
16	15.2	15.3	15.4	15.5	15.6	15.7	15.8	16.0	16.1	16.3	16.5	16.7	16.9	17.1	17.3
17	16.2	16.3	16.4	16.5	16.6	16.7	16.8	17.0	17.1	17.3	17.5	17.7	17.9	18.1	18.3
18	17.2	17.3	17.4	17.5	17.6	17.7	17.8	18.0	18.1	18.3	18.5	18.7	18.9	19.1	19.5
19	18.2	18.3	18.4	18.5	18.6	18.7	18.8	19.0	19.0	19.3	19.5	19.7	19.9	20.1	20.3
20	19.1	19.2	19.3	19.4	19.5	19.6	19.8	20.0	20.1	20.3	20.5	20.7	20.9	21.1	21.3
21	20.1	20.2	20.3	20.4	20.5	20.6	20.8	21.0	21.2	21.4	21.6	21.8	22.0	22.2	22.4
22	21.1	21.2	21.3	21.4	21.5	21.6	21.8	22.0	22.2	22.4	22.6	22.8	23.0	23.2	23.4
23	22.1	22.2	22.3	22.4	22.5	22.6	22.8	23.0	23.2	23.4	23.6	23.8	24.0	24.2	24.4
24	23.1	23.2	23.3	23.4	23.5	23.6	23.8	24.0	24.2	24.4	24.6	24.8	25.0	25.2	25.5
25	24.0	24.1	24.2	24.3	24.5	24.6	24.8	25.0	25.2	25.4	25.6	25.8	26.0	26.2	26.4
26	25.0	25.1	25.2	25.3	25.5	25.6	25.8	26.0	26.2	26.4	26.6	26.9	27.1	27.3	27.5
27	26.0	26.1	26.2	26.3	26.4	26.6	26.8	27.0	27.2	27.4	27.6	27.9	28.1	28.4	28.6
28	26.9	27.0	27.1	27.2	27.4	27.6	27.8	28.0	28.2	28.4	28.6	28.9	29.2	29.4	29.6
29	27.8	27.9	28.1	28.2	28.4	28.6	28.8	29.0	29.2	29.4	29.6	29.9	30.2	30.4	30.6
30	28.7	28.9	29.0	29.2	29.4	29.6	29.8	30.0	30.2	30.4	30.6	30.9	31.2	31.4	31.6
31	29.7	29.8	30.0	30.2	30.4	30.6	30.8	31.0	31.2	31.4	31.6	32.0	32.2	32.5	32.7
32	30.6	30.8	31.0	31.2	31.4	31.6	31.8	32.0	32.2	32.4	32.7	33.0	33.3	33.6	33.8
33	31.6	31.8	32.0	32.2	32.4	32.6	32.8	33.0	33.2	33.4	33.7	34.0	34.3	34.7	34.8
34	32.6	32.8	32.9	33.1	33.3	33.6	33.8	34.0	34.2	34.4	34.7	35.0	35.3	35.6	35.9
35	33.6	33.7	33.8	34.0	34.2	34.4	34.8	35.0	35.2	35.4	35.7	36.0	36.3	36.6	36.9

附录 J　糖液折光锤度温度换算表(20 ℃)

表 J-1　糖液折光锤度温度换算表(20 ℃)

锤度 温度/℃	0	5	10	15	20	25	30	35	40	45	50	55	60	65	70
温度低于 20 ℃量应减之数															
10	0.50	0.54	0.58	0.61	0.64	0.66	0.68	0.70	0.72	0.73	0.74	0.75	0.76	0.78	0.79
11	0.46	0.49	0.53	0.55	0.58	0.60	0.62	0.64	0.65	0.66	0.67	0.68	0.69	0.70	0.71
12	0.42	0.45	0.48	0.50	0.52	0.54	0.56	0.57	0.58	0.59	0.60	0.61	0.61	0.63	0.63
13	0.37	0.40	0.42	0.44	0.46	0.48	0.49	0.50	0.51	0.52	0.53	0.54	0.54	0.55	0.55
14	0.33	0.35	0.37	0.39	0.40	0.41	0.42	0.43	0.44	0.45	0.45	0.46	0.46	0.47	0.48
15	0.27	0.29	0.31	0.33	0.34	0.34	0.35	0.36	0.37	0.37	0.38	0.39	0.39	0.40	0.40
16	0.22	0.24	0.25	0.26	0.27	0.28	0.28	0.29	0.30	0.30	0.30	0.31	0.31	0.32	0.32
17	0.17	0.18	0.19	0.20	0.21	0.21	0.21	0.22	0.22	0.23	0.23	0.23	0.23	0.24	0.24
18	0.12	0.13	0.13	0.14	0.14	0.14	0.14	0.15	0.15	0.15	0.15	0.16	0.16	0.16	0.16
19	0.06	0.06	0.06	0.07	0.07	0.07	0.07	0.08	0.08	0.08	0.08	0.08	0.08	0.08	0.08
温度高于 20 ℃量应加之数															
21	0.06	0.07	0.07	0.07	0.07	0.08	0.08	0.08	0.08	0.08	0.08	0.08	0.08	0.08	0.08
22	0.13	0.13	0.14	0.14	0.15	0.15	0.15	0.15	0.15	0.16	0.16	0.16	0.16	0.16	0.16
23	0.19	0.20	0.21	0.22	0.22	0.23	0.23	0.23	0.23	0.24	0.24	0.24	0.24	0.24	0.24
24	0.26	0.27	0.28	0.29	0.30	0.30	0.31	0.31	0.31	0.31	0.31	0.32	0.32	0.32	0.32
25	0.33	0.35	0.36	0.37	0.38	0.38	0.39	0.40	0.40	0.40	0.40	0.40	0.40	0.40	0.40
26	0.40	0.42	0.43	0.44	0.45	0.46	0.47	0.48	0.48	0.48	0.48	0.48	0.48	0.48	0.48
27	0.48	0.50	0.52	0.53	0.54	0.55	0.55	0.56	0.56	0.56	0.56	0.56	0.56	0.56	0.56
28	0.56	0.57	0.60	0.61	0.62	0.63	0.63	0.64	0.64	0.64	0.64	0.64	0.64	0.64	0.64
29	0.64	0.66	0.68	0.69	0.71	0.72	0.72	0.73	0.73	0.73	0.73	0.73	0.73	0.73	0.73
30	0.72	0.74	0.77	0.78	0.79	0.80	0.80	0.81	0.81	0.81	0.81	0.81	0.81	0.81	0.81

注:20 ℃时,为标准数值不用校正。

附录K 脂肪酸甲酯、脂肪酸和脂肪酸甘油三酯之间的转化系数

表K-1 脂肪酸甲酯、脂肪酸和脂肪酸甘油三酯之间的转化系数

序号	脂肪酸简称	$F_{FAME-FA}$	$F_{FAME-TG}$	F_{TG-FA}
1	C4:0	0.862 7	0.986 8	0.874 2
2	C6:0	0.892 3	0.989 7	0.901 6
3	C8:0	0.911 4	0.991 5	0.919 2
4	C10:0	0.924 7	0.992 8	0.931 4
5	C11:0	0.930 0	0.993 3	0.936 3
6	C12:0	0.934 6	0.993 7	0.940 5
7	C13:0	0.938 6	0.994 1	0.944 1
8	C14:0	0.942 1	0.994 5	0.947 4
9	C14:1n5	0.941 7	0.994 4	0.946 9
10	C15:0	0.945 3	0.994 8	0.950 3
11	C15:1n5	0.944 9	0.994 7	0.949 9
12	C16:0	0.948 1	0.995 0	0.952 9
13	C16:1n7	0.947 7	0.995 0	0.952 5
14	C17:0	0.950 7	0.995 3	0.955 2
15	C17:1n7	0.950 3	0.995 2	0.954 9
16	C18:0	0.953 0	0.995 5	0.957 3
17	C18:1n9t	0.952 7	0.995 5	0.957 0
18	C18:1n9c	0.952 7	0.995 5	0.957 0
19	C18:2n6t	0.952 4	0.995 4	0.956 7
20	C18:2n6c	0.952 4	0.995 4	0.956 7
21	C20:0	0.957 0	0.995 9	0.961 0
22	C18:3n6	0.952 0	0.995 4	0.956 4
23	C20:1	0.956 8	0.995 9	0.960 8
24	C18:3n3	0.952 0	0.995 4	0.956 4
25	C21:0	0.958 8	0.996 1	0.962 6
26	C20:2	0.956 5	0.995 8	0.960 5
27	C22:0	0.960 4	0.996 2	0.964 1
28	C20:3n6	0.956 2	0.995 8	0.960 3

续表

序号	脂肪酸简称	$F_{FAME-FA}$	$F_{FAME-TG}$	F_{TG-FA}
29	C22:1n9	0.960 2	0.996 2	0.963 9
30	C20:3n3	0.956 2	0.995 8	0.960 3
31	C20:4n6	0.956 0	0.995 8	0.960 0
32	C23:0	0.961 9	0.996 4	0.965 5
33	C22:2n6	0.960 0	0.996 2	0.963 7
34	C24:0	0.963 3	0.996 5	0.966 7
35	C20:5n3	0.955 7	0.995 8	0.959 8
36	C24:1n9	0.963 2	0.996 5	0.966 6
37	C22:6n3	0.959 0	0.996 1	0.962 8

注：$F_{FAME-FA}$——脂肪酸甲酯转换成脂肪酸的转化系数。

$F_{FAME-TG}$——脂肪酸甲酯转换成相当于单个脂肪酸甘油三酯(1/3)的转化系数。

F_{TG-FA}——脂肪酸甘油三酯转换为脂肪酸的转化系数。

附录 L　油脂试样的除杂和干燥脱水及含油样品的粉碎

1）油脂试样的除杂

作为试样的样品应为液态、澄清、无沉淀并充分混匀。如果样品不澄清、有沉淀，则应将油脂置于 50 ℃的水浴或恒温干燥箱内，将油脂的温度加热至 50 ℃并充分振摇以熔化可能的油脂结晶。若此时油脂样品变为澄清、无沉淀，则可作为试样，否则应将油脂置于50 ℃的恒温干燥箱内，用滤纸过滤不溶性的杂质，取过滤后的澄清液体油脂作为试样，过滤过程应尽快完成。

若油脂样品中的杂质含量较高，且颗粒细小难以过滤干净，可先将油脂样品用离心机以 8 000～10 000 r/min 的转速离心 10～20 min，沉淀杂质。

对于凝固点高于 50 ℃或含有凝固点高于 50 ℃油脂成分的样品，则应将油脂置于比其凝固点高 10 ℃左右的水浴或恒温干燥箱内，将油脂加热并充分振摇以熔化可能的油脂结晶。若还需过滤，则将油脂置于比其凝固点高 10 ℃左右的恒温干燥箱内，用滤纸过滤不溶性的杂质，取过滤后的澄清液体油脂作为试样，过滤过程应尽快完成。

2）油脂试样的干燥脱水

若油脂中含有水分，则通过除杂处理后仍旧无法达到澄清，应进行干燥脱水。对于无结晶或凝固现象的油脂，以及经过除杂处理并冷却至室温后无结晶或凝固现象的油脂，可按每 10 g 油脂加入 1～2 g 的比例加入无水硫酸钠，并充分搅拌混合吸附脱水，然后用滤纸过滤，取过滤后的澄清液体油脂作为试样。

若油脂样品中的水分含量较高，可先将油脂样品用离心机以 8 000～10 000 r/min 的转速离心 10～20 min，分层后，取上层的油脂样品再用无水硫酸钠吸附脱水。

对于室温下有结晶或凝固现象的油脂，以及经过除杂处理并冷却至室温后有明显结晶或凝固现象的油脂，可将油脂样品用适量的石油醚，于 40～55 ℃水浴内完全溶解后，加入适量无水硫酸钠，在维持加热条件下充分搅拌混合吸附脱水并静置沉淀硫酸钠使溶液澄清，然后收集上清液，将上清液置于水浴温度不高于 45 ℃的旋转蒸发仪内，0.08～0.1 MPa 负压条件下，将其中的石油醚彻底旋转蒸干，取残留的液体油脂作为试样。若残留油脂有混浊现象，将油脂样品按照除杂处理中相关要求再进行一次过滤除杂，便可获得澄清油脂样品。

对于由于凝固点过高而无法溶解于石油醚的油脂样品，则将油脂置于比其凝固点高 10 ℃左右的水浴或恒温干燥箱内，将油脂加热并充分振摇以熔化可能的油脂结晶或凝固物，然后加入适量的无水硫酸钠，在同样的温度环境下，充分搅拌混合吸附脱水并静置沉淀硫酸钠，然后仍在相同的加热条件下过滤上层的液态油脂样品，获得澄清的油脂样品，过滤过程应尽快完成。

3）含油样品的粉碎

（1）普通粉碎。

先将样品切割或分割成小片或小块，再将其放入食品粉碎机中粉碎成粉末，并通过圆孔筛（若粉碎后样品粉末无法完全通过圆孔筛，可用研钵进一步研磨研细再过筛）。取筛下物进行油脂的提取。

（2）普通捣碎。

先将样品切割或分割成小片或小块，再将其放入研钵中，然后不断研磨，使样品充分捣碎、捣烂和混合。也可使用食品捣碎机将样品捣碎、捣烂和混合。对于花生酱、芝麻酱、辣椒酱等流动性样品，直接搅拌并充分混匀即可。

(3) 冷冻粉碎。

先将样品剪切成小块、小片或小粒，然后放入研钵中，加入适量的液氮，趁冷冻状态进行初步的捣烂并充分混匀。然后，趁未解冻，将捣烂的样品倒入组织捣碎机的不锈钢捣碎杯中，此时可再向捣碎杯中加入少量液氮，然后以 10 000～15 000 r/min 的转速进行冷冻粉碎，将样品粉碎至大部分粒径不大于 4 mm 的颗粒。

(4) 含有调味油包的预包装食品的粉碎。

先按照上述相应的粉碎技术，将预包装食品中含油的、非调味油包的食用部分粉碎，然后依据预包装食品原始最小包装单位中的比例，将调味油包中的油脂同粉碎的含油食用部分一起充分混合。

附录M　氧化亚铜质量相当于葡萄糖、果糖、乳糖、转化糖的质量表

表 M-1　氧化亚铜质量相当于葡萄糖、果糖、乳糖、转化糖的质量表　　单位:mg

氧化亚铜	葡萄糖	果糖	乳糖(含水)	转化糖	氧化亚铜	葡萄糖	果糖	乳糖(含水)	转化糖
11.3	4.6	5.1	7.7	5.2	58.5	25.1	27.6	39.8	26.5
12.4	5.1	5.6	8.5	5.7	59.7	25.6	28.2	40.6	27.0
13.5	5.6	6.1	9.3	6.2	60.8	26.1	28.7	41.4	27.6
14.6	6.0	6.7	10.0	6.7	61.9	26.5	29.2	42.1	28.1
15.8	6.5	7.2	10.8	7.2	63.0	27.0	29.8	42.9	28.6
16.9	7.0	7.7	11.5	7.7	64.2	27.5	30.3	43.7	29.1
18.0	7.5	8.3	12.3	8.2	65.3	28.0	30.9	44.4	29.6
19.1	8.0	8.8	13.1	8.7	66.4	28.5	31.4	45.2	30.1
20.3	8.5	9.3	13.8	9.2	67.6	29.0	31.9	46.0	30.6
21.4	8.9	9.9	14.6	9.7	68.7	29.5	32.5	46.7	31.2
22.5	9.4	10.4	15.4	10.2	69.8	30.0	33.0	47.5	31.7
23.6	9.9	10.9	16.1	10.7	70.9	30.5	33.6	48.3	32.2
24.8	10.4	11.5	16.9	11.2	72.1	31.0	34.1	49.0	32.7
25.9	10.9	12.0	17.7	11.7	73.2	31.5	34.7	49.8	33.2
27.0	11.4	12.5	18.4	12.3	74.3	32.0	35.2	50.6	33.7
28.1	11.9	13.1	19.2	12.8	75.4	32.5	35.8	51.3	34.3
29.3	12.3	13.6	19.9	13.3	76.6	33.0	36.3	52.1	34.8
30.4	12.8	14.2	20.7	13.8	77.7	33.5	36.8	52.9	35.3
31.5	13.3	14.7	21.5	14.3	78.8	34.0	37.4	53.6	35.8
32.6	13.8	15.2	22.2	14.8	79.9	34.5	37.9	54.4	36.3
33.8	14.3	15.8	23.0	15.3	81.1	35.0	38.5	55.2	36.8
34.9	14.8	16.3	23.8	15.8	82.2	35.5	39.0	55.9	37.4
36.0	15.3	16.8	24.5	16.3	83.3	36.0	39.6	56.7	37.9
37.2	15.7	17.4	25.3	16.8	84.4	36.5	40.1	57.5	38.4
38.3	16.2	17.9	26.1	17.3	85.6	37.0	40.7	58.2	38.9
39.4	16.7	18.4	26.8	17.8	86.7	37.5	41.2	59.0	39.4
40.5	17.2	19.0	27.6	18.3	87.8	38.0	41.7	59.8	40.0
41.7	17.7	19.5	28.4	18.9	88.9	38.5	42.3	60.5	40.5
42.8	18.2	20.1	29.1	19.4	90.1	39.0	42.8	61.3	41.0
43.9	18.7	20.6	29.9	19.9	91.2	39.5	43.4	62.1	41.5
45.0	19.2	21.1	30.6	20.4	92.3	40.0	43.9	62.8	42.0
46.2	19.7	21.7	31.4	20.9	93.4	40.5	44.5	63.6	42.6
47.3	20.1	22.2	32.2	21.4	94.6	41.0	45.0	64.4	43.1
48.4	20.6	22.8	32.9	21.9	95.7	41.5	45.6	65.1	43.6
49.5	21.1	23.3	33.7	22.4	96.8	42.0	46.1	65.9	44.1
50.7	21.6	23.8	34.5	22.9	97.9	42.5	46.7	66.7	44.7
51.8	22.1	24.4	35.2	23.5	99.1	43.0	47.2	67.4	45.2
52.9	22.6	24.9	36.0	24.0	100.2	43.5	47.8	68.2	45.7
54.0	23.1	25.4	36.8	24.5	101.3	44.0	48.3	69.0	46.2
55.2	23.6	26.0	37.5	25.0	102.5	44.5	48.9	69.7	46.7
56.3	24.1	26.5	38.3	25.5	103.6	45.0	49.4	70.5	47.3
57.4	24.6	27.1	39.1	26.0	104.7	45.5	50.0	71.3	47.8

续表

氧化亚铜	葡萄糖	果糖	乳糖（含水）	转化糖	氧化亚铜	葡萄糖	果糖	乳糖（含水）	转化糖
105.8	46.0	50.5	72.1	48.3	155.4	68.5	74.9	106.0	71.6
107.0	46.5	51.1	72.8	48.8	156.5	69.0	75.5	106.7	72.2
108.1	47.0	51.6	73.6	49.4	157.6	69.5	76.0	107.5	72.7
109.2	47.5	52.2	74.4	49.9	158.7	70.0	76.6	108.3	73.2
110.3	48.0	52.7	75.1	50.4	159.9	70.5	77.1	109.0	73.8
111.5	48.5	53.3	75.9	50.9	161.0	71.1	77.7	109.8	74.3
112.6	49.0	53.8	76.7	51.5	162.1	71.6	78.3	110.6	74.9
113.7	49.5	54.4	77.4	52.0	163.2	72.1	78.8	111.4	75.4
114.8	50.0	54.9	78.2	52.5	164.4	72.6	79.4	112.1	75.9
116.0	50.6	55.5	79.0	53.0	165.5	73.1	80.0	112.9	76.5
117.1	51.1	56.0	79.7	53.6	166.6	73.7	80.5	113.7	77.0
118.2	51.6	56.6	80.5	54.1	167.8	74.2	81.1	114.4	77.6
119.3	52.1	57.1	81.3	54.6	168.9	74.7	81.6	115.2	78.1
120.5	52.6	57.7	82.1	55.2	170.0	75.2	82.2	116.0	78.6
121.6	53.1	58.2	82.8	55.7	171.1	75.7	82.8	116.8	79.2
122.7	53.6	58.8	83.6	56.2	172.3	76.3	83.3	117.5	79.7
123.8	54.1	59.3	84.4	56.7	173.4	76.8	83.9	118.3	80.3
125.0	54.6	59.9	85.1	57.3	174.5	77.3	84.4	119.1	80.8
126.1	55.1	60.4	85.9	57.8	175.6	77.8	85.0	119.9	81.3
127.2	55.6	61.0	86.7	58.3	176.8	78.3	85.6	120.6	81.9
128.3	56.1	61.6	87.4	58.9	177.9	78.9	86.1	121.4	82.4
129.5	56.7	62.1	88.2	59.4	179.0	79.4	86.7	122.2	83.0
130.6	57.2	62.7	89.0	59.9	180.1	79.9	87.3	122.9	83.5
131.7	57.7	63.2	89.8	60.4	181.3	80.4	87.8	123.7	84.0
132.8	58.2	63.8	90.5	61.0	182.4	81.0	88.4	124.5	84.6
134.0	58.7	64.3	91.3	61.5	183.5	81.5	89.0	125.3	85.1
135.1	59.2	64.9	92.1	62.0	184.5	82.0	89.5	126.0	85.7
136.2	59.7	65.4	92.8	62.6	185.8	82.5	90.1	126.8	86.2
137.4	60.2	66.0	93.6	63.1	186.9	83.1	90.6	127.6	86.8
138.5	60.7	66.5	94.4	63.6	188.0	83.6	91.2	128.4	87.3
139.6	61.3	67.1	95.2	64.2	189.1	84.1	91.8	129.1	87.8
140.7	61.8	67.7	95.9	64.7	190.3	84.6	92.3	129.9	88.4
141.9	62.3	68.2	96.7	65.2	191.4	85.2	92.9	130.7	88.9
143.0	62.8	68.8	97.5	65.8	192.5	85.7	93.5	131.5	89.5
144.1	63.3	69.3	98.2	66.3	193.6	86.2	94.0	132.2	90.0
145.2	63.8	69.9	99.0	66.8	194.8	86.7	94.6	133.0	90.6
146.4	64.3	70.4	99.8	67.4	195.9	87.3	95.2	133.8	91.1
147.5	64.9	71.0	100.6	67.9	197.0	87.8	95.7	134.6	91.7
148.6	65.4	71.6	101.3	68.4	198.1	88.3	96.3	135.3	92.2
149.7	65.9	72.1	102.1	69.0	199.3	88.9	96.9	136.1	92.8
150.9	66.4	72.7	102.9	69.5	200.4	89.4	97.4	136.9	93.3
152.0	66.9	73.2	103.6	70.0	201.5	89.9	98.0	137.7	93.8
153.1	67.4	73.8	104.4	70.6	202.7	90.4	98.6	138.4	94.4
154.2	68.0	74.3	105.2	71.1	203.8	91.0	99.2	139.2	94.9

续表

氧化亚铜	葡萄糖	果糖	乳糖（含水）	转化糖	氧化亚铜	葡萄糖	果糖	乳糖（含水）	转化糖
204.9	91.5	99.7	140.0	95.5	254.4	115.1	125.0	174.2	119.9
206.0	92.0	100.3	140.8	96.0	255.6	115.7	125.5	174.9	120.4
207.2	92.6	100.9	141.5	96.6	256.7	116.2	126.1	175.7	121.0
208.3	93.1	101.4	142.3	97.1	257.8	116.7	126.7	176.5	121.6
209.4	93.6	102.0	143.1	97.7	258.9	117.3	127.3	177.3	122.1
210.5	94.2	102.6	143.9	98.2	260.1	117.8	127.9	178.1	122.7
211.7	94.7	103.1	144.6	98.8	261.2	118.4	128.4	178.8	123.3
212.8	95.2	103.7	145.4	99.3	262.3	118.9	129.0	179.6	123.8
213.9	95.7	104.3	146.2	99.9	263.4	119.5	129.6	180.4	124.4
215.0	96.3	104.8	147.0	100.4	264.6	120.0	130.2	181.2	124.9
216.2	96.8	105.4	147.7	101.0	265.7	120.6	130.8	181.9	125.5
217.3	97.3	106.0	148.5	101.5	266.8	121.1	131.3	182.7	126.1
218.4	97.9	106.6	149.3	102.1	268.0	121.7	131.9	183.5	126.6
219.5	98.4	107.1	150.1	102.6	269.1	122.2	132.5	184.3	127.2
220.7	98.9	107.7	150.8	103.2	270.2	122.7	133.1	185.1	127.8
221.8	99.5	108.3	151.6	103.7	271.3	123.3	133.7	185.8	128.3
222.9	100.0	108.8	152.4	104.3	272.5	123.8	134.2	186.6	128.9
224.0	100.5	109.4	153.2	104.8	273.6	124.4	134.8	187.4	129.5
225.2	101.1	110.0	153.9	105.4	274.7	124.9	135.4	188.2	130.0
226.3	101.6	110.6	154.7	106.0	275.8	125.5	136.0	189.0	130.6
227.4	102.2	111.1	155.5	106.5	277.0	126.0	136.6	189.7	131.2
228.5	102.7	111.7	156.3	107.1	278.1	126.6	137.2	190.5	131.7
229.7	103.2	112.3	157.0	107.6	279.2	127.1	137.7	191.3	132.3
230.8	103.8	112.9	157.8	108.2	280.3	127.7	138.3	192.1	132.9
231.9	104.3	113.4	158.6	108.7	281.5	128.2	138.9	192.9	133.4
233.1	104.8	114.0	159.4	109.3	282.6	128.8	139.5	193.6	134.0
234.2	105.4	114.6	160.2	109.8	283.7	129.3	140.1	194.4	134.6
235.3	105.9	115.2	160.9	110.4	284.8	129.9	140.7	195.2	135.1
236.4	106.5	115.7	161.7	110.9	286.0	130.4	141.3	196.0	135.7
237.6	107.0	116.3	162.5	111.5	287.1	131.0	141.8	196.8	136.3
238.7	107.5	116.9	163.3	112.1	288.2	131.6	142.4	197.5	136.8
239.8	108.1	117.5	164.0	112.6	289.3	132.1	143.0	198.3	137.4
240.9	108.6	118.0	164.8	113.2	290.5	132.7	143.6	199.1	138.0
242.1	109.2	118.6	165.6	113.7	291.6	133.2	144.2	199.9	138.6
243.1	109.7	119.2	166.4	114.3	292.7	133.8	144.8	200.7	139.1
244.3	110.2	119.8	167.1	114.9	293.8	134.3	145.4	201.4	139.7
245.4	110.8	120.3	167.9	115.4	295.0	134.9	145.9	202.2	140.3
246.6	111.3	120.9	168.7	116.0	296.1	135.4	146.5	203.0	140.8
247.7	111.9	121.5	169.5	116.5	297.2	136.0	147.1	203.8	141.4
248.8	112.4	122.1	170.3	117.1	298.3	136.5	147.7	204.6	142.0
249.9	112.9	122.6	171.0	117.6	299.5	137.1	148.3	205.3	142.6
251.1	113.5	123.2	171.8	118.2	300.6	137.7	148.9	206.1	143.1
252.2	114.0	123.8	172.6	118.8	301.7	138.2	149.5	206.9	143.7
253.3	114.6	124.4	173.4	119.3	302.9	138.8	150.1	207.7	144.3

续表

氧化亚铜	葡萄糖	果糖	乳糖（含水）	转化糖	氧化亚铜	葡萄糖	果糖	乳糖（含水）	转化糖
304.0	139.3	150.6	208.5	144.8	353.5	164.2	176.8	243.0	170.4
305.1	139.9	151.2	209.2	145.4	354.6	164.7	177.4	243.7	171.0
306.2	140.4	151.8	210.0	146.0	355.8	165.3	178.0	244.5	171.6
307.4	141.0	152.4	210.8	146.6	356.9	165.9	178.6	245.3	172.2
308.5	141.6	153.0	211.6	147.1	358.0	166.5	179.2	246.1	172.8
309.6	142.1	153.6	212.4	147.7	359.1	167.0	179.8	246.9	173.3
310.7	142.7	154.2	213.2	148.3	360.3	167.6	180.4	247.7	173.9
311.9	143.2	154.8	214.0	148.9	361.4	168.2	181.0	248.5	174.5
313.0	143.8	155.4	214.7	149.4	362.5	168.8	181.6	249.2	175.1
314.1	144.4	156.0	215.5	150.0	363.6	169.3	182.2	250.0	175.7
315.2	144.9	156.5	216.3	150.6	364.8	169.9	182.8	250.8	176.3
316.4	145.5	157.1	217.1	151.2	365.9	170.5	183.4	251.6	176.9
317.5	146.0	157.7	217.9	151.8	367.0	171.1	184.0	252.4	177.5
318.6	146.6	158.3	218.7	152.3	368.2	171.6	184.6	253.2	178.1
319.7	147.2	158.9	219.4	152.9	369.3	172.2	185.2	253.9	178.7
320.9	147.7	159.5	220.2	153.5	370.4	172.8	185.8	254.7	179.2
322.0	148.3	160.1	221.0	154.1	371.5	173.4	186.4	255.5	179.8
323.1	148.8	160.7	221.8	154.6	372.7	173.9	187.0	256.3	180.4
324.2	149.4	161.3	222.6	155.2	373.8	174.5	187.6	257.1	181.0
325.4	150.0	161.9	223.3	155.8	374.9	175.1	188.2	257.9	181.6
326.5	150.5	162.5	224.1	156.4	376.0	175.7	188.8	258.7	182.2
327.6	151.1	163.1	224.9	157.0	377.2	176.3	189.4	259.4	182.8
328.7	151.7	163.7	225.7	157.5	378.3	176.8	190.1	260.2	183.4
329.9	152.2	164.3	226.5	158.1	379.4	177.4	190.7	261.0	184.0
331.0	152.8	164.9	227.3	158.7	380.5	178.0	191.3	261.8	184.6
332.1	153.4	165.4	228.0	159.3	381.7	178.6	191.9	262.6	185.2
333.3	153.9	166.0	228.8	159.9	382.8	179.2	192.5	263.4	185.8
334.4	154.5	166.6	229.6	160.5	383.9	179.7	193.1	264.2	186.4
335.5	155.1	167.2	230.4	161.0	385.0	180.3	193.7	265.0	187.0
336.6	155.6	167.8	231.2	161.6	386.2	180.9	194.3	265.8	187.6
337.8	156.2	168.4	232.0	162.2	387.3	181.5	194.9	266.6	188.2
338.9	156.8	169.0	232.7	162.8	388.4	182.1	195.5	267.4	188.8
340.0	157.3	169.6	233.5	163.4	389.5	182.7	196.1	268.1	189.4
341.1	157.9	170.2	234.3	164.0	390.7	183.2	196.7	268.9	190.0
342.3	158.5	170.8	235.1	164.5	391.8	183.8	197.3	269.7	190.6
343.4	159.0	171.4	235.9	165.1	392.9	184.4	197.9	270.5	191.2
344.5	159.6	172.0	236.7	165.7	394.0	185.0	198.5	271.3	191.8
345.6	160.2	172.6	237.4	166.3	395.2	185.6	199.2	272.1	192.4
346.8	160.7	173.2	238.2	166.9	396.3	186.2	199.8	272.9	193.0
347.9	161.3	173.8	239.0	167.5	397.4	186.8	200.4	273.7	193.6
349.0	161.9	174.4	239.8	168.0	398.5	187.3	201.0	274.4	194.2
350.1	162.5	175.0	240.6	168.6	399.7	187.9	201.6	275.2	194.8
351.3	163.0	175.6	241.4	169.2	400.8	188.5	202.2	276.0	195.4
352.4	163.6	176.2	242.2	169.8	401.9	189.1	202.8	276.8	196.0

续表

氧化亚铜	葡萄糖	果糖	乳糖（含水）	转化糖	氧化亚铜	葡萄糖	果糖	乳糖（含水）	转化糖
403.1	189.7	203.4	277.6	196.6	447.0	212.9	227.6	308.6	220.4
404.2	190.3	204.0	278.4	197.2	448.1	213.5	228.2	309.4	221.0
405.3	190.9	204.7	279.2	197.8	449.2	214.1	228.8	310.2	221.6
406.4	191.5	205.3	280.0	198.4	450.3	214.7	229.4	311.0	222.2
407.6	192.0	205.9	280.8	199.0	451.5	215.3	230.1	311.8	222.9
408.7	192.6	206.5	281.6	199.6	452.6	215.9	230.7	312.6	223.5
409.8	193.2	207.1	282.4	200.2	453.7	216.5	231.3	313.4	224.1
410.9	193.8	207.7	283.2	200.8	454.8	217.1	232.0	314.2	224.7
412.1	194.4	208.3	284.0	201.4	456.0	217.8	232.6	315.0	225.4
413.2	195.0	209.0	284.8	202.0	457.1	218.4	233.2	315.9	226.0
414.3	195.6	209.6	285.6	202.6	458.2	219.0	233.9	316.7	226.6
415.4	196.2	210.2	286.3	203.2	459.3	219.6	234.5	317.5	227.2
416.6	196.8	210.8	287.1	203.8	460.5	220.2	235.1	318.3	227.9
417.7	197.4	211.4	287.9	204.4	461.6	220.8	235.8	319.1	228.5
418.8	198.0	212.0	288.7	205.0	462.7	221.4	236.4	319.9	229.1
419.9	198.5	212.6	289.5	205.7	463.8	222.0	237.1	320.7	229.7
421.1	199.1	213.3	290.3	206.3	465.0	222.6	237.7	321.6	230.4
422.2	199.7	213.9	291.1	206.9	466.1	223.3	238.4	322.4	231.0
423.3	200.3	214.5	291.9	207.5	467.2	223.9	239.0	323.2	231.7
424.4	200.9	215.1	292.7	208.1	468.4	224.5	239.7	324.0	232.3
425.6	201.5	215.7	293.5	208.7	469.5	225.1	240.3	324.9	232.9
426.7	202.1	216.3	294.3	209.3	470.6	225.7	241.0	325.7	233.6
427.8	202.7	217.0	295.0	209.9	471.7	226.3	241.6	326.5	234.2
428.9	203.3	217.6	295.8	210.5	472.9	227.0	242.2	327.4	234.8
430.1	203.9	218.2	296.6	211.1	474.0	227.6	242.9	328.2	235.5
431.2	204.5	218.8	297.4	211.8	475.1	228.2	243.6	329.1	236.1
432.3	205.1	219.5	298.2	212.4	476.2	228.8	244.3	329.9	236.8
433.5	205.7	220.1	299.0	213.0	477.4	229.5	244.9	330.8	237.5
434.6	206.3	220.7	299.8	213.6	478.5	230.1	245.6	331.7	238.1
435.7	206.9	221.3	300.6	214.2	479.6	230.7	246.3	332.6	238.8
436.8	207.5	221.9	301.4	214.8	480.7	231.4	247.0	333.5	239.5
438.0	208.1	222.6	302.2	215.4	481.9	232.0	247.8	334.4	240.2
439.1	208.7	223.2	303.0	216.0	483.0	232.7	248.5	335.3	240.8
440.2	209.3	223.8	303.8	216.7	484.1	233.3	249.2	336.3	241.5
441.3	209.9	224.4	304.6	217.3	485.2	234.0	250.0	337.3	242.3
442.5	210.5	225.1	305.4	217.9	486.4	234.7	250.8	338.3	243.0
443.6	211.1	225.7	306.2	218.5	487.5	235.3	251.6	339.4	243.8
444.7	211.7	226.3	307.0	219.1	488.6	236.1	252.7	340.7	244.7
445.8	212.3	226.9	307.8	219.8	489.7	236.9	253.7	342.0	245.8

注：摘自中华人民共和国国家标准《食品卫生检验方法》理化部分(一)第52～56页。

附录 N　0.1 mol/L 铁氰化钾与还原糖含量对照表

表 N-1　0.1 mol/L 铁氰化钾与还原糖含量对照表

0.1 mol/L 铁氰化钾体积/mL	还原糖含量/(%)	0.1 mol/L 铁氰化钾体积/mL	还原糖含量/(%)	0.1 mol/L 铁氰化钾体积/mL	还原糖含量/(%)	0.1 mol/L 铁氰化钾体积/mL	还原糖含量/(%)
0.10	0.05	2.30	1.16	4.50	2.37	6.70	3.79
0.20	0.10	2.40	1.21	4.60	2.44	6.80	3.85
0.30	0.15	2.50	1.26	4.70	2.51	6.90	3.92
0.40	0.20	2.60	1.30	4.80	2.57	7.00	3.98
0.50	0.25	2.70	1.35	4.90	2.64	7.10	4.06
0.60	0.31	2.80	1.40	5.00	2.70	7.20	4.12
0.70	0.36	2.90	1.45	5.10	2.76	7.30	4.18
0.80	0.41	3.00	1.51	5.20	2.82	7.40	4.25
0.90	0.46	3.10	1.56	5.30	2.88	7.50	4.31
1.00	0.51	3.20	1.61	5.40	2.95	7.60	4.38
1.10	0.56	3.30	1.66	5.50	3.02	7.70	4.45
1.20	0.60	3.40	1.71	5.60	3.08	7.80	4.51
1.30	0.65	3.50	1.76	5.70	3.15	7.90	4.58
1.40	0.71	3.60	1.82	5.80	3.22	8.00	4.65
1.50	0.76	3.70	1.88	5.90	3.28	8.10	4.72
1.60	0.80	3.80	1.95	6.00	3.34	8.20	4.78
1.70	0.85	3.90	2.01	6.10	3.41	8.30	4.85
1.80	0.90	4.00	2.07	6.20	3.47	8.40	4.92
1.90	0.96	4.10	2.13	6.30	3.53	8.50	4.99
2.00	1.01	4.20	2.18	6.40	3.60	8.60	5.05
2.10	1.06	4.30	2.25	6.50	3.67	8.70	5.12
2.20	1.11	4.40	2.31	6.60	3.73	8.80	5.19

注：还原糖含量以麦芽糖计算。

附录 O 热稳定淀粉酶、蛋白酶、淀粉葡萄糖苷酶的活性要求及判定标准

1) 酶活性要求

(1) 热稳定淀粉酶。

① 以淀粉为底物用 Nelson/Somogyi 还原糖测试的淀粉酶活性:(10 000+1 000) U/mL。1 U 表示在 40 ℃、pH 6.5 环境下,每分钟释放 1 μmol 还原糖所需要的酶量。

② 以对硝基苯基麦芽糖为底物测试的淀粉酶活性:(3 000+300) Ceralpha U/mL。1 CeralphaU 表示在 40 ℃、pH 6.5 环境下,每分钟释放 1 μmol 对硝基苯基所需要的酶量。

(2) 蛋白酶。

① 以酪蛋白为底物测试的蛋白酶活性:300～400 U/mL。1 U 表示在 40 ℃、pH 8.0 环境下,每分钟从可溶性酪蛋白中水解出可溶于三氯乙酸的 1 μmol 酪氨酸所需要的酶量。

② 以酪蛋白为底物采用 Folin-Ciocalteau 显色法测试的蛋白酶活性:7～15 U/mg。1 U 表示在 37 ℃、pH 7.5 环境下,每分钟从酪蛋白中水解得到相当于 1.0 μmol 酪氨酸在显色反应中所引起的颜色变化所需要的酶量。

③ 以偶氮-酪蛋白测试的内肽酶活性:300～400 U/mL。1 U 表示在 40 ℃、pH 8.0 环境下,每分钟从可溶性酪蛋白中水解出 1 μmol 酪氨酸所需要的酶量。

(3) 淀粉葡萄糖苷酶。

① 以淀粉/葡萄糖氧化酶-过氧化物酶法测试的淀粉葡萄糖苷酶活性:2 000～3 300 U/mL。1 U 表示在 40 ℃、pH 4.5 环境下,每分钟释放 1 μmol 葡萄糖所需要的酶量。

② 以对硝基苯基-β-麦芽糖苷(PNPBM)法测试的淀粉葡萄糖苷酶活性:130～200 PNPU/mL。1 PNPU 表示在 40 ℃且有过量 β-葡萄糖苷酶存在的环境下,每分钟从对硝基苯基-β-麦芽糖苷释放 1 μmol 对硝基苯基所需要的酶量。

2) 酶干扰

市售热稳定 α-淀粉酶、蛋白酶一般不易受到其他酶的干扰,制备蛋白酶时可能会混入极低含量的 β-葡聚糖酶,但不会影响总膳食纤维测定。本方法中淀粉葡萄糖苷酶易受污染,是活性易受干扰的酶。

淀粉葡萄糖苷酶的主要污染物为内纤维素酶,能够导致燕麦或大麦中 β-葡聚糖内部混合键解聚。淀粉葡萄糖苷酶是否受内纤维素酶的污染很容易检测。

3) 判定标准

当酶的生产批次改变或最长使用间隔超过 6 个月时,应按表 O-1 所列标准物进行校准,以确保所使用的酶达到预期的活性,不受其他酶的干扰。

表 O-1 酶活性测定标准

底物标准	测试活性	标准质量/g	预期回收率/(%)
柑橘果胶	果胶酶	0.1～0.2	95～100
阿拉伯半乳聚糖	半纤维素酶	0.1～0.2	95～100
β-葡聚糖	β-葡聚糖酶	0.1～0.2	95～100
小麦淀粉	α-淀粉酶+淀粉葡萄糖苷酶	1.0	<1
玉米淀粉	α-淀粉酶+淀粉葡萄糖苷酶	1.0	<1
酪蛋白	蛋白酶	0.3	<1

参考文献

[1] 中华人民共和国国家标准　食品卫生检验方法　理化部分 2017 修订版[M]. 北京：中国标准出版社，2017.
[2] 中华人民共和国国家标准　食品卫生检验方法　理化部分[M]. 北京：中国标准出版社，2012.
[3] 高向阳. 食品分析与检验[M]. 北京：中国计量出版社，2006.
[4] 王远红，徐家敏. 食品检验与分析实验技术[M]. 青岛：中国海洋大学出版社，2006.
[5] 侯曼玲. 食品分析[M]. 北京：化学工业出版社，2017.
[6] 大连轻工业学院等八院校. 食品分析[M]. 北京：中国轻工业出版社，2005.
[7] 张水华. 食品分析[M]. 北京：中国轻工业出版社，2009.
[8] 王肇慈. 粮油食品品质分析[M]. 北京：轻工业出版社，2000.
[9] 毕艳红. 油脂化学[M]. 北京：化学工业出版社，2005.
[10] 张拥军. 食品卫生与检验[M]. 2 版. 北京：中国计量出版社，2011.
[11] 谢笔钧，何慧. 食品分析[M]. 北京：科学出版社，2009.
[12] 王芃，许泓. 食品分析操作训练[M]. 北京：中国轻工业出版社，2008.
[13] 吴谋成. 食品分析与感官评定[M]. 北京：中国农业出版社，2002.
[14] 刘兴友，刁有祥. 食品理化检验学[M]. 2 版. 北京：中国农业大学出版社，2008.
[15] 汪东风. 食品质量与安全实验技术[M]. 北京：中国轻工业出版社，2004.
[16] 黎源倩. 食品理化检验[M]. 北京：人民卫生出版社，2006.
[17] 陈晓平，黄广民. 食品理化检验[M]. 北京：中国计量出版社，2008.
[18] 汪浩明. 食品检验技术(感官评价部分)[M]. 北京：中国轻工业出版社，2009.
[19] 张意静. 食品分析技术[M]. 北京：中国轻工业出版社，2001.
[20] 李东凤. 食品分析综合实训[M]. 北京：化学工业出版社，2008.
[21] 孙平. 食品分析[M]. 北京：化学工业出版社，2005.
[22] 曲祖乙，刘靖. 食品分析与检验[M]. 北京：中国环境科学出版社，2006.
[23] 丁世林. 高效液相色谱方法及应用[M]. 北京：化学工业出版社，2001.
[24] 王世平. 食品理化检验技术[M]. 北京：中国林业出版社，2009.
[25] 陈家华. 现代食品分析新技术[M]. 北京：化学工业出版社，2005.
[26] 刘娜. 食品中水溶性维生素 B 分析方法的研究[D]. 北京：北京化工大学，2008.
[27] 邓光辉，李济权，马少妹. 高效毛细管电泳电导法快速检测复方维生素 B 片中的 V_{B1}、V_{B12}、V_{B6} 和 Vc[J]. 分析实验室，2003，22(4)：52-54.
[28] 李凤玉，梁文珍. 食品分析与检验[M]. 北京：中国农业大学出版社，2009.
[29] 郝荣辉. 动物营养液中维生素的分析方法研究[D]. 北京：首都师范大学，2006.
[30] 赵杰文. 现代食品检测技术[M]. 北京：中国轻工业出版社，2008.
[31] 何小维，刘玉. PCR 技术在食品检测中的应用[J]. 食品研究与开发，2006，27(5)：107-109.

[32] 王多加,周向阳,金同铭,等.近红外光谱检测技术在农业和食品分析上的应用[J].光谱学与光谱分析,2004,24(4):447-450.

[33] 黄艳,王锡昌.近红外光谱分析在食品检测中的最新进展[J].食品研究与开发,2007,28(7):137-140.

[34] 卢卫红,付力,郑琦,等.生物芯片技术的应用与展望[J].传感器与微系统,2006,25(6):1-4.

[35] 张奇志,邓欢英.生物芯片技术及其在食品检测中的应用[J].中国食品学报,2007,7(2):134-137.